U0790866

全国高等学校水利类专业优秀教材
全国高等院校水利水电类精品规划教材

水 力 学

（第2版）

主　编　孙东坡　丁新求
副主编　王二平　陈丽红
主　审　刘士和

黄河水利出版社
·郑州·

内 容 提 要

本书共分为十章，其内容包括：水力学基础知识、水静力学、液体一元恒定总流的基本原理、液流型态与水头损失、有压管道流动、恒定明渠水流、过流建筑物的水力计算、液体三元流动的基本原理、渗流和明渠非恒定流。为便于学生学习时把握重点和难点，各章习题均按“课堂讨论题”“基本要求题”和“加深理解题”的形式给出。

本书可作为普通高等院校水利类（水利水电工程、农业水利工程、港口航道与海岸工程、水文与水资源工程等）专业的本科教学用书，也可供从事水利、土建、给排水以及环境等工作的工程技术人员参考。

图书在版编目（CIP）数据

水力学/孙东坡，丁新求主编. —2 版. —郑州：黄河水利出版社，2016.4

全国高等学校水利类专业优秀教材　全国高等院校水利水电类精品规划教材

ISBN 978 - 7 - 5509 - 1340 - 0

Ⅰ. ①水…　Ⅱ. ①孙…②丁…　Ⅲ. ①水力学 - 高等学校 - 教材　Ⅳ. ①TV13

中国版本图书馆 CIP 数据核字（2016）第 080198 号

出 版 社：黄河水利出版社

地址：河南省郑州市顺河路黄委会综合楼 14 层　　邮政编码：450003

发行单位：黄河水利出版社

发行部电话：0371 - 66026940、66020550、66028024、66022620（传真）

E-mail：hhslcbs@126.com

承印单位：河南承创印务有限公司

开本：787 mm × 1 092 mm　1/16

印张：24

字数：554 千字　　印数：1—3 100

版次：2009 年 8 月第 1 版　　印次：2016 年 4 月第 1 次印刷

2016 年 4 月第 2 版

定价：45.00 元

出版者的话

随着2011年中央1号文件《中共中央　国务院关于加快水利改革发展的决定》的发布和中央水利工作会议的召开，水利作为国家基础设施建设的优先领域迎来了前所未有的黄金期。到2015年，全国水利投资总额达1.8万亿元，到2020年，水利投资达4万亿元。据《第一次全国水利普查公报》，截至2011年12月31日，全国堤防总长度为413 679公里（其中5级及以上在建堤防长度为7 963 km），共有水库98 002座（其中在建水库756座），共有水电站46 758座（其中在建水电站1 324座）。水利水电工程的大规模建设对设计、施工、运行管理等水利水电专业人才的需求也更为迫切，如何更好地培养适应现今水利水电事业发展的优秀人才，成为水利水电专业院校共同面临的课题。作为水利水电行业的专业性科技出版社，我社长期关注水利水电学科的建设与发展，并积极组织水利水电类专著与教材的出版。

在对水利水电类本科层次教材的深入了解中，我们发现，以应用型本科教学为主的众多水利水电类专业院校普遍缺乏一套完整构建在校本科生专业知识体系又兼顾实践工作能力的教材。在广泛调研与充分征求各课程主讲老师意见的基础上，按照高等学校水利学科专业教学指导委员会对教材建设的指导精神与要求，并结合教育部实施的多层次建设、打造精品教材的出版战略，我社组织编写了本系列"全国高等院校水利水电类精品规划教材"。

此次规划教材的特点是：

（1）以培养水利水电类应用型人才为目标，充分重视实践教学环节。

（2）在依据现有的专业规范和课程教学大纲的前提下，突出特色，力求创新。

（3）紧扣现行的行业规范与标准。

（4）基本理论与工程实例相结合，易于学生接受与理解。

本系列教材除了涵盖传统专业基础课及专业课外，还补充了多个新开课程的教材，以便于学生扩充知识与技能，填补课堂无合适教材可用的空缺。同时，部分教材由工程技术人员或有工程设计施工从业经历的老师参与编写，也是此次规划教材的创新。

本系列教材的编写与出版得到了全国21所高等院校的鼎力支持，特别是三峡大学党委书记刘德富教授和华北水利水电大学副校长刘汉东教授对系列教材的编写与出版给予了精心指导，有效保证了教材出版的整体水平与质量。在此对推进此次规划教材编写与出版的各院校领导和参编老师致以最诚挚的谢意，是他们在编审过程中的无私奉献与辛勤工作，才使得教材能够按计划出版。

"十年树木，百年树人"，人才的培养需要教育者长期坚持不懈的努力，同样，好的教材也需要经过千锤百炼才能流传百世。本系列教材的出版只是我们打造精品专业教材的开始，希望各院校在对这些教材的使用过程中，提出改进意见与建议，以便日后再版时不断改正与完善。

黄河水利出版社

全国高等院校水利水电类精品规划教材

编 审 委 员 会

再版前言

时间犹如白驹过隙,本书出版转瞬已经六载,在此期间共计重印了两次,并于2014年10月获教育部高等学校水利类专业教学指导委员会、中国水利教育协会高等教育分会等联合评审的第一届“全国高等学校水利类专业优秀教材”。

六年来,本书在获得了不少高校及相关单位同行好评的同时,也收获了许多宝贵的意见与建议。为了能够更好地适应水利类相关专业的教学要求,补正书中尚存在的个别瑕疵与疏漏,自2014年11月开始,我们着手筹划并安排了本书的修订再版工作。经过本次修订的新版教材,具有如下特点:

1. 修订了部分章节内容,使叙述内容更加科学、严谨;

2. 修订、补正或补充了部分习题,扩大了习题的涵盖面,使习题要求更加明确、实用;

3. 为了适应水文及水资源工程和港口航道与海岸工程专业的教学需要,修订后的新版教材,增加了“明渠非恒定流”内容(第十章)。

为了能够更好的方便学生自学和解题的需要,由丁新求等所著的《水力学学习与解题指导》一书(郑州:黄河水利出版社,2014.),专门就本书各章节的重点内容及疑难问题,进行了针对性辅导与解析,并在其“自测练习题”中,将本书的“基本要求题”和“加深理解题”进行了收录,给出了全部习题的答案。

参加本次修订再版工作的人员有:华北水利水电大学孙东坡(第一、四章(部分)、第九章),王二平(第二、三章),薛海(第八章);长沙理工大学丁新求(第一、六章(部分)、第十章),童海鸿(第六章(部分));云南农业大学陈丽红(第四章(部分)、第五章);河北农业大学梁素韬(第七章)。全书由孙东坡、丁新求统稿。

尽管在本书的修订过程中,我们已穷其心力,但终因编者水平所限,挂漏之处,在所难免,尚祈郢政。

编　者

2015年8月

前 言

水力学是水利类各个专业的一门重要技术基础课，也是土木、环境、岩土工程专业技术人员必需的基础理论知识。虽然各专业对它的要求和侧重面不尽相同，但基本内容是共同的。本书根据国家教育部高等学校工科力学课程指导委员会审定的水力学教学基本要求，按照水利类水工、农水、港航、水文等专业80学时的水力学课程教学基本要求编写，并适当参考了全国注册土木工程师（水利水电工程）的水力学和流体力学考试大纲所规定的内容。

本书系统地阐述了水力学的基本概念、基本理论及工程应用，全书共分为9章，主要内容包括：水力学基础知识，水静力学，水动力学基本原理，水流型态及水头损失，有压管道流动，恒定明渠水流，过流建筑物的水力计算，流场分析的基本原理，渗流等。

华北水利水电学院孙东坡编写第一、四章（部分），王二平编写第二章，薛海编写第八章；长沙理工大学丁新求编写第一、六章（部分），童海鸿编写第六章（部分）；黑龙江大学谷欣编写第三章；云南农业大学陈丽红编写第四章（部分）、第五章；河北农业大学梁素韬编写第七章（部分）；沈阳农业大学杨丽萍编写第七章（部分）和第九章。全书由孙东坡、丁新求主编并统稿。本书由武汉大学刘士和教授主审，他提出了不少宝贵意见与修改建议，在此表示衷心的感谢；同时也感谢关心及指导本书编写的华北水利水电学院李国庆教授。

一本好教材，应该既强调基本理论与体系完整，又注重内容新颖并照顾到相近各专业的基本要求，联系实际且深浅适度，文笔准确、简练、流畅，学生易读，教师好用。作者向这个方向做了自己的努力与尝试，本书参考了国外一些较好的流体力学教材的编写方法；单辟了学习小栏目“学海趣谈”，以便于提高读者对基础理论学习的兴趣；在习题编排方面按不同要求分成三类（课堂讨论题、基本要求题、加深理解题），让教与学都有较大的选择空间，以便于对基本概念、基本方法的掌握与融会贯通。

由于编者水平有限，尽管用心良苦，但书中瑕疵在所难免，恳请读者批评和指正。

编 者

2009 年 6 月

目　录

第一章　水力学基础知识

第一节　水力学简介

一、水与人类

水是与我们关系最密切的物质,人类的繁衍生息、社会的进化发展都是与水“唇齿相依、休戚相关”的。综观所有人类文明,几乎都是伴着河、海而生的(例如,黄河、恒河、尼罗河、底格里斯河与幼发拉底河、爱琴海等)。所以,早在2 000多年前,我国春秋时期的一位哲人就说:“水者何也?万物之本原也,诸生之宗室也”(《管子·水地》)。自然界的水形成浩瀚的大海、奔腾不息的河流、烟波浩淼的湖泊、地下涌动的清泉。流动的水体既呈现“天下之至柔”的处下不争性,又有“驰骋天下之至坚”的进攻破坏性(《老子·四十三章》),因而既能“到江送客棹,出岳润民田”,造福于人类,又会“浊浪排空至,江流万山穿”,危及社会安全。千百年来人类与水打交道,取得了很多成功与胜利,在历史长卷中,不乏有关“治水”的浓墨重彩。但对江河湖海不合理的开发利用也会破坏流域环境,“自然界反过来也会报复、制约我们”(恩格斯)。人们认识到:只有“识其性”,才能“得其利,避其害”;只有实现“人水和谐”,经济社会才可能协调可持续发展。因此,**了解水的运动特性与力学规律,是利用与治理江河湖海、维持水环境和健康生命的理论基础**。

二、水力学的定义与特点

为了研究水的基本运动规律并探讨运用这些规律解决水利工程的实际问题,就形成了水力学这门学科。准确地说,**水力学是研究液体处于平衡或机械运动状态下的力学规律及其工程应用的一门科学**,主要研究对象是以水为代表的液体。

水力学既有基础科学的特征,它是力学的一个分支,隶属于流体力学的范畴;同时它又有工程科学的特点,紧密结合与水相关的各种实际工程应用。

水力学是以物理学和理论力学中机械运动的普遍规律为依据,并借助数学工具,结合实际工程边界条件与水流运动的特点,形成了自己学科的理论基础:水静力学与水动力学。**水静力学研究液体在静平衡状态下,作用在液体上各种力的相互关系(平衡规律);水动力学则是研究液体作机械运动时,各种作用力与运动要素之间的关系(运动规律),以及运动引起的能量损失问题**。同时又紧密结合实际应用,建立其相应的各种工程计算方法,形成了**水力学的工程应用部分:管流、明渠流、堰闸过流、消能以及地下水渗流等**。

三、水力学的任务

水利水电工程技术人员的任务是,研究、规划、设计和建设各种用水、治水工程,从而达到除水害和兴水利的目的。所以,水力学是水利水电工程专业一门重要的专业基础学科。

例如,为了满足防洪、灌溉、发电、供水及航运等方面的要求,通常需要在河道上建坝,以抬高上游水位,形成如图 1-1 所示水库。水库形成后,既可以调节下泄水量,防止洪水对下游肆虐,又可以蓄洪调枯,储丰济旱,用于发展灌溉、发电、供水、航运和养殖等兴利事业。

图 1-1

水库枢纽工程主要有大坝、电站、船闸、溢洪道及泄洪闸等;取、输水工程一般由引水闸、引水渠道(或管道)及渠系建筑物,如输水隧洞、渡槽、倒虹吸管及分水闸等构成。

由于上述建筑物的修建,调整和改变了原有水流的结构与流动状态,水流在其惯性的作用下,力图反抗新建固体边界的约束,这就形成了水流与各类固体边界之间在不同条件下的相互作用。这种相互作用的结果,一方面使得水流形成新的状态,另一方面也带来了一系列的水力学问题,如水库坝体水压力的计算、输水及泄水建筑物过流能力的计算、渗流量及渗透压力的计算、泄水建筑物下游的消能防冲设施有关几何尺寸的确定等,这些都是水利工程中所必须解决的常见水力学问题。

归纳起来,水力学在水利水电工程中常见的任务主要有以下几个方面。

(一)水力荷载的计算

确定水利工程中坝体、闸门、渡槽及管道等涉水建筑物的静水压力或动水压力,以及透水地基上的渗透压力,为建筑物的结构设计和稳定分析提供水力荷载依据。

(二)建筑物过流能力的确定

计算渠道、溢流坝、泄水闸、涵洞等输水及泄水建筑物在各种条件下的过流能力,为确定这些建筑物的合理布置型式及尺寸提供依据。

(三)水流能量损失的确定

水流在运动过程中都有机械能损失,因此需要分析水流在通过水电站、泵站、管道、渠道、堰闸等水工建筑物时引起的能量转化及损耗规律,需要确定水流能量损失的大小。在工程设计中一方面需要尽量减少在引水、输水过程中的能量损失,另一方面还需要采取合理的方式和有效措施，消除通过水工建筑物水流的多余有害动能。

（四）分析水流形态

修建水工建筑物，改变了原有的水流状态，因此需要判别水流在各种水工建筑物中及其影响区域的流动形态和对工程的影响；采取必要的措施，改善不利的水流形态，保证工程的安全正常运行，如取水口、沿河建筑物（桥、路、堤防等）、防护工程、泄洪闸以及码头栈桥等工程的规划布置都需要掌握工程所处位置的水流形态。

（五）其他水力学问题

水工建筑物中高速水流会引起空化、空蚀、掺气、振动及雾化等问题；许多水工建筑物基础和围堰区都会产生渗流问题；隧道、路基排水以及挟沙水流、波浪运动对建筑物的影响问题，都是水力学研究的任务。

由此可见，水力学是专门研究水流运动的基本规律，并运用这些规律给出各种水利水电工程的水力计算方法。为了解决上述工程实际问题，必须透彻了解水流运动的规律，具备坚实的水力学理论知识。**水力学虽以水为主要研究对象，但其基本原理同样适用于一般其他常见液体和可以忽略压缩性影响的气体**。水力学的基本理论不但在水利工程建设方面有着广泛的应用，而且在城市建设（如风荷载对高层建筑物的作用及稳定控制）、环境保护（如污染物在水流中扩散、输移及自净）、机械制造（如液压传动）、石油开采（如管路输送）、金属冶炼（如紊动射流）、交通航运（如绕流物阻力及体型设计）甚至是医学（血流运动）等领域也都有着较为广泛的应用。

四、水力学的发展回顾

如同所有的基础理论与工程科学一样，水力学也是从早期模糊的经验性认识，通过一代又一代学者和工程技术人员的努力，才丰富完善到现代水力学的。了解学科的历史轨迹，对于提高学习兴趣和了解学科的特点均具有十分积极的意义。

生活引水、灌溉、防洪、航运等基本社会需求是水力学发展的直接动力，经典力学和高等数学的引入则是水力学形成的理论基础。水力学学科的产生和发展是与世界各国人民对水的利用以及与水的斗争紧密相联、一脉相承的。

在中国，早在上古时代的大禹治水，就提出了对洪水采取“疏导”而不是“围堵”的正确治理方法。“水利兴则天下定”，历代统治者都把水利工程建设作为治国安邦大计。春秋战国时期和秦代，社会由奴隶制过渡到封建制，生产力得到巨大发展。公元前256年至公元前210年间，修建了都江堰（四川都江堰）、郑国渠（陕西泾阳）和灵渠（广西兴安）等闻名遐迩的水利工程，其中举世瞩目的都江堰至今还在发挥作用；此后又修建了秦渠、汉渠、汉延渠、唐徕渠等引黄（黄河）灌溉工程；公元前485年开始直至隋代才修筑完成的京杭大运河长1 794 km，纵贯京、津、冀、鲁、苏、浙，沟通海河、黄河、淮河、长江及钱塘江五大水系。在长期兴水利、除水害的过程中，人们对水流运动规律的认识逐步由浅入深，不断探索形成了水力学的基本认识与科学的治水方法。如北魏郦道元在《水经注》中就记载有“坡湖、堤、塘、堰、埸、覩（睹）、墱、坨、水门、石逗”等多种类型的农田水利工程设施。明代潘季驯根据水沙运动规律，科学总结了“塞旁决以挽正流，以堤束水，以水攻沙”的治黄措施；清代初年，何梦瑶在《算迪》中就提出了“断面平均流速乘以过水断面面积”的流量计算方法。

20 世纪 50 年代以来，我国水利建设突飞猛进地发展，修建（加固）江河堤防 26 万 km、修建大中小水库 8.5 万多座，特别是大型水利水电工程如黄河小浪底水库、长江三峡水利枢纽等工程的建设，解决了挟沙水流与高速水流等许多方面的水力学关键技术问题，大大丰富了水力学的内容。

而在 2 000 多年以前的古埃及、古巴比伦、希腊和印度等地，灌溉、航运、城市引水等设施已经很发达，当时人们已经对水流运动规律有了初步的经验和理论性认识。公元前 3 世纪，希腊哲学家阿基米德（Archimeds）就发表了《论浮体》，提出了论述液体平衡规律的阿基米德原理。但直到欧洲文艺复兴，以资本主义工业革命为基本动力，文学艺术、社会科学以及自然科学等各个领域才都取得了长足的发展，水力学也受惠其中。当时意大利最杰出的画家、科学家和工程师达·芬奇（Leonardo da Vinci）就对物体的沉浮、孔口出流、运动阻力、管道及明渠水流等问题进行了系统的研究；1612 年，意大利物理学家伽利略（G. Galileo）也建立了物体沉浮的基本原理；1650 年，法国数学及物理学家帕斯卡（B. Pascal）提出了平衡液体中压强传递的帕斯卡原理；18 世纪至 19 世纪，数学、力学等各领域迅速发展，加速了经典水动力学的发展。1738 年，瑞士数学家伯努利（D. Bernoulli）在《水动力学》一书中，建立了理想液体运动的能量守恒关系——伯努利方程。在此期间，牛顿（I. Newton）、欧拉（L. Euler）、圣维南（Saint-Venant）、拉格朗日（Lagrange）、斯托克斯（G. G. Stokes）等为水力学奠定了比较完善的理论基础。20 世纪初，德国工程师普朗特（L. Prandtl）利用试验与理论分析相结合的手段提出了边界层理论，此后由普朗特的学生伯拉休斯（P. R. Blasius）等的不断研究完善，为现代水力学的发展奠定了基础。

20 世纪 60 年代以后，在迅速发展的科学技术推动下，国内外学者在水力学的各个领域进行了广泛而深入的研究，在紊流理论、边界层理论、高速水流、渗流、管道和明渠非恒定流、波浪、挟沙水流及水力相似原理等方面均取得了丰硕的成果。同时，激光测速试验技术、流体数值模拟技术的发展，使水力学应用领域有了长足的发展，并与其他学科相互渗透，形成了生物流体力学、电磁流体力学、环境流体力学等新学科。

第二节　液体的基本特征及其物理力学性质

水力学的研究对象是以水为代表的液体，而液体的运动规律既与液体外部的边界条件有关，也与液体本身的物理力学性质有关。

一、液体的基本特征

研究液体的物理力学性质，首先必须了解液体的基本特征。自然界物质的存在形式有固体、液体和气体三种状态。液体与固体的主要区别是：固体的内聚力很大，具有固定的形状，能承受一定的拉、压和剪切作用，不容易变形；而**液体的内聚力比固体小，没有固定的形状，虽然能承受压力，却不能承受拉力**，具有易流动性。液体与气体的主要区别是：气体的内聚力很小，总充满任何容器，故不能保持固定的形状与体积，很容易流动和被压缩；而液体不但能够保持一定的体积，还能形成自由表面，不易被压缩。

液体和气体也统称为流体，其共同特征是具有易流动性，即在微小剪切力作用下都会发生连续变形或称流动。压缩性是气体和液体的主要区别；而流动性则是流体和固体的主要区别。

二、连续介质假设

从微观分子结构看，液体的分子之间是存在空隙的，是不连续的，所以其物理量的空间分布也是不连续的。但水力学只研究液体的机械运动，即液体分子“集体”宏观运动的平均特性，而并不关心液体分子的微观运动（常温情况下，水分子间距仅为 3×10^{-8} cm）。因此，在水力学研究中可以**假设液体是由质点组成的毫无间隙地完全充满所占据空间的连续介质**。这里**“质点”是指能反映液体机械运动的“最小”物质单位**，它是微观上充分大而宏观上足够小的液体分子团，在空间上可以当作几何点处理。根据连续介质的概念，液流中的所有物理量（如质量、速度、压强等）都可以看成空间和时间的连续函数。在研究液体静止与运动时的物理量变化规律时，就可以方便地应用连续函数微积分方法进行分析研究。连续介质假设是由瑞士学者欧拉于 1753 年提出的，这是研究液流的重要理论基础。实践证明，基于连续介质假设的液流运动规律理论是与客观实际十分相符的。

综上所述，在水力学中**液体的基本物理特征是：容易流动、不易压缩的连续介质**。

三、液体的物理力学性质

外因是变化的条件，内因是变化的依据。由经典力学知，液体运动状态的改变是受外力作用的结果，而任何一种力的作用，都要通过液体内部自身的性质来实现，所以在研究液体运动规律之前，首先必须对液体的一些主要物理力学性质有所了解。

（一）惯性（质量与密度）

1. 惯性（Inertia）

液体与自然界其他所有物体一样，具有反抗改变原有运动状态的特性，即所谓惯性。当液体在外力作用下其运动状态发生改变时，由于液体惯性的存在，将对施力物体产生反抗改变原有运动状态的反作用力，这种反作用力就称为惯性力。

若液体的质量为 m，加速度为 a，则惯性力可表达为

$$\boldsymbol{F} = -m\boldsymbol{a} \tag{1-1}$$

式中负号表示惯性力的方向与物体的加速度方向相反。

2. 质量（Mass）

在物理学中，质量的定义在不同的情况下会有所不同，如衡量同种物质物体所含物质多少的物理量（物质质量）、惯性大小的度量（惯性质量）、引力大小的度量（引力质量）等。以上所提到的质量，即为惯性质量。惯性质量愈大，惯性也愈大，物体的原有运动状态愈难以改变。在后面将叙述的万有引力特性中，我们所提到的质量就是引力质量。在水力学中，把这些不同定义的质量，统称为质量。质量的单位为 g 或 kg。

3. 密度（Density）

液体单位体积内所具有的质量称为液体的密度，用 ρ 表示。对于质量为 m、体积为 V 的均质液体，其密度为

$$\rho = \frac{m}{V} \tag{1-2}$$

密度的单位为 g/cm^3 或 kg/m^3。液体的密度会随温度和压强的变化而变化，但因这种变化很小，故在水力学中为计算方便，通常把水的密度视为常数，并采用蒸馏水在一个标准大气压下、温度为 4 ℃时的密度 1 000 kg/m^3 作为水的标准密度计算值。水银的密度通常采用 13 600 kg/m^3。不同温度条件下水的密度见表 1-1。

表 1-1　不同温度条件下水的物理性质

温度(℃)	密度 ρ (kg/m^3)	动力黏度 μ (10^{-3} Pa·s)	运动黏度 ν (10^{-6} m^2/s)
0	999.9	1.781	1.785
5	1 000.0	1.518	1.519
10	999.7	1.307	1.306
15	999.1	1.139	1.139
20	998.2	1.002	1.003
25	997.0	0.890	0.893
30	995.7	0.798	0.800
40	992.2	0.653	0.658
50	988.0	0.547	0.553
60	983.2	0.466	0.474
70	977.8	0.404	0.413
80	971.8	0.354	0.364
90	965.3	0.315	0.326
100	958.4	0.282	0.294

本书采用通用的国际单位制(SI)，它的基本单位为米(m)、秒(s)、千克(kg)，其他都是导出单位，如力的基本单位牛顿(N)就是导出单位。

(二)万有引力特性(重力)

1. 万有引力特性

物体之间所具有的相互吸引的性质，称为万有引力特性。由这种吸引所产生的引力称为万有引力。万有引力的存在总是企图改变物体的原有运动状态，而使两物体相互接近。

2. 重力(Gravity)

由于地球吸引而使物体受到的万有引力称为重力。在日常生活中，重力常被称为重量，用 G 表示。质量为 m 的液体，其重力为

$$G = mg \tag{1-3}$$

式中 g 为重力加速度，重力加速度会随纬度和高度的变化而调整，但变化很小。国际计量委员会规定 $g = 9.806\ 65\ m/s^2$ 为标准重力加速度，但在水力学中，一般取重力加速度为 $g = 9.8\ m/s^2$。

对均质液体，因质量 $m = \rho V$，故重力亦可表示为

$$G = \rho g V \tag{1-4}$$

实际上,因为物体随地球转动需要一定的向心力 $F_{向}$,且还会受到空气浮力 $F_{浮}$ 的作用。严格地说,物体的重力 G 并不等于地球对它的万有引力 $F_{引}$,但一般情况下可以忽略向心力与空气浮力的影响。

(三)黏滞性(牛顿内摩擦定律与流变特性)

1. 黏滞性(Viscosity)

液体在运动状态下具有抵抗剪切变形能力的特性,称为液体的黏滞性,黏滞性也称为黏性。黏滞性是液体固有的物理属性,**这种物理属性只有当液层之间存在着相对运动时才能显示出来**。

下面分析液体沿固体平面边壁 A 作纵向(x 方向)平行直线流动,实测流速沿垂线分布如图 1-2(a)所示,运动过程中液体质点没有横向(y 方向)混掺,各液层之间互不干扰(这种液流称为“层流”,在第四章将对其作详细讨论)。图中所示的实际流速分布曲线表明:正是液体黏滞性的存在,使得靠近固体边壁处的液层流速较小,远离边壁处的液层流速较大;而紧贴边壁壁面上的液层质点的流速为零(理论上称此为黏附条件)。若距固体边壁为 y 处的流速为 u,在相邻的 $y+\mathrm{d}y$ 处的流速为 $u+\mathrm{d}u$,因两液层间存在流速差 $\mathrm{d}u$,说明该两液层间存在着相对运动。这样,液层间就势必会成对地产生一种内摩擦力来抵抗其相对运动。下液层的流速小,对上层液体产生一个与液流方向相反起阻碍作用的内摩擦力;上液层的流速大,对下层液体产生一个与液流方向相同起拖动作用的内摩擦力,如图 1-2(b)所示。正因为这种内摩擦力是由于液体黏滞性的存在才发生的,故内摩擦力也称为黏滞力。

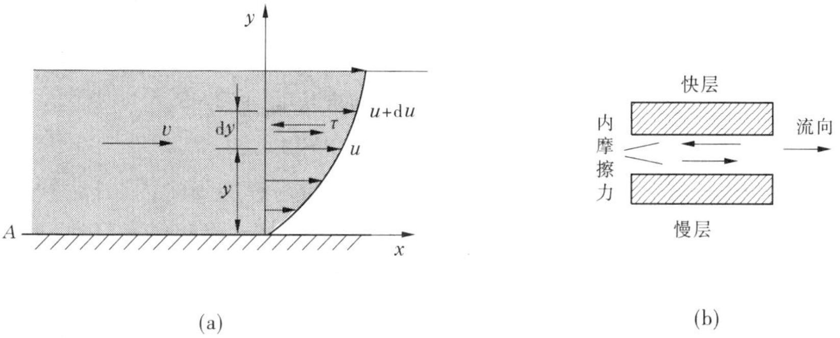

图 1-2

静止液体的黏滞性是显示不出来的。换句话说,静止液体是不存在内摩擦力的。可见,**黏滞性是液体产生内摩擦力的根源,而相对运动则是液体产生内摩擦力的条件**。

2. 牛顿内摩擦定律

1686 年,英国科学家牛顿通过试验观察分析,首先提出:两相邻液层接触面上所产生的内摩擦力 F(也称为黏滞切力)的大小,与两液层之间的流速差 $\mathrm{d}u$ 和接触面积 A 成正比,与两液层之间的距离 $\mathrm{d}y$ 成反比,同时与液体的种类有关,可表达为

$$F \propto A\frac{\mathrm{d}u}{\mathrm{d}y}$$

如果把液体特性用系数μ表示,则有

$$F = \mu A \frac{\mathrm{d}u}{\mathrm{d}y} \tag{1-5}$$

或表达为应力形式

$$\tau = \frac{F}{A} = \mu \frac{\mathrm{d}u}{\mathrm{d}y} \tag{1-6}$$

式中:τ称为黏滞切应力,$\frac{\mathrm{d}u}{\mathrm{d}y}$称为流速梯度,$\mu$称为动力黏度或动力黏滞系数。

式(1-5)或式(1-6)称为牛顿内摩擦定律,此结论奠定了实际液体动力学的理论基础。

下面进一步讨论流速梯度$\frac{\mathrm{d}u}{\mathrm{d}y}$的物理意义。在图1-2所示水流的任一流层中取高度为$\mathrm{d}y$的矩形微元$abcd$,见图1-3。设下侧ab上各点的流速为u,则上侧cd上各点的流速为$u+\mathrm{d}u$,两层间存在流速差$\mathrm{d}u$;经过时段$\mathrm{d}t$后,矩形微元$abcd$将会迁移变形为平行四边形$a'b'c'd'$,同时产生了角变形$\mathrm{d}\theta$。由于$\mathrm{d}t$与$\mathrm{d}\theta$均为微小量,所以可以认为

$$\mathrm{d}\theta \approx \tan\mathrm{d}\theta = \frac{\mathrm{d}u\mathrm{d}t}{\mathrm{d}y}$$

得

$$\frac{\mathrm{d}u}{\mathrm{d}y} = \frac{\mathrm{d}\theta}{\mathrm{d}t} \tag{1-7}$$

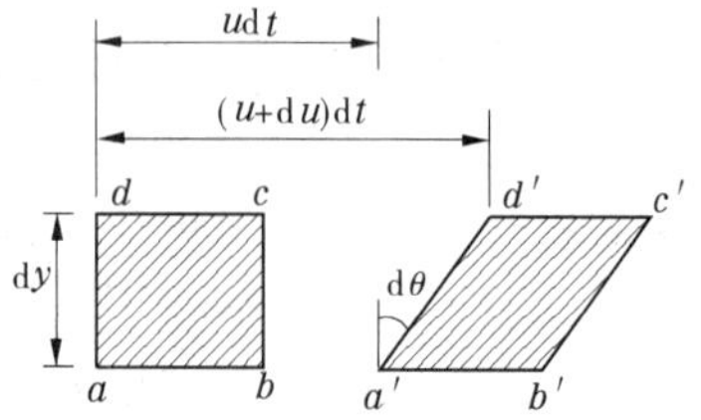

图1-3

式中:$\frac{\mathrm{d}\theta}{\mathrm{d}t}$为单位时间微元$abcd$的角变形率,或称为剪切变形速度,这就是流速梯度所表示的物理意义。因此,牛顿内摩擦定律又可表达为

$$\tau = \mu \frac{\mathrm{d}\theta}{\mathrm{d}t} \tag{1-8}$$

可见,当液体作层流运动时,其切应力与剪切变形速度成正比。

3. *液体的流变特性*

液层之间的内摩擦与固体之间的外摩擦是有区别的:液层间的内摩擦力与液体性质及流速梯度有关,而与接触面上的正压力无关,并且切应力与角变形率呈线性关系;而固体间的剪切应力与正压力有关,切应力与剪切变形仅在一定条件才呈线性关系。液体切应力与剪切变形速度间的关系又称为液体的流变特性。通常把那些能够满足牛顿内摩擦定律的流体称为牛顿流体,其特点是切应力与流速梯度为正比例关系,给定温度时动力黏度为常数,如水、油类、水银及空气等都是牛顿流体;反之,则称为非牛顿流体。图1-4中的A线为牛顿流体的流变关系,其斜率即为相应的动力黏度μ;其余各线代表各种非牛顿流体。B线称为理想宾汉流体,如高浓度的泥浆、血浆等,这种流体仅在层间切应力大于屈服应力τ_0时,才开始发生剪切变形,也就是才能流动。C线为伪塑性流体,如尼龙、橡胶等高分子聚合物的溶液或

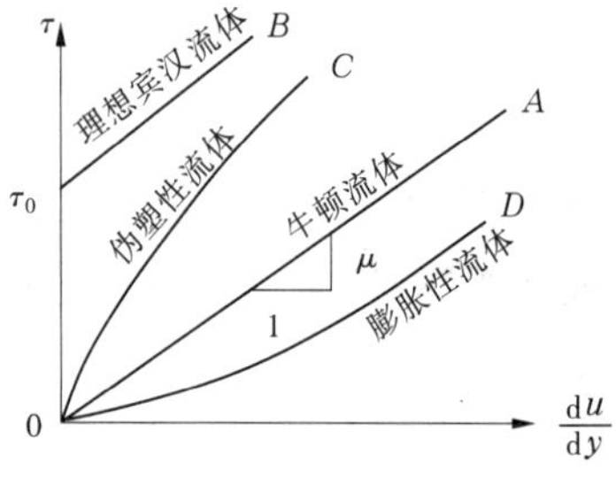

图1-4

溶质等。D 线为膨胀性流体，如生面团、浓淀粉糊等。

在水力学中研究的对象主要是牛顿流体。顺便指出，**牛顿内摩擦定律只适用于流层间剪切力只有黏滞力作用的液流**，或者说**只适用于作层流运动的牛顿液体**。

4. 黏滞性的度量

牛顿内摩擦定律中的动力黏度 μ 是反映液体黏滞性对流变特性影响的系数，其单位为 $N \cdot s/m^2$ 或 $Pa \cdot s$。动力黏度 μ 反映了液体黏滞性的大小，μ 值愈大，液体的黏滞性愈大，对内摩擦力大小的影响也愈大。不同的液体，其动力黏度 μ 是不同的，即使是同一种液体，μ 值也随温度的升高而减小。

在水力学中，液体黏滞性的大小也可用动力黏度 μ 与密度 ρ 的比值表示，即

$$\nu = \frac{\mu}{\rho} \tag{1-9}$$

式中 ν 称为液体的运动黏度，或称为运动黏性系数，单位为 m^2/s（或 cm^2/s）。对于水，由实验得出的不同温度的动力黏度及运动黏度见表 1-1。水的运动黏度 ν 也可按下述经验公式计算确定

$$\nu = \frac{0.017\,75}{1 + 0.033\,7t + 0.000\,221t^2} \tag{1-10}$$

式中 t 为水的温度，以℃计，ν 的单位为 cm^2/s。

【例 1-1】 如图 1-5 所示的极薄平板以 $u = 0.6$ m/s 的速度在两油层中运动，$h_1 = 2$ cm，$h_2 = 3$ cm。已知两油层在平板上产生的总切应力 $\tau_0 = 22$ N/m²，且 $\mu_1 = 1.4\mu_2$，试求其动力黏度 μ_1 及 μ_2 各为多少。

解：因油厚度较小，可以将流速看成线性分布。根据黏附条件，上下边壁处流速为 0，平板处流速为 u，则流速梯度

$$\frac{du_1}{dy_1} = \frac{u}{h_1} = \frac{0.6}{0.02} = 30(1/s)$$

$$\frac{du_2}{dy_2} = \frac{u}{h_2} = \frac{0.6}{0.03} = 20(1/s)$$

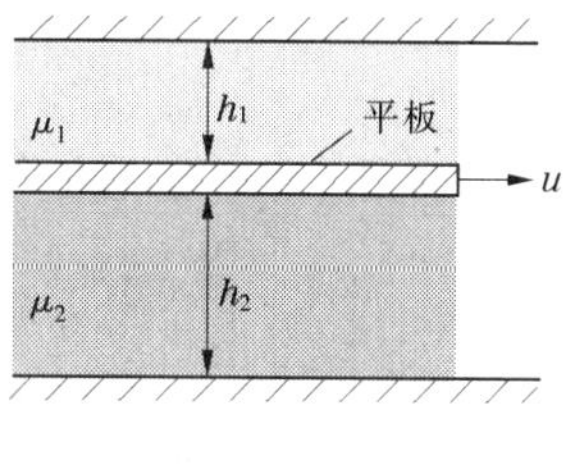

图 1-5

由牛顿内摩擦定律，得

$$\tau_0 = \tau_1 + \tau_2 = \mu_1 \frac{du_1}{dy_1} + \mu_2 \frac{du_2}{dy_2}$$

即
$$22 = 1.4\mu_2 \times 30 + \mu_2 \times 20 = 62\mu_2$$

解得
$$\mu_2 = 0.355\ N \cdot s/m^2$$

$$\mu_1 = 1.4\mu_2 = 1.4 \times 0.355 = 0.497(N \cdot s/m^2)$$

应该指出，在牛顿内摩擦定律的应用中，当液层深度（或厚度）相对较小时，其液流过水断面上的流速分布通常可以近似按线性分布来处理，也就是说，此时液流同一过水断面上各点的流速梯度均近似等于同一常数。

（四）压缩性与表面张力特性

1. 压缩性（Compressibility）

液体可以承受压力，但不能承受拉力。液体在压力作用下，体积可以缩小，去掉压力

后又能恢复原状，这种特性称为液体的压缩性（或弹性）。液体的压缩性通常用压缩系数来表征，即

$$\beta = -\frac{\mathrm{d}V/V}{\mathrm{d}p} \tag{1-11}$$

式中：β 为体积压缩系数，m^2/N；$\mathrm{d}V/V$ 为体积的相对压缩值；$\mathrm{d}p$ 为压强增量。

压缩系数的倒数 $K=1/\beta$ 称为液体的体积弹性系数，单位为 N/m^2。可见 β 值愈大，液体愈易压缩；而 K 值愈大则液体愈不易压缩。

通常情况下，由于液体的分子间距很小，在外界压力的作用下，其体积压缩一般不大。对于水，其 K 值很大，在 $(1.96 \sim 2.07) \times 10^9$ Pa 之间；在温度为 10 ℃的情况下，每增加一个大气压，其体积仅比原体积缩小约为1/21 000，可见水是不易压缩的。因此，在一般的水力计算中，水的压缩性可不予考虑；但对某些特殊情况，就必须考虑水的压缩性。如水电站压力管道中的水流，当因某种原因阀门需突然关闭时，管道中的压力在很短的时间内会急剧升高，此时管中液体所具有的压缩性就不能忽略了。

2. 表面张力特性

由于液体表层上、下两侧分子的引力不同，在合引力作用下，液体表层具有能够承受微小拉力的特性，称为液体的表面张力特性。液体表面张力（Surface tension）的大小通常用表面张力系数 σ 来度量，σ 表示液体表面单位长度上所受的拉力，其单位为N/m。σ 的大小与液体的性质、温度的变化和表面接触状况有关。在温度为 20 ℃时，与空气相接触的水和水银的表面张力系数 σ 分别为0.074 N/m 和0.54 N/m。由于液体的表面张力较小，在一般水力计算中，通常不考虑表面张力的影响。但在水力学实验室中，常采用盛有水或水银的细玻璃管作测压管，量测压强或水位。当测压管管径 d 较小时，表面张力会引起管内液面高出或低于管外液面，称为毛细管现象，这对测量成果会产生一定的影响。当温度为 20 ℃时，如图 1-6（a）所示的水在细玻璃管中的升高值为

$$h = \frac{30.2}{d} \tag{1-12}$$

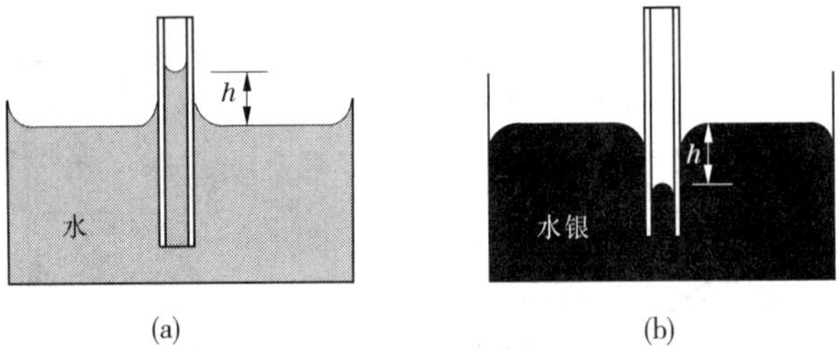

图 1-6

如图 1-6（b）所示的水银在细玻璃管中的降低值为

$$h = \frac{10.8}{d} \tag{1-13}$$

式（1-12）、式（1-13）中的 h 和管径 d 均以 mm 计。可见管径 d 越小，升高或降低值 h 就越大。因此，在实用中为了避免因毛细管现象而导致的测量误差，一般要求测压管的管径以大于 1 cm 为宜。

由于液体的压缩性及其表面张力特性在一般液体运动中影响很小，所以在本教材后边的论述中，除非专门说明，液体的压缩性及其表面张力特性都忽略不计。

四、实际液体的简化——理想液体(Ideal liquid)

实际液体都是具有黏滞性的液体，黏滞性对液体运动的物理性质有重要影响；但黏滞性的存在，给理论分析液体运动带来了很大的困难。基于从简单到复杂的认知方法，针对复杂的实际液体，有必要引入具有简单力学特性的所谓“理想液体”概念，严格说是指无黏性也没有弹性与表面张力特性的液体。一般情况下，液体的弹性与表面张力特性均可忽略不计，故也常把不计黏滞性的液体称为理想液体。忽略黏滞性可以带来液体运动力学分析的很大简化，因此我们可以先建立理想液体的运动规律，然后通往引入考虑黏滞性影响的修正、补充，再获取实际液体的运动规律。理想液体的引入是架设了一座通往解决实际问题的桥梁。但由于实际液体的黏滞性是客观存在的，故按理想液体所得到结论，应用于实际液体时，必须对因忽略黏滞性而引起的偏差予以修正。

第三节　作用于液体上的力

水力学中，作用于液体上的力通常分为两种类型，即表面力和质量力。

一、表面力

表面力是指作用于液体的表面，且大小与作用表面的面积成正比的力，有时也称为面积力，如阻碍液体运动的摩擦力、水压力等。表面力的大小除可以用总作用力描述外，还可以用单位面积上作用力(即应力)来表达。因水压力与作用面正交其应力为压应力(*Compression stress*)或压强(*Pressure*)，而摩擦力与作用面平行其应力则为切应力(*Shear stress*)，切应力包括黏滞切应力和紊动切应力，后者概念见第四章。

学海趣谈　　水面“大侠”

自然界利用液体表面张力的高手是一种叫水黾的小型水生昆虫，身长约 1 cm，有 6 条细长的腿，足上有不沾水的纤毛。在池塘、水田等静水或缓流水面上，它可以非常轻盈地在水面上“疾步如飞”，1 s 跨步距离就可达身长的 100 倍。为什么它可以像轻功非凡的“大侠”，在水面上如履平地？一个美国大学的研究小组解开了这个十分有趣的谜团：水黾利用足节上纤毛的抖动，使与其足接触的那部分水面既不被划破又形成下凹小旋涡，沿下凹水面作用的表面张力足以支撑很轻的水黾不下沉，而向后运动的旋涡则反推着水黾在水面上轻快地向前滑行。

二、质量力

质量力是指作用于液体的每一个质点上，大小与液体的质量成正比的力。在均质液体中，质量与体积成正比，故质量力又称为体积力，如重力、惯性力等。质量力的大小除可以用总作用力来表达外，还可以用单位质量力来度量。单位质量力是指作用在液体单位质量上的质量力。设总质量力为 $\boldsymbol{F}$，对质量为 m 的均质液体，则其单位质量力 $\boldsymbol{f}$ 为

$$\boldsymbol{f} = \frac{\boldsymbol{F}}{m} \tag{1-14}$$

若总质量力在空间坐标系上的投影分别为 F_x、F_y、F_z，单位质量力在其相应坐标轴上的投影为 X、Y、Z，则

$$\left.\begin{aligned} X &= \frac{F_x}{m} \\ Y &= \frac{F_y}{m} \\ Z &= \frac{F_z}{m} \end{aligned}\right\} \tag{1-15}$$

进行液体受力分析时常从单位质量力入手，单位质量力与加速度具有相同的单位。

第四节　量纲及量纲分析方法

一、量纲

水力学中经常需要以量纲为工具分析一些水力要素的基本特征，寻求水流运动过程中各物理量之间的关联性。

（一）量纲、基本量纲和导出量纲

量纲是指物理量的种类，也称因次，它是物理量“性质”具有普遍意义的表征指标。不同种类的物理量有不同的量纲，如流速的量纲以[v]表示，力的量纲以[F]表示。要注意单位与量纲是有区别但又有联系的概念，单位是物理量“数量”的人为度量指标。

量纲分为基本量纲和导出量纲。基本量纲是独立的量纲，它们之间不能互相导出。在力学领域中用基本几何量“长度”、基本运动量“时间”和基本动力量“质量”组成基本量纲，表示为 [L]、[T]、[M]。其他物理量的量纲可以用这 3 个基本量纲组合导出，称为导出量纲。如流速量纲：$[v] = [LT^{-1}]$，是用长度和时间两个基本量纲组合而成的；又如密度量纲：$[\rho] = [ML^{-3}]$。

（二）量纲公式与无量纲数

任何物理量的量纲总可以根据其物理意义表示成基本量纲的指数乘积形式，这就是量纲公式。如物理量 E 的量纲可表示为

$$[E] = [L^{\alpha} T^{\beta} M^{\gamma}] \tag{1-16}$$

式中：α、β、γ 为量纲指数，当 $\gamma \neq 0$ 时，表示该物理量与质量或力有关，是动力量；当 $\gamma = 0$，

$\beta \neq 0$ 时,表示该物理量与时间有关,为运动量;当 $\gamma = \beta = 0, \alpha \neq 0$ 时,该物理量只与长度有关,是几何量。例如,力的量纲可表示为

$$[F] = [Ma] = [MLT^{-2}]$$

动力黏度的量纲可表示为

$$[\mu] = \left[\frac{\tau}{\mathrm{d}u/\mathrm{d}y}\right] = [ML^{-1}T^{-1}]$$

运动黏度的量纲可表示为

$$[\nu] = [\mu/\rho] = [L^2T^{-1}]$$

由同类物理量或不同物理量组合而成,量纲指数全部等于0的物理量称为无量纲数。它没有量纲,其值不随单位的选取而变化,便于反映各种物理量之间的内在规律。因此,一些无量纲数就作为判别准则,经常用于对流动形态的判别以及在相似理论中作为保持原型与模型相似的控制条件。例如,由管径 d、流速 v 和运动黏度 ν 组成的 vd/ν 就是一个无量纲数($[vd/\nu] = [LT^{-1}L/(L^2T^{-1})] = 1$),称雷诺数 Re。

(三)量纲和谐原理

任何一个物理过程中物理量之间存在的规律性,必然反映在该过程的各物理量量纲之间也遵循一定的规律,即量纲和谐原理,它可以表述如下:

(1)**凡是正确反映物理过程的物理方程,其各项的量纲应当相同**,即具有量纲齐次性;反之,则所建物理方程可能存在问题。因此,可以从量纲和谐这个侧面来检验物理方程的正确性。如上抛物体运动方程:$S = v_0t - \frac{1}{2}gt^2$ 中各项均为长度量,符合量纲的齐次性。

(2)**物理方程都可以改写为由无量纲项组成的方程**,而不会改变物理过程的规律性。如上抛物体运动方程用最大升高量(H)去除,得到无量纲的运动方程:$S/H = v_0t/H - \frac{1}{2}gt^2/H$,它不改变原方程的本质,却使其具有普遍意义。

(3)物理方程中各物理量及其量纲之间的规律性,不会因选择的基本量纲不同而发生改变。

二、量纲分析方法

量纲分析是利用量纲之间的规律性去推求物理量之间规律的方法。它的基础就是量纲和谐原理,其前提是必须基本了解影响一个物理过程的主要物理量。常用的量纲分析方法有雷利法与 π 定理法。

(一)雷利法

雷利(L. Rayleigh)法假定任一物理过程都可表示成各物理量幂函数乘积的基本函数形式,将各物理量的量纲代入基本函数式,通过量纲分析确定各项幂指数,从而建立物理量之间的方程。此法适用于物理因子相对较少的情况,这里举例说明如何用雷利法进行量纲分析。

【例1-2】 通过观测研究表明,影响流体边界黏滞力 F 的主要因素有流体密度 ρ、平

均速度 v 和流层接触面积 A，另外流体的动力黏度 μ 和固体边界的粗糙度 Δ 也对黏滞力的大小有一定影响。试分析流体边界黏滞力 F 的表达式。

解：首先可将边界黏滞力 F 表示为受以上各因素影响的一般函数形式

$$F = f(\rho, v, A, \mu, \Delta) \tag{1-17}$$

由试验发现，流体的动力黏度 μ 和边界粗糙度 Δ 对黏滞力 F 的作用主要是通过对流体流动形态的综合影响来实现的，可以用一个无量纲综合系数 k 来表示。这里把前述函数表示为各主要自变量单项指数乘积形式

$$F = k\rho^{\alpha}v^{\beta}A^{\gamma} \tag{1-18}$$

式中：k 是与 μ 和 Δ 有关的无量纲系数；α、β、γ 分别为待定的量纲指数。

选择 L、T、M 作为基本量纲，将式(1-18)表示成量纲公式的形式，即

$$[F] = [M]^1[L]^1[T]^{-2} = [ML^{-3}]^{\alpha}[LT^{-1}]^{\beta}[L^2]^{\gamma}$$

根据量纲和谐原理，等号两侧对应量纲的指数应该相等，于是得

M：$1=\alpha$；L：$1=-3\alpha+\beta+2\gamma$；T：$-2=-\beta$。解之得：$\alpha=1, \beta=2, \gamma=1$。

将指数 α、β、γ 值代入式(1-18)可得：$F = k\rho v^2 A$。

在实用中常取 $k=\lambda/8$，λ 又称沿程水头损失系数，它包含了流体的黏滞性和固体边界粗糙度的影响，是一个与流动形态有关的综合系数。于是流体的边界黏滞切应力便可表示为

$$\tau_0 = \frac{F}{A} = \frac{\lambda}{8}\rho v^2 \tag{1-19}$$

必须指出，在实际工程中采用一些依靠试验观测资料建立起来的经验公式，其量纲有的是不和谐的，因而这些公式的使用是有一定局限性的。

（二）π 定理法

π 定理法是量纲分析更为通用的方法，是由布金汉(Buckingham)于1915年提出的。他提出：任何一个包含有 n 个物理量的物理过程，表示为：$f(x_1, x_2, \cdots, x_n)=0$，选择其中 m 个相互独立的物理量作为基本物理量，则该物理过程可以由 $(n-m)$ 个无量纲组合数所组成的关系式来描述，即 $F(\pi_1, \pi_2, \cdots, \pi_{n-m})=0$。这些无量纲组合数分别用 $\pi_i = \dfrac{x_i}{x_{n-2}^{\alpha}x_{n-1}^{\beta}x_n^{\gamma}}$ 来表示，故称为 π 定理法。π 定理法的特点是：一般基本物理量 m 取3个，利用无量纲组合数转换与量纲和谐原理，推求物理过程中各物理量间的函数关系。这里也采用例1-2，介绍 π 定理法的应用。

例1-2 解：(1)将边界黏滞力 F 表示为一般函数形式

$$f(T, \rho, v, A, \mu, \Delta) = 0 \quad 或 \quad F = f(\rho, v, A, \mu, \Delta) \tag{1-20}$$

从这 $n=6$ 个变量中，选取 $m=3$ 个独立的基本物理量 A、v、ρ，并且选择 L、T、M 作为基本量纲。

(2)用基本量纲把所选取的3个基本物理量表示成量纲公式形式，进行独立性检验

$$[A] = [M]^0[L]^2[T]^0;\quad [v] = [M]^0[L]^1[T]^{-1};\quad [\rho] = [M]^1[L]^{-3}[T]^0$$

由于所选基本物理量的量纲指数行列式 $\begin{vmatrix} 0 & 2 & 0 \\ 0 & 1 & -1 \\ 1 & -3 & 0 \end{vmatrix} = -2 \neq 0$，表明这三个基本物理

量是相互独立的。

(3)列出 $n-m=3$ 个无量纲组合数(π 项):$\pi_1=\frac{F}{A^{a_1}v^{b_1}\rho^{c_1}}$;$\pi_2=\frac{\mu}{A^{a_2}v^{b_2}\rho^{c_2}}$;$\pi_3=\frac{\Delta}{A^{a_3}v^{b_3}\rho^{c_3}}$。

(4)根据量纲和谐原理,确定各 π 项的量纲指数(每一 π 项分子与分母对应的量纲指数应该相等)。

对于 π_1:$[M]^1[L]^1[T]^{-2}=[L^2]^{a_1}[LT^{-1}]^{b_1}[ML^{-3}]^{c_1}$,于是有

M:$1=c_1$;L:$1=2a_1+b_1-3c_1$;T:$-2=-b_1$。解之得:$a_1=1,b_1=2,c_1=1$,则得

$$\pi_1=\frac{F}{Av^2\rho} \tag{1-21}$$

同理可得

$$\pi_2=\frac{\mu}{A^{0.5}v\rho}=\frac{\nu}{A^{0.5}v} \tag{1-22}$$

$$\pi_3=\frac{\Delta}{A^{0.5}} \tag{1-23}$$

对于圆管,$[A^{0.5}]=[d]$,则有

$$\pi_2=\frac{\mu}{dv\rho}=\frac{\nu}{dv}=\frac{1}{Re}$$

$$\pi_3=\frac{\Delta}{d}$$

(5)对于圆管,根据 π 定理,原物理过程转换为

$$F(\pi_1,\pi_2,\pi_3)=0 \quad 或 \quad \pi_1=F(\pi_2,\pi_3)=f\left(\frac{\nu}{A^{0.5}v},\frac{\Delta}{A^{0.5}}\right)$$

对于圆管则有

$$\pi_1=f\left(\frac{1}{Re},\frac{\Delta}{d}\right) \tag{1-24}$$

试验与理论分析表明,$f\left(\frac{\nu}{A^{0.5}v},\frac{\Delta}{A^{0.5}}\right)$或者$f\left(\frac{1}{Re},\frac{\Delta}{d}\right)$都与液体流动形态和固体边界粗糙度 Δ 密切相关,这里把它们合并为一个综合系数,取作 $\lambda/8$,亦即 $\lambda=f'\left(\frac{1}{Re},\frac{\Delta}{d}\right)$。

(6)再转换为物理量之间的关系式:

边界黏滞力　$$F=\frac{\lambda}{8}\rho v^2A$$

黏滞切应力　$$\tau_0=\frac{F}{A}=\frac{\lambda}{8}\rho v^2 \tag{1-25}$$

于是,采用 π 定理分析得到的流体边界黏滞力 F 与切应力 τ_0 的表达式,与雷利法分析结果完全相同。

第五节　水力学的研究方法

水力学虽属流体力学的范畴,但也有其自身的特点,主要在于它偏重于解决实际工程

应用问题，由于纯理论研究尚不能完全满足工程实际的需要，这就使得水力学有了其自身的研究方法。

目前，水力学的研究方法主要有理论分析、试验研究和数值计算等三种基本方法。

一、理论分析

古典力学是水力学的基础。理论分析法就是运用古典力学中物体机械运动的基本原理，如质量守恒原理、牛顿运动定律、能量守恒原理和动量定理等，来分析和研究液流运动，从而建立能够反映液流运动规律的一些基本方程，如连续性方程、能量方程以及动量方程等。由于液流运动的多样性和复杂性，迄今为止，要完全依靠理论分析手段来解决水力学中的所有问题，还存在诸多困难。有时还需要借助"量纲分析"这种数学与物理相结合的辅助分析方法进行研究。

二、试验研究

试验研究方法主要有两个方面的内容：一是检验理论成果的正确性；二是对于理论分析方法尚不能完全解决的水力学问题，借助试验手段来找到一些试验性规律，以满足工程实际应用的需要。目前，试验研究主要有如下三种形式。

（一）原型观测

通过对实际工程现场的液流运动进行观测，掌握和收集第一手资料，为检验理论分析成果，寻求和总结液流运动的某些基本规律提供依据。

（二）模型试验

根据相似原理，将实际液流边界与相关工程按比例缩制成模型，在模型中模拟实际工程中的各种液流运动，研究模型液流的运动规律；同时可以把模型液流的试验成果按一定的关系换算为实际液流的相应数据，以满足实际工程设计的需要。

（三）专题试验

不严格遵循相似原理，在实验室内小规模地造成一些液流现象，通过系统实验观测，寻求这些液流现象产生的原因以及遵循的运动规律，从而丰富发展水力理论。

三、数值模拟研究

随着计算机技术的迅速发展，数值模拟技术在当今水力学研究中得到越来越广泛的应用。传统常规数理方法很难求解的液流运动偏微分方程组，可以采用一定的数值计算方法（有限差分法、有限元法和有限体积法等）进行离散化；然后利用计算机的高速智能计算功能，计算得到流体运动区域内的离散解。这也称为是以计算机为试验平台的数值模拟试验。

习　题

一、课堂讨论题

课 1-1　如果液体是非均质的，其密度应该怎样表示？

课 1-2　“因为实际液体都存在黏滞性，所以任何情况下实际液体都存在内摩擦力”，这种说法对吗？为什么？

课 1-3　“无论在任何情况下，具有自由液面的实际液体表层的流速都是最大的”，这种说法对吗？为什么？

课 1-4　“理想液体的流速梯度等于零”，对吗？请说明原因。

课 1-5　假设明渠液流的垂线流速分别为：①均匀分布；②底部流速 $u=0$、表层流速 $u=u_{max}$ 的线性分布；③二次抛物线分布。试分析说明其切应力的垂线分布规律各是怎样的。

二、基本要求题

基 1-1　在一个大气压的作用下，温度 $t=4$ °C，体积 $V=500$ L 的水，它的重量和质量各有多大？

基 1-2　已知在温度为 30 °C 时，水的运动黏度为 0.800×10^{-6} m²/s，试求其动力黏度 μ。

基 1-3　一水平玻璃水槽，当水深 $h=0.08$ m，温度 $t=10$ °C 时，水面上放置一面积为 1.8 m² 的极薄平板，今要求以 1.6 m/s 的速度拖动该平板，设水流的流速近似呈线性分布，试求拖动平板时所需的水平拖曳力，并绘制黏滞切应力沿垂线的分布图。

基 1-4　一漂浮于水面的极薄平板，板面附近沿板法线方向的水流流速分布为 $u=200h-250h^2$（h 为水深，$0\leqslant h\leqslant0.4$ m），动力黏度 $\mu=1.145\times10^{-3}$ N·s/m²。试求：

（1）水深 $h=0$、$h=0.2$ m及 $h=0.4$ m 处的切应力；

（2）绘制沿板法线方向的切应力分布图。

基 1-5　质量 $M=5$ kg 的木板如图所示，沿涂有润滑油的斜面等速下滑，已知油的动力黏度 $\mu=0.1225$ N·s/m²，油层厚度 $=0.1$ cm，木板与油的接触面积 $A=0.25$ m²，问木板的下滑速度 u 为多少？

基 1-6　一矩形断面宽浅式明渠，已知水深 $h=0.5$ m，如图所示的流速分布规律为

$$u=0.002\frac{\rho g}{\mu}\left(hy-\frac{y^2}{2}\right)$$

试求：

（1）黏滞切应力 τ 沿垂线的分布规律；

（2）黏滞切应力沿垂线的分布图。

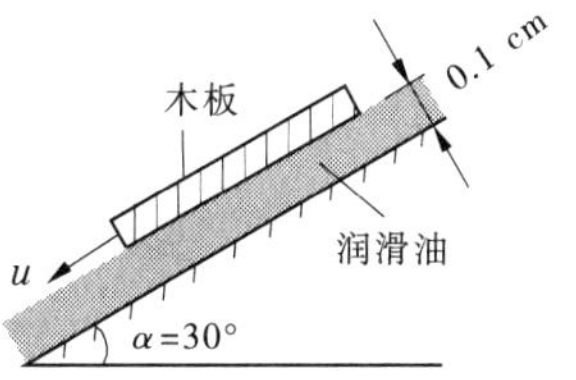

基 1-5 图

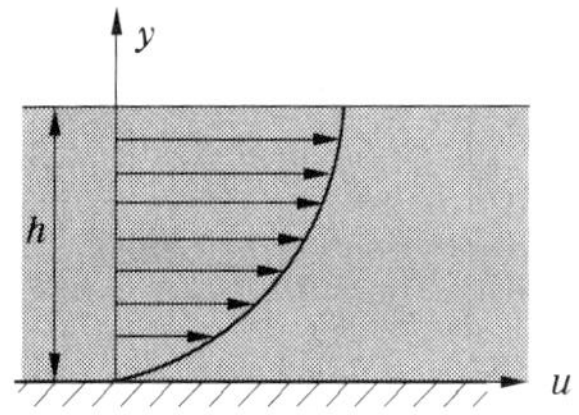

基 1-6 图

基 1-7　试写出静止容器中质量为 M 的液体单位质量力的表达式。

基 1-8　已知体积为 5 m^3 的水，当压强增加 5 个大气压时，其体积减小了 1.25 L，试求：

(1) 该水的体积弹性系数 K；

(2) 当控制水体的相对压缩值为 1/1 000 时，需要增大的压强为多少？

基 1-9　如图所示的水箱，若使量测水位的玻璃管的测量误差不大于 3 mm，所选玻璃管的最小内径应为多少？

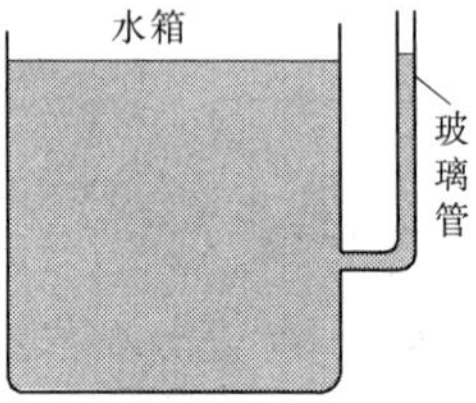

基 1-9 **图**

三、加深理解题

加 1-1　如图所示的滑动轴承，已知轴承宽度 $a=20$ cm，轴直径 $d=13$ cm，间隙 $t=0.1$ cm，若轴的转速为 $n=210$ r/min，内摩擦力对轴中心所产生的力矩为 $M=0.4$ N · m，试求间隙中润滑油的动力黏度 μ。

加 1-2　由内外两个圆筒组成的黏度计如图所示。两筒侧壁及两筒底部之间的间隙 δ 很小，间隙中充以待测液体，待测液体的流速分布可近似按线性分布考虑。已知图示的 $r=20$ cm，$h=40$ cm，$\delta=0.3$ cm，当内筒固定不动，外筒以角速度 $\omega=10$ rad/s 转动时，液体内摩擦力对内筒中心轴所产生的力矩为 5.5 N · m，求该液体的动力黏度 μ。

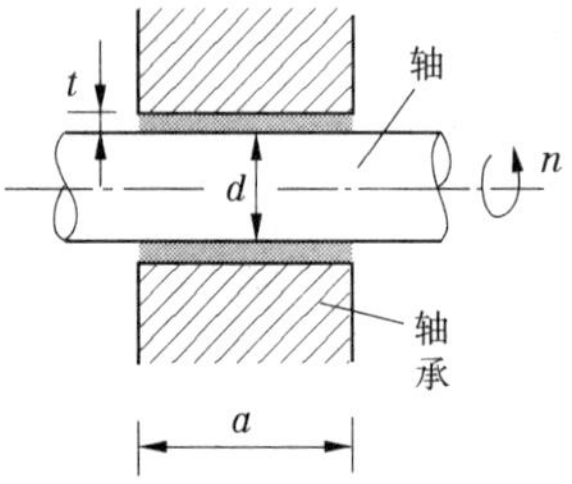

加 1-1 **图**

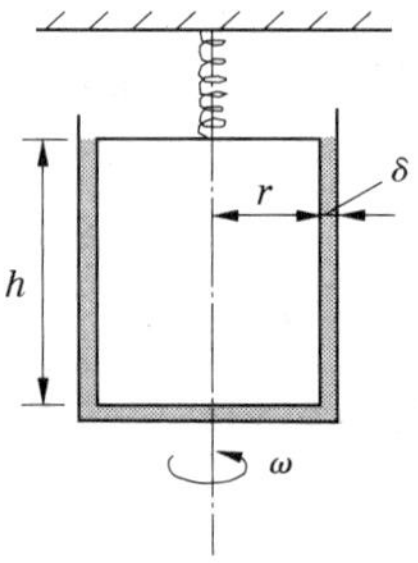

加 1-2 **图**

第二章　水静力学

水静力学研究液体处于静平衡状态下的力学规律及其在工程中的应用。液体静平衡包括静止与相对平衡两种情况：静止是指液体相对于地球没有运动，例如在四周封闭、表面如镜的池塘里水的状态；相对平衡是指液体相对于容器或者液体质点之间没有运动，而相对于地球则处于运动中，例如在做等加速运动的水杯里水的状态。

在静平衡状态下，由于液体质点间没有相对运动，液体内不存在切应力，也不存在拉应力，液体与边壁之间以及液体质点之间的相互作用是通过压应力（静水压强）形式呈现出来的。因此，水静力学的主要任务就是研究静水压强在空间的分布规律，并推求在一定作用面上的静水总压力。

第一节　静水压强及其特性

一、静水压力与静水压强（Hydrostatic pressure）

静止液体作用在与之接触面上的水压力称为静水压力，常用 F_P 表示。该接触面可以是固体边壁，也可以是相邻的另一部分液体表面。

在静止的液体中，围绕某点取一微小作用面 ΔA，作用在 ΔA 上的静水压力为 ΔF_P，当 ΔA 缩小为一点时，把比值 $\frac{\Delta F_P}{\Delta A}$ 的极限定义为该点的静水压强，用符号 p 表示，即

$$p = \lim_{\Delta A \to 0} \frac{\Delta F_P}{\Delta A} = \frac{\mathrm{d}F_P}{\mathrm{d}A} \tag{2-1}$$

在国际单位制中，静水压力的单位是牛顿（N）或千牛顿（kN），静水压强的单位是牛顿/米^2（N/m^2）或千牛顿/米^2（kN/m^2），牛顿/米^2 又称“帕斯卡”（Pa）。

二、静止液体中应力的特性

（一）静止液体中的应力即为静水压强

由液体的物理力学性质知，静止液体不能受剪，也不能受拉，故静止液体中不存在切应力，也不存在拉应力，只存在垂直且指向受压面的压应力。显然，**该应力就是静水压强**。

（二）静止液体中任一点的压强是各向等值的

静止液体中，任一点各方向静水压强的大小相等，与作用面在空间的方位无关。该特性也称为静水压强的各向等值性。如图 2-1所示，在静止液体中任取一点 A，并建立直角坐标系 $Oxyz$。在 A 点附近，取微小四面体 $ABCD$。为方便起见，取三个正交面与坐标平面方向一致，棱长分别为 $\mathrm{d}x$、$\mathrm{d}y$、$\mathrm{d}z$。设四面体斜面 BCD 的面积是 $\mathrm{d}A$，其外法线 n 的方向余弦分别为 $\cos(n,x)$、$\cos(n,y)$、$\cos(n,z)$，则有

$$\mathrm{d}A\cos(n,x) = \frac{1}{2}\mathrm{d}y\mathrm{d}z$$

$$\mathrm{d}A\cos(n,y) = \frac{1}{2}\mathrm{d}x\mathrm{d}z$$

$$\mathrm{d}A\cos(n,z) = \frac{1}{2}\mathrm{d}x\mathrm{d}y$$

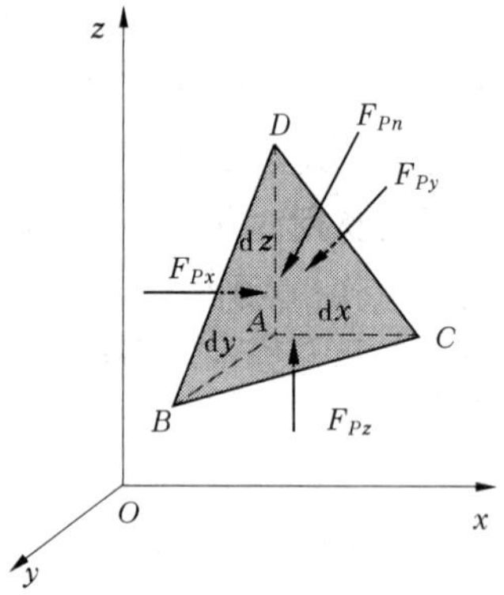

图 2-1

以 p_x、p_y、p_z 和 p_n 分别表示作用在四面体各正交面和斜面 BCD 上的平均静水压强，以 X、Y、Z 分别表示单位质量力在坐标轴方向的分量，建立作用于微小四面体 $ABCD$ 上各力的平衡关系。

因为液体静止，作用在四面体 $ABCD$ 上的表面力只有压力。设 F_{P_x}、F_{P_y}、F_{P_z} 和 F_{P_n} 分别表示四面体各对应作用面上的总压力，则有

$$F_{P_x} = p_x \cdot \frac{1}{2}\mathrm{d}z\mathrm{d}y$$

$$F_{P_y} = p_y \cdot \frac{1}{2}\mathrm{d}z\mathrm{d}x$$

$$F_{P_z} = p_z \cdot \frac{1}{2}\mathrm{d}x\mathrm{d}y$$

$$F_{P_n} = p_n \cdot \mathrm{d}A$$

四面体除受到表面力作用外，还受到质量力作用。四面体体积为 $\mathrm{d}V = \frac{1}{6}\mathrm{d}x\mathrm{d}y\mathrm{d}z$，液体密度以 ρ 表示，则质量力在坐标轴方向的分量分别为

$$F_x = \frac{1}{6}\rho\mathrm{d}x\mathrm{d}y\mathrm{d}z \cdot X$$

$$F_y = \frac{1}{6}\rho\mathrm{d}x\mathrm{d}y\mathrm{d}z \cdot Y$$

$$F_z = \frac{1}{6}\rho\mathrm{d}x\mathrm{d}y\mathrm{d}z \cdot Z$$

根据平衡条件，所有作用于微小四面体上的外力在三个坐标轴上投影的代数和应分

别为零，即

$$\left.\begin{aligned}\frac{1}{2}p_x\mathrm{d}y\mathrm{d}z-p_n\mathrm{d}A\cos(n,x)+\frac{1}{6}X\rho\mathrm{d}x\mathrm{d}y\mathrm{d}z=0\\ \frac{1}{2}p_y\mathrm{d}x\mathrm{d}z-p_n\mathrm{d}A\cos(n,y)+\frac{1}{6}Y\rho\mathrm{d}x\mathrm{d}y\mathrm{d}z=0\\ \frac{1}{2}p_z\mathrm{d}x\mathrm{d}y-p_n\mathrm{d}A\cos(n,z)+\frac{1}{6}Z\rho\mathrm{d}x\mathrm{d}y\mathrm{d}z=0\end{aligned}\right\}\tag{2-2}$$

因为 $\mathrm{d}A\cos(n,x)=\frac{1}{2}\mathrm{d}y\mathrm{d}z$，则式(2-2)中的第一式可写成

$$\frac{1}{2}\mathrm{d}y\mathrm{d}z(p_x-p_n)+\frac{1}{6}\rho\mathrm{d}x\mathrm{d}y\mathrm{d}z\cdot X=0$$

即

$$p_x-p_n+\frac{1}{3}\rho\mathrm{d}x\cdot X=0$$

忽略含 $\mathrm{d}x$ 的微小量项，则有

$$p_x=p_n$$

同理，由式(2-2)中第二、第三式分别可得

$$p_y=p_n,\quad p_z=p_n$$

由此可以证明

$$p_x=p_y=p_z=p_n\tag{2-3}$$

由于四面体 ABC 斜面的方向是任意选取的，故液体内任一点的静水压强各个方向上大小都相等，与受压面方位无关。静止液体中不同点的静水压强一般是不相等的，它是空间坐标的连续函数，可表示为

$$p=p(x,y,z)\tag{2-4}$$

第二节　液体平衡微分方程及其积分

在讨论静水压强基本特性的基础上，本节将根据力的平衡原理，推求静水压强在空间的分布规律。

一、液体平衡微分方程

在静止液体中取一任意以点 A 为中心的微小平行六面体，如图 2-2 所示。设六面体的各边分别与直角坐标轴平行，边长分别为 $\mathrm{d}x$、$\mathrm{d}y$、$\mathrm{d}z$。微小六面体静止，只受到表面力与质量力作用，且各方向的作用力平衡。现以 x 方向为例进行平衡分析。

（一）表面力

如图 2-2 所示，只有作用在 $abcd$ 和 $efgh$ 面上的压力。设六面体中心点 $A(x,y,z)$ 的静水压强为 $p(x,y,z)$。由于压强 p 是空间坐标的连续函数，当坐标有微小变化时，压强也发生变化，并可用泰勒级数表示。于是 $abcd$ 面和 $efgh$ 面中心点 M 和 N 的压强用泰勒级数沿 x 方向展开式表示，并取前两项得

$$p-\frac{1}{2}\frac{\partial p}{\partial x}\mathrm{d}x\qquad 和\qquad p+\frac{1}{2}\frac{\partial p}{\partial x}\mathrm{d}x$$

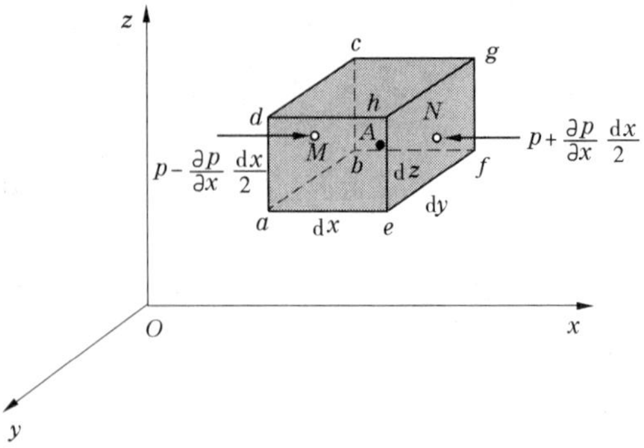

图 2-2

因为 *abcd* 面和 *efgh* 面是微小平面，故所受压力可分别写为

$$(p-\frac{1}{2}\frac{\partial p}{\partial x}\mathrm{d}x)\mathrm{d}y\mathrm{d}z \quad 和 \quad (p+\frac{1}{2}\frac{\partial p}{\partial x}\mathrm{d}x)\mathrm{d}y\mathrm{d}z$$

（二）质量力

设作用在微小六面体 x 方向的单位质量力为 X，则 x 方向总质量力为

$$X\cdot\rho\mathrm{d}x\mathrm{d}y\mathrm{d}z$$

根据液体平衡条件，在 x 方向有 $\sum F_x=0$，即

$$(p-\frac{1}{2}\frac{\partial p}{\partial x}\mathrm{d}x)\mathrm{d}y\mathrm{d}z-(p+\frac{1}{2}\frac{\partial p}{\partial x}\mathrm{d}x)\mathrm{d}y\mathrm{d}z+X\cdot\rho\mathrm{d}x\mathrm{d}y\mathrm{d}z=0$$

将上式各项除以 $\rho\mathrm{d}x\mathrm{d}y\mathrm{d}z$，化简移项（在 y、z 轴方向上类同），即得

$$\left.\begin{aligned}\frac{\partial p}{\partial x}&=\rho X\\ \frac{\partial p}{\partial y}&=\rho Y\\ \frac{\partial p}{\partial z}&=\rho Z\end{aligned}\right\} \tag{2-5}$$

式(2-5)即为液体平衡微分方程，是瑞士学者欧拉于 1775 年导出的，又称欧拉平衡方程。该式表明，平衡液体中，任何一点的静水压强沿某方向的变化率等于作用在单位体积液体上的质量力沿该方向的分量。**该方程表明了平衡液体表面力与质量力之间的制约关系，**对于不可压缩液体与可压缩液体均适用。

为了求得平衡液体中静水压强 p 的分布规律，须对欧拉平衡微分方程进行积分。将方程组(2-5)各式分别乘以 $\mathrm{d}x$、$\mathrm{d}y$、$\mathrm{d}z$ 后相加得到

$$\frac{\partial p}{\partial x}\mathrm{d}x+\frac{\partial p}{\partial y}\mathrm{d}y+\frac{\partial p}{\partial z}\mathrm{d}z=\rho(X\mathrm{d}x+Y\mathrm{d}y+Z\mathrm{d}z) \tag{2-6}$$

因为 p 是空间坐标的连续函数，即 $p=p(x,y,z)$，所以式(2-6)左边是静水压强 $p(x,y,z)$ 的全微分，于是式(2-6)可写成

$$\mathrm{d}p=\rho(X\mathrm{d}x+Y\mathrm{d}y+Z\mathrm{d}z) \tag{2-7}$$

式(2-7)是液体平衡微分方程的全微分形式。显然，只要给出单位质量力 X、Y、Z，就可通过积分求得静水压强 p 的分布规律。

对于不可压缩液体 ρ 为常数,这样式(2-7)的右端括号内各项之和也应该是某个函数 $W(x,y,z)$ 的全微分才有意义,即

$$\mathrm{d}p = \rho \mathrm{d}W \tag{2-8}$$

函数 $W(x,y,z)$ 的全微分可写为

$$\mathrm{d}W = \frac{\partial W}{\partial x}\mathrm{d}x + \frac{\partial W}{\partial y}\mathrm{d}y + \frac{\partial W}{\partial z}\mathrm{d}z \tag{2-9}$$

比较式(2-7)和式(2-9),得

$$X = \frac{\partial W}{\partial x},\quad Y = \frac{\partial W}{\partial y},\quad Z = \frac{\partial W}{\partial z} \tag{2-10}$$

由理论力学可知,若某函数 $W(x,y,z)$ 对各坐标的偏导数分别等于单位质量力在对应坐标轴上的投影,则该函数称为力势函数(Force potential function)。而这样的力称为有势力或保守力。有势力所做的功与路径无关,只与起点及终点的坐标有关。例如,重力和惯性力都是有势力。可见,**液体要维持平衡状态,只有在有势的质量力作用下才有可能**。对式(2-8)进行积分,可得到

$$p = \rho W + C \tag{2-11}$$

式中积分常数 C 可由边界条件确定。

需要指出的是,当给出实际作用的质量力时,力势函数 W 才有具体的表达式。

二、等压面及其特性

液体中压强相等的点构成的面(平面或曲面)称为等压面(Isobaric surface),例如液体与气体的交界面(自由液面)及处于平衡状态下的两种液体的交界面都是等压面。在等压面上 $p = C$,即 $\mathrm{d}p = 0$,由式(2-7)可得等压面方程为

$$X\mathrm{d}x + Y\mathrm{d}y + Z\mathrm{d}z = 0 \tag{2-12}$$

式中 $\mathrm{d}x$、$\mathrm{d}y$、$\mathrm{d}z$ 可设想为某液体质点在等压面上的任一微小位移 $\mathrm{d}s$ 在相应坐标轴上的投影,而 X、Y、Z 是该液体质点的单位质量力 $\boldsymbol{f}$ 在相应坐标方向上的投影。由理论力学可知,$X\mathrm{d}x + Y\mathrm{d}y + Z\mathrm{d}z$ 为单位质量力 $\boldsymbol{f}$ 沿空间位移 $\mathrm{d}s$ 所做的微功。因此,式(2-12)表示:当液体质点沿等压面移动 $\mathrm{d}s$ 时,质量力做的微功为零。由于质量力和位移都不为零,所以必然是**等压面与质量力正交**。这是等压面的重要特性。利用这一特性,我们可以根据液体中质量力的方向确定等压面的形状,或者在已知等压面形状后去确定质量力的方向。

工程中最常见的是仅受重力作用的液体,就一般局部范围而言,与铅垂方向正交的水平面就是等压面;而就宏观大范围而言,等压面应是处处与地心引力成正交的曲面。若除重力外还有其他质量力作用,那么等压面就应该与所有质量力的合力正交,此时等压面就不再是水平面了。等压面是计算静水压强时常用的一个概念。

第三节　重力作用下静水压强的基本方程

常见质量力有重力和惯性力,不同质量力作用下静平衡液体的压强分布规律是不同的。实际工程中的静平衡液体(静止液体)所受质量力只有重力,所以这里专门讨论液体

在只受重力作用下的静水压强分布规律。

一、静水压强基本方程

如图 2-3 所示,对于重力作用下的静止液体,令液面压强为 p_0,液体中任一点 M 的压强为 p。若取直角坐标系的 z 轴与重力方向平行,则质量力只有 z 轴方向的分力,即 $X=0, Y=0, Z=-g$,以之代入式(2-7),得

$$\mathrm{d}p = -\rho g \mathrm{d}z$$

均质的液体中 ρ 为常数,积分得

$$z + \frac{p}{\rho g} = c \tag{2-13}$$

式(2-13)即为质量力只有重力时液体平衡方程的积分式,称为静水压强的基本方程。

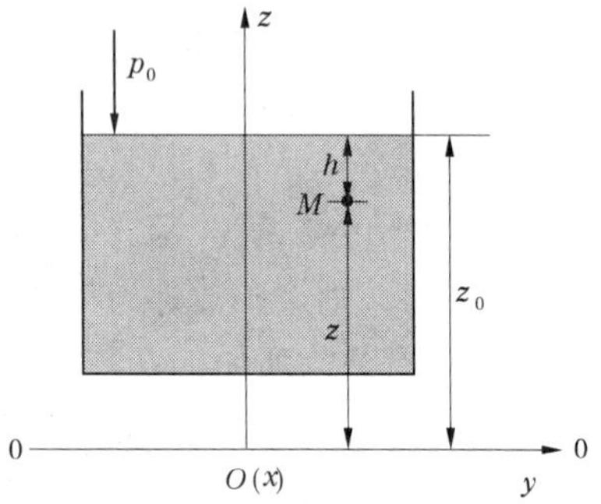

图 2-3

在自由液面 $z = z_0$, $p = p_0$,则 $c = z_0 + \frac{p_0}{\rho g}$,代入式(2-13)得

$$p = p_0 + \rho g(z_0 - z)$$

或

$$p = p_0 + \rho g h \tag{2-14}$$

式中,$h = z_0 - z$ 为该点在液面下的淹没深度。式(2-14)是重力作用下静水压强基本方程的另一种形式。它表明静止液体中任意点的压强由两部分组成:一部分是从液面传来的表面压强 p_0,它遵从巴斯加原理等值地传递到液体内各点;另一部分是 $\rho g h$,为单位面积上高度为 h 的液柱重量,简称为液重压强。

从式(2-14)还可以看出,在静止的液体中,压强随深度呈线性规律增加,同一水平面上各点的压强相等,与容器形状无关。但必须注意:**只有在重力作用下,连通的同种静止液体($\rho = c$)中,水平面才是等压面**。

二、静水压强基本方程的几何意义与物理意义

静水压强基本方程式(2-13)是水静力学的主要方程,以下将说明其几何意义与物理意义,并引出几个重要的基本概念。

(一)几何意义

在图 2-4 所示的容器中,以其底部某一水平面为基准 0—0,任取距基准面的铅直高度分别为 z_1 和 z_2 的 1、2 两点,并在该两点处各开一小孔外接垂直向上的开口玻璃管,称为测压管。由于相互连通,测压管液面上升至与容器中的液面同高度。液面上均为大气压,故容器内 1、2 两点的液重压强分别为

$$p_1 = \rho g h_1, \quad p_2 = \rho g h_2$$

此时,测压管中液面上升的高度为

$$h_1 = \frac{p_1}{\rho g}, \quad h_2 = \frac{p_2}{\rho g}$$

水力学中,通常称 z 为位置高度或位置水头(Position head),$\frac{p}{\rho g}$为测压管高度或压强

水头(Pressure head),而$\left(z+\dfrac{p}{\rho g}\right)$称为测压管水头(Piezometric head)。因此,式(2-13)反映的几何意义是:**静止连续的均质液体内各点,测压管水头等于常数**。

由于基准面是任意选取的水平面,如图2-5所示的静止液体中任意两点1、2均存在关系

$$z_1+\frac{p_1}{\rho g}=z_2+\frac{p_2}{\rho g}$$

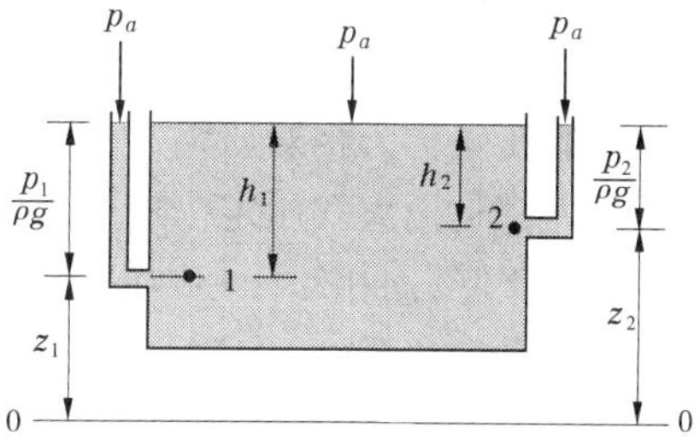

图2-4

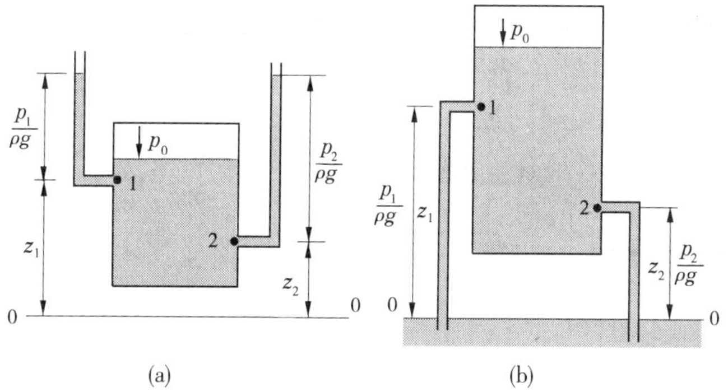

图2-5

(二)物理意义

从能量的观点来看,静水压强基本方程反映了静止液体内部的能量守恒规律。设质量为m的液体质点位于基准面以上的高度为z,则该质点具有的位能(重力势能)为mgz,故$z=\dfrac{mgz}{mg}$代表单位重量液体具有的位能,简称为单位位能。因重力为mg的液体在压强p的作用下将沿测压管上升一个高度$\dfrac{p}{\rho g}$,其压力势能为$mg\dfrac{p}{\rho g}$,所以$\dfrac{p}{\rho g}=\dfrac{mg\dfrac{p}{\rho g}}{mg}$就代表单位重量液体所具有的压力势能,简称为单位压能。而测压管水头$\left(z+\dfrac{p}{\rho g}\right)$就代表了单位重量液体的总势能,简称为单位势能。因此,式(2-13)体现的物理意义为:**静止连续的均质液体内各点,单位势能守恒**。可见式(2-13)实际上就是静止液体的能量方程。

第四节　静水压强的量测与静水压强分布图

一、静水压强的度量

压强可以用不同的基准来度量,根据基准的不同,静水压强有绝对压强与相对压强两种表示方法。

以没有空气的绝对真空作为零基准进行计量的压强称为绝对压强,以符号p'表示。

在实际工程中,水流表面或建筑物表面均为大气压 p_a,在计算建筑物受力时,不需要考虑大气压强的作用,所以当地大气压又常作为压强的基准。**以当地大气压作为零基准进行计量的压强称为相对压强**,以符号 p 表示。相对压强又称表压强,这是由于工程上所用的压力表都是把大气压定为零点,它所测得的压强是相对压强。不难看出,绝对压强总是大于或等于零,而相对压强则可正可负,也可为零。相对压强与绝对压强的关系是

$$p = p' - p_a \tag{2-15}$$

如图 2-6 所示,对于测点 N 有

$$p_N = p'_N - p_a$$

当液体的绝对压强 p' 小于大气压,相对压强为负压时,则称为液体处于真空状态。该状态用真空压强(或真空度)来度量。所谓**真空压强是指绝对压强小于当地大气压的数值**,即相对压强的负值,以符号 p_v 表示

$$p_v = p_a - p' = -p \tag{2-16}$$

如图 2-6 所示,对于测点 C 有

$$p_{vC} = p_a - p'_C$$

真空压强可用水柱高度表示,称为真空高度,用符号 h_v 表示,即

$$h_v = \frac{p_v}{\rho g}$$

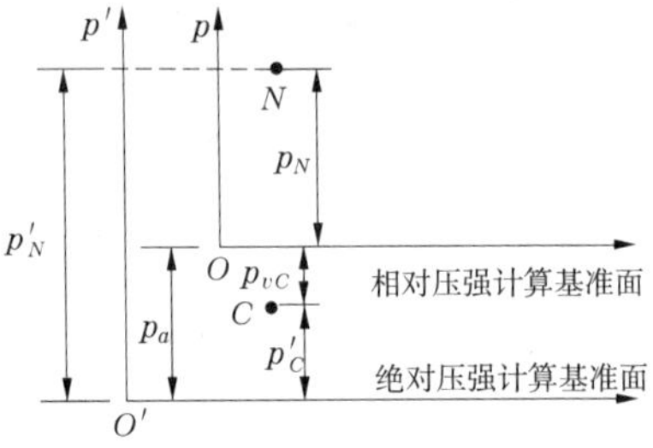

图 2-6

绝对压强、相对压强和真空压强三者之间的关系可由图 2-6 表示。相对压强与绝对压强的基准相差一个当地大气压。不同地点的大气压强与当地纬度、风力、温度有关,但差异不大。国际计量大会规定,一个标准大气压(温度为 0 ℃,纬度为 45°时海平面上的压强,用 atm 表示)相当于 760 mm 水银柱对柱底产生的压强,即 1 atm = 101.3 kN/m²。在工程中习惯采用工程大气压近似表示当地大气压强。1 个工程大气压(海拔约 200 m 处的大气压强,用 at 表示)相当于 736 mm 水银柱对柱底产生的压强,即1 at = 98 kN/m²。工程大气压常用 p_a 表示。

在本书中,若不加特殊说明时,当地大气压一般用工程大气压表示,压强均指相对压强。

【例 2-1】 如图 2-7 所示的密封水箱,液面的绝对压强为 $p_0 = 85\ \text{kN/m}^2$,求液面下淹没水深 h 为 1 m 处点 C 的绝对压强、相对压强和真空度,并指出真空区与非真空区界限水深值大小。

解:由式(2-14),C 点的绝对压强为

$$p' = p_0 + \rho g h = 85 + 1 \times 9.8 \times 1 = 94.8(\text{kN/m}^2)$$

C 点的相对压强为

$$p = p' - p_a = 94.8 - 98 = -3.2(\text{kN/m}^2)$$

相对压强为负值,说明 C 点存在真空,据式(2-16),其真空度为

$$p_v = p_a - p' = 98 - 94.8 = 3.2(\text{kN/m}^2)$$

在真空区与非真空区界限水深 h_1 处相对压强为零,即

$$0 = (p_0 + \rho g h_1) - p_a$$

于是有　$h_1 = \frac{p_a - p_0}{\rho g} = \frac{98 - 85}{9.8} = 1.33(\text{m})$

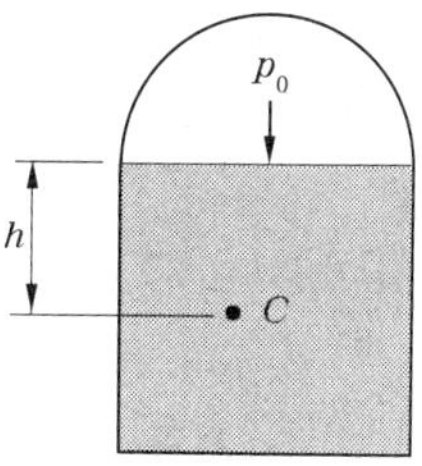

图 2-7

【例 2-2】 试标出如图 2-8 所示盛水容器内 A、B、C 三点的位置水头、压强水头及测压管水头。以图示 0—0 为基准面。

解:A 点的位置水头为 3 m,压强水头为 2 m,测压管水头为 5 m,如图 2-9 所示。

因为 $z + \frac{p}{\rho g} = c$,以 A 点的测压管水头为依据,因 B 点的位置水头为 2 m,则压强水头为 3 m。

对于 C 点,由于该点的测压管水头 $z_C + \frac{p_C}{\rho g} = z_A + \frac{p_A}{\rho g} = 5(\text{m})$,因位置水头 z_C 为 6 m,则压强水头$\frac{p_C}{\rho g} = -1$ m,即 $p_C < 0$,处于真空状态。

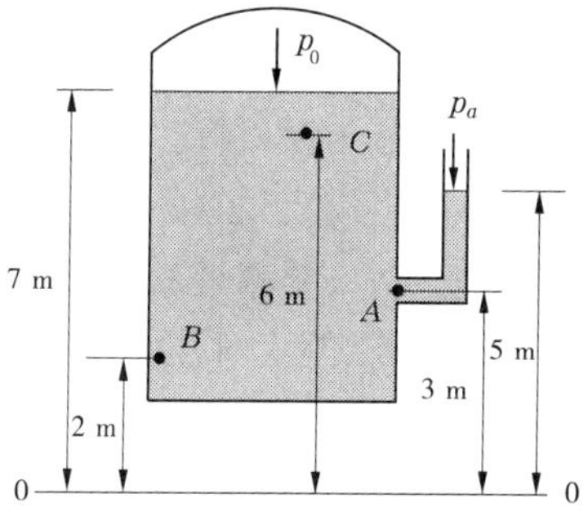

图 2-8

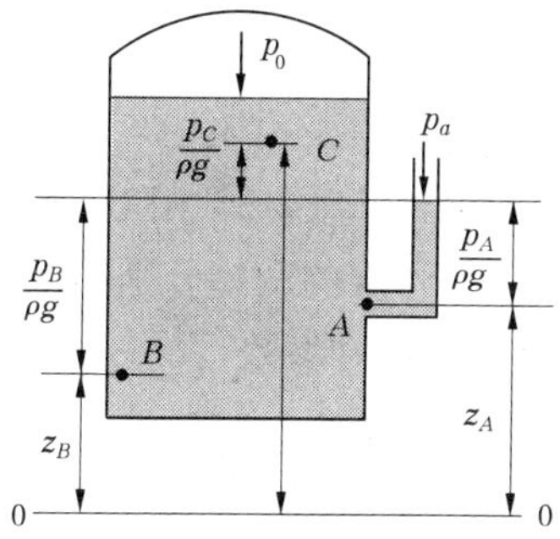

图 2-9

二、静水压强的量测

量测液体压强的仪器很多,可分为两大类。一类是利用压力与受力弹簧变形的对应关系设计的金属测压计,这类测压计多用于工业管路的压强测量,所测压强均为相对压强值,即表压强。另一类是利用水静力学原理设计的测压管及测压计。现介绍如下。

(一)测压管及 U 形管水银测压计

测压管是一根开口的玻璃管,直接连接在需要测量压强的容器上,如图 2-10 所示。根据静水压强基本方程,管中液柱的高度反映了所接测点的相对压强 $p = \rho g h$。h 为测点至上升液面的高度。为防止毛细管现象影响测量精度,测压管直径一般不小于 10 mm。

如果测点压强较小,为了提高量测精度,采用加大标尺读数的方法,把测压管倾斜放置,这时液柱的垂直高度 $h = L\sin\alpha$,该点压强为

$$p = \rho g h = \rho g L \sin\alpha \tag{2-17}$$

当测点压强较大时,显然需要较长的测压管方可量测,很不方便。这时常采用图 2-11 所示的 U 形管水银测压计。由于水银密度大,该测压计能够量测较大的压强。量测时,U

形管测压计一端用软管与被测点相接,另一端与大气相通。为求被测点 A 的压强 p_A,先找 U 形管中的等压面 $N—N$,然后根据 $N—N$ 面上的平衡条件分别有

$$p_1 = p_A + \rho g b, \quad p_2 = \rho_m g h$$

故 $p_A + \rho g b = \rho_m g h$,从而求得 A 点压强为

$$p_A = \rho_m g h - \rho g b \tag{2-18}$$

式中 ρ_m 为 U 形管内所装水银的密度。

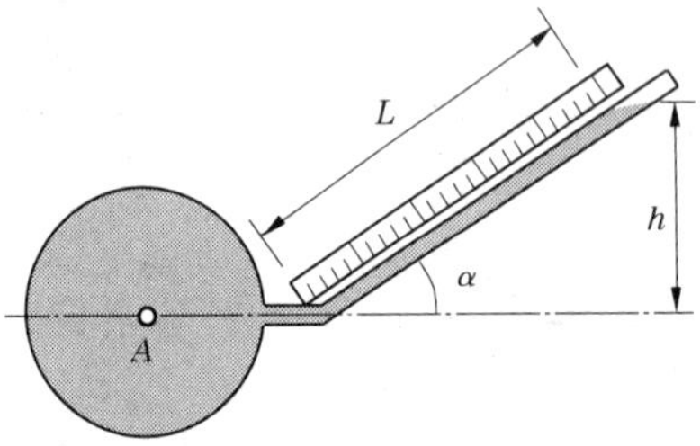

图 2-10

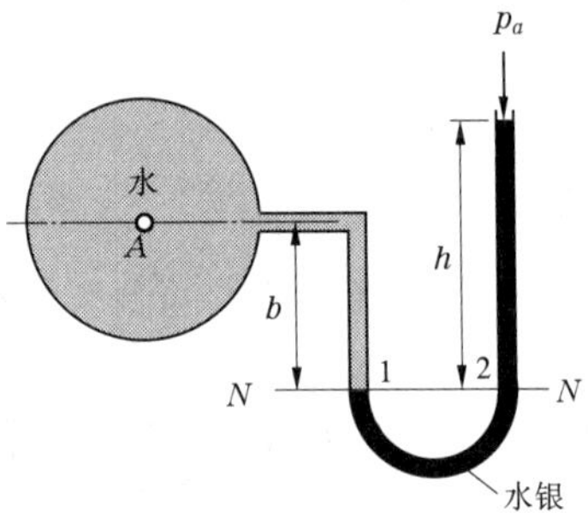

图 2-11

(二)U 形管压差计

测量两点间的压强差,常用 U 形管压差计,也称比压计。如图 2-12 所示,将装有水银或其他介质的 U 形管的两端分别与被测压差的两点相连接,只要测量 U 形管两侧的液面高差,再结合其他计算参数,就可以求得这两点的压强差。压差大时用水银压差计,压差小时用轻质介质压差计。

图 2-12(a)所示是水银压差计,容器 A、B 各盛一种介质,其密度分别为 ρ_A、ρ_B,由于 A、B 点存在压差,因而两侧液面呈现高差为 h,其余有关数据如图中所示。从图中可见,

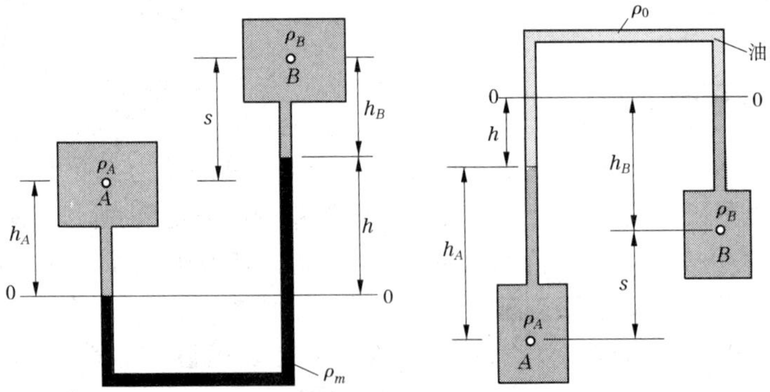

(a)U形水银压差计　　(b)轻质介质倒U形压差计

图 2-12

0—0为等压面,根据水静力学基本方程有

$$p_A + \rho_A g h_A = p_B + \rho_B g h_B + \rho_m g h$$

式中 ρ_m 为水银的密度。所以

$$p_A - p_B = \rho_m g h + \rho_B g h_B - \rho_A g h_A$$

又因为 $$h_A + s = h_B + h$$

所以 $$h_A = h + h_B - s$$

于是
$$p_A - p_B = \rho_m gh + \rho_B gh_B - \rho_A g(h + h_B - s)$$
$$= (\rho_m - \rho_A)gh + (\rho_B - \rho_A)gh_B + \rho_A gs \tag{2-19}$$

若两个容器中的介质相同，即 $\rho_A = \rho_B = \rho$，则

$$p_A - p_B = (\rho_m - \rho)gh + \rho gs \tag{2-20}$$

当两个容器中不但介质相同，高程也相同，即 $s = 0$ 时，则

$$p_A - p_B = (\rho_m - \rho)gh \tag{2-21}$$

图 2-12(b)所示为轻质介质压差计，容器 A、B 所盛介质密度分别为 ρ_A、ρ_B。其余有关数据如图中所示。因为比压计中 0—0 是等压面，于是有

$$p_A - \rho_A gh_A - \rho_0 gh = p_B - \rho_B gh_B$$

式中 ρ_0 为轻质介质的密度。所以

$$p_B - p_A = \rho_B gh_B - \rho_A gh_A - \rho_0 gh$$

又 $$h_B + s = h + h_A$$

因此 $$p_B - p_A = (\rho_A - \rho_0)gh + (\rho_B - \rho_A)gh_B - \rho_A gs$$

当 $\rho_A = \rho_B = \rho$，且 $s = 0$ 时，则

$$p_B - p_A = (\rho - \rho_0)gh \tag{2-22}$$

【例 2-3】 如图 2-13 所示某密闭容器，在侧壁上方装有 U 形管水银测压计，读数 $h_p = 0.16$ m。试求安装在水面以下 3.0 m 压力表读数值。

解：U 形管水银测压计的右支管开口通大气，液面相对压强 $p_N = 0$，N—N 平面为等压面，容器内水面压强

$$p_0 = 0 - \rho_p gh_p = -13.6 \times 9.8 \times 0.16 = -21.32(\text{kPa})$$

压力表读数值

$$p = p_0 + \rho gh = -21.32 + 1 \times 9.8 \times 3.0 = 8.08(\text{kPa})$$

【例 2-4】 在图 2-14 中，用水银压差计量测 A、B 两容器的压强差。已知两容器内皆为水，压差计的读数值 $\Delta h = 0.3$ m，两容器的高差 $\Delta z = 0.4$ m。试求 A、B 两点的压强差和测压管水头差。

解：设高度 h，作等压面 1—2—3、4—5，则

$$p_1 = p_2 = p_3$$
$$p_4 = p_5$$
$$p_2 = p_1 = p_A - \rho gh$$
$$p_4 = p_5 = p_B - \rho g(\Delta z + h + \Delta h)$$
$$p_3 = p_4 + \rho_m g\Delta h$$
$$= p_B - \rho g(\Delta z + h + \Delta h) + \rho_m g\Delta h$$

由 $p_2 = p_3$，整理得压强差

$$p_A - p_B = (\rho_m - \rho)\ g\Delta h - \rho g\Delta z$$
$$= (13.6 - 1) \times 9.8 \times 0.3 - 1 \times 9.8 \times 0.4$$
$$= 33.1(\text{kPa})$$

测压管水头差，由前式

$$p_A - p_B = (\rho_m - \rho)\ g\Delta h - \rho g(z_A - z_B)$$

整理得
$$\left(z_A + \frac{p_A}{\rho g}\right) - \left(z_B + \frac{p_B}{\rho g}\right) = \left(\frac{\rho_m}{\rho} - 1\right)\Delta h = 12.6\Delta h = 3.78(\text{m})$$

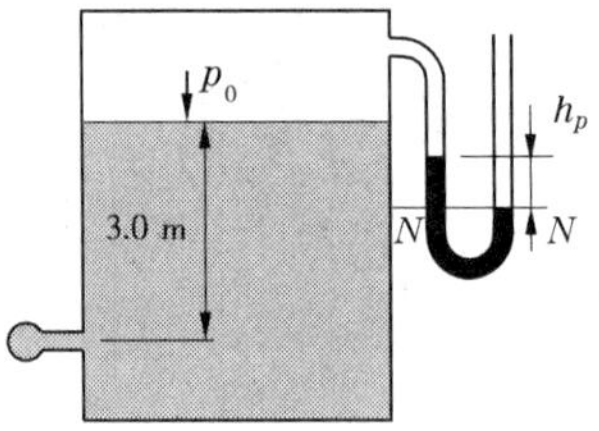

图 2-13

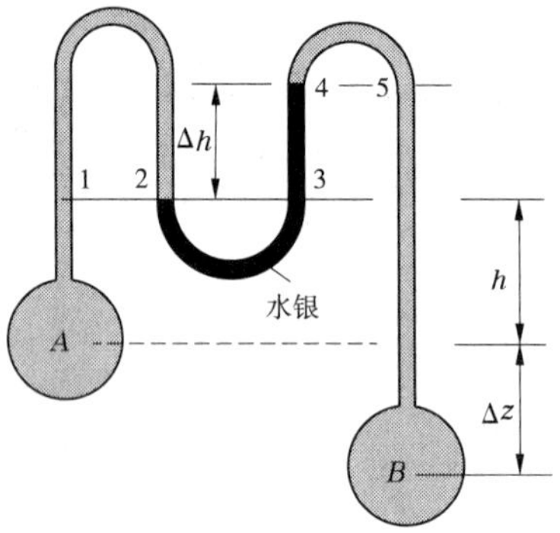

图 2-14

三、静水压强分布图

静水压强分布图就是在受压面承压一侧，以一定比例尺的矢量线段，表示压强大小和方向的图形，是液体静水压强分布规律的直观图示。因为实际工程往往与大气相通，通常绘制的都是反映相对压强的静水压强分布图。

由 $p = \rho gh$ 可知，压强沿水深呈线性分布，对于受压面为平面时，只要根据静水压强特性确定各控制点（已知水深点）的压强，然后把各控制点间压强矢量尾端用直线相连，再把其间任一点间压强用相应比例线段绘出，即可得到相对压强分布图，如图 2-15 所示。（请思考：当受压面为曲面时，其静水压强分布图的绘制有何不同？）

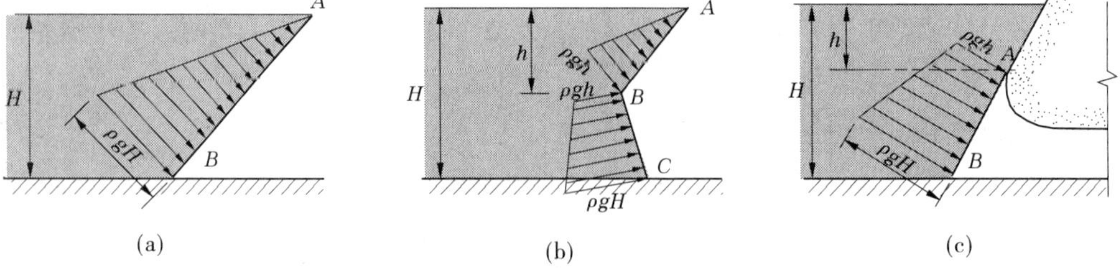

图 2-15

第五节　作用在平面上的静水总压力

工程中经常需要计算作用在建筑物上的静水总压力，如挡水坝坝面、闸门、桥墩、涵洞等。这些建筑物的受压面或是平面或是曲面，这里先讨论作用在平面上的静水总压力。

计算平面上的静水总压力，实质是求受压面上平行分布力的合力，并确定该合力的大小、方向和作用点。根据受压面的形状及其在水下的方位，求解方法有图解法与解析法两种。

一、图解法

如果受压面是矩形平面，且边线与水面平行，那么此时利用力图的特性，采用静水压强分布图来求解静水总压力较为方便，即所谓图解法。

（一）静水总压力的大小

如图 2-16 所示，某底边平行于液面的矩形平面 $ABEF$，与水面夹角为 α，平面宽度为 b，上、下底边淹没深度分别为 h_1、h_2。首先绘出该受压面压强分布图。根据平行分布力求合力的方法知，作用在单位宽度上的静水总压力大小应等于静水压强分布图的面积；而整个矩形平面的静水总压力大小，则等于平面宽度乘以压强分布图的面积。

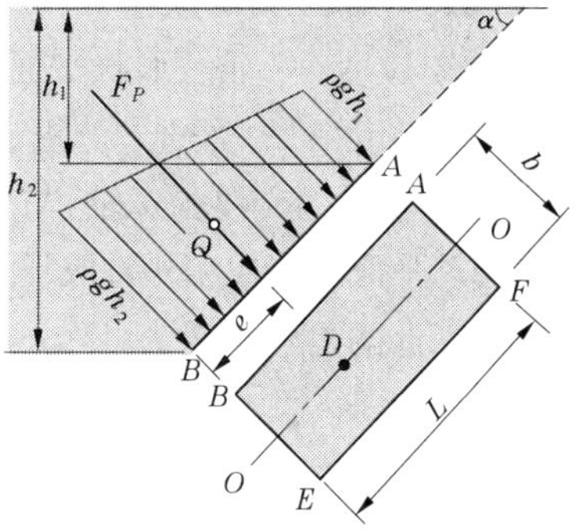

图 2-16

若令矩形平面压强分布图的面积为 Ω，则作用在整个矩形平面的静水总压力大小为

$$F_P = \Omega \cdot b \tag{2-23}$$

所以平面上的静水总压力大小等于作用在平面上压强分布图图形的体积。

当压强分布图为梯形时，$\Omega = \frac{1}{2}(\rho g h_1 + \rho g h_2)L$，则

$$F_P = \frac{\rho g}{2}(h_1 + h_2)bL \tag{2-24}$$

当 h_1 等于 0 时，压强为三角形分布，即

$$F_P = \frac{\rho g}{2}hbL \tag{2-25}$$

（二）静水总压力的方向和作用点

静水压强属于平行分布力系，根据静水压强特性即知静水总压力的方向也应是垂直指向受压面的。又根据理论力学“平行力系的合力作用线通过力系的中心”，可知**静水总压力必通过压强分布图的形心 Q**。通过 Q 点向矩形平面作垂线，其交点 D 便是总压力 F_P 的作用点，我们把该点称为压力中心，也称压心。矩形平面有纵对称轴，F_P 的作用点 D 必位于纵对称轴上。当压强分布图为三角形时，压力中心 D 离底边的距离为 $e = L/3$。当压强分布图为梯形时，压力中心 D 离底边的距离为 $e = \frac{L(2h_1 + h_2)}{3(h_1 + h_2)}$（见图 2-17）。

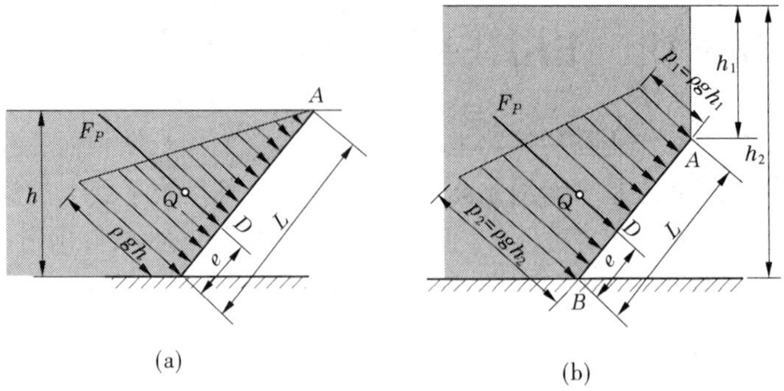

图 2-17

二、解析法

任意形状平面(任意方位放置)上的静水总压力可以采用解析法求解。

(一)静水总压力的大小

如图 2-18 所示,任意形状平面 EF 与水平面的夹角为 α,面积为 A,形心为 C,形心 C 位于水下的深度 h_C。为便于分析,将斜面 EF 绕 Oy 轴旋转 90°,建立坐标系,即 EF 平面的延展面与水面的交线为 x 轴,与之垂直的为 y 轴。

在 EF 平面上 M 点周围,取任意微小面积 $\mathrm{d}A$,M 点距水面深为 h,其上的静水压强为 $p=\rho gh$,$\mathrm{d}A$ 上的静水总压力 $\mathrm{d}F_P=p\mathrm{d}A=\rho gh\mathrm{d}A$,而 EF 平面上的静水总压力为

$$F_P = \int_A \mathrm{d}F_P = \int_A \rho gh\mathrm{d}A = \int_A \rho gy\sin\alpha\mathrm{d}A = \rho g\sin\alpha\int_A y\mathrm{d}A$$

式中 $\int_A y\mathrm{d}A$ 为平面 EF 对 Ox 轴的面积矩,它等于面积 A 与其形心坐标 y_C 的乘积,因此

$$F_P = \rho g\sin\alpha y_C A = \rho gh_C A = p_C A \tag{2-26}$$

式中 p_C 为受压面形心 C 点的静水压强,$p_C=\rho gh_C$。

式(2-26)表明,**作用在任意平面上的静水总压力 F_P,等于该平面的面积与其形心处静水压强的乘积;同时表明受压面形心处的压强即为该受压面上的平均压强**。

(二)总压力的方向与作用点

同理,静水总压力的方向是垂直指向受压面的。

利用合力矩定理推求作用点 y_D。由理论力学的合力矩定理知:合力对某轴的矩等于各分力对该轴之矩的代数和。

在图 2-18 中,设平面 EF 的压力中心 D 点处水深为 h_D,各分力对 Ox 轴力矩的总和为

$$\int_A y\mathrm{d}F_P = \int_A y\rho gh\mathrm{d}A = \int_A y^2\rho g\sin\alpha\mathrm{d}A = \rho g\sin\alpha\int_A y^2\mathrm{d}A = \rho g\sin\alpha I_x$$

式中的 $I_x = \int_A y^2\mathrm{d}A$ 为受压面对 Ox 轴的惯性矩。

根据惯性矩的平行移轴定理,如果面积 A 对通过它的形心 C 并与 x 轴平行的轴的惯性矩为 I_C,则 $I_x=I_C+y_C^2A$,则

$$\int_A y\mathrm{d}F_P = \rho g\sin\alpha(I_C + y_C^2 A)$$

总压力 F_P 对 Ox 轴取力矩，得

$$F_P y_D = \rho g h_C A y_D = \rho g\sin\alpha y_C A y_D$$

由合力矩定理可得

$$\rho g\sin\alpha y_C A y_D = \rho g\sin\alpha(I_C + y_C^2 A)$$

于是，静水总压力 F_P 的作用点为

$$y_D = \frac{I_C}{A y_C} + y_C \tag{2-27}$$

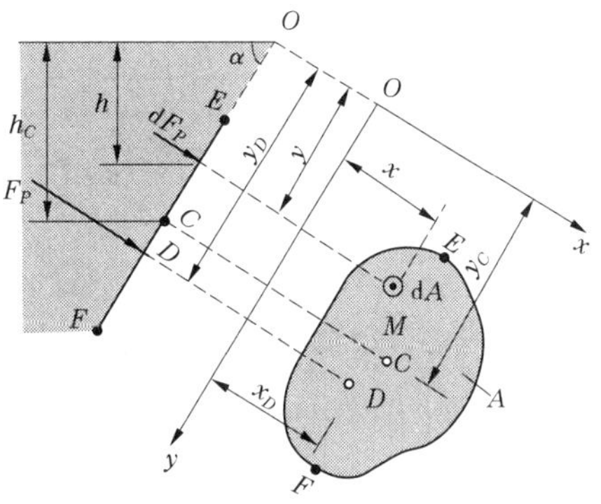

图 2-18

由于$\frac{I_C}{A y_C}>0$，故一般情况下有 $y_D > y_C$，即总压力的作用点，压力中心 D(Center of pressure)总是在受压面形心点 C 之下，如图 2-18 所示。随着受压面淹没深度的增加，压力中心逐渐接近形心。只有当受压面上的静水压强分布为均布荷载时，压力中心才与形心重合。

在实际工程中，受压面 EF 常为具有对称轴的对称平面，总压力的作用点必位于与 Oy 轴平行的对称轴上，所以求得 y_D 后就可完全确定压力中心的位置，一般无须计算 x_D。

【例 2-5】 如图 2-19 所示，一铅直矩形闸门置于水中，已知闸门高度 $h=3$ m，宽度 $b=2.5$ m，闸门上缘距水面的距离 $h_1=1.5$ m，试分别用图解法与解析法求解作用于闸门上的静水总压力。

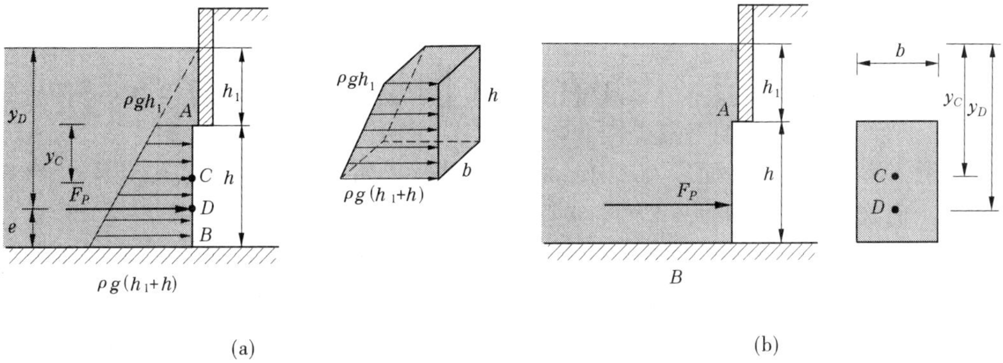

图 2-19

解：

1. 图解法

绘制作用于闸门上的静水压强分布图，如图 2-19(a)所示。根据式(2-24)可得静水总压力

$$F_P = \Omega b = \frac{1}{2}[\rho g h_1 + \rho g(h_1 + h)]hb$$

$$= \frac{1}{2}[9.8\times1.5 + 9.8\times(1.5+3)]\times3\times2.5 = 220.5(\mathrm{kN})$$

静水总压力 F_P 的方向垂直并指向闸门平面。

静水总压力 F_P 的作用线通过压强分布图的形心，压力中心 D 离闸门底缘的距离

$$e = \frac{h}{3}\frac{2h_1 + (h_1 + h)}{h_1 + (h_1 + h)} = \frac{3}{3} \times \frac{2 \times 1.5 + (1.5 + 3)}{1.5 + (1.5 + 3)} = 1.25(\mathrm{m})$$

压力中心 D 距水面的距离 y_D 为

$$y_D = (h_1 + h) - e = 4.5 - 1.25 = 3.25(\mathrm{m})$$

2. 解析法

由式(2-26)得静水总压力为

$$F_P = p_C A = \rho g h_C A = \rho g\left(h_1 + \frac{h}{2}\right)\cdot bh$$

$$= 9.8 \times \left(1.5 + \frac{3}{2}\right) \times 3 \times 2.5 = 220.5(\mathrm{kN})$$

由式(2-27)可得压力中心位置

$$y_D = y_C + \frac{I_C}{y_C A}$$

将矩形的形心轴惯性矩 $I_C = \frac{1}{12}bh^3$ 及 $y_C = h_1 + \frac{h}{2}$ 代入上式得

$$y_D = \left(h_1 + \frac{h}{2}\right) + \frac{\frac{1}{12}bh^3}{\left(h_1 + \frac{h}{2}\right)bh} = \left(1.5 + \frac{3}{2}\right) + \frac{\frac{1}{12} \times 2.5 \times 3^3}{(1.5 + \frac{3}{2}) \times 2.5 \times 3} = 3.25(\mathrm{m})$$

可见两种方法计算的结果一致。

第六节　作用在曲面上的静水总压力

实际工程中的受压曲面多为二向曲面（或称柱面），如拱坝的坝面、弧形闸门、U 形渡槽等。下面着重讨论二向曲面上的静水总压力计算。

由于作用在曲面上各点的静水压强都沿着曲面该点的法线方向，彼此不平行，因此其总压力计算不能像平面总压力按平行力直接积分求解，通常采用"先分解，后合成"的方法求解。即先将作用于曲面任一微小面积上的静水压力分解成水平分力和垂直分力，然后分别求解这两个方向上的总压力，即曲面静水总压力的水平分力与垂直分力，最后合成求出曲面上的静水总压力。

一、水平分力 F_{Px}

如图 2-20 所示，某右侧承受静水压力的二向曲面 AB，母线长为 b。选取坐标系，令 xOy 平面与液面重合，Oz 轴向下，在曲面上沿母线方向任取一弧长为 EF 的条形微小面积 $\mathrm{d}A$，与铅垂线交成 α 角，则作用在面积 $\mathrm{d}A$ 上的静水压力 $\mathrm{d}F_P$ 在水平方向的分力为

$$\mathrm{d}F_{Px} = \mathrm{d}F_P\cos\alpha$$

又因

$$\mathrm{d}F_P = p\mathrm{d}A = \rho g h \mathrm{d}A$$

式中 h 为微面积 $\mathrm{d}A$ 形心点在液面下的淹没深度，而总压力的水平分力可看做无限多个

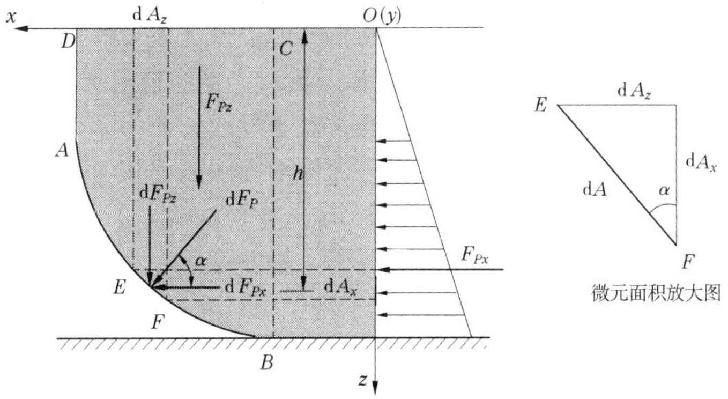

图 2-20

$\mathrm{d}F_{Px}$组成的平行力系的合力,故

$$F_{Px} = \int \mathrm{d}F_{Px} = \int \mathrm{d}F_P\cos\alpha = \int_A \rho gh\mathrm{d}A\cos\alpha = \rho g\int_{A_x} h\mathrm{d}A_x$$

式中 $\mathrm{d}A_x$ 为 $\mathrm{d}A$ 在 yOz 坐标平面的投影面积,$\int_{A_x} h\mathrm{d}A_x$ 表示该投影面对水平轴 Oy 的静面矩。如果用 A_x 表示 AB 曲面在 yOz 坐标平面的投影面积,用 h_C 表示该投影平面形心点在液面下的淹没深度,由静面矩定理可知

$$\int_{A_x} h\mathrm{d}A_x = h_C A_x$$

则

$$F_{Px} = \rho g h_C A_x = p_C A_x \tag{2-28}$$

式(2-28)表明,作用在曲面上的静水总压力 F_P 的**水平分力 F_{Px} 等于作用在曲面的铅垂投影面上的静水总压力**。显然,F_{Px}的作用线应通过 A_x 平面的压力中心。p_C 为曲面的铅垂投影面形心处的压强。

二、垂直分力 F_{Pz}

图 2-20 中 $\mathrm{d}F_P$ 在垂直方向的分力为

$$\mathrm{d}F_{Pz} = \mathrm{d}F_P\sin\alpha = \rho gh\mathrm{d}A\sin\alpha$$

整个曲面上的静水总压力的垂直分力 F_{Pz}为

$$F_{Pz} = \int_A \mathrm{d}F_{Pz} = \int_A p\mathrm{d}A\sin\alpha = \int_A \rho gh\mathrm{d}A\sin\alpha = \rho g\int_{A_z} h\mathrm{d}A_z$$

式中 $h\mathrm{d}A_z$ 代表以 $\mathrm{d}A_z$ 为底、高为 h 的微小柱体体积,而 $\int_{A_z} h\mathrm{d}A_z$ 则为以 $ABCD$ 为底、长为 b 的柱体体积 。若令

$$V = \int_{A_z} h\mathrm{d}A_z$$

则

$$F_{Pz} = \rho gV \tag{2-29}$$

式中 V 通常称为压力体(Pressurized fluid volume)的体积。式(2-29)表明,作用于曲面上的静水总压力 F_P 的**垂直分力 F_{Pz},其大小等于压力体内的水重**。垂直分力 F_{Pz}的作用线应

通过压力体的形心。

由上可见,压力体的确定是计算垂直分力 F_{P_z} 的关键。压力体的确定方法是,设想取铅垂线沿曲面的边缘平行移动一周,割出的以与大气连通的自由液面或其延伸面为上底,曲面本身为下底的铅垂柱体就是压力体。通常对于母线长 b 为常数的柱面,只需绘制压力体剖面图,上下底就是上下边界线,求出压力体剖面图的面积,再乘以曲面母线长 b 就是压力体的体积。

因曲面承压位置的不同,压力体所表征的 F_{P_z} 的方向有两种情况。当压力体和液体在曲面的同侧时,压力体内实有液体,习惯称为实压力体,F_{P_z} 方向向下(见图 2-21(a));当压力体和液体位于曲面异侧时,压力体上底为自由液面的延伸面,压力体内无液体,习惯称为虚压力体,F_{P_z} 方向向上(见图 2-21(b))。

对于水平投影面重叠的复杂曲面,应按浮、压分段作出压力体,然后相叠加。例如,半圆柱面 ABC(见图 2-21(c))的压力体,应先确定分界点 C(其压强为水平向),分别作出上浮曲面 BC 和下压曲面 AC 的压力体,然后叠加得实压力体 ABC,F_{P_z} 方向向下。

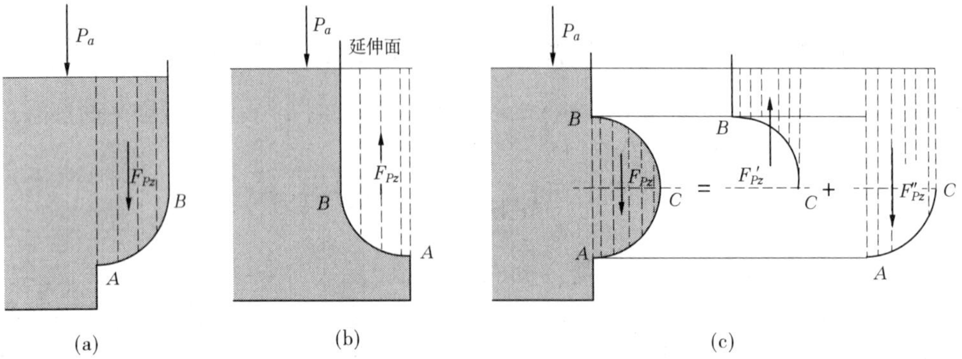

图 2-21

三、静水总压力

曲面所受静水总压力的大小为

$$F_P = \sqrt{F_{P_x}^2 + F_{P_z}^2} \tag{2-30}$$

总压力 F_P 的作用线与水平线的夹角 θ 为

$$\theta = \arctan \frac{F_{P_z}}{F_{P_x}} \tag{2-31}$$

过 F_{P_x} 作用线(通过 A_x 投影平面的压力中心)和 F_{P_z} 作用线(通过压力体的形心)的交点 K(K 点不一定位于曲面上,见图 2-22),作与水平面成 θ 角的直线就是总压力的作用线,该线与曲面的交点 D 即为总压力作用点。若曲面为圆弧面,则 F_P 的作用线应通过圆心。

如图 2-23,某任意形状物体淹没在静水中,因为该物体的外表面为三向曲面,受到的静水总压力可分解为水平分力 F_{P_x}、F_{P_y} 和铅垂分力 F_{P_z}。由于物体左右(可设为 x 向)和前后(可设为 y 向)部分的外表面在铅垂平面上的投影面积分别相等,故有 $F_{P_x左} = F_{P_x右}$,

而 $F_{Px左}$ 与 $F_{Px右}$ 指向相反，则水平分力 $F_{Px} = F_{Px左} - F_{Px右} = 0$；同理，$F_{Py} = 0$。即物体所受到的水平向静水压力相互抵消。而铅垂分力 F_{Pz} 为作用于物体上表面的 F_{Pz_1} 与下表面的 F_{Pz_2} 合成的结果，即 $F_{Pz} = \rho g(V_2 - V_1) = \rho gV$，式中 V 为物体淹没在水中的体积。因为 F_{Pz} 指向向上故也称为浮力。由此可见，作用于淹没物体上的静水总压力只有一个铅垂向上的力，其大小**等于该物体所排开的同体积的水重**，这便是著名的阿基米德原理。

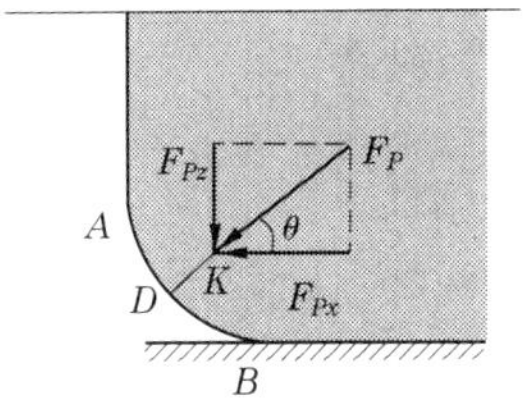

图 2-22

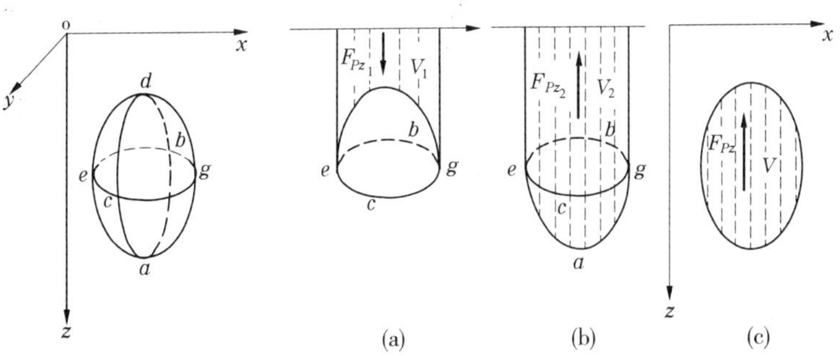

图 2-23

【例 2-6】　如图 2-24 所示一封闭钢板水箱，左下端为四分之一圆的弧形板 AB，宽（垂直于纸面方向）为 1 m，半径 R 为 1 m，水箱水深 h_1 为 2 m。水箱底部接一测压管，测压管液面高 h_2 为 3 m。试求圆弧板 AB 所受的水平水压力与垂直水压力的大小及方向。

解：因为容器为封闭水箱，欲求 AB 上的水平水压力与垂直水压力，则须求得 AB 曲面铅垂投影面形心点的压强，以及该曲面的压力体。圆弧板 AB 上所受的水平水压力为

$$F_{Px} = \rho g h_C A_x = \rho g\left(h_2 - \frac{R}{2}\right)Rb$$

$$= 9.8 \times \left(3 - \frac{1}{2}\right) \times 1 \times 1 = 24.5(\text{kN})$$

方向向左。

圆弧板 AB 上所受的垂直水压力为图示压力体 $ABB'A'$（虚压力体）的水体重，且方向向上，大小为

$$F_{Pz} = \rho gV = \rho g\left(h_2 Rb - \frac{\pi}{4} \times 1^2 \times 1\right)$$

$$= 9.8 \times \left(3 \times 1 \times 1 - \frac{\pi}{4} \times 1^2 \times 1\right) = 21.7(\text{kN})$$

【例 2-7】　如图 2-25 所示，一内径为 D 的供水钢管，管中受均匀水压力作用，其压强为 p，当管壁的允许拉应力为 $[\sigma]$ 时，求满足强度要求的管壁厚 δ（不考虑由于管道自重和水重产生的应力）。

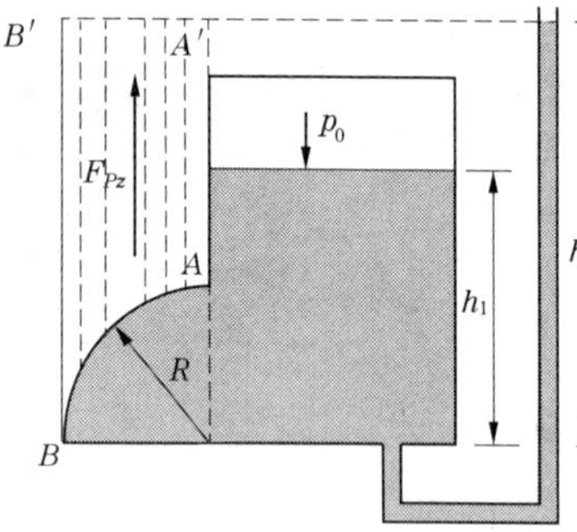

图 2-24

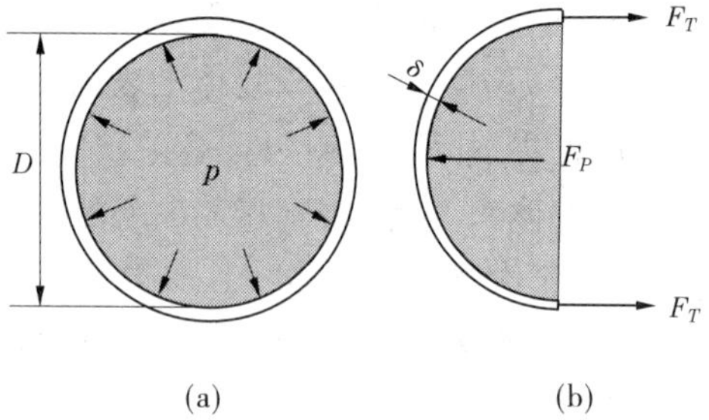

图 2-25

解:供水钢管在内水压力作用下,管壁将受到拉应力。沿管轴方向取单位长度管段并沿管径将管壁切开,取半管作为脱离体来分析其受力情况(见图 2-25(b))。作用在半环内表面的水平压力按曲面压力分析,应等于半环垂直投影面上的压力,$F_P = pA_z = pD \cdot 1$。该压力由半环壁上的拉应力承受并与之平衡,即 $2F_T = F_P = pD$,设 F_T 在管壁厚度上是均匀分布的,则 $F_T \leqslant [\sigma]\delta \cdot 1$,所以

$$\delta \geqslant \frac{F_T}{[\sigma]} = \frac{pD/2}{[\sigma]}$$

【**例 2-8**】　如图 2-26 所示,某竖直隔板上开有矩形孔口,用圆柱筒将其堵塞,隔板两侧水位不等。已知孔口高 $a = 1.2$ m,宽 $b = 2.5$ m,圆筒直径 $d = 2.5$ m,左侧水位至圆柱中心高 $h = 3$ m,左右水位差 $z = 0.8$ m,求作用于圆柱的静水总压力。

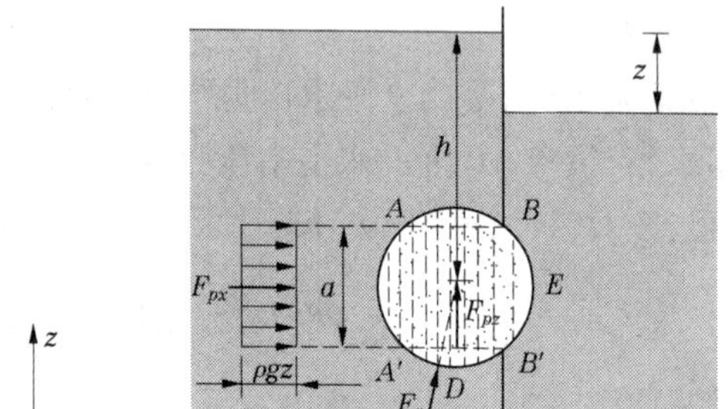

图 2-26

解:因圆柱筒两侧均受到水压力作用,应先分侧画出水平压强分布图,并进行叠加后再求解水平分力。

作用于圆柱筒左右的水平压力方向相反,叠加后为矩形分布,如图 2-27 所示。

圆柱筒左侧的压力体为面积 $BAA'B'$乘以圆柱宽度 b,右侧的压力体为面积 BEB'乘以圆柱宽度 b,二者之和正好为圆柱筒体积,且为虚压力体,F_{Pz}向上。

根据水平压强分布图及压力体图,可得静水总压力的水平分力为

$$F_{Px} = \rho gzab = 9.8 \times 0.8 \times 1.2 \times 2.5 = 23.52(\text{kN})(\rightarrow)$$

静水总压力的竖向分力为

$$F_{Pz}=\rho gV=\rho g\left(\frac{\pi}{4}d^2b\right)=9.8\times\left(\frac{\pi}{4}\times2.5^2\times2.5\right)=120.20(\mathrm{kN})(\uparrow)$$

于是,作用在圆柱筒上的总静水压力为

$$F_P=\sqrt{F_{Px}^2+F_{Pz}^2}=\sqrt{23.52^2+120.20^2}=122.48(\mathrm{kN})$$

由于圆柱筒面上任一点压强均通过圆心轴,故合力也必然通过圆心轴,其作用线与水平面的夹角为:$\theta=\arctan\frac{F_{Pz}}{F_{Px}}=\arctan\frac{120.20}{23.52}=78.93°$。

合力作用点 D 在水下的深度

$$h_D=h+\frac{d}{2}\sin\theta=3+\frac{2.5}{2}\times\sin78.93°=4.23(\mathrm{m})$$

第七节 浮体的平衡及稳定性

一、物体在液体的沉浮

漂浮在液面或淹没于液体中的物体(这里特指固体)都受到自身重力 G 与液体浮力 F_{Pz}的共同作用。重力 G 的作用线通过物体的重心 C,竖直向下;浮力 F_{Pz}的作用线通过压力体的重心 D,也称浮心,竖直向上。物体的重力 G 与所受浮力 F_{Pz}的相对大小,决定着物体的沉浮。

当自重为 G,体积为 V 的物体完全淹没在水下,它受到的浮力 F_{Pz}为 ρgV。若 $G>\rho gV$,物体将下沉,称为沉体;若 $G=\rho gV$ 时,物体可潜没在水中而保持随遇平衡,称为潜体;若 $G<\rho gV$,物体将上浮,直至部分体积浮出水面,称为浮体。船舶就是典型的浮体。

二、浮体的平衡及稳定性

设计船舶、水上施工平台、码头沉箱结构(施工期需在水上浮运)等浮体时,不但要求它们能够浮在水面上,而且要求有一定的稳定性。这里所说的稳定性是指浮体受到风或浪等外力扰动而倾斜后,能够自行恢复到原来平衡位置的能力。下面就以具有横向对称轴的浮体为例,讨论其平衡与稳定性。

如图 2-27 所示某对称浮体,当处于平衡状态时,作用于浮体的重力 G 与浮力 F_{Pz}大小相等,方向相反,重心 C 与浮心 D 位于同一铅垂线上。通过重心 C 与浮心 D 的连线 $O—O$ 称为浮轴;显然,浮轴也是浮体的对称轴。

当浮体受到风或浪等外力扰动而发生倾斜后,重力 G 与浮力 F_{Pz}保持不变,重心 C 假定也保持不变,但浮心由于浸入水中部分的几何形状改变,由 D 移至 D'。此时浮力F'_{Pz}($F'_{Pz}=F_{Pz}$)与浮轴有一交点 M 点,该点称为定倾中心;定倾中心 M 到原浮心 D 的距离称为定倾半径,以 ρ 表示;重心 C 与原浮心 D 的距离称为偏心距,以 e 表示。当浮体倾斜角 α 不大($\alpha<10°$)时,可近似认为 M 点在浮轴上的位置不变。

浮体倾斜后能否恢复到原平衡状态,取决于重心 C 与定倾中心 M 的相对位置。如图 2-27(a)所示,当 M 点高于 C 点,即 $\rho>e$,重力 G 与浮体倾斜后的浮力 F_{Pz}形成一个使浮

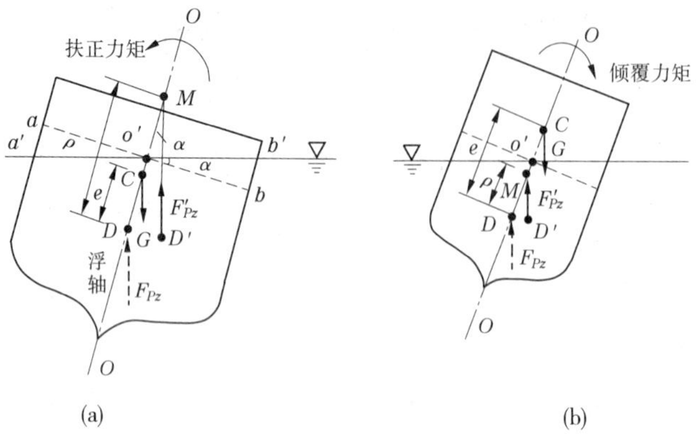

图 2-27

体恢复到原平衡位置的扶正力矩,浮体处于稳定平衡。反之,如图 2-27(b)所示,当 M 点低于 C 点,即 $\rho < e$,G 与 F'_{Pz}形成一个使浮体沿倾倒趋势继续发展的倾覆力矩,浮体处于不稳定平衡。当 M 点与 C 点重合,即 $\rho = e$,G 与 F_{Pz}不会产生力矩,浮体处于随遇平衡状态。

由此可见,浮体保持稳定的条件是:定倾中心高于重心,即定倾半径大于偏心距。

对于重心不变的对称浮体,当浮体的形状和重量一定时,重心与浮心之间的偏心距也就确定了,因此浮体的稳定与否要视定倾半径 ρ 的大小而定。对于小倾斜角($\alpha < 10°$)的浮体,定倾半径 ρ 可按下式计算(推导过程略),即

$$\rho = \frac{I'_o}{V} \tag{2-32}$$

式中,I'_o为浮体与自由液面的交面对其中心纵轴(通过 O'点垂直纸面的轴)的惯性矩,V 为浮体排开液体的体积。

【例 2-9】 如图 2-28 所示,一矩形断面钢筋混凝土沉箱,长度 $L = 10$ m,宽度 $b = 4$ m,重 $G = 1\ 260$ kN,重心 C 距底面 1.80 m。试校核该沉箱施工期在水上浮运时的稳定性(沉箱浮运时采用块石压舱)。

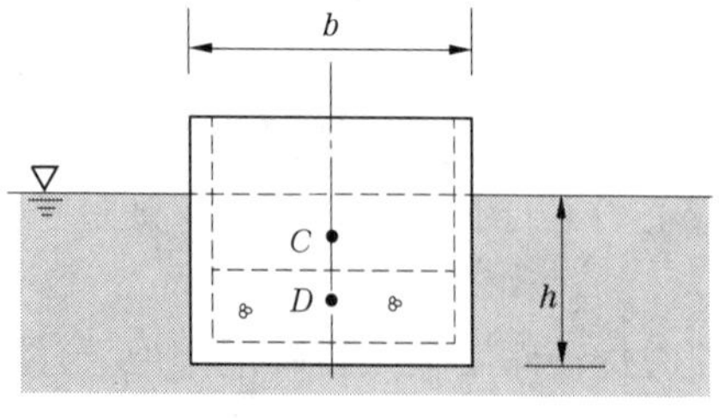

图 2-28

解:设沉箱在水面上浮游时的吃水深度为 h,根据阿基米德原理有

$$G = \rho g V = \rho g L b h$$

所以

$$h = \frac{G}{\rho g L b} = \frac{1\ 260}{9.8 \times 10 \times 4} = 3.21\ (\text{m})$$

沉箱浮心 D 距底面为 $\frac{h}{2}=\frac{3.21}{2}=1.61\ (\mathrm{m})$，则偏心距

$$e = CD = 1.80 - 1.61 = 0.19\ (\mathrm{m})$$

浮体的定倾半径为

$$\rho = \frac{I'_o}{V} = \frac{\frac{1}{12}Lb^3}{Lbh} = \frac{b^2}{12h} = \frac{4^2}{12 \times 3.19} = 0.42\ (\mathrm{m})$$

因 $\rho > e$，故该沉箱在水上浮游运时是稳定的。为安全起见，《重力式码头设计与施工规范》规定，近程浮运时 $\rho > 0.2\ \mathrm{m}$，远程浮运时 $\rho > 0.4\ \mathrm{m}$。

第八节　液体相对平衡及压强计算*

液体相对于容器保持静止，而相对于地球仍在运动，则称液体处于相对平衡或相对静止状态。例如，相对于地面作等加速（或等速）直线运动或等角速旋转运动的容器中的液体，便是相对平衡液体的实例。在相对平衡情况下液体受到的质量力除重力外，还有惯性力。根据达朗伯原理，在质量力中计入惯性力，使液体的相对运动问题在形式上转化为静力平衡问题，仍可运用液体平衡微分方程来求解。下面以容器绕中心铅垂轴作等速旋转运动的液体为例，说明这类问题的一般分析方法。

如图 2-29 所示，设盛有液体的直立圆筒容器绕其中心轴以等角速度 ω 旋转。由于液体的黏性作用，与器壁接触的液体层首先被带动而旋转，并逐渐向中心发展，进而所有液体质点都被带动而旋转。待运动稳定后，各质点都具有相同的角速度，液面形成一个漏斗形旋转面。现将坐标系置于旋转圆筒上，z 向上并与中心轴重合，坐标原点位于液面。由于坐标系转动，作用在液体质点上的力，除重力外，还有离心惯性力。

对于液体内任一质点 $A\ (x, y, z)$，其所受单位质量力在各个坐标轴方向的分量为

$$X = \omega^2 x,\quad Y = \omega^2 y,\quad Z = -g$$

将以上代入液体平衡微分方程全微分式(2-7)，有

$$\mathrm{d}p = \rho(\omega^2 x\mathrm{d}x + \omega^2 y\mathrm{d}y - g\mathrm{d}z)$$

积分后得

$$p = \rho\left(\frac{1}{2}\omega^2 x^2 + \frac{1}{2}\omega^2 y^2 - gz\right) + C \qquad (2\text{-}33)$$

在坐标原点 $x = y = z = 0$，$p = p_0$，由此得 $C = p_0$，同时注意到 $x^2 + y^2 = r^2$，代入上式则有

$$p = p_0 + \rho g\left(\frac{\omega^2 r^2}{2g} - z\right) \qquad (2\text{-}34)$$

式(2-34)就是等速旋转运动的直立容器中，液体相对平衡时压强分布规律的一般形式。

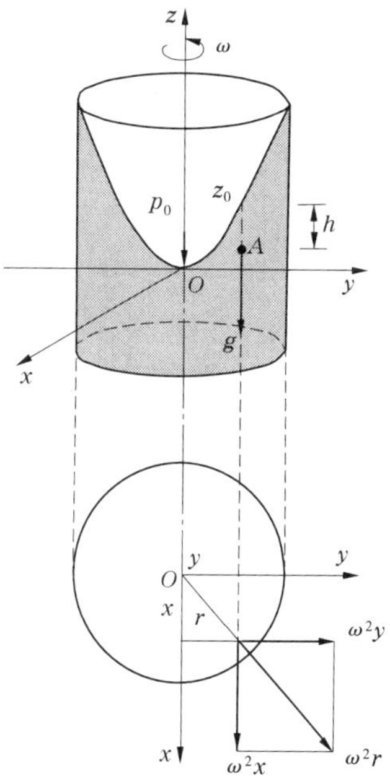

图 2-29

分析式(2-34)可以看出，当 z 值固定不变（即同

一水平面上)时,在 $r = 0$ 处(轴心处)压强最低,在 $r = R$ 处(边缘处)压强最高。在工程技术中,一些流体机械就是利用这一特性进行工作的。

若 p 为某一常数,则得等压面方程为

$$z = \frac{\omega^2 r^2}{2g} - \frac{p - p_0}{\rho g} \tag{2-35}$$

式(2-35)表明等压面是一簇以 z 为轴的旋转抛物面,不同的压强 p 值有一相应的等压旋转抛物面。

对于自由表面,$p = p_0 = p_a$,其自由表面方程为

$$z_0 = \frac{\omega^2 r^2}{2g} \tag{2-36}$$

式中 z_0 为自由表面的垂直坐标,将式(2-36)代入式(2-34)得

$$p = p_0 + \rho g(z_0 - z)$$

式中$(z_0 - z)$是质点在自由液面下的铅直深度,若以 h 表示,则上式变为

$$p = p_0 + \rho g h \tag{2-37}$$

由上可见,在相对平衡液体中任意点的压强仍然与该点的淹没深度呈线性关系,等水深面仍是等压面。改写式(2-33)有

$$z + \frac{p}{\rho g} - \frac{\omega^2 r^2}{2g} = \frac{p_0}{\rho g} = C \tag{2-38}$$

不难看出,只有在 r 值相同的那些点,即位于同心圆柱体上的各点测压管水头$(z + p/(\rho g))$才保持不变,这与只在重力作用下的静止液体中任意点测压管水头$(z + p/(\rho g))$保持不变的结论是不同的。

【例 2-10】 如图 2-30 所示,设有一盛满水的圆柱形容器,绕铅垂轴作等角速度为 ω 的旋转运动。试求:(1)仅在其顶盖中心开一小孔时(见图 2-30(a)),容器顶盖的压强分布;(2)仅在其顶盖边缘处开一小孔时(见图 2-30(b)),容器顶盖的压强分布。

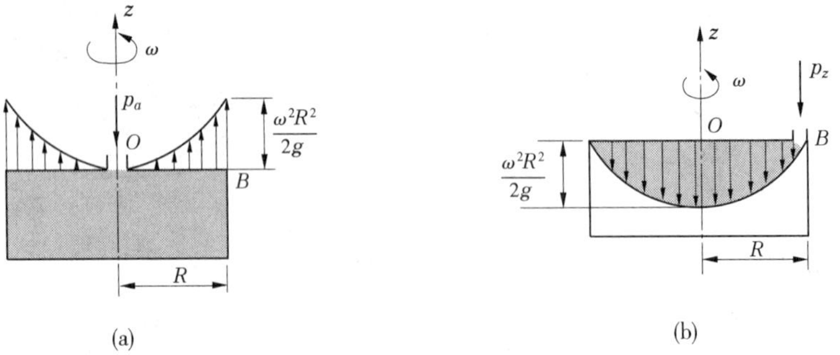

图 2-30

解:(1)对于图 2-30(a),当容器以等角速度 ω 绕铅垂轴旋转时,相对压强为零的等压面应为旋转抛物面。但由于顶盖的阻挡,迫使水面不能上升。此时,将 $z = 0, p_0 = 0$,代入式(2-34)可得

$$p = \rho g \frac{\omega^2 r^2}{2g}$$

分析上式可见,作用在顶盖上的液体压强分布形式为抛物面,边缘高,中心低。同时,压强 p 与 ω^2 成正比,故 ω 越大,边缘处压强也越大。离心铸造机就是利用这一原理设计的。

(2)对于图 2-30(b),当容器以等角速度 ω 绕铅垂轴旋转时,在离心惯性力作用下液体将由小孔向外甩,但由于在容器内部产生真空而把液体吸住,以致液体跑不出去。此时将 $z = 0, r = R, p = p_0 = p_a$,代入式(2-33)得 $C = p_a - \frac{\rho\omega^2 R^2}{2}$,于是有

$$p = p_a - \rho g\left[\frac{\omega^2(R^2 - r^2)}{2g} + z\right] \tag{2-39}$$

可见,作用在顶盖上的液体压强仍按抛物面分布:边缘高,中心低。顶盖边缘 B 点的液体压强 $p = p_a$,顶盖中心 O 点的液体压强为

$$p = p_a - \rho \frac{\omega^2 R^2}{2}$$

顶盖中心 O 点的真空度为

$$p_v = p_a - p = \rho \frac{\omega^2 R^2}{2}$$

显然,顶盖中心处的真空度亦与 ω^2 成正比。离心式水泵及离心式风机就是利用中心处形成的真空把水或空气吸入壳体,再借助叶轮旋转所产生的离心惯性增大能量后,由出口输出的。

学海趣谈　　**趣味鱼缸**

在日常生活与生产实践中,应用水静力学知识的实例很多。例如,应用阿基米德原理制造出了船舶,应用液压传递原理制造出了液压机,而离心铸造机、离心抽水机、离心风机的工作原理都是利用等速旋转运动液体相对平衡的压强分布特性。一种趣味养鱼缸(见图)就是巧妙借助液体的真空现象制作的。这种鱼缸的上部是密封的,鱼缸内盛满水供鱼儿游戏;在鱼缸中下部设有一个不影响赏鱼的开口喂食槽,槽口处水面低于缸内液面许多,喂食时可将鱼饵放在手心,从槽口处探入鱼缸内部,鱼儿立即游到掌心来争食鱼饵,而缸内的水却不会从喂食槽口处溢出。这种鱼缸既方便给鱼儿喂食,也增添了赏鱼乐趣。也许你不禁要问水为什么不从喂食槽溢出呢?难道重力作用在这个鱼缸内失效了吗?其实不然,只要缸内保持足够的真空状态,保证鱼缸喂食槽水面(A—A)以上部分水体呈负压,那么在大气压作用下,鱼缸就可以始终维持上部液面与喂食槽液面的高差。当然保证鱼缸上部的气密闭性是非常重要的,否则将会出现什么情况呢?

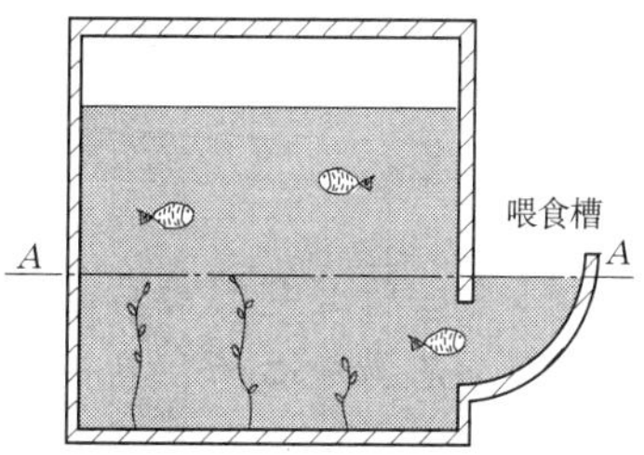

习　题

一、课堂讨论题

课 2-1　什么是等压面，等压面应满足什么条件？图示一 U 形管，图中的水平面哪些是等压面？

课 2-2　图示水深相差为 h 的 A、B 两点均位于箱内静水中，连接两点的 U 形压差计的液面高差为 h_m，试问下述三个 h_m 值哪一个正确？

(1) $\dfrac{p_A - p_B}{\rho_m}$；(2) $\dfrac{p_A - p_B}{\rho_m g - \rho g}$；(3) 0。

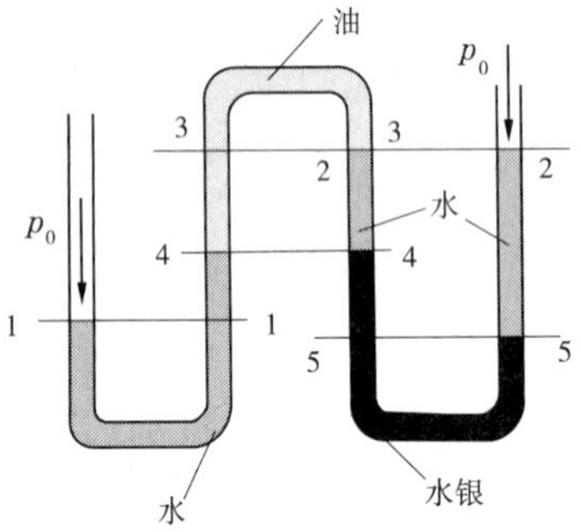

课 2-1 图

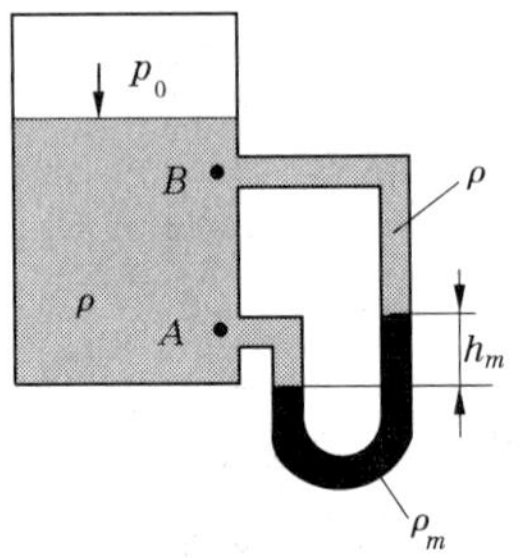

课 2-2 图

课 2-3　盛有液体的敞口容器作自由落体运动时，容器壁上的压强等于多少？

课 2-4　静止液体、流动液体中，各点的测压管水头是否相等？

课 2-5　图示浸没在水中一侧挡水的三种形状的挡板，面积相同，形心处水深相同。试问：

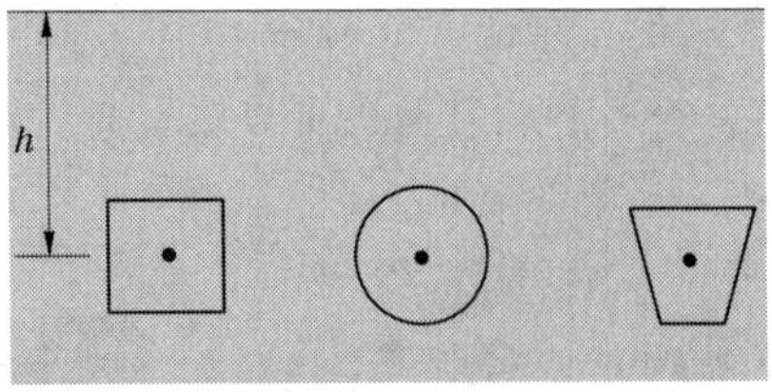

课 2-5 图

(1) 三个挡板受到的静水总压力是否相同？

(2) 哪个压力中心的位置最深？

课 2-6　图示几个不同形状的容器，放置桌面上，容器内的水深 h 相等，容器底面积 A 亦相等。问：

(1) 容器底面的静水压强是否相等？

(2) 容器底面所受的静水总压力是否相等？

(3)桌面上所受的总压力是否相等？(忽略容器自重)

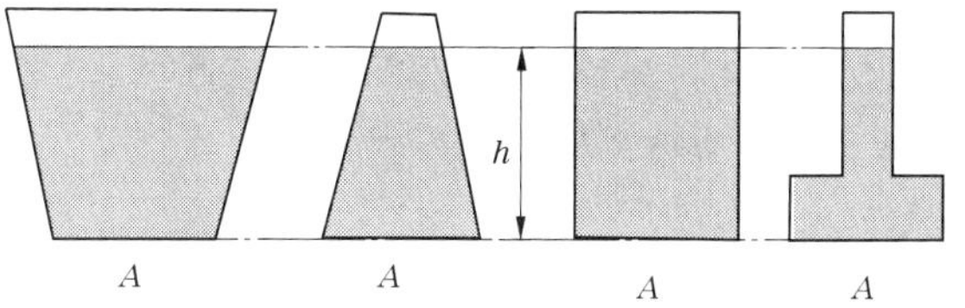

课 2-6 图

课 2-7　如何确定压力体的体积？实压力体与虚压力体如何构成？如图所示两个容器，底面或顶面的半球体半径皆为 r，在图示情况下所受到的铅直水压力 F_{Pz} 如何求解？二者的方向是否相同？

课 2-8　采用图解法与解析法求解平面静水总压力时，对受压面形状有无限制？为什么？

课 2-9　压力中心 D 与受压平面形心 C 的位置之间有什么关系？什么情况下 D 点和 C 点重合？

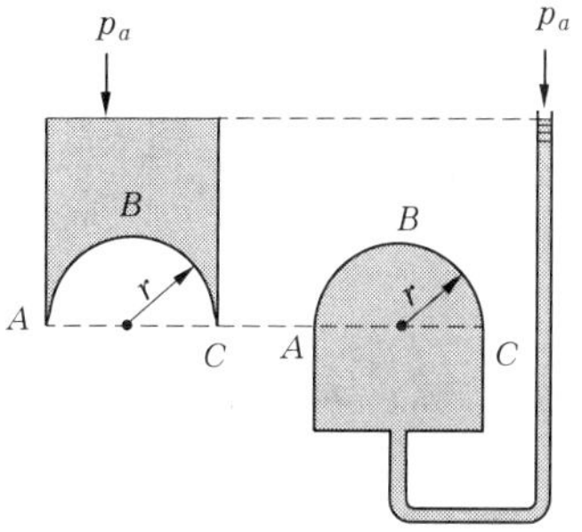

课 2-7 图

二、基本要求题

基 2-1　图示为一密闭容器，两侧各装一测压管，右管上端封闭，其中水面高出容器水面 3 m，管内液面的绝对压强 p_0 为 78 kN/m^2，左管与大气相通。求：

(1)容器内液面压强 p_c；

(2)左侧管内水面距容器液面高度 h。

基 2-2　已知一盛水容器中 M 点的相对压强为 0.8 个工程大气压。如在该点左侧器壁上安装测压管，问至少需要多长的玻璃管？如在该点右侧器壁上安装水银测压计，已知水银密度 $\rho_m = 13.6 \times 10^3$ kg/m^3，$h' = 0.3$ m，问水银柱高度差 h_p 是多少？

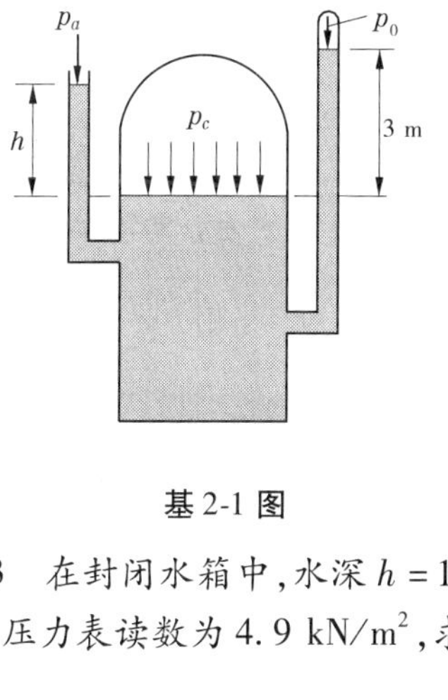

基 2-1 图

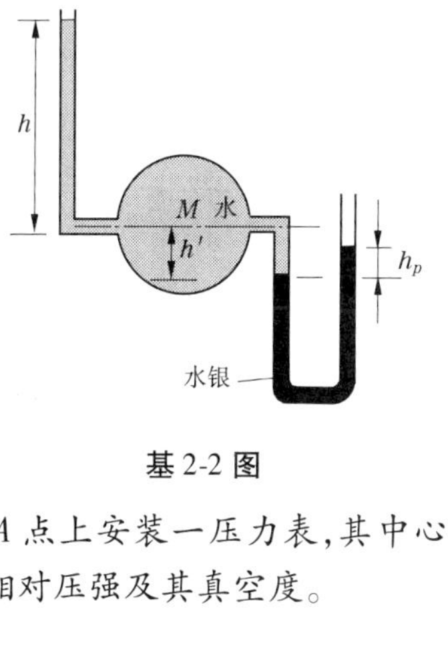

基 2-2 图

基 2-3　在封闭水箱中，水深 $h = 1.5$ m 的 A 点上安装一压力表，其中心距离 A 点为 $z = 0.5$ m，压力表读数为 4.9 kN/m^2，求水面的相对压强及其真空度。

基 2-4　如图所示一密闭水箱,已知水面的相对压强 $p_0=-39.2$ kPa。试求:

(1) h 值大小;

(2)水下 0.6 m 处 M 点的相对压强、绝对压强和真空压强;

(3) M 点相对于基准面0 — 0的测压管水头。

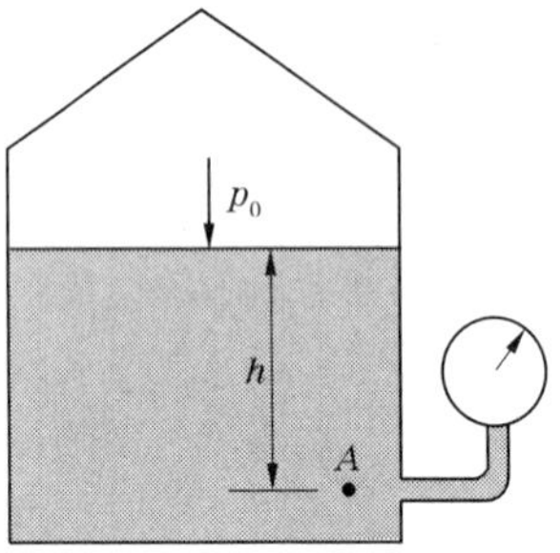

基 2-3 图

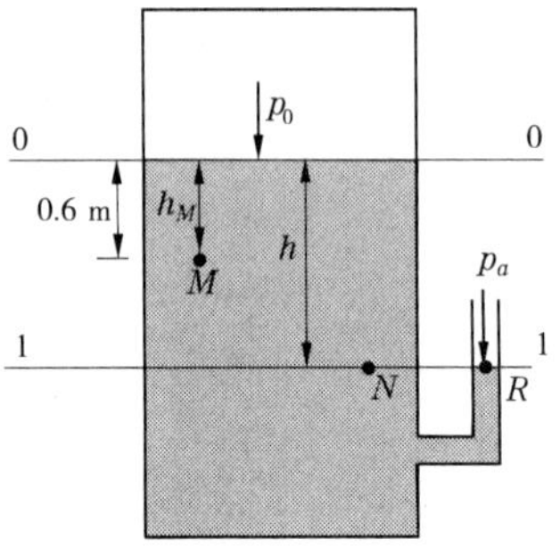

基 2-4 图

基 2-5　画出下列图中各标有文字的受压面上的静水压强分布图。

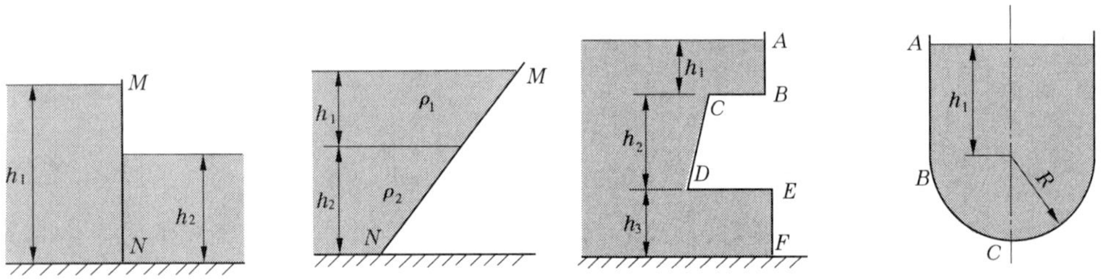

(a)　(b)　(c)　(d)

基 2-5 图

基 2-6　试画出以下图中各曲面上的压力体剖面图,并指出垂直压力的方向。

基 2-7　图示为一圆柱形油桶,内装轻油及重油。轻油密度 ρ_1 为 632.5 kg/m^3,重油密度 ρ_2 为 908 kg/m^3,当两种油重量相等时,求:

(1)两种油的深度 h_1、h_2 为多少?

(2)两测压管内油面将上升至什么高度?

基 2-8　用如图所示的 U 形管水银差压计测定容器内 A、B 两处的压差。已知 A、B 两点高差为 $\Delta=\dfrac{\rho_m-\rho}{\rho}$,水银柱液面差 $h_m=2$ m,两容器中均为密度为 ρ 的液体,问 $p_A-p_B=?$

基 2-9　已知倒 U 形测压管中读数 $h_1=2$ m, $h_2=0.4$ m,求封闭容器中 A 点的相对压强。

基 2-10　今采用三组串联的 U 形水银测压计测量高压水管中压强,测压计顶端盛水,如图所示。当 M 点压强等于大气压时,各支测压计水银面均位于 O—O 水平面上。今从最末一组测压计右支测得水银面在 O—O 平面以上的读数为 h。试求 M 点的压强。

基 2-11　某两侧有水的直立闸门,已知闸门宽 $B=5$ m,闸门上游水深 $H=4$ m,闸门自重 $G=14$ kN,闸门与门槽之间的摩擦系数 $f=0.3$,若闸门启闭机只能提供 $T=50$ kN 的

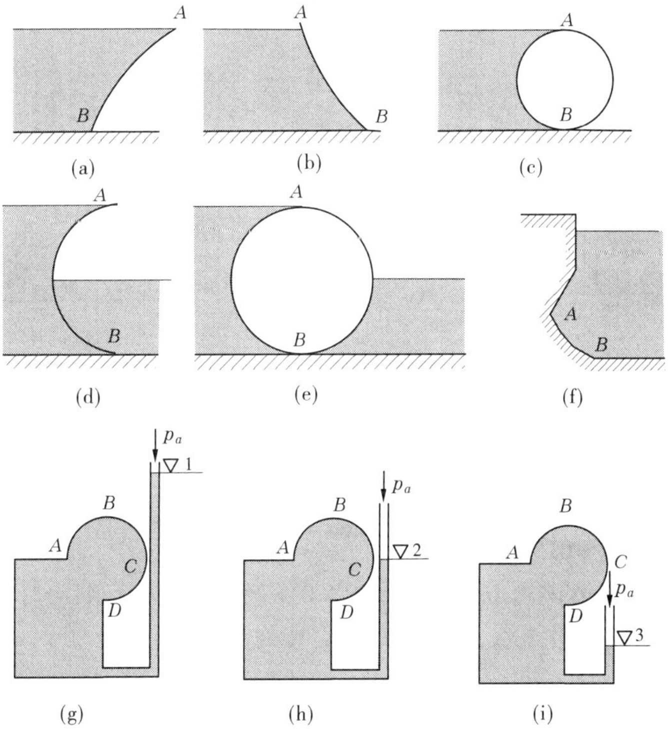

基 2-6 图

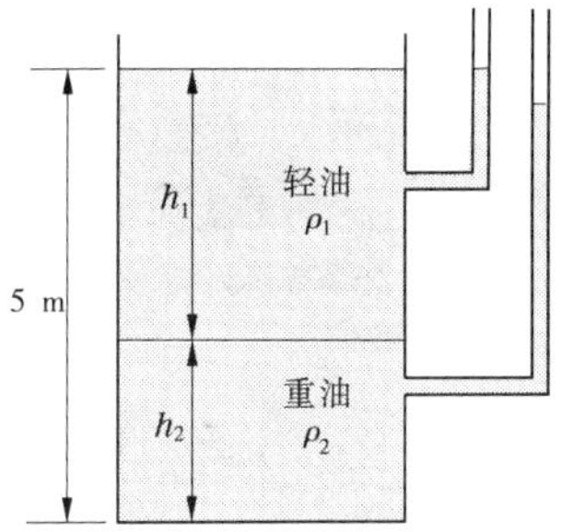

基 2-7 图

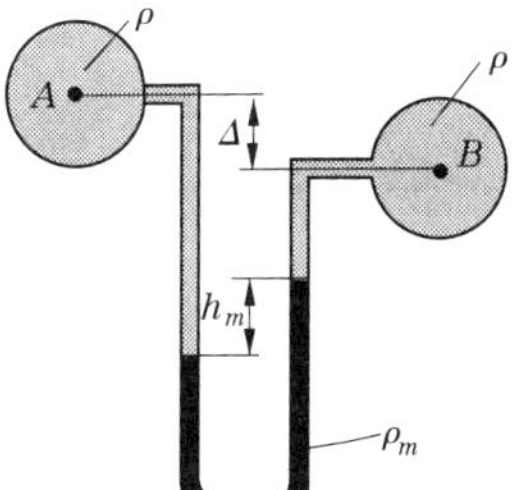

基 2-8 图

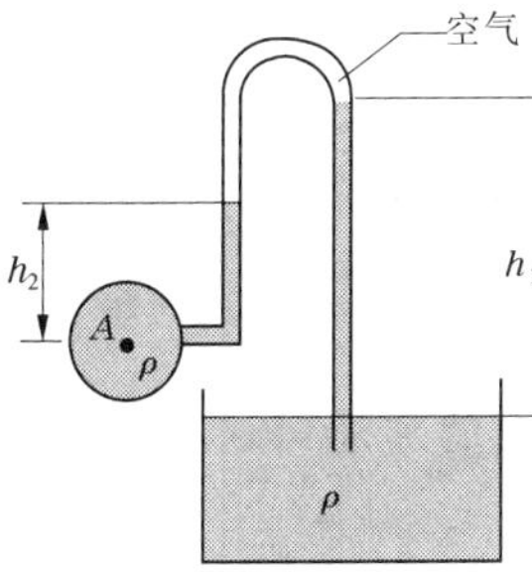

基 2-9 图

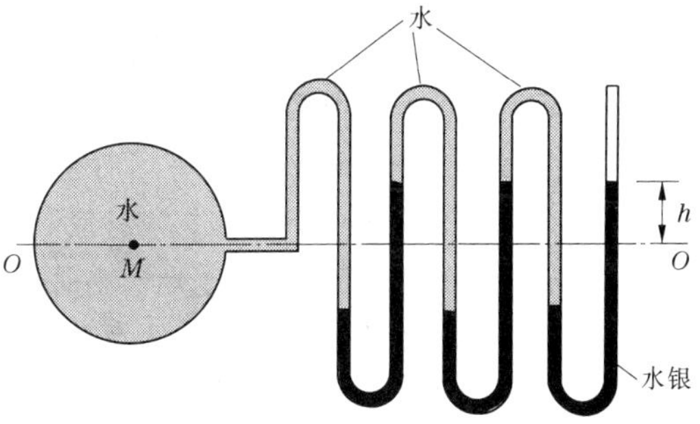

基 2-10 图

提升力，问当下游水深 h 等于多少时，闸门方可提起？

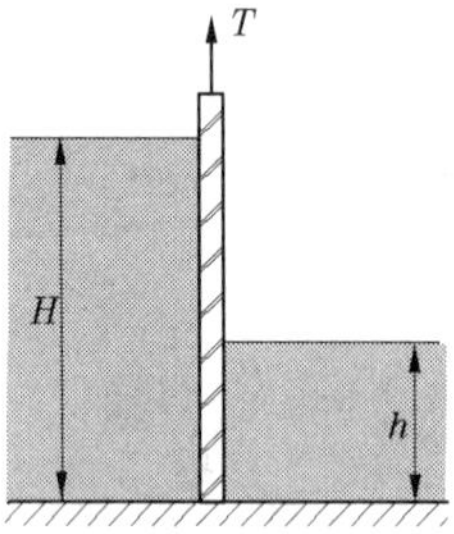

基 2-11 图

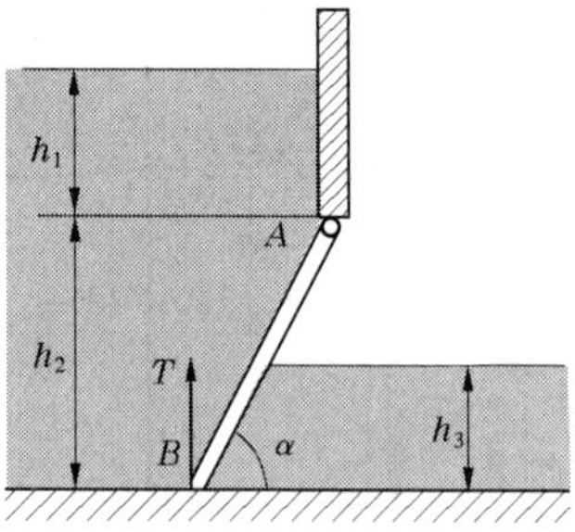

基 2-12 图

基 2-12　如图所示一铰结于 A 点的矩形平板闸门 AB，宽 $b=3$ m，门重 $G=9.8$ kN，$\alpha=60°$，$h_1=1$ m，$h_2=2$ m，试求：

(1) 下游无水时的启闭力 $T=?$

(2) 下游水深 $h_3=0.5h_2$ 时的启闭力 $T=?$

基 2-13　有一弧形闸门 AB 为半径 $R=2.0$ m 的圆柱面的 1/4，闸门宽 $b=4.0$ m，圆柱面挡水深 $h=2.0$ m，求作用在 AB 面上的静水总压力和压力中心。

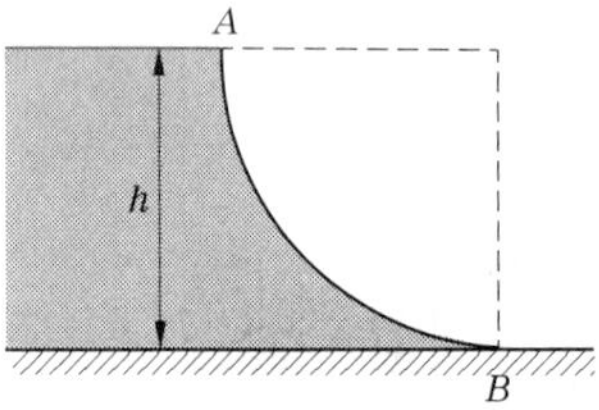

基 2-13 图

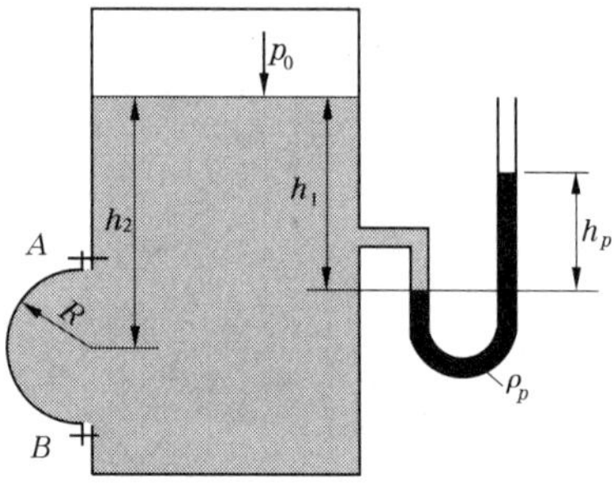

基 2-14 图

基 2-14　密闭盛水容器，已知 $h_1=60$ cm，$h_2=100$ cm，水银测压计读数 $h_p=25$ cm。试求半径 $R=0.5$ m 的球形盖 AB 所受总压力的水平分力和铅垂分力。

基 2-15　如图所示一混凝土重力坝，为校核坝体稳定性，试分别计算当坝下游有水与下游无水两种情况下，作用于 1.0 m 长坝体上水平方向水压力与垂直方向水压力。

基 2-16　图示球形容器由两个半球铆接而成。下半球固定，容器直径 $D=2$ m，容器中充满水，测压管读数 $h=3$ m，试求上半球所受静水总压力的铅直分量。

基 2-17　如图所示一盛水小车沿直线行驶，水箱长 $l=3$ m，高 $H=1.8$ m，盛水深 $h=1.2$ m。试求确保水不溢出时小车加速度的允许值。

基 2-18　比重计是由带刻度的空心圆玻璃管和充以铅丸的玻璃圆球组成的，如图所示。已知管外径 $d=0.025$ m，球外径 $D=0.03$ m，比重计自重 $G=0.49$ N。如果比重计浸入某液体深度 $h=0.10$ m，试求该液体的密度 ρ。

基 2-19　一容器内盛有密度 $\rho=930\ \text{kg/m}^3$ 的液体，该容器长 $L=1.5$ m，宽 $b=1.2$

m,液体深度 $h=0.9$ m。试计算下述情况下液体作用于容器底部的总压力,并绘出容器侧壁与底部的压强分布图:

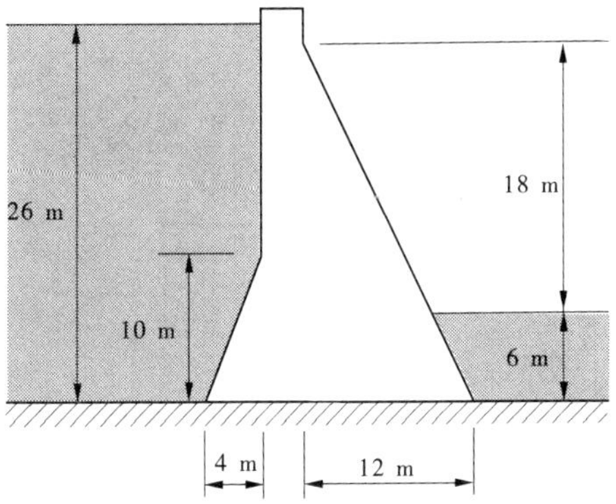

基 2-15 图

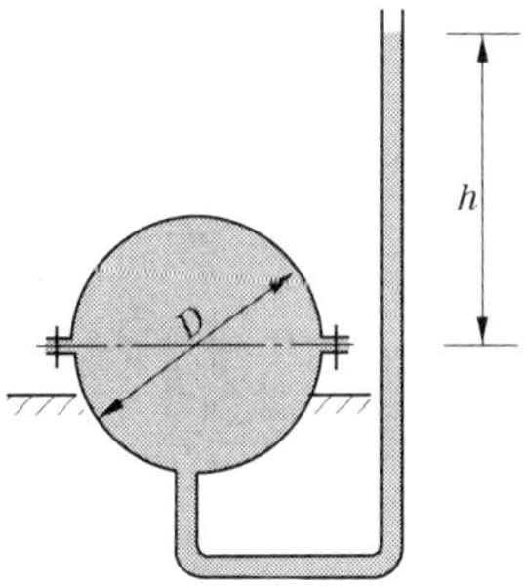

基 2-16 图

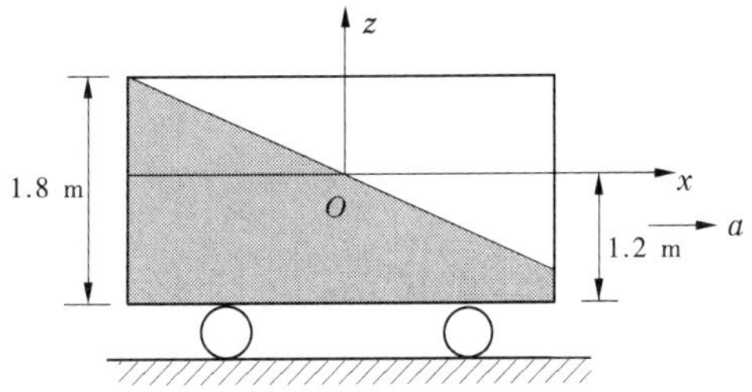

基 2-17 图

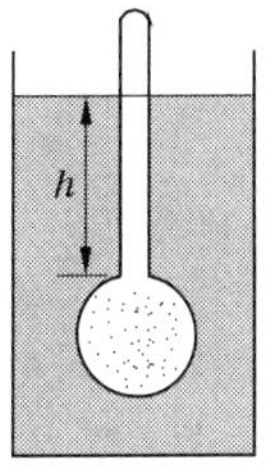

基 2-18 图

(1)容器以 9.8 m/s^2 等加速度垂直向上运动;

(2)容器以 9.8 m/s^2 等加速度垂直向下运动。

基 2-20　一圆柱形容器静止时盛水深度 $H=0.225$ m,筒深为 0.3 m,内径 $D=0.1$ m,若把圆筒绕中心轴作等角速度旋转,试问:

(1)不使水溢出容器,最大角速度为多少?

(2)不使容器底面中心露出,最大角速度为多少?

基 2-21　如图所示,水箱圆形底孔采用锥形自动控制阀,锥形阀以钢丝悬吊于滑轮上,钢丝的另一端系有重量 W 为 1.2 kN 的金属块,锥阀自重 G 为 0.31 kN,当不计滑轮摩擦时,问水箱水深 H 为多大时锥形阀即可以自动开启?

基 2-22　如图所示一矩形平底船,其长度 $l=12$ m,宽度 $b=4.0$ m。空船时,船底在水下的深度 $h=0.4$ m;载货后,船底在水下的深度 $h=1.1$ m,载货后的重心 C 至船底的高度 $h_1=0.8$ m。求货物重量及船的稳定性。

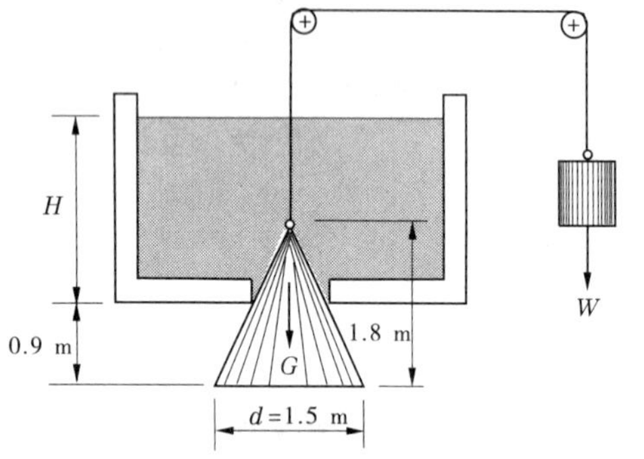

基 2-21 图

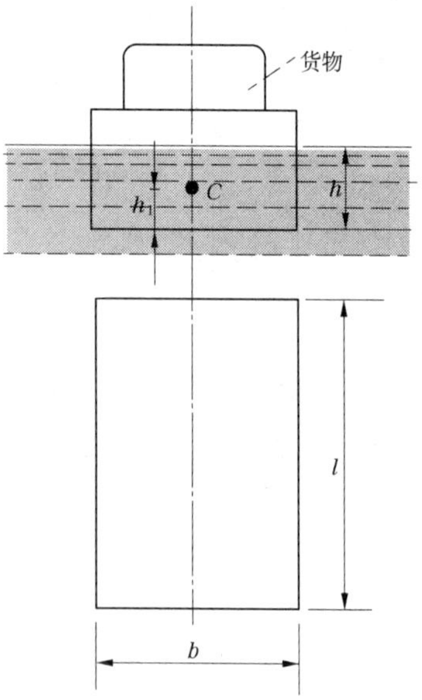

基 2-22 图

三、加深理解题

加 2-1　在倾角 $\theta=60^\circ$ 的斜壁面上安装一个半径 $R=0.16$ m 的半球盖，其中心的水深 $h=3$ m。试求盖子周边上的螺栓所受的总拉力 T_n 与剪力 T_τ。

加 2-2　一条半径为 R 的水管将左、右两边的积水隔开。左边为纯水，右边为泥浆水，泥浆水密度 $\rho'=1\ 200\ \mathrm{kg/m^3}$，当 h 为多少时，此管左、右两边的液体总压力的铅直分量恰好相等？

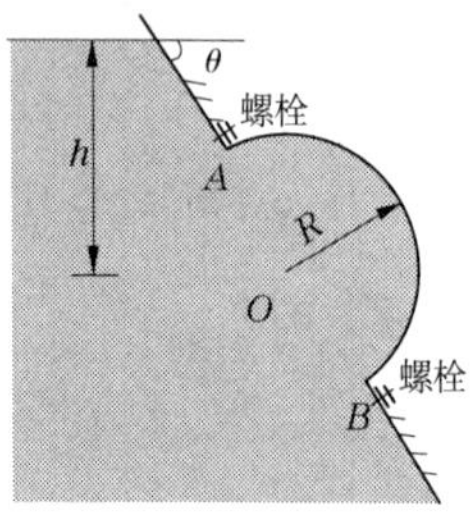

加 2-1 图

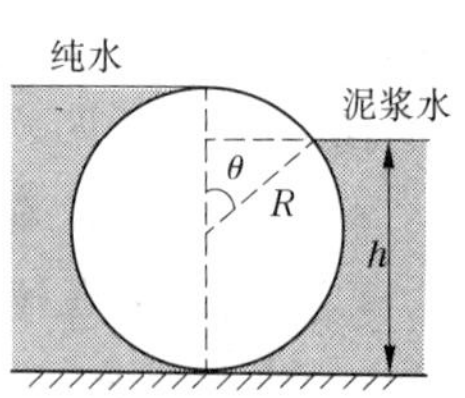

加 2-2 图

加 2-3　如图所示一圆柱形容器，其顶盖中心装一敞口测压管，容器装满水，测压管中的水面比顶盖高 h，圆柱形容器直径为 D。试求当容器绕其竖直轴以角速度 ω 旋转时，顶盖受到多大的液体向上总压力？

加 2-4　如图所示一圆柱形容器，已知其直径 $D=600$ mm，高度 $H=500$ mm，盛水至 $h=400$ mm，剩余部分盛满密度 $\rho_0=800\ \mathrm{kg/m^3}$ 的油。容器顶盖中心有一小孔与大气相通。试求当油面开始接触到容器底板时，此容器绕其铅垂中心轴旋转的转速 n，以及此时顶板、底板上的最大、最小压强值。(提示：油、水分界面为等压面)

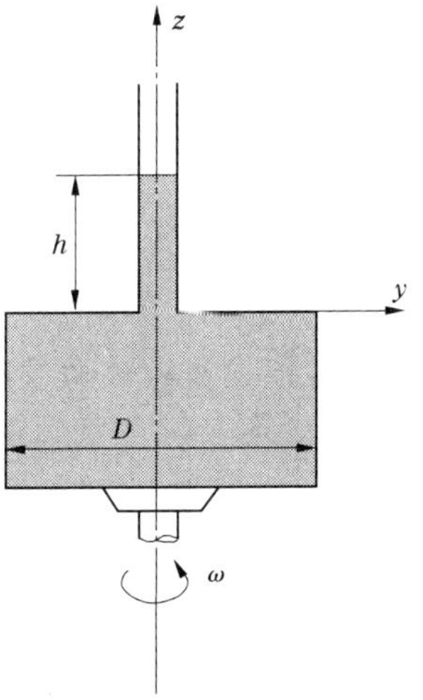

加 2-3 图

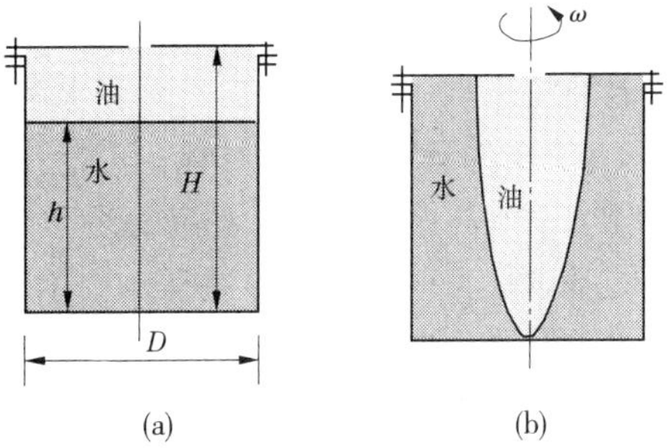

加 2-4 图

加 2-5　U 形管角速度测量仪如图所示，两竖管距离旋转轴为 R_1 和 R_2，其液面高差为 Δh，试求 ω 的表达式。如果 $R_1=0.08$ m，$R_2=0.20$ m，$\Delta h=0.06$ m，求 ω 的值。

加 2-6　如图所示一圆筒，高 $H_0=0.7$ m，半径 $R=0.4$ m，内装体积 $V=0.25$ m^3 的水。容器以角速度 $\omega=10$ rad/s 绕铅垂轴旋转。圆筒中心开孔通大气，顶盖自重 $m=5$ kg。试确定作用在顶盖螺栓上的力。

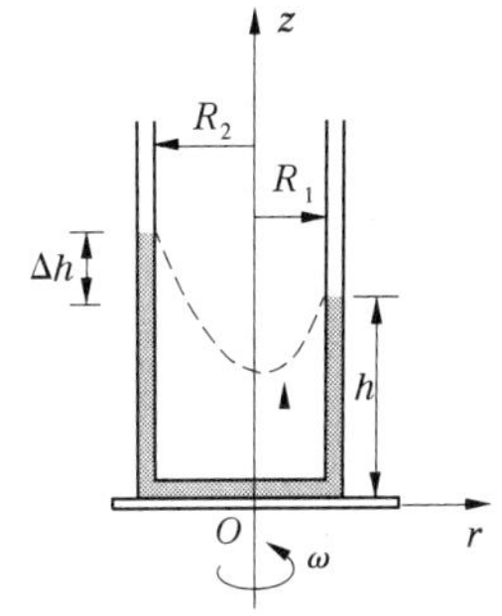

加 2 5 图

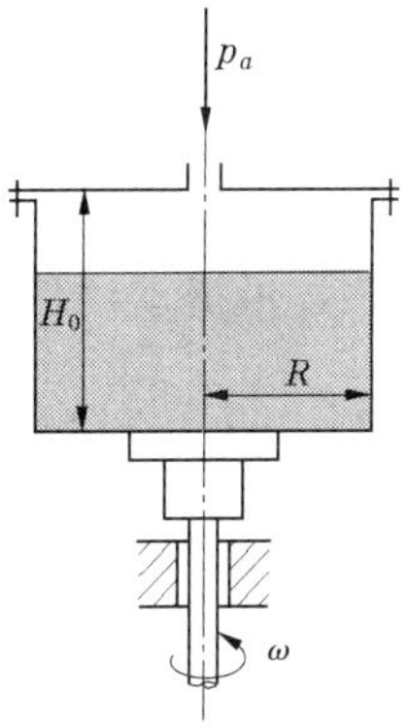

加 2-6 图

第三章　液体一元恒定总流的基本原理

从涓涓溪流到澎湃大江，自然界和水利工程中的水体大都处于不同形式的运动状态。因此，研究液体的运动规律及其应用是十分重要的。通常把描述液体运动的物理量（如流速、密度、动水压强等）称为液流的运动要素，将液体运动所占据的空间称为流场。水动力学的基本任务就是研究这些运动要素随时间和空间的变化规律，以及应用这些规律来解决水力计算问题。

本章首先从如何描述液体运动出发，然后根据质量守恒、能量守恒和动量守恒的基本规律以及恒定一元流动的基本原理，从而导出了恒定一元总流的三大基本方程，即：连续性方程、能量方程和动量方程。

第一节　描述液体运动的方法

对于在运动中不断发生变形的连续介质——液体，如何描述它们的连续流动呢？从微观看，液体运动的基本单元液体质点，它具有质量、速度、压强等物理属性，是运动的；而流场空间点是流动空间中可以被辨识的固定坐标点，是不动的，当运动的液体质点流经不同空间点时，就使那里具备了质点的运动要素及其变化特性。所以，表征液体运动特征的运动要素一般都是随时间和空间位置变化的函数。分别从质点与空间点两个不同角度出发，便形成了两种描述液流运动的数学方法：拉格朗日法与欧拉法。为了直观显示流动特征，也形成了两种描述液流运动趋势的图示方法：迹线与流线。

一、拉格朗日（Lagrange）法

拉格朗日法将液体质点作为研究对象，跟踪每一质点，观察其运动的轨迹，了解其运动特征，掌握其运动情况，然后综合所有被研究质点的运动情况以获得整个液流的运动规律，**这种方法也称为质点系法，俗称跟踪盯梢法**。

如图 3-1 所示，某一液体质点 M 在起始时刻 $t = t_0$ 的空间坐标为（a,b,c），称为起始坐标或该质点的标志，不同的液体质点有不同的起始坐标（a,b,c）。在任一时刻 t，该质点运动至另一空间位置，其空间坐标为（x,y,z），称为运动坐标。显然，质点的运动坐标是时间 t 与其起始坐标 a、b、c 的函数，即

$$\left.\begin{aligned} x &= x(a,b,c,t) \\ y &= y(a,b,c,t) \\ z &= z(a,b,c,t) \end{aligned}\right\} \tag{3-1}$$

式中 (a,b,c,t) 称为拉格朗日变数，这就是液体质点的运动方程。若给定方程中的 a、b、c 值，就可以得到某一特定质点的轨迹方程。

根据质点动力学速度与加速度的定义，任一液体质点在任意时刻的速度，可通过将

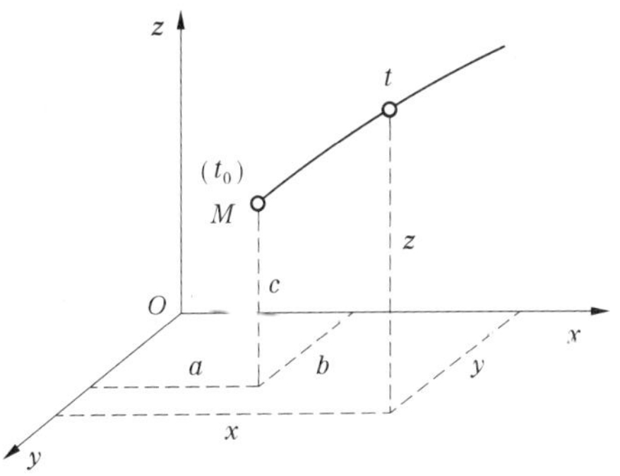

图 3-1

式(3-1)对时间 t 取偏导数获得,该质点速度在 x、y、z 轴方向的分量则为

$$\left.\begin{aligned} u_x &= \frac{\partial x}{\partial t} = \frac{\partial x(a,b,c,t)}{\partial t} \\ u_y &= \frac{\partial y}{\partial t} = \frac{\partial y(a,b,c,t)}{\partial t} \\ u_z &= \frac{\partial z}{\partial t} = \frac{\partial z(a,b,c,t)}{\partial t} \end{aligned}\right\} \tag{3-2}$$

同理,任一液体质点的加速度,可通过将式(3-2)再对时间求导获得。

用拉格朗日法描述液体运动,着眼于液体中的各个质点,概念清晰,直观易懂。但是由于黏滞性使得不同液体质点运动各异,质点运动轨迹非常复杂,要跟踪无数不同质点的运动来获得液流整体运动规律,在数学上会遇到很多难以克服的困难。在实际中,一般仅在众多质点保持相同运动规律的波浪运动中,才采用拉格朗日法。

二、欧拉(Euler)法

通常在工程中无需了解个别质点的运动情况,往往只需知道流场某些固定区域水流运动要素的数值及其变化规律,因此在水力学上更普遍采用基于流场概念的欧拉法。

既然液体运动都是在一定的流场空间中进行的,因此**欧拉法不再关注单个液体质点,而是以流场为研究对象**,借助考察不同时刻液体质点通过流场中的固定空间点的运动情况,然后综合足够多的固定空间点的运动情况,从而得到整个液流的运动规律,**这种方法又称为流场法,俗称分岗放哨法**。

用欧拉法描述液体运动,可把流场中任一运动要素表示为空间坐标和时间的连续函数。例如,任意时刻 t 通过流场中任意点(x,y,z)的液体质点流速在各坐标轴上的投影可表示为

$$\left.\begin{aligned} u_x &= u_x(x,y,z,t) \\ u_y &= u_y(x,y,z,t) \\ u_z &= u_z(x,y,z,t) \end{aligned}\right\} \tag{3-3}$$

式中 (x,y,z,t) 称为欧拉变数。若令式(3-3)中 x、y、z 为常数, t 为变数,式(3-3)就表示流场某一空间点上,液体质点在不同时刻通过该点的流速的变化情况。若令 t 为常数, x、y、z 为变数,则可得到在同一时刻,流场不同空间点上所反映的液流运动速度的分布状况

(即流速场)。

同理,流场中各空间点压强的变化规律(压强场)也可表示为

$$p = p(x,y,z,t) \tag{3-4}$$

将式(3-3)对时间取导数,可以得到液流通过流场中任意空间点的加速度在各坐标轴上的投影

$$\left.\begin{aligned} a_x &= \frac{\mathrm{d}u_x}{\mathrm{d}t} \\ a_y &= \frac{\mathrm{d}u_y}{\mathrm{d}t} \\ a_z &= \frac{\mathrm{d}u_z}{\mathrm{d}t} \end{aligned}\right\} \tag{3-5}$$

欧拉法着眼于研究各种运动要素在流场中的空间分布,而并不追究通过各固定空间点的液体质点的来龙去脉,更适应于解决工程问题。例如,对于水库泄洪洞中的水流,设计者最关心的是进口洞顶附近特定区域的液流速度及该区域的动水压力,知道了这些,就能满足工程设计的需要。

三、迹线(Path line)与流线(Stream line)

(一)迹线与流线的定义

某一**液体质点在运动过程中,不同时刻流经的空间点所连成的线称为迹线**。迹线是液体质点在空间运动的轨迹,它可以形象地描述液流运动的图像,又是拉格朗日法研究液流运动的基础。

在采用欧拉法分析流动时,为了形象反映液流在流场中流动的特征图像,类比电力线或磁力线的概念建立了流线的概念。**流线是某一瞬时在流场中表示液体各点流动趋势的曲线**,在该曲线上所有各点的速度矢量都与该曲线相切。流线在水力学研究中被广泛运用。

流线可用下述方法绘制:如图 3-2 所示,设在某时刻 t_1 ,流场中有一点 A_1 ,该点的流速向量为 u_1 ,在这个向量上取与 A_1 相距为 Δs_1 的点 A_2 ;在同一时刻, A_2 点的流速向量设为 u_2,在向量 u_2 上取与 A_2 相距为 Δs_2 的点 A_3 ;若该时刻 A_3 点的流速向量为 u_3 ,在向量 u_3 上再取与 A_3 相距为 Δs_3 的点 A_4 ……如此继续,可以得出一条折线 $A_1A_2A_3A_4$ …,若让所取各点距离 Δs 趋近于零,则折线变成一条曲线,这条曲线就是 t_1 时刻通过空间点 A_1 的一条流线。同样,可以作出 t_1 时刻通过其他各点的流线,这样一簇流线就反映了 t_1 时刻流场内的流动图像。

(二)流线与流线图的特性

根据上述流线的定义,可知流线具有以下特性:

(1)**流线上任一点的切线方向即为该点的流速方向**。

(2)**流线是互不相交的光滑曲线**。同一时刻的不同流线不能相交,流线也不能转折,否则在交点或转折处必然存在两个切线方向,即在某一瞬时该处同时具有两个运动方向,这显然是不可能的。

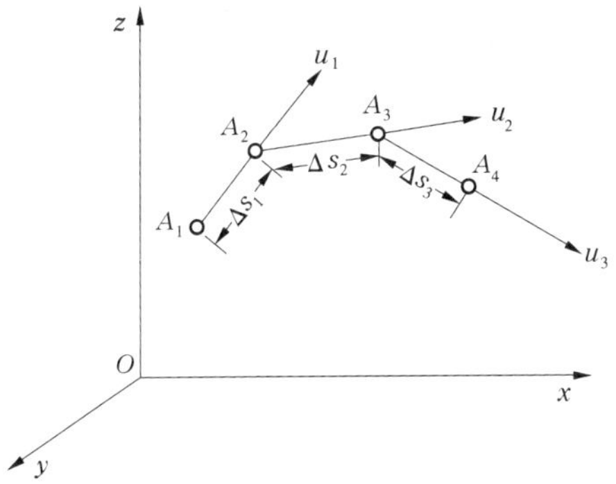

图 3-2

某一瞬时,在具有一定边界尺寸的流场中绘制一簇有代表性的流线,就构成了流线图。流线图可以形象地描绘出该瞬时整个液流的流动趋势。如图 3-3 表示水流经过溢流坝及绕流时,用流线描绘的流动情景。可以看出流线图具有以下特点:

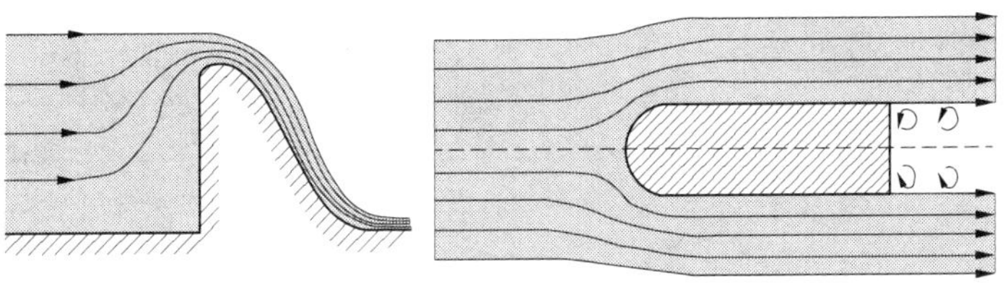

图 3-3

(1)**流线的疏密程度反映了流场中流速的分布状况**。随着边界的变化,流线有疏密变化;显然流线密处流速大,流线疏处流速小。

(2)**流线的形状与固体边界形状有关**。离边界愈近,受边界的影响愈大,在边界平缓变化或平顺处,紧靠边界的流线接近边界的形状;在边界形状变化急剧的地方,边界附近的流线会与边界分离。这是因为液体质点受惯性作用,挣脱了边界的黏滞约束与边界脱离,并在主流与边界之间形成旋涡区。

第二节　液体运动的基本概念

在建立液体运动的基本方程之前,将首先讨论有关液体运动的一些基本概念。

一、流管(Stream tube)、元流(Miro flow)与总流(Gross flow)

在液流中任取一微面积 dA,由 dA 的周界流线所形成的封闭管状曲面称为流管。**流管中的液流称为元流**,如图 3-4 所示。

元流有以下特征:①横截面积 dA 很小,如图 3-5 所示,因此元流横断面上各点的运动要素(流速或动水压强等)均可看做是相同的;②一根流线自然就是元流的极限;③流线所构成的管状封闭曲面决定了流管内外的液流不会发生侧向交换,即流动不可能穿越流管壁面。

具有一定边界尺寸的实际液流称为总流，如管道或明渠中的水流，如图 3-5 所示。显然总流就是无限多个元流的集合；从数学上看，元流与总流就是微分与积分的关系。

二、过水断面（Flow cross - section）

流场中与流线正交的横断面称为过水断面，如图 3-5 所示。元流过水断面面积用dA表示，总流过水断面面积用 A 表示，如 1—1，2—2 断面。当流线是平行直线时，过水断面是平面，否则便是不同形式的曲面，如充满内径为 D 的顺直圆管，其液流过水断面面积就是 $\pi D^2/4$。

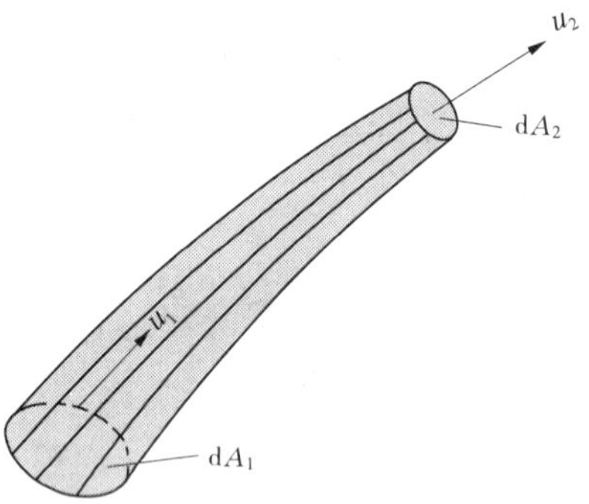

图 3-4

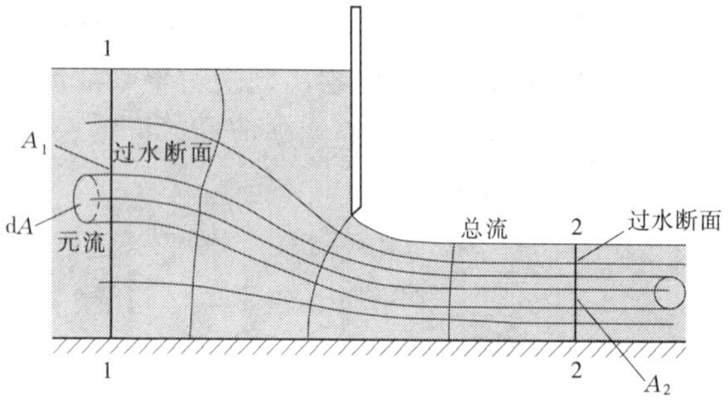

图 3-5

三、流量（Discharge）

单位时间内通过某一过水断面的液流体积称为流量，它体现了液流总体输送能力的大小。流量一般以符号 Q 表示，常用单位为 m^3/s。

设在总流中任取一元流，其过水断面面积为 dA，因元流过水断面上各点流速可视为相等，令 dA 面上流速为 u，故单位时间内通过过水断面 dA 的液流体积为

$$udA = dQ \tag{3-6}$$

dQ 即为元流的流量。通过总流过水断面 A 的流量，应等于所有元流的流量之和，即

$$Q = \int_Q dQ = \int_A udA \tag{3-7}$$

四、断面平均流速

实际水流由于存在黏滞性，使得总流同一过水断面上各点的流速 u 不相等，其分布较为复杂，如图 3-6 所示，这给流量的计算带来了一定的困难。如果假想总流过水断面上各点的流速都相等，并等于 v，而此时所通过的流量与流速不均匀分布时的实际流量相等，则流速 v 就称为断面平均流速。即

$$Q = \int_A udA = \int_A vdA = v\int_A dA = vA \tag{3-8}$$

$$v = \frac{Q}{A} = \int_A udA/A \tag{3-9}$$

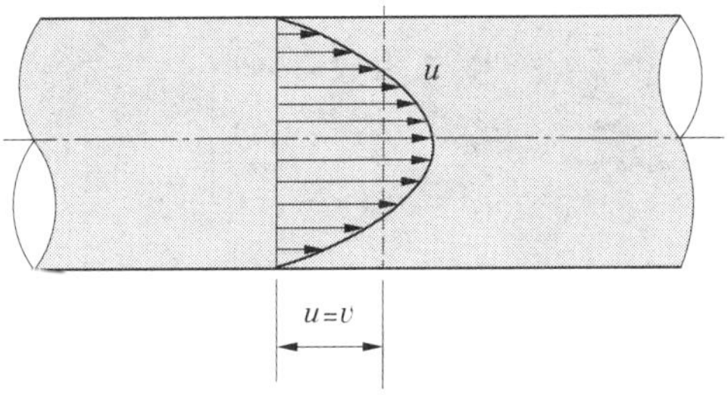

图 3-6

由此可得,通过总流过水断面的流量等于断面平均流速与过水断面面积的乘积。虽然断面平均流速是一个假想的流速,但引入这个概念,可以认为过水断面上各点流速相同,使水流运动分析得到简化。另外,从工程实用的角度看,采用过水断面平均值进行水力分析与计算更加普遍,因此被广泛应用。

第三节　液体运动的分类

为了便于分析、研究液流问题,常根据液流的性质和特点,将液体的运动区分为各种流动类型。

一、一元流、二元流、三元流

根据液流运动要素与三度空间自变量的关系,可以将流动分为一元流、二元流、三元流。如果认为水流运动要素只与一个空间自变量(流程坐标 s)有关,这种水流称为一元流。以此类推,若水流运动要素与两个或三个空间自变量有关,分别称为二元流和三元流。

实际的水流运动一般都是三元流,如天然河道中的水流,流速在纵、横、垂三个方向都有变化。实际水流运动要素在三度空间的变化,给分析水流运动带来很多理论上的困难,因此需要根据具体情况将三元流简化为二元流或一元流来处理。例如,当水流在顺直管道中流动时,沿管轴线方向的运动是主导,其余方向的运动可忽略不计,就可视为一元流;在宽浅顺直渠道中,在距两侧边壁较远处的流场,侧壁对水流的影响可忽略不计,水流中任一点的运动要素可以认为只与沿程位置(流程坐标 s)与垂向位置(水深坐标 z)有关,而与横向位置无关,这种水流可视为二元流。水力学中,在进行总流的运动分析时,我们采用的通常都是一元分析法,其水流的运动速度往往都是用断面平均流速来表征的。

从认识论的角度看,学习应由简到繁。在讨论水流运动规律时,首先从研究一元流着手,在掌握了一元流的基本概念和原理以后,再进一步讨论更为普遍的三元流问题。

二、恒定流(Steady flow)与非恒定流(Unsteady flow)

恒定流与非恒定流是按空间点上的运动要素是否随时间变化来进行分类的。

如果流场中任何空间点上的运动要素都不随时间而变化,这种流动称为**恒定流**。根据定义,水流的各运动要素仅仅是空间坐标的连续函数,而与时间无关。用欧拉法来描述

其流动状态,对流速而言可表示为:

$$\left.\begin{aligned} u_x &= u_x(x,y,z) \\ u_y &= u_y(x,y,z) \\ u_z &= u_z(x,y,z) \end{aligned}\right\} \tag{3-10}$$

同理,压强为:

$$p = p(x,y,z) \tag{3-11}$$

因此,所有的运动要素对于时间的偏导数应等于零,即

$$\left.\begin{aligned} &\frac{\partial u_x}{\partial t} = \frac{\partial u_y}{\partial t} = \frac{\partial u_z}{\partial t} = 0 \\ &\frac{\partial p}{\partial t} = 0 \end{aligned}\right\} \tag{3-12}$$

如果流场中任何空间点上的运动要素随时间而变化,这种流动称为非恒定流。

图 3-7(a)、(b)是恒定流与非恒定流的实例。在水箱侧壁上开一小孔,水从孔口流出,若水箱内水面维持不变,孔口泄流的形状、尺寸和运动要素均不随时间变化,如图 3-7(a)所示,这种流动属于恒定流。反之,若水箱内水面逐渐降低,此时孔口泄流的形状、尺寸和运动要素都随时间变化,如图 3-7(b)所示,这种流动则属于非恒定流。

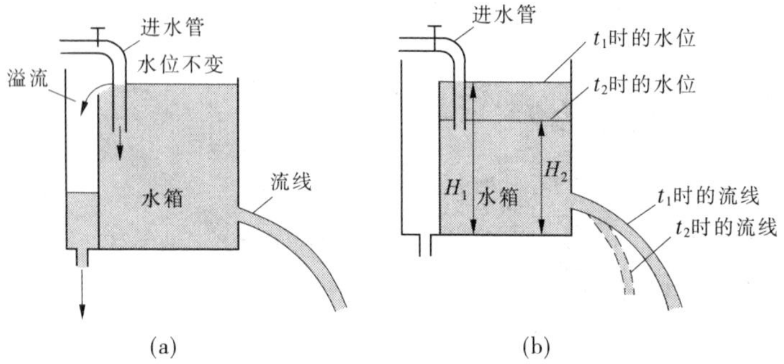

图 3-7

恒定流时,由于运动要素不随时间而变化,则流线形状也不随时间而变化,此时,**流线与迹线重合**,水流运动的分析相对简单;非恒定流由于增加了时间变量,水流运动的分析比恒定流要复杂得多。本章主要讨论恒定流的基本原理。水利工程中多数水流的运动要素随时间的变化缓慢且很小,均可以近似按恒定流处理;而天然河道中洪水的涨落、水库充放水以及有压管道的水击等则属非恒定流问题,对此本书将在第十章予以讨论。

三、均匀流(Uniform flow)与非均匀流(Non-uniform flow)

均匀流与非均匀流是按流速沿流线是否变化进行分类的。

(一)均匀流

流速的大小和方向沿流线不变的流动称为均匀流。根据定义,均匀流应具有以下特性:

(1)**均匀流的流线是互相平行的直线**,过水断面为平面,过水断面的形状和尺寸沿程不变。

(2)**均匀流中,不同过水断面上的流速分布图相同**,断面平均流速相等。

(3)**均匀流过水断面上的动水压强分布与静水压强分布规律相同**，即在同一过水断面上各点的测压管水头（单位势能）为一常数。

如图3-8所示，在管道均匀流中，沿着与水流垂直的方向 n 任取高为 dn、底面面积为 dA 的一微小液柱，其轴线 $n—n$ 与铅垂线的夹角为 α，微小液柱两断面形心点距基准面的高度分别为 z 及 $z+dz$，其动水压强分别为 p 及 $p+dp$。作用在微小液柱上的力在 n 轴方向的投影有：液柱两端断面上的动水压力 pdA 与 $(p+dp)dA$；液柱自重沿 n 方向的投影 $dG\cos\alpha=\rho g dA dn\cos\alpha=\rho g dA dz$。液柱侧面上的动水压力以及水流的内摩擦力与 n 轴正交，故沿 n 方向投影为零。在均匀流中，与流线成正交的 n 方向无加速度，故无惯性力存在。上述诸力在 n 方向投影的代数和为零，即

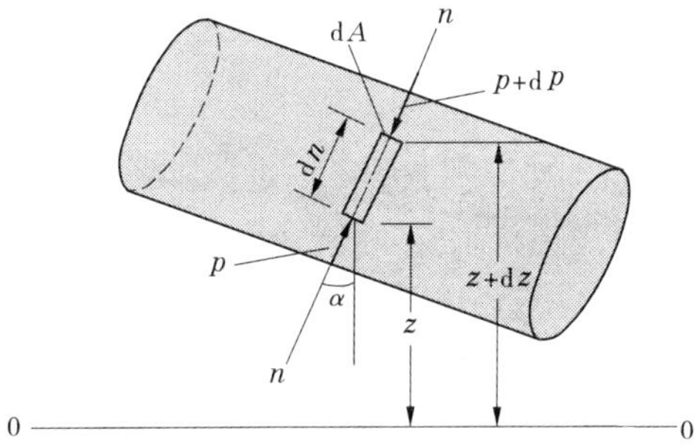

图3-8

$$pdA-(p+dp)dA-\rho g dA dz=0 \tag{3-13}$$

简化后得

$$\rho g dz+dp=0 \tag{3-14}$$

对式(3-14)积分可得

$$z+\frac{p}{\rho g}=C \tag{3-15}$$

式(3-15)表明，均匀流过水断面上的动水压强分布规律与静水压强分布规律相同，各点测压管水头都相同。因此，作用于均匀流过水断面上动水总压力可以按照平面壁静水总压力的公式来计算，即

$$F_P=p_c A \tag{3-16}$$

必须注意，式(3-15)表述的结论只适用于均匀流同一过水断面上各点，而不同过水断面上的测压管水头是不同的。如图3-9所示，任意选择1—1及2—2两过水断面，并分别安装测压管，则同一断面不同位置的各测压管水面必上升至同一高程，即 $z+\frac{p}{\rho g}=C$，但不同断面上测压管水面所上升的高程是不相同的，对1—1断面，$\left(z+\frac{p}{\rho g}\right)_1=C_1$，对2—2断面，$\left(z+\frac{p}{\rho g}\right)_2=C_2$。

另外，上述结论只适用于有一定固体边界约束（如渠壁和管壁）的均匀流。但若由孔口或管道末端射入空气的射流，出口附近的液流也符合均匀流的条件，但因断面的周界上均与气体接触，故断面上各点压强均为大气压强，从而过水断面上的动水压强分布不符合

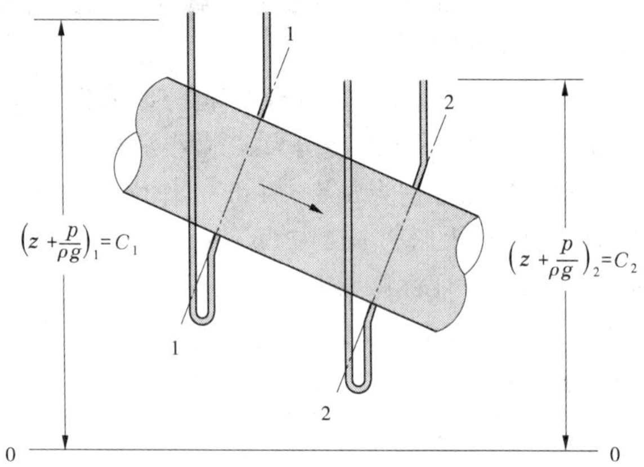

图 3-9

静水压强的分布规律，但公式(3-16)仍可适用。

均匀流是液流运动的一种理想状态，实际流动很难完全满足条件。但一般断面形状和尺寸及边界条件沿程不变的长直渠道或等直径长直管道中的水流，均可以看作是均匀流。

（二）非均匀流

流速的大小和方向沿流线改变的流动，亦即流线不是平行直线的液流称为非均匀流。实际水流受边界条件影响，大部分都属于运动要素沿流程变化的非均匀流。这类液流的流线要么是曲线（如弯管中的水流），要么是互相不平行的直线（如管径沿程均匀扩散或收缩的管中水流）。

根据流线不平行和弯曲的程度，非均匀流又可分为渐变流和急变流两种类型。

(1)渐变流。流线近似于平行直线时的液流称为渐变流（或缓变流），这种流动的流线要么是相互不平行的直线，但流线间夹角很小；要么是平缓弯曲的曲线。边界平缓变化的液流大都是渐变流，均匀流就是渐变流的极限情况，因此渐变流的过水断面可近似看做平面。另外，由于渐变流所受离心惯性力很小，可以忽略不计，因此**渐变流过水断面上动水压强的分布规律可近似认为其与静水压强的分布规律相同**。

(2)急变流。流线间夹角很大或者流线急剧弯曲的液流称为急变流。通常边界急剧变化的液流大都是急变流，过水断面均为曲面；同时急变流受离心惯性力影响很大，过水断面上动水压强的分布规律比较复杂。

液流是渐变流还是急变流没有明确定量的标准，但是与液流边界条件有密切的关系。当边界为近似平行的直线或变化平缓时，液流可视为渐变流；而当边界形状发生突变时，液流便是急变流，如管道转弯，断面突然扩大、收缩以及渠道闸门前后发生急剧变化处的水流都是急变流（见图 3-10）。

液流为急变流时，由于流线急剧弯曲，则沿垂直于流线方向的离心惯性力不能忽略，故其过水断面上动水压强分布规律与静水压强分布规律不同。如图 3-11 所示为一流线上凸的急变流，为简单起见，设流线为一簇互相平行的同心圆弧曲线。在过水断面上取一微分柱体来研究它的受力情况。与渐变流相比，在平衡方程式中，多了一个离心惯性力，其方向与重力沿 $n—n$ 轴方向的分力相反，因此使过水断面上动水压强小于静水压强。

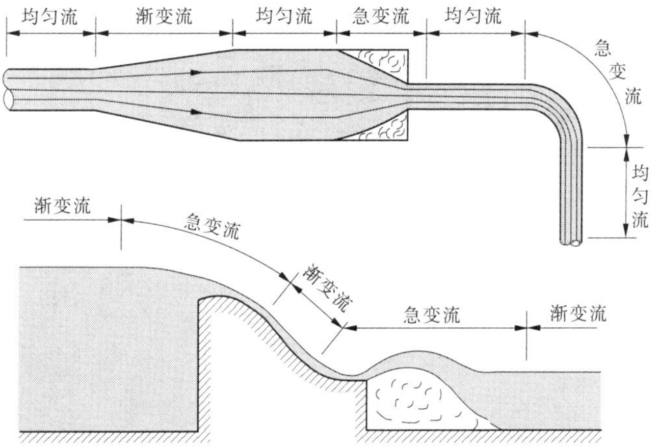

图 3-10

若急变流为一下凹的曲线流动，如图 3-12 所示，由于离心惯性力方向与重力作用方向相同，则过水断面上动水压强比按静水压强计算所得的数值要大。

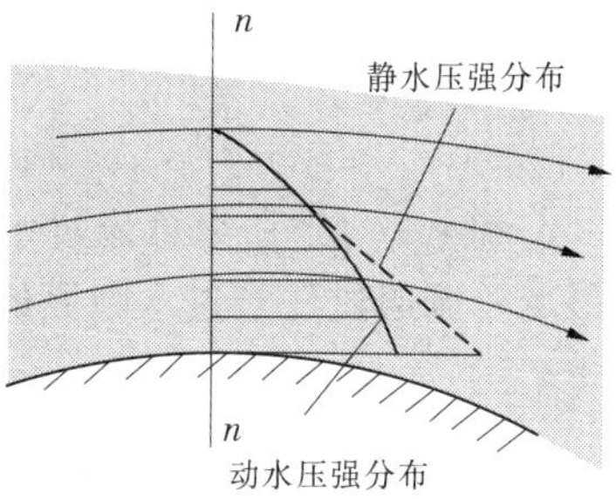

图 3-11

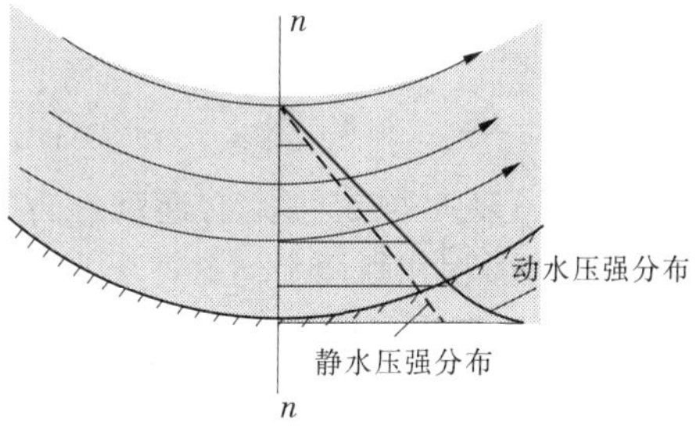

图 3-12

第四节　恒定总流的连续性方程

宽阔平缓的长江一进入三峡夔门，便被两岸陡削如壁的山峰逼成水势湍急、浪涛汹涌的一条细带，古人形容江流“突如汤鼎沸，翕作茶磨旋”。为什么河流变窄流速增大？这其实是水体这种连续介质在流动中遵循质量守恒规律的必然。液流的质量守恒性体现了流动的连续性，本节将基于质量守恒定律建立不可压缩液体恒定总流的连续性方程。

一、元流的连续性方程

如图 3-13 所示，在总流中任取一元流来研究，设流动为恒定流，元流的形状和尺寸不随时间而改变，通过元流的侧壁没有液体流入或流出。液体只能从断面 1—1 流入，从断面 2—2 流出。令过水断面 1—1 的面积为 dA_1，相应的流速为 u_1，过水断面 2—2 的面积为 dA_2，相应的流速为 u_2。在 dt 时段内，从断面 1—1 流入的液体质量为 $\rho_1 u_1 dA_1 dt$，从断面 2—2 流出的液体质量为 $\rho_2 u_2 dA_2 dt$。由于液体是不可压缩的连续介质，$\rho_1 = \rho_2 = \rho$，根据质量守恒定律，在 dt 时段内流入的质量应与流出质量相等，即

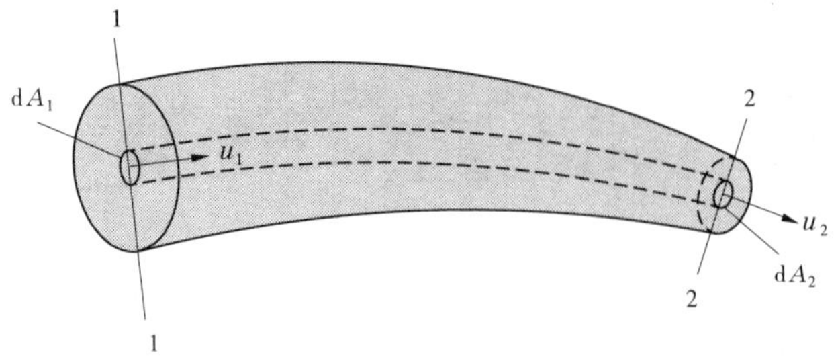

图 3-13

$$\rho_1 u_1 dA_1 dt = \rho_2 u_2 dA_2 dt$$

$$u_1 dA_1 = u_2 dA_2$$

即

$$dQ = u_1 dA_1 = u_2 dA_2 \tag{3-17}$$

式(3-17)就是不可压缩恒定元流的连续性方程。

二、恒定总流的连续性方程

总流是由无数个元流组成的,将式(3-17)对总流过水断面积分,可得

$$\int_Q dQ = \int_{A_1} u_1 dA_1 = \int_{A_2} u_2 dA_2$$

$$Q = v_1 A_1 = v_2 A_2 \tag{3-18}$$

式(3-18)就是恒定总流的连续性方程。式中 A_1、A_2 和 v_1、v_2 分别为总流过水断面 1—1、2—2 的面积和断面平均流速。它表明**不可压缩恒定总流通过任意过水断面的流量都相等,或者说恒定总流沿程各断面的流量等于常数**。

因此,液流运动的连续性原理也可表达为

$$Q = C(常数)$$

式(3-18)还可改写为

$$\frac{v_2}{v_1} = \frac{A_1}{A_2} \tag{3-19}$$

式(3-19)说明,不可压缩恒定总流任意两个过水断面上,其断面平均流速与过水断面面积成反比。连续性方程没有涉及力,是一个运动学方程,它对于理想液体与实际液体都适用。

三、有流量汇入或分出的连续性方程

若总流沿程有液流汇入和分出,则基于质量守恒的连续性原理依然存在,但连续性方

学海趣谈　　**风从何处来?**

由不可压缩恒定总流连续性方程可知,过流断面大,自然流线稀疏、流速小;过流断面小,自然流线密集、流速大。“峡江束流水迅疾,平湖开阔水自缓”的原因自然就明了。其实桥墩间的高速涡流、南方弄堂里和高楼间的穿堂风,山谷里的风等所谓狭管效应都可以用流体的连续性方程解释。

程在形式上需作相应的变化。

如图 3-14 所示,当有流量汇入时,其连续性方程为

$$Q_1 + Q_3 = Q_2 \quad 或 \quad v_1A_1 + v_3A_3 = v_2A_2 \tag{3-18'}$$

当有流量分出时,其连续性方程为

$$Q_1 - Q_3 = Q_2 \quad 或 \quad v_1A_1 - v_3A_3 = v_2A_2 \tag{3-18''}$$

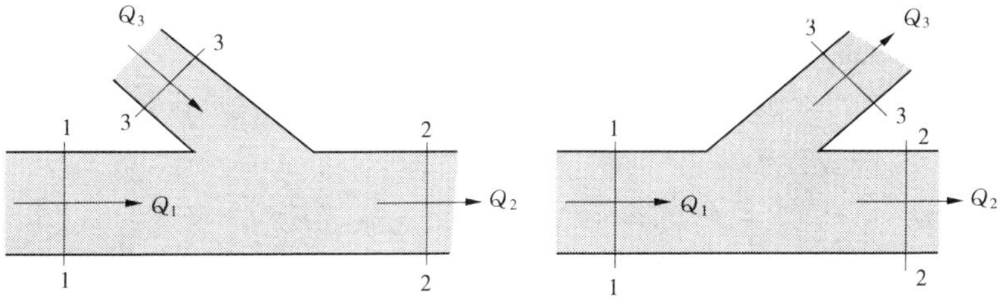

图 3-14

第五节　恒定总流的能量方程

连续性方程只是从运动学角度揭示了液流流速与过水断面的关系,并不能解决在工程实际中常常涉及的液流压强和能量转化等动力学问题。由于液流运动的过程本质上就是在一定边界条件下能量转化的过程,所以液体运动也遵循物质运动的能量转化与守恒规律,因此本节将进一步从动力学的观点来讨论液流各运动要素之间的关系,建立反映液体能量转化与守恒规律的恒定总流能量方程。

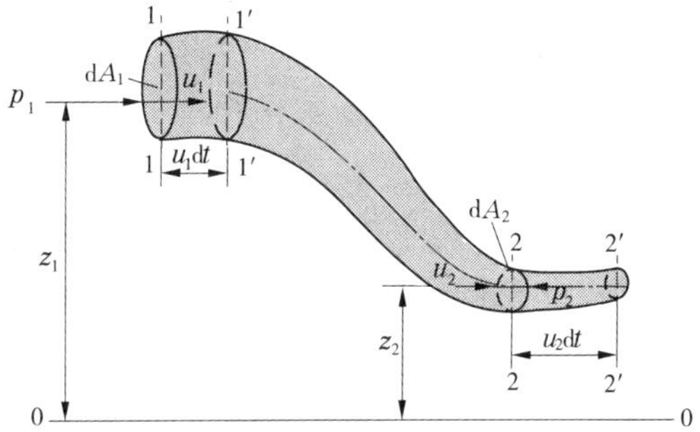

图 3-15

一、理想液体恒定元流的能量方程

物理学中的动能定理指出:运动物体在某一时段内动能的增量,等于同一时段内作用在物体上全部外力所做的功。其表达式为

$$\sum W = \frac{1}{2}mv^2 - \frac{1}{2}mv_0^2 \tag{3-20}$$

式中:$\sum W$—— 所有外力对物体所做的功;

m——物体的质量;

v、v_0—— 物体的末速度、初速度。

动能定理也适用于液体。如图 3-15 所示，在理想液体恒定总流 1—1 和 2—2 两个过流断面间任取一元流段的水体进行分析。该元流的过水断面积分别为 dA_1 和 dA_2，面积形心至基准面的高度分别为 z_1 和 z_2。由于过流断面积很小，可以认为断面上流速及压强均匀分布，分别为 u_1、u_2 和 p_1、p_2。经过 dt 时段，该流段运动到新的位置 $1'-1'$ 和 $2'-2'$，现分析流段到达新位置后动能的增量及在此过程中外力所做的功。

（一）流段动能增量

设 E_{1-2} 为流段起始时刻具有的动能，$E_{1'-2'}$ 为流段经过 dt 时段后达到 $1'—2'$ 位置的动能，dt 时段内动能增量 ΔE 为

$$\Delta E = E_{1'-2'} - E_{1-2} = (E_{1'-2} + E_{2-2'}) - (E_{1-1'} + E_{1'-2})$$

因为是恒定流，液流的运动要素不随时间变化，经过 dt 时段后，尽管 $1'—2$ 流段内液体质量有交换，但 $1'—2$ 流段内液流的动能保持不变。于是流段动能的增量应等于 $2—2'$ 流段的动能与 $1—1'$ 流段的动能之差，即

$$\Delta E = E_{2-2'} - E_{1-1'}$$

根据连续性方程，流段 $1—1'$ 与 $2—2'$ 的体积应相等，可写为 dV，其质量 dm 为 ρdV。由于 dV 很小，可以认为流段内所有质点的流速相等，即 $1—1'$ 流段内各点流速为 u_1，$2—2'$ 流段内各点流速为 u_2，流段动能增量为

$$\Delta E = \frac{1}{2}\mathrm{d}mu_2^2 - \frac{1}{2}\mathrm{d}mu_1^2 = \frac{\rho\mathrm{d}V}{2}(u_2^2 - u_1^2) \tag{3-21}$$

（二）外力所做的功

作用于流段 1—2 上的外力有重力、周界表面的动水压力。由于是理想液体，不存在摩擦阻力。

1. 重力功

在重力场中，经过 dt 时段，流段从位置 1—2 移动到新的位置 $1'—2'$，在此过程中位置 $1'—2$ 是重合的，因此重力做功仅相当于把 $1—1'$ 这部分液体（体积为 dV）移动到 $2—2'$。由于 dV 为微量，其重心距基准面的高度可近似看成元流过流断面 dA 中心点的高度，于是 $1—1'$ 微段液体其重心位置的改变为 $(z_1 - z_2)$，其重力功为

$$W_1 = \rho g\mathrm{d}V(z_1 - z_2) \tag{3-22}$$

式中若 $z_1 > z_2$ 时，重力功为正；若 $z_1 < z_2$ 时，重力功为负。

2. 动水压力功

作用于流段周界表面的动水压力有两端断面上的动水压力与流段侧表面上的动水压力。前者与水流方向平行，对流段运动做功；后者与水流方向垂直，对流段运动不做功。

1—1 断面上动水压力为 $p_1\mathrm{d}A_1$，移动距离为 $u_1\mathrm{d}t$，做功为 $p_1\mathrm{d}A_1u_1\mathrm{d}t$；2—2 断面上动水压力为 $p_2\mathrm{d}A_2$，移动距离为 $u_2\mathrm{d}t$，做功为 $-p_2\mathrm{d}A_2u_2\mathrm{d}t$（因为力与位移方向相反，故为负功）。两断面的动水压力功为

$$W_2 = p_1\mathrm{d}A_1u_1\mathrm{d}t - p_2\mathrm{d}A_2u_2\mathrm{d}t = (p_1 - p_2)\mathrm{d}V \tag{3-23}$$

根据动能定理，$\sum W_i = \Delta E$，则有

$$\rho g\mathrm{d}V(z_1 - z_2) + (p_1 - p_2)\mathrm{d}V = \frac{\rho \mathrm{d}V}{2}(u_2^2 - u_1^2)$$

上式两边同除以液体重量 ρgdV，得到单位重量液体的动能定理之表达式

$$(z_1 - z_2) + (p_1 - p_2)\frac{1}{\rho g} = \frac{1}{2g}(u_2^2 - u_1^2)$$

整理后成为

$$z_1 + \frac{p_1}{\rho g} + \frac{u_1^2}{2g} = z_2 + \frac{p_2}{\rho g} + \frac{u_2^2}{2g} \tag{3-24}$$

式(3-24)就是理想液体恒定元流的能量方程。该式是由瑞士学者伯努利(Bernoulli)于1738年首先提出，故又称为伯努利方程。式中各项的意义阐述如下。

z、$\frac{p}{\rho g}$ 的意义与在水静力学中的定义相同。从几何意义上讲，它们分别表示位置水头、压强水头，$(z + \frac{p}{\rho g})$ 为测压管水头；从物理意义上讲，它们分别表示单位重量液体的单位位能、单位压能，$(z + \frac{p}{\rho g})$ 为单位势能。第三项 $\frac{u^2}{2g}$ 为单位重量液体的动能，简称单位动能，说明如下：设一液体微团的质量为 $\mathrm{d}m$，流速为 u，其动能为 $\frac{1}{2}\mathrm{d}mu^2$，因此该微团内单位重量液体的动能为 $\frac{\frac{1}{2}\mathrm{d}mu^2}{\mathrm{d}mg} = \frac{u^2}{2g}$。由于 $\frac{u^2}{2g}$ 具有长度量纲，也称为**流速水头**。方程中 $(z + \frac{p}{\rho g} + \frac{u^2}{2g})$ 三项之和表示单位重量液体所具有的总机械能，称为**总水头**。

式(3-24)表明：对于理想液体恒定元流，液体从一个过水断面流到另一个过水断面的过程中，单位重量液体所具有的位能、压能和动能可以相互转化，但三者之和保持不变，即单位重量液体所具有的总机械能守恒。

二、实际液体恒定元流的能量方程

由前述已知，理想液体流动时，其总机械能(设为 e)守恒，即 $e = C$(常数)，但对于实际液体由于存在黏滞性，在流动过程中克服摩擦力做功要消耗一部分机械能，因此液体的总机械能将会沿流程减少，即实际液体流动中存在着能量损失。对实际液体而言，总是

$$z_1 + \frac{p_1}{\rho g} + \frac{u_1^2}{2g} > z_2 + \frac{p_2}{\rho g} + \frac{u_2^2}{2g}$$

令 h_w' 为元流单位重量液体从断面 1—1 流至断面 2—2 的机械能损失，称为水头损失。h_w' 也具有长度的量纲。根据能量守恒定律，元流两过水断面单位重量液体的能量关系可写为

$$z_1 + \frac{p_1}{\rho g} + \frac{u_1^2}{2g} = z_2 + \frac{p_2}{\rho g} + \frac{u_2^2}{2g} + h_w' \tag{3-25}$$

式(3-25)就是不可压缩实际液体恒定元流的能量方程。

三、实际液体恒定总流的能量方程

元流的能量方程可用于求解元流内部或流线上各点的流速与压强，而工程中的流体总是以总流的形式出现，故需将元流的能量方程推广到总流，以满足求解总流断面上的平均流速或压强的需要。总流是元流的集合，推求总流能量方程需将元流能量方程对总流积分。

（一）实际液体恒定总流能量方程的推导

设元流的流量为 dQ，单位时间通过过水断面的液体重量为 $\rho g dQ$，将式（3-25）各项乘以 $\rho g dQ$，并分别在总流的两个过水断面上积分，即

$$\int_Q \left(z_1 + \frac{p_1}{\rho g}\right) \rho g dQ + \int_Q \frac{u_1^2}{2g} \rho g dQ = \int_Q \left(z_2 + \frac{p_2}{\rho g}\right) \rho g dQ + \int_Q \frac{u_2^2}{2g} \rho g dQ + \int_Q h_w' \rho g dQ \tag{3-26}$$

在式（3-26）中共含有三种类型的积分：

第一类积分为势能积分，即 $\int_Q \left(z + \frac{p}{\rho g}\right) \rho g dQ$ 。

若所取的过水断面为渐变流，则在断面上 $\left(z + \frac{p}{\rho g}\right)$ = 常数，因而积分是可能的，即

$$\int_Q \left(z + \frac{p}{\rho g}\right) \rho g dQ = \left(z + \frac{p}{\rho g}\right) \rho g \int_Q dQ = \left(z + \frac{p}{\rho g}\right) \rho g Q \tag{3-27}$$

第二类积分为动能积分，即 $\int_Q \frac{u^2}{2g} \rho g dQ$。

因 $dQ = u dA$ ，故 $\int_Q \frac{u^2}{2g} \rho g dQ = \int_A \rho g \frac{u^3}{2g} dA = \frac{\rho g}{2g} \int_A u^3 dA$ ，它表示单位时间通过过水断面的液体动能的总和。一般情况下，过水断面上各点的流速 u 是不相等的，若采用断面平均流速 v 来代替，可以证明，$\int_A u^3 dA > \int_A v^3 dA$ ，故不能直接把动能积分符号内的 u 置换成 v ，而需要乘一个修正系数 α 才能使之相等，因此

$$\int_Q \frac{u^2}{2g} \rho g dQ = \frac{\rho g}{2g} \int_A u^3 dA = \frac{\rho g}{2g} \alpha v^3 A = \rho g Q \frac{\alpha v^2}{2g} \tag{3-28}$$

式中

$$\alpha = \frac{\int_A u^3 dA}{v^3 A} \tag{3-29}$$

α 称为动能修正系数，显然 α 是大于 1 的，并且 α 的大小与过水断面上流速分布的均匀程度有关，流速分布愈均匀，α 愈接近于 1；在渐变流时，一般取 $\alpha = 1.05 \sim 1.1$ 。

第三类积分为机械能损失积分（也称为能量损失积分），即 $\int_Q h_w' \rho g dQ$。

h_w' 是元流单位重量液体所损失的能量，各束元流的 h_w' 是不相等的，这里都用某一个平均值 h_w 代替，则第三类积分变为

$$\int_Q h_w' \rho g dQ = \rho g h_w \int_Q dQ = \rho g Q h_w \tag{3-30}$$

把三种类型积分结果代入式（3-26），各项同除以 $\rho g Q$ 后，可得单位重量液体的能量

方程式

$$z_1 + \frac{p_1}{\rho g} + \frac{\alpha_1 v_1^2}{2g} = z_2 + \frac{p_2}{\rho g} + \frac{\alpha_2 v_2^2}{2g} + h_w \tag{3-31}$$

式(3-31)即是**不可压缩实际液体恒定总流的能量方程**。它反映了总流通过任意两过水断面时，单位重量液体所具有的位能、压能、动能之间的能量转化规律，该方程是水力学中应用最广的基本方程之一。虽然它在形式上类似于实际液体元流的能量方程，但是它用断面的平均流速 v 代替了元流中的点流速 u，用平均水头损失 h_w 代替了元流中的水头损失 h_w'。因此，式中各项反映的是总流对应过水断面上单位重量液体的平均能量。

总流能量方程中各项的物理意义与几何意义与元流能量方程中各项的意义类似，无需详述，而需要指出的是：在应用总流能量方程时，由于过水断面是渐变流断面，$\left(z + \frac{p}{\rho g}\right)$ = 常数，且 $\frac{\alpha v^2}{2g}$ 及 h_w 分别是断面上单位重量液体所具有的平均动能（或平均流速水头）与总流两断面间单位重量液体平均的机械能损失（或平均水头损失），故断面上的计算点（或称代表点）可以任意选取。

（二）实际液体恒定总流能量方程的图示

由于能量方程中的各项都具有长度量纲，若用 H 表示总流的总水头，即

$$H = z + \frac{p}{\rho g} + \frac{\alpha v^2}{2g} \tag{3-32}$$

则实际液体总流能量方程可表示为

$$H_1 = H_2 + h_w \tag{3-33}$$

对于理想液体，由于没有水头损失，$h_w = 0$，总流能量方程则为 $H_1 = H_2$，即在不计水头损失的情况下，总流中任何过水断面上的总水头保持不变。

若用几何线段的长短表示过水断面上单位重量液体各项能量的大小，无论管道或明渠水流，都可用作图的方法形象地反映总流各断面上的能量变化规律。图示方法如下。

在图 3-16 中，选取基准面 0—0，以水头为纵坐标，按一定比例尺沿流程把过水断面的 z、$\frac{p}{\rho g}$ 及 $\frac{\alpha v^2}{2g}$ 分别绘于图上。对于管道流动，一般以各断面形心点距基准面的高度作为位置水头，所以管流的中心线就是位置水头 z 的沿程变化线；在该线的某处铅垂向上量取长度等于形心点压强水头的线段，就得到该断面的测压管水头 $(z + \frac{p}{\rho g})$；在该测压管水头处向上量取长度等于流速水头的线段，就得到该断面的总水头 $(z + \frac{p}{\rho g} + \frac{\alpha v^2}{2g})$。

(1)总水头线与水力坡度

把各断面总水头顶端连成线，称为**总水头线**（如图 3-16 中的实线），它反映了液流总机械能沿流程的变化特征。对于实际液体，由于黏滞性的影响而产生能量损失，所以**总水头线总是一条下降的线**（直线或曲线）。任意两断面之间总水头线下降的高度等于该两断面间的水头损失 h_w。理想液体的总水头线是一条水平线。

总水头线沿流程的降低值与流程长度 l 之比，称为总水头线坡度，也称水力坡度，常以 J 表示，它表示沿流程单位长度上的水头损失。若总水头线为倾斜直线，则

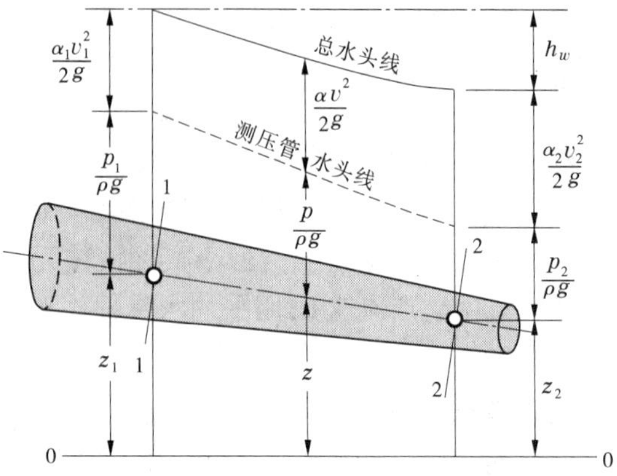

图 3-16

$$J = \frac{H_1 - H_2}{l} = \frac{h_w}{l} \tag{3-34}$$

当总水头线为曲线时，其水力坡度为变值，在某一断面处的水力坡度可表示为

$$J = -\frac{\mathrm{d}H}{\mathrm{d}l} = \frac{\mathrm{d}h_w}{\mathrm{d}l} \tag{3-35}$$

因总水头增量 $\mathrm{d}H$ 始终为负值，为使 J 为正值，才有了上式中的“ - ”号。

(2)测压管水头线与测压管坡度

各断面测压管液面的连线称为**测压管水头线**(如图 3-16 中的虚线)，它反映了液流势能沿流程的变化特征。单位流程上测压管水头的降低值称为测压管坡度，用 J_p 表示。即

$$J_p = \frac{-\mathrm{d}\left(z + \frac{p}{\rho g}\right)}{\mathrm{d}l} \tag{3-36}$$

上式中取负号，是因为测压管水头$\left(z + \frac{p}{\rho g}\right)$减少时，$J_p$ 为正值。

由于液体流动中势能与动能可以相互转化，故测压管水头线可以沿程下降，$J_p > 0$；也可以沿程上升，$J_p < 0$；甚至呈水平线，$J_p = 0$。

测压管水头线与管道中心线之间的铅垂距离即是该断面中心点的压强水头。若测压管水头线在管道中心线之上，表示压强为正，反之为负。测压管水头线与总水头线之间的铅垂距离是流速水头。显然，在流速不变的流段，测压管水头线平行于总水头线，即 $J = J_p$。

用图示法表示能量方程，可以清晰地反映液流中单位重量液体的机械能沿程的变化情况，在长距离有压输水管道的水力计算中，常画出测压管水头线和总水头线帮助分析管道沿程的受压情况(详见第五章)。对于河渠中的渐变流，由于水面均为大气压，故水面线就是测压管水头线。

四、恒定总流能量方程的应用讨论

(一)应用条件

实际液体恒定总流能量方程是水力学中最重要的基本方程之一，了解方程的建立条件和适用范围对方程的应用十分重要。从方程推导过程可以看出，应用时须满足：

(1)液流为恒定流。

(2)液体为不可压缩的均质液体,ρ = 常数。

(3)所选取的两计算过水断面应符合渐变流条件,而两个断面之间的水流可以不是渐变流。如图 3-17 所示,只要把过水断面选取在水管进口以前符合渐变流条件的断面 1—1 及进口之后的断面 2—2,虽然在由水池进入管道附近有急变流发生,对 1—1 及2—2两过水断面,仍然可以应用能量方程。

(4)在所取的两过水断面之间没有流量加入或分出。

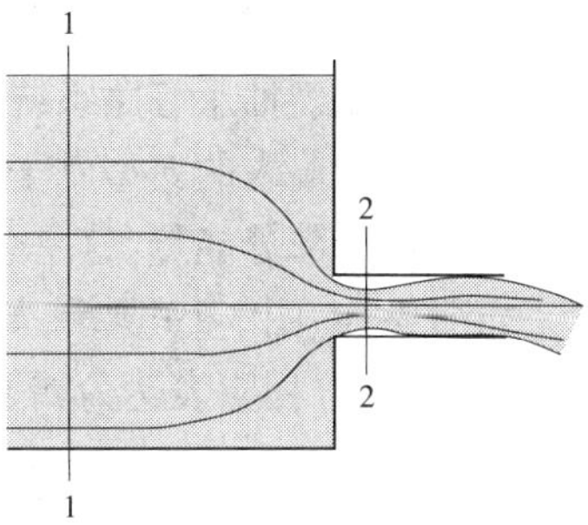

图 3-17

(5)两过水断面间除水头损失外,没有能量的输入或输出。

(二)注意事项

在应用能量方程时,为使计算简便、准确,通常应注意以下几点:

(1)作好“三选”:

①**选基准面**:以简化计算为原则,可以任意选择。一般选在较低位置上,尽量避免位置水头出现负值;在同一能量方程中必须选取同一基准面。

②**选断面**:所取计算断面必须符合渐变流条件。一般选择在已知条件较多的断面和待求运动要素的断面,如管道的出口断面、表面为大气压的断面(或已知压强的断面)等。

③**选代表点**:计算 $\left(z + \frac{p}{\rho g}\right)$ 时,必须确定计算断面上的计算点,也称代表点。原则上可以选取计算断面上任意点,但为计算方便,管流一般选择管轴中心点,明渠一般选水流的自由表面点。

(2)压强可以用相对压强,也可以用绝对压强,但必须采用相同的标准,通常采用相对压强。

(3)不同过水断面的动能修正系数严格讲是不相等的,在实用上对渐变流多数情况,可近似取 $\alpha_1 = \alpha_2$;但对流速分布特别不均匀的液流,α 值需根据具体情况酌定。

(4)列实际液体能量方程时,必须考虑两断面间的水头损失 h_w,h_w 的计算方法将在下一章讨论。

学海趣谈　**能“吸”人的火车**

也许每个人都会记得童年时父母的告诫:在火车来时,站台上的黄色警戒线是决不能逾越的,否则火车会把你吸进去!真是如此吗?当火车经过你时,它所挟带的高速气流会使你和火车之间形成一个低压区,与你背后的平静大气压产生一个压力差,这个压力差的大小与你和火车之间的距离成反比(为什么呢?想想流体的连续性原理和能量转换关系)。当你与火车距离过近而使压力差过大时,大气压就会把你推向运动的火车!大人为了增加震慑效果,就说火车把你吸了进去。黄色警戒线自然是保证你安全的最小距离的控制线,当然这个重要的训诫还要一代一代地传下去。

五、总流能量方程的其他形式

（一）沿程有能量输入或输出的能量方程

当水体流经抽水管路系统的水泵时，借助泵机叶片转动而获得外加能量，这是总流两断面间有能量输入的典型例子。在水电站有压管路系统安装有水轮机，水流流经水轮机时将失去自身部分能量，这是总流两断面间有能量输出的典型例子。

如图 3-18、图 3-19 所示，如果所选择的断面 1—1 与断面 2—2 之间有能量输入或输出时，其能量方程应表达为如下形式：

$$z_1 + \frac{p_1}{\rho g} + \frac{\alpha_1 v_1^2}{2g} \pm H_t = z_2 + \frac{p_2}{\rho g} + \frac{\alpha_2 v_2^2}{2g} + h_w \qquad (3\text{-}37)$$

式(3-37)中 H_t 为断面 1—1 至断面 2—2 间，通过外加设备使单位重量液体所获得或减少的机械能。当为输入能量时，式中 H_t 前符号取“ + ”号，输出能量时取“ - ”号，对水泵而言，H_t 称为扬程。

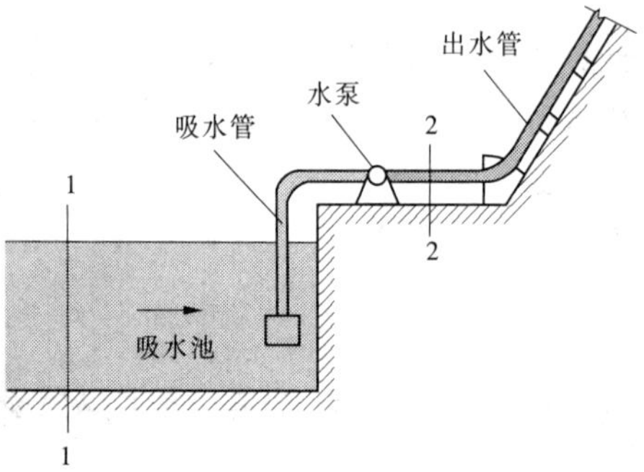

图 3-18

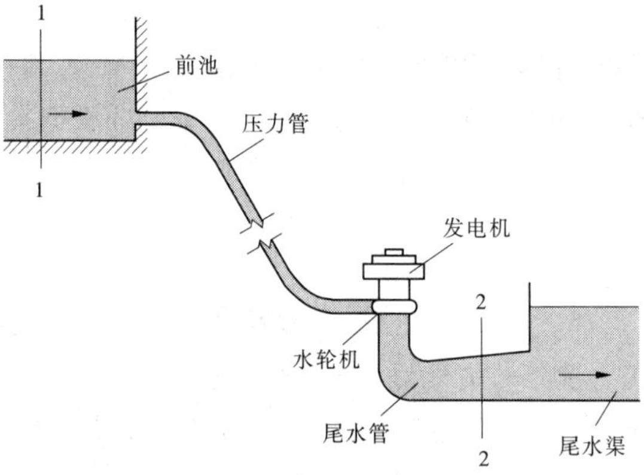

图 3-19

（二）沿程有分流或汇流的能量方程

连续方程可以推广到总流沿程有分流或汇流的情况，总流能量方程也可以在这种情况下推广使用。在有分流或汇流情况下，仍可分别对每一支水流建立能量方程式。

如图3-20所示两支汇合的水流,其流量分别为 Q_1 与 Q_2,根据能量守恒的物理概念,从断面1—1及断面2—2在单位时间内输入的液体总能量,应当等于从断面3—3输出的总能量加上两支水流能量损失,即

$$\rho g Q_1\left(z_1+\frac{p_1}{\rho g}+\frac{\alpha_1 v_1^2}{2g}\right)+\rho g Q_2\left(z_2+\frac{p_2}{\rho g}+\frac{\alpha_2 v_2^2}{2g}\right)$$
$$=\rho g Q_3\left(z_3+\frac{p_3}{\rho g}+\frac{\alpha_3 v_3^2}{2g}\right)+\rho g Q_1 h_{w1-3}+\rho g Q_2 h_{w2-3} \tag{3-38}$$

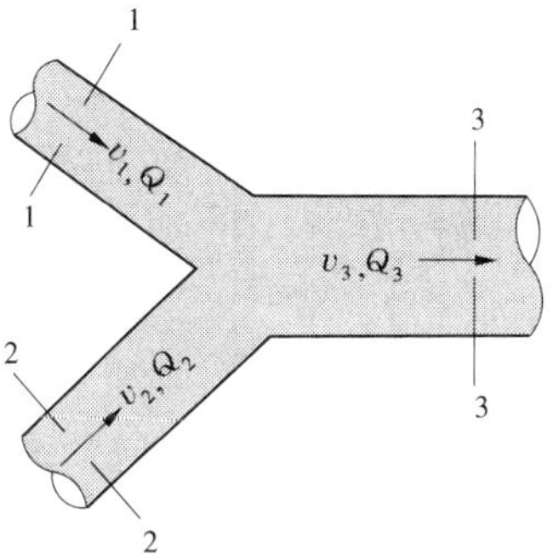

图3-20

因 $Q_3=Q_1+Q_2$,代入式(3-38)整理后可得

$$Q_1\left[\left(z_1+\frac{p_1}{\rho g}+\frac{\alpha_1 v_1^2}{2g}\right)-\left(z_3+\frac{p_3}{\rho g}+\frac{\alpha_3 v_3^2}{2g}\right)-h_{w1-3}\right]+$$
$$Q_2\left[\left(z_2+\frac{p_2}{\rho g}+\frac{\alpha_2 v_2^2}{2g}\right)-\left(z_3+\frac{p_3}{\rho g}+\frac{\alpha_3 v_3^2}{2g}\right)-h_{w2-3}\right]=0 \tag{3-39}$$

式(3-39)中,若要左端两项之和等于零,必须是两项各自分别为零,因为根据其物理意义,它每一项表示的是某一支水流的输入总能量与输出总能量之差,因此它不可能是一项为正,另一项为负,故有

$$Q_1\left[\left(z_1+\frac{p_1}{\rho g}+\frac{\alpha_1 v_1^2}{2g}\right)-\left(z_3+\frac{p_3}{\rho g}+\frac{\alpha_3 v_3^2}{2g}\right)-h_{w1-3}\right]=0$$
$$Q_2\left[\left(z_2+\frac{p_2}{\rho g}+\frac{\alpha_2 v_2^2}{2g}\right)-\left(z_3+\frac{p_3}{\rho g}+\frac{\alpha_3 v_3^2}{2g}\right)-h_{w2-3}\right]=0$$

于是,对每一支水流,有

$$z_1+\frac{p_1}{\rho g}+\frac{\alpha_1 v_1^2}{2g}=z_3+\frac{p_3}{\rho g}+\frac{\alpha_3 v_3^2}{2g}+h_{w1-3} \tag{3-40}$$

$$z_2+\frac{p_2}{\rho g}+\frac{\alpha_2 v_2^2}{2g}=z_3+\frac{p_3}{\rho g}+\frac{\alpha_3 v_3^2}{2g}+h_{w2-3} \tag{3-41}$$

请思考,若液流为总流3分为两支流1、2的情形时,其能量方程的形式应是怎样的?

六、恒定总流能量方程应用实例

(一)毕托管测速仪

毕托管(Pitot tube)是一种利用液流运动的能量转化原理制作的测量水流速度的仪器。最简单的毕托管是一根弯成90°的细管,如图3-21(b)所示,其前端开有小孔,当需要测量水深为 h_1 的 A 点处流速时,将弯管前端置于该点并正对水流方向,水流从前端小孔 A 点流入,管内水面上升。当水面稳定后,A 点流速变为零,该点水流动能全部变为压能,管中水面上升至 h_2。以过 A 点的水平面为基准面,A 点水流的总能量在没有设置毕托管时为:$H=\frac{p_A}{\rho g}+\frac{u^2}{2g}=h_1+\frac{u^2}{2g}$,设置毕托管后为:$H=\frac{p_A}{\rho g}=h_2$。如果忽略能量损失,根据能量守恒原理,即有

$$h_1 + \frac{u^2}{2g} = h_2 \tag{3-42}$$

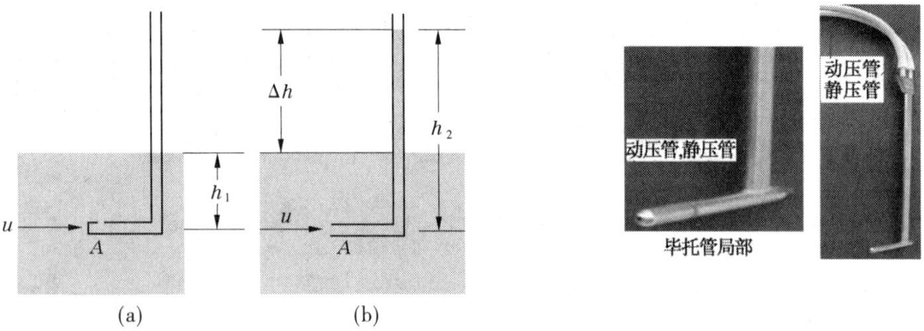

(a)　　(b)　　(c)毕托管

图 3-21

由上式可得 A 点流速：

$$u = \sqrt{2g(h_2 - h_1)} \tag{3-43}$$

实际工程中采用的毕托管并不是采用一根管子进行测量，而是把两根管子并入一根弯管当中，一根前端开孔，称动压管；另一根侧面开孔而前端封闭，称静压管，见图 3-21（c）。这里将两管分开显示，静压管如图 3-21（a）所示，动压管如图 3-21（b）所示。两管分别由不同的通道接在两支测压管上，动压管正对流向，测得 A 点处水流的总水头 h_2；静压管侧对流向，只测得紧邻 A 点处水流的测压管总水头 h_1；测量时只需读出这两根测压管的水面差 $\Delta h = h_2 - h_1$，即可求得所测点的流速。由于两个小孔的位置不同，测得的并非同一点的能量，同时考虑到毕托管放入水流中所产生的扰动影响，所以使用时需加入修正系数 μ，即

$$u = \mu \sqrt{2g\Delta h} \tag{3-44}$$

μ 称为毕托管的校正系数，它可由实验测定，一般 μ 为 0.98 ~ 1.0，毕托管一般有直径 7 mm 和 3 mm 两种，分别适用于低、高流速的测量。专业生产厂家制造的毕托管均会给出经率定的 μ 值。

（二）文丘里流量计

文丘里流量计（Venturi meter）是测量管道中流量的装置，它由两段锥形管（收缩管和扩散管）和一段细管（喉管）相连接而组成（见图 3-22），在收缩管前部和喉管上分别设置测压管（也可直接连接在水银压差计上，见图 3-23）。在测量管道流量时，把文丘里流量计连接在被测管路中，前后都要有适当长的顺直管段，保证进出流满足均匀流条件。当液体流经喉管段时，由于管径收缩引起动能增大，压能相应减小，因此可测得文丘里流量计进口与喉管两断面（图中的断面 1—1 和断面 2—2）的测压管水头差 Δh。再根据能量方程式即可求出通过管中的流量。图 3-22 中是水平放置的文丘里流量计，管道中水流是恒定流，以管轴线所在水平面为基准面，对安装测压管的断面 1—1 和断面 2—2 建立总流的能量方程

$$z_1 + \frac{p_1}{\rho g} + \frac{\alpha_1 v_1^2}{2g} = z_2 + \frac{p_2}{\rho g} + \frac{\alpha_2 v_2^2}{2g} + h_w$$

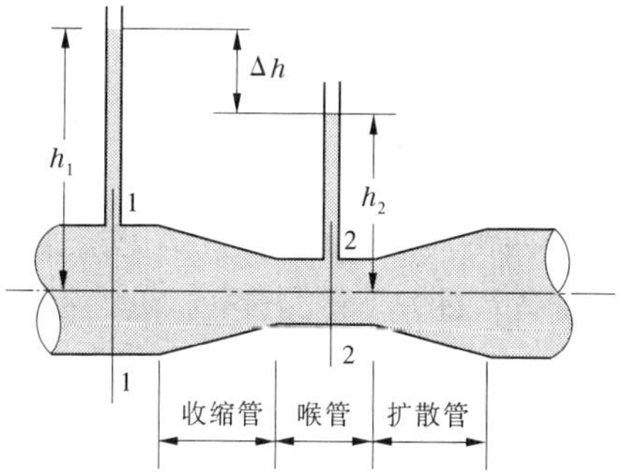

图 3-22

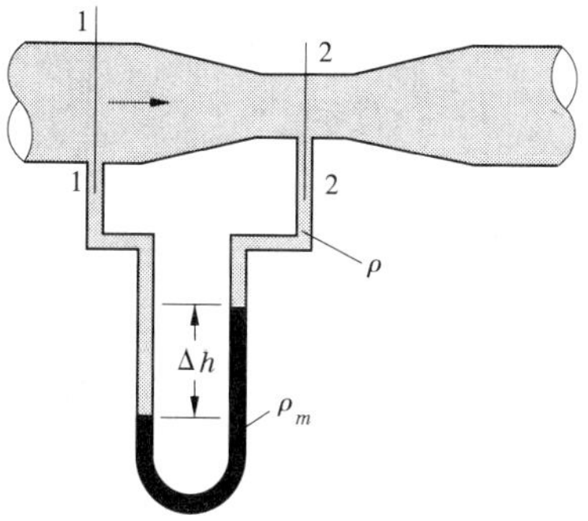

图 3-23

方程中，$z_1 = z_2 = 0$，$\frac{p_1}{\rho g} = h_1$，$\frac{p_2}{\rho g} = h_2$。设 $\alpha_1 = \alpha_2 = 1$，因断面 1—1 和断面2—2 相距很近，暂不考虑水头损失，令 $h_w = 0$，此时能量方程变为

$$\frac{p_1}{\rho g} - \frac{p_2}{\rho g} = \frac{v_2^2 - v_1^2}{2g}$$

$$h_1 - h_2 = \Delta h = \frac{v_2^2 - v_1^2}{2g}$$

根据连续性方程：$\frac{v_1}{v_2} = \frac{A_2}{A_1} = \frac{\frac{\pi}{4}d_2^2}{\frac{\pi}{4}d_1^2} = \frac{d_2^2}{d_1^2}$ 或 $v_2 = v_1\left(\frac{d_1}{d_2}\right)^2$（式中 d_1 为管道直径，d_2 为喉管直径），把 v_2 与 v_1 的关系代入前式，可得

$$\Delta h = \frac{v_1^2}{2g}\left[\left(\frac{d_1}{d_2}\right)^4 - 1\right] \tag{3-45}$$

$$v_1 = \sqrt{\frac{2g\Delta h}{\left(\frac{d_1}{d_2}\right)^4 - 1}} \tag{3-46}$$

因此，通过文丘里流量计的流量为

$$Q = A_1 v_1 = \frac{\pi d_1^2}{4}\sqrt{\frac{2g\Delta h}{\left(\frac{d_1}{d_2}\right)^4 - 1}} \tag{3-47}$$

令 $K = \frac{\pi d_1^2}{4}\sqrt{\frac{2g}{\left(\frac{d_1}{d_2}\right)^4 - 1}}$，$K$ 称为文丘里管常数，则文丘里流量计的流量公式为

$$Q = K\sqrt{\Delta h} \tag{3-48}$$

显然，当管路直径 d_1 及文丘里喉管直径 d_2 确定以后，即可得到 K 值，也就是每一个文丘里流量计都有一个给定的 K 值。因此，只要测得管道断面与喉管断面的测压管高差 Δh，就能计算出管道内通过的流量 Q。

上述分析没有考虑在文丘里管中的水头损失，而实际存在的水头损失将会使流量减

小,实际流量应比按上式算得的为小,这里引入文丘里管流量系数 μ' 来修正这个误差。那么实际流量计算公式为

$$Q = \mu' K \sqrt{\Delta h} \tag{3-49}$$

这里流量系数 μ' 一般为 0.95 ~0.98。

如果文丘里流量计安装在倾斜的管路中,由于两测压管液面高差 Δh 也是测压管水头差,所以上述公式依然可用。如果两测压管液面高差过大不便测读,文丘里流量计就直接安装水银压差计(见图 3-23),由压差计原理可知

$$\frac{p_1}{\rho g} - \frac{p_2}{\rho g} = \frac{\rho_m g - \rho g}{\rho g}\Delta h = 12.6\Delta h$$

式中, Δh 为水银压差计两支水银面高差。此时文丘里流量计的流量为

$$Q = \mu' K \sqrt{12.6\Delta h} \tag{3-50}$$

如果毕托管也采用水银压差计,其流速公式也与此相类似。

【例 3-1】 如图 3-23 所示的文丘里流量计,已知管径 $d_1 = 100$ mm ,喉管直径 $d_2 = 50$ mm ,测得水银压差计读数 $\Delta h = 5$ cm ,给定流量系数 $\mu' = 0.98$,试求管内通过的流量。

解:根据所给断面尺寸,可计算出文丘里管常数为

$$K = \frac{\pi d_1^2}{4}\sqrt{\frac{2g}{\left(\frac{d_1}{d_2}\right)^4 - 1}} = \frac{3.14 \times 0.1^2}{4}\sqrt{\frac{2 \times 9.8}{\left(\frac{0.1}{0.05}\right)^4 - 1}} = 0.00897 (\mathrm{m^{5/2}/s})$$

则　$Q = \mu' K \sqrt{12.6\Delta h} = 0.98 \times 0.00897 \times \sqrt{12.6 \times 0.05} = 0.00698 (\mathrm{m^3/s})$

【例 3-2】 利用虹吸管(Siphon)从河道取水,如图 3-24 所示。已知管径 $d = 0.5$ m ,在不计水头损失情况下,求虹吸管中流量及 1、2、3、4 点的单位位能、压能、动能和总机械能(2、3、4 点位于管断面中心)。

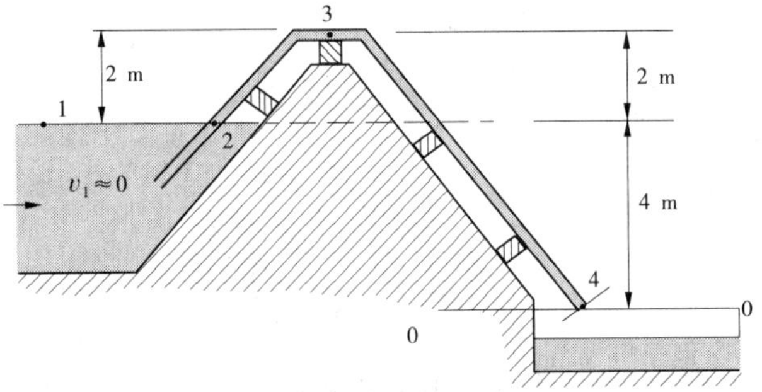

图 3-24

解:选择通过出口轴心的水面为基准面,由图可知,1、2、3、4 点的位置水头(单位位能)分别为 $z_1 = 4$ m, $z_2 = 4$ m, $z_3 = 6$ m, $z_4 = 0$,并令各动能修正系数 $\alpha_1 = \alpha_2 = \alpha_3 = \alpha_4 = 1.0$。因上游河道断面比管道断面大得多,可认为 $\frac{\alpha_1 v_1^2}{2g} \approx 0$。以相对压强计算,则 $p_1 = p_4 = p_a = 0$。

1. 求管道中流速及流量

列1、4点所在过水断面的能量方程，并将以上各值代入式中，则得

$$4 + 0 + 0 = 0 + 0 + \frac{v_4^2}{2g}$$

$$v_4 = \sqrt{2g \times 4} = \sqrt{19.6 \times 4} = 8.854(\mathrm{m/s})$$

所以流量

$$Q = Av_4 = \frac{\pi d^2}{4}v_4 = \frac{3.14 \times 0.5^2}{4} \times 8.854 = 1.738(\mathrm{m^3/s})$$

2. 计算流速水头(单位动能)

根据题中所给条件，管径沿程不变，由连续性方程可知，$v_2 = v_3 = v_4$，所以流速水头为

$$\frac{v_2^2}{2g} = \frac{v_3^2}{2g} = \frac{v_4^2}{2g} = 4\ \mathrm{m}$$

3. 确定各点压强水头(单位压能)

列3、4点所在过水断面的能量方程，则得

$$z_3 + \frac{p_3}{\rho g} + \frac{v_3^2}{2g} = 0 + 0 + \frac{v_4^2}{2g}$$

$$\frac{p_3}{\rho g} = -z_3 = -(4 + 2) = -6(\mathrm{m})$$

同理列2、4点或2、3点相应过水断面的能量方程，可得

$$\frac{p_2}{\rho g} = -z_2 = -4\ \mathrm{m}$$

将以上计算结果列于表3-1，可以清楚地看出水流能量的转化情况。从表中还可看出，在不计水头损失的情况下，管路中各点总水头(单位总机械能)是相等的，都等于4 m。请思考，这个结论说明了什么问题?

表3-1

断面	z (m)	$\frac{p}{\rho g}$ (m)	$\frac{v^2}{2g}$ (m)	H (m)
1	4	0	0	4
2	4	−4	4	4
3	6	−6	4	4
4	0	0	4	4

第六节　恒定总流的动量方程

恒定总流动量方程是继连续方程、能量方程之后的第三个水动力学基本方程，应用亦

十分广泛。它是物理学中的动量守恒定律在水流运动中的具体表现，反映了流体动量变化与作用力的关系。利用恒定总流动量方程可以求解急变流段水流与固体壁面之间的作用力问题，例如，求解射流的冲击力、水流作用于弯管段的作用力、泄流时水流对闸门和溢流坝面的动水压力等。而这类问题若用能量方程求解则会遇到诸多困难。

一、恒定总流动量方程的建立

物理学中的动量定律为：单位时间内物体的动量变化$\Delta \boldsymbol{p}$等于作用于该物体上所有外力$\boldsymbol{F}$的矢量和。动量定律的数学表达式为

$$\sum \boldsymbol{F} = \frac{\Delta \boldsymbol{p}}{\Delta t} \tag{3-51}$$

式(3-51)中动量是物体质量与其速度的乘积，动量是矢量，速度的方向就是动量的方向。建立液流动量方程时，首先把需要研究的一段液流取作控制体，分析其上动量的变化与作用力的关系。如图 3-25 所示，在恒定总流(弯管)中，取出一流段 1—2 为控制体，其控制面为过水断面 1—1、2—2 及两断面间流管壁面所组成。在外力作用下，经 dt 时段，该流段 1—2 移动至新的位置 1′—2′(两端过水断面为 1′—1′及 2′—2′)，从而发生动量的变化。设流段内动量的变化为 $\Delta \boldsymbol{p}$，则 $\Delta \boldsymbol{p}$ 等于1′—2′的动量 $\boldsymbol{p}_{1'-2'}$ 与流段 1—2 的动量 $\boldsymbol{p}_{1-2}$ 之差，即 $\Delta \boldsymbol{p} = \boldsymbol{p}_{1'-2'} - \boldsymbol{p}_{1-2}$，而 $\boldsymbol{p}_{1-2}$ 是 1—1′和 1′—2 两段液体动量之和，即 $\boldsymbol{p}_{1-2} = \boldsymbol{p}_{1-1'} + \boldsymbol{p}_{1'-2}$，同理 $\boldsymbol{p}_{1'-2'} = \boldsymbol{p}_{1'-2} + \boldsymbol{p}_{2-2'}$。显然，$\boldsymbol{p}_{1'-2}$ 是两流段共有的，虽然两流段中的 $\boldsymbol{p}_{1'-2}$ 处于不同时刻，但因液流为恒定流，1′—2 流段的几何形状和液体的质量、流速等均不随时间而改变，dt 前后动量 $\boldsymbol{p}_{1'-2}$ 无变化，则

$$\Delta \boldsymbol{p} = \boldsymbol{p}_{2-2'} - \boldsymbol{p}_{1-1'} \tag{3-52}$$

式(3-52)说明，dt 时段内 1—2 流段液体动量的变化量等于同一时段内由断面 2—2 流出的动量与由断面 1—1 流入的液体动量之差。

(一)液流动量的确定

为了确定动量 $\boldsymbol{p}_{2-2'}$ 及 $\boldsymbol{p}_{1-1'}$，先在总流中任意取一元流 MN，令断面 1—1 上元流的面积为 dA_1，流速为 u_1，则元流 1—1′流段内液体的动量为 $\rho u_1 \mathrm{d}t \mathrm{d}A_1 \boldsymbol{u}_1$。将元流 1—1′流段的动量对断面 A_1 积分，可得总流 1—1′流段内液体的动量为

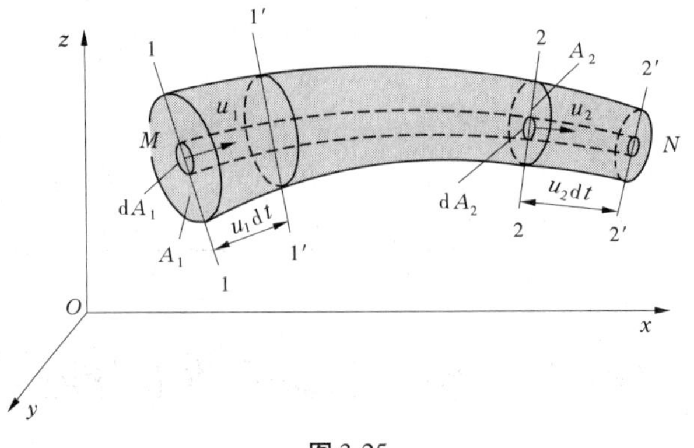

图 3-25

$$\boldsymbol{p}_{1-1'} = \int_{A_1} \rho \boldsymbol{u}_1 u_1 \mathrm{d}t\mathrm{d}A_1 = \rho \mathrm{d}t \int_{A_1} \boldsymbol{u}_1 u_1 \mathrm{d}A_1 \tag{3-53}$$

同理,总流 2—2′流段内液体的动量为

$$\boldsymbol{p}_{2-2'} = \int_{A_2} \rho \boldsymbol{u}_2 u_2 \mathrm{d}t\mathrm{d}A_2 = \rho \mathrm{d}t \int_{A_2} \boldsymbol{u}_2 u_2 \mathrm{d}A_2 \tag{3-54}$$

由于断面上的流速分布一般是未知的,上两式无法积分,所以需要用断面平均流速 v 来代替 u ,进行积分运算,由此产生的误差引入动量修正系数 β 来修正,同时为满足矢量积分条件,要求控制体两端断面为渐变流断面,此时断面上各点流速方向几乎平行,断面平均流速的方向也是各点流速的方向,则以上两式可写做

$$\boldsymbol{p}_{1-1'} = \rho \mathrm{d}t \beta_1 \boldsymbol{v}_1 \int_{A_1} u_1 \mathrm{d}A_1 = \rho \mathrm{d}t \beta_1 \boldsymbol{v}_1 Q_1 \tag{3-55}$$

$$\boldsymbol{p}_{2-2'} = \rho \mathrm{d}t \beta_2 \boldsymbol{v}_2 \int_{A_2} u_2 \mathrm{d}A_2 = \rho \mathrm{d}t \beta_2 \boldsymbol{v}_2 Q_2 \tag{3-56}$$

比较式(3-53)及式(3-55)或式(3-54)及式(3-56),可知

$$\beta = \frac{\int_A u\boldsymbol{u}\mathrm{d}A}{\boldsymbol{v}Q}$$

即

$$\beta = \frac{\int_A u^2 \mathrm{d}A}{v^2 A} \tag{3-57}$$

动量修正系数 β 是表示单位时间内通过断面的实际动量与单位时间内以相应的断面平均流速通过的动量的比值。β 值取决于过水断面上的流速分布状况,分布越均匀,β 值越小,越接近于 1.0。在一般渐变流中,β 值为 1.02 ~ 1.05,为简化计算,常采用 $\beta = 1.0$。

(二)恒定总流动量方程的建立

因为 $Q_1 = Q_2 = Q$,将式(3-55)、式(3-56)代入式(3-52)得

$$\Delta \boldsymbol{p} = \rho Q \mathrm{d}t(\beta_2 \boldsymbol{v}_2 - \beta_1 \boldsymbol{v}_1) \tag{3-58}$$

将式(3-58)代入式(3-51)并注意到 $\mathrm{d}t = \Delta t$,经过整理得到

$$\sum \boldsymbol{F} = \rho Q(\beta_2 \boldsymbol{v}_2 - \beta_1 \boldsymbol{v}_1) \tag{3-59}$$

式(3-59)即为恒定总流的动量方程,它是矢量方程。它表明,**作用在控制体内液体上的合外力等于单位时间内控制体流出的动量与流入的动量之差,即净流出的动量**。控制体是计算断面与给定的固体边界形成的空间体积。

应用恒定总流动量方程时需要把它写成投影形式,即

$$\left.\begin{aligned} \sum F_x &= \rho Q(\beta_2 v_{2x} - \beta_1 v_{1x}) \\ \sum F_y &= \rho Q(\beta_2 v_{2y} - \beta_1 v_{1y}) \\ \sum F_z &= \rho Q(\beta_2 v_{2z} - \beta_1 v_{1z}) \end{aligned}\right\} \tag{3-60}$$

式中:$\sum F_x$、$\sum F_y$、$\sum F_z$ 为作用在断面 1—1 与断面 2—2 间液体上的所有外力在三个坐标方向投影的代数和;v_{2x}、v_{2y}、v_{2z} 为总流下游过水断面 2—2 的断面平均流速 v_2 在三个坐标方向的投影;v_{1x}、v_{1y}、v_{1z} 为总流上游过水断面 1—1 的断面平均流速 v_1 在三个坐标方向的

投影。

动量方程中的$\sum \boldsymbol{F}$为作用于控制体上所有外力的合力，一般包括以下几种外力：

(1)上下游两端过水断面上的动水压力，引入渐变流条件，按静水压强分布计算；

(2)控制体内水体受到的重力，若为平面问题，不涉及重力；

(3)除两端过水断面以外，固体边界作用于控制体上的反力R，它与待求的控制体水流对边界的作用力R'等值、共线、反向。**水流对边界的作用力R'，一般包括急变流段内作用于边界表面上的动水压力和水流与边界之间的摩擦力**。

二、恒定总流动量方程的应用

(一)方程的推广

虽然动量方程是通过对流量沿程不变的流段导出的，但也可以推广到有流量汇入和分出的情况。如图 3-26 所示为一分叉管路，当对分叉段水流应用动量方程时，可以把沿管壁以及上下游过水断面所组成的封闭体作为控制体(图中虚线所示)。设$\sum \boldsymbol{F}$为作用在控制体水流上的合外力，$\boldsymbol{v}_1$、$\boldsymbol{v}_2$和$\boldsymbol{v}_3$分别为 3 个过流断面上的平均流速，则单位时间内流出与流入该控制体的水体动量为$(\rho Q_2\beta_2\boldsymbol{v}_2+\rho Q_3\beta_3\boldsymbol{v}_3)$与$\rho Q_1\beta_1\boldsymbol{v}_1$，于是，该控制体的动量方程为

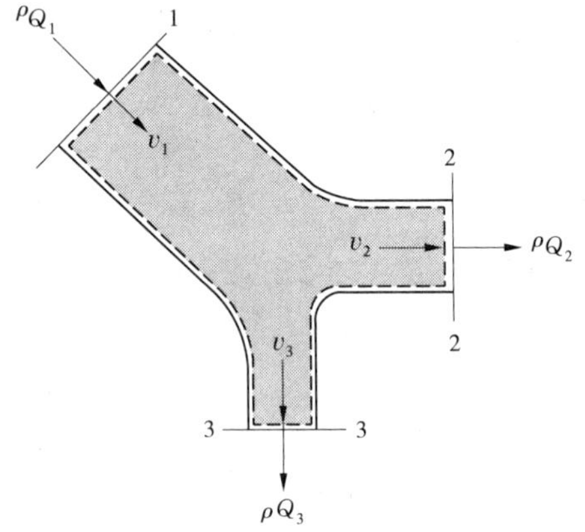

图 3-26

$$\sum \boldsymbol{F}=\rho Q_2\beta_2\boldsymbol{v}_2+\rho Q_3\beta_3\boldsymbol{v}_3-\rho Q_1\beta_1\boldsymbol{v}_1 \tag{3-61}$$

(二)方程的应用条件

由恒定总流动量方程建立过程可知，方程的应用条件为：

(1)液流为恒定流。

(2)液体为不可压缩的均质液体。

(3)所取控制体的过流断面应满足均匀流或渐变流条件，而控制体内的水流可以为急变流。

(三)注意事项

为了便于正确求解，在应用动量方程式时可参考以下步骤并注意相关事项：

(1)**选控制体**。分析水流运动，判断是否适用动量方程求解问题；将所研究的两个或多个渐变流断面之间的水体所占用的固定空间取为控制体。

(2)**建立投影坐标轴**。动量方程是矢量式，其中的流速和作用力都有方向。因此，应选定适当的投影轴并标明方向，将矢量方程转化为投影方程。投影轴原则上可任意选取，但为简便起见，可选定某一轴向平行于控制体中的某一矢量(如某一流速方向)。把流速和所有作用力向各投影轴投影。凡是与投影轴同向的为正值，反向的为负值。

(3)**对控制体进行受力分析**。标出作用在控制体上的所有外力，即两端压力、边界反力与重力。其中边界反力是未知力，其方向不能事先确定，可先假定该力的方向，若计算

结果为正值，表明假设方向正确；反之，表明该力的实际方向与假设方向相反。

(4)**计算动量的变化量**。动量方程式的右端，系控制体内液体单位时间内动量的净流出量，必须是流出的动量减去流入的动量，切不可颠倒；取动量修正系数 $\beta_1=\beta_2=1.0$。

(5)**计算控制体两端断面或多个断面动水压力**。按静水压强分布规律计算渐变流断面水压力，一般取相对压强。当计算断面为射流的过流断面时其相对压强为零。

(6)**建立动量方程求边界对水流作用力 R**。动量方程只能求解 1 个未知数，若方程中未知数多于 1 个时，必须借助于连续性方程或能量方程，进行联合求解。

(7)**确定水流对边界的作用力 R'**。R' 与边界对水流的作用力 R 等值、共线、反向。

三、恒定总流动量方程应用实例

动量方程是动量定律在液体运动中的具体体现，反映了液流动量变化与作用力之间的关系。动量方程也是水动力学基本方程中最重要的方程之一，应用十分广泛。

(一)水流对弯管管壁的作用力

管道转弯处，管道迫使水流改变方向，水流对弯管产生指向弯道外侧方向的离心力。由于该离心力的存在会引起输水弯管发生位移和振动，水利工程中在大型管道转弯处都要加设镇墩(支座)，用以固定弯管。水流对弯管管壁作用力的大小就是设计镇墩的依据。

如图 3-27 所示转角为 θ 的弯管，管轴中心线位于 xOz 铅垂平面上，通过弯管的流量为 Q，弯管中水体重力为 G，弯管两端过水断面 1—1、2—2 的断面面积、平均流速及形心点相对动水压强分别为 A_1、A_2，v_1、v_2，p_1、p_2，现分析水流对弯管管壁的作用力。

由于弯管中水流为急变流，动水压强分布规律和静水压强不同，因此不能用静水压力的计算方法推求弯管中水流对管壁的作用力，必须采用动量方程来求解。水流对弯管管壁的作用力 R' 与弯管管壁对水流的反作用力 R 大小相等、方向相反。

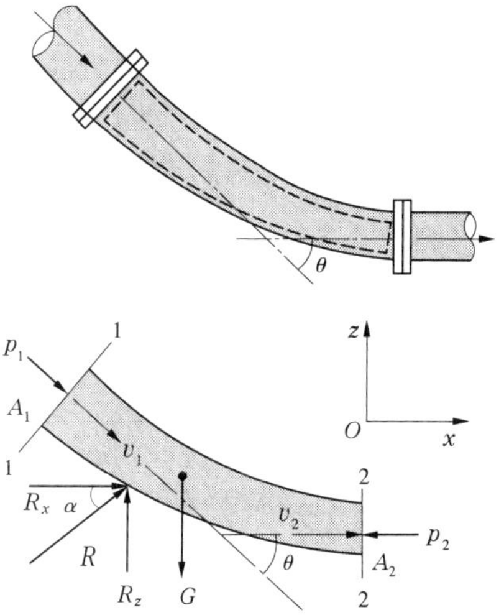

图 3-27

取 1—1、2—2 两渐变流断面及管壁包围的水体为控制体，并建立 x、z 方向的投影坐标轴，因为水体在 y 方向没有流动，故不需要研究 y 方向的动量变化。对控制体进行受力分析，作用于控制体的外力有：

(1)两端渐变流断面上的动水压力

$$F_{P1}=p_1A_1,\quad F_{P2}=p_2A_2$$

(2)因管轴中心线在铅垂面内，需考虑控制体内水体重力 G。(如弯管水平放置，怎样考虑重力?)

(3)管壁对水流的反作用力 R，其中一部分是动水压力，一部分是摩擦力。为计算方便，将 R 分解为 x 和 z 方向两个分力 R_x 与 R_z。

假定两端断面上的动量修正系数相等，即 $\beta_1=\beta_2=1.0$。

沿 x 轴方向动量方程为

$$\sum F_x = p_1A_1\cos\theta - p_2A_2 + R_x = \rho Q(v_2 - v_1\cos\theta)$$

因 $v_1 = \dfrac{Q}{A_1}$，$v_2 = \dfrac{Q}{A_2}$，代入上式可解出

$$R_x = \rho Q^2\left(\frac{1}{A_2} - \frac{\cos\theta}{A_1}\right) - p_1A_1\cos\theta + p_2A_2 \tag{3-62}$$

沿 z 轴方向动量方程为

$$\sum F_z = -p_1A_1\sin\theta - G + R_z = \rho Q[0 - (-v_1\sin\theta)]$$

由上式可解出

$$R_z = \rho Q^2\frac{\sin\theta}{A_1} + p_1A_1\sin\theta + G \tag{3-63}$$

弯管管壁对水流作用力的合力为

$$R = \sqrt{R_x^2 + R_z^2} \tag{3-64}$$

R 与水平方向的夹角 α 为

$$\alpha = \arctan\frac{R_z}{R_x} \tag{3-65}$$

（二）水流对溢流坝面的水平总作用力

由于坝顶溢流是急变流，堰面上的动水压强分布不符合静水压强分布规律，故需采用动量方程求解水流对溢流坝面的水平作用力。

如图 3-28 所示，假定河底水平，河床横断面为矩形，其宽度为 b，通过的流量为 Q，在坝上下游的渐变流段内取过水断面 1—1、2—2，两断面水深分别为 H 和 h，相应断面平均流速分别为 v_1 和 v_2，将两断面之间的水体 $GABCDEF$ 取作控制体，并建立 x、z 方向的投影坐标轴。由于断面 1—1 和断面 2—2 流速与 x 轴方向平行，该两断面上水流仅有沿 x 方向的动量变化，因此只需建立 x 方向的动量方程。

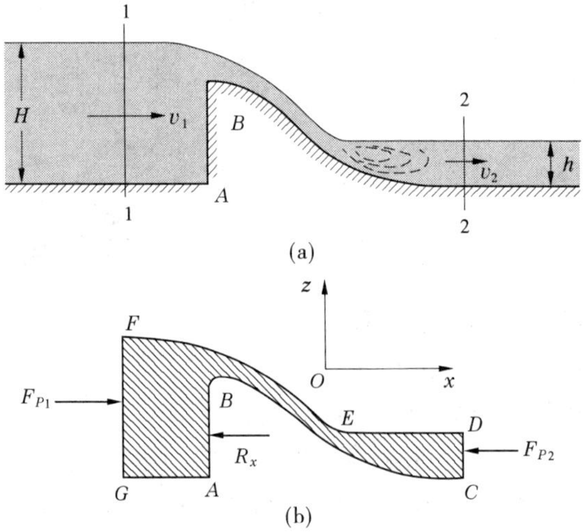

图 3-28

沿 x 方向作用于控制体上的外力有:

作用在两断面上的动水压力 F_{P1} 和 F_{P2} ,其大小可按静水总压力公式计算,即

$$F_{P1} = \frac{1}{2}\rho g b H^2, \quad F_{P2} = \frac{1}{2}\rho g b h^2$$

坝体对水流的反作用力(在水平方向) R_x , R_x 包含了水流与坝面摩擦力在 x 方向的投影。水体的重力在 x 方向投影为零。

沿 x 轴方向的动量方程为

$$\sum F_x = F_{P1} - F_{P2} - R_x = \rho Q(\beta_2 v_{2x} - \beta_1 v_{1x})$$

即

$$\frac{1}{2}\rho g b(H^2 - h^2) - R_x = \rho Q(\beta_2 v_{2x} - \beta_1 v_{1x})$$

因 $v_{1x} = v_1 = \frac{Q}{bH}, v_{2x} = v_2 = \frac{Q}{bh}$,令 $\beta_1 = \beta_2 = 1.0$,于是动量方程为

$$\frac{1}{2}\rho g b(H^2 - h^2) - R_x = \rho Q^2\left(\frac{1}{bh} - \frac{1}{bH}\right)$$

由上式可解出

$$R_x = \frac{1}{2}\rho g b\left[H^2 - h^2 - \frac{2Q^2}{gb^2}\left(\frac{1}{h} - \frac{1}{H}\right)\right] \tag{3-66}$$

水流对溢流坝面水平方向的总作用力 R_x' 与 R_x 大小相等、方向相反。

(三)射流对固定平板的冲击力

射流冲击平板一般都是空间流动问题,这里把它简化为平面流动(水平面内),并且不考虑射流的扩散和水头损失。如图 3-29 所示,流量为 Q_0 的射流以速度 v_0 冲击与水流成 α 角的固定平板,并向两侧分散。试求射流对平板的冲击力和冲击平板后分成两股水流的流量。

如图示选 0—0、1—1、2—2 三个过水断面,并取断面之间的水体为控制体。射流四周及冲击后水流均被大气包围,相对压强均为零。假设三个断面在同一水平面内,位置高程相同,不计重力和水头损失,根据能量方程可知它们的平均流速相等。这时作用在控制体上的外力就是平板对射流的反力 R。如图 3-29 所示,建立坐标 nOs,并且令 $\beta_1 = \beta_2 = \beta_0 = 1.0$,建立动量方程。

s 方向

$$\sum F_s = -R = \rho Q_0(0 - v_0\sin\alpha)$$

$$R = \rho Q_0 v_0 \sin\alpha \tag{3-67}$$

n 方向

$$\sum F_n = 0 = \rho Q_1 v_1 - \rho Q_2 v_2 - \rho Q_0 v_0 \cos\alpha$$

因 $v_1 = v_2 = v_0$,故

$$\rho Q_1 v_0 - \rho Q_2 v_0 - \rho Q_0 v_0 \cos\alpha = 0$$

$$Q_1 - Q_2 = Q_0\cos\alpha \tag{3-68}$$

根据连续性方程可知

$$Q_1 + Q_2 = Q_0$$

两式联解得

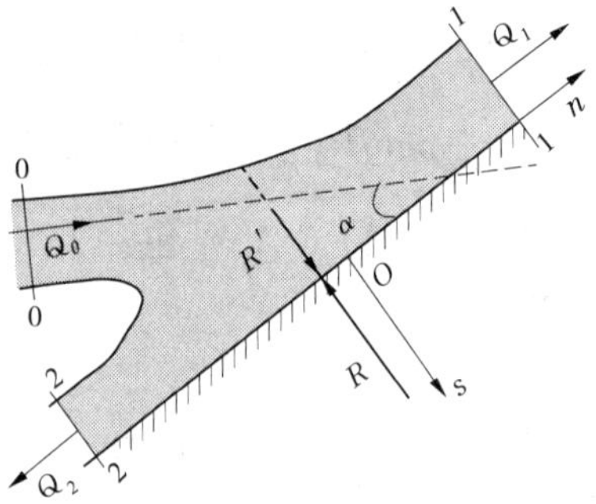

图 3-29

$$Q_1 = \frac{Q_0}{2}(1+\cos\alpha),\quad Q_2 = \frac{Q_0}{2}(1-\cos\alpha) \tag{3-69}$$

当射流与平板垂直时，$\alpha = 90°$，由式(3-67)和式(3-69)得出

$$R = \rho Q_0 v_0 \tag{3-70}$$

$$Q_1 = Q_2 = \frac{Q_0}{2} \tag{3-71}$$

当射流冲击在如图 3-30(a)中所示的楔形体上时，x 方向的动量方程为

$$\begin{aligned}\sum F_x = -R &= \rho Q_1 v_1 \cos\alpha + \rho Q_2 v_2 \cos\alpha - \rho Q_0 v_0 \\ &= \rho\frac{Q_0}{2}v_0\cos\alpha + \rho\frac{Q_0}{2}v_0\cos\alpha - \rho Q_0 v_0 \\ &= \rho Q_0 v_0(\cos\alpha - 1)\end{aligned}$$

所以

$$R = \rho Q_0 v_0(1-\cos\alpha) \tag{3-72}$$

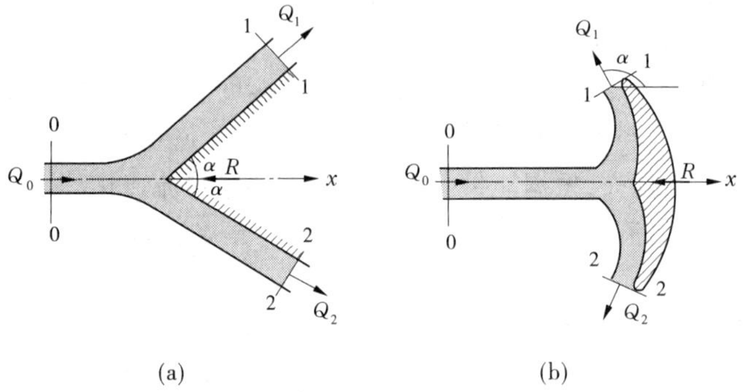

图 3-30

如果射流冲击的是一块凹面板，并且水流散开时转了一个角度 α，如图 3-30(b)所示，则取射流转向以前的断面 0—0 和完全转向后的断面 1—1 与断面 2—2 之间的水流为控制体，建立 x 方向的动量方程，可得

$$-R = \rho Q_0(v_0\cos\alpha - v_0) \quad \left(因\ v_1 = v_2 = v_0, Q_1 = Q_2 = \frac{Q_0}{2}\right)$$

$$R = \rho Q_0 v_0(1-\cos\alpha) \tag{3-73}$$

射流作用在凹面板上的冲击力 R' 与 R 大小相等、方向相反。由于 $\alpha > \frac{\pi}{2}$，$\cos\alpha$ 为负值，所以作用在凹面板上的力大于作用在平板上的力，而且冲击后转的方向 α 愈大时，作用力也愈大。因此，冲击式水轮机的叶片（水斗）做成一个凹面，以增大水流的作用力。

（四）恒定总流三大方程联合应用举例

本章讲述的连续性方程、能量方程、动量方程是分析水流问题，进行水力计算的最重要、最基本、最常用的三个方程式，成为水力学的主干，称为水动力学的三大方程。这三大方程均要求控制断面选在均匀流或渐变流断面上，在许多实际工程问题中，经常需要应用三大方程进行联立求解。

【例 3-3】　有一水泵的压力水管，如图 3-31 所示，其中有一弯段，管轴中心线位于铅垂面内，已知通过弯管的流量 $Q=0.25\ \mathrm{m^3/s}$，管径 $d=400$ mm，断面 1—1 与断面 2—2 之间弯段的轴线长度为 $L=2$ m，两断面形心点之间的高差 $\Delta z=1$ m，弯管转角 $\theta=60°$，转弯前断面 1—1形心点的相对压强为 $p_1=20$ kPa，忽略弯管的水头损失，试计算水流对水泵压力弯管的作用力。

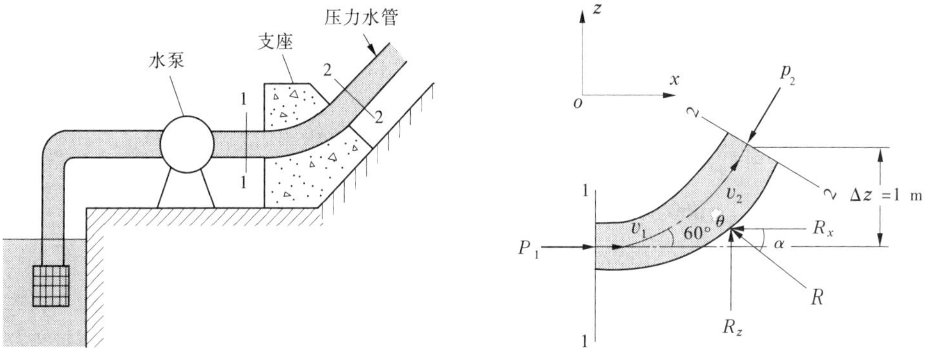

图 3-31

解：取渐变流断面 1—1、2—2 及管壁所包围的水体为控制体，建立 xoz 投影坐标轴。

（1）根据连续性方程 $Q=v_1A_1=v_2A_2$ 求管中流速，因 $A_1=A_2=A$，所以

$$v_1=v_2=v=\frac{Q}{A}=\frac{Q}{\frac{\pi d^2}{4}}=\frac{0.25}{\frac{3.14\times0.4^2}{4}}=1.99(\mathrm{m/s})$$

（2）断面 2—2 形心点压强 p_2 未知，要建立能量方程求解，以断面 1—1 轴线处所在水平面为基准面，令动能修正系数 $\alpha_1=\alpha_2=1.0$，列 1—1、2—2 两渐变流断面的能量方程

$$0+\frac{p_1}{\rho g}+\frac{v_1^2}{2g}=1+\frac{p_2}{\rho g}+\frac{v_2^2}{2g}$$

因 $v_1=v_2=v$，故

$$p_2=\rho g\left(\frac{p_1}{\rho g}-1\right)=9.8\times\left(\frac{20}{9.8}-1\right)=10.2(\mathrm{kPa})$$

（3）作用于控制体上的力有：

断面 1—1 上的动水压力 F_{P1}

$$F_{P1} = p_1 A = 20 \times \frac{3.14}{4} \times 0.4^2 = 2.512(\text{kN})$$

断面2—2上的动水压力 F_{P2}

$$F_{P2} = p_2 A = 10.2 \times \frac{3.14}{4} \times 0.4^2 = 1.281(\text{kN})$$

控制体内的水重 G

$$G = \rho g V = \rho g L \frac{\pi}{4} d^2 = 9.8 \times 2 \times \frac{3.14}{4} \times 0.4^2 = 2.462(\text{kN})$$

弯管管壁对水流的反作用力 R，这是待求的力，假设其沿 x 和 z 方向的两个分力为 R_x 与 R_z，如图所示。

(4)将力与流速在坐标轴上投影，建立 x 和 z 方向的动量方程，并令动量修正系数 $\beta_1 = \beta_2 = 1.0$。

x 方向

$$\sum F_x = F_{P1} - F_{P2}\cos 60° - R_x = \rho Q(v\cos 60° - v)$$

$$\begin{aligned} R_x &= F_{P1} - F_{P2}\cos 60° - \rho Q(v\cos 60° - v) \\ &= 2.512 - 1.281 \times \cos 60° - 1 \times 0.25 \times (1.99\cos 60° - 1.99) \\ &= 2.12(\text{kN}) \end{aligned}$$

z 方向

$$\sum F_z = -F_{P2}\sin 60° - G + R_z = \rho Q(v\sin 60° - 0)$$

$$\begin{aligned} R_z &= F_{P2}\sin 60° + G + \rho Q(v\sin 60° - 0) \\ &= 1.281 \times \sin 60° + 2.462 + 1 \times 0.25 \times (1.99 \times \sin 60° - 0) \\ &= 4.0(\text{kN}) \end{aligned}$$

R_x、R_z 均为正值，说明假设的 R 方向是正确的。于是管壁对水流作用力的合力为

$$R = \sqrt{R_x^2 + R_z^2} = \sqrt{2.12^2 + 4.0^2} = 4.527(\text{kN})$$

学海趣谈　　**水下狙击手**

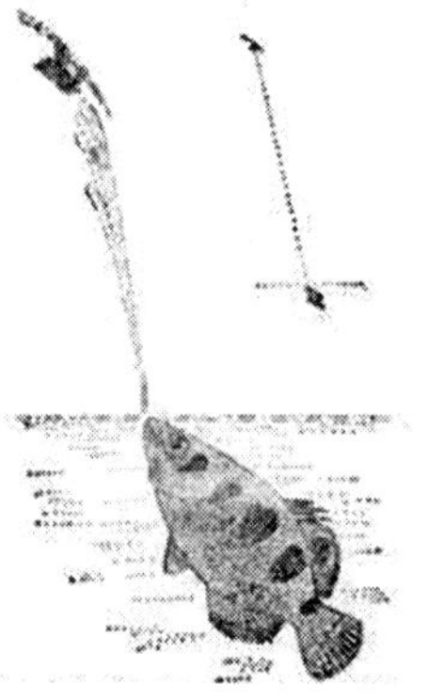

在南美有一种射水鱼，会巧妙地利用射流原理，为自己寻找美味佳肴。它们就像潜藏在水中的枪手，当看到靠近水面的树枝上的昆虫时，它瞄准猎物，将吻部伸出水面，向目标喷射出一股高速水流，将昆虫击落在水面上，然后大快朵颐。因为它们可以把舌头压在嘴部上面的细槽中形成一个管状的水枪，通过快速关闭其腮部，水流就会顺着舌头被强压进管状射流嘴喷射出去。射水鱼在其腮部形成的瞬时压强能使水喷射到2～3 m远，它能够在100 ms内利用收集到的所有信息熟练地确定目标位置，利用射流冲击力，对猎物实施攻击。

R 与 x 轴的夹角

$$\alpha = \arctan\frac{R_z}{R_x} = \arctan\frac{4.0}{2.12} = 62.08^\circ$$

水流对水泵压力弯管的作用力 R' 与 R 大小相等、方向相反。

习　题

一、课堂讨论题

课 3-1　欧拉法、拉格朗日法各以什么作为其研究对象？对于工程来说，哪种方法是可行的？

课 3-2　沿河流设置水文站观测洪水的传播，这种研究液体运动的方法属于欧拉法还是拉格朗日法？试举出几个实例说明欧拉法的应用。

课 3-3　“恒定流与非恒定流”，“均匀流与非均匀流”，“渐变流与急变流”等三个概念是如何定义的？它们之间有什么联系？渐变流具有什么重要的性质？

课 3-4　关于水流去向问题，曾有以下一些说法：“水一定是从高处向低处流”，“水是由压强大的地方向压强小的地方流”，“水是由流速大的地方向流速小的地方流”，这些说法对吗？试用基本方程论证说明。

课 3-5　什么叫总水头线和测压管水头线？什么叫水力坡度？均匀流的总水头线和测压管水头线之间的关系怎样？

课 3-6　设有一水平放置的压力管流，当不考虑水头损失的影响时，其测压管水头线沿程下降、上升或水平的条件各是怎样的？

课 3-7　恒定总流能量方程的限制条件有哪些？如何选取其计算断面、基准面、代表点？

课 3-8　拿两张薄纸，平行提在手中，当用嘴顺纸间缝隙吹气时，问薄纸是保持不动、相互靠拢、还是向外张开？为什么？

课 3-9　总流的动量方程为 $\rho Q(\beta_2 \boldsymbol{v}_2 - \beta_1 \boldsymbol{v}_1) = \sum \boldsymbol{F}$，试问：

(1) $\sum \boldsymbol{F}$ 中包括哪些力？

(2) 在水平面 xOy 坐标中和在铅垂面 xOz 坐标中，$\sum \boldsymbol{F}$ 是否相同？

(3) 如果由总流动量方程求得的力为负值，说明什么问题？

二、基本要求题

基 3-1　直径为 150 mm 的给水管路，若每小时通过水的体积为 300 m^3，试求管内流量及其断面平均流速。

基 3-2　如图所示，半径为 r_0 的圆管中液流流速为轴对称分布，其分布函数为 $u = \frac{u_{max}}{r_0^2}\cdot(r_0^2 - r^2)$，$u$ 为距管轴中心为 r 处流速，u_{max} 为轴心处流速。若已知 $r_0 = 3$ cm，$u_{max} = 0.15$ m/s，求通过水管的流量 Q 及断面平均流速 v。

基 3-3　三段管路串联，直径分别为 $d_1 = 100$ mm，$d_2 = 50$ mm，$d_3 = 25$ mm，已知第三管段的流速 $v_3 = 10$ m/s，求 v_1、v_2 及 Q。

基 3-4　如图所示，某主河道的总流量 $Q_1 = 1\ 890$ m³/s，上游两个支流的断面平均流速为 $v_3 = 1.30$ m/s，$v_2 = 0.95$ m/s。若两个支流过水断面面积之比 $A_2/A_3 = 4$，求两个支流的断面面积 A_2 及 A_3。

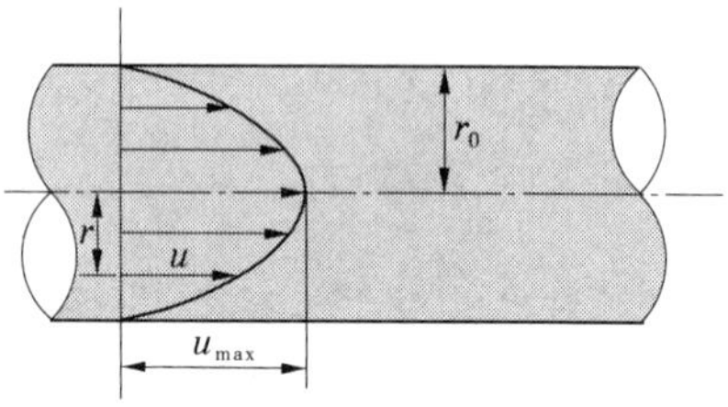

基 3-2 图

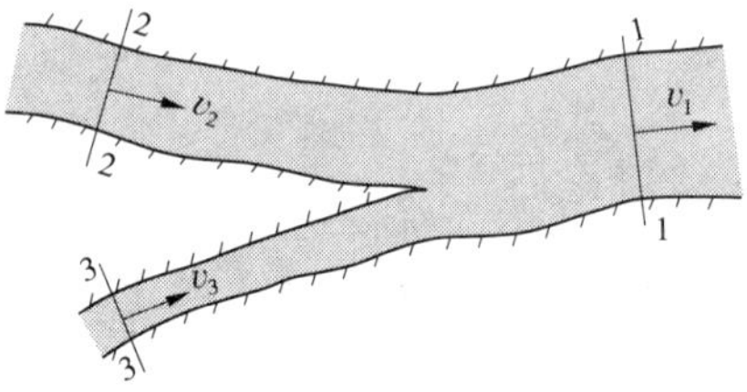

基 3-4 图

基 3-5　如图所示有一恒定流管路，由三段不同直径的管段串联组成，过水断面面积分别为 $A_1 = 0.05$ m²，$A_2 = 0.03$ m²，$A_3 = 0.04$ m²，若水箱作用水头为 5 m，不计水头损失和水箱中的行近流速，试计算管道内通过的流量及各管段的流速，并绘出总水头线和测压管水头线。

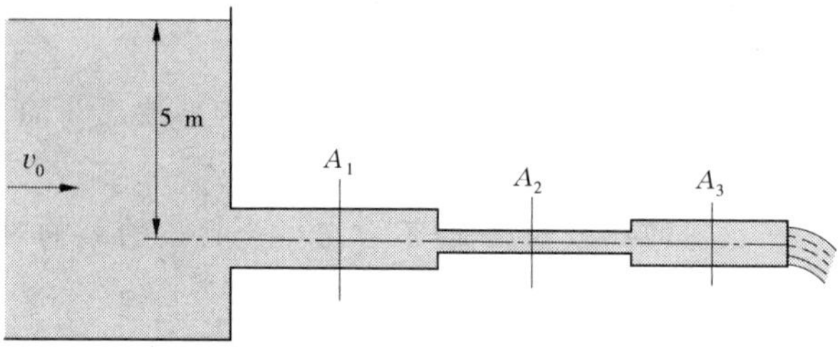

基 3-5 图

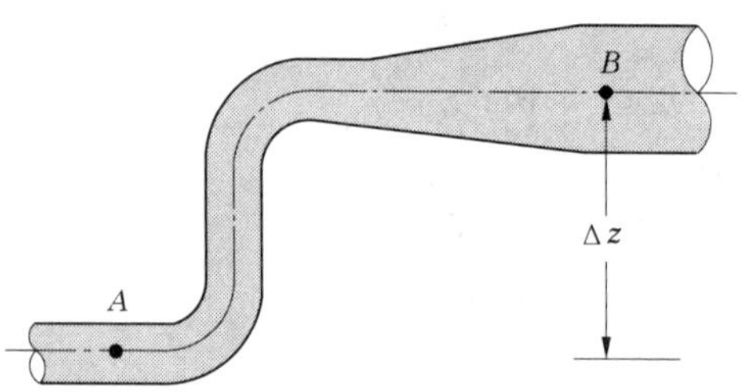

基 3-6 图

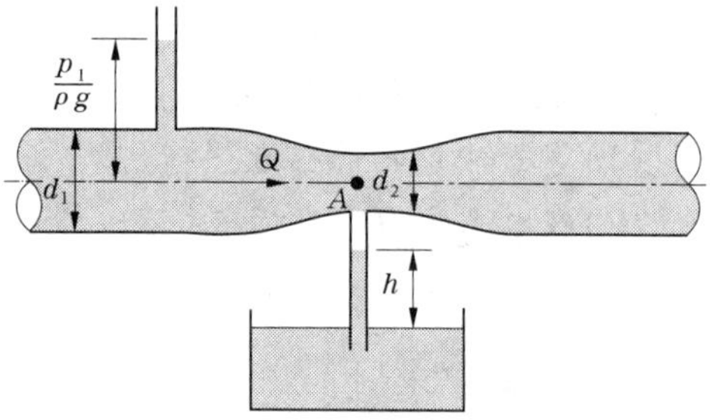

基 3-7 图

基 3-6　如图所示，一弯曲水管 AB，$d_A = 100$ mm，$d_B = 200$ mm，两点高差 $\Delta z = 3$ m，现测得 A 点压强 $p_A = 68.6$ kPa，B 点压强 $p_B = 49$ kPa，A 点处断面平均流速 $v_A = 2$ m/s，试判别 A、B 两点间的水流方向，并求出两断面间的水头损失 h_w。

基 3-7　如图所示，在水平管路中通过流量 $Q = 2.5$ L/s，已知 $d_1 = 5$ cm，$d_2 = 2.5$

cm，相对压强 $p_1=0.98$ kPa。若不计两断面间的水头损失，问收缩断面上所安装的测压管能将容器中的水吸上多大高度？

基 3-8　在管道上安装毕托管测速装置，如图所示，测压计中液体的密度 $\rho_0=784\ \text{kg/m}^3$，液面高差 $\Delta h=30$ cm，管径 $d=10$ cm，设管道中心最大流速为 u_m，管道断面平均流速 $v=0.84u_m$，试计算管道中流量。

基 3-9　某输水管道上装一压力表，如图所示，已知管径 $d=10$ cm，水池恒定水头为 H，当阀门全关时，压力表读数为 0.5 个工程大气压，而当阀门开启后，水池依然保持恒定水头，但压力表读数降至 0.3 个工程大气压，若水流从水池至压力表断面的总水头损失为 0.5 m，试计算管中的流速和流量。

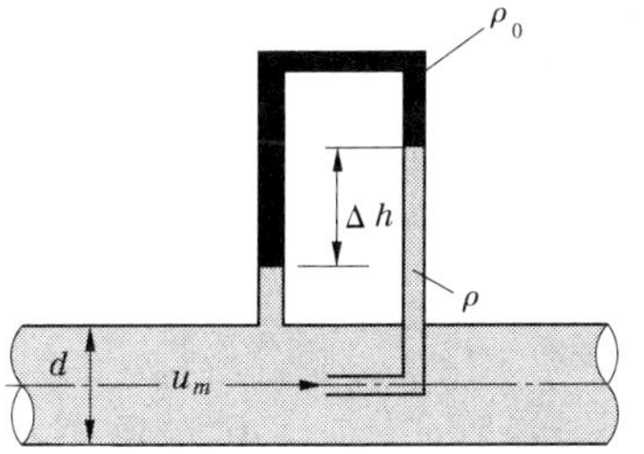

基 3-8 图

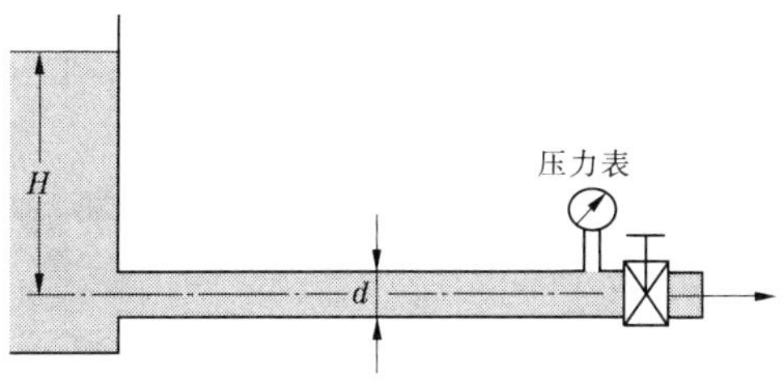

基 3-9 图

基 3-10　如图所示为一矩形断面平底渠道，其宽度 $b=20$ m，在某断面处渠底抬高了 $\Delta=0.3$ m，抬高前水深 $h_1=1.8$ m，抬高后渠道水面因此降低了 $\Delta h=0.12$ m，设水流过坎的水头损失为抬高后渠道中流速水头的一半，试计算通过渠道的流量。

基 3-11　水流通过如图所示的管路，已知 U 形测压管水银柱高差 $\Delta h=0.2$ m，图中 $h_1=0.72$ m，管径 $d_1=0.1$ m，管嘴出口直径 $d_2=0.05$ m，忽略管中的水头损失，试计算管中的流量 Q。

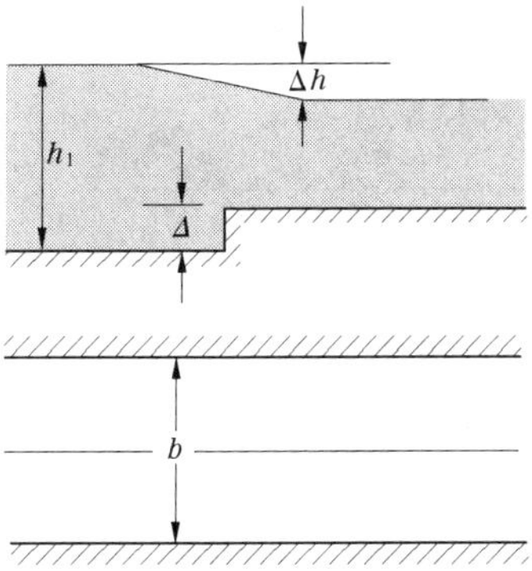

基 3-10 图

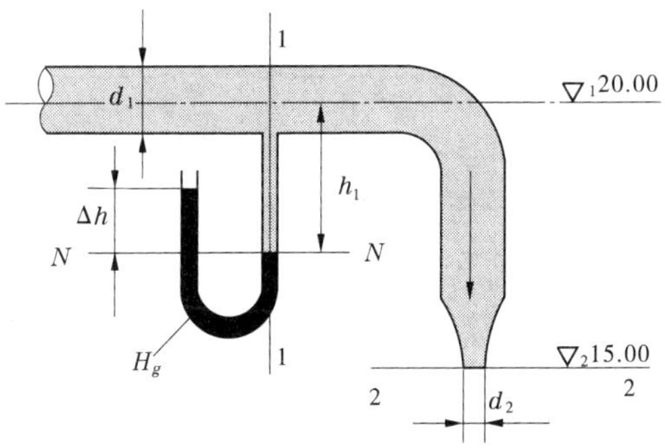

基 3-11 图

基 3-12　如图所示，虹吸管从水库取水，管径 $d=10$ cm，其中心线最高处超出水面

2 m。其水头损失：点 1 到点 3 为 $10\frac{v^2}{2g}$（其中点 1 到点 2 为 $9\frac{v^2}{2g}$），点 3 到点 4 为 $2\frac{v^2}{2g}$，v 为虹吸管的断面平均流速。若真空高度限制在 7 m 以内，问：

(1)吸水管的最大流量有无限制？如有，应为多少？出水口到水库水面的高差 h 有无限制？如有，则最高为多少？

(2)在通过最大流量时，1、2、3、4 各点的单位重量液体的压能、动能各为多少？

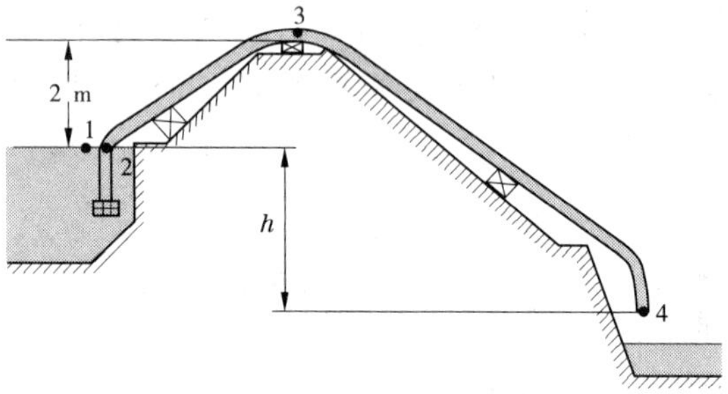

基 3-12 图

基 3-13 水电站压力水管的渐变段如图所示，已知 $d_1=1.5$ m，$d_2=1.0$ m，渐变段起点处相对压强 $p_1=400$ kPa，流量 $Q=1.8$ m³/s。若不计水头损失，问渐变段镇墩上所受的轴向推力为多少？

基 3-14 如图所示，一平板闸门门宽 $b=2$ m，当通过流量 $Q=8$ m³/s 时，闸前水深 $H=4$ m，闸孔后收缩断面水深 $h_C=0.5$ m，若不计闸底板对水流的摩擦力，求水流对闸门的作用力。

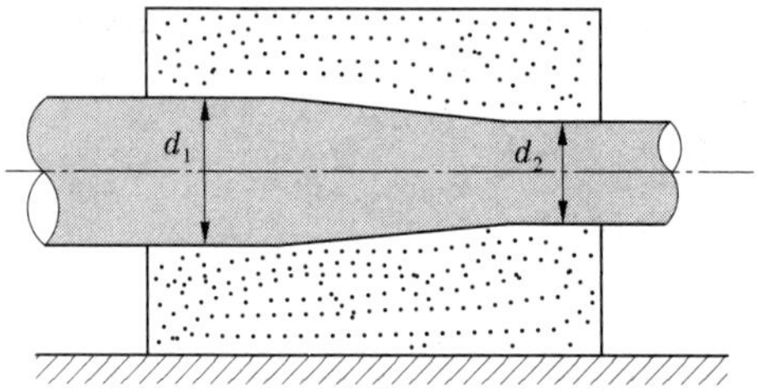

基 3-13 图

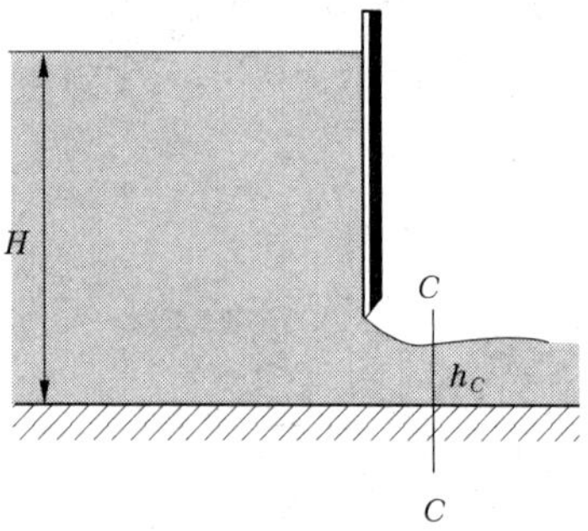

基 3-14 图

基 3-15 如图所示，一溢流坝上游水位因坝的阻挡而抬高，测得断面 1—1 的水深 $h=1.5$ m，下游断面 2—2 的水深 $h_t=0.6$ m，不计水头损失，求水流对 2 m 坝宽（垂直纸面方向）的水平总作用力。

基 3-16 如图所示，有一根水平放置于混凝土支座上的变直径弯管，弯管两端与等直径直管相接，其中断面 1—1 上压力表读数 $p_1=17.6$ N/cm²，管中流量 $Q=100$ L/s，若直径 $d_1=300$ mm，$d_2=200$ mm，转角 $\theta=60°$，忽略弯管段的水头损失。求水流对弯管的水平作用力。

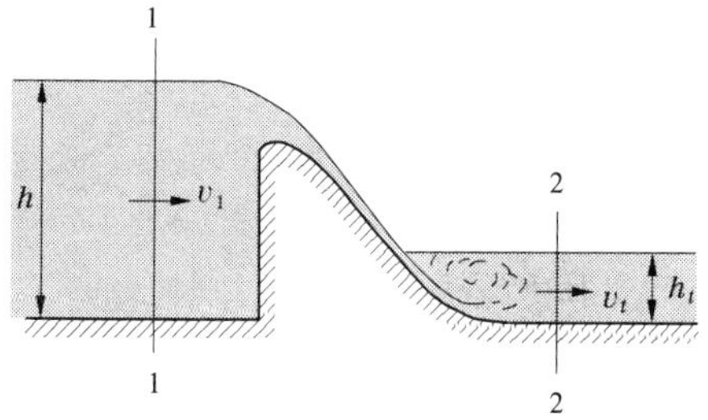

基 3-15 图

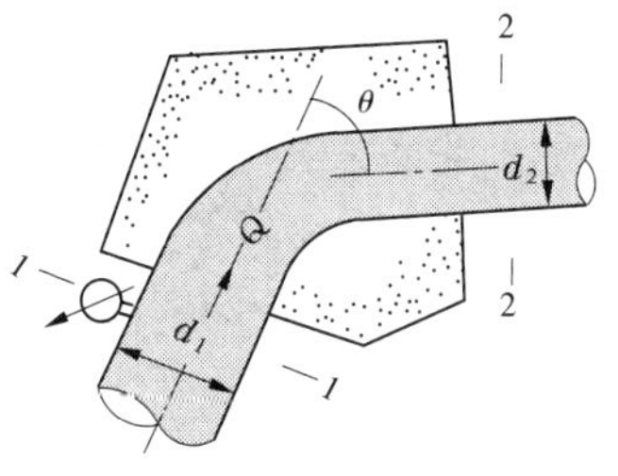

基 3-16 图

三、加深理解题

加 3-1　如图所示，将一平板放置在自由射流中，并垂直于射流的轴线。该平板截去射流量的一部分 Q_1，并引起射流的剩余部分偏转角度 θ。已知射流流动在同一水平面上，v = 30 m/s，Q = 0.036 m^3/s，Q_1 = 0.012 m^3/s，若不计摩擦力与重力影响，试计算射流对平板的作用力及射流的偏转角 θ。

加 3-2　如图所示，一水平放置的分叉管路，干管直径 d_1 = 600 mm，支管直径 d_2 = 400 mm，干管流量 Q = 0.5 m^3/s，压力表读数 p = 70 kN/m^2，忽略分叉段的水头损失，已知分叉角 α = 180°，试计算支座所受的水平推力。

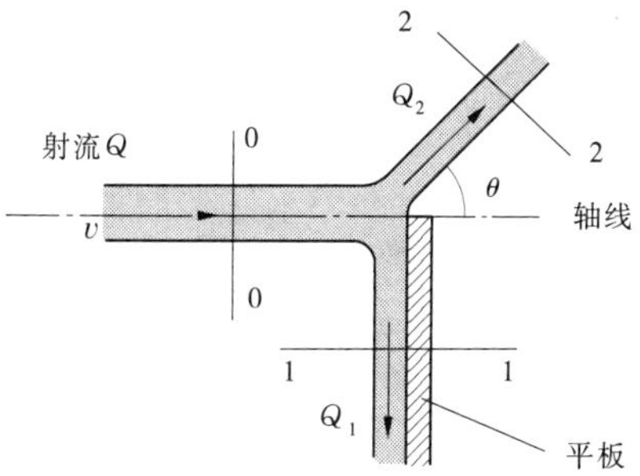

加 3-1 图

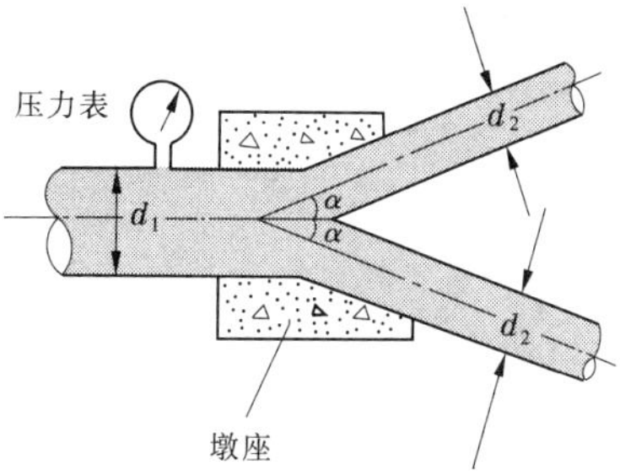

加 3-2 图

加 3-3　如图所示，某矩形断面平底弯曲渠段，渠道由底宽 b_1 = 2.0 m 的 1—1 断面渐变为底宽 b_2 = 3.0 m 的断面 2—2，当通过渠道流量 Q = 4.2 m^3/s 时，两断面水深分别为 h_1 = 1.5 m，h_2 = 1.2 m，两断面的平均流速 v_1、v_2 与 x 轴的夹角分别为 θ_1 = 30°和 θ_2 = 60°。不计壁面阻力和水头损失，试求水流对渠段侧壁的水平冲力。

加 3-4　如图所示，竖直向上的水流流量为 Q = 13 L/s，从两水平圆盘间流过，然后进入大气。上圆盘固定，下圆盘在竖直方向可以自由移动，下圆盘重 4 N。

(1) 如果要求两圆盘之间的间距保持 4 cm，不计水头损失和两盘间水重，求下圆盘悬挂物的总重量 W；

(2) 确定半径为圆盘一半处的压强水头。

加 3-5　在风洞中测量一垂直流向、水平放置的圆柱前后两个截面上的流速分布，如图所示。前截面流速不受圆柱影响，v = 50 m/s；后截面受绕流影响，流速分布为

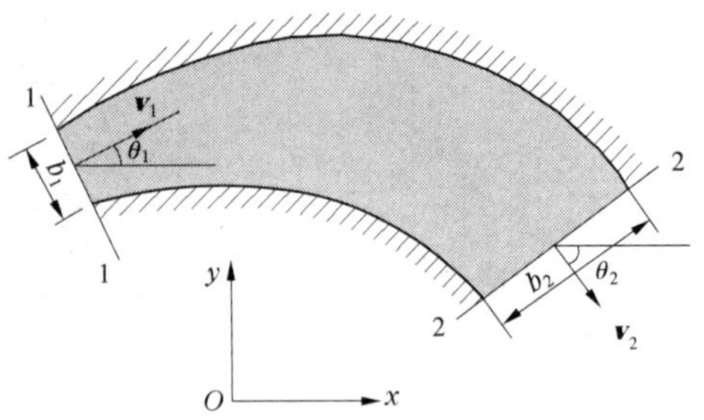

加 3-3 图

$$\left.\begin{aligned} u &= v\sin\left(\frac{\pi|y|}{2a}\right),\ 0\leqslant|y|\leqslant a \\ u &= v,\ a<|y| \end{aligned}\right\}$$

圆柱直径 $D=30$ mm，空气密度 $\rho=1.2$ kg/m^3，$a=2.2D$，若取前后两个截面上的压强相等且分布均匀，试求沿母线方向单位宽度圆柱的阻力。

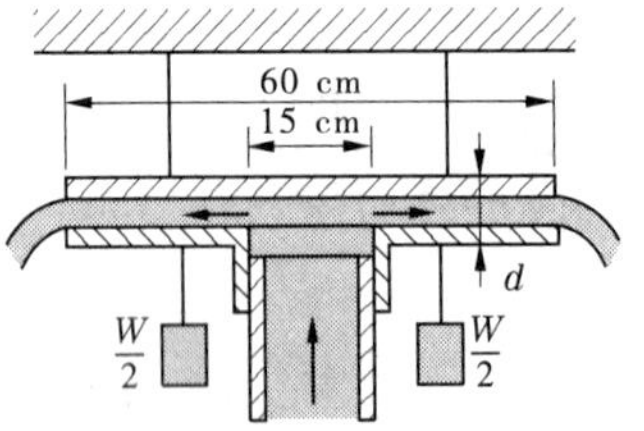

加 3-4 图

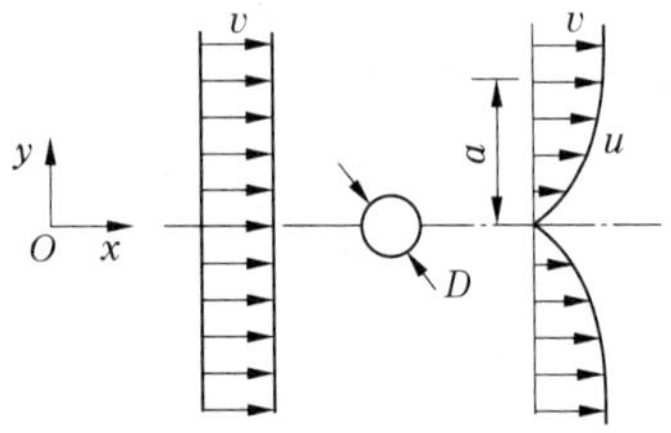

加 3-5 图

第四章　液流型态与水头损失

实际液体具有黏滞性，在流动中就会产生能量损失。总流能量方程虽然给出了液流各种机械能与能量损失的关系，却并未给出水头损失的确定方法。本章专门讨论这一问题。首先阐明水头损失产生原因、特点与分类，分别介绍了沿程水头损失和局部水头损失的确定方法。在讨论与液流型态密切相关的沿程水头损失时，引入了两种流态，分析了不同流动型态液流内部结构、力学特性与边界状态影响，以及相应的流速分布特点，在此基础上给出了沿程水头损失在不同条件下的确定方法。

第一节　水头损失及其分类

一、概述

在实际液体恒定总流能量方程式中的 h_w，表示液体在流动过程中单位重量液体克服阻力做功所消耗的机械能，称之为水头损失(Loss head)或能量损失，它是液流机械能损耗的基本度量指标。

大量的观测与理论分析表明，正是实际液体具有黏滞性，一方面使液流因流层间的相对运动使过水断面上形成了流速的不均匀分布，另一方面又使液流因克服阻力作功而损耗机械能，而这部分损耗的机械能将转化为热能而散失。**液流产生水头损失的根源是黏滞性；产生水头损失的条件是相对运动；产生水头损失的方式是**液体与固体边壁之间、液层与液层之间或液体质点之间的**摩擦**、**碰撞和混掺**。

要了解能量损失，就必须从液流内部探寻流动结构与相应的力学特征，了解与阻力损失密切相关的流速分布，进而便可掌握不同流态、不同边界状态下的能量损失的变化规律与计算方法。

二、液流阻力与水头损失

液流阻力实际上就是流动的内摩擦力，它存在于运动液体内部各微团和各流层之间，以及液流与固体边界之间。虽然液流阻力并不只是运动液体与固体边壁间的“摩擦阻力”，但是固体边界特征对液流的内部结构有很大影响，从而影响了各流层间液流阻力和能量损失的大小。由于实际液流大多为水流，故在后叙的大部分内容中均称“液”为“水”。

水流阻力是水流与边界之间相互作用在力学关系上的体现，而水头损失则是水流与边界相互作用在克服阻力做功上的反映。根据形成水流阻力与水头损失的外部固体边界的不同情况，水流阻力可以分为沿程水流阻力和局部水流阻力，相应把总水头损失也分成沿程水头损失和局部水头损失两类。形成水头损失的因素有两个：一是引起相对运动与摩擦阻力的水流黏滞性，它是内因；二是影响相对运动与水流阻力强度的固体边界状况，它是外因。

(一)沿程阻力与沿程水头损头

看一看图 4-1 所示的管道流动,来认识实际水流阻力及水头损失的特点。在等直径的 AB 管段,边界顺直,相应水流结构稳定;由水流相对运动引发的内部与边界阻力的构成和性质沿流程都相同。在这种平顺边界约束下,沿流程分布的水流内摩擦力称之为沿程阻力。水流从某一断面流至另一断面,由于**克服沿程阻力做功而引起的水头损失称为沿程水头损失**(Fractional loss),用 h_f 表示。沿程水头损失是在一段距离中产生的,显然 h_f 是与流程的长度有关的,且分布在整个流程上。如同汽车在平顺公路上长途行驶必须消耗汽油,耗油量与距离成正比一样。如图 4-1 中 AB 段总水头线降落的部分 h_{fAB},就是水流在 AB 段的沿程水头损失。

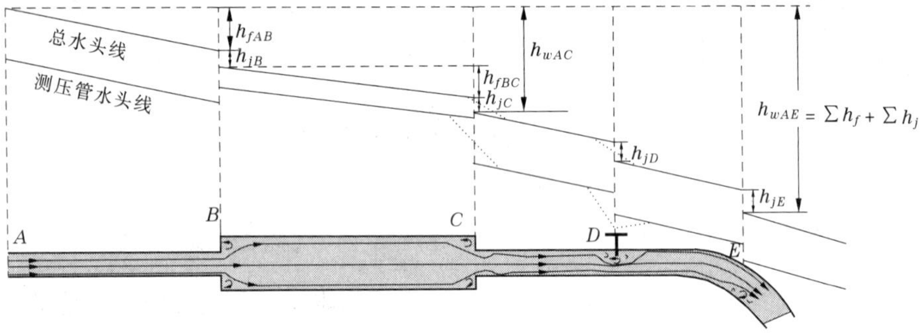

图 4-1

(二)局部阻力与局部水头损失

再观察一下在管径改变(图 4-1 中 B、C 处)、管道转弯(图 4-1 中 E 处)或设置阀门(D)处,可以看到,边界急剧改变,主流脱离边界而形成旋涡区。水体内部相对运动的突然增强,使这些地方的水流阻力和水头损失大大增加。水流因固体边界突然变化产生的水流阻力称为局部水流阻力。局部阻力的特点是作用范围较小,作用范围内水流结构急剧改变,旋涡区内大小旋涡在剧烈地碰撞、分裂、摩擦和混掺,使局部水流阻力远大于该区域内的沿程水流阻力。水流**克服局部阻力做功**,在**局部范围内所引起的水头损失称为局部水头损失**(Minor loss),以 h_j 表示。局部水头损失,与汽车冲出局部泥潭或沙窝,必须加大油门,导致在很短的距离内耗油量猛增相类似。

局部水头损失一般发生在水流断面突然变化(如扩大、缩小等),流线急剧弯曲、转折或流场中有明显局部障碍(如闸门)等地方,如图 4-1 中 B、C、D、E 断面附近。这些地方旋涡剧烈紊动、撞击以及水流结构在局部范围内的迅速调整都要消耗大量的水流机械能,因而局部水头损失 h_j 要比同样范围内的沿程水头损失 h_f 大得多。在水力分析计算中,通常不考虑局部水头损失发生的实际范围,而将其看成集中产生在边界突变断面处;同时还假设局部水头损失和沿程水头损失是各自单独发生的,互不影响,两者可以叠加。在图 4-1 中,管中阀门处旋涡产生、溃散区是局部水头损失的实际产生区,总水头线和测压管水头线如虚线所示。但实际应用时往往将局部水头损失概化集中在阀门断面,即总水头线在此有一突然降落 h_{jD},而 CD 段的 h_f 也计至阀门断面。按水头损失叠加原理进行水头损失计算比考虑其综合作用要偏于安全而且简单易行。两种水头损失产生的边界条件(外因)不同,但它们形成的物理本质(内因)是相同的,都是因水流黏滞性的存在而导致水流内部质点发生相对运动、摩擦、碰撞和混掺所致。

为了便于分析计算,实际水流都可以按边界状况分成若干段,分别处理各段的 h_f 和各处的 h_j。因此,根据水头损失叠加原理,水体流动的总水头损失可用下式计算

$$h_w = \sum h_f + \sum h_j \tag{4-1}$$

如图 4-1 所示,AE 段的总水头损失:$h_{wAE} = h_{fAB} + h_{fBC} + h_{fCE} + h_{jB} + h_{jC} + h_{jD} + h_{jE}$。

(三)水流横断面特征值——水力半径

实际水流的边界条件不同,水头损失的规律也有很大区别。从水流纵横断面特征看,具有与大气接触的自由液面的水流(河渠、隧洞内水流),称为无压流或明流;而没有自由液面的输水管道内的水流称为有压流或管流,如图 4-2(a)、(b)所示。

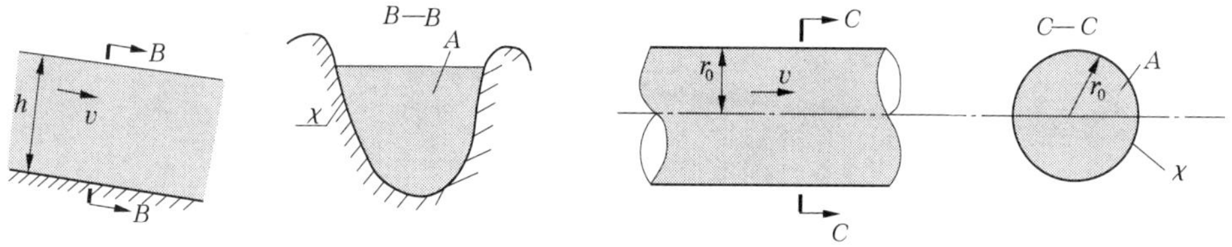

(a)明流　(b)管流

图 4-2

水流横断面的形式和尺寸对水流阻力与水头损失的大小有直接的影响,通常用反映过水断面的水力要素,如过水断面面积 A、湿周 χ 和水力半径 R 表征。湿周 χ 表示水流过水断面与固体边界接触的周界线长度,显然,$\chi \times 1$ 就是单位长度流程上边界摩擦阻力作用的面积。湿周 χ 越大,边界摩擦阻力的作用面积就越大,所以水流阻力及相应的水头损失也就越大,可见湿周是反映水流横断面几何特征对阻力影响的重要指标。过水断面面积 A 主要反映水流横断面几何特征对过流能力的影响。A 越大则过流能力越强,但它对边界阻力状况却不能很好反映。因为往往面积相同而形状不同的过水断面具有不同的湿周,因此边界产生的阻力和形成的水头损失也不相同。为了全面反映水流横断面的水力特征,必须将过水断面面积 A 和湿周 χ 结合起来,用它们的比值作为综合指标来表征,这就是水力半径 R (Hydraulic radius),即

$$R = \frac{A}{\chi} \tag{4-2}$$

水力半径具有长度量纲,常用单位为 m。不同断面形式和尺寸的水流,具有不同的水力半径。如直径为 d 的圆管流动,水力半径 $R = \frac{\pi d^2/4}{\pi d} = \frac{d}{4}$;而对于宽浅明槽(河宽 B 大于 10 倍水深 h)流动,水力半径可近似取 $R \approx h$。由于水力半径全面反映了水流横断面几何特征对过流能力和水流阻力的综合影响,所以它是水力学中一个非常重要、应用广泛的水力要素。

第二节　均匀流沿程水头损失的基本方程

首先分析均匀流水头损失的特点，通过建立均匀流边界切应力与水头损失的关系，进一步推求沿程水头损失计算的基本公式。

一、均匀流水头损失的特点

均匀流沿程各过水断面的平均流速都保持不变，这就决定了固体边壁的形状和过水断面面积沿流程也不会有任何改变，因此均匀流中只存在沿程水头损失。在管道或明槽均匀流中，任取一段总流来分析：如图 4-3 所示，列出断面 1—1 和断面 2—2 间的能量方程。考虑到均匀流存在

$$\frac{\alpha_1 v_1^2}{2g} = \frac{\alpha_2 v_2^2}{2g}$$

即可得

$$h_w = h_f = \left(z_1 + \frac{p_1}{\rho g}\right) - \left(z_2 + \frac{p_2}{\rho g}\right) \tag{4-3}$$

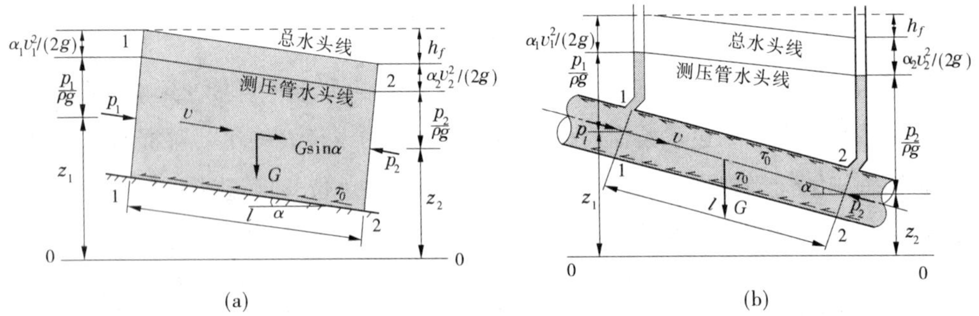

图 4-3

这就是均匀流能量损耗的特点，它说明**均匀流中，某流段的沿程水头损失就等于流段两端断面测压管水头差**，或者说水流消耗的机械能，全部由势能转化而来。因为流速沿程不变，根据水头线的定义，显然均匀流的总水头线和测压管水头线是相互平行的直线。由于均匀流断面上各点压强变化规律与静水压强相同$\left(z + \frac{p}{\rho g} = C\right)$，各断面流速分布也都相同，因而式(4-3)也适用于均匀流的各条流线（流束），即通过均匀流断面上各点（即各流层）的水力坡度 $J = h_f/l$ 都相同。

沿程水流阻力（水流切应力）究竟怎样影响、制约沿程水头损失呢？均匀流的基本力学方程揭示出了两者的依赖关系。

二、均匀流的水流切应力

（一）边界切应力公式

均匀流边界的水流切应力（Shear stress）可通过总流力学平衡分析获得。仍取图 4-3

中断面 1—1 与断面 2—2 间的一段总流为脱离体考虑：设总流与水平面交角为 α，过水断面面积为 A，湿周为 χ，流段长为 l，p_1、p_2 分别表示断面 1—1 和断面 2—2 形心点处的动水压强，流段所受重力为 G，τ_0 为总流边界平均切应力，其他符号如图示。对这一段总流脱离体进行受力分析，可得流段重力为

$$G = \rho g A l$$

1—1 和 2—2 两断面的动水总压力分别为：$F_{P1} = p_1 A_1$，$F_{P2} = p_2 A_2$，其中 $A_1 = A_2$。

总流边界摩阻力为：$T = \tau_0 \chi l$（总流内部各流层间摩擦力是等值反向成对出现的内力，不予考虑）。

根据均匀流匀速运动的力学特性可知，在水流运动方向上，作用在总流脱离体上的各种力必保持平衡关系，即

$$F_{P1} - F_{P2} + G\sin\alpha - T = 0 \tag{4-4}$$

由图 4-3 上的几何关系可知，$\sin\alpha = \dfrac{z_1 - z_2}{l}$，将各种力的表达式代入上式，则有

$$p_1 A_1 - p_2 A_2 + \rho g A l \frac{z_1 - z_2}{l} - \tau_0 \chi l = 0 \tag{4-5}$$

用 $\rho g A$ 除上式各项，经整理后得到

$$\left(z_1 + \frac{p_1}{\rho g}\right) - \left(z_2 + \frac{p_2}{\rho g}\right) = \frac{\tau_0}{\rho g}\frac{\chi}{A} l \tag{4-6}$$

根据式(4-3)，便可导得均匀流沿程水头损失为

$$h_f = \frac{\tau_0}{\rho g}\frac{\chi}{A} l = \frac{\tau_0}{\rho g}\frac{l}{R} \tag{4-7}$$

因为 $h_f/l = J$ 为均匀流水力坡度，则水流边界切应力可表示为

$$\tau_0 = \rho g R \frac{h_f}{l} = \rho g R J \tag{4-8}$$

式(4-8)就是沿程水头损失与边界切应力之间的基本关系，又称为均匀流基本力学方程。

（二）水流内部切应力分布规律

水流不但在固体边界上受到摩擦力（边界切应力 τ_0）作用，同时内部各流层间均有内摩擦力（内切应力）τ 存在。在均匀流中任取一元流，如图 4-4 所示，按上述方法同样可得任一流层的切应力为

$$\tau = \rho g R' J' \tag{4-9}$$

式中：R' 为流束的水力半径；J' 为元流的水力坡度，由前述可知，在均匀流中，元流与总流的水力坡度相同，即 $J' = J$。

综合式(4-8)、式(4-9)便可得切应力在过水断面上的分布规律

$$\frac{\tau}{\tau_0} = \frac{R'}{R} \tag{4-10}$$

对于圆管均匀流，$R = d/4 = r_0/2$，距管轴心 r 处流层的水流切应力为

$$\tau = \frac{r}{r_0}\tau_0 \tag{4-11}$$

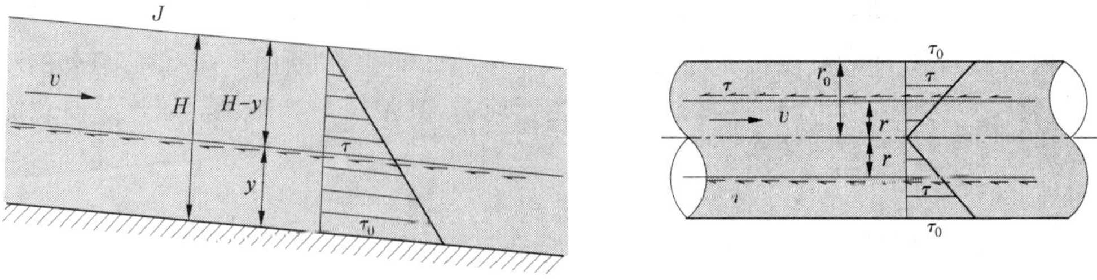

图 4-4

对于水深为 H 的宽浅明槽均匀流，近似可取 $R \approx H$，则距河底 y 处的水流切应力为

$$\tau = \left(1 - \frac{y}{H}\right)\tau_0 \tag{4-12}$$

由上两式可知，**在圆管和明槽过水断面上，水流切应力与其所处位置有关；沿圆管径向和沿明槽水深方向，切应力都是线性分布的**。在圆管轴心和河渠水面处，均有 $\tau = 0$；而在圆管壁面和河渠底部，则边界水流切应力 τ_0 均为最大。水流切应力从零到最大值呈线性变化，如图 4-4 所示。

顺便指出，过水断面上某点的水力坡度 J 是指在通过该点的元流内，单位重量液体在单位流程长度上损失的能量，它并不一定等于该点液团本身就地克服阻力所做的功。实际过水断面上各点的供能与耗能一般是不平衡的，但是通过水流内摩擦力和流速梯度作用，可以在各流层间传递多余或不足的能量；使得在整个过水断面上，能量达到供需平衡。

三、均匀流沿程水头损失计算的基本公式

水流能量损失是克服阻力做功的结果，因而要计算沿程水头损失，关键就是要确定边界切应力 τ_0。试验与理论研究表明，边界切应力主要受水流流速和流动型态的影响，另外还与流体密度、黏滞性、边界条件（包括壁面粗糙程度）等有关，因而可表示成如下的函数形式

$$\tau_0 = f(\mu, v, \rho, R, \Delta) \tag{4-13}$$

式中：Δ 为反映固体边壁粗糙程度的表面凸出高度；其余符号含义同前。

通过量纲分析，可以得到边界切应力的综合表达式

$$\tau_0 = \frac{\lambda}{8}\rho v^2 \tag{4-14}$$

式中：λ 称为沿程水头损失系数，是表示沿程水力摩阻特征的无量纲综合参数。它主要和水体的流动型态及边壁粗糙程度有关，可以写成关于雷诺数 Re 与相对粗糙度 Δ/R 的函数，即 $\lambda = f(Re, \Delta/R)$。处于不同水流型态和边界条件，$\lambda$ 具有不同的变化规律。

均匀流边界切应力 τ_0 应同时满足均匀流的力学条件和水流边界条件对它的制约，联解式(4-8)和式(4-14)，便可得到沿程水头损失计算的基本公式

$$h_f = \lambda \frac{l}{4R}\frac{v^2}{2g} \tag{4-15}$$

对于圆管，$R = d/4$，则式(4-15)可写做

$$h_f = \lambda \frac{l}{d}\frac{v^2}{2g} \tag{4-16}$$

式(4-15)又称为**沿程水头损失计算的达西－威斯巴赫**(Darcy-Weisbach)公式，它给出了**沿程水头损失与流速、流段长度、边界几何特征与阻力特征间的相互关系，只适用于均匀流**。

显然，求解沿程水头损失的关键就是确定沿程水头损失系数 λ。量纲分析结果表明，λ 值与水流运动强度和边界阻力条件密切相关，因此必须首先了解水流的流动型态与边界状态对 λ 值的影响。

第三节　水流的流动型态

小至沟溪池沼大至江河湖海，流动千姿百态，差异很大。不同的流动型态对水流运动规律及水头损失规律有什么影响？人们从长期感性的观察逐步深化到定量的认识。19世纪中期一些研究者就发现，随着流速的由小增大，沿程水头损失呈现出两种差异很大的变化规律。阻力损失规律的不同表明实际水流可能存在两种性质迥然不同的流动型态，决定不同的水流内部结构及水流阻力，当然两者之间也相应有一个从量变到质变的转化过程。

一、雷诺试验研究

英国物理学家雷诺(Reynolds)在1883年通过试验研究揭示出，复杂多变的实际水流从本质讲，确实存在两种内部结构完全不同的流动型态：层流(Laminar flow)和紊流(Turbulent flow)。

图4-5为雷诺试验装置的示意图，它主要由水箱A、水平试验管段1—2、测压管1#和2#、色液加入装置D、阀门 K_1 和 K_2 组成。试验时保持水箱A内的液面稳定，以保证管中水流为恒定流。首先轻微开启阀门 K_2，使管中流速十分缓慢，然后开启色液开关 K_1，使色液(如红色)经细管末端针头细孔B适量注入水平玻璃管中。这时就可以看到管中出现一条细直而鲜明的带色元流(色线)，它与周围清水互不混合，各流层有序地相互平行运动，如图4-6(a)所示。而后缓慢开大阀门 K_2，就会发现伴随管中流速逐渐增大，水流有序流动受到干扰，带色元流由平直逐渐失稳、颤抖进而波状摆动、轮廓不清，如图4-6(b)所示。若继续开阀(K_2)增速，色液线则进一步弯曲，甚至扭曲、交错；当管中流速增大到一定程度时，带色元流便完全破裂，与周围清水迅速混掺，并且很快扩散成布满全管的小旋涡，如图4-6(c)所示。已呈淡红色的示踪液表明，此时管中处处都有在不同流层间混掺、扩散的液体涡团，水流已处于完全紊乱的状态。显然色液元流呈直线的水流和色液元流完全破裂、到处掺混的水流在内部结构上是完全不同的，由此可知，随着流速的由小到大，水流表现出两种不同的流动型态。

当流速较小时，**各流层液体质点互不混掺，作有序线状运动**，如图4-6(a)所示，这种流动型态**称为层流**。

当流速较大时，**各流层液体质点形成涡体，彼此混掺，作无序紊乱运动**，如图4-6(c)

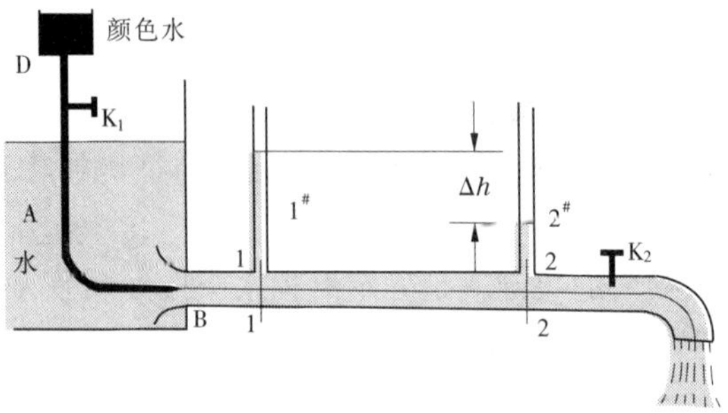

图 4-5

所示，这种流动型态**称为紊流**。

雷诺试验若以相反程序进行，首先将阀门 K_2 开大，使管中带色元流破裂、混掺，然后再逐渐关小阀门 K_2，观察到的水流现象则是以前述相反的顺序重演。测量表明，从紊流转变为层流时的断面平均流速，要比由层流转变为紊流时的断面平均流速为小。表征流态转换点的这两个特征流速，分别称为下临界流速 v_k（紊流→层流）和上临界流速 v'_k（层流→紊流）。

有序的层流和混掺的紊流对水流的机械能损失有什么影响呢？在雷诺试验中除观察到流态转化现象外，还利用在水平管均匀流段设置的两根测压管，测出不同流速（不同流动型态）时该流段两端的测压管水头差（该水头差就是该流段的沿程水头损失 h_f），分析沿程水头损失 h_f 与管中平均流速 v 的相互关系。雷诺试验结果表明，水流流动型态不同，沿程水头损失的规律也不相同。在双对数格纸上将试验数据绘出，得到 h_f 和 v 的关系曲线如图 4-7 所示。试验自层流向紊流进行时，h_f 和 v 的对应关系沿 $A \to B \to C \to D \to E$ 这条途径变化；而试验逆向（紊流向层流）进行时，h_f 和 v 的对应关系则是循 $E \to D \to B \to A$ 变化。对试验数据所构成的近似直线段，可用下列方程表示 h_f 和 v 之间的变化规律

$$\lg h_f = \lg k + m \lg v \tag{4-17}$$

式中 m 和 $\lg k$ 分别表示图 4-7 中直线的斜率和截距，式(4-17)亦可表示成

$$h_f = k v^m \tag{4-18}$$

显然以流态转换时的两个临界流速（v_k 和 v'_k）为分界点，试验曲线分成三部分，表征着沿程水头损失 h_f 和流速 v 之间三种不同的对应关系：

(1) AB 段，$v < v_k$。流动为稳定的层流，$\theta_1 = 45°$，直线斜率 $m_1 = 1$。所以，层流时的沿程水头损失与流速的一次方成比例。

(2) DE 段，$v > v'_k$。流动为完全的紊流，直线的斜率明显增大，$\theta_2 = 60.25° \sim 63.43°$，$m_2 = 1.75 \sim 2.0$。所以，紊流时的沿程水头损失与流速的 1.75 ~ 2.0 次方成比例；在充分发展的紊流中，则为稳定的二次方关系。

(3) $B(C)D$ 段，$v_k < v < v'_k$。此段水流状态很不稳定，可能是不稳的层流，也可能是刚形成的紊流，流动型态极易受试验程序和外界环境的影响，被称做过渡区。该段试验点据散乱，h_f 和 v 之间无明显的对应规律。

雷诺试验揭示的层流、紊流现象以及 h_f 与 v 之间的变化规律是普遍的，也适用于其他任何边界条件和液体。因为沿程水头损失与流速的关系和流态密切相关，所以凡涉及

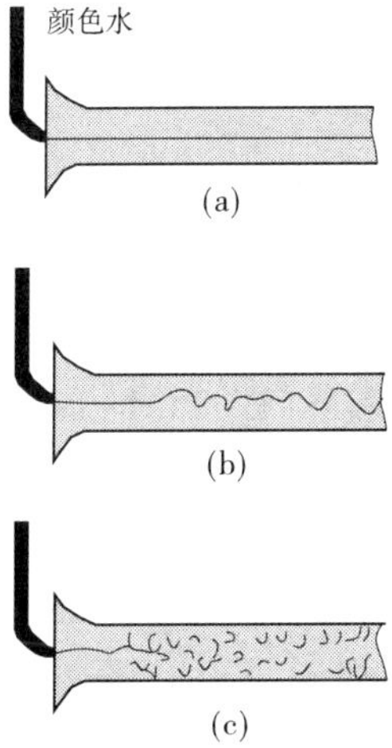

图 4-6

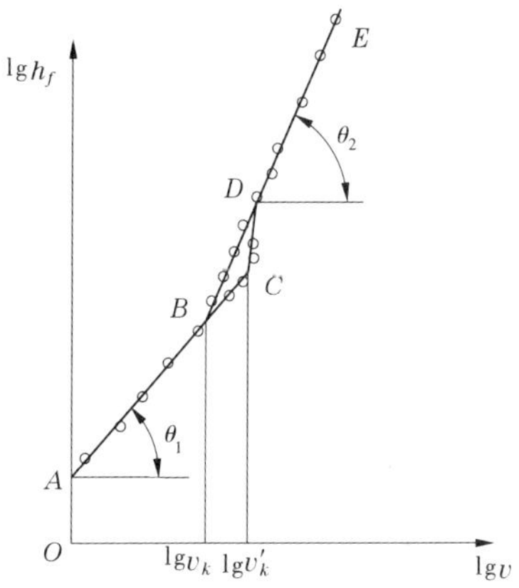

图 4-7

到确定水头损失 h_f 的问题,都需要首先判别水流的流动型态。

二、水流流动型态的判别

层流和紊流是内部结构完全不同的两种水流。当水流流态转化时,水流结构必然要发生从量变到质变的转化过程。因此,流态判别的指标必须能全面反映决定水流内部结构的主要因素,流态判别的标准应能恰当体现流态转化时对水流边界条件的基本要求。雷诺试验表明,流速并不是决定流态的唯一因素,它还要受水流黏滞性和边界条件等因素的影响。所以,雷诺选用反映水流运动强度(流速 v)、边界条件(反映断面特征的几何量 L)和液体黏滞特性(运动黏滞系数 ν)的三个物理量,组成无量纲的综合指标——雷诺数 Re,用来判别水流的流态

$$Re = \frac{vL}{\nu} \tag{4-19}$$

对于圆管水流,取 L 为管径 d 得

$$Re_d = \frac{vd}{\nu} \tag{4-20}$$

对于明槽水流,取 L 为水力半径 R,得

$$Re_R = \frac{vR}{\nu} \tag{4-21}$$

这样,凡具有一定边界和流速的液流都可用雷诺数 Re 反映自身的综合运动特征。通常,把流态转换时的雷诺数称做临界雷诺数。从紊流向层流转化过程中的下临界流速比较稳定,故一般把下临界流速对应的临界雷诺数作为判别液流流动型态的指标 Re_k。大量试验表明,一定边界条件的临界雷诺数 Re_k 是一个比较稳定的数值。

对于圆管流动:$Re_k \approx 2\ 320$; 对于明槽流动:$Re_k \approx 580$。考虑到在实际计算中 v、d、R 及 ν 的取值精度较差,通常取圆管:$Re_k = 2\ 000$;明槽 $Re_k = 500$。

由此，液流形态的判断可以采用下述方法：实际液流的 $Re < Re_k$，则流动为层流；实际液流的 $Re > Re_k$，则流动为紊流。

三、流态转化过程的物理本质

流体具有黏滞性同时又极易产生剪切变形，因此它经不住“搓”(剪切)，一“搓”就会“搓”出涡旋。如船舰在海中航行、水流绕过桥墩，紧贴在物面上的流层与周围流层之间的速度差，就产生出“搓”流体的作用。德国流体力学家屈西曼(D. Küchemann)称“涡旋是流体运动的肌腱”，宋代诗人范成大则形象地称峡江水涡：“突如汤鼎沸，翕作茶磨旋。”

紊流的形成取决于两个基本条件：一是在水流中存在有涡体(votex)，二是涡体能脱离原流层向周围流层混掺，缺少其中任何一个条件，都不能实现层流向紊流的转化。涡体的形成是液体黏滞性和外界干扰共同作用的结果。在图 4-8 中，我们考察处于层流状态的任一流层，其上、下承受的黏滞切应力总是反向的，因此便有构成力偶使流层发生旋转的倾向。当边壁凸凹不平和来流中残存扰动时，它们都会使流层出现局部性波动，使流线弯曲，如图 4-8(a)所示。在流线上凸的波峰上部流线被挤压，流速增大，相应压强减小；波峰下部因流线扩散，流速减小而使压强增大。在流线下凹的波谷处，情况则与波峰处正好相反。于是发生轻微波动的流层各段便出现了方向不同、成对作用的横向压力 P，如图 4-8(b)所示。显然这种横向压力将使流线进一步扭曲，波峰更凸、波谷更凹。波幅增大到一定程度，在横向压力和切应力各自形成的力偶的综合作用下，波峰与波谷扭曲重叠，从而形成自身旋转的涡体，如图 4-8(c)所示。从涡体形成过程可知，实际水流即使在层流状态，形成涡体也总是不可避免的。涡体形成后，自身旋转方向和流速一致的一边流速增大、压强减小，如图 4-9 所示；而相反的一边则流速减小、压强增大。涡体上、下两边产生的压差形成了作用于其自身的升力。这使涡体具有了进入其他流层混掺的可能，使层流具有了失稳转化为紊流的条件。

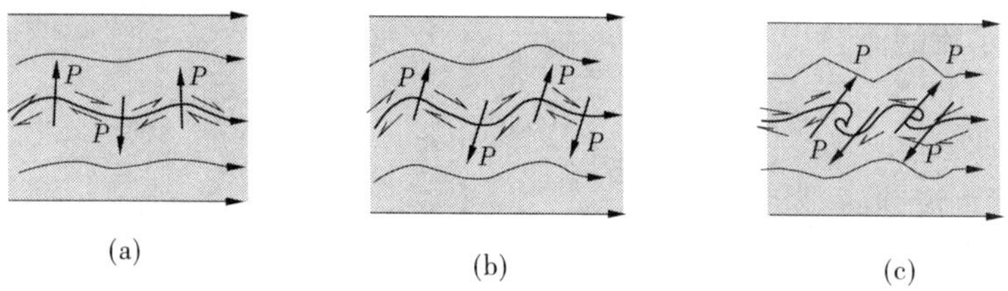

图 4-8

要使涡体向周围流层混掺，必须克服本流层液体黏滞性产生的阻扰作用。从力学角度看，涡体的升力取决于流速和涡体旋转的速度，故可用水流的惯性力表征；而流层内的阻抗作用则可以用水流的黏滞力表征。流速越大，惯性力越强，当水流惯性力大于黏滞力作用时，涡体才能挣脱本流层的约束，进入相邻流层实现混掺。而流速越小，水流惯性力越弱，相对增强的黏滞力便能控制涡体留在原流层。因此，水流的流态实质是水流惯性力和黏滞力作用处于一定对比关系时的表现。当惯性力对液体质点运动起控制作用时，小扰动被逐渐强化，黏滞力抑制不了液体质点的混掺紊乱趋势，则水流必然趋向紊流状态；当黏滞力在水流中处于支配地位时，它便能抑制水流中不稳定的小扰动，使之衰减、消亡，从而使水流保持层流状态。

惯性力是使水流保持和强化小扰动，生成漩涡、混掺，促使其进一步发展成为紊流的动力；而黏滞力则是抑制小扰动，起着促使水流趋于稳定、保持层流状态的阻滞制约力。流态的转换反映出水流中这两种作用力的对比出现了本质性改变（超过某一个临界值）。

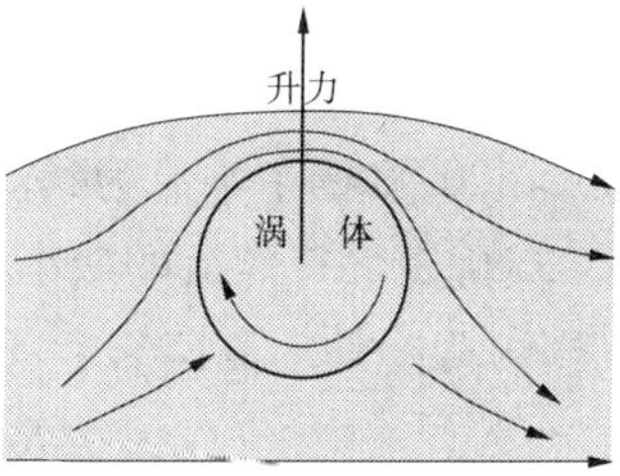

图 4-9

从力学实质看，**雷诺数正是反映了惯性力作用与黏滞力作用的对比关系**；而临界雷诺数则是表现这两种力的对比关系发生转折（流态转换）时的临界值。正因为如此，可以用雷诺数来判别液体的流动型态。

惯性力 $F=ma$，黏滞力 $T=A\mu\dfrac{\mathrm{d}u}{\mathrm{d}y}$。

惯性力与黏滞力之比的量纲关系式可表示为

$$\left[\frac{F}{T}\right]=\left[\frac{\rho L^2v^2}{\mu Lv}\right]=\left[\frac{vL}{\nu}\right]$$

上式恰和雷诺数的量纲相同。式中的特征长度 L 可以代表圆管直径 d 或明槽水力半径 R。

【例 4-1】　直径 $d=2.5$ cm 的输水圆管，通过流量 $Q=0.25$ L/s，水温 $T=10$ ℃，试判别水流流态。如果流量、水温不变，管径增大为原来的 6 倍，雷诺数如何变化？此时水流处于何种流态？

解：(1) 由于 $T=10$ ℃，查表可得 $\nu=1.31\times10^{-6}$ m²/s，而圆管截面积 $A=\dfrac{\pi d^2}{4}$，则圆管流水的雷诺数

$$Re=\frac{vd}{\nu}=\frac{4Q}{\pi d\nu}=\frac{4\times0.25\times10^{-3}}{3.14\times2.5\times10^{-2}\times1.31\times10^{-6}}=9\ 724>2\ 320(Re_k)$$

所以管中水流为紊流。

(2) 当流量、水温不变时，管径扩大后的雷诺数

$$Re'=\frac{4Q}{\pi(6d)\nu}=\frac{1}{6}Re=1\ 621<2\ 320(Re_k)$$

因此，管径增大后雷诺数要减小，而且水流已转换为层流。

【例 4-2】　某矩形断面水槽，底宽 $b=0.2$ m，水深 $h=0.1$ m，实测断面平均流速 $v=0.10$ m/s，水温 $T=20$ ℃，试判断槽内水流的流态，并求在水深不变时，保持紊流状态的最小流速。

解：(1) 计算水槽过水断面的水力要素

$$A=bh=0.2\times0.1=0.02(\mathrm{m}^2)$$

$$\chi=b+2h=0.2+2\times0.1=0.4(\mathrm{m})$$

$$R=A/\chi=\frac{0.02}{0.4}=0.05(\mathrm{m})$$

(2)判别流态：因为 $T=20\ ℃$，查表得 $\nu=1.0\times10^{-6}\ \mathrm{m^2/s}$，则 $Re=\frac{vR}{\nu}=\frac{0.10\times0.05}{1.0\times10^{-6}}=$ 5 000 >500，则槽中水流为紊流。

(3)确定保持紊流的最小流速：令水流雷诺数 Re 为保持紊流的最小值，即 $Re=Re_k=500$，则可确定最小流速 $v_{\min}$

$$v_{\min}=\frac{Re_k\nu}{R}=\frac{500\times1.0\times10^{-6}}{0.05}=0.01(\mathrm{m/s})$$

可见，保持紊流的最低流速值是非常小的，这说明实际明槽水流大部分都是紊流。

四、沿程水头损失求解的基本思路

本节以能量损失为出发点，已讨论得出水流能量损失规律与流动型态直接相关。因此，沿程水头损失的计算一般是从分析不同流动型态的水流作用力特点出发，探讨相应的流速分布规律，然后通过确定制约流速分布的阻力条件，最终找到计算沿程水头损失的公式。下边讨论的层流与紊流水头损失的计算都是依此进行的。

第四节　层流运动及其沿程水头损失计算

虽然实际工程中的水流运动多属紊流状态，但在低速、高黏滞性的管流中，在地下水流动中也有层流存在；另外在紧贴边壁的薄层液流中，也存在以黏滞性为主的近似层流(黏性底层)。这里以常见的圆管均匀层流为例予以讨论。

一、圆管均匀层流的流速分布

圆管均匀层流是轴对称流动，其流层可认为是一系列由管轴线所确定的同心圆筒薄层。下边从分析流层间的作用力入手，探讨层流流速分布的特点。如果采用径向为 r，纵向为 x 的圆柱坐标系，则圆管内任一流层的切应力都可用牛顿内摩擦定律表达

$$\tau=-\mu\frac{\mathrm{d}u_x}{\mathrm{d}r} \tag{4-22}$$

由于各流层的纵向流速 u_x 总是随半径 r 增大而递减，故沿圆管径向的流速梯度 $\mathrm{d}u_x/\mathrm{d}r$ 恒为负值。对于圆管均匀流动，半径为 r 流层上的切应力应满足

$$\tau=\rho gR'J=\rho g\frac{r}{2}J \tag{4-23}$$

联立式(4-22)和式(4-23)，经整理后可得

$$\frac{\mathrm{d}u_x}{\mathrm{d}r}=-\frac{\rho gJ}{2\mu}r$$

沿径向积分，则

$$u_x=-\frac{\rho gJ}{4\mu}r^2+C \tag{4-24}$$

根据实际液体在管壁上的黏附条件可知：$r=r_0$ 时，$u_x=0$。将此关系代入式(4-24)得

$$C = \frac{\rho g J}{4\mu} r_0^2$$

于是便得出圆管均匀层流的流速分布公式

$$u_x = \frac{\rho g J}{4\mu}(r_0^2 - r^2) \tag{4-25}$$

这表明圆管层流的流速沿径向是按抛物线规律分布的,见图 4-10。由此我们可以得到断面平均流速

$$v = \frac{\rho g J}{32\mu} d^2 \tag{4-26}$$

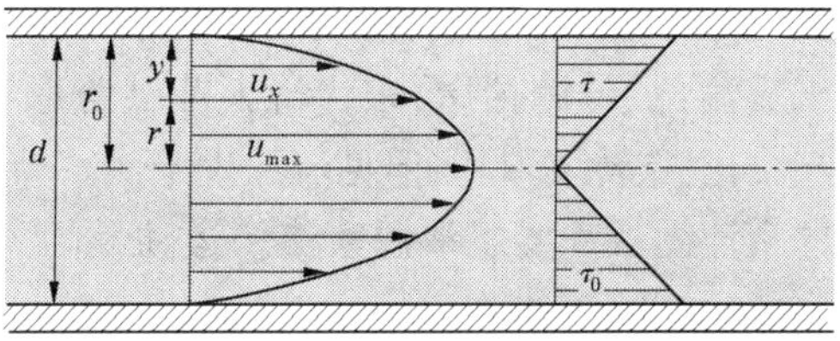

图 4-10

从式(4-25)中可知,在管轴心 $r = 0$ 处的最大流速

$$u_{\max} = \frac{\rho g J}{4\mu} r_0^2 = 2v \tag{4-27}$$

这说明圆管层流的流速分布是很不均匀的。

二、圆管层流沿程水头损失的计算

由式(4-26)可得,$J = \dfrac{32\mu v}{\rho g d^2}$;对于均匀流且有 $h_f = Jl$,于是可以推出

$$h_f = \frac{32\mu v l}{\rho g d^2} \tag{4-28}$$

式(4-28)就是圆管均匀层流沿程水头损失的计算公式。此式表明 h_f 和 v 的一次方成比例,从理论推导中我们也获得了与雷诺试验完全一致的结论。

若用均匀流沿程水头损失计算的普遍公式(达西 - 威斯巴赫公式)来表示圆管层流运动时的沿程水头损失,便有

$$h_f = \lambda \frac{l}{4R}\frac{v^2}{2g} = \lambda \frac{l}{d}\frac{v^2}{2g} = \frac{32\mu v l}{\rho g d^2} \tag{4-29}$$

通过对比可得

$$\lambda = \frac{64}{Re} \tag{4-30}$$

明渠均匀层流和圆管层流的规律是一致的。若设水深为 H,则有

流速分布

$$u_x = \frac{\rho g J}{2\mu}(2Hy - y^2) \tag{4-31}$$

断面平均流速

$$v = \frac{\rho g J}{3\mu} H^2 \tag{4-32}$$

沿程水头损失系数

$$\lambda = \frac{24}{Re} \tag{4-33}$$

式(4-30)与式(4-33)说明**层流的 λ 值都是与雷诺数成反比的**，而**与它的边壁形态、粗糙状况没有关系**。

第五节 紊流的运动特性

洪水期的江河大多水流湍急、惊涛拍岸，宋代诗人苏轼曾形容江中行舟："长洪斗落生跳波，轻舟南下如投梭。四山眩转风掠耳，但见流沫生千涡。"诗句形象地显示了江流迅疾、流沫飞逝、百漩千涡的紊流图景。要想掌握紊流的运动及阻力损失规律，就须先搞清紊流的运动特征。

一、紊流特征

紊流的结构特征是：紊流是由大小不同、旋转强度各异的涡体组成的，除沿边界约束的总流方向运动外，涡体不停地震荡、分解、组合，处处都有不同流层间质点的相互混掺、碰撞。

紊流的运动特征是：运动要素的脉动，涡体的运动使得流场中任一空间点处的流速、压强等随时间一直在变化。这种瞬时运动要素随时间的波动性，就是紊流运动特有的脉动现象。它是质点相互混掺、碰撞作用导致的结果，是紊流的运动特征。图 4-11 显示了在圆管紊流中，实测某点纵向瞬时流速 u_x 随时间 t 的变化，该曲线非常清楚地显示了紊流流速的脉动和存在统计时间平均值的特点。

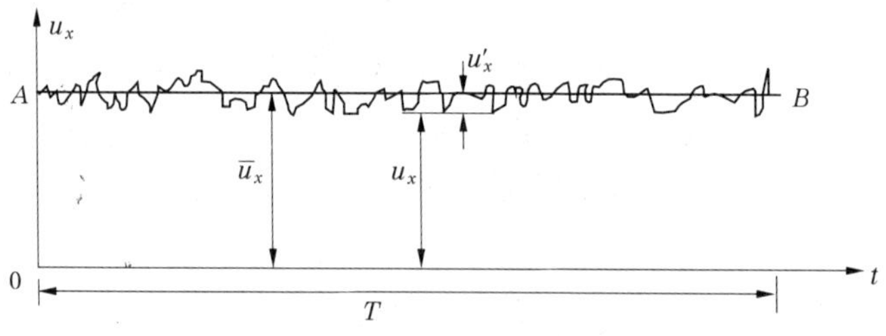

图 4-11

紊流各运动要素都存在相似的脉动现象和统计规律。因此，只要建立时间平均概念，原来水流运动的概念、分析水流运动的方法和所得有关规律仍可在紊流中应用。这种时均处理是把紊流看成是时均流动和脉动流动的叠加，便于在不同情况下有主有次，分别研究两者的作用和影响。这种处理也反映在紊流运动要素的表示和度量上。仍以图 4-11所示的纵向流速为例，若取一足够长时段 T，则时均纵向流速$\bar{u}_x$ 即为

$$\bar{u}_x = \frac{1}{T}\int_0^T u_x \mathrm{d}t \tag{4-34}$$

为了反映紊流的脉动特点,我们把任一时刻的瞬时流速与时均流速之差叫做脉动流速 u'_x,它是瞬时流速相对时均流速的偏离(波动)值

$$u'_x = u_x - \bar{u}_x \tag{4-35}$$

这样,紊流的流速都可以看成是由时均流速和脉动流速两部分组成的

$$u_x = \bar{u}_x + u'_x \tag{4-36}$$

显然 u'_x 有正有负,通过简单证明可以知道它的时均值恒为零。

$$\bar{u}'_x = \frac{1}{T}\int_0^T (u_x - \bar{u}_x)\mathrm{d}t = \frac{1}{T}\int_0^T u_x \mathrm{d}t - \bar{u}_x = 0$$

同样,其他运动要素如动水压强也可表示为

$$p = \bar{p} + p' \tag{4-37}$$

式中 p、$\bar{p}$、p'分别为紊流中某点的瞬时压强、时均压强和脉动压强。同理可证得 $\bar{p}' = 0$。

在涉及紊流的研究中,一方面我们要建立时间平均的概念:紊流流线是指时均流速场的流线,恒定紊流是指运动要素时均值不随时间变化的水流;另一方面必须考虑脉动对紊流机械能损失和流速分布等方面的影响。在实际工程中,脉动压力使过水建筑物产生振动和空蚀,脉动流速影响水流中泥沙或污染物的扩散、悬浮、输移,这都是必须专门研究的问题。

明渠实测资料表明,在紊流过水断面上,各处的脉动强弱是不一样的。水面附近紊动较弱,而槽底附近紊动较强。这是因为近壁区流速梯度和切应力都较大,壁面粗糙度干扰的影响也较强。近年来通过实验研究还发现,在紊流近壁区存在准周期性的紊动猝发(Bursting)现象,对涡体的产生与紊动动量的传递有重要影响。

二、紊流切应力

紊流流层间的作用力是决定紊流流速分布和沿程水头损失的内在基础。因此,应该从紊流运动的内部切应力特征入手来探讨紊流的阻力与水头损失问题。下边来分析一下紊流流层间的作用力:当纵向流层间存在相对运动时,各流层交界面上必然产生切向的黏性内摩擦力。另外,紊动使不同流层间不断发生质点混掺,引发流层间的动量传递和改变,从而在流层交界面上还产生了因紊动而附加的切向作用力。于是紊流流层间的时均总切向作用力应表示为这两部分切向作用力之和,以切应力表示则为

$$\bar{\tau} = \bar{\tau}_1 + \bar{\tau}_2 \tag{4-38}$$

式中:$\bar{\tau}$为紊流时均总切应力;$\bar{\tau}_1$ 为紊流时均运动引起的黏滞切应力;$\bar{\tau}_2$ 为紊流脉动引起的紊动附加切应力。

对于第一部分黏滞切应力,在恒定均匀二元紊流条件下,根据牛顿内摩擦定律,可将紊流时均黏滞切应力表示为

$$\bar{\tau}_1 = \mu \frac{\mathrm{d}\,\bar{u}_x}{\mathrm{d}y} \tag{4-39}$$

式中:$\bar{u}_x$ 为时均纵向流速。

对于第二部分紊动附加切应力,根据动量定理可知,其值与造成质点混掺的脉动流速有关。普朗特(Prandtl)引入混掺长度的假设,寻求混掺过程中脉动流速和时均流速之间的关系,最终推导出附加应力 $\bar{\tau}_2$ 和时均流速梯度 $\mathrm{d}\bar{u}_x/\mathrm{d}y$ 间的依存关系

$$\bar{\tau}_2 = \rho l^2 \left(\frac{\mathrm{d}\bar{u}_x}{\mathrm{d}y}\right)^2 \tag{4-40}$$

式中：ρ 为液体密度；l 为掺长（Mixing length），是与质点自由混掺位移长度相关的物理量。

为了便于与牛顿内摩擦定律比较，紊流附加切应力公式也经常表示成如下形式

$$\bar{\tau}_2 = \eta \frac{\mathrm{d}\bar{u}_x}{\mathrm{d}y} = \rho \nu_t \frac{\mathrm{d}\,\bar{u}_x}{\mathrm{d}y} \tag{4-41}$$

式中：η 为紊动黏滞系数（涡黏系数）；ν_t 为紊动动量传递系数。

显然，ν 和 ν_t 是有本质区别的。运动黏滞系数 ν 表征的是流体的基本物理性质（黏性），而紊动动量传递系数 ν_t 则与紊流运动状况密切相关。特别指出：本书后边凡涉及紊流运动要素时，不作特殊说明，均采用时均值，并约定省略时均符号。

三、边界粗糙度对紊流的影响

大量试验研究表明，边壁状况对紊流流速分布和阻力损失规律都有很大影响。图4-12示意性地表现了包括固体边壁在内的紊流流场的空间分布特点。在紧靠固体边界附近，水流受边壁附着力制约。在这一薄层中，水流黏滞切应力起控制和主导作用，称为黏性底层。该层以上有一层流向紊流过渡的过渡层，过渡层以上的水流才属于紊动混掺起控制主导作用的紊流。这一区域紊动强烈，黏滞作用常可忽略，因而称为紊流核心区。过渡层厚度 δ_1 极薄，对水流运动的影响不大，可以不予考虑。

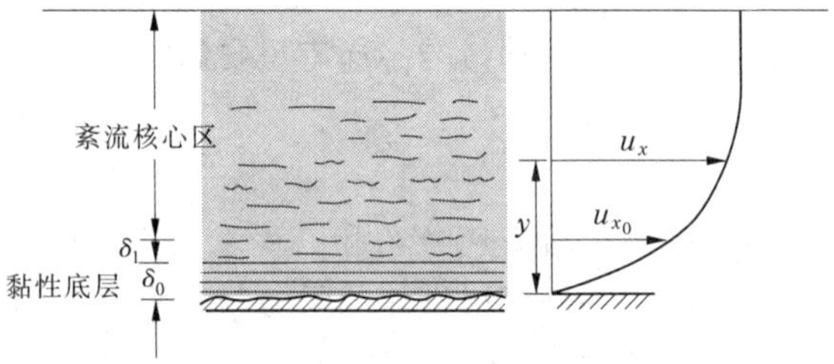

图4-12

黏性底层虽然很薄，但它直接受固体边壁状况的影响，对紊流运动的影响可谓“举足轻重”。为了研究黏性底层的特点，这里引入摩阻流速：$u_* = \sqrt{\tau_0/\rho}$，u_* 具有流速量纲，它反映了边界摩阻作用对流速的影响。综合式（4-14）可得摩阻流速与平均流速的关系为

$$u_* = \sqrt{\frac{\lambda}{8}} v \tag{4-42}$$

根据黏性底层的流速特点和尼古拉兹（Nikuradse）的试验，可得黏性底层的厚度为

$$\delta_0 = \frac{32.8d}{Re_d \sqrt{\lambda}}\text{（管道）}；\quad \delta_0 = \frac{32.8R}{Re_R \sqrt{\lambda}}\text{（明渠）} \tag{4-43}$$

分析式（4-43），可以看出黏性底层的厚度是随水流紊动程度而变化的，δ_0 随 Re 增大而减小。这表明了不同水流条件下，变动的 δ_0 与相对稳定的边界糙度之间有不同的对应关系，使紊流边界运动状况发生变化，从而对紊流的机械能损失产生重大影响。

固体边壁的粗糙程度是指边壁表面凹凸不平的状况，通常用 Δ 表示粗糙表面的凸出

高度，称为绝对粗糙度。边壁粗糙度对紊流核心区的干扰程度直接受黏性底层厚度的影响，因而和一定的水流条件有关。对粗糙度一定的壁面，不同的紊动程度下会有三种状态：

（1）当 Re 较小时，水流运动的紊动程度较小，黏性底层较厚，完全淹没了边壁的凹凸不平，如图 4-13（a）所示。边界对水流的阻力主要成为黏性底层内的黏滞阻力。从实际效果看，可认为紊流的边界就是光滑的黏性底层上界面。所以，这种状态下的边界称为水力光滑面，相应此时的紊流处于水力光滑区（光滑紊流）。

（2）当 Re 很大时，水流运动的紊动程度很大，黏性底层极薄，失去了对边壁粗糙的掩盖作用，如图 4-13（b）所示。边壁凸起产生水流脱离和小旋涡，形成附加水流阻力，小旋涡又进一步混掺到紊流核心区，加剧当地水流的紊动，此时边界的粗糙影响已伸入到紊流核心区，对紊流的机械能损失产生决定性影响，故这种状态下的边界称为水力粗糙面，相应的紊流处于水力粗糙区（粗糙紊流）。

（3）当 Re 不太大时，水流运动的紊动程度为介于前两者之间的过渡状态。此时边壁黏滞作用和粗糙干扰作用都对紊流产生影响，均不可忽视，如图 4-13（c）所示。这种状态下的边界称为过渡粗糙面，相应的紊流处于过渡粗糙区。

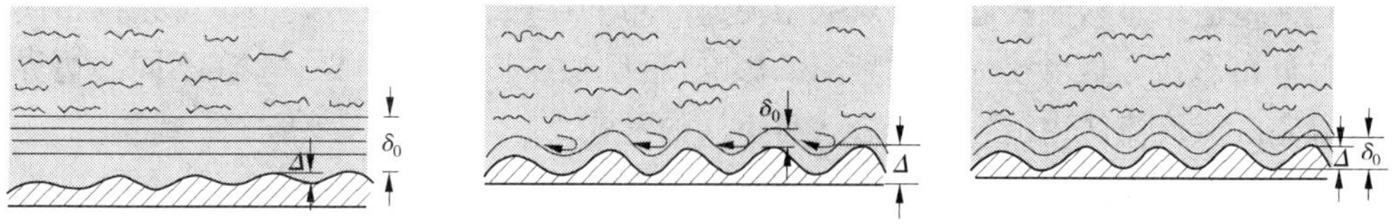

(a)　　(b)　　(c)

图 4-13

可见上述三种边界状态不仅取决于壁面的粗糙程度，而且与反映壁面附近水流运动紊动程度的壁面雷诺数 $Re_{※}$ 密切相关。根据一些试验成果和理论研究，可得紊流这三个流区的判别标准见表 4-1。

表 4-1　紊流分区标准（$Re_{※}=\dfrac{u_{*}\Delta}{\nu}$）

紊流区划	判别指标	
	Δ/δ_0	$Re_{※}$
光滑区	$\Delta/\delta_0<0.3$	$Re_{※}<3.5$
过渡区	$0.3\leqslant\Delta/\delta_0\leqslant6$	$3.5\leqslant Re_{※}\leqslant70$
粗糙区	$\Delta/\delta_0>6$	$Re_{※}>70$

上述对紊流的分区，反映了在一定水流条件下，边壁粗糙度对紊流运动所起干扰作用的程度。另外，黏性底层厚度与水流运动的紊动程度密切相关，在水流条件未定时，还不能确定一个边界究竟是“光滑”还是“粗糙”。

四、紊流流速分布

紊流过水断面上各点的流速分布反映了紊流的运动特征，同时也间接反映了紊流的阻力特征。因此，我们应该了解紊流的流速分布特点，从而进一步找出解决紊流水头损失的计算方法。根据紊流切应力变化规律可以推出紊流时均流速公式,目前比较普遍采用的有对数型和指数型两类流速分布公式。

(一)对数型流速分布公式

从普朗特理论建立的紊流切应力公式出发,对于充分发展的管道紊流,除边壁附近外可以取 $\tau \approx \tau_2$,同时在任一流层 y,切应力满足公式:$\tau = \tau_0(1 - y/r_0) = \rho u_*^2(1 - y/r_0)$。采用萨特凯维奇关于掺长 l 的表达式

$$l = \kappa y\sqrt{1 - \frac{y}{r_0}} \tag{4-44}$$

式中 κ 为卡门常数,清水取 0.4;含有介质的水流,κ 与介质浓度有关。y 与 r_0 的含义见图 4-10。

将式(4-40)与式(4-44)代入流层间切应力公式,采用与圆管层流类似的方法,沿径向对流速梯度积分,推导可以得到任一流层 y 的流速表达式

$$u_x = \frac{u_*}{\kappa}\ln y + C \tag{4-45}$$

这便是适用于紊流核心区的对数型流速分布的一般形式,在明渠中也可以推出同样的流速分布形式。边界粗糙度对紊流的影响,就反映在积分常数 C 中。在不同的边界状态所确定的紊流流区内流速分布公式有不同的形式。

(1)紊流光滑区

$$\frac{u_x}{u_*} = 2.5\ln\frac{yu_*}{v} + 5.5 \tag{4-46}$$

(2)紊流粗糙区

$$\frac{u_x}{u_*} = 2.5\ln\frac{y}{\Delta} + 8.5 \tag{4-47}$$

工程实践证明,对数型流速分布公式在紊流核心区能较好地反映紊流的流速分布规律。

(二)指数型流速分布公式

大量实测资料的回归分析和研究表明,紊流流速分布也近似符合指数型分布规律。在水力学中常用的有如下经验性的指数型流速分布公式:

对于管流
$$\frac{u_x}{u_m} = \left(\frac{y}{r_0}\right)^n \tag{4-48}$$

对于明流
$$\frac{u_x}{u_m} = \left(\frac{y}{H}\right)^n \tag{4-49}$$

公式中指数 n 与水流运动强度有关,其值在 1/6 ~ 1/10 之间。一般 n 值随 Re 增大而减小,具体可查表 4-2 确定。当 $Re < 10^5$ 时,n 通常取 1/7。u_m 为断面最大流速,其他符号含义可参见图 4-14(b)。

表 4-2 Re 与 n 对应关系

Re	4×10^3	2.3×10^4	1.1×10^5	1.1×10^6	2×10^6	3.2×10^6
n	1/6	1/6.6	1/7	1/8.8	1/10	1/10

指数型公式结构简单、易用，而且具有相当精度，因而在实际中得到较为广泛的应用。

（三）紊流流速分布的特点

在紊流中液体质点间相互混掺、碰撞，使动量大小不同的各液层质点，通过碰撞产生质点间的动量传递、交换。动量大者向动量小者输出动量，或者说后者从前者获取动量，结果使各流层间流速差异减小。紊流的指数型和对数型流速分布公式正是从表现形式上反映了紊流运动的这一物理特性。显然，由这两类公式表示的**紊流流速分布比层流时的抛物线分布要均匀得多**，因此它们能较真实地反映实际的紊流流速分布，见图 4-14。

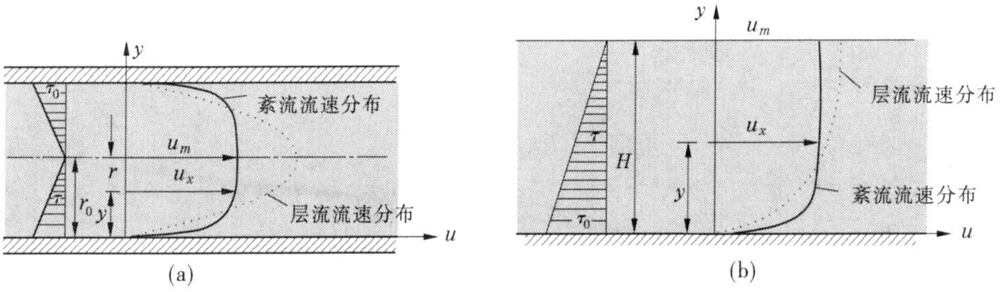

图 4-14

实验及工程实践证明，实际紊流流速在空间上的分布受各种因素影响，远比上述特点复杂；同时也表明水流流速分布受外加边界影响，具有一定的可调控性。因此可以通过在水流中设置适宜的工程措施调整、改善流速分布，来满足水利工程对水流稳定性的控制要求。例如在陡槽中设置潜没式三角翼体，能改善流速的横向分布，提高宽浅急流的稳定性；在陡槽末端采用宽尾墩，能增加挑射水流的立面扩散，增强水流摩擦消能效果。

【例 4-3】　试根据指数型流速分布公式，分别确定二元明渠均匀流中，点流速与断面平均流速相等的点的位置 y_c 。

解：考虑到黏性底层和过渡区厚度都很小，故在求断面平均流速时，可近似地将紊流核心区的时均流速分布公式扩大应用到整个断面，由此引起的误差是可以忽略的。根据指数型流速分布公式，先求垂线平均流速

$$v = \frac{1}{H}\int_0^H u_x \mathrm{d}y = \frac{1}{H}\int_0^H u_m (y/H)^n \mathrm{d}y = \frac{u_m}{n+1}$$

令 $u_x = v$，则有：$u_m (y_c/H)^n = \dfrac{u_m}{n+1}$，取 $n = 1/7$，则有 $y_c = \sqrt[n]{\dfrac{1}{n+1}}H = 0.393H$。

所以，在水文测验时，常取水面下 0.6 倍水深（ H ）处的流速近似作为垂线平均流速，又称一点法测速。

第六节　紊流沿程水头损失的计算

确定紊流沿程水头损失通常有两种方法：一是利用均匀流沿程水头损失的达西 - 威斯巴赫公式进行计算，其中的关键是确定与流态相关的沿程水头损失系数 λ；二是利用水利工程实践中总结出的流速经验公式，通过推求沿程水头损失进行计算。

一、沿程水头损失系数的分析——λ 值变化规律

要确定沿程水头损失，首先就要搞清沿程水头损失系数的变化规律。尼古拉兹曾采用不同粗细的砂粘贴在不同直径的管道内壁上，模拟管壁粗糙状况，进行了系统的管道阻力试验。粒径 Δ 代表管壁的绝对粗糙度，它与管道直径 d 的比值 Δ/d 表示相对粗糙度。他将不同粗糙度的六组试验资料分析整理，以 Δ/d 为参变量，绘制成沿程水头损失系数 λ 和水流雷诺数 Re 的关系曲线，如图 4-15 所示。

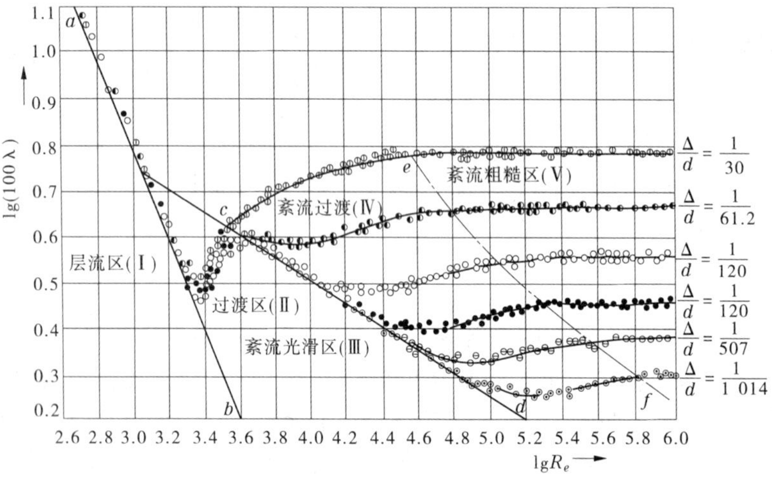

图 4-15

由图 4-15 中可以看出，不同区域 λ 值的变化规律不同。

当 $Re<2\ 320$ 时（Ⅰ区），水流为层流。所有试验点都落在直线 ab 上，这表明此时 λ 值与相对粗糙度无关。它与 Re 的单值关系由直线 ab 决定，由图可得 $\lambda=\dfrac{64}{Re}$，这与圆管层流理论公式是一致的，显然层流区：$\lambda=f(Re)$。

当 $2\ 320<Re<4\ 000$ 时（Ⅱ区），这是层流向紊流转化的过渡区，范围很窄，λ 值基本上只受 Re 控制。

当 $Re>4\ 000$ 时，水流已处于紊流状态，此后试验点明显地表现为三种不同的变化特点。它们分别反映了由于紊流边界状态不同，造成在紊流的三个不同的流区中 λ 值的变化规律。

（1）当 Re 较小时（Ⅲ区），黏性底层厚度 δ_0 可以掩盖边壁粗糙度 Δ，属紊流光滑区。此时壁面的粗糙度对紊流核心区的阻力损失不起作用，相应沿程水头损失系数 λ 已不受边壁粗糙度的影响。于是不同相对粗糙度的试验点便先后都落在同一直线 cd 上。只是边壁较粗糙的点，其 Δ 容易脱离 δ_0 掩盖，因而从较早的起点便脱离直线 cd（光滑区）进入 cd、ef 线之间的过渡带（紊流过渡粗糙区，Ⅳ区）；而边壁较光滑的试验点则因 Δ 不易脱离 δ_0 掩盖，与直线 cd 的重合段较长，从较迟的下点脱离直线 cd 进入过渡带。所以，图中直

线 cd 就代表着紊流光滑管(区)沿程水头损失系数的变化规律:λ **值只取决于水流的** Re,**而与边壁相对粗糙度** Δ/d **无关**,即 $\lambda=f(Re)$。

(2)在直线 cd 和直线 ef 之间的区域(Ⅳ区),不同粗糙度的点各自形成一条曲线,并且每条曲线均随 Re 的改变而变化。这正表明进入此区后,Re 的增大使 δ_0 进一步减小,以致不能完全淹没 Δ,导致管壁粗糙度和黏性底层均对沿程阻力产生影响,故表现为进入此区的水流其 λ **值受边界粗糙度和水流强度这两个因素共同制约**,即在从光滑管向粗糙管转化的过渡区内,$\lambda=f(\Delta/d,Re)$。

(3)当 Re 很大时(Ⅴ区),边界绝对粗糙度 Δ 完全突出在 δ_0 之外,属紊流粗糙区。此时沿程阻力主要受由紊流绕过边界凸出高度时形成的小旋涡影响,黏性底层的黏滞阻力几乎可以忽略不计。因此,在图中可以看到,在直线 ef 以右的区域(Ⅴ区),不同粗糙度的试验点各自都形成一条近似水平线。注意观察会发现粗糙度越大的试验点越靠上,λ 值越大;而边界越光滑的试验点则越靠下,λ 值越小。也就是说,λ 值随相对粗糙度的增大而增大。这恰反映了Ⅴ区(紊流粗糙管)的**沿程水头损失系数与** Re **无关,而只受边界粗糙度控制的**变化规律,即在紊流粗糙区内 $\lambda=f(\Delta/d)$。由达西－威斯巴赫公式可知,此时的 $h_f\propto v^2$,故紊流粗糙区又称做阻力平方区。可见在此区:$\lambda=f(\Delta/d)$。

顺便指出,在人工加糙明渠中试验,也得出了与上述管流相似的结论。

二、紊流沿程水头损失系数的确定

尼古拉兹试验全面揭示了管道不同流态情况下,λ、Re 以及边界粗糙度三者之间的相互影响制约关系。

(一)计算公式

这里主要介绍根据尼古拉兹试验结果导出的常用半经验公式。

(1)紊流光滑区($Re_{※}=\dfrac{u_*\Delta}{\nu}<3.5$,即 $\Delta/\delta_0<0.3$)。

①伯拉修斯公式

$$\lambda=\frac{0.316\ 4}{Re^{0.25}} \tag{4-50}$$

②尼古拉兹公式

管流
$$\frac{1}{\sqrt{\lambda}}=2\lg(Re\sqrt{\lambda})-0.8 \tag{4-51}$$

明流
$$\frac{1}{\sqrt{\lambda}}=2\lg(Re\sqrt{\lambda})+0.398 \tag{4-52}$$

适用范围:$4\ 000<Re<10^5$。

(2)过渡粗糙区($3.5\leqslant Re_{※}\leqslant 70,0.3\leqslant\Delta/\delta_0\leqslant 6$)。

柯－怀(Colebrook-White)公式

$$\frac{1}{\sqrt{\lambda}}=-2\lg\left(\frac{2.51}{Re\sqrt{\lambda}}+\frac{\Delta}{3.7d}\right) \tag{4-53}$$

(3)紊流粗糙区($Re_*>70,\Delta/\delta_0>6$)。

尼古拉兹公式：

管流
$$\lambda = \frac{1}{\left[2\lg\left(3.7\frac{d}{\Delta}\right)\right]^2} \tag{4-54}$$

明流
$$\lambda = \frac{1}{\left[2\lg\left(\frac{11.5R}{\Delta}\right)\right]^2} \tag{4-55}$$

近年来在工农业生产中广泛使用的塑料管，在 $v<3$ m/s 的情况下，多属紊流光滑区，可采用谢维列夫通过试验得出的塑料管 λ 值计算公式

$$\lambda = \frac{0.287}{Re^{0.226}} \tag{4-56}$$

实际管道和明渠边壁的粗糙度无法像人工加糙那样直接量测 Δ 值，因而利用上述公式进行 λ 值计算时，必须采用“当量粗糙度”。通过试验得出常用管道及明渠的当量粗糙度，列于表4-3，供计算时参考使用。

表4-3　各种壁面当量粗糙度 Δ 值

管流壁面	Δ(mm)	明渠流壁面	Δ(mm)
清洁铜管、玻璃管	0.001 5 ~ 0.01	纯水泥面	0.25 ~ 1.25
橡皮软管	0.01 ~ 0.03	刨光木板面	0.25 ~ 2.0
新的无缝钢管	0.04 ~ 0.17	非刨光木板面、水泥浆粉面	0.45 ~ 3.0
旧钢管、涂柏油的钢管	0.12 ~ 0.21	水泥浆砖砌体	0.80 ~ 6.0
普通新铸铁管	0.25 ~ 0.42	混凝土槽	0.80 ~ 0.90
旧的生锈钢管	0.60 ~ 0.62	琢石护面	1.25 ~ 6.0
污秽的金属管	0.75 ~ 0.90	土渠	4.0 ~ 11.0
木管	0.25 ~ 1.25	水泥勾缝的普通块石砌体	6.0 ~ 17.0
陶土排水管	0.45 ~ 6.0		
涂有珐琅质的排水管	0.25 ~ 6.0	石砌渠道(干砌、中等质量)	25 ~ 45
无抹面的混凝土管	1.0 ~ 2.0	卵石河床($d=70\sim80$ mm)	30 ~ 60
有抹面的混凝土管	0.5 ~ 0.6		

当量粗糙度的概念可以表述为：把具有同一 λ 值的人工加糙边界的 Δ 称为实际边界的当量粗糙度，仍用 Δ 表示。例如，通过试验可以把同 λ 值的人工粗糙管的边壁砂粒高度 Δ 看做实际管道的当量粗糙度。

需要注意的是，在进行 λ 值计算时，首先需要确定选择哪个公式来计算。通常可采用“根据 Re 假设流区→选择相应公式→计算 λ 值→校验所设流区是否合理”这样一套循环试算的方法，最终应保证计算 λ 值与所选公式的协调一致性。

（二）莫迪（Moody）图

F·莫迪根据已有的研究成果，绘制出了工业管道 λ 值的计算曲线，见图 4-16。他以管道相对粗糙度 Δ/d 为参变量，给出了 $\lambda \sim Re$ 间的变化关系，除过渡粗糙区外，基本和尼古拉兹图反映的规律相同。该图使用方法简单，查得的 λ 值与实际情况较为符合，实际应用较广。

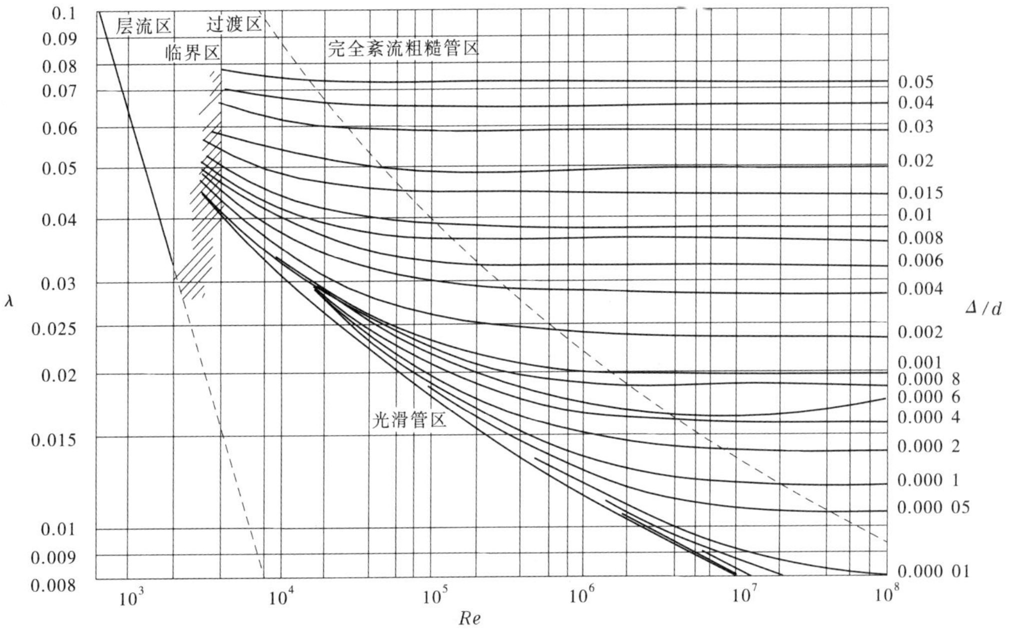

图 4-16

层流与紊流有关规律的总结见表 4-4。

【例 4-4】 某输水钢管长 $l=100$ m，直径 $d=0.2$ m，管壁当量粗糙度 $\Delta=0.1$ mm，试确定水温 $T=10$ ℃，流量 $Q=0.01$ m^3/s 时，管道的沿程水头损失。

解：（1）计算流速

$$v=\frac{Q}{A}=\frac{4Q}{\pi d^2}=0.313\ 3(\text{m/s})$$

（2）判别流态：$T=10$ ℃时，$\nu=0.013\ 1$ cm^2/s，则 $Re=\dfrac{vd}{\nu}=\dfrac{31.33\times 20}{0.013\ 1}=4.78\times 10^4>$ 2 320，故属紊流。

（3）确定 λ 值

①计算法：因为 $Re<10^5$，故先假设为紊流光滑区，采用伯拉修斯公式

$$\lambda=\frac{0.316\ 4}{Re^{0.25}}=\frac{0.316\ 4}{(4.78\times 10^4)^{0.25}}=0.021\ 4$$

流区校验　$$\delta_0=\frac{32.8d}{Re\sqrt{\lambda}}=\frac{32.8\times 200}{4.78\times 10^4\sqrt{0.021\ 4}}=0.94(\text{mm})$$

$\dfrac{\Delta}{\delta_0}=\dfrac{0.1}{0.94}<0.3$，故属紊流光滑区，公式适用，$\lambda$ 即为所求。

②查图法：因为 $Re=4.78\times10^4$，且$\frac{\Delta}{d}=\frac{0.1}{200}=0.0005$，在莫迪图上选择$\frac{\Delta}{d}=0.0006$ 和$\frac{\Delta}{d}=0.0004$ 的两条曲线，进行内插，对应 $Re=4.78\times10^4$，查得 $\lambda=0.022$，与计算值相差很小。

(4)计算沿程水头损失

$$h_f=\lambda\frac{l}{d}\frac{v^2}{2g}=0.022\times\frac{100}{0.2}\times\frac{0.3133^2}{2\times9.8}=0.055(\mathrm{m})$$

表 4-4　层流、紊流对照

流态	判别标准	流动特征	流速分布	主要作用力	流区	λ 的变化规律	h_f 与 v 的关系
层流	管流：$Re<2320$ 明流：$Re<580$	质点运动互不混掺，作线状规则运动	呈抛物线分布，沿垂线分布不均匀	黏滞力（流层间作用的切向应力为黏滞切应力）	层流区	λ 只与 Re 有关 管流：$\lambda=\frac{64}{Re_d}$ 明流：$\lambda=\frac{24}{Re_R}$	$h_f\propto v^{1.0}$
紊流	管流：$Re>2320$ 明流：$Re>580$	质点相互混掺，作不规则紊乱运动，运动要素具有脉动现象	呈对数或指数曲线分布，沿垂线分布较均匀	惯性力（流层间作用的切应力为黏滞切应力和紊动附加切应力之和）	光滑区	λ 只与 Re 有关 管流：$\lambda=\frac{0.3164}{Re_d^{0.25}}$ 明流： $\lambda=\frac{1}{[2\lg(Re_R\sqrt{\lambda})+0.4]^2}$	$h_f\propto v^{1.75}$
					过渡粗糙区	λ 与 Re 和壁面相对粗糙度有关，$\lambda=f(Re,\frac{\Delta}{d})$，管流可查莫迪图	$h_f\propto v^{1.75\sim2.0}$
紊流	管流：$Re>2320$ 明流：$Re>580$	质点相互混掺，作不规则紊乱运动，运动要素具有脉动现象	呈对数或指数曲线分布，沿垂线分布较均匀	惯性力（流层间作用的切应力为黏滞切应力和紊动附加切应力之和）	粗糙区（阻力平方区）	λ 只与相对粗糙度有关： 管流：$\frac{1}{\sqrt{\lambda}}=2\lg\frac{r_0}{\Delta}+1.74$ 明流：$\frac{1}{\sqrt{\lambda}}=2\lg\frac{11.55R}{\Delta}$ 由 $\lambda=\frac{8g}{C^2}$确定为宜	$h_f\propto v^{2.0}$

第七节　计算沿程水头损失的经验公式——舍齐公式

应用达西－威斯巴赫公式计算沿程水头损失 h_f，必须使用实际管道和天然河道糙度均化后的当量粗糙度来确定 λ 值，而当量粗糙度目前还受资料不很完善的制约。在工程实际中还有一些计算沿程水头损失的方法，它们主要是基于长期原型观测与工程实践，分析总结得到计算沿程水头损失的经验公式，有的公式抓住了关键因素，结构合理，计算结果也很可靠。下面主要介绍被实际工程中广泛应用的经验公式——舍齐(chézy)公式。

一、舍齐公式

1769 年法国工程师舍齐对明渠均匀流观测资料进行了分析，提出了断面平均流速与水力坡度和边界条件间的经验关系式，称为舍齐公式

$$v = C\sqrt{RJ} \tag{4-57}$$

式中：J 为水力坡度；R 为水力半径，m；v 为断面平均流速，m/s；C 为舍齐系数，是反映边界对水流影响的综合系数，其量纲与$\sqrt{g}$相同，$m^{1/2}/s$。

根据水力坡度的定义：$J=\frac{h_f}{l}$，舍齐公式也可以改写成沿程水头损失计算公式的形式

$$h_f = \frac{v^2}{C^2 R} l \tag{4-58}$$

将式(4-58)与计算沿程水头损失的普遍公式(达西－威斯巴赫公式)$h_f=\lambda\frac{l}{4R}\frac{v^2}{2g}$相对照，两式中反映阻力影响的舍齐系数 C 与沿程水头损失系数 λ 间的关系为

$$C = \sqrt{\frac{8g}{\lambda}} \quad 或 \quad \lambda = \frac{8g}{C^2} \tag{4-59}$$

$\lambda=\frac{8g}{C^2}$理论上可应用于不同的流态和流区，而舍齐系数目前还只能通过由实测资料分析所得经验公式确定，因此其使用范围就受到限制。

二、舍齐系数的确定

在实际工程上所遇到的水流大多数是阻力平方区的紊流，因而舍齐系数的经验公式大多是根据阻力平方区紊流的实测资料求得的，所以一般**只能适用于紊流阻力平方区**。

学海趣谈　　　　**涡旋的魔力**

自然界尺度最大的涡是宇宙空间的涡旋星云，最狂暴的涡当属龙卷风，见图。龙卷风的涡轴可以从海面或地面一直延伸到云层，涡旋中心强烈的轴向流具有惊人的吸力，它能连根拔起大树，甚至能将海中的鱼和水、地面的牛和汽车卷吸到高空再抛撒下来，破坏性极强。涡旋的特性也常被人们利用，例如，绕过圆柱的流体会在柱体后面产生两排互相交错的尾流涡旋(卡门涡街)，稳定的涡旋脱落频率与流体流速成正比，因此利用可以“听到”涡旋频率的传感器就可测量管中流速和流量，目前已得到广泛的应用，当然这种涡街流量计是“听不到”层流时的流量的；又如人们利用圆柱群产生大量涡旋(卡门涡街)的强烈混掺作用来交换液体热量，设计冷却散热装置。

(1)曼宁(Manning,1890)公式

$$C = \frac{1}{n}R^{1/6} \tag{4-60}$$

式中:R 为水力半径,m;n 为粗糙系数,简称糙率。

糙率是衡量边界形状和粗糙度对水流阻力影响的一个无量纲综合系数,其概念不如绝对粗糙度那样直接而明确。由于实际工程中所遇到的边界非常复杂,如管道有光洁的、有锈蚀的,河道滩地与主槽泥沙颗粒性质和植被也不相同,当量粗糙度的选择困难很大。而通过大量实测数据反推的综合系数糙率倒积累了比较丰富可靠的资料,为工程界普遍采用。不同输水边界的 n 值列于表 4-5 可供查用。由于糙率选择是否恰当对水力计算影响很大,糙率选择偏大或偏小,往往会造成工程设计的浪费或不足,因此必须谨慎选用。

表 4-5　管道的糙率 n 值

管道种类	壁面状况	n		
		最小值	正常值	最大值
有机玻璃管		0.008	0.009	0.010
玻璃管		0.009	0.010	0.013
黑铁皮管		0.012	0.014	0.015
白铁皮管		0.013	0.016	0.017
铸铁管	1. 有护面层	0.010	0.013	0.014
	2. 无护面层	0.011	0.014	0.016
钢管	1. 纵缝和横缝都是焊接的,但都不束窄过水断面	0.011	0.012	0.012 5
	2. 纵缝焊接,横缝铆接(搭接),一排铆钉	0.011 5	0.013	0.014
	3. 纵缝焊接,横缝铆接(搭接),二排或二排以上铆钉	0.013	0.014	0.015
水泥管	表面洁净	0.010	0.011	0.013
混凝土管及钢筋混凝土管	1. 无抹灰面层			
	(1)钢模板,施工质量良好,接缝平滑	0.012	0.013	0.014
	(2)光滑木模板,施工质量良好,接缝平滑	—	0.013	—
	(3)光滑木模板,施工质量一般	0.012	0.014	0.016
	2. 有抹灰面层,且经过抹光	0.010	0.012	0.014
	3. 有喷浆面层			
	(1)用钢丝刷仔细刷过,并经仔细抹光	0.012	0.013	0.015
	(2)用钢丝刷刷过,且无喷浆脱落体凝结于衬砌面上	—	0.016	0.018
	(3)仔细喷浆,但未用钢丝刷刷过,也未经抹光	—	0.019	0.023

表续 4-5

管道种类	壁面状况	n		
		最小值	正常值	最大值
陶土管	1. 不涂釉	0.010	0.013	0.017
	2. 涂釉	0.011	0.012	0.014
岩石泄水管道	1. 未衬砌的岩石			
	(1)条件中等的,即壁面有所整修	0.025	0.030	0.033
	(2)条件差的,即壁面很不平整,断面稍有超挖	—	0.040	0.045
	2. 部分衬砌的岩石(部分有喷浆面层、抹灰面层或衬砌面层)	0.022	0.030	0.045

将式(4-60)代入式(4-57)或式(4-58),舍齐公式则为更直接的实用形式

$$v = \frac{1}{n}R^{2/3}J^{1/2} \tag{4-61}$$

或

$$h_f = \frac{n^2v^2}{R^{4/3}}l \tag{4-62}$$

(2)巴甫洛夫斯基公式

$$C = \frac{1}{n}R^y \tag{4-63}$$

式中

$$y = 2.5\sqrt{n} - 0.13 - 0.75\sqrt{R}(\sqrt{n} - 0.10) \tag{4-64}$$

巴甫洛夫斯基公式适用范围为:0.1 m≤R≤3.0 m,0.011≤n≤0.04。

作近似计算时,y 值可用下列简式

$$\left.\begin{array}{l}\text{当 } R < 1.0 \text{ m 时}, y = 1.5\sqrt{n} \\ \text{当 } R > 1.0 \text{ m 时}, y = 1.3\sqrt{n}\end{array}\right\} \tag{4-65}$$

在计算沿程水头损失时,目前水利工程界仍广泛采用包含 n 值的曼宁公式和巴甫洛夫斯基公式。关于曼宁公式和巴甫洛夫斯基公式在糙率取值时应注意的问题,在第六章中将予以细述。

【例 4-5】 有一混凝土衬砌的引水隧洞,洞径 d = 2.0 m,洞长 l = 1 000 m,求引水隧洞通过流量 Q = 5.65 m^3/s 时的沿程水头损失,并求其对应的 λ 值。

解:(1)计算隧洞水力要素:

$$A = \frac{\pi}{4}d^2 = \frac{3.14}{4} \times 2^2 = 3.14(\text{m}^2)$$

$$R = A/\chi = \frac{d}{4} = 0.5(\text{m})$$

$$v = Q/A = \frac{5.65}{3.14} = 1.80(\text{m/s})$$

(2)选择糙率,根据隧洞壁面状况,查表 4-5,选用 n = 0.014。

(3)求沿程水头损失 h_f。由式(4-58)或式(4-62),则

$$h_f = \frac{v^2}{C^2R}l = \frac{n^2v^2}{R^{4/3}}l = \frac{(0.014 \times 1.8)^2}{0.5^{4/3}} \times 1\,000 = 1.625(\text{m})$$

求沿程水头损失系数 λ，采用曼宁公式

$$C = \frac{1}{n}R^{1/6} = 63.6\ \mathrm{m^{1/2}/s}$$

由式(4-59)

$$\lambda = \frac{8g}{C^2} = \frac{8 \times 9.8}{63.6^2} = 0.0194$$

第八节　局部水头损失

一、局部水头损失产生的原因

在实际水利工程或流体输运工程中，由于控制及输送液流的要求，液流固体边界的改变，如过水断面的大小或形状的改变、流动方向的调整等是常见的、不可避免的。液流在这些地方产生的局部机械能损失的确定，是工程水力设计中非常重要的问题。局部水头损失产生于水流边界发生急剧改变处，是水流形态发生较大变化引起的。这种能量损失只出现在边界改变前后的局部流段范围内，具有能耗大、能耗集中和主要是涡旋损失这三个特点。在图 4-17 所示的管道、明渠中突然扩大、缩小、转弯处，在闸阀、桥墩前后及涵洞进口，管路转弯等处，往往发生主流脱离边界，在主流与边界之间形成强烈的旋涡区。

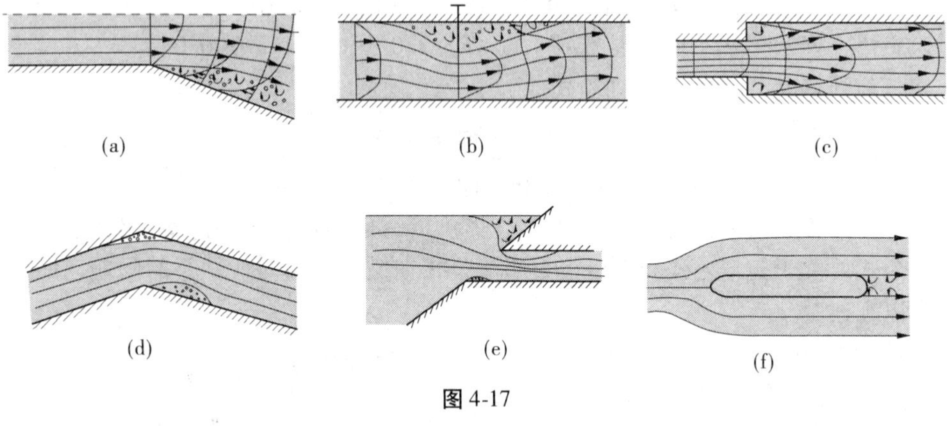

图 4-17

在产生局部水头损失的地方，主流与边界分离，并在分离区形成旋涡。在旋涡区内部，紊动加剧，同时主流与旋涡区之间不断有质量与能量的交换，并通过质点与质点之间的摩擦和剧烈碰撞消耗大量机械能。因此，局部水头损失比流段长度相同的沿程水头损失要大得多，并取决于边界变化的急剧程度。

二、局部水头损失的计算公式

(一)边界突然扩大的局部水头损失计算公式

局部水头损失是水流局部急剧改变流速分布、增强流层间切应力，强烈紊动引起的短距离较大能量损失。根据这些特点，现以圆管突然扩大边界形式为例介绍局部水头损失的理论分析方法。图 4-18 所示为突然扩大的圆管流动，流量为已知。水流自管径为 d_1

的小断面进入管径为 d_2 的大断面以后，主流脱离边界，两侧产生涡旋回流区。回流区长度一般为$(5\sim8)d_2$，流段 l 两端断面 1—1 和断面 2—2 可分别看做渐变流断面。对断面 1—1 和断面 2—2 列出总流能量方程，即可得

$$z_1+\frac{p_1}{\rho g}+\frac{\alpha_1 v_1^2}{2g}=z_2+\frac{p_2}{\rho g}+\frac{\alpha_2 v_2^2}{2g}+h_w \tag{4-66}$$

由于流段 l 较短，该流段的沿程水头损失与局部水头损失相比可以忽略，即有 $h_w\approx h_j$。这样，式(4-66)可写成

$$h_j=(z_1-z_2)+\left(\frac{p_1}{\rho g}-\frac{p_2}{\rho g}\right)+\left(\frac{\alpha_1 v_1^2}{2g}-\frac{\alpha_2 v_2^2}{2g}\right) \tag{4-67}$$

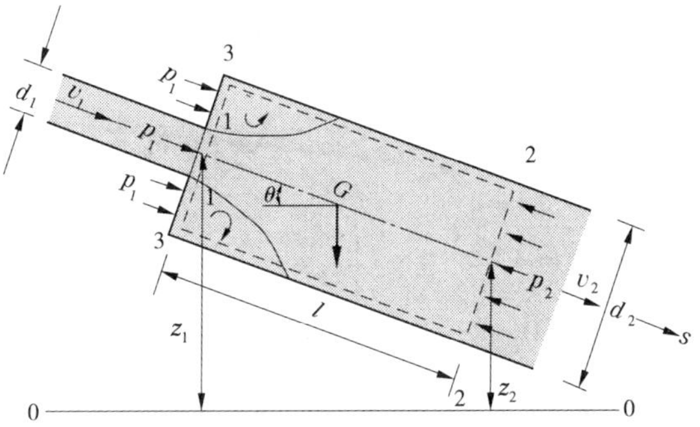

图 4-18

在式(4-67)中通常动水压强 p 也是未知数，故还须通过增加新的关系式即动量方程来解决。

为此取断面 3—3、断面 2—2 及两断面之间的管壁所围水体为控制体，设 p_1、p_2 分别为过水断面 1—1、2—2 形心点处的动水压强，A_1、A_2 为相应两断面的过水断面面积，θ 为管轴线与水平线的夹角。与重力 G 和压力 F_P 相比可以忽略壁面的切向摩擦力作用，这样列出沿管轴向的总流动量方程，即为

$$p_1A_1+R-p_2A_2+G\sin\theta=\rho Q(\beta_2v_2-\beta_1v_1) \tag{4-68}$$

式中，p_1A_1 和 p_2A_2 分别为渐变流断面 1—1 和断面 2—2 上的动水总压力。

R 为断面 3—3 上环形(3—1—1—3)管壁上的反作用力，它等于分离区的旋涡作用在环形管壁上的总压力。由于涡旋区动水压强无法确定，通常是假设此环形断面上的动水压强符合静水压强分布规律，即有 $R=p_1(A_2-A_1)$。这个假设通过试验证实，是基本符合实际的。

式(4-68)中 G 为脱离体重力：$G\approx\rho gA_2l$。从图 4-18 所示几何关系推得 $\sin\theta=(z_1-z_2)/l$，则重力沿流向的分力：$G\sin\theta=\rho gA_2(z_1-z_2)$。

将上述 R 和 $G\sin\theta$ 的表达式代入动量方程(4-68)，整理后可得

$$(z_1-z_2)+\left(\frac{p_1}{\rho g}-\frac{p_2}{\rho g}\right)=\frac{(\beta_2v_2-\beta_1v_1)v_2}{g} \tag{4-69}$$

将式(4-69)再代入能量方程(4-67)则有

$$h_j=\frac{(\beta_2v_2-\beta_1v_1)v_2}{g}+\frac{\alpha_1v_1^2-\alpha_2v_2^2}{2g} \tag{4-70}$$

当雷诺数较大、水流紊动充分时，α_1、α_2 及 β_1、β_2 均接近于 1，故式(4-70)又可简写为

$$h_j = \frac{(v_1 - v_2)^2}{2g} \tag{4-71}$$

这就是管道断面突然扩大的局部水头损失计算理论公式，经试验验证它具有足够的准确性。由连续方程，将 $v_2 = A_1 v_1 / A_2$ 及 $v_1 = A_2 v_2 / A_1$ 分别代入式(4-71)，则可得到采用不同流速表示的突然扩大圆管局部水头损失的实用计算公式

$$h_j = \left(\frac{A_2}{A_1} - 1\right)^2 \frac{v_2^2}{2g} = \zeta_1 \frac{v_2^2}{2g} \tag{4-72}$$

$$h_j = \left(1 - \frac{A_1}{A_2}\right)^2 \frac{v_1^2}{2g} = \zeta_2 \frac{v_1^2}{2g} \tag{4-73}$$

式中，$\zeta_1 = \left(\frac{A_2}{A_1} - 1\right)^2$、$\zeta_2 = \left(1 - \frac{A_1}{A_2}\right)^2$ 均称为突然扩大的局部水头损失系数，它们只与边界的改变情况有关，并分别对应圆管扩大后与扩大前的流速。当 A_2 很大，即 $\frac{\alpha_2 v_2^2}{2g} \approx 0$ 时，例如由管道进入水库，可取 $\zeta_2 = 1.0$。

(二)一般局部水头损失的计算公式

产生局部水头损失的机理很复杂，目前能从理论上进行分析确定的局部水头损失，只有上例等少数几种情况，而其他大多只能借助试验方法来确定。但不同边界局部水头损失产生的力学机理和能耗原因都是类似的，理论和试验研究都表明，局部水流能量损失的共同规律是其大小与边界改变形式及水流速度有关。由突然扩大管道推导出的计算公式(4-72)或式(4-73)，反映了局部水头损失的基本物理关系，具有结构的合理性和通用性。因此，可以把局部水头损失计算公式一般形式写做

$$h_j = \zeta \frac{v^2}{2g} \tag{4-74}$$

式中：v 为断面平均流速；ζ 为局部水头损失系数。

由于局部水头损失发生处水流的强紊动特点，可以认为**局部水头损失系数仅与边界条件改变特点有关**。具体计算局部水头损失时，注意采用的 ζ 值必须与相应的流速水头一致。

(三)局部水头损失系数的确定

由于发生局部水头损失处水流结构复杂，通常局部水头损失系数大多是通过试验，利用实测试验资料推求的。不同的边界变化情况有不同的 ζ 值，表 4-6 中给出了常见管道及明渠中的局部水头损失系数值，其他更详细的数据可参考有关水力计算手册。查用时，要特别注意和局部水头损失系数 ζ 对应的流速。在大量水利工程中，经常遇到各种边界突然变化的复杂情况，有些局部水头损失系数在无资料可查时，就需要通过水力模拟试验来测定。

表 4-6　局部水头损失系数 ζ 值

<table>
<tr><th>名称</th><th colspan="2">简图</th><th>ζ</th></tr>
<tr><td>管道突然扩大</td><td colspan="2">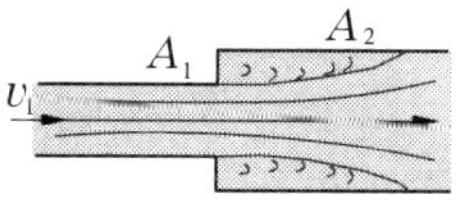
</td><td>$\zeta=\left(1-\frac{A_1}{A_2}\right)^2$</td></tr>
<tr><td>管道突然收缩</td><td colspan="2">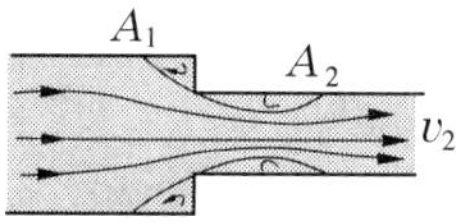
</td><td>$\zeta=0.5\left(1-\frac{A_2}{A_1}\right)$</td></tr>
<tr><td rowspan="2">管道进口</td><td colspan="2">直角进口 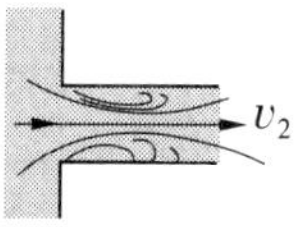
</td><td>0.5</td></tr>
<tr><td colspan="2">圆角进口 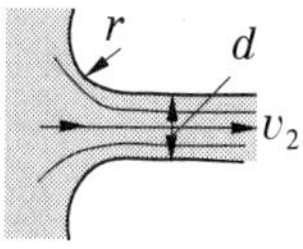
</td><td><table><tr><td>r/d</td><td>0</td><td>0.02</td><td>0.06</td><td>0.10</td><td>0.16</td><td>0.22</td></tr><tr><td>ζ</td><td>0.50</td><td>0.35</td><td>0.20</td><td>0.11</td><td>0.05</td><td>0.03</td></tr></table></td></tr>
<tr><td rowspan="2">出口</td><td colspan="2">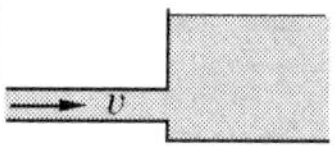

流入水库(池)</td><td>1.0</td></tr>
<tr><td colspan="2">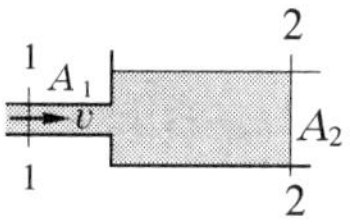

流入明渠</td><td><table><tr><td>A_1/A_2</td><td>0.1</td><td>0.2</td><td>0.3</td><td>0.4</td><td>0.5</td><td>0.6</td><td>0.7</td><td>0.8</td><td>0.9</td></tr><tr><td>ζ</td><td>0.81</td><td>0.64</td><td>0.49</td><td>0.36</td><td>0.25</td><td>0.16</td><td>0.09</td><td>0.04</td><td>0.01</td></tr></table></td></tr>
<tr><td rowspan="2">急转弯管</td><td rowspan="2">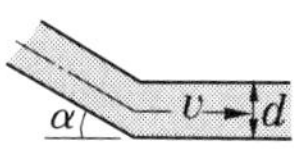
</td><td>圆形</td><td><table><tr><td>$\alpha(°)$</td><td>30</td><td>40</td><td>50</td><td>60</td><td>70</td><td>80</td><td>90</td></tr><tr><td>ζ</td><td>0.20</td><td>0.30</td><td>0.40</td><td>0.55</td><td>0.70</td><td>0.90</td><td>1.10</td></tr></table></td></tr>
<tr><td>矩形</td><td><table><tr><td>$\alpha(°)$</td><td>15</td><td>30</td><td>45</td><td>60</td><td>90</td></tr><tr><td>ζ</td><td>0.025</td><td>0.11</td><td>0.26</td><td>0.49</td><td>1.20</td></tr></table></td></tr>
<tr><td rowspan="2">弯管</td><td>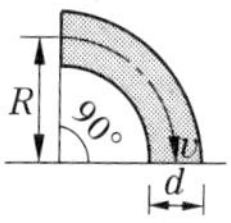
</td><td>90°</td><td><table><tr><td>R/d</td><td>0.5</td><td>1.0</td><td>1.5</td><td>2.0</td><td>3.0</td><td>4.0</td><td>5.0</td></tr><tr><td>$\zeta_{90°}$</td><td>1.2</td><td>0.80</td><td>0.60</td><td>0.48</td><td>0.36</td><td>0.30</td><td>0.29</td></tr></table></td></tr>
<tr><td>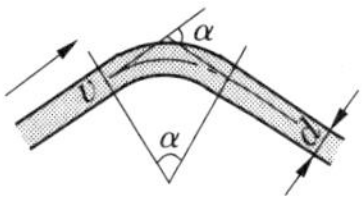
</td><td>任意角度</td><td>$\zeta_\alpha=a\zeta_{90°}$ <table><tr><td>$\alpha(°)$</td><td>20</td><td>30</td><td>40</td><td>50</td><td>60</td><td>70</td><td>80</td></tr><tr><td>a</td><td>0.40</td><td>0.55</td><td>0.65</td><td>0.75</td><td>0.83</td><td>0.88</td><td>0.95</td></tr><tr><td>$\alpha(°)$</td><td>90</td><td>100</td><td>120</td><td>140</td><td>160</td><td>180</td><td></td></tr><tr><td>a</td><td>1.00</td><td>1.05</td><td>1.13</td><td>1.20</td><td>1.27</td><td>1.33</td><td></td></tr></table></td></tr>
</table>

续表 4-6

<table>
<tr><th>名称</th><th colspan="2">简图</th><th>ζ</th></tr>
<tr><td>闸阀</td><td>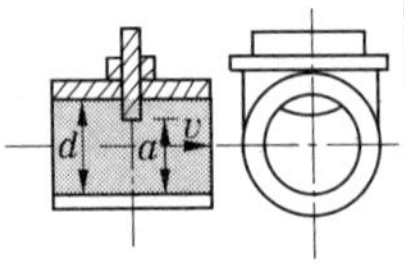</td><td>圆形管道</td><td>
当全开时(a/d=1)
<table>
<tr><td>d(mm)</td><td>15</td><td>20~50</td><td>80</td><td>100</td><td>150</td><td>200~250</td></tr>
<tr><td>ζ</td><td>1.5</td><td>0.5</td><td>0.4</td><td>0.2</td><td>0.1</td><td>0.08</td></tr>
<tr><td>d(mm)</td><td colspan="2">300~450</td><td colspan="2">500~800</td><td colspan="2">900~1 000</td></tr>
<tr><td>ζ</td><td colspan="2">0.07</td><td colspan="2">0.06</td><td colspan="2">0.05</td></tr>
</table>
当各种开启度时
<table>
<tr><td>a/d</td><td>7/8</td><td>6/8</td><td>5/8</td><td>4/8</td><td>3/8</td><td>2/8</td><td>1/8</td></tr>
<tr><td>$A_{开启}/A_{总}$</td><td>0.948</td><td>0.856</td><td>0.740</td><td>0.609</td><td>0.466</td><td>0.315</td><td>0.159</td></tr>
<tr><td>ζ</td><td>0.15</td><td>0.26</td><td>0.81</td><td>2.06</td><td>5.52</td><td>17.0</td><td>97.8</td></tr>
</table>
</td></tr>
<tr><td>截止阀</td><td>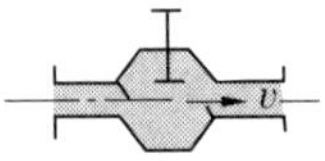</td><td>全开</td><td>4.3~6.1</td></tr>
<tr><td rowspan="2">莲蓬头
(滤水网)</td><td>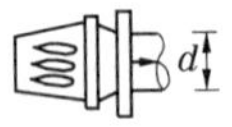</td><td>无底阀</td><td>2~3</td></tr>
<tr><td>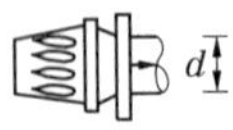</td><td>有底阀</td><td>
<table>
<tr><td>d(mm)</td><td>40</td><td>50</td><td>75</td><td>100</td><td>150</td><td>200</td><td>250</td><td>300</td><td>350</td><td>400</td><td>500</td><td>750</td></tr>
<tr><td>ζ</td><td>12</td><td>10</td><td>8.5</td><td>7.0</td><td>6.0</td><td>5.2</td><td>4.4</td><td>3.7</td><td>3.4</td><td>3.1</td><td>2.5</td><td>1.6</td></tr>
</table>
</td></tr>
<tr><td>平板门槽</td><td colspan="2">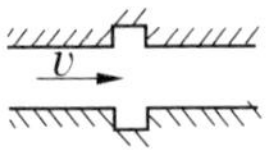</td><td>0.05~0.20</td></tr>
</table>

【例 4-6】 水从水箱流入一管径不同的管道,管道连接情况如图 4-19 所示。已知:$d_1=200$ mm,$l_1=20$ m,$n_1=0.012$,$d_2=150$ mm,$l_2=15$ m,$n_2=0.013$。局部水头损失系数:进口 $\zeta_1=0.5$,突然收缩 $\zeta_2=0.235$,阀门 $\zeta_3=2.0$(以上 ζ 值相应的流速均采用发生局部水头损失后的流速)。求保持管中流量 $Q=0.03$ m³/s 时所需要的水头 H。(水箱中的行近流速水头不计。)

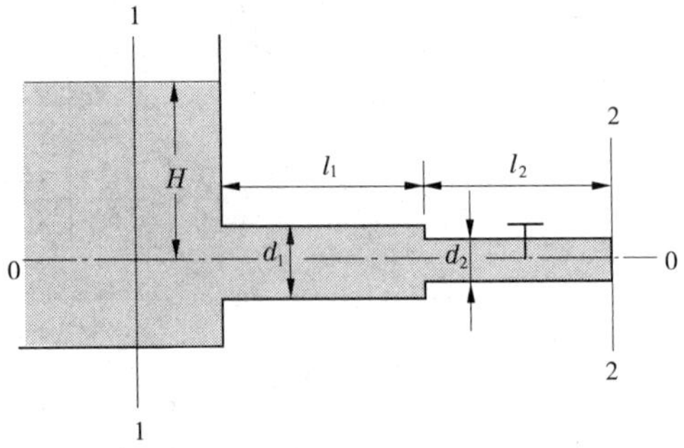

图 4-19

解：
$$v_1=\frac{Q}{A_1}=\frac{4\times0.03}{\pi\times0.2^2}=0.96(\mathrm{m/s})$$

$$v_2=\frac{Q}{A_2}=\frac{4\times0.03}{\pi\times0.15^2}=1.70(\mathrm{m/s})$$

$$C_1=\frac{1}{n_1}R_1^{1/6}=\frac{1}{0.012}\left(\frac{0.2}{4}\right)^{1/6}=50.58(\mathrm{m^{0.5}/s})$$

$$C_2=\frac{1}{n_2}R_2^{1/6}=\frac{1}{0.013}\left(\frac{0.15}{4}\right)^{1/6}=44.50(\mathrm{m^{0.5}/s})$$

$$\lambda_1=\frac{8g}{C_1^2}=\frac{8\times9.8}{50.58^2}=0.031$$

$$\lambda_2=\frac{8g}{C_2^2}=\frac{8\times9.8}{44.50^2}=0.040$$

以0—0为基准面，列断面1—1和断面2—2的能量方程得

$$H+0+0=0+0+\frac{\alpha_2v_2^2}{2g}+h_f+h_j$$

$$H=\frac{\alpha_2v_2^2}{2g}+\lambda_1\frac{l_1}{d_1}\frac{v_1^2}{2g}+\lambda_2\frac{l_2}{d_2}\frac{v_2^2}{2g}+\zeta_1\frac{v_1^2}{2g}+\zeta_2\frac{v_2^2}{2g}+\zeta_3\frac{v_2^2}{2g}$$

$$=\left(\alpha_2+\lambda_2\frac{l_2}{d_2}+\zeta_2+\zeta_3\right)\frac{v_2^2}{2g}+\left(\lambda_1\frac{l_1}{d_1}+\zeta_1\right)\frac{v_1^2}{2g}$$

$$=\left(1+0.040\times\frac{15}{0.15}+0.235+2.0\right)\times\frac{1.70^2}{2\times9.8}+\left(0.031\times\frac{20}{0.2}+0.5\right)\times\frac{0.96^2}{2\times9.8}$$

$$=7.235\times\frac{1.70^2}{2\times9.8}+3.6\times\frac{0.96^2}{2\times9.8}$$

$$=1.07+0.17$$

$$=1.24(\mathrm{m})$$

第九节　边界层与绕流阻力

一、液流边界层理论简介

（一）液流边界层

针对大雷诺数实际液体流动时，用理想液体的欧拉方程求解出现了零绕流阻力的谬误（达朗伯佯谬），普朗特于1904年提出了边界层理论。他认为，在边界附近的流场里，存在着相当大的横向流速梯度，在这个流区内液流的黏滞作用不能忽略，边界附近的这个流区就称为边界层。在边界层内流动，是黏性流动；可用简化的边界层方程求解。而边界层以外的流动，则可以忽略黏滞性作用按理想液流（势流）处理。这种处理方法较好地解决了实际液体流动阻力计算问题，为近代水力学发展开拓了新途径。

现考察一个典型的边界层流动，如图4-20所示。实际液体在 Re 很大的情况下以均匀流速 u_0 向静止平板流去。流经平板时，附着力作用使紧贴平板表面的液流质点速度降

为零。在其附近的质点由于黏性的阻滞作用,流速也都有不同程度的降低。离平板越远,影响越小,形成沿平板法线 y 方向的横向流速梯度。横向流速梯度存在的区域,实质上就是固体边界对液流有阻滞影响,流层间存在摩擦阻力的范围,亦即边界层的范围。实际中多取 $u=0.99u_0$ 处作为边界层的外边界。因为该界限以外流场的流速梯度甚小,将其作为理想液体,完全可以满足实际需要。由于平板边界对液流的影响范围是随流程 x 增加沿法线 y 方向发展的,故边界层厚度 δ 是沿流向 x 增加的函数。平板雷诺数 $Re_l=u_0l/\nu$(l 为板长)较小时,平板上的边界层可能全部为层流边界层,即边界层内全部为层流运动。但当 Re_l 足够大时,平板边界层可能同时存在三种流动型态。这时边界层前部仍是层流,但厚度 δ 较小,du/dy 很大;随着层流边界层沿流程厚度逐渐增加,经过一个过渡段后,便转化形成了紊流边界层。在紊流边界层内,主体流动属紊流,但在板面附近仍存在一个黏滞切应力起控制作用的层流底层。见图 4-20。

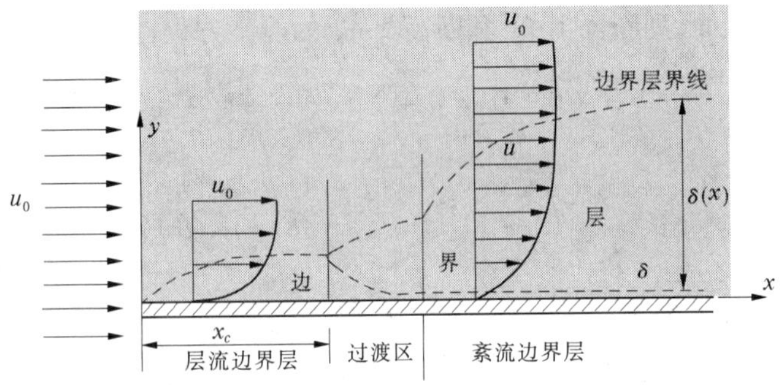

图 4-20

经试验和理论分析得知有关平板边界层的一些特点如下:

(1)边界层的发展与厚度都与绕流雷诺数 $Re_x=\dfrac{u_0x}{\nu}$ 有关。在平板边界层由层流转化为紊流的起始断面 x_c 处,相应的液流临界雷诺数 $Re_{xc}=\dfrac{u_0x_c}{\nu}=3.0\times10^5\sim3.0\times10^6$;平板较长时,$x_c$ 与紊流边界层长度相比是很小的。

(2)层流边界层的厚度公式

$$\delta = 5x/\sqrt{Re_x} \tag{4-75}$$

紊流边界层的厚度公式

$$\delta = 0.377x/Re_x^{0.2} \tag{4-76}$$

比较上两式可知:在紊流边界层,受质点混掺影响,边界层厚度的沿程发展要快于层流边界层。

(3)边界层内压强沿壁面外法线方向是不变的,并等于边界层外边界上的压强。这一点很有实用意义,因为边界层外边界的压强是可用势流理论求解的。

图 4-21 绘出了实际工程(管道、河渠的进口段)中边界层产生、发展的情况。边界层发展段一般较短,通常的管流和明渠流动都只针对边界层已发展完毕($\delta=r_0$ 或 $\delta=H$)以后的流动。有关简化的边界层方程可参阅其他书籍。

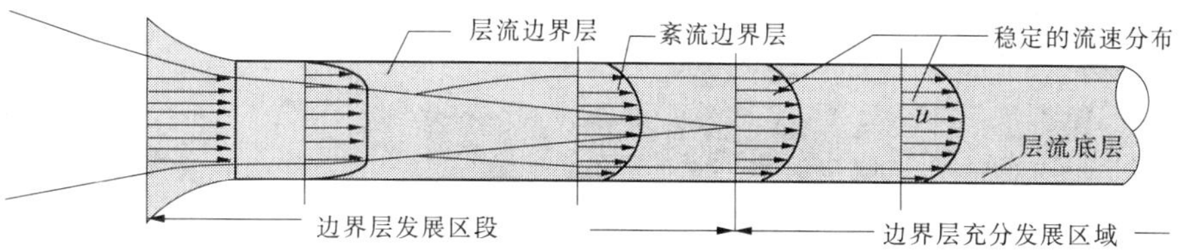

(a)

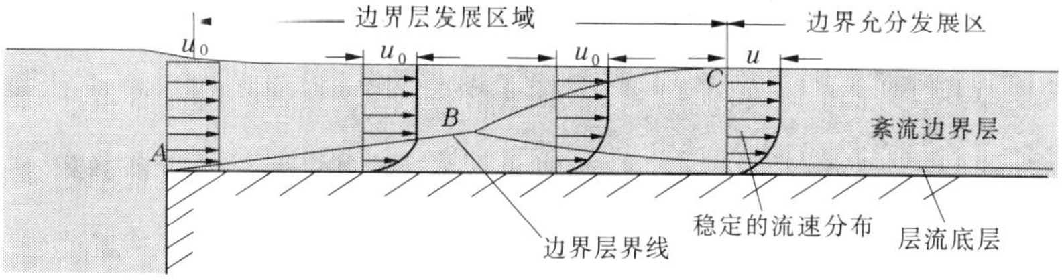

(b)

图 4-21

（二）边界层的分离

实际液流绕过凸形物，如河水绕过桥墩或闸墩时，常可观察到水流会脱离绕流物体边界，在绕流物背后产生强烈旋涡区，并对其产生很强的冲击力。

这里以圆柱绕流为例说明，图 4-22 所示为绕圆柱的平面流动和水流脱离圆柱面前后的细部示意图。均匀来流到达柱面前驻点 a 时，流速减至零，压强增至最大。然后液体沿圆柱两侧继续流动，由于圆柱面的阻滞作用，自 a 点至 b 点之间，液流沿程处于减压加速状态；过了 b 点后，圆柱弯曲流线扩散，液流便转而处于减速加压状态，此时在切应力消耗动能和减速加压的双重作用下，边界附近流速（动能）迅速降低，结果到了 e 点，$u_e=0$，出现停滞。一方面继续来的质点势必要改变原有流向，脱离边界；另一方面 e 点以下，边界附近液体已无动能可转化为压能使压强进一步增大，故主流也只有离开柱面向外侧流去，以减缓水流扩散。同时 e 点下游液体随即填补，形成反向回流，出现紊动强烈的旋涡区，这种现象称为边界分离。e 点称为分离点，分离点 e 的位置与绕流物形状、表面粗糙度和液流状态均有密切关系。

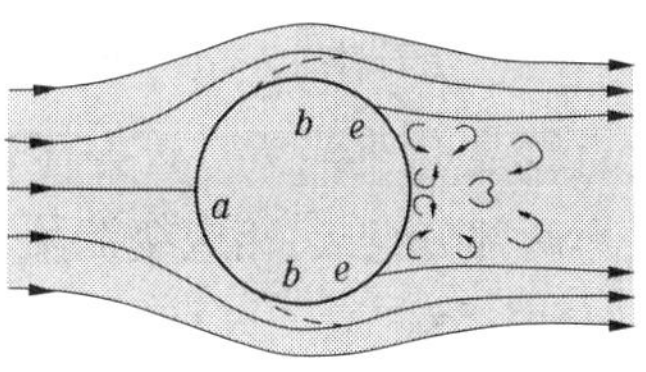

(a)

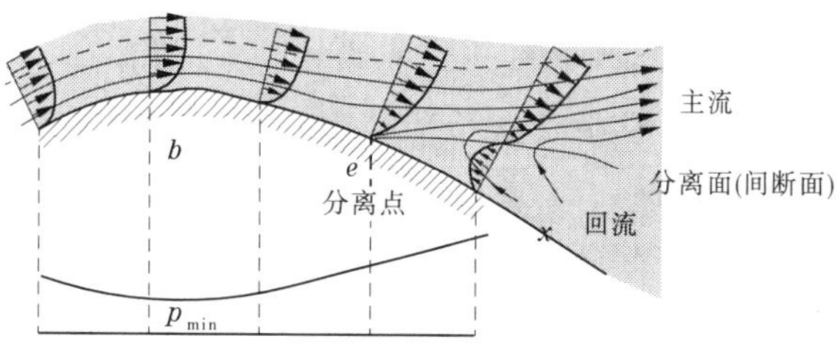

(b)

图 4-22

在水利工程中例如洞、渠结合部或水闸出口扩散段等边界突变水流中，也经常遇到边界分离现象和回流旋涡区的产生，见图 4-23。为了消除分离、回流带来的水流不稳定影响，人们也尝试采用各种方法调控流速分布、限制边界分离；例如控制边界扩散角，设置均衡导流潜体等。

图 4-23

二、绕流阻力

液流绕经物体时，对绕流物产生的作用力通常称为绕流阻力。它是作用在绕流物表面上各点切应力和法应力在液流流动方向上的投影之总和，见图 4-24。切应力在流动方向上的投影（分力）之和，称为摩擦阻力或表面阻力；而法应力在流动方向上的投影（分力）之和称为压差阻力。从边界分离的过程可知绕流物压强分布不对称，产生压差的原因是绕流物尾部有旋涡发生，所以压差阻力也就是旋涡阻力。旋涡区大小和涡旋强弱与绕流物形状及放置方位有关，因而也称旋涡阻力为形状阻力。通常我们所说的**绕流阻力就是摩擦阻力（表面阻力）和旋涡阻力（压差阻力）之和**。1726 年牛顿提出了绕流阻力的计算公式

$$F_d = C_d A_d \frac{\rho U_0^2}{2} \tag{4-77}$$

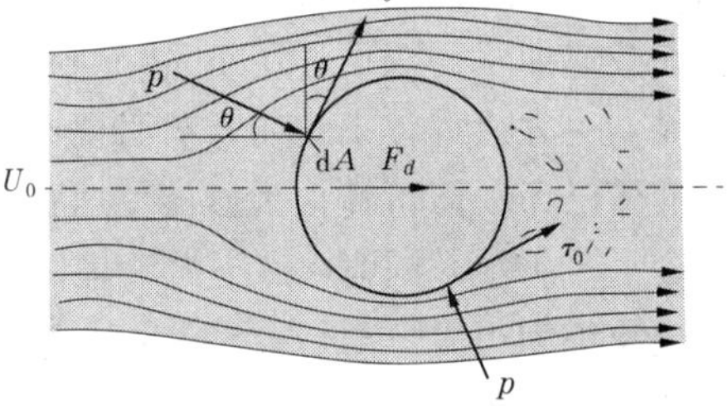

图 4-24

式中：U_0 为未受绕流影响的来流断面平均流速；A_d 为与流速方向垂直的迎流投影面积；C_d 为绕流阻力系数。

理论分析和试验研究表明，绕流阻力系数 C_d 是与绕流物的形状和水流状况有关的函数。图 4-25 为圆柱形绕流物体的 C_d 值和绕流雷诺数 $Re_d = U_0 d/\nu$ 的变化关系，式中 d 为圆柱直径。由图可以看出，在 Re_d 很小属层流时，绕流阻力系数与雷诺数成反比，故 C_d 与 Re_d 近似呈直线变化。当 Re_d 进一步增大，圆柱后产生分离旋涡时，绕流阻力便由摩擦阻力和旋涡阻力两部分组成，相应绕流阻力系数开始呈曲线变化。当 Re_d 继续增大至 2×10^4 以后，由旋涡造成的压差阻力已起主导作用，而摩擦阻力则相对可以忽略。此时 C_d 值几乎与 Re_d 无关，而接近于一常数，此值主要与绕流物的形状、方位有关。

现在让我们利用绕流阻力来讨论圆球在静止液体中的沉降速度。当直径为 d 的圆球刚开始下沉时，由于重力与浮力差产生加速运动，圆球下沉速度逐渐加大，同时导致绕流阻力也在加大。当重力、浮力和绕流阻力三者平衡时，圆球就以均匀速度 v_d 下沉，这个速

度 v_d 简称球体沉速。设球体密度为 ρ'，则重力和浮力之差 G' 为

$$G' = (\rho' - \rho) g \frac{1}{6}\pi d^3$$

根据力学平衡关系可得

$$C_d \frac{1}{4}\pi d^2 \cdot \frac{\rho v_d^2}{2} = (\rho' - \rho) g \frac{1}{6}\pi d^3$$

解之得

$$v_d = \sqrt{\frac{4}{3C_d}} \cdot \sqrt{\frac{\rho' - \rho}{\rho} gd} \tag{4-78}$$

式(4-78)即为球体沉速的基本公式。

球体沉降时的绕流阻力系数 C_d 值变化规律与图 4-25 所示的变化趋势基本一致。实用中常根据颗粒沉降时的具体绕流状态，将式(4-74)转换为不同形式的实用沉速公式，详见其他参考书籍。

若球状颗粒悬浮在上升流体中，则此上升流体的速度称做颗粒的悬浮速度，它应和沉速相等。但两者意义不同，沉速是颗粒沉降的最大速度，而悬浮速度则是上升流体能使颗粒悬浮的最小速度。在遇到河流、水库中泥沙淤积问题、沉淀池固体颗粒沉降及烟囱除尘问题时，都经常需要涉及颗粒沉降或悬浮速度 v_d 的计算。

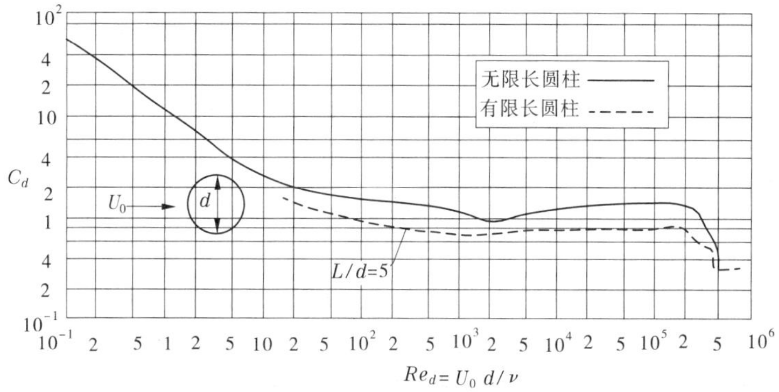

图 4-25

学海趣谈　　赛车冠军的秘密武器

为了减小运动阻力，“更快、更强”，获取体育比赛胜利，一些水动力学原理大量用于设计体育运动装备。例如，有些自行车厂家专门通过流体动力学分析与风洞试验，寻求质量最轻与绕流阻力最小的自行车与运动服形式。赛车运动员在赛场上戴着像刺猬一样、具有小尾巴的奇特头盔，正是这种流线型头盔能使运动员头部空气阻力最小；他们的紧身运动服具有流线型带状特点，拼缝都顺流向，使气流能很顺畅“滑过”运动员躯体。运动员 L·阿姆斯特朗能获得七届环法自行车赛冠军，除了天赋与努力，使用的这些高科技装备也功不可没。2008 年北京奥运会能狂破游泳世界纪录，也有新型仿生鲨鱼皮泳装的功劳，超小绕流阻力是它的神奇之处。

习　题

一、课堂讨论题

课 4-1　有两根管径 d、管长 l、边壁粗糙度 Δ 及液体温度都相同的管道，一根输水，另一根输油。如果两管的流速 v 相等，则两管的雷诺数 Re、沿程水头损失 h_f 是否相等？如果两管的 Re 相等，则两管的 v、h_f 是否相等？两管的临界雷诺数 Re_k 是否相等？

课 4-2　根据达西－威斯巴赫公式，解释为何层流中沿程水头损失 $h_f \propto v^{1.0}$，而在紊流粗糙区则是 $h_f \propto v^{2.0}$？本章的三个常用公式：$h_f = \lambda \dfrac{l}{4R}\dfrac{v^2}{2g}$、$\tau_0 = \rho gRJ$ 与 $v = C\sqrt{RJ}$ 之间有何区别与联系？讨论它们各自的特点及公式的通用用性与局限性。

课 4-3　分析讨论流态判别指标 Re 的物理意义。

课 4-4　分析讨论不同流区 λ 值的特点及确定方法，搞清 λ 值与相对粗糙度和 Re 的关系？

课 4-5　分析讨论边界层的概念及引入的作用。

二、基本要求题

基 4-1　直径为 15 mm 的输水圆管，断面平均流速为 0.5 m/s，水温 15 ℃，试判别水流型态。若保持水温不变，问该圆管流动由紊流转变为层流时的流量是多少？

基 4-2　输油圆管长 500 m，直径 $d = 0.15$ m，油的密度 $\rho_0 = 860\ \text{kg/m}^3$，黏滞系数 $\nu = 2.0\ \text{cm}^2/\text{s}$，试判断输油量 $Q = 4.3$ L/s 时的流动型态，计算管轴心处流速和此管段的沿程水头损失（以油柱计）。

基 4-3　圆管 $d = 15$ cm，水温 $T = 18$ ℃，已知 $\lambda = 0.03$，试求 $v = 1.5$ m/s 时的黏性底层厚度 δ_0，若流速不变，管径增大一倍，δ_0 如何变化？若流速增至 $v = 2.0$ m/s，δ_0 又如何变化？

基 4-4　一直径 $d = 10$ cm 的压力输水管，管壁当量粗糙度 $\Delta = 0.6$ mm，水温 15 ℃，管长 20 m，试求流量为 3.5 L/s、12 L/s 和 45 L/s 时，沿程水头损失和管壁切应力 τ_0 各为多少？并分析三种情况下沿程水头损失系数和沿程水头损失 h_f 的变化规律。

基 4-5　图为测定沿程水头损失系数的试验装置。已知 AB 段管长 $l = 10$ m，管径 $d = 5$ cm，今测得 AB 段测压管水头差 $\Delta h = 0.8$ m，90 s 流入量水箱的水体积为 0.25 m³，水温 $T = 15$ ℃，试求 AB 管段的沿程水头损失系数 λ。由莫迪图反求管道当量粗糙度 Δ，判断此时该管段的边界状况即所属的流区，求舍齐系数和糙率。

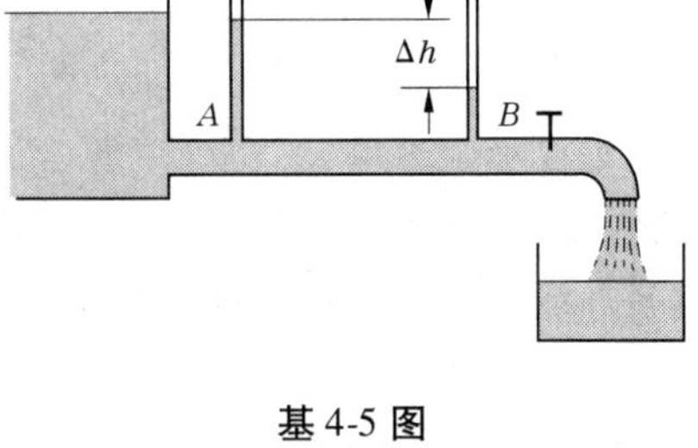

基 4-5 图

基 4-6　测定 90°弯管的局部水头损失系数的试验装置如图所示。已知试验段 AB 长 10 m，管径 $d = 0.05$ m，弯管曲率半径 $R = d$，管段沿程水头损失系数 $\lambda = 0.026\ 4$，实测 AB 两端测压管水头差 $\Delta h = 0.63$ m，100 s 流入量水箱的水体积为 0.28 m³，试求弯管局部水头损失系数，并与表 4-6 中结果对比。

基4-7　有一浆砌块石的矩形断面渠道，宽 $b=6$ m，当 $Q=14.0\ \mathrm{m^3/s}$ 时，渠中均匀流水深 $h=2$ m，试求 500 m 长渠道中的沿程水头损失。

基4-8　如图示，水从 A 池流入 B 池，管路长 $l=25$ m，管径 $d=2.5$ cm，$\lambda=0.03$，90°弯管（$d/R=1$），闸板式闸门（$a/d=0.5$），求当两池水位差 $H=2$ m 时，管道内的流量是多少？管道的糙率是多少？（两池均很大）

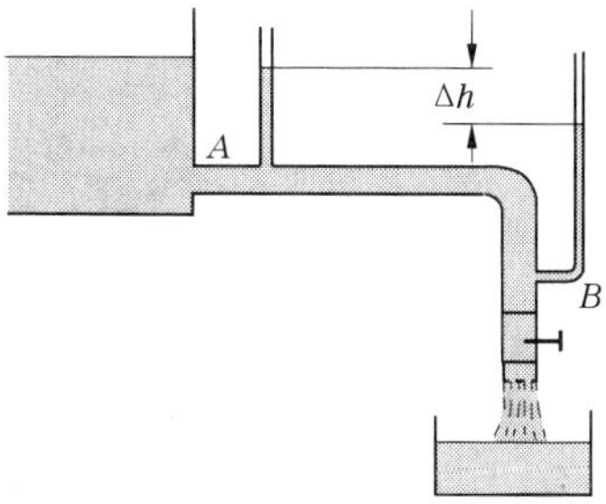

基4-6 图

基4-9　某河道中有一圆柱形桥墩，圆柱直径 $d=0.5$ m，水深 $h=2$ m，河中流速 $v=1$ m/s，水温 $T=10$ ℃，试求该桥墩所受水流作用力？

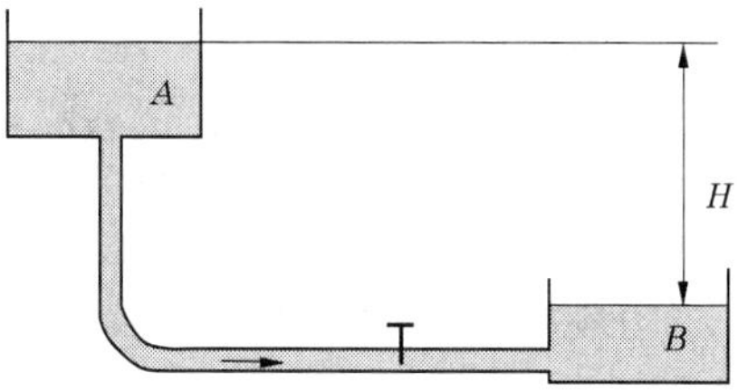

基4-8 图

基4-10　一直径为 10 mm 的小球，在静水中以 0.5 m/s 的速度均匀沉降，水温 15 ℃，确定：

（1）小球下沉时所受阻力；

（2）小球的容重。（球体绕流阻力系数 $C_d=0.42$）

三、加深理解题

加4-1　有一突然扩大管路，扩前细管径 D_1，扩后粗管径 D_2，若中间加一中等管径 D 的管段，形成连续两次突然扩大，试求：

（1）中间管段的管径 D 取何值时，该段总的局部水头损失最小；

（2）若 $D=\sqrt{\dfrac{D_1^2+D_2^2}{2}}$ 时，计算连续两次扩大的管段局部水头损失与一次扩大时局部水头损失的比值。

加4-2　已知渐变管径管道管长 l，进出口管径 D_1、D_2（管径线性变化），且 $D_2=\dfrac{D_1}{2}$，流量为 Q，运动黏滞系数为 ν，试推求该管段在恒定层流条件下的沿程水头损失计算表达式。

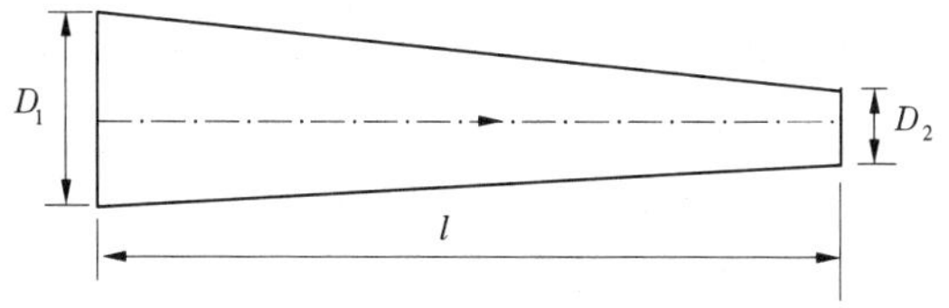

加4-2 图

第五章 有压管道流动

前面两章讨论了液流运动的基本规律，导出了水动力学的三大基本方程——连续性方程、能量方程及动量方程，并阐述了水头损失的计算方法。应用这些基本原理就可解决工程中常见的许多水力计算问题。由于在实际工程中管道、河渠、闸坝等水工建筑物边界条件较为复杂，所以分门别类地研究这些水利设施的水力计算问题，对解决工程实际问题十分必要。

第一节 有压管流的特点及其分类

利用管道输送液体是工程中最常见的一种液体输运方式，如水电站的压力引水洞和压力钢管、水库的有压泄洪洞或泄水管、抽水的水泵管路、供水管网以及输油管道等。当管道被液体充满时，管道周界上均受到液体压强的作用，因此称这种管道为有压管道；其中的液流称为有压管流，简称管流。**有压管流的特点是：在封闭周界里依靠压力流动，没有自由面**，管道断面就是过水断面，管道周界就是湿周，管道内部压强一般不等于大气压强。

从时间角度看，若有压管中各空间点上液体的运动要素不随时间而变，称为有压管恒定流；反之，则称为有压管非恒定流。本章以介绍有压管恒定流为主。

从边界状况看，实际管道可分为简单管道与复杂管道。简单管道是指直径沿程不变、无分叉、无流量分出的管道。否则就称为复杂管道。复杂管道可分为串联管道、并联管道、分叉管道等。简单管道是各种复杂管道的基本组成部分，其水力计算方法也是各种复杂管道水力计算的基础。

从能耗持性看，通常根据沿程水头损失及局部水头损失这两部分在总水头损失中所占比重的大小，将管道分为长管和短管两类。**长管是指能耗以沿程水头损失为主，其局部水头损失和流速水头之和小于沿程水头损失的5%，计算时均可忽略不计的管道**。一般管线很长、局部水头损失较小的管道才能按长管计算。**短管是局部水头损失及流速水头之和大于沿程水头损失的5%，计算时应全部考虑或至少有一项不能忽略的管道**。水泵的吸水管、虹吸管、混凝土坝内的压力泄水管都应按短管考虑。必须指出，长管和短管不是简单根据管道长度划分，而是按沿程水头损失与局部水头损失的量值对比关系来区分的。在没有忽略局部水头损失和流速水头的充分依据时，都应按短管计算。

第二节　简单管道恒定流的水力计算

一、简单短管恒定流水力计算

简单短管恒定流的水力计算根据其出流条件可分为自由出流和淹没出流两种情况。

(一)自由出流(Free outflow)

管道出口水流流入大气,水股四周都受到大气压强的作用,称为自由出流,如图 5-1 所示。水力计算的基本原理是能量方程。这里分析和水池相接的一根简单短管,末端流入大气。若水池水面恒定,取通过管出口中心的水平面为基准面,对管道进口上游水池中断面 1—1(该断面符合渐变流条件)及管道出口断面 2—2 建立能量方程

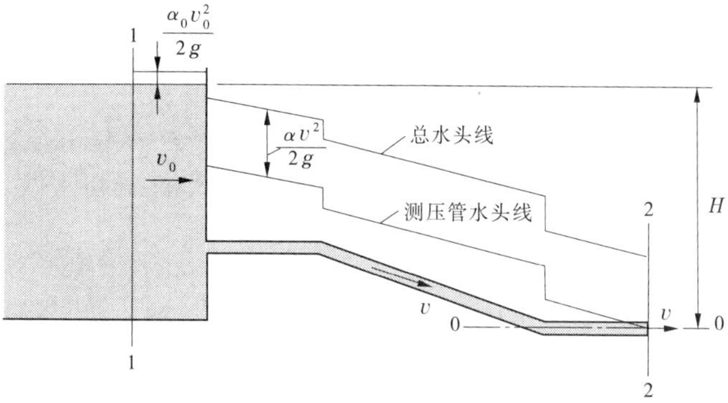

图 5-1

$$z_1 + \frac{p_1}{\rho g} + \frac{\alpha_1 v_1^2}{2g} = z_2 + \frac{p_2}{\rho g} + \frac{\alpha_2 v_2^2}{2g} + h_w \tag{5-1}$$

以 $v_1 = v_0, v_2 = v, \alpha_1 = \alpha_0, \alpha_2 = \alpha$ 代入式(5-1)得

$$H + \frac{\alpha_0 v_0^2}{2g} = \frac{\alpha v^2}{2g} + h_{w1-2}$$

令

$$H + \frac{\alpha_0 v_0^2}{2g} = H_0$$

且因

$$h_{w1-2} = h_f + \sum h_j$$

故

$$H_0 = \frac{\alpha v^2}{2g} + h_f + \sum h_j \tag{5-2}$$

式中:v 为管道内断面平均流速;v_0 为水池中的流速,称为行近流速;H 为管道出口断面中心与水池水面的高差,称为管道的作用水头;H_0 为包括行近流速水头在内的总水头。

式(5-2)表明,管道的总水头将全部用于克服阻力作功和保持出口的动能。

因为沿程水头损失 $h_f = \lambda \frac{l}{d}\frac{v^2}{2g}$,局部水头损失 $\sum h_j = \sum\zeta \frac{v^2}{2g}$($\sum\zeta$ 为管路中各局部水头损失系数的总和),故式(5-2)可以改写为

$$H_0 = \left(\alpha + \lambda \frac{l}{d} + \sum\zeta\right)\frac{v^2}{2g}$$

取 $\alpha=1$，则

$$H_0=\left(1+\lambda\frac{l}{d}+\sum\zeta\right)\frac{v^2}{2g}$$

管中流速

$$v=\frac{1}{\sqrt{1+\lambda\frac{l}{d}+\sum\zeta}}\sqrt{2gH_0} \tag{5-3}$$

通过管道的流量

$$Q=vA=\frac{1}{\sqrt{1+\lambda\frac{l}{d}+\sum\zeta}}A\sqrt{2gH_0}$$

$$=\mu_c A\sqrt{2gH_0} \tag{5-4}$$

式中：A 为管道的过水断面面积；$\mu_c=\dfrac{1}{\sqrt{1+\lambda\frac{l}{d}+\sum\zeta}}$称为自由出流管道系统流量系数。

行近流速水头$\dfrac{\alpha_0 v_0^2}{2g}$一般很小，可以忽略不计。此时公式(5-4)可写做

$$Q=\mu_c A\sqrt{2gH} \tag{5-5}$$

（二）**淹没出流**（Submerged outflow）

管道出口如果淹没在水下，便称淹没出流，如图 5-2 所示。这里比照自由出流水力计算方法，以下游水池的水面为基准面，列上游水池断面 1—1 和下游水池断面 2—2（两处均符合渐变流条件）的能量方程

$$z_1+\frac{p_1}{\rho g}+\frac{\alpha_1 v_1^2}{2g}=z_2+\frac{p_2}{\rho g}+\frac{\alpha_2 v_2^2}{2g}+h_w$$

以 $v_1=v_0$，$\alpha_1=\alpha_0$，代入上式得

$$z+\frac{\alpha_0 v_0^2}{2g}=\frac{\alpha_2 v_2^2}{2g}+h_f+\sum h_j \tag{5-6}$$

式中，z 为上下游水面差。

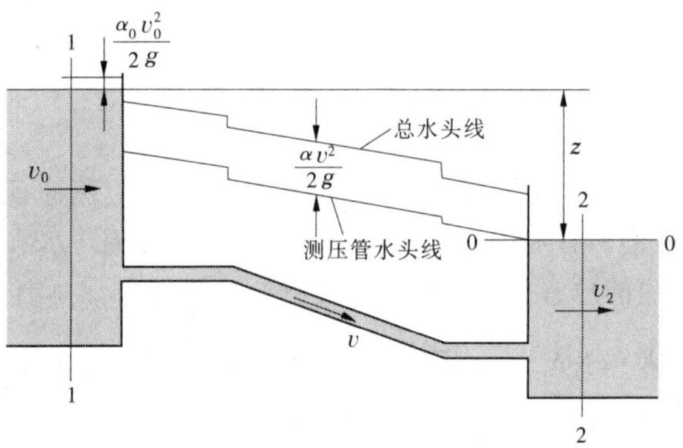

图 5-2

相对于管道过水断面面积来说，A_2 一般都很大，所以$\frac{\alpha_2 v_2^2}{2g}$可以忽略不计。

令
$$z_0 = z + \frac{\alpha_0 v_0^2}{2g}$$

则
$$z_0 = h_f + \sum h_j = h_{w1-2} \tag{5-7}$$

式(5-7)表明，管道在淹没出流的情况下，当$\frac{\alpha_2 v_2^2}{2g}$可以忽略时，其包括行近流速在内的总水头 z_0 全部用于克服阻力作功。

又
$$z_0 = h_f + \sum h_j = (\lambda \frac{l}{d} + \sum \zeta) \frac{v^2}{2g} \tag{5-8}$$

整理后得管内平均流速

$$v = \frac{1}{\sqrt{\lambda \frac{l}{d} + \sum \zeta}} \sqrt{2gz_0} \tag{5-9}$$

若管道的过水断面面积为 A，则通过的流量为

$$Q = vA = \mu_c A \sqrt{2gz_0} \tag{5-10}$$

式中，$\mu_c = \frac{1}{\sqrt{\lambda \frac{l}{d} + \sum \zeta}}$ 称为淹没出流管道系统流量系数。

当行近流速水头$\frac{\alpha_0 v_0^2}{2g}$可以略去时，则式(5-10)变为

$$Q = \mu_c A \sqrt{2gz} \tag{5-11}$$

(请思考：当$\frac{\alpha_2 v_2^2}{2g}$不能忽略时，式(5-10)及式(5-11)会有什么不同?)

比较式(5-5)与式(5-11)可以看出，决定淹没出流流量的有效水头是上下游水位差 z，决定自由出流流量的有效水头是出口中心以上的水头 H。另外，当$\frac{\alpha_2 v_2^2}{2g} \approx 0$ 时，若管道布置完全相同，**两种出流情况的流量系数 μ_c 计算公式形式上虽然不同，但数值是相等的**。因为淹没出流时的 μ_c 计算公式分母上虽然比自由出流时少了一项 α(通常 α 取 1)，但在淹没出流的公式里 $\sum\zeta$ 却比自由出流时的 $\sum\zeta$ 多一个出口局部损失系数 ζ_0(通常出口流入水池时 ζ_0 也取 1)，故两者的 μ_c 值实际上是相等的。

二、简单长管恒定流水力计算

(一)自由出流

若管道满足长管条件，则水力计算中忽略局部水头损失及流速水头，原计算公式(5-2)简化为

$$H = h_f = \lambda \frac{l}{d} \frac{v^2}{2g} \tag{5-12}$$

水利工程中的有压输水管，水流一般属于紊流的水力粗糙区，其水头损失可直接按舍

齐公式计算。用 $\lambda=\frac{8g}{C^2}$代入式(5-12),则

$$H=\frac{8g}{C^2}\frac{l}{d}\frac{v^2}{2g}=\frac{8gl}{C^2 4R}\frac{Q^2}{2gA^2}=\frac{Q^2}{A^2C^2R}l \tag{5-13}$$

令

$$K=AC\sqrt{R} \tag{5-14}$$

这里 K 称为流量模数,它综合反映管道断面形状、尺寸及边壁粗糙对输水能力的影响。于是有

$$H=h_f=\frac{Q^2}{K^2}l \tag{5-15}$$

或

$$Q=K\sqrt{\frac{H}{l}}=K\sqrt{J} \tag{5-16}$$

当水力坡度 $J=1$ 时,$Q=K$,故 K 具有与流量相同的量纲,又称为特性流量。当水力坡度 J 相同时,长管输水能力与流量模数成正比。糙率 n 为定值的圆管,K 值为管径的函数。

不同直径及糙率的圆管,当舍齐系数采用 $C=\frac{1}{n}R^{1/6}$ 计算时,其流量模数 K 如表 5-1 所示。

表 5-1　管道的流量模数 K 值(按曼宁公式计算舍齐系数 C)

直径 d (mm)	K(L/s)		
	清洁管 $\frac{1}{n}=90(n=0.011)$	正常管 $\frac{1}{n}=80(n=0.012\,5)$	污秽管 $\frac{1}{n}=70(n=0.014\,3)$
50	9.624	8.460	7.403
75	28.37	24.94	21.83
100	61.11	53.72	47.01
125	110.80	97.40	85.23
150	180.20	158.40	138.60
175	271.80	238.90	209.00
200	388.00	341.10	298.50
225	531.20	467.00	408.60
250	703.50	618.50	541.20
300	1.144×10^3	1.006×10^3	880.00
350	1.726×10^3	1.517×10^3	1.327×10^3
400	2.464×10^3	2.166×10^3	1.895×10^3
450	3.373×10^3	2.965×10^3	2.594×10^3

续表 5-1

直径 d (mm)	K(L/s)		
	清洁管 $\frac{1}{n}=90(n=0.011)$	正常管 $\frac{1}{n}=80(n=0.0125)$	污秽管 $\frac{1}{n}=70(n=0.0143)$
500	4.467×10^3	3.927×10^3	3.436×10^3
600	7.264×10^3	6.386×10^3	5.587×10^3
700	10.96×10^3	9.632×10^3	8.428×10^3
750	13.17×10^3	11.58×10^3	10.13×10^3
800	15.64×10^3	13.57×10^3	12.03×10^3
900	21.42×10^3	18.83×10^3	16.47×10^3
1 000	28.36×10^3	24.93×10^3	21.82×10^3
1 200	46.12×10^3	40.55×10^3	35.48×10^3
1 400	69.57×10^3	61.16×10^3	53.52×10^3
1 600	99.33×10^3	87.32×10^3	76.41×10^3
1 800	136.00×10^3	119.50×10^3	104.60×10^3
2 000	180.10×10^3	158.30×10^3	138.50×10^3

给水管道中的水流流速较低时，有可能不属于紊流的粗糙区。一般近似认为，当 $v<1.2$ m/s 时，管流属于紊流过渡粗糙区，h_f 约与流速 v 的 1.8 次方成正比。此时若采用式(5-15)求 h_f，应按下式进行修正

$$H=h_f=k\frac{Q^2}{K^2}l \tag{5-17}$$

公式右端的 k 为修正系数，可参考查用谢维列夫(Щевилев)实验提供的修正系数 k 值，见表 5-2。

表 5-2　钢管及铸铁管的修正系数 k 值

v(m/s)	k	v(m/s)	k
0.20	1.41	0.65	1.10
0.25	1.33	0.70	1.085
0.30	1.28	0.75	1.07
0.35	1.24	0.80	1.06
0.40	1.20	0.85	1.05
0.45	1.175	0.90	1.04
0.50	1.15	1.00	1.03
0.55	1.13	1.10	1.015
0.60	1.115	1.20	1.00

（二）淹没出流

按长管忽略局部水头损失和流速水头后，类比自由出流长管公式推求方法，可得淹没出流长管计算公式为

$$z = h_f = \frac{Q^2}{K^2}l \tag{5-18}$$

三、简单管道恒定流水力计算的基本类型

（一）输水能力的计算

当管道布置、断面尺寸及作用水头已知时，要求确定管道通过的流量。这类问题，对短管可应用式（5-5）或式（5-11）求解，对长管可按式（5-16）或式（5-18）求解。计算方法如例 5-1 所示。

【例 5-1】　一简单管道如图 5-3 所示。长为 800 m，管径为 0. 1 m，水头 H 为 20 m，管道中间有两个弯头，每个弯头的局部水头损失系数为 0. 3，已知沿程水头损失系数 $\lambda = 0.025$。

（1）按短管计算通过管道的流量；

（2）计算管道的沿程水头损失及局部水头损失；

（3）按长管计算通过管道的流量。

解：（1）先将管道作为短管，求通过管道的流量。根据式（5-5）并且不考虑池中行近流速水头，则

$$Q = \mu_c A\sqrt{2gH}$$

$$\mu_c = \frac{1}{\sqrt{1 + \lambda\dfrac{l}{d} + \sum\zeta}}$$

局部水头损失共包括进口水头损失和弯头水头损失。进口局部水头损失系数 $\zeta_e = 0.5$，故

$$\mu_c = \frac{1}{\sqrt{1 + 0.025 \times \dfrac{800}{0.1} + 0.5 + 2 \times 0.3}} = 0.070\ 3$$

$$Q = 0.070\ 3 \times \frac{3.14 \times 0.1^2}{4}\sqrt{19.6 \times 20} = 0.010\ 93(\mathrm{m^3/s})$$

（2）计算沿程水头损失及局部水头损失

管中流速　$v = \dfrac{Q}{A} = \dfrac{0.010\ 93}{\dfrac{3.14 \times 0.1^2}{4}} = 1.392(\mathrm{m/s})$

流速水头　$\dfrac{v^2}{2g} = \dfrac{1.392^2}{19.6} = 0.098\ 9(\mathrm{m})$

沿程水头损失

$$h_f = \lambda\frac{L}{d}\frac{v^2}{2g} = 0.025 \times \frac{800}{0.1} \times 0.098\ 9 = 19.78(\mathrm{m})$$

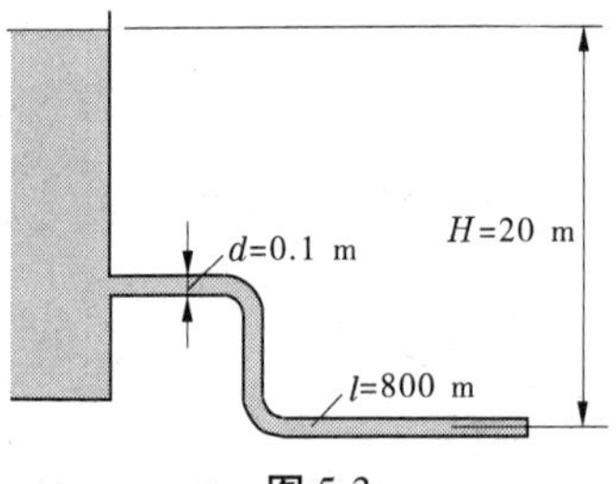

图 5-3

局部水头损失

$$h_j = \sum\zeta\frac{v^2}{2g} = (0.5 + 2 \times 0.3) \times 0.0989 = 0.109(\text{m})$$

故沿程水头损失占总水头的百分比为

$$\frac{h_f}{H} = \frac{19.78}{20} = 0.989 = 98.9\%$$

所以,该管道可以按长管计算。

(3)按长管计算管道所通过的流量:

根据式(5-16)

$$Q = K\sqrt{\frac{H}{l}},\quad K = AC\sqrt{R}$$

$$C = \sqrt{\frac{8g}{\lambda}} = \sqrt{\frac{8 \times 9.8}{0.025}} = 56(\text{m}^{1/2}/\text{s})$$

$$Q = \frac{3.14 \times 0.1^2}{4} \times 56 \times \sqrt{\frac{0.1}{4}} \times \sqrt{\frac{20}{800}} = 0.01099(\text{m}^3/\text{s})$$

按长管计算与短管计算所得流量相差 0.000 06 m^3/s,相对误差为$\frac{0.00006}{0.01093} = 0.55\%$。由此可见,上述管道按长管计算,精度是足够的。

(二)作用水头的计算

已知管道尺寸和输水能力,确定通过一定流量时所必须的作用水头。其解算步骤如例 5-2 所示。

【例 5-2】 如图 5-4 所示,有一钢管输水,流量 Q 为 0.05 m^3/s,管径 d 为 200 mm,管长 l 为 300 m,糙率 $n = 0.012$,局部水头损失按沿程水头损失的 5%计。问水塔水面要比管道出口高多少?

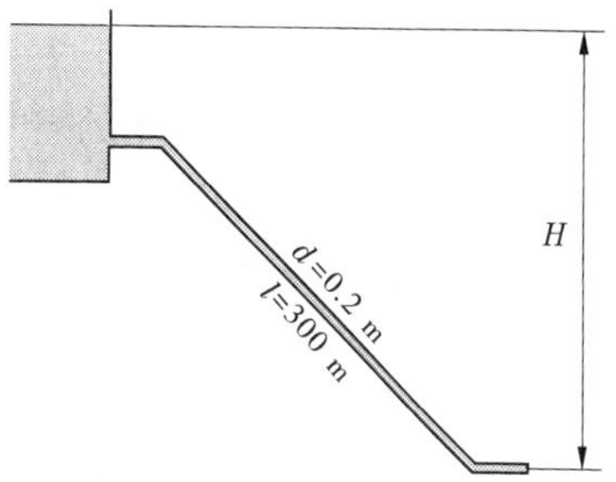

图 5-4

解:根据已知条件,计算中要考虑局部水头损失,应按短管计算。

管道内流速

$$v = \frac{Q}{A} = \frac{0.05}{\frac{1}{4} \times 3.14 \times 0.2^2} = 1.59(\text{m/s})$$

$$C = \frac{1}{n}R^{1/6} = \frac{1}{0.012}\left(\frac{0.2}{4}\right)^{1/6} = 50.58(\text{m}^{1/2}/\text{s})$$

故

$$\lambda = \frac{8g}{C^2} = \frac{8 \times 9.8}{50.58^2} = 0.0306$$

因为局部水头损失按$\sum\zeta\frac{v^2}{2g} = 0.05 \times \lambda\frac{L}{d}\frac{v^2}{2g}$计,所以$\sum\zeta = 0.05\lambda\frac{l}{d}$。

$$\mu_c = \frac{1}{\sqrt{1 + \lambda\frac{l}{d} + \sum\zeta}} = \frac{1}{\sqrt{1 + \lambda\frac{l}{d} + 0.05\lambda\frac{l}{d}}} = \frac{1}{\sqrt{1 + 1.05 \times 0.0306 \times \frac{300}{0.2}}} = 0.143$$

根据式(5-4)得

$$H = \frac{Q^2}{2g\mu_c^2 A^2} = \frac{0.05^2}{2 \times 9.8 \times 0.143^2 \times 0.0314^2} = 6.33(\mathrm{m})$$

(三)确定管道断面尺寸

管线布置已定,当要求输送一定流量时,确定管道直径。这时可能出现下列两种情况:

(1)管道输水能力 Q、管长 l 及管道的总水头 H 均已确定,此时管道的直径可以由管流公式确定。

若为长管,由式(5-16)先求与直径对应的流量模数:$K = Q/\sqrt{H/L}$;根据求得的流量模数 K,由表 5-1 确定所对应的管道直径。

若管道属短管自由出流,则由式(5-5)可得

$$d = \sqrt{\frac{4Q}{\mu_c \pi \sqrt{2gH}}} \tag{5-19}$$

但式(5-19)中的流量系数 μ_c 与管径有关。因此,在确定短管的管径时应采用试算法。即先假定一个管径 d'求 μ_c',再按式(5-19)计算 d,直至假设值与计算值相等时即为所求。

(2)管道的输水量 Q、管长 l 已知,要求确定所需的管径及相应的水头。此时,一般是从以下两方面综合考虑选定管道直径:

①考虑管道使用的技术要求。在流量一定的条件下,管径的大小与流速有关。若管内流速过大,可能会由于水击作用(本章第四节中讨论)而使管道遭到破坏,一般水电站引水管中流速不宜超过 5 ~6 m/s;对输送浑水的管道,流速又不宜过小,以免泥沙沉积,一般给水管道中流速不应大于 2.5 ~3.0 m/s,且不应小于 0.25 m/s。

②考虑管道建造及使用的费用要求。若采用的管径较小,则管道造价低,但流速增大,水头损失增大,输水运行费用增加;反之,若采用的管径较大,则管道造价高,但流速减小,水头损失减小,输水运行费用也减少。一般应选择几个流速方案进行比较,使管道投资与运转费用最小,这样的流速称为经济流速,相应的管径称为经济管径。

一般给水管道,d 为 100 ~200 mm,经济流速为 0.6 ~1.0 m/s;d 为 200 ~400 mm,经济流速为 1.0 ~1.4 m/s。水电站压力隧洞的经济流速为 2.5 ~3.5 m/s;压力钢管的经济流速为 3 ~4 m/s,甚至 5 ~6 m/s。经济流速涉及的因素较多,比较复杂,选用时应慎重。

当根据技术要求及经济条件确定管道的流速后,管道直径即可由下式求得:

$$d = \sqrt{\frac{4Q}{\pi v}} \tag{5-20}$$

管道直径确定后,通过已知流量所需的水头,即可按本节中第二类问题的计算方法求得。

一般在确定管径时,还应考虑实际工业管道的规格,合理选取。

【例 5-3】 一横穿河道的钢筋混凝土倒虹吸管,如图 5-5 所示。已知通过流量 Q 为 3 $\mathrm{m^3/s}$,倒虹吸管上下游渠中水位差 z 为 3 m,倒虹吸管长 l 为 50 m,其中经过两个 30°的折角转弯,其局部水头损失系数 ζ_b 为 0.20,进口局部水头损失系数 ζ_e 为 0.5,出口局部水

头损失系数 ζ_0 为 1.0，上下游渠中流速 v_1 及 v_2 为 1.5 m/s，管壁糙率 $n=0.014$。试确定倒虹吸管直径 d。

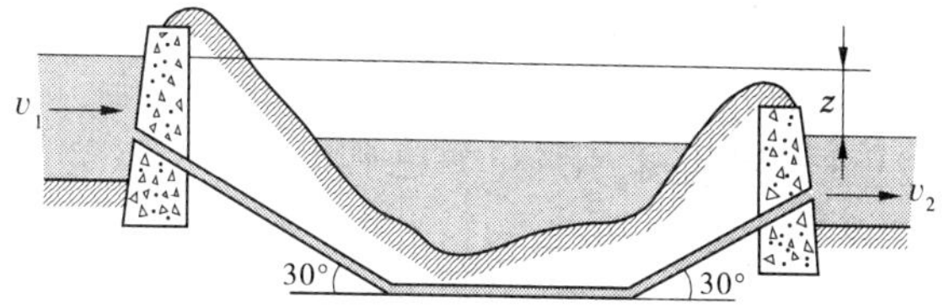

图 5-5

解：倒虹吸管一般作短管计算。本题管道出口淹没在水下，而且上下游渠道中流速相同，流速水头消去，故应按式(5-11)计算。

因
$$Q=\mu_c A\sqrt{2gz}=\mu_c\frac{\pi d^2}{4}\sqrt{2gz}$$

所以
$$d=\sqrt{\frac{4Q}{\mu_c\pi\sqrt{2gz}}},\quad \mu_c=\frac{1}{\sqrt{\lambda\frac{l}{d}+\sum\zeta}}$$

因为沿程水头损失系数 λ 或舍齐系数 C 都是 d 的复杂函数，因此须用试算法。

先假设 $d=0.8$ m，计算沿程水头损失系数

$$C=\frac{1}{n}R^{1/6}=\frac{1}{0.014}\left(\frac{0.8}{4}\right)^{1/6}=54.62(\mathrm{m^{1/2}/s})$$

故
$$\lambda=\frac{8g}{C^2}=\frac{8\times 9.8}{54.62^2}=0.026\ 3$$

又因
$$\mu_c=\frac{1}{\sqrt{\lambda\frac{l}{d}+\zeta_e+2\zeta_b+\zeta_0}}=\frac{1}{\sqrt{0.026\ 3\times\frac{50}{0.8}+0.5+2\times 0.2+1}}=0.531$$

可求得 $d=\sqrt{\dfrac{4\times 3}{0.531\times 3.14\times\sqrt{2\times 9.8\times 3}}}=0.97(\mathrm{m})$，与假设不符。

故再假设 $d=0.95$ m，重新计算

$$C=\frac{1}{0.014}\left(\frac{0.95}{4}\right)^{1/6}=56.21(\mathrm{m^{1/2}/s})$$

$$\lambda=\frac{8\times 9.8}{56.21^2}=0.024\ 8$$

$$\mu_c=\frac{1}{\sqrt{0.024\ 8\times\frac{50}{0.95}+0.5+0.4+1}}=0.558$$

$$d=\sqrt{\frac{4\times 3}{0.558\times 3.14\times\sqrt{2\times 9.8\times 3}}}=0.945(\mathrm{m})$$

因所得直径已和第二次假设值非常接近，故采用直径 d 为 0.95 m。实用水力计算中常列表试算。

(四)确定管道压强沿流程分布及管道水头线的绘制

管道内压强沿流程的变化情况是水电站和给排水工程管道设计中十分关心的问题之

一，管流中出现的最大压强是管壁应力计算、管壁厚度计算的依据。如果管道压强过大，可能危及管道安全甚至引起管道爆裂；如果管道内出现过大真空，则容易产生空化或空蚀，降低甚至破坏管道输水能力。因此，有压管道设计时，应计算管道中主要控制断面的压强，了解并控制最大压强、最大真空度，以确保管道系统的安全、正常运行。

管道内任一断面的压强依然是采用能量方程求解，以图 5-6 为例，取管道出口断面中心点的水平面为基准面，入口前断面 1—1 的总水头记为 H_1，则第 i 断面的压强水头为

$$\frac{p_i}{\rho g} = H_1 - h_{wi} - \frac{\alpha_i v_i^2}{2g} - z_i \tag{5-21}$$

为了了解管道内压强与总水头的沿程分布，经常采用绘制管道水头线的方法来分析。下边介绍管流总水头线(Energy grade line)与测压管水头线的绘制方法。管道水头线绘制可以在上述水力计算的基础上，按以下步骤进行(如图 5-6 所示泄水管)：

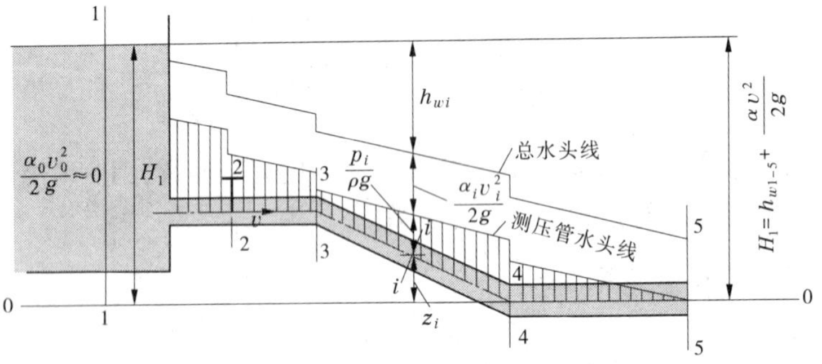

图 5-6

(1)绘制管路的理想总水头线。一条水平直线(高度为 H_1)，如图 5-6 所示。

(2)绘制管路的实际总水头线：各个断面的总水头等于起始断面的总水头减去该断面上游管段的总水头损失。例如入口断面 1—1 的总水头为 H_1，则断面 2—2 的总水头 $H_2 = H_1 - h_{w1-2}$(h_{w1-2} 为流段 1—2 间的全部水头损失)，同理断面 3—3 的总水头 $H_3 = H_2 - h_{w2-3}$，依此类推。从管道入口至出口将各控制断面总水头按比例绘在图上；局部水头损失可认为集中产生在边界突变断面上，相应总水头有间断性跌落(如断面 2—2、3—3)；只有沿程损失的管段(如断面 2—2 与断面 3—3 之间)，总水头线是逐渐下降的，作各控制断面总水头上端点的连线即为总水头线。

定性**绘制总水头线时，总是从上游向下游绘制**，并保证总水头线高于管道出口的测压管水头，见图 5-6。

(3)绘制测压管水头线。从实际总水头线向下减去相应断面的流速水头值，便可绘出测压管水头线。若管径不变，各断面流速水头相等，则测压管水头线和总水头线平行。定性**绘制测压管线时总是从下游向上游绘制**。

绘制测压管水头线除上述方法外，也可用式(5-22)直接算出各断面的测压管水头值，画出测压管水头线。

$$z_i + \frac{p_i}{\rho g} = H_1 - \frac{\alpha_i v_i^2}{2g} - h_{wi} \tag{5-22}$$

以图 5-1、图 5-2、图 5-6 为例，在绘制总水头线和测压管水头线时，有以下几种情况可

以作为控制条件:

①上游水面线是测压管水头线的起始线。若上游水池中渐变流断面的行近流速水头$\frac{\alpha_0 v_0^2}{2g} \neq 0$,总水头线绘于水面线之上,其间距为$\frac{\alpha_0 v_0^2}{2g}$;若$\frac{\alpha_0 v_0^2}{2g} \approx 0$,则总水头线与水面线重合。

②进口处有局部损失,集中绘在进口处,即水头线在此降落。

③出口为自由出流时,管道出口断面的压强为零,测压管水头线终止于出口断面中心。

④出口若为淹没出流,下游水面线是测压管水头线的终止线。至于总水头线,视$\frac{\alpha_2 v_2^2}{2g}$的大小分为两种情况,如图 5-7 所示。不难证明,若下游水池中渐变流断面 2—2 的$\frac{\alpha_2 v_2^2}{2g} \neq 0$时,测压管水头线低于水池水面线,如图 5-7(b)所示;若下游水池断面面积很大,渐变流断面 2—2 的$\frac{\alpha_2 v_2^2}{2g} \approx 0$,出口处的$h_{j2} = \zeta \frac{v^2}{2g} \approx 1.0 \frac{v^2}{2g}$,正好等于管道的流速水头,总水头线在出口处突然下降h_{j2},与下游水面线相接。如图 5-7(a)所示。

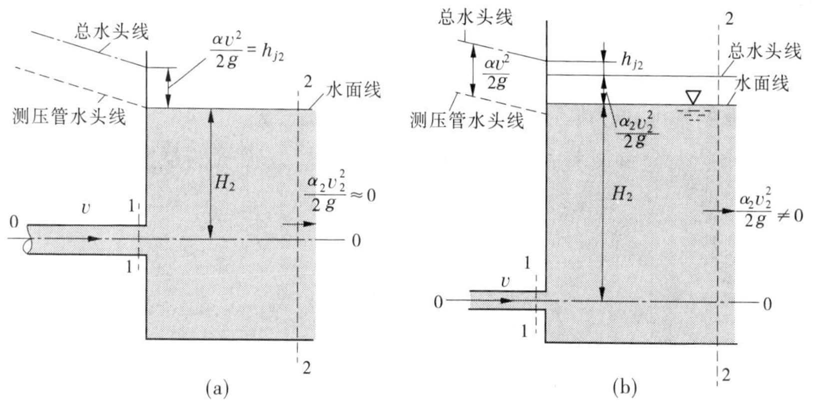

图 5-7

管道各断面测压管水头线和该断面管轴心的距离即为该断面中心的压强水头。如测压管水头线在某断面管轴心的上方,则该断面中心的压强为正值;测压管水头线在某断面管轴心的下方,则该断面中心的压强为负值。当管内存在较大真空时,水流可能产生空化现象,致使管流处于不稳定状态,且管壁还可能会遭到破坏,这就需要采取措施调整、改变管内的受压状况。

四、虹吸管及水泵系统的水力计算

(一)虹吸管(Siphon pipe)的水力计算

虹吸管是一种利用真空进行跨越输水的压力管道,如图 5-8 所示,虹吸管顶部弯曲且其高程高于上游水池水面。若在虹吸管内造成真空,只要使上游水池过水断面的总水头大于管顶处的总水头,水流就能从低处(高能区)向高处(低能区)流动,通过虹吸管跨越高地,然后输送至下游水池(低于上游水面)。虹吸管顶部的真空高度理论上不能大于绝

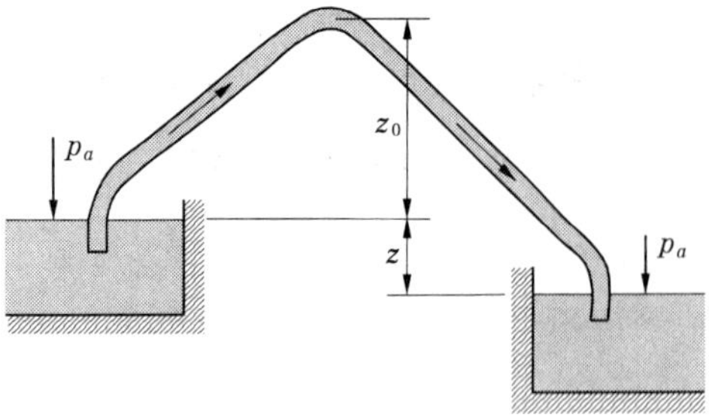

图 5-8

对真空，即 10 m 水柱。实际当管内压强接近当地汽化压强时，水体将产生汽化而破坏水流的连续性，故一般要求**虹吸管顶部最大真空值不大于 7 ~8 m 水柱**。

虹吸管水力计算的主要任务是确定输水能力和虹吸管顶部的允许安装高程。虹吸管长度一般不大，故均应按短管计算，具体见例 5-4。

【例 5-4】　有一渠道用直径 d 为 0. 8 m 的混凝土虹吸管来跨过山丘（见图 5-9），渠道上游水面高程 ∇_1 为 100. 0 m，下游水面高程 ∇_2 为 98. 0 m，虹吸管长度 l_1 为 10 m，l_2 为 15 m，l_3 为 20 m，混凝土管糙率 n =0. 014，中间有 60°的折角弯头两个，每个弯头的局部水头损失系数 ζ_b 为 0. 365，若已知进口局部水头损失系数 ζ_e 为 0. 5，出口局部水头损失系数 ζ_0 为 1. 0。试确定：

（1）每根虹吸管的输水能力；

（2）当虹吸管的最大允许真空高度 h_v 为 7 m 水柱时，虹吸管的最大安装高程。

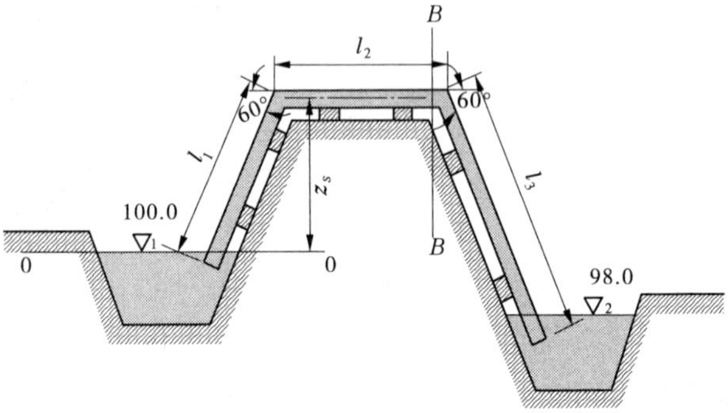

图 5-9

解：（1）本题管道出口淹没在水面以下，为淹没出流。当不计行近流速影响时，可直接应用式（5-11）计算流量：

上下游水头差为 $z=\nabla_1-\nabla_2=100-98=2(\text{m})$。

先确定 λ 值，用曼宁公式 $C=\dfrac{1}{n}R^{1/6}$ 计算 C，对混凝土管 n =0. 014，则

$$C=\frac{1}{n}R^{1/6}=\frac{1}{0.014}\left(\frac{0.8}{4}\right)^{1/6}=54.62(\text{m}^{1/2}/\text{s})$$

故
$$\lambda=\frac{8g}{C^2}=\frac{8\times 9.8}{54.62^2}=0.026$$

管道流量系数

$$\mu_c = \frac{1}{\sqrt{\lambda \dfrac{l}{d} + \zeta_e + 2\zeta_b + \zeta_0}} = \frac{1}{\sqrt{0.026 \times \dfrac{45}{0.8} + 0.5 + 2 \times 0.365 + 1}} = 0.52$$

虹吸管的输水能力

$$Q = \mu_c A \sqrt{2gz} = 0.52 \times \frac{3.14 \times 0.8^2}{4} \times \sqrt{2 \times 9.8 \times 2} = 1.636(\mathrm{m^3/s})$$

$$v = \frac{Q}{A} = \frac{4 \times 1.636}{3.14 \times 0.8^2} = 3.26(\mathrm{m/s})$$

(2)虹吸管中最大真空一般发生在管的最高位置。本题中最大真空应发生在第二个弯头前,即断面 $B—B$。具体分析如下:

以上游渠道水面0—0 面为基准面,令断面 $B—B$ 中心至上游水面高差为 z_s,对上游断面 1—1 及断面 $B—B$ 列能量方程

$$0 + \frac{p_a}{\rho g} + \frac{\alpha_0 v_0^2}{2g} = z_s + \frac{p_B}{\rho g} + \frac{\alpha v^2}{2g} + \left(\lambda \frac{l_B}{d} + \zeta_e + \zeta_b\right)\frac{v^2}{2g}$$

式中,l_B 为从虹吸管进口至断面 $B—B$ 的管道长度。

取$\dfrac{\alpha_0 v_0^2}{2g}=0$,$\alpha=1$,则$\dfrac{p_a}{\rho g}-\dfrac{p_B}{\rho g}=z_s+\left(1+\lambda \dfrac{l_B}{d}+\zeta_e+\zeta_b\right)\dfrac{v^2}{2g}$,若要求管内真空高度不大于某一允许值,即$\dfrac{p_a-p_B}{\rho g}\leqslant h_v$,则

$$z_s + \left(1 + \lambda \frac{l_B}{d} + \zeta_e + \zeta_b\right)\frac{v^2}{2g} \leqslant h_v$$

$$z_s \leqslant h_v - \left(1 + \lambda \frac{l_B}{d} + \zeta_e + \zeta_b\right)\frac{v^2}{2g}$$

$$z_s \leqslant 7 - \left(1 + 0.026 \times \frac{25}{0.8} + 0.5 + 0.365\right) \times \frac{3.26^2}{2 \times 9.8}$$

$$z_s \leqslant 5.55 \text{ m}$$

故虹吸管最高点与上游水面高差应满足:$z_s \leqslant 5.55$ m,最大安装高程▽ = 100 + 5.55 = 105.55 m。z_s 也称为虹吸管的安装高度。

(二)水泵系统(Pump system)的水力计算

水泵是通过给水体施加机械能,把水流从低处引向高处的一种水力机械。图 5-10 为一抽水系统,其工作原理为:通过电机使水泵转轮转动,在水泵进口端形成真空,使水流在大气压作用下从低处水池沿吸水管上升,流经水泵时在转轮带动下获得外加能量(压能),加压水流进一步经压水管,最终输入高处水塔。

水泵系统的水力计算任务主要是确定吸水管及压力管的管径,计算水泵的扬程、安装高度及装机容量。

1. 水泵管径的选定

吸水管一般按短管计算,压水管则根据管道状况按短管或长管计算。管径选择原则

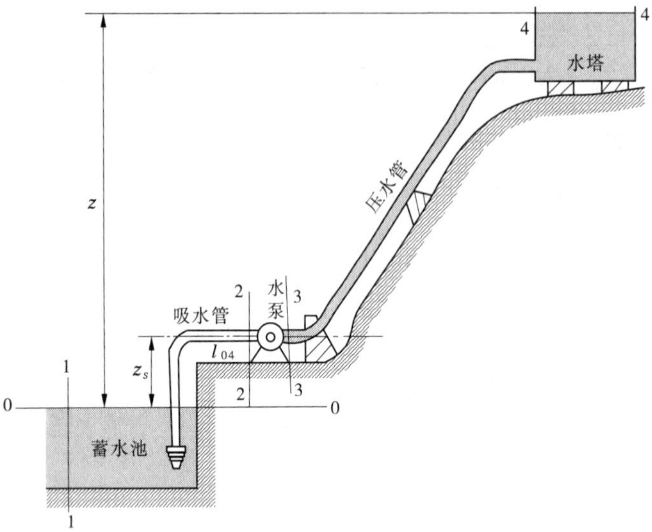

图 5-10

见前文确定管道断面尺寸中所述。工程设计时管径一般根据允许流速计算，即 $d=\sqrt{\dfrac{4Q}{\pi v_{允}}}$。通常吸水管的允许流速为 0.8～1.25 m/s，压水管的允许流速为 1.5～2.5 m/s，管道允许流速也可根据有关规范确定。

2. 计算水泵最大允许安装高度 z_s

水泵要把进水池中的水经吸水管吸入，必须使泵内形成一定的真空。为了确保水泵正常工作，必须根据水泵的最大允许真空高度 h_v（一般不超过 7 m 水柱）来确定水泵最大允许安装高度 z_s。采用与虹吸管相同的计算方法，以吸水池水面为基准面，对断面 1—1 及水泵进口断面 2—2 列能量方程，得

$$\frac{p_a}{\rho g}=z_s+\frac{p_2}{\rho g}+\frac{\alpha_2 v_2^2}{2g}+h_{w1-2}$$

因此

$$z_s=\frac{p_a-p_2}{\rho g}-\frac{\alpha_2 v_2^2}{2g}-\lambda\frac{l_{吸}}{d}\frac{v_2^2}{2g}-\sum\zeta\frac{v_2^2}{2g}$$

式中：v_2 为吸水管内流速；$l_{吸}$ 为吸水管长，$\sum\zeta$ 为 2—2 断面以前所有局部水头损失系数之和，$\dfrac{p_a-p_2}{\rho g}$为断面 2—2 的真空高度，不能大于水泵允许真空高度 h_v。

所以最大允许安装高度

$$z_s\leqslant h_v-\left(\alpha_2+\lambda\frac{l_{吸}}{d}+\sum\zeta\right)\frac{v_2^2}{2g} \tag{5-23}$$

3. 计算水泵的扬程 H_t

水泵的扬程（Pump head）为水泵向单位重量液体所提供的机械能。扬程 H_t 的表达式可以直接根据有外加能量输入时的能量方程求得。以图 5-10 为例，列断面 1—1 和断面

4—4 的能量方程得

$$0+\frac{p_a}{\rho g}+0+H_t=z+\frac{p_a}{\rho g}+0+h_{w1-4}$$

$$H_t=z+h_{w1-4} \tag{5-24}$$

式(5-24)表明,水泵向单位重量液体所提供的机械能,一方面用来将水流提高一个几何高度 z,另一方面用来克服输水过程中的阻力作功。式中的 h_{w1-4} 是水流从蓄水池断面1—1 流至水塔断面 4—4 间的全部水头损失,包括吸水管的水头损失 h_{w1-2} 和压力管的水头损失 h_{w3-4},故总扬程可写为

$$H_t=z+h_{w1-2}+h_{w3-4} \tag{5-25}$$

4. 计算水泵的装机容量 N

水泵的装机容量是水泵的动力设备(如电动机)所具有的总功率 N,可由下式计算:

$$N=\frac{\rho g Q H_t}{1\,000\eta}\quad(\text{kW}) \tag{5-26}$$

式中:Q 为流量,m^3/s;ρ 为水的密度,kg/m^3;η 为水泵和动力机械的总效率,一般取 0.7 ~ 0.76。

【例 5-5】 如图 5-10 所示的离心泵抽水系统。已知抽水流量 Q 为 0.2 m^3/s,提水高度 $z=18$ m,吸水管长 l_1 为 8 m,水泵的允许真空高度 h_v 为 4.5 m,吸水管进口局部水头损失系数 $\zeta_e=2.5$,90°弯头局部水头损失系数 $\zeta_b=0.3$,水泵入口前的渐变收缩段局部水头损失系数 $\zeta_g=0.1$,吸水管沿程水头损失系数 $\lambda=0.025$,压力管道采用铸铁管,其直径 d_2 为 500 mm,长度 l_2 为 800 m,$n=0.013$,压力管道按长管计,水泵的总效率 $\eta=0.7$。试确定:

(1)吸水管的直径 d_1;

(2)水泵的安装高度 z_s;

(3)水泵的装机容量。

解:(1)确定吸水管的直径:

采用允许流速 $v=1.0$ m/s,则

$$d_1=\sqrt{\frac{4Q}{\pi v}}=\sqrt{\frac{4\times 0.2}{3.14\times 1}}=0.505(\text{m})$$

决定选用标准直径 $d_1=500$ mm。

(2)确定水泵的安装高度:

水泵的安装高度是以水泵的允许真空值来控制的,可根据式(5-23)计算 z_s 值

$$z_s=h_v-\left(\alpha_2+\lambda\frac{l}{d}+\sum\zeta\right)\frac{v_2^2}{2g}$$

$$=4.5-\left(1+0.025\times\frac{8}{0.5}+2.5+0.3+0.1\right)\times\frac{1^2}{9.8\times 2}=4.28(\text{m})$$

(3)确定水泵的装机容量:

$$N=\frac{\rho g Q(z+h_{w1-4})}{1\,000\eta}$$

h_{w1-4}为吸水管及压力管水头损失之和。当压力管按长管计算时,整个管道的水头损失为

$$h_{w1-4} = \left(\lambda \frac{l_1}{d_1} + \sum \zeta_{吸}\right)\frac{v_{吸}^2}{2g} + \frac{Q^2}{K_{压}^2}l_2$$

压力管的流量模数

$$K_{压} = A_{压} C_{压} \sqrt{R_{压}} = \frac{3.14 \times 0.5^2}{4} \times \frac{1}{0.013} \times \left(\frac{0.5}{4}\right)^{1/6} \times \left(\frac{0.5}{4}\right)^{1/2} = 3.77(\mathrm{m^3/s})$$

则

$$h_{w1-4} = \left(0.025 \times \frac{8}{0.5} + 2.5 + 0.3 + 0.1\right) \times \frac{1}{19.6} + \frac{0.2^2}{3.77^2} \times 800$$

$$= 0.17 + 2.25 = 2.42(\mathrm{m})$$

$$N = \frac{\rho g Q(z + h_{w1-4})}{1\ 000\eta} = \frac{1\ 000 \times 9.8 \times 0.2 \times (18 + 2.42)}{1\ 000 \times 0.7} = 57.18(\mathrm{kW})$$

五、孔口及管嘴出流的水力计算

(一)恒定薄壁孔口出流

在盛有液体的容器侧壁或底部开一孔,液体经孔口流出,称为孔口出流(Orifice outflow)。孔口是用来控制流动、调节流量的常用设施。若壁面厚度对水流无影响,孔壁与水流仅处于周线上接触,这种孔口称为薄壁孔口,如图5-11所示。

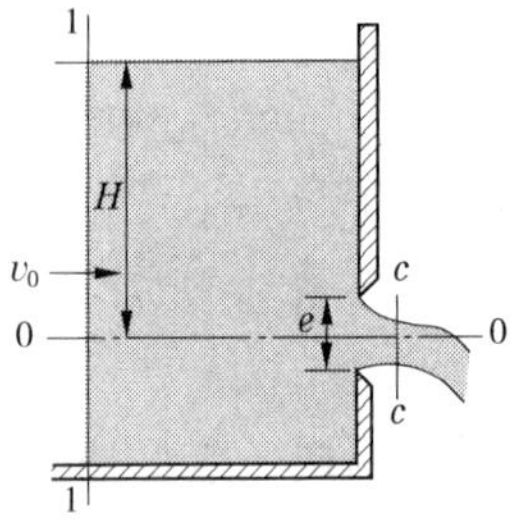

图5-11

当容器中水面保持恒定不变时,从孔口流出的水流空间点上的运动要素不随时间发生变化,为恒定孔口出流。

孔口出流可看做管长无限短的管流,根据出流情况也分为自由出流和淹没出流两种。

对于自由出流,一般孔口断面各点的水头是不同的,但在实际水力计算中,有时也可以忽略各点水头的差异。因此,需要根据$\frac{e}{H}$值的大小把孔口分为小孔口和大孔口两类:

若$\frac{e}{H}<0.1$,这种孔口称为小孔口,小孔口上各点的水头可认为均等于H;

若$\frac{e}{H}>0.1$,这种孔口称为大孔口,大孔口上各点的水头不相等。

对于淹没出流,因孔口断面各点的水头近似相等,故无大、小孔口之分。

1. 孔口自由出流

1)小孔口自由出流

液体在向容器的孔口方向流动时,远离孔口处流速较小,流线可近似认为与孔口中心线平行;到孔口附近时,流线就开始逐渐弯曲收缩,向孔口汇流。由于惯性作用,流线通过孔口平面后,还会继续收缩,然后又逐渐扩散,并在重力作用下自由跌落。因此,在紧邻孔口处,流束的横断面面积比孔口面积还要小,形成孔口出流的收缩现象,见图5-11。流束收缩到最小时的断面c—c称为收缩断面,该断面处流线近乎平行,符合渐变流条件。

如图 5-11 所示,以通过孔口中心的水平面 0—0 为基准面,列断面 1—1 和断面 c—c 的能量方程

$$H+\frac{\alpha_0 v_0^2}{2g}=\frac{\alpha_c v_c^2}{2g}+h_w$$

式中:H 为孔口中心至容器水面的高差,称为孔口的水头;$\frac{\alpha_0 v_0^2}{2g}$称为行近流速水头。

则孔口全水头为

$$H_0=H+\frac{\alpha_0 v_0^2}{2g}$$

由于断面 1—1 和断面 c—c 之间的水头损失只需考虑局部水头损失,即

$$h_w=\zeta_0\frac{v_c^2}{2g} \tag{5-27}$$

式中,ζ_0 为孔口的局部水头损失系数。

将两式代入整理得

$$v_c=\frac{1}{\sqrt{\alpha_c+\zeta_0}}\sqrt{2gH_0}$$

令

$$\varphi=\frac{1}{\sqrt{\alpha_c+\zeta_0}} \tag{5-28}$$

式中,φ 称为流速系数。于是

$$v_c=\varphi\sqrt{2gH_0} \tag{5-29}$$

引入孔口收缩系数 ε,并定义

$$\varepsilon=\frac{A_c}{A}$$

式中,A_c 和 A 分别为收缩断面与孔口断面的面积。则通过孔口的流量为

$$Q=v_cA_c=v_c\varepsilon A=\varepsilon\varphi A\sqrt{2gH_0}$$

取 $\mu=\varepsilon\varphi$,则有孔口流量计算公式

$$Q=\mu A\sqrt{2gH_0} \tag{5-30}$$

式中,μ 称为孔口出流的流量系数。μ 值取决于 ε 和 φ 值。而 ε 和 φ 值不仅与边界有关,严格说还与雷诺数有关。但工程上一般忽略 Re 的影响,主要考虑边界条件的影响。

对于薄壁小孔口,试验表明孔口形状对流量系数的影响很小,而孔口在壁面上的位置对收缩系数却有直接影响。如图 5-12 中,满足Ⅰ孔条件的孔口,四周流线可以充分收缩不受壁面或液面的影响,称为全部完善收缩孔口;满足Ⅱ孔条件的孔口,四周流线收缩部分受壁面影响,称为全部不完善收缩孔口;符合Ⅲ、Ⅳ两孔条件的孔口,四周流线收缩受壁面明显影响,称为部分收缩孔口。显然部分收缩的收缩系数比全部收缩的收缩系数大,不完善收缩的收缩系数比完善收缩的收缩系数大。

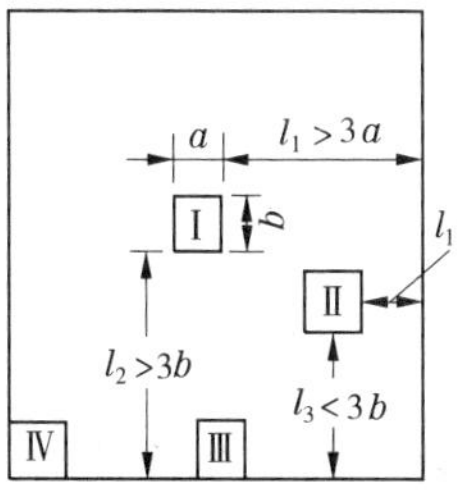

图 5-12

ε、φ、μ 值一般由试验测定。对于完善收缩的薄壁圆形小孔口,各系数可采用:$\mu=0.62$,$\varepsilon=0.64$,$\varphi=0.97$,$\zeta_0=0.06$;其他边界形式孔口的 ε、φ、μ 值可参考有关手册。

2)大孔口自由出流

将大孔口分解为许多水头不等的微元孔口,应用小孔口自由出流公式计算各微元流量,而后予以积分求和,可得出大孔口出流流量公式。其形式仍为式(5-30),式中 H_0 是指大孔口形心处的总水头。

在实际工程中,大孔口往往为部分收缩或不完善收缩,其收缩系数 ε 较大,因而流量系数 μ 也比小孔口大,可参见表 5-3。

表 5-3　大孔口流量系数 μ 值

孔口形式及出流收缩情况	流量系数 μ 值
中型孔口出流,全部收缩	0.65
大型孔口出流,全部、不完善收缩	0.70
底孔出流,底部无收缩,两侧收缩显著	0.65~0.70
底孔出流,底部无收缩,两侧收缩适度	0.70~0.75
底孔出流,底部和两侧均无收缩	0.80~0.85

2. 孔口淹没出流

孔口淹没在下游液面以下的出流称为孔口淹没出流,如图 5-13 所示。以下游水面 0—0 为基准面,列断面 1—1 和断面 2—2 的能量方程

$$H + \frac{\alpha_0 v_0^2}{2g} = \frac{\alpha_2 v_2^2}{2g} + h_w$$

一般来说断面 1—1 和断面 2—2 的面积都大于孔口收缩断面面积,故可取 $\frac{\alpha_0 v_0^2}{2g} \approx \frac{\alpha_2 v_2^2}{2g}$。则

$$H = h_w$$

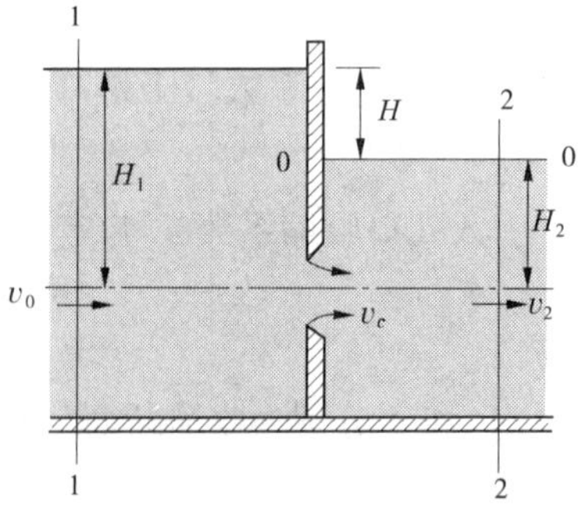

图 5-13

上式表明,淹没出流时,作用水头完全消耗在克服阻力作功上。淹没出流的水头损失包括水流经孔口收缩段的局部水头损失 $\zeta_1 \frac{v_c^2}{2g}$ 及水流后续扩大段的局部水头损失 $\zeta_2 \frac{v_c^2}{2g}$ 两部分,取 v_c 为孔口收缩断面处的流速,即得

$$h_w = \zeta_1 \frac{v_c^2}{2g} + \zeta_2 \frac{v_c^2}{2g} \tag{5-31}$$

$$v_c = \frac{1}{\sqrt{\zeta_1 + \zeta_2}} \sqrt{2gH} = \varphi \sqrt{2gH} \tag{5-32}$$

与孔口自由出流类似可得流量计算公式为

$$Q = A_c v_c = \varepsilon \varphi A \sqrt{2gH} = \mu A \sqrt{2gH} \tag{5-33}$$

式中 μ 为淹没出流的流量系数。

孔口淹没出流与自由出流的公式形式基本一致,那么,两者的流速系数 φ 与流量系数 μ 是否有差别呢? 请思考。

(二)管嘴出流

在孔口上装一段短管,称为管嘴(Nozzle), 这也是控制流动、调节流量的常用设施。

液体经过管嘴并在出口断面满管流出，称为管嘴出流，这里只讨论自由出流情况，见图 5-14。

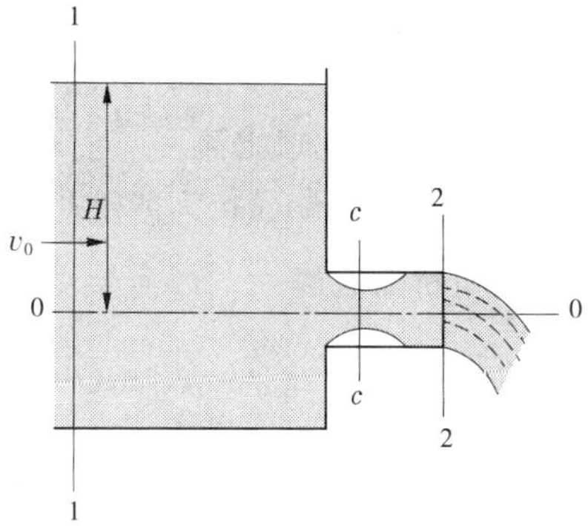

图 5-14

在图 5-14 水流进入管嘴后继续收缩，在断面 c—c 处形成收缩断面，然后流股再逐渐扩散到全断面，从管嘴流出。断面 c—c 处流股与管壁脱离形成真空，动水压强 p_c 小于大气压强 p_a。

现以过管嘴中心的水平面为基准面，列断面 1—1 及断面 c—c 的能量方程

$$H+\frac{p_a}{\rho g}+\frac{\alpha_0 v_0^2}{2g}=0+\frac{p_c}{\rho g}+\frac{\alpha_c v_c^2}{2g}+\zeta_c\frac{v_c^2}{2g}$$

令 $H_0=H+\frac{\alpha_0 v_0^2}{2g}$，$\varphi=\frac{1}{\sqrt{\alpha_c+\zeta_0}}$，$\varepsilon=\frac{A_c}{A}$，$\mu=\varepsilon\varphi$，则由上式可解出

$$v_c=\varphi\sqrt{2g\left(H_0+\frac{p_a-p_c}{\rho g}\right)} \tag{5-34}$$

则

$$Q=\varepsilon A\varphi\sqrt{2g\left(H_0+\frac{p_a-p_c}{\rho g}\right)} \tag{5-35}$$

或

$$Q=\mu A\sqrt{2g\left(H_0+\frac{p_a-p_c}{\rho g}\right)} \tag{5-36}$$

将管嘴出流的式(5-36)与孔口出流的式(5-30)进行比较，在水头 H 一定，孔口的形状、面积相同的情况下，其收缩系数 ε、流速系数 φ 及流量系数 μ 基本相同，而管嘴的有效水头增大了$\frac{p_a-p_c}{\rho g}$，故此时管嘴出流的流量比孔口出流的流量大。为了便于对比，也把管嘴自由出流公式写成与孔口类似的形式

$$Q=\mu_n A\sqrt{2gH_0} \tag{5-37}$$

对于圆柱形外管嘴，试验表明，$\mu_n\approx0.82\approx1.32\mu$，也就是说**管嘴的过流能力比同样条件的孔口大** 32%。流量增大的原因就是收缩断面 c—c 存在真空，相对提高了作用水头。为了保证收缩断面处的真空存在，管嘴必须保持有适当长度，这就是为何取圆形管嘴长度为 $(3\sim4)d$。若管嘴过短，孔口射流收缩后就可能来不及扩散到整个管嘴断面，成为一般孔口出流；管嘴过长，则管嘴段沿程水头损失增大，就影响了管嘴流量系数，成为一般有压管流。

理论分析表明，$\frac{p_a-p_c}{\rho g}=0.75H_0$，若作用全水头 H_0 增加，而使 p_c 小于饱和蒸汽压强时，水流便开始出现空化，管嘴出流能力将会降低。管嘴正常工作时，要求收缩断面的最大真空高度$\frac{p_a-p_c}{\rho g}\leqslant7$ m 水柱，因此，圆柱形外伸管嘴的正常工作条件为：①作用水头 $H_0\leqslant9$ m；②管嘴长度 $(3\sim4)d$。

【例 5-6】　一大水池的侧壁上开有一直径 $d=10$ mm 的小圆孔，水池水面比孔口中心高 $H=4$ m，假设：(1)池壁厚度 $\delta=3$ mm；(2)池壁厚度 $\delta=40$ mm。分别求其出口流速与

流量并比较两种情况下的流量系数。

解:首先分析壁厚 δ 对出流的影响:若 $\delta = l = (3 \sim 4)d = 30 \sim 40$ mm,则水流为管嘴出流,若 $\delta < l$ 便为孔口出流。

(1)当 $\delta = 3$ mm 时,为薄壁孔口出流,取 $\varepsilon = 0.64, \varphi = 0.97$。

收缩断面流速 $v_c = \varphi\sqrt{2gH} = 0.97 \times \sqrt{2 \times 9.8 \times 4} = 8.59(\text{m/s})$

流量 $Q = v_c \varepsilon A = 8.59 \times 0.64 \times \dfrac{3.14 \times 0.01^2}{4} = 0.432 \times 10^{-3}(\text{m}^3/\text{s})$

出口断面流速 $v = \dfrac{Q}{A} = v_c \varepsilon = 8.59 \times 0.64 = 5.50(\text{m/s})$

(2)当 $\delta = 40$ mm 时,为圆柱形管嘴出流,$\varepsilon = 0.64, \varphi = 0.97$。

收缩断面流速

$$v_c = \varphi\sqrt{2g\left(H + \frac{p_a - p_c}{\rho g}\right)} = \varphi\sqrt{2g(H + 0.75H)}$$

$$= 0.97 \times \sqrt{2 \times 9.8 \times 4 \times 1.75} = 11.36(\text{m/s})$$

流量 $Q = v_c \varepsilon A = 11.36 \times 0.64 \times \dfrac{3.14 \times 0.01^2}{4} = 0.571 \times 10^{-3}(\text{m}^3/\text{s})$

出口断面流速 $v = \dfrac{Q}{A} = v_c \varepsilon = 11.36 \times 0.64 = 7.27(\text{m/s})$

显然 $\mu_n / \mu = \dfrac{Q_{\text{管嘴}}}{Q_{\text{孔口}}} = \dfrac{0.571 \times 10^{-3}}{0.432 \times 10^{-3}} = 1.32$

即 $\mu_n = 1.32\mu$

第三节　复杂管道恒定流的水力计算

一、串联管道的水力计算

由直径不同的几段管道依次连接而成的管道,称为串联管道(Series pipe)。串联管道内流量可以沿程不变(按多个短管相连计算);也可以沿管道每隔一定距离有流量分出,从而各段有不同流量。

水利工程中的某些管道,根据技术要求各段有不同的断面尺寸,但沿程流量没有变化。通常管道不长,局部损失不能略去,应按短管考虑,水力计算仍依据能量方程。

对于图 5-15 所示串联管道,以过出口断面中心线的水平面为基准面,对上游水池过水断面及管道出口末端断面列能量方程,可得

$$H_0 = \sum_{i=1}^{n=3} h_{fi} + \sum_{i=1}^{n=3} h_{ji} + \frac{\alpha v^2}{2g}$$

即

$$H_0 = \sum \lambda_i \frac{l_i}{d_i} \frac{v_i^2}{2g} + \sum \zeta_i \frac{v_i^2}{2g} + \frac{\alpha v^2}{2g} \tag{5-38}$$

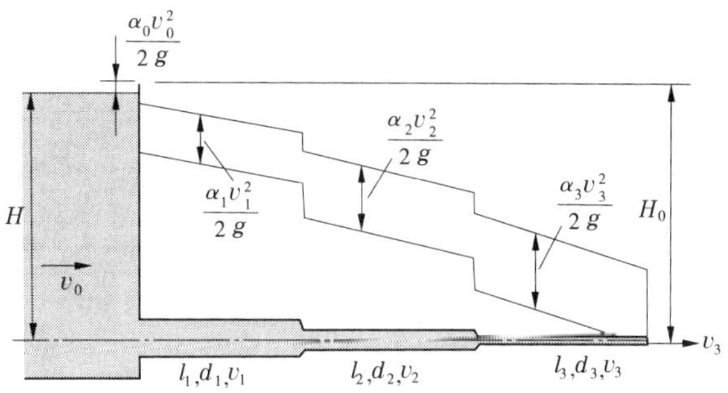

图 5-15

式中：v_i 为第 i 段管道的断面平均流速；v 为出口断面的平均流速；其余各项的意义与习惯用法同前（在图 5-15 中 $v=v_3$）。

应用连续性原理，把第 i 段的断面平均流速 v_i 换算成出口断面平均流速 v，并取 $\alpha=1$，则得

$$H_0 = \left[1 + \sum \lambda_i \frac{l_i}{d_i}\left(\frac{A}{A_i}\right)^2 + \sum \zeta_i\left(\frac{A}{A_i}\right)^2\right]\frac{v^2}{2g} \tag{5-39}$$

整理后变为

$$v = \mu\sqrt{2gH_0}$$

$$Q = vA = \mu A\sqrt{2gH_0} \tag{5-40}$$

式中：A_i 为第 i 段管道的横断面面积；A 为出口断面的横断面面积；μ 为流量系数。

$$\mu = \frac{1}{\sqrt{1 + \sum \lambda_i \frac{l_i}{d_i}\left(\frac{A}{A_i}\right)^2 + \sum \zeta_i\left(\frac{A}{A_i}\right)^2}} \tag{5-41}$$

当水流为紊流的粗糙区时，沿程水头损失系数 λ_i 可用糙率 n_i 代换，则式(5-43)变为

$$\mu = \frac{1}{\sqrt{1 + \sum 12.70 g n_i^2 \frac{l_i}{d_i^{4/3}}\left(\frac{A}{A_i}\right)^2 + \sum \zeta_i\left(\frac{A}{A_i}\right)^2}} \tag{5-42}$$

式中水力半径 $R_i=\frac{d_i}{4}$，测压管水头线及总水头线如图 5-15 所示。

图 5-16 为各段均有流量分出的串联管道，因为各管段的流量 Q、直径 d 不同，所以各管段中的流速也不同。这时，整个管道的水头损失应等于各管段水头损失之和。给水工程中，串联管道常按长管计算，则得

$$H = h_{f1} + h_{f2} + h_{f3} = \frac{Q_1^2}{K_1^2}l_1 + \frac{Q_2^2}{K_2^2}l_2 + \frac{Q_3^2}{K_3^2}l_3 \tag{5-43}$$

式中：Q_1、Q_2、Q_3 为各管段所通过的流量；l_1、l_2、l_3 为各管段长度；K_1、K_2、K_3 为各管段的流量模数。

在各管段的连接点水流应符合连续性原理

$$\left.\begin{aligned} Q_1 &= Q_2 + q_1 \\ Q_2 &= Q_3 + q_2 \end{aligned}\right\} \tag{5-44}$$

式(5-43)及式(5-44)是串联管道水力计算的基本公式。联立以上两式，即可求解 Q、

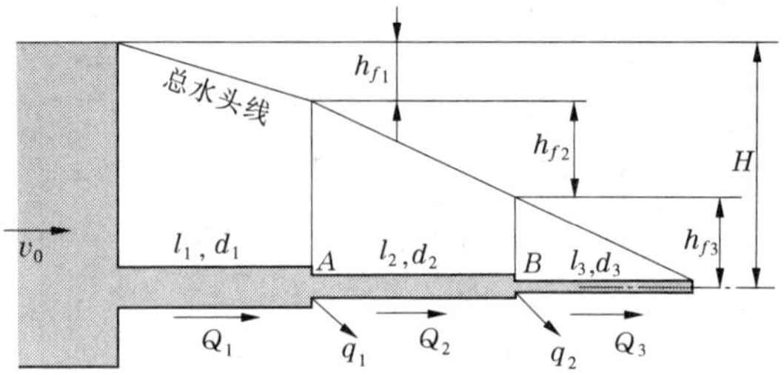

图 5-16

d、H 等各类问题。

在按长管计算的情况下，整个管道的水头呈折线形，各管段的流速不同，水头线的坡度也各不相同。

二、并联管道的水力计算

由两条或两条以上的管道在同一点分叉又在另一点汇合所组成的管道称为并联管道(Paraller pipe)。并联管道一般按长管计算。

如图 5-17 所示，在 A、B 两点间有三条简单管道并联，设各管段管径分别为 d_1、d_2、d_3，通过的流量分别为 Q_1、Q_2、Q_3。管道中 A、B 两点是各支管所共有的，若在 A、B 两点设置测压管，显然每根测压管只能有一个水面高程。所以，单位重量液体通过 AB 间任何一条支管，从 A 到 B 的水头损失都是相等的。若以 h_{f1}、h_{f2}、h_{f3} 分别表示各支管的沿程水头损失，应有

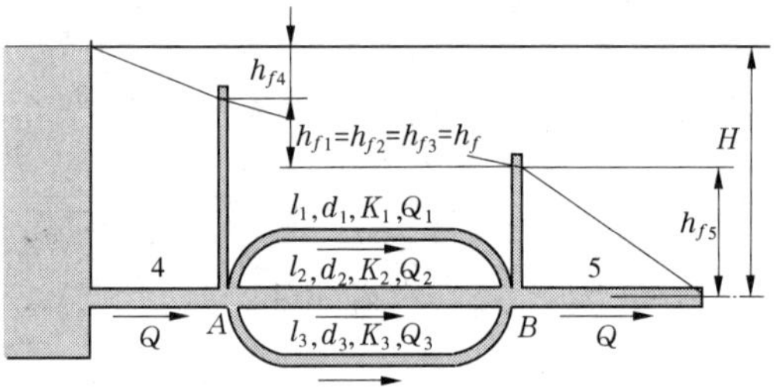

图 5-17

$$h_{f1} = h_{f2} = h_{f3} = h_f \tag{5-45}$$

各支管的水头损失可按下式计算

$$h_{f1} = \frac{Q_1^2}{K_1^2}l_1, h_{f2} = \frac{Q_2^2}{K_2^2}l_2, h_{f3} = \frac{Q_3^2}{K_3^2}l_3 \tag{5-46}$$

各支管的流量与总流量间应满足连续性条件

$$Q = Q_1 + Q_2 + Q_3 \tag{5-47}$$

若总流量 Q 及各并联支管的直径、长度和糙率为已知，利用式(5-46)及式(5-47)的四个方程式可求出 Q_1、Q_2、Q_3 和水头损失 h_f。

首先从式(5-46)中分别解出 Q_1、Q_2、Q_3，代入式(5-47)，则有

$$Q=\left(\frac{K_1}{\sqrt{l_1}}+\frac{K_2}{\sqrt{l_2}}+\frac{K_3}{\sqrt{l_3}}\right)\sqrt{h_f}$$

或

$$h_f=\frac{Q^2}{\left(\frac{K_1}{\sqrt{l_1}}+\frac{K_2}{\sqrt{l_2}}+\frac{K_3}{\sqrt{l_3}}\right)^2} \tag{5-48}$$

然后用式(5-48)求出 h_f,再代入式(5-46)即可求出各支管的流量 Q_1、Q_2、Q_3。

必须指出,各并联支管的水头损失相等,只表明通过每一并联支管的单位重量液体的机械能损失相等;但各支管的直径、长度及糙率不同,通过的流量也不同,故各并联支管水流的总重量水体机械能损失是不相等的,流量大的,其总重量水体的机械能损失大。

【例5-7】　如图5-17所示,有三条简单管道并联,已知总流量 $Q=0.3\ \mathrm{m^3/s}$,管径 $d_1=0.35$ m,$d_2=0.3$ m,$d_3=0.25$ m,管长 $l_1=100$ m,$l_2=90$ m,$l_3=110$ m。管道为铸铁管($n=0.012\ 5$),求并联管道 A、B 两点间的沿程水头损失 h_f 及各支管的流量 Q_1、Q_2、Q_3。

解:根据 $n=0.012\ 5$,查表5-1可得 $d_1=0.35$ m 时,流量模数 $K_1=1.517\ \mathrm{m^3/s}$,$d_2=0.3$ m 时,流量模数 $K_2=1.006\ \mathrm{m^3/s}$,$d_3=0.25$ m 时,流量模数 $K_3=0.618\ 5\ \mathrm{m^3/s}$。

根据式(5-48)得

$$h_f=\frac{Q^2}{\left(\frac{K_1}{\sqrt{l_1}}+\frac{K_2}{\sqrt{l_2}}+\frac{K_3}{\sqrt{l_3}}\right)^2}=\frac{0.3^2}{\left(\frac{1.517}{\sqrt{100}}+\frac{1.006}{\sqrt{90}}+\frac{0.618\ 5}{\sqrt{110}}\right)^2}=0.897(\mathrm{m})$$

将 $h_{f1}=h_{f2}=h_{f3}=h_f=0.897$ m 代入式(5-46)得

$$Q_1=\frac{K_1}{\sqrt{l_1}}\sqrt{h_{f1}}=\frac{1.517}{\sqrt{100}}\times\sqrt{0.897}=0.144(\mathrm{m^3/s})$$

$$Q_2=\frac{K_2}{\sqrt{l_2}}\sqrt{h_{f2}}=\frac{1.006}{\sqrt{90}}\times\sqrt{0.897}=0.100(\mathrm{m^3/s})$$

$$Q_3=\frac{K_3}{\sqrt{l_3}}\sqrt{h_{f3}}=\frac{0.618\ 5}{\sqrt{110}}\times\sqrt{0.897}=0.056(\mathrm{m^3/s})$$

三、分叉管道的水力计算

在水电站引水系统中,经常碰到由一根总管从压力前池引水,然后按水轮机的台数分成数根支管,每根支管供水给一台水轮机,这种分叉后不再汇合的管道,称为分叉管道。

图5-18是一分叉管道,总管自水池引水后,在 B 点分叉,通过两根支管分别于 C、D 两点流入大气。C 点和 D 点与水池水面的高差分别为 H_1 和 H_2。当不计局部水头损失时,AB、BC、BD 各段的水头损失分别用 h_f、h_{f1}、h_{f2} 表示,流量用 Q、Q_1、Q_2 表示。

显然,在此情况下管道 ABC 及 ABD 均可按串联管道计算。对于管道 ABC 应有

$$H_1=h_f+h_{f1}=\frac{Q^2}{K^2}l+\frac{Q_1^2}{K_1^2}l_1 \tag{5-49}$$

对于管道 ABD 应有

$$H_2=h_f+h_{f2}=\frac{Q^2}{K^2}l+\frac{Q_2^2}{K_2^2}l_2 \tag{5-50}$$

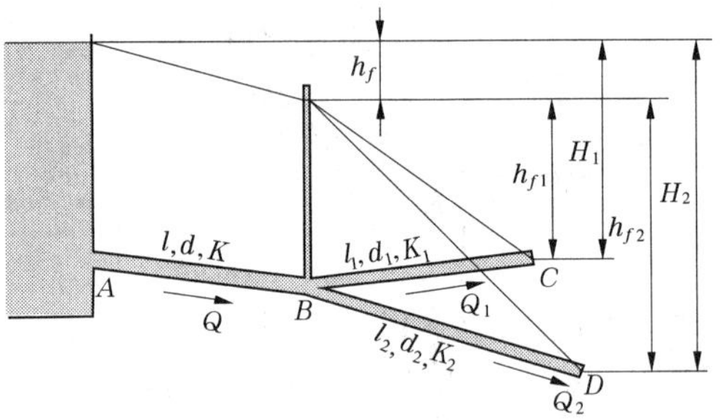

图 5-18

根据连续性条件

$$Q = Q_1 + Q_2 \tag{5-51}$$

从式(5-49)、式(5-50)中解出 Q_1、Q_2 代入式(5-51),可得

$$Q = \sqrt{\left(H_1 - \frac{Q^2}{K^2}l\right)\frac{K_1^2}{l_1}} + \sqrt{\left(H_2 - \frac{Q^2}{K^2}l\right)\frac{K_2^2}{l_2}} \tag{5-52}$$

用式(5-52)求出总流量 Q 后,代入式(5-49)与式(5-50)即可求出支管的流量 Q_1 及 Q_2。

如果总流量 Q 是已知的,也可以求解其他未知水力要素。但联解式(5-49)、式(5-50)、式(5-51)三个方程只能求解 3 个未知数。

四、沿程均匀泄流管道的水力计算

实际工程上可能遇到从侧面不断连续泄流的管道,例如用于人工降雨的管道、给水工程中冷却塔的配水管、滤池的反冲洗管等。沿程连续不断分泄出的流量称为泄出流量。一般来说沿程泄出的流量是不均匀的,也就是说,流量沿管道的变化是一个以距离为变数的复杂函数。这里只研究一种最简单的情况,就是管段各单位长度上的沿程泄出流量相等,这种管道称为沿程均匀泄流管道。

如图 5-19 所示,管道 AB 长为 l,水头为 H,管道末端流出的通过流量为 Q。单位长度上沿程泄出流量为 q,单位是 $m^3/(s \cdot m)$。在距离起点 A 为 x 的 M 点断面处,流量为

$$Q_M = Q + (l - x)q$$

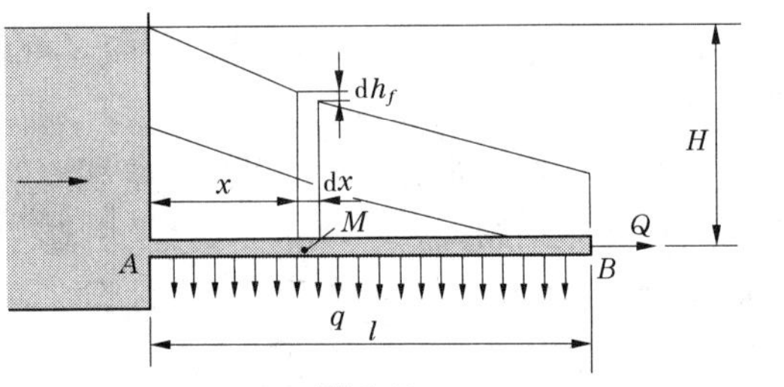

图 5-19

由于流量沿管道不断变化,水流属变量非均匀流。但在微小流段 dx 内可以认为流量不变,并当做均匀流考虑。于是在 dx 管段内的沿程水头损失为

$$dh_f = \frac{1}{K^2}[Q + (l - x)q]^2 dx$$

将微小流段的水头损失对整个管段进行积分，即得全管道 AB 的沿程水头损失

$$H = h_{fAB} = \int_0^l \frac{1}{K^2}[Q + (l - x)q]^2 dx$$

$$= \frac{l}{K^2}\left(Q^2 + Qql + \frac{1}{3}q^2 l^2\right) \tag{5-53}$$

式(5-53)可近似地写为

$$H = \frac{l}{K^2}(Q + 0.55ql)^2 = \frac{Q_r^2}{K^2}l \tag{5-54}$$

式中 $Q_r = Q + 0.55ql$ 称为折算流量。

从式(5-54)可见，引用 Q_r 进行计算时，便可把沿程均匀泄流的管道按一般长管进行水力计算。

当通过流量 $Q = 0$ 时，沿程均匀泄流的水头损失为

$$H_{AB} = h_{fAB} = \frac{1}{3}\frac{(ql)^2}{K^2}l \tag{5-55}$$

式(5-55)表明，当流量全部沿程均匀泄出时，其水头损失只等于末端泄流时水头损失的1/3。在沿程均匀泄流的情况下，因流速沿程变化，水力坡度 J 也沿程变化。不计局部水头损失时，其总水头线及测压管水头线如图5-19所示。

【例5-8】 有一由水塔供水的输水管道（见图5-20），全管道包括三段：AB、BC 段及 CD 段；中间 BC 段为沿程均匀泄流管道，每米管段上连续分泄的流量 q 为 90 cm^2/sm；在管道接头 B 点要求分泄流量 q_1 为 0.014 m^3/s；CD 段末端的流量 Q_3 为 0.012 m^3/s。各段的长度及直径：l_1 为 300 m，d_1 为 200 mm；l_2 为 200 m，d_2 为 150 mm；l_3 为 100 m，d_3 为 125 mm。管道都是铸铁管，糙率 n 为 0.0125。求需要的水头 H。

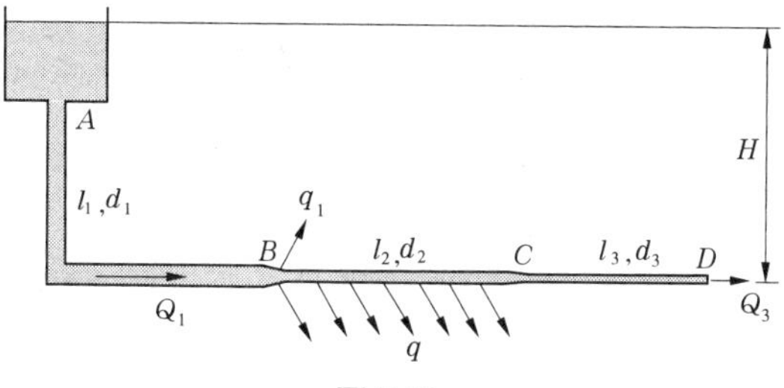

图5-20

解：本题中 AB、BC 及 CD 三段管道为串联管道，整个管道的水头可按式(5-38)进行计算

$$H = \frac{Q_1^2}{K_1^2}l_1 + \frac{Q_2^2}{K_2^2}l_2 + \frac{Q_3^2}{K_3^2}l_3$$

其中　$Q_1 = Q_3 + ql_2 + q_1 = 0.012 + 90 \times 10^{-6} \times 200 + 0.014 = 0.044(m^3/s)$

因为 BC 管段为沿程均匀泄流管道，管中的流量可按折算流量 Q_r 计算

$Q_2 = Q_r = Q_3 + 0.55ql_2 = 0.012 + 0.55 \times 90 \times 10^{-6} \times 200 = 0.021\,9(m^3/s)$

当 $n = 0.0125$, $d_1 = 200$ mm, $d_2 = 150$ mm, $d_3 = 125$ mm 时，由表 5-1 可查得各管的流量模数为

$$K_1 = 0.3411\ \text{m}^3/\text{s},\quad K_2 = 0.1584\ \text{m}^3/\text{s},\quad K_3 = 0.0974\ \text{m}^3/\text{s}$$

则管道所需水头为

$$H = \frac{0.044^2}{0.3411^2} \times 300 + \frac{0.0219^2}{0.1584^2} \times 200 + \frac{0.012^2}{0.0974^2} \times 100 = 10.333(\text{m})$$

第四节　有压管道中的非恒定流

有压管道中存在有很多非恒定流问题：如船闸输水管路或水库泄水洞，由于运行时水头变动很快而引起管中流速和流量随时间变化；在城市供水管网中，因流量调控启闭管道阀门也会引起管中流速压强随时间变化。特别是在高水头有压引水管路中，当突然启闭管道阀门时，会引起管中流速和动量急剧变化，导致管中液体压强大幅度的波动，可高达正常工作压强的几十倍，交替升降的压强作用在管壁、阀门和其他管路元件上好像锤击一样，这种水力现象称为水击或水锤。水击是水利工程中最常见的管道非恒定流，当水电站负荷变化或发生事故而迅速调节、关闭引水管末端阀门（或导叶）时，在引水管中将发生水击。水击会导致管路系统发生强烈振动、噪声等现象，过大的水击甚至会引起管道发生严重变形或爆裂。

水击发生时管道内的压强发生巨大变化，此时液体密度的变化与管道截面的变形都会对水击压强的大小及其在管道中的传播产生显著影响。因此在研究水击问题时必须考虑液体的压缩性与管壁的弹性；而电站调压系统、船闸输水管或水库泄水洞等非恒定流，由于压强变化缓慢可以忽略其影响，本节主要讨论水击这类常见的管道非恒定流问题。

学海趣谈　　**会跳舞的彩色喷泉**

在古埃及的宫殿里为了美化环境与乘凉，利用地下水自然条件设置了一些美丽的喷泉；而在现代人们则已经把喷泉这一神奇的水精灵广泛应用到社会生活中。喷泉水景观制作已经成为蓬勃发展的高科技行业。尽管喷泉系统的基本构成依然是管路、水泵、控制阀、管嘴、水池等，但是计算机程序控制、变频电机、阵列式喷嘴、快速阀门、LED 灯光等高科技手段的使用，使得喷泉功能有了革命性的飞跃。例如，喷泉在空中可以生成绚丽的水幕，甚至是神奇的三维空间画面。还有用音乐属性作为控制信号控制喷泉和灯光，实现声、光、色、景观一体化的综合艺术——音乐喷泉。把不同强度的音乐频率信号经计算机程序控制器处理送到水泵控制端，喷出的水柱就有了与音乐同步的高低起伏或左右摇曳，配合变幻的灯光，喷泉便更加妙不可言。

一、水击现象及水击分类

（一）阀门突然关闭时有压管道中的水击

1. 水击波的传播

图 5-21 所示为一从水库引水的简单管道长度为 L。设管道的 B 端（进口）与水库相接，管道末端 A 处设一调节流量的阀门。为简化讨论，设管路水平，略去管路水头损失及流速水头，恒定流时管路中测压管水头与水库的静水头线 $M-M$ 重合。

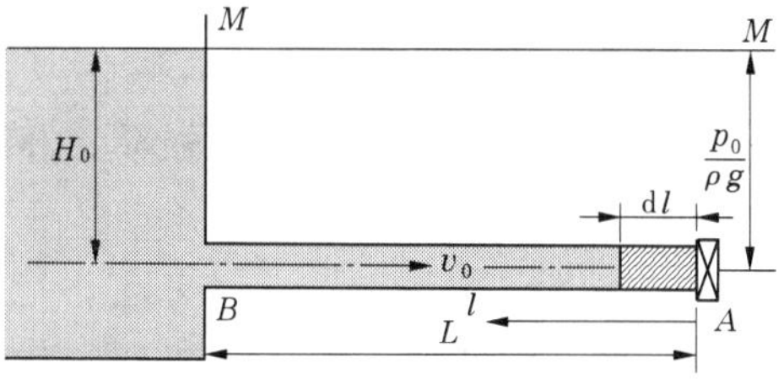

图 5-21

设管路在正常恒定流时的平均流速为 v_0，压强为 p_0。若阀门 A 瞬间完全关闭，如果不计液体压缩性及管壁弹性，整个管路中的流速也应瞬间同时变为零，全管路压强也应同时升至无穷大。但实际情况并非如此，关闭阀门后，具有压缩性的管中液体像一段水弹簧，配合管壁的弹性，将关阀处的扰动形成一个逐层传递、往复传递的弹性波（水击波）；仅当弹性波到达后，管中流速、压强才会发生改变。

水击波会在管路中往复传播，相应也引起管中流速、压强的周期性变化。设 a 表示弹性波传播速度，水击波传播的具体物理过程分析如下。

时段 $0<t<\dfrac{L}{a}$ 为水击波传播的第一阶段，该段管路压强和管壁的特征如图 5-22（a）所示。该时段内，在阀门关闭瞬间，紧贴阀门处长度为 dL 的液层速度为零，压强立即升高 Δp，此时该层液体被压缩，密度增大，并使周围管壁膨胀。但是 dL 层上游的流动并未受到阀门关闭的影响，仍以 v_0 的速度继续向下游流动，当碰到已经停止的第一层液体时，相邻流层便也同样会发生瞬间流速为零，压强升高，液体压缩，管壁膨胀；如此层层传递，自 A 向 B 传播传到管道进口时，管路压强才全部增高 Δp。由于波到处管中压强升高，密度增大，传播方向又与恒定流流动方向相反，故称增压逆波。

在 $t=\dfrac{L}{a}$ 时，弹性波由 A 传播至 B 断面，全管流动停止，压强普遍升高，如图 5-22（b）所示。由于水库水位固定不受水击影响，管道进口 B 断面的水库侧压强始终是 p_0，管内侧受压液体压强为 $p_0+\Delta p$。在这种不均衡压强作用下，紧邻 B 断面的管内液层不能保持平衡，从 $t=\dfrac{L}{a}$ 起便转向水库方向流动。

时段$\frac{L}{a}<t<\frac{2L}{a}$为水击波传播的第二阶段，该段管路压强和管壁的特征如图 5-22(c)所示。

在该时段，由 B 断面开始产生水体反向流动，根据动量守恒原理，在同样压强增量 Δp 的作用下所产生的流速，大小也应等于 v_0，但方向相反。反向流速 $-v_0$ 一旦产生，B 断面附近液层压强便马上恢复到原有压强 p_0，压缩的液体及膨胀的管壁也立即恢复原状。在水体弹性的作用下，同样的流速、压强、密度及管壁的变化便一层层地向下游传播，至 $t=\frac{2L}{a}$达到阀门 A 处，整个管路中压强恢复到 p_0，液体及管壁也恢复常态，但整个管中的液体均以 $-v_0$ 流动，如图 5-22(d)所示。由于波到处管中压强降低，传播方向又与恒定流向相同，故称降压顺波，它是增压逆波的反射波。

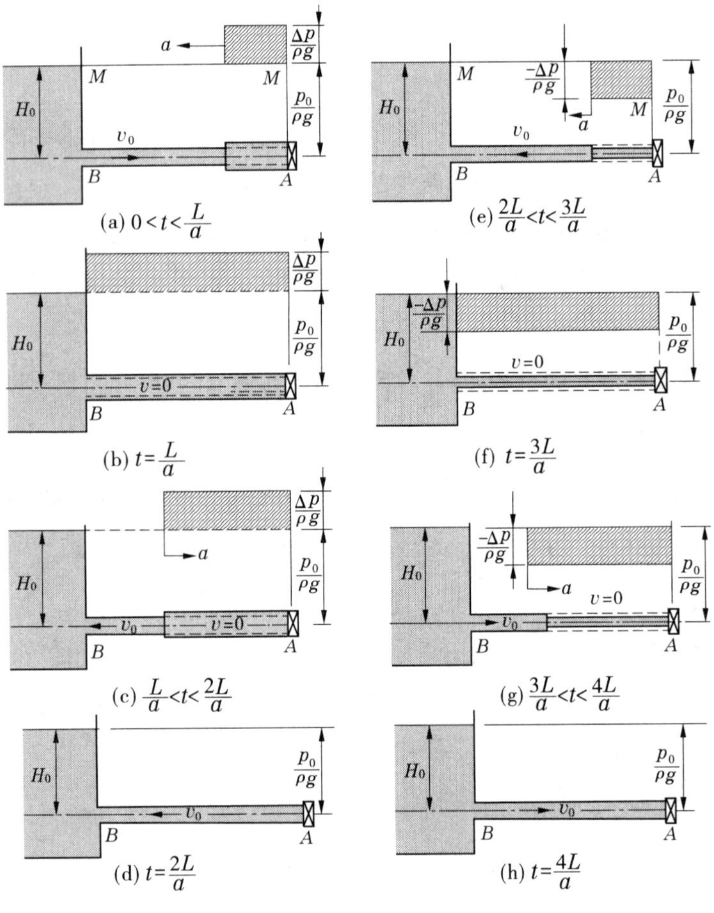

图 5-22

在 $t=\frac{2L}{a}$时，虽然全管压强恢复正常，全管液体的密度及膨胀的管壁也恢复原状，但水击波的传播并未终止。此时管中有一个反向流动，$-v_0$ 的存在使液体有脱离阀门的趋势，这是与阀门关闭条件($v_0=0$)不相容的。为了维持阀门处的液体质量守恒，只能使该处压强再骤然降低 Δp，使液体膨胀，密度减小，管壁收缩，流动才能随即停止。

时段$\frac{2L}{a}<t<\frac{3L}{a}$为水击波传播的第三阶段，该段管路压强和管壁的特征如图 5-22(e)所示。从阀门处 A 断面又开始了以压强降低、流动终止、液体膨胀、管壁收缩为特征的弹性波逐层向上游传播。在 $t=\frac{3L}{a}$时到达进口 B 断面，整个管路中流速变为零，压强降低为 $p_0-\Delta p$，液体膨胀，管壁处于收缩状态，如图 5-22(f)所示。由于波到处压强降低，传播方向又与恒定流向相反，此段水击波称为降压逆波，它是第二阶段中降压顺波的反射波。

在 $t=\frac{3L}{a}$时，B 断面管内侧压强又比水库侧压强 p_0 低了一个 Δp，在此压强差的作用下，紧邻 B 断面的管内液层不能保持平衡，便从 $t=\frac{3L}{a}$起又以速度 v_0 转向阀门方向流动。

时段$\frac{3L}{a}<t<\frac{4L}{a}$为水击波传播的第四阶段，该段管路压强和管壁的特征如图 5-22(g)所示。B 断面第一流层流动一经开始，压强立即恢复到 p_0，膨胀的液体及收缩的管壁也相应恢复原状。在水体弹性的作用下，同样的流速、压强、密度及管壁的变化便一层层地向下游传播，至 $t=\frac{4L}{a}$时达到阀门 A 处，整个管路中压强恢复到 p_0，液体及管壁也恢复常态，但整个管中的液体却以 v_0 流动，如图 5-22(h)所示。由于波到处管中压强增加，传播方向又与恒定流向相同，故称增压顺波，它是降压逆波的反射波。

时段 $t=\frac{2L}{a}$是水击弹性波由阀门至水库来回所需的时间，水击计算中称为相长，并以 T 表示，即 $T=\frac{2L}{a}$。从阀门关闭 $t=0$ 时算起，至 $t=\frac{2L}{a}$时，称做第一相。由 $t=\frac{2L}{a}$至 $t=\frac{4L}{a}$称做第二相。因为到 $t=\frac{4L}{a}$时，全管中压强、流速、液体及管壁都恢复到水击发生前的状态，所以把这两相称为水击波的一个周期。

到 $t=\frac{4L}{a}$时，全管虽然恢复常态，但水体仍具有以 v_0 的流动；遇到关闭的阀门，水击现象不会停止，而是重复上述过程，周而复始地循环发展下去。这是理想状况下水击波的传播模式，现将上述四个阶段的运动特征归纳如表 5-4 所示。

综上所述，水击发展的整个过程就是水击波传播和反射的过程，管道任一断面在某时刻的水击压强值就是通过该断面的水击顺波和逆波叠加的结果。

表 5-4　水击过程的运动特征

过程	时距	速度变化	流动方向	压强变化	弹性波的传播方向	运动特征	液体状态
1	$0<t<\frac{L}{a}$	$v_0\to 0$	$B\to A$	增高 Δp	$A\to B$	减速增压	压缩
2	$\frac{L}{a}<t<\frac{2L}{a}$	$0\to -v_0$	$A\to B$	恢复原状	$B\to A$	增速减压	恢复原状
3	$\frac{2L}{a}<t<\frac{3L}{a}$	$-v_0\to 0$	$A\to B$	降低 Δp	$A\to B$	减速减压	膨胀
4	$\frac{3L}{a}<t<\frac{4L}{a}$	$0\to v_0$	$B\to A$	恢复原状	$B\to A$	增速增压	恢复原状

2. 水击压强过程图

从上述不计阻力的理想状况讨论可知：在突然关阀情况下，阀门端产生一个弹性波在管中往复传播，在阀门与水库这两端，水击波发生等值异号反射。根据上述水击压强传播特点，可以绘出管道各个断面的水击压强 Δp 随时间 t 的变化过程图。图 5-23(a)所示是阀门突然关闭时，阀门断面压强随时间变化的情况。从阀门突然关闭的 $t=0$ 时起，该断面压强即由原来的 p_0 增加为 $p_0+\Delta p$，直至降压顺波反射回来前夕（$t\leqslant\frac{2L}{a}$时），阀门断面始终保持压强为 $p_0+\Delta p$。在 $t=\frac{2L}{a}$的一瞬间，压强则由 $p_0+\Delta p$ 骤然下降至 p_0，再下降至 $p_0-\Delta p$。此后，在 $t=\frac{2L}{a}$到 $t=\frac{4L}{a}$期间，压强保持着 $p_0-\Delta p$。到 $t=\frac{4L}{a}$的一瞬间，该断面压强又由 $p_0-\Delta p$，增加至 p_0，再增加至 $p_0+\Delta p$。就这样循环演变下去。

图 5-23(b)表示管路进口断面压强随时间的变化关系。显然，该断面压强只是在 $t=\frac{L}{a}$，$t=\frac{3L}{a}$，$t=\frac{5L}{a}$的一瞬间，压强短暂的升高 Δp 或下降 Δp，其余时间，压强均保持为 p_0。

在管路内距阀门距离为 l 的任意断面压强变化规律与阀门处类似，但其压强变化将比阀门断面迟$\frac{l}{a}$时段，而又早$\frac{l}{a}$时段结束，如图 5-23(c)所示。

从图 5-23(a)(b)(c)可知，阀门断面压强最先升高和降低，持续时间长，变幅也最大。管道进口断面的压强增高或降低都只是发生在瞬间。至于管路的任一中间断面，其压强的变幅和持续的时间都是介于上述二者之间。由此可以认为阀门处水击最为严重，故在实践中常以阀门处的水击压强作为压力管道强度设计的依据。实际上由于水流摩阻损失的存在，水击压强的波动将随时间逐渐衰减，以致最终消失，但最大水击压强却与不计阻力时相差不大。图 5-23(d)所示实线为阀门断面实际水击压强变化过程，虚线为不计阻力时阀门断面水击压强变化过程。

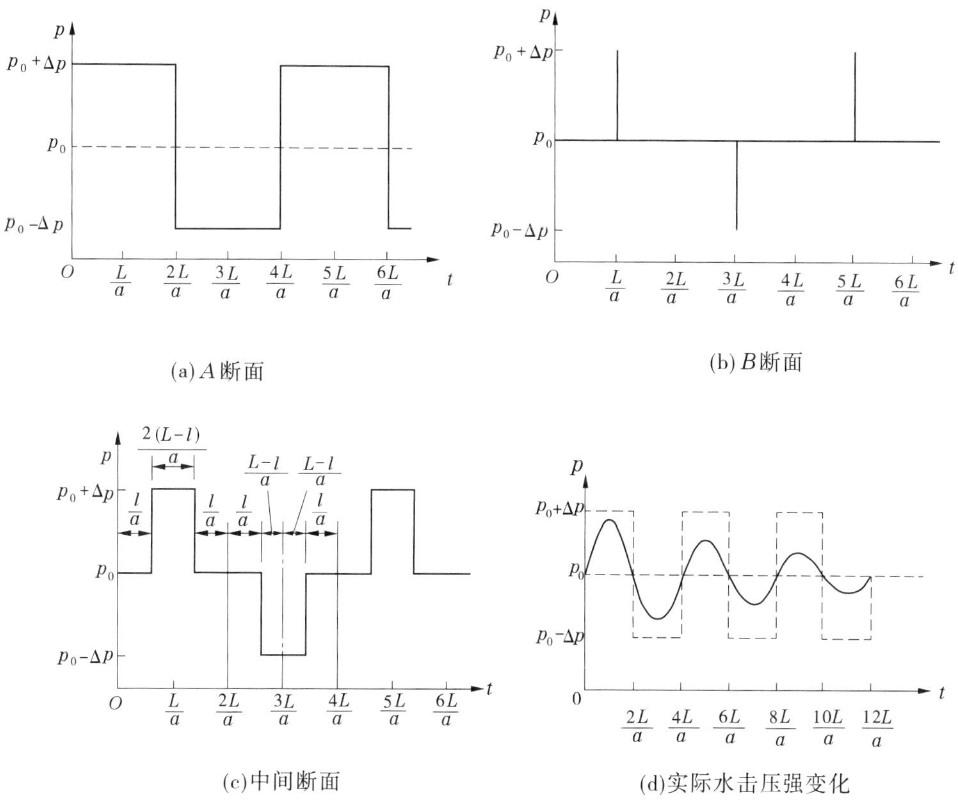

图 5-23

（二）水击的分类

根据管路控制阀门的改变状态，可以将水击分为正水击与负水击。阀门突然关闭产生的水击称为正水击；阀门突然开启也会产生水击，称为负水击，负水击波相关要素的变化与正水击恰对应相反，而传播规律则完全相同。

根据管路中水击波的传播特点，又可以将水击分为直接水击与间接水击。

实际管路阀门不可能瞬间完全关闭，总需要一定时间才能完成。阀门逐渐关闭的过程，可看做一系列微小突然关闭的总和。每一次微小关闭都使阀门处压强增大，同时有一个相应的水击波向上游传播。每一个水击波又各自依次按照上述四个阶段进行循环传播。因此整个阀门逐渐关闭过程是一系列连续发生微小水击波的传播、反射和叠加的过程。由于阀门关闭过程是连续的，阀门处各个微小水击波的传播也是连续。如图 5-24 虚线 1 表示阀门完全关闭以前某瞬时的水击压强水头分布线，此时阀门处水击压强水头 ΔH 尚未达到最大值 ΔH_{max}，则水击压强水头沿管道呈三角形分布。实线 2 表示阀门完全关闭以后某瞬时的水击压强水头分布线，此时阀门处水击压强水头已达到最大值 ΔH_{max}，并已沿管道传播一定距离，因此水击压强水头沿管道呈梯形分布。

根据水击波传播特点可知，从阀门 A 端产生的每一个增压波传至进口 B 端时，将从 B 端以减压波的形式向 A 端反射。当反射波到达 A 端时，如果阀门已经或恰好完全关闭，则阀门处的水击压强已达到最大值。如果反射波到达 A 端时，阀门尚未完全关闭，此时反

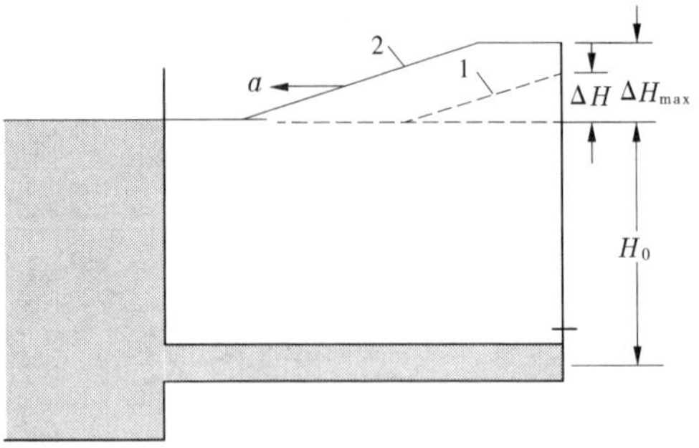

图 5-24

射的减压波将与阀门关闭产生的部分增压波相抵消，则阀门处的水击压强就不可能达到上述的最大值。因此根据阀门启闭时间 T_s 与水击波相长$\frac{2L}{a}$间的关系，可把水击分为两类。

(1) 直接水击：当阀门关闭时间 $T_s \leqslant \frac{2L}{a}$时，阀门断面的水击压强未受到反射波的影响，能够达到最大值，这种水击称为直接水击。

(2) 间接水击：当阀门关闭时间 $T_s > \frac{2L}{a}$时，阀门断面的水击压强受到反射波降压的影响，使得阀门断面的最大水击压强小于直接水击压强，这种水击叫做间接水击。

实践证明，直接水击压强增值可以达到正常压强的数十倍，可能导致管道变形甚至破裂。为了工程安全，应尽量避免产生直接水击。

二、直接水击压强和水击波速的计算

（一）直接水击压强的计算

直接水击压强的计算公式可以通过动量定理来推求。根据动量定理，物体运动状态的改变，是由于外力作用的结果。同样，阀门关闭时管道中水流速度的改变，必然是由于一种压强增量的作用，这个压强增量就是水击压强（以 Δp 表示）。

如图 5-25 所示，在管道中取出长为 Δl 的管段来进行研究，Δl 的两端为断面 $m—m$ 及断面 $n—n$，并设管道中水原有的流速为 v_0，压强为 p_0，密度为 ρ，管道的横断面面积为 A，若部分关闭阀门而使管路中发生水击，水击发生后，经 Δt 时段，水击波由断面 $m—m$ 传至断面 $n—n$，则流段内的流速由 v_0 减到 v，压强由 p_0 增加为 $p_0 + \Delta p$，水体被压缩，密度变为 $\rho_0 + \Delta\rho$，管壁膨胀，横断面面积增加至 $A + \Delta A$。

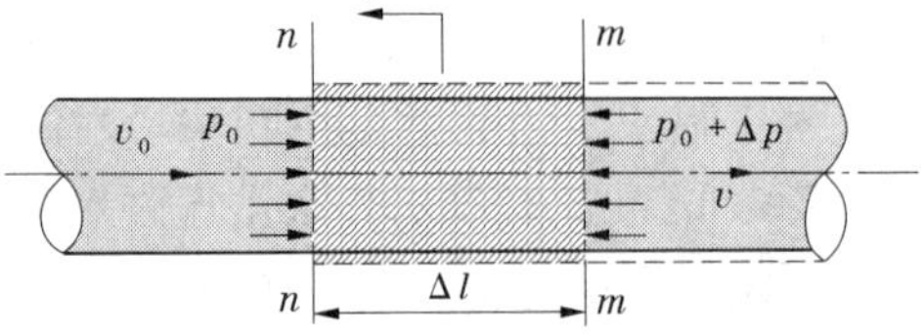

图 5-25

则水体原有的动量为

$$\rho A v_0 \Delta l$$

水击波通过的动量为

$$(\rho + \Delta\rho)(A + \Delta A) v \Delta l$$

所研究的水体，在 Δt 时段内动量的变化是

$$(\rho + \Delta\rho)(A + \Delta A) v \Delta l - \rho A v_0 \Delta l$$

展开后，略去二阶微量，则得

$$\rho A \Delta l (v - v_0)$$

作用在 Δl 段水体两端的压力差为

$$p_0 A - (p_0 + \Delta p)(A + \Delta A) = p_0 A - (p_0 A + p_0 \Delta A + \Delta p A + \Delta p \Delta A)$$

略去二阶微量，并注意到水击中 $p_0 \Delta A$ 比 $\Delta p A$ 小得多，略去 $p_0 \Delta A$ 后，求得两端压力差的冲量为

$$-\Delta p A \Delta t$$

由动量定理得

$$-\Delta p A \Delta t = \rho A \Delta l (v - v_0)$$

因为水击波的传播速度 $a = \dfrac{\Delta l}{\Delta t}$，所以水击压强增量为

$$\Delta p = \rho a (v_0 - v) \tag{5-56}$$

若用水柱高表示压强增量，则得

$$\Delta H = \frac{\Delta p}{\rho g} = \frac{a}{g}(v_0 - v) \tag{5-57}$$

当阀门突然完全关闭时 $v = 0$，则得相应的水头增量

$$\Delta H = \frac{a}{g} v_0 \tag{5-58}$$

式(5-56)或式(5-57)常称为儒可夫斯基公式，可用来计算阀门突然关闭或开启时的水击压强。一般压力引水钢管内水击波的传播速度 a 约为 1 000 m/s，设流速由 6 m/s 减小到 0 时，由式(5-58)可求得阀门突然完全关闭时的水头增量为

$$\Delta H = \frac{a}{g} v_0 = \frac{1\,000}{9.8} \times 6 \approx 600(\text{m 水柱})$$

这相当于 60 个大气压强，是一个极大的压强，若设计中未加考虑，必将带来严重的后果。

（二）水击波的传播速度

对图 5-25 中长为 $\Delta l = a\Delta t$ 的流段应用质量守恒原理，即在 Δt 时段内，通过断面 n—n 流入的液体质量与通过断面 m—m 流出的流体质量之差，应等于同一时段内该流段液体质量的增值，可得到水击波的传播速度为

$$a = \frac{1}{\sqrt{\rho\left(\dfrac{1}{\rho}\dfrac{d\rho}{dp} + \dfrac{1}{A}\dfrac{dA}{dp}\right)}} \tag{5-59}$$

式中：$\dfrac{1}{\rho}\dfrac{d\rho}{dp}$反映液体的压缩性；$\dfrac{1}{A}\dfrac{dA}{dp}$反映管壁的弹性。

根据对液体压缩性的讨论可知

$$\frac{1}{\rho}\frac{\mathrm{d}\rho}{\mathrm{d}p}=\frac{1}{K} \tag{5-60}$$

式中,K 为液体的体积弹性系数,随压力、温度而变化,对于水一般取为 $K=2.06\times10^9$ N/m²。

对于直径为 D、管壁厚度为 δ 的管道,当压强增加 $\mathrm{d}p$ 时,管道膨胀 $\mathrm{d}A$,管壁应力增加。基于液体压力与管壁拉力的平衡条件,根据胡克定律应力与应变的关系得

$$\frac{1}{A}\frac{\mathrm{d}A}{\mathrm{d}p}=\frac{D}{\delta E} \tag{5-61}$$

式中,E 为管壁材料的弹性模量,见表 5-5。

表 5-5　常用管壁材料的弹性模量 E

管壁材料	钢管	铸铁管	混凝土管	木管
E(Pa)	19.6×10^{10}	9.8×10^{10}	19.6×10^{9}	9.8×10^{9}
$\frac{K}{E}$	0.01	0.02	0.1	0.2

注:水的体积模量 $K=19.6\times10^8$ Pa

于是实用的圆管水击波传播速度 a 的计算公式为

$$a=\frac{1}{\sqrt{\rho\left(\frac{1}{K}+\frac{D}{\delta E}\right)}}=\frac{\sqrt{\frac{K}{\rho}}}{\sqrt{1+\frac{DK}{\delta E}}} \tag{5-62}$$

由式(5-62)可以看出,其他条件一定时,水击波的传播速度与管壁材料的弹性模量 E 有关。E 愈大,水击波的传播速度 a 也愈大;当 $E=\infty$,即管道为绝对刚体时,水击波传播速度最大,以 a_0 表示,则

$$a_0=\sqrt{\frac{K}{\rho}} \tag{5-63}$$

a_0 就是不受管壁影响的水击波的传播速度,也就是声波在液体中的传播速度。a_0 值与液体的压强及温度有关,当水温在 10 ℃左右,压强为 1 ~25 个大气压时,a_0 为 1 435 m/s。

由式(5-62)还可以看出,管径 D 及管壁厚度 δ 对水击波的传播速度 a(从而,也是对水击压强增量 Δp)也有影响,D 大则水击波的传播速度 a 和压强增量 Δp 小;反之则大。管壁厚度 δ 大,则传播速度 a 和压强增量 Δp 也大;反之则小。所以,为减小水击压强增量,在管壁材料强度允许的条件下,应当选用直径大、管壁较薄的水管。

式(5-62)只能用于薄壁均质圆管,当压力管道的横断面不是圆形或管壁为非均质材料(如钢筋混凝土或各种衬砌隧洞等)时,其水击波传播速度的计算公式可查阅有关参考文献。

(三)减小水击压强的方法

为了减小水击压强,减小水击的强度和范围,在水电站较长的压力引水管中常修建调压室,水击发生时,通过调压室可以缓解、释放部分水击压力。如图 5-26 所示,调压室是一个具有自由水面和一定容积的井式建筑物。当电站因负荷变化而产生水击波,由阀门

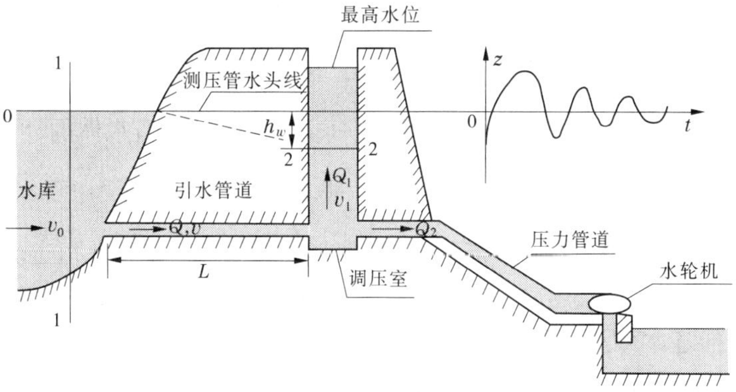

图 5-26

(或导叶)传至调压室时,具有自由表面并能储存一定水体的调压室将水击波反射回下游压力管道,使调压室上游的引水管道很少承受水击波的作用。这就大大缩短了水击波的传播长度,削减了水击压强。

另外还可以采取适当控制阀门调节时间,尽量缩短管道长度,改善管材弹性性质,增大管径减小流速,管道末端设置减压阀等措施,降低水击压强,避免产生直接水击。

三、一般水击压强计算简介

从前述分析可知,水击发生时,管道中任一断面的任一瞬时的流速、压强都是不同的。一般水击压强的求解,需先建立表征一元非恒定流运动规律的基本方程,基本方程包括连续方程及运动方程。

(一)一元非恒定流基本方程

利用质量守恒原理,可导出非恒定流的连续方程为

$$\frac{\partial}{\partial s}(\rho vA)+\frac{\partial(\rho A)}{\partial t}=0 \tag{5-64}$$

应用牛顿第二定理,可导出非恒定一元总流的运动方程式为

$$\frac{\partial}{\partial s}\left(z+\frac{p}{\rho g}+\frac{v^2}{2g}\right)=-\frac{\tau_0\chi_0}{\rho gA}-\frac{1}{g}\frac{\partial v}{\partial t} \tag{5-65}$$

或写成

$$\frac{\partial z}{\partial s}+\frac{1}{\rho g}\frac{\partial p}{\partial s}+\frac{1}{g}\left(\frac{\partial v}{\partial t}+v\frac{\partial v}{\partial s}\right)+\frac{\tau_0\chi_0}{\rho gA}=0 \tag{5-66}$$

式中:z、p、v 分别表示总流过水断面上的平均高程、平均压强及平均流速;A 为过水断面面积;χ_0 为湿周;τ_0 为流段 ds 周界上的平均切应力。

如果对不可压缩液体,可将式(5-65)中各项乘以 ds,从断面 1—1 至断面 2—2 积分,可得非恒定总流的能量方程

$$z_1+\frac{p_1}{\rho g}+\frac{v_1^2}{2g}=z_2+\frac{p_2}{\rho g}+\frac{v_2^2}{2g}+\frac{1}{g}\int_1^2\frac{\partial v}{\partial t}\mathrm{d}s+h_w \tag{5-67}$$

式中:$\frac{1}{g}\int_1^2\frac{\partial v}{\partial t}\mathrm{d}s$ 表示单位重量液体因当地加速度$\frac{\partial v}{\partial t}$而引起的惯性力在断面 1—1 及断

面 2—2间所做的功，称为惯性水头，以 h_a 表示。h_a 与 h_w 并不相同，h_w 是因阻力而损失的水体能量，它转化为热能而消失；h_a 则蕴藏在水体中而没有损耗。当$\frac{\partial v}{\partial t}$为正时，表明流速随时间而增大，$h_a$ 为正值，这时为了使断面 1—1 及断面 2—2 间水体的动能提高，必须在断面 1—1 的水流中转移一部分能量；当$\frac{\partial v}{\partial t}$为负时，$h_a$ 也为负值，表明由于水流动能的降低，水体要释放出一部分能量而转化成断面 2—2 的其他能量。这正是非恒定流与恒定流能量守恒关系的不同之处。式(5-67)常用来讨论调压系统中的液面振荡及河道洪水波问题。

(二)水击的基本微分方程组

对非恒定流的连续方程及运动方程进行整理及简化，可导出水击的基本微分方程组——连续方程及运动方程。为方便计，将指向下游的 s 坐标改用由阀门指向上游的 l 坐标，故式(5-64)及式(5-65)中$\frac{\partial}{\partial s}$的各项改为 $-\frac{\partial}{\partial l}$。

把非恒定流的连续方程式(5-64)的 s 坐标改为 l 坐标，化简可得水击的连续方程为

$$\frac{\partial H}{\partial t} = v\frac{\partial H}{\partial l} - v\sin\theta + \frac{a^2}{g}\frac{\partial v}{\partial l} \tag{5-68}$$

式(5-68)是考虑到管轴倾斜(与水平夹角为 θ)影响的连续方程。

当管轴水平时，注意到$\frac{\partial H}{\partial l} \ll \frac{\partial H}{\partial t}$，可略去$\frac{\partial H}{\partial l}$，则得

$$\frac{\partial H}{\partial t} = \frac{a^2}{g}\frac{\partial v}{\partial l} \tag{5-69}$$

令 $z + \frac{p}{\rho g} = H$，对于圆管以 $A = \frac{1}{4}\pi D^2$，$\chi_0 = \pi D$ 及 $\tau_0 = \frac{1}{8}\lambda\rho v^2$ 代入式(5-66)，改写后得

$$-g\frac{\partial H}{\partial l} + \frac{\partial v}{\partial l} + v\frac{\partial v}{\partial t} + \frac{\lambda v^2}{2D} = 0 \tag{5-70}$$

式中：D 为管道直径；λ 为沿程水头损失系数。

式(5-70)为考虑摩阻损失的水击运动微分方程。

如果略去摩阻损失，并注意到在水击中$\frac{\partial v}{\partial l} \ll \frac{\partial v}{\partial t}$，略去$\frac{\partial v}{\partial l}$后，式(5-70)可进一步简化为

$$\frac{\partial H}{\partial l} = \frac{1}{g}\frac{\partial v}{\partial t} \tag{5-71}$$

式(5-68)及式(5-70)是计及摩阻影响的水击微分方程组，当略去摩阻损失及管轴倾斜影响后则变为式(5-69)及式(5-71)。

(三)一般水击解法简介

利用上述式(5-68)及式(5-70)或式(5-69)及式(5-71)偏微分方程组可求解水击问题，其方法主要有下列几种。

(1)解析法：一般是从简化后的式(5-69)及(5-71)式出发，化为波动方程后可求出其通解，结合边界及初始条件可逐步求得任意断面在任意时刻的水击压强。其特点是物理意义明确，应用简便，但多适用于不计阻力的简单管道。

(2)图解法：以解析法导出的基本关系为理论依据进行图解。能应用于较复杂的边

界条件,特别是对复杂管道它比解析法简单明了,但作图较繁。

(3)特征线法:是把偏微分方程组式(5-68)及式(5-70)沿特征线变为常微分方程,再变为差分方程求近似解。随着电子计算机技术的发展,这种方法得到了较为广泛的应用。其特点是计及摩阻损失,较第一、二种方法精度高,且能应用于复杂管道系统。

(四)最大水击压强的简易计算

结合边界及初始条件应用连锁方程式(5-69)及式(5-71),可以确定在阀门处 A 断面的最大水击压强增高值或水击压强降低值。实践证明,**最大水击压强一般发生在阀门关闭的第一相末或最后一相末**。这里给出阀门处,连锁方程在这两个时刻的解:

第一相末水击压强计算公式

$$\tau_1\sqrt{1+\zeta_{1.0}^A} = \tau_0 - \frac{\zeta_{1.0}^A}{2\Phi} \tag{5-72}$$

最后一(m)相末水击压强计算公式

$$\zeta_m^A = \frac{\sigma}{2}\sqrt{\sigma^2+4}+\sigma \tag{5-73}$$

式中:$\zeta=\dfrac{\Delta H}{H_0}$,代表水头增量与水库静水头的比值,上角标表示断面,下角标表示相数;τ_0 和 τ_1 代表初时刻与第一相末的阀门相对开启度(A/A_m,A 和 A_m 代表某时刻阀门开启面积与全开面积);$\Phi=\dfrac{\alpha v_0}{2gH_0}$和 $\sigma=\dfrac{Lv_0}{gH_0T_S}$分别为两个反映管道特性的无量纲数。

学海趣谈　　锤打的水泵

水锤被水利工程师戏称为管道杀手,但它的突发压力也能用来制作水锤泵,其工作原理如图所示。从左侧低水池沿进水管进入阀箱的水流,产生冲力使单向阀 A 迅速关闭,水流突停形成的水击压强随即将阀箱上方的单向阀 B 冲开,一部分水体即进入空气室中并沿出水管上升到一定的高度。随后进水管中压力降低,阀 A 因重力自动下落,回复到开启状态;同时空气室中的压缩空气也促使阀 B 下落关闭,一切重又回归初始状态,于是整个过程遂又重复进行,逐渐将水送入右侧高水池。利用水锤泵可以将进水管中约 15% 的水压升到 5 倍供水头高度,好的水锤泵效率可达 86%。在山区,把水锤泵放置在溪水旁向高地送水,结构简单,又节约能源。只是阀箱设计要坚固,别让水锤引起高压胀裂。

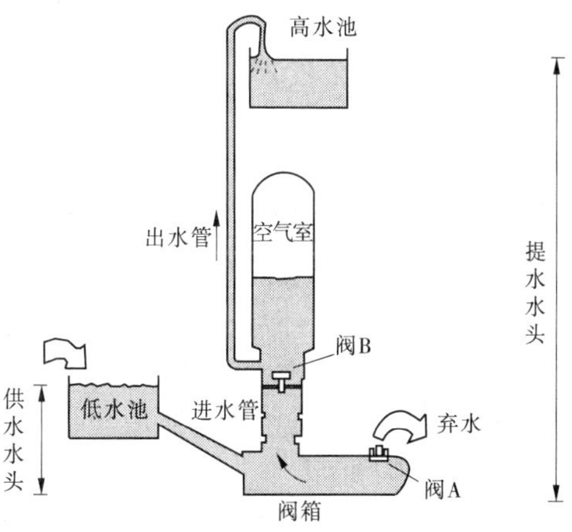

习　题

一、课堂讨论题

课 5-1　何谓有压管流？其水力特征是什么？

课 5-2　长管、短管是怎样定义的？判别标准是什么？

课 5-3　如图所示，两简单管道：图(a)为自由出流，图(b)为淹没出流，若两管道的作用水头 H、管长 l、管径 d 及沿程水头损失系数 λ 均相同，试问：两管中通过的流量是否相同？为什么？

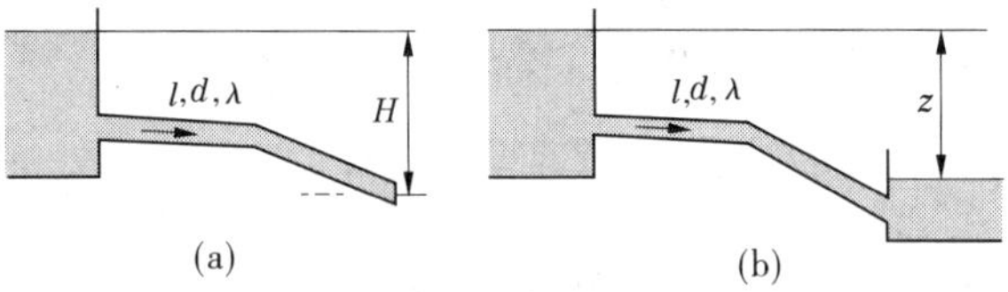

课 5-3 图

课 5-4　图示 A、B、C 为三条高程不同的坝身泄水管，其管长 l、管径 d 及沿程水头损失系数 λ 均相同，试问：它们的泄流量是否相同？为什么？

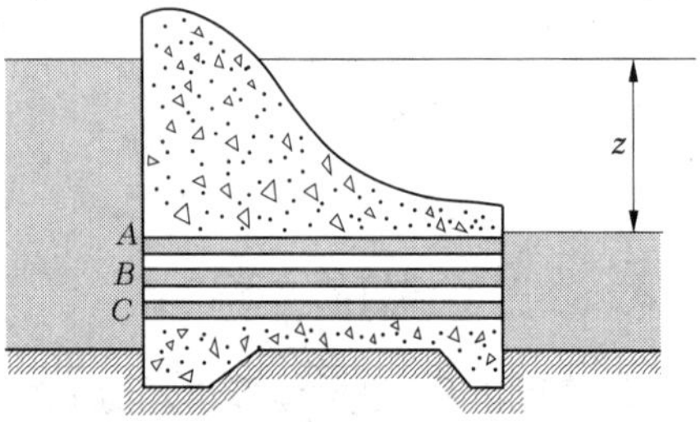

课 5-4 图

课 5-5　在作用水头和管(孔)径相同的条件下，管嘴出流和孔口出流相比，哪种情况通过的流量大？为什么？

课 5-6　何谓水击？产生水击的原因是什么？

课 5-7　何谓直接水击？何谓间接水击？各有什么特点？

二、基本要求题

基 5-1　如图所示，坝下埋设一预制混凝土引水管，直径 D 为 1 m，长 40 m，进口处有一道平板闸门控制流量，引水管出口底部高程▽62.0 m，当上游水位为▽70.0 m，下游水位为▽60.5 m，闸门全开时能引多大流量？

基 5-2　如图所示，倒虹吸管采用 500 mm 直径的铸铁管，长 l 为 150 m，进出口水位高程差为 5 m，根据地形，两转弯角各为 60°和 50°，铸铁管的糙率 $n=0.011$，其局部水头损失系数 $\zeta_{进口}=0.5$，$\zeta_{出口}=0.81$，上下游渠道流速相等。问铸铁管能通过多大流量？

基 5-3　如图所示，水泵自吸水井抽水，吸水井与蓄水池用自流管相接，其水位均不

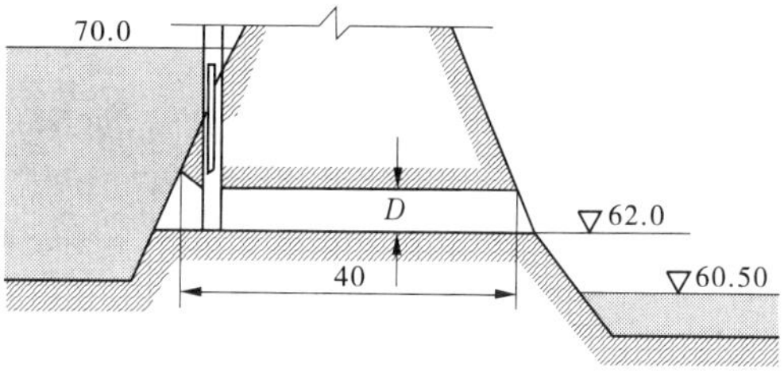

基 5-1 图

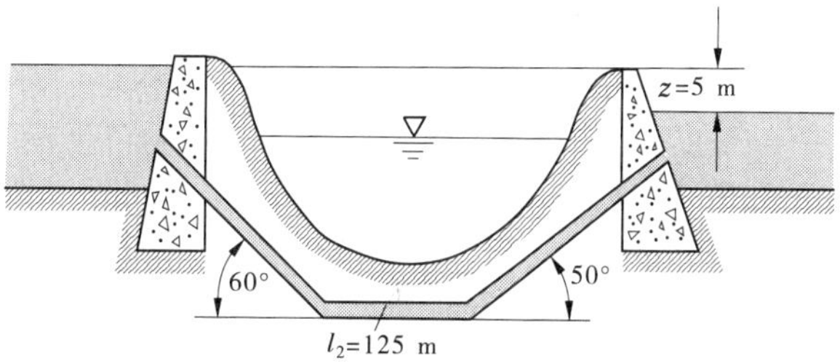

基 5-2 图

变。水泵安装高度 z_s 为 4.5 m；自流管长 l 为 20 m，直径 d 为 150 mm；水泵吸水管长 l_1 为 12 m，直径 d_1 为 150 mm；自流管与吸水管的沿程水头损失系数 $\lambda=0.03$；自流管滤网的局部水头损失系数 $\zeta_1=2.0$；水泵底阀的局部水头损失系数 $\zeta_2=9.0$；90°弯头的局部水头损失系数 $\zeta_3=0.3$；若水泵进口真空高度不超过 6 m 水柱，求水泵的最大流量是多少？在这种流量下，水池与水井的水位差 z 将为多少？

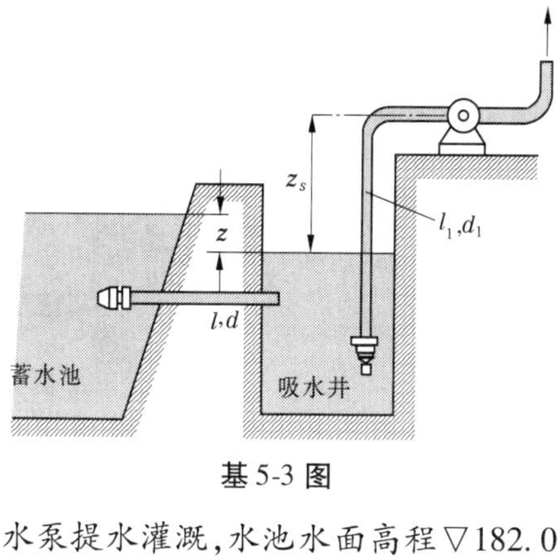

基 5-3 图

基 5-4　如图所示，用水泵提水灌溉，水池水面高程▽182.0 m，河面水位▽155.0 m；吸水管为长 4 m、直径 200 mm 的钢管，设有带底阀的莲蓬头及 45°弯头各一个；压力水管为长 50 m、直径 150 mm 的钢管，设有逆止阀（$\zeta_1=1.7$）、闸阀（$\zeta_2=0.1$）、45°的弯头各一个，钢管的糙率 $n=0.011$，水泵的总效率 $\eta=0.76$；已知流量 $Q=60$ L/s，水泵进口处允许真空高度为 6 m 水柱，试求：(1) 水泵的安装高度；(2) 水泵的扬程；(3) 水泵的装机容量。

基 5-5　如图所示，用虹吸管从蓄水池引水灌溉。虹吸管采用直径 0.4 m 的钢管，管道进口处安一无底阀莲蓬头，有 2 个 40°转角；上下游水位差 H 为 4 m；上游水面至管顶轴线高差 z 为 1.8 m；管段长度 l_1 为 8 m，l_2 为 4 m，l_3 为 12 m。要求计算：

(1) 通过虹吸管的流量为多少？

(2)虹吸管中压强最小的断面在哪里？其最大真空值是多少？

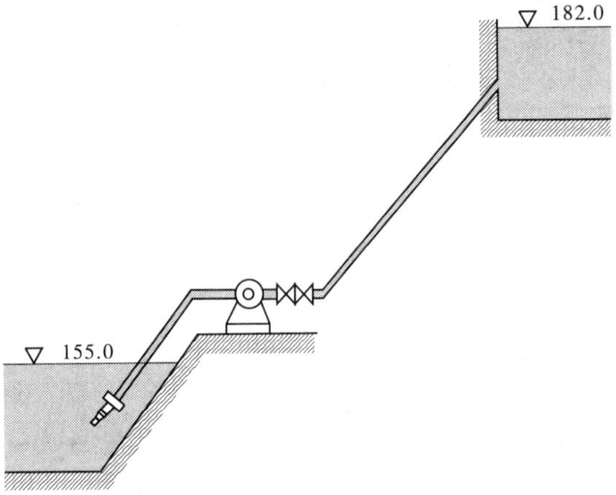

基 5-4 图

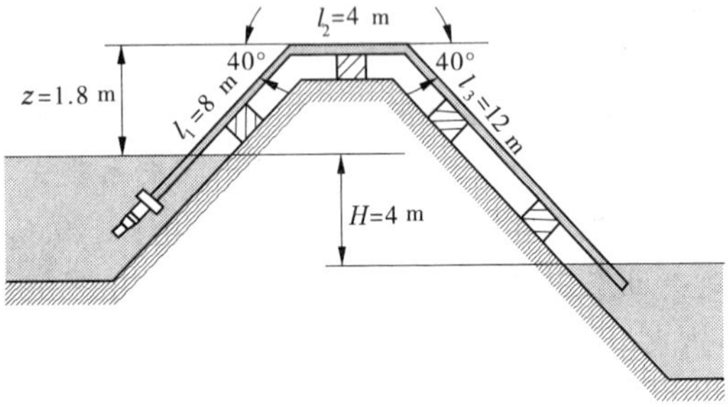

基 5-5 图

基 5-6　定性绘出图中各短管的总水头线和测压管水头线。

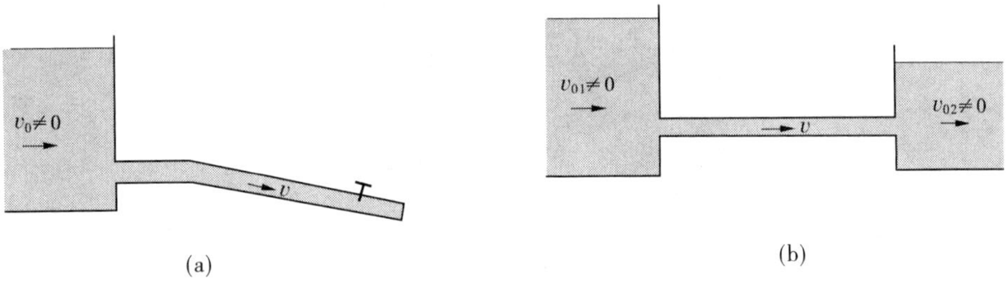

基 5-6 图

基 5-7　有一薄壁圆形孔口，其直径 $d=0.2$ m，水头 $H=3.5$ m，行近流速水头不计，求孔口自由出流的流量 Q。

基 5-8　有一直径 $d=3$ cm 的圆形薄壁孔口，在水头 $H=2.5$ m 作用下水流下泄流入一矩形水箱，水箱的横截面面积为 100 cm×200 cm，现测得射流收缩断面的直径 $d_c=2.4$ cm，经 19.6 s 后水箱内水位上升了 3 cm，出流为自由出流。求该孔口的收缩系数 ε、流量系数 μ、流速系数 φ 及孔口局部水头损失系数 ζ。

基 5-9　在水箱侧壁开一直径 $d=0.1$ m 的圆孔，孔口恒定水头 $H=6$ m。试求：

(1)孔口流量 Q_1；

(2)在此孔口外接一圆柱形管嘴的流量 Q_2;

(3)管嘴收缩断面的真空值。

基 5-10　如图所示,两敞口水箱用一直径 $d_1=40$ mm 的薄壁圆形孔口连通,右侧水箱的底部接一直径 $d_2=30$ mm 的圆柱形管嘴,长 $l=0.1$ m,孔口的上游水深 $H_1=3$ m,水流保持恒定,求管嘴的流量 Q_2 和下游水深 H_2。

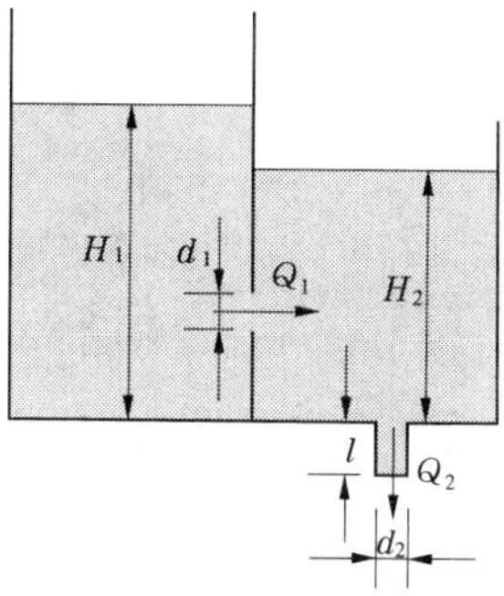

基 5-10 图

基 5-11　图示水泵压力水管为铸铁管,向 B、C、D 点供水。D 点的服务水头为 4 m(即 D 点的压强水头 $\frac{p_D}{\rho g}$ 为 4 m 水柱)。A、B、C、D 点在同一高程上。已知 q_B 为 10 000 cm^3/s,q_C 为 5 000 cm^3/s,q_D 为 10 000 cm^3/s;管径 d_1 为 200 mm,管长 l_1 为 500 m;管径 d_2 为 150 mm,管长 l_2 为 450 m;管径 d_3 为 100 mm,管长 l_3 为 300 m,求水泵出口处压强应为多少?

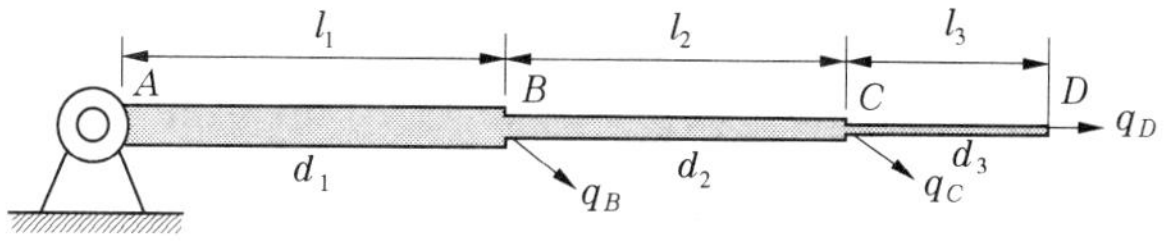

基 5-11 图

基 5-12　如图所示,串联管道自水池引水出流至大气中。第一段管道 d_1 为 75 mm,l_1 为 24 m;第二段管道 d_2 为 50 mm,l_2 为 15 m;通过流量 Q 为 2.8 L/s;管道进口为锐缘形,两段管道连接处为突然缩小;管道的沿程水头损失系数 λ_1 为 0.023 2,λ_2 为 0.019 2。求所需的水头 H,并绘制测压管水头线及总水头线(按短管计)。

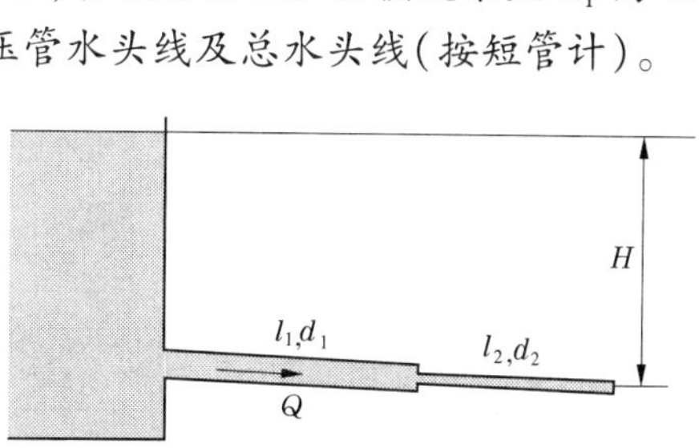

基 5-12 图

基 5-13　两水池间联以三条并联管道,它们的长度相同,直径分别是 d,$2d$ 及 $3d$;假定各管有相同的沿程水头损失系数 λ。当直径 d 的管道通过流量 Q_1 为 0.03 m^3/s 时,直

径为 $2d$ 及 $3d$ 的管道各通过流量为多少？

基 5-14　如图所示，一分叉管道连接水池 A、B、C。设 1、2、3 段管道的直径及长度：d_1 为 60 mm，l_1 为 900 m；d_2 为 45 mm，l_2 为 300 m；d_3 为 40 mm，l_3 为 1 200 m。管道为新钢管，A、B、C 水池的水面高程：∇_A 为 30 m，∇_B 为 18 m，∇_C 为 0 m。求通过各管的流量 Q_1、Q_2、Q_3。

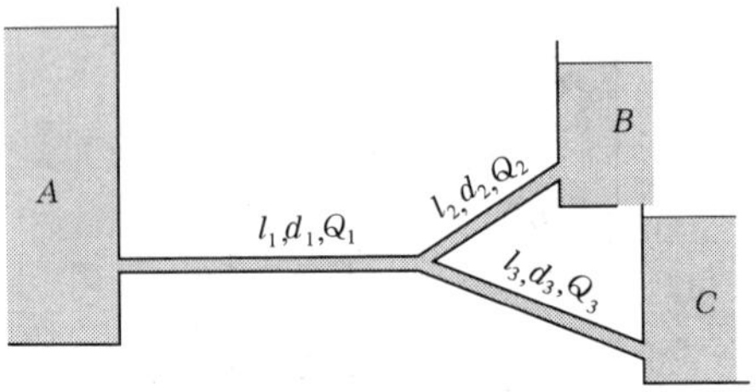

基 5-14 图

基 5-15　水塔供水的管道上有并联管道 1 及 2，如图所示。管道为铸铁管，水自 D 点出流时，要求服务水头 H_z 为 8 m，其流量 Q_D 为 20 L/s；在 B 点出流量 q_B 为 40 L/s；CD 段为沿程均匀泄流管道，单位长度上的沿程泄流量 q 为 100 $cm^3/(s\cdot m)$，管长 l_{CD} 为 300 m，管径 d_{CD} 为 200 mm；管长 l_1 为 350 m，管径 d_1 为 150 mm；管长 l_2 为 700 m，管径 d_2 为 150 mm；总管长 l_{AB} 为 500 m，管径 d_{AB} 为 250 mm；D 点高程 ∇_D 为 100.0 m。试确定并联管道内流量分配，并计算水塔的水面高程。

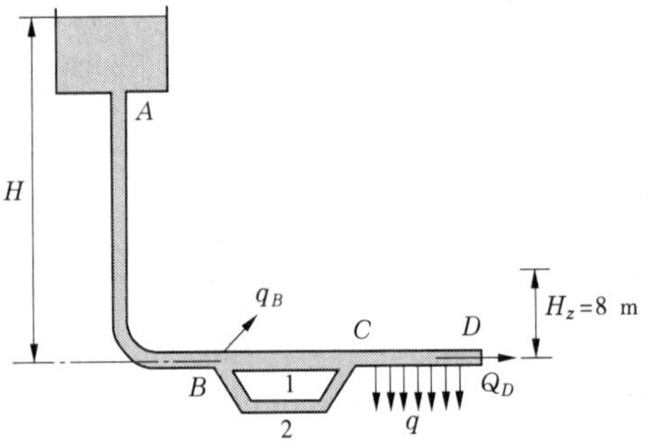

基 5-15 图

基 5-16　如图所示，水自水池 A 沿水平设置的铸铁管流入水池 C，若水管 $d=200$ mm，$H_0=4$ m，$H_2=1$ m，$l_1=30$ m，$l_2=50$ m，设沿程水头损失系数 $\lambda=0.026$，求在水池 B 中的水深 H_1。

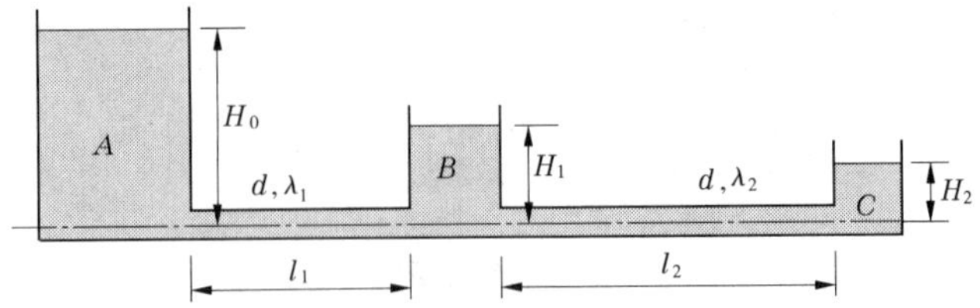

基 5-16 图

基 5-17　试仿照图 5-22，绘出阀门瞬时完全开启在 $t=\frac{L}{a}$、$\frac{2L}{a}$、$\frac{3L}{a}$、$\frac{4L}{a}$时刻的水流方向及压强分布示意图。

基 5-18　某输水管自水库中取水，末端用阀门控制流量。已知，管长 $l=400$ m，管径 $D=300$ mm，管壁厚度 $\delta=4$ mm，管壁材料的弹性模量 $E=19.6\times10^{10}$ Pa，初始时刻水头 $H_0=16$ m，阀门全开时流量 $Q=0.145\ m^3/s$。试计算阀门突然全部关闭时的最大水击压强。

三、加深理解题

加 5-1　如图所示，一直径沿程不变的输水管道，已知管道直径 $d=0.3$ m，全管长 $l=90$ m，沿程水头损失系数 $\lambda=0.03$，进口局部水头损失系数 $\zeta_1=0.5$，折弯局部水头损失系数 $\zeta_2=0.3$，出口局部水头损失系数 $\zeta_3=1.0$，出口在下游水面以下的淹没深度 $h_2=2.3$ m，同时在距出口 30 m 处设有一“U”形水银测压计，其液面差 $\Delta h=0.5$ m，较低的水银液面距离管轴 1.45 m，试确定：

(1) 通过管道的流量 Q 以及两水池的水面差 z；

(2) 定性绘出总水头线及测压管水头线。

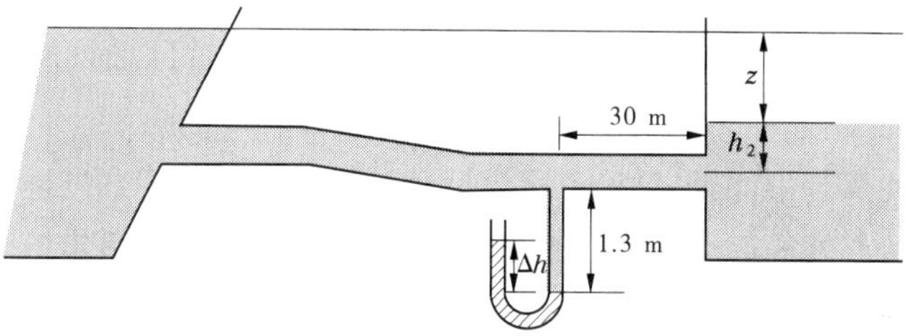

加 5-1 图

加 5-2　如图所示一有阀门的压力管道，试分析：

(1) 当阀门 A 快速关闭时，图上 1 至 6 点中，哪点的水击压强升高最大？哪点降低最大？

(2) 若阀门 A 开启之前整个管道充满水，当阀门 A 快速开启时，哪点的水击压强升高最大？哪点降低最大？

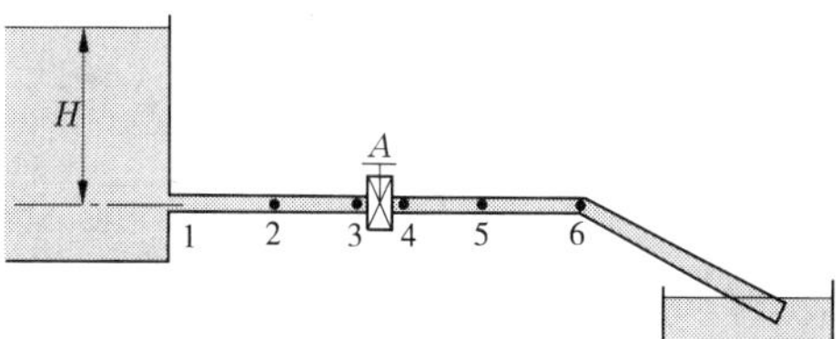

加 5-2 图

第六章　恒定明渠水流

河流是地球上最富有创造力的水流形式，被称为生命纽带。这个川流不息的水流系统，具有百转千回的身姿、瑰丽多变的水面和波涛汹涌的流态；通过水体的输运与水能的转换，成就了人类文明和自然界万物生灵的繁茂。可见，熟悉这类水流的运动特性，了解河、渠水流的力学规律，研究河、渠水流的水力计算方法，对于有效、合理利用地表水资源是至关重要的。

第一节　明渠水流的特点及其分类

凡具有与大气相接触的自由表面的水流称为明渠水流。如天然河道、人工渠道、渡槽以及无压隧(涵)洞中的水流，均属于明渠水流；其边界称为明渠(Open Channel)。明渠流的最大特点就是具有可以升降的自由水面，水流运动的变化可以通过自由水面的调整来体现。

在前面的有关章节中，已经讨论了水流运动分类的相关概念。同理，明渠水流按其流场中任一固定空间点处的运动要素是否随时间变化，可分为明渠恒定流与明渠非恒定流。实际上受人为控制的明渠流才可能出现恒定流，而天然河流特别是处于洪水期，大多为非恒定流；本章仅讨论明渠恒定流问题。在恒定流中根据流线是否平行，又可分为明渠均匀流与明渠非均匀流；根据流线弯曲、变化的缓急程度又可将非均匀流分为明渠渐变流与明渠急变流；渐变流通常自由水面变化平缓，而急变流则往往伴有水面比较急剧的升降。

第二节　明渠的几何边界对水流运动的影响

一、明渠底坡与横断面

(一)明渠底坡

明渠单位流程长度上渠底高程的降落值称为明渠的底坡，用 i 表示。如图 6-1 所示，设明渠的底坡角(渠底线与水平线之间的夹角)为 θ，则明渠底坡可定义为

$$i = \sin\theta = \frac{z_1 - z_2}{L'} = \frac{\Delta z}{L'} \tag{6-1}$$

在实际工程中，通常明渠的底坡角 θ 一般小于 6°，即底坡 $i < 1/10$，在水力学中，称这种明渠为小底坡明渠。在小底坡明渠时，$\sin\theta$ 与 $\tan\theta$ 已很接近，渠段长度 L' 可用水平投影长度 L 代替，则小底坡明渠的底坡可近似定义为

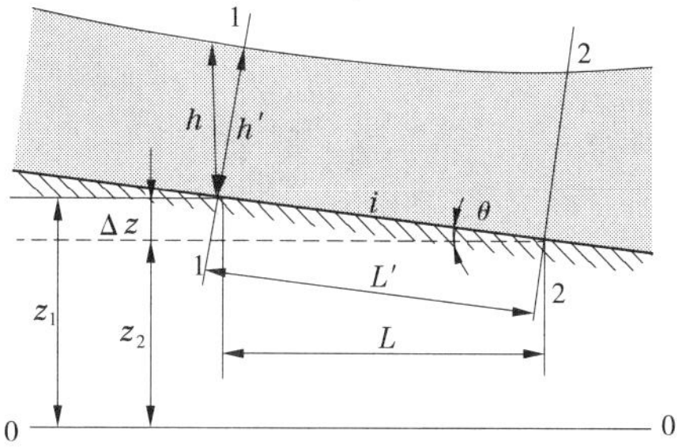

图 6-1

$$i \approx \tan\theta = \frac{z_1 - z_2}{L} = \frac{\Delta z}{L} \tag{6-2}$$

用 $i \approx \tan\theta$ 定义渠道底坡时,可以给人工渠道的施工放样带来一定的方便;在小底坡明渠水力计算中,通常也将过水断面水深 h' 近似用该处铅直水深 h 代替,本章主要讨论小底坡明渠的水力计算问题。

根据明渠底坡的大小,可将明渠分为三种类型,如图 6-2 所示。当 $i>0$ 时,称为正坡(或顺坡)明渠;当 $i=0$ 时,称为平坡明渠;当 $i<0$ 时,称为负坡(或逆坡)明渠。

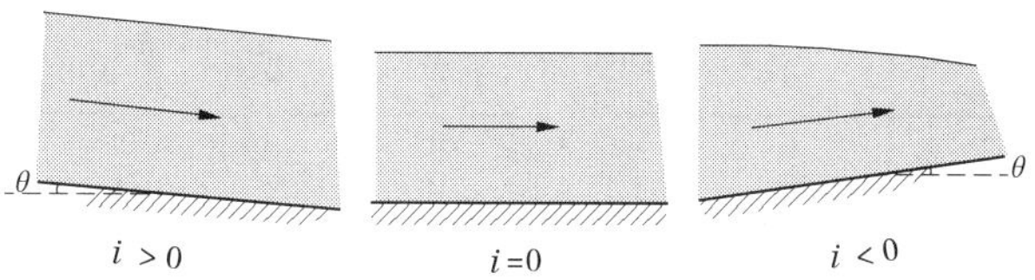

图 6-2

(二)明渠横断面

明渠的横断面有多种多样的形式,人工修筑的输水明渠均为规则形状,常见的有梯形断面、矩形断面、圆形断面(无压圆管)、U 形断面、复式断面等。天然河渠的横断面一般呈不规则形状,见图 6-3。

对于图 6-3 中的对称梯形断面明渠,若渠道的底宽为 b,水深为 h,边坡与水平面的夹角(边坡角)为 α,定义边坡系数:$m=\cot\alpha$,则可求得表征梯形过水断面明渠几何特征的要素如下。

水面宽度　$B = b + 2mh$

过水断面面积　$A = (b + mh)h$

湿周　$\chi = b + 2h\sqrt{1 + m^2}$

水力半径　$R = \dfrac{A}{\chi} = \dfrac{(b + mh)h}{b + 2h\sqrt{1 + m^2}}$

显然,矩形断面是梯形断面在 $m=0$ 时的特殊情况。一般矩形、U 形及圆形断面明渠,通常为人工修砌或在岩石中开凿的渠道。

为保证人工土渠运行时边坡的稳定,一般将渠道横断面做成梯形,在进行渠道横断面

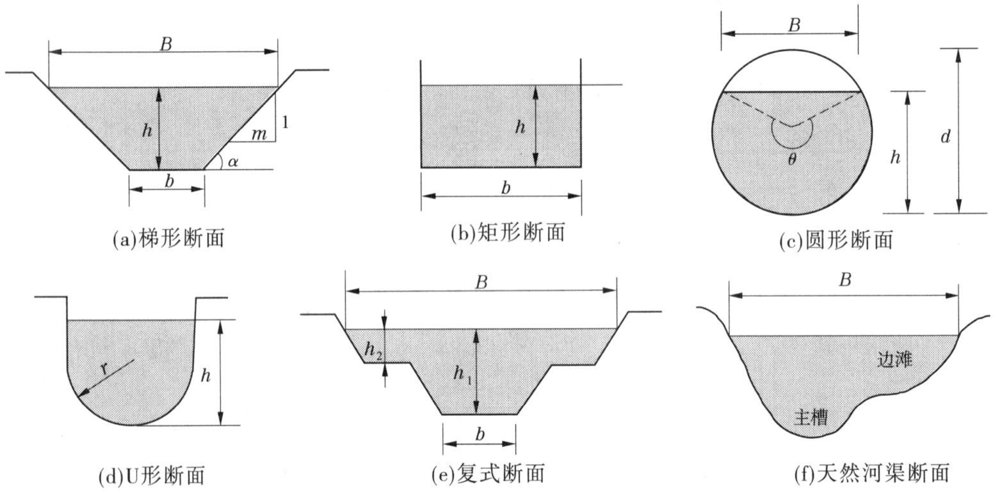

(a)梯形断面 (b)矩形断面 (c)圆形断面

(d)U形断面 (e)复式断面 (f)天然河渠断面

图 6-3

设计时,应根据渠道土质状况确定其边坡的大小。梯形断面明渠的边坡系数 m 值可根据土壤的种类参照表 6-1 选取。对于有条件进行人工硬化或护坡的梯形断面渠道,其边坡系数 m 可根据其具体情况斟酌选定,不必受表 6-1 的限制。

表 6-1　梯形渠道边坡系数 m 值

土壤种类	m	土壤种类	m
细砂土	3.0 ~ 3.5	一般黏土	1.0 ~ 1.5
砂壤土和松散壤土	2.0 ~ 2.5	密实的重黏土	1.0
密实的壤土和轻黏壤土	1.5 ~ 2.0	半岩性抗水土壤	0.5 ~ 1.0
砾石和砂砾石土	1.5	风化的岩石	0.25 ~ 0.5
重黏壤土和密实的黄土	1.0 ~ 1.5	未风化的岩石	0 ~ 0.25

二、棱柱体明渠和非棱柱体明渠

横断面的几何形状及尺寸沿程不变的明渠称为棱柱体明渠(如人工渠道、渡槽、无压隧洞等);反之,称为非棱柱体明渠(如人工渡槽,陡槽,天然河道、溢洪道的渐变段等)。

第三节　明渠均匀流的特性及其产生条件

一、明渠均匀流的特性

明渠均匀流是明渠水流中最基本、最简单的水流运动形式。了解明渠均匀流的基本特性,正确认识明渠均匀流水流运动的基本规律,对于掌握明渠水流现象分析及渠道的水力设计,有着十分重要的意义。

由于明渠均匀流的流线是直线平行的,故明渠均匀流有如下特性:

(1) 过水断面的几何形状及尺寸沿程不变。

(2) 过水断面的实际流速分布沿程不变,故断面平均流速 v、断面水深 h、动能修正系数 α、动量修正系数 β 以及单位动能$\frac{\alpha v^2}{2g}$均沿程不变。

(3)三线平行,即总水头线、水面线(测压管水头线)和渠道底坡线相互平行。也就是说,明渠均匀流的水力坡度 J、水面坡度(测压管坡度)J_p 和渠道底坡 i 三者是相等的,亦即 $J=J_p=i$,如图 6-4 所示。

(4)由于明渠均匀流的单位动能及单位压能(断面水深)均沿程不变,故其流动过程中用以克服阻力作功的能量为单位位能。

二、明渠均匀流的产生条件

(一)明渠均匀流产生的力学条件

在如图 6-5 所示的明渠均匀流中取断面 1—1 和断面 2—2 之间的水体为隔离体,该水体上所受的力有两端断面的动水压力 F_{P1} 和 F_{P2}、水体的重力 G 及固体边界对水体的摩擦阻力 F_f。考虑到均匀流特性,沿水流 s 方向列运动方程 $\sum F_i = ma$,得

$$F_{P1} + G\sin\theta - F_{P2} - F_f = 0$$

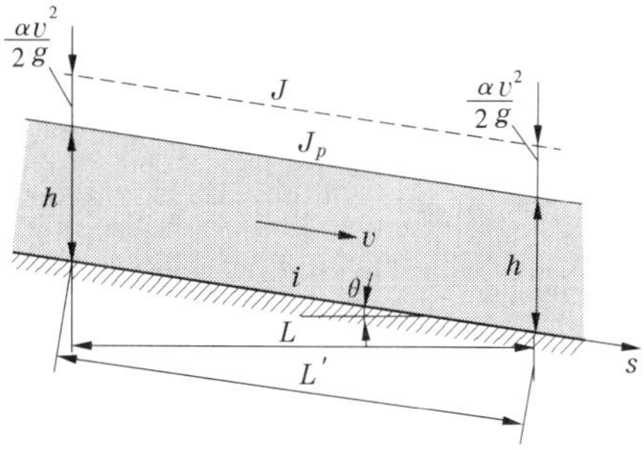

图 6-4

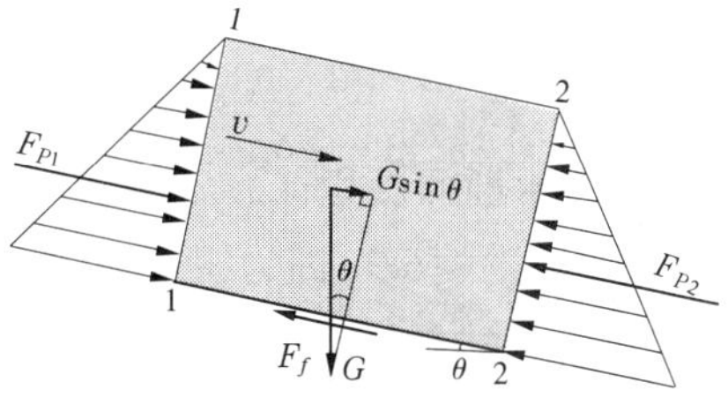

图 6-5

对于明渠均匀流,过水断面上动水压强的分布规律与静水压强的分布规律相同,沿水深方向均呈线性分布,即过水断面上任一点的动水压强 $p=\rho gh\cos\theta$(h 为断面上压强计算点处的水深),且过水断面面积 A 和断面形心处的水深 h_c 均沿程不变,由计算作用在平面上静水总压力的解析法可得两断面上的动水总压力

$$F_{P1} = F_{P2} = \rho g h_c \cos\theta A \tag{6-3}$$

因重力在流动方向上的分力 $G_s = G\sin\theta$,由上式即得

$$G_s = F_f \tag{6-4}$$

式(6-4)表明,如果水流为明渠均匀流,则重力在流动方向上的分力必然等于阻力。这就是明渠均匀流产生的力学条件;同时,它也是产生明渠均匀流的充分必要条件。

(二)产生明渠均匀流的边界条件

要保证渠道内产生明渠均匀流,必须满足明渠均匀流产生的力学条件。这样,渠道必须满足以下边界条件:

(1)底坡沿程不变的长直棱柱体明渠;

(2)$i>0$ 的正坡明渠;

(3)渠道的糙率 n 沿程不变;

(4)渠道中不存在闸、坝等任何阻碍水流运动的建筑物。

渠道只有同时满足上述四个条件时才能产生明渠均匀流。因此,严格地说,实际水流中真正意义上的明渠均匀流是极少存在的。但对于人工渠道,只要与上述条件相差不大,则可按明渠均匀流来进行水力计算。

第四节　明渠均匀流水力计算

一、明渠均匀流水力计算的基本公式

1769 年,法国工程师舍齐(Chézy)通过对明渠均匀流进行研究,总结出断面平均流速 v 与水力半径 R 及水力坡度 J 之间存在如下经验关系

$$v = C\sqrt{RJ} \tag{6-5}$$

对于明渠均匀流,因 $J=i$,故式(6-5)亦可表示为

$$v = C\sqrt{Ri} \tag{6-6}$$

或

$$Q = AC\sqrt{Ri} \tag{6-7}$$

式中:A 为过水断面面积;C 为舍齐系数,其计算方法见第四章。

式(6-6)或式(6-7)即为明渠均匀流水力计算的基本公式,也称为舍齐公式。在实际工程中,舍齐公式被广泛应用于明渠均匀流甚至是管道的水力计算中,但它是一个经验公式,至今尚未得到满意的理论证明。

为计算方便,我们引入明渠均匀流的流量模数 $K_0=AC\sqrt{R}$,K_0 为单位底坡上的明渠均匀流流量,单位为 m^3/s,则明渠均匀流基本公式又可表达为

$$Q = K_0\sqrt{i} \tag{6-8}$$

糙率 n 是衡量渠床壁面粗糙情况的一个综合性指标,n 取值是否合理,对计算成果和工程造价影响很大。例如苏北某渠道工程竣工后,实测糙率为 0.022 5,原设计时糙率取值为 0.02,实测值比设计取值增大 0.002 5 时,流量比原设计减小了 11% 。可见,在进行渠道的水力计算时,合理选取糙率是很重要的。人工渠道的糙率 n 值,可由表 6-2 查得。

对于某些重要工程或新型护面材料,其糙率 n 值应实测确定。实测 n 值,通常是以明渠均匀流的基本公式为基础,根据已测得的流量及纵、横断面的相关数据通过反算得到的。应该注意的是,若实测的 n 值是由曼宁公式反算得到的,就只宜用于曼宁公式(式(4-60)),而不宜用于巴甫洛夫斯基公式(式(6-63))。一般水力学教材或《水力计算手册》中的糙率 n 值表如未加说明,均只宜用于曼宁公式。

表 6-2　人工渠道糙率 n 值

渠道特征		n	
		灌溉渠道	退水渠道
土质	流量大于 25 m^3/s		
	平整顺直,养护良好	0.020	0.022 5
	平整顺直,养护一般	0.022 5	0.025
	渠床多石,杂草丛生,养护较差	0.025	0.027 5
	流量 1 ~ 25 m^3/s		
	平整顺直,养护良好	0.022 5	0.025
	平整顺直,养护一般	0.025	0.027 5
	渠床多石,杂草丛生,养护较差	0.027 5	0.030
	流量小于 1 m^3/s		
	渠床弯曲,养护一般	0.025	0.027 5
	支渠以下的固定渠道	0.027 5 ~ 0.030	
岩石	经过良好修整的	0.025	
	经过中等修整无凸出部分的	0.030	
	经过中等修整有凸出部分的	0.033	
	未经修整有凸出部分的	0.035 ~ 0.045	
各种材料护面	抹光的水泥抹面	0.012	
	不抹光的水泥抹面	0.014	
	光滑的混凝土护面	0.015	
	平整的喷浆护面	0.015	
	料石砌护	0.015	
	砌砖护面	0.015	
	粗糙的混凝土护面	0.017	
	不平整的喷浆护面	0.018	
	浆砌块石护面	0.025	
	干砌块石护面	0.033	

应该指出,天然河道一般为非棱柱体明渠,河道中的水流一般均属非均匀流。但在恒定流条件下,若天然河段比较顺直,且河段的过水断面形状及大小均比较一致,可将该天然河段概化为棱柱体明渠,河段中的水流可近似视为均匀流,并按明渠均匀流理论进行相应的水力计算。计算时,一般先从实测资料中求得河段的平均断面,并以河段的平均底坡或实测的水面坡度作为河道的底坡。天然河道的糙率 n 与河床表面的粗糙程度有关,通常应根据实测资料借助均匀流公式来确定。在没有实测资料的情况下,也可参照表 6-3 选取。

表 6-3　天然河道糙率 n 值

河槽类型及特征	糙率		
	最小值	正常值	最大值
一、小河（洪水位的水面宽度小于 30 m）			
1. 平原河流			
(1)清洁、顺直、无浅滩深潭	0.025	0.030	0.033
(2)同上，但石块多、杂草多	0.030	0.035	0.040
(3)清洁、弯曲、有浅滩和深潭	0.033	0.040	0.045
(4)同上，但有石块杂草	0.035	0.045	0.050
(5)同上，水深较浅，河底坡度多变，平面上回流区较多	0.040	0.048	0.055
(6)同(4)，但石块多	0.045	0.050	0.060
(7)多杂草、有深潭、流动缓慢的河流	0.050	0.070	0.080
(8)多杂草的河段、深潭多或林木滩地上过洪	0.075	0.100	0.150
2. 山区河流（河槽无草树、河岸较陡，岸坡树丛过洪时淹没）			
(1)河底为砾石、卵石，间有孤石	0.030	0.040	0.050
(2)河底为卵石和大孤石	0.040	0.050	0.070
二、大河（洪水位的水面宽度大于 30 m）			
相应于上述小河的各种情况，由于河岸阻力相对较小，n 值略小			
1. 断面比较规则整齐，无孤石或林木	0.025		0.060
2. 断面不规则不整齐，床面粗糙	0.035		0.100
三、洪水时期滩地漫流			
1. 草地、无树丛			
(1)短草	0.025	0.030	0.035
(2)长草	0.030	0.035	0.050
2. 耕地			
(1)未熟庄稼	0.020	0.030	0.040
(2)已熟成行庄稼	0.025	0.035	0.045
(3)已熟密植庄稼	0.030	0.040	0.050
3. 矮树丛			
(1)稀疏、多杂草	0.035	0.050	0.070
(2)不密、夏季情况	0.040	0.060	0.080
(3)茂密、夏季情况	0.070	0.100	0.160
4. 树木			
(1)平整田地、干树无枝	0.030	0.040	0.050
(2)平整田地、干树多新枝	0.050	0.060	0.080
(3)密林、树下植物少、洪水位在枝下	0.080	0.100	0.120
(4)密林、树下植物少、洪水位淹没树枝	0.100	0.120	0.160

二、明渠均匀流水力计算任务与方法

（一）明渠均匀流的水力计算任务

梯形断面明渠是水利工程中最为常见的人工渠道，现以梯形断面明渠为例讨论。在水力学中将均匀流水深以 h_0 表示，h_0 也称为正常水深，以区别于非均匀流水深 h，根据明渠均匀流水力计算的基本公式，梯形断面明渠各水力要素之间受下列关系制约。

$$Q = AC\sqrt{Ri} = f(m,n,b,h_0,i)$$

在进行渠道的水力计算时，通常是根据渠道土壤的类别以及拟护面材料的具体情况，预先确定渠道的边坡系数 m 及糙率 n。为表达方便，将上式中余下的四个要素归纳为：过流能力要素（Q）、纵坡要素（i）和横断面要素（b 或 h_0）三类。从数学上讲，一个方程式只能求解一个未知数，因此在求解时，以上三类要素往往是已知其中两个而求另外一个。根据上述三类要素的具体情况，结合实际工程问题，明渠均匀流的水力计算任务可分为如下三种类型：

（1）校核已建工程的过流能力是否满足设计要求。这类问题为已知纵坡和横断面要素，求过流能力要素问题，可表达为已知 m、n、b、h_0、i 求 Q。计算时可直接由式（6-7）计算 Q 后，再与设计流量 Q_d 比较。若 $Q \geqslant Q_d$ 则满足要求；若 $Q < Q_d$ 则不满足要求。当渠道的过流能力不满足设计要求时，可以采取人工减糙（增加渠道护面光滑度）或调整断面尺寸等工程措施提高渠道的过流能力，以保证满足设计要求。

（2）根据工程实际的要求，设计渠道的底坡。这类问题属于已知过流能力和横断面要素，求纵坡要素问题，可表达为已知 m、n、b、h_0、Q 求 i。求解时由基本公式（6-7）得 $i = Q^2/(A^2C^2R)$，代入已知条件即可计算 i。底坡求出后应注意两点：一是底坡 i 能否满足渠道末端水位要求；二是底坡 i 是否会因过大或过小而不满足抗冲或抗淤要求。如存在上述问题，则应通过对横断面要素进行适当调整来满足渠道安全底坡要求。

（3）根据渠线的地质及地形等情况，设计渠道的横断面尺寸。这类问题为已知过流能力和纵坡要素，求横断面要素问题，可表达为已知 m、n、Q、i，设定 b 和 h_0 中的任一个，求另一个。可通过试算或迭代法求解，也可利用图 6-6 或图 6-7 求解；或者已知 m、n、Q、i 及渠道宽深比 $\beta = b/h$，同时求 b 及 h_0；这些都要通过试算求解。

（二）明渠均匀流水力计算举例

【例 6-1】 某土地开发项目，一条梯形断面明渠引水，已知渠道的边坡系数 $m = 1.25$，底宽 $b = 10$ m，底坡 $i = 0.0004$，设计正常水深 $h_0 = 2.4$ m，渠道采用光滑的混凝土护面。已知项目所需的灌溉用水量为 $Q_1 = 18.8\ \text{m}^3/\text{s}$，农民生活及农副产品加工用水量为 $Q_2 = 11.2\ \text{m}^3/\text{s}$，问该渠道能否满足上述供水要求。

解：渠中设计水流为均匀流，其过水断面的水力要素为

$$A = (b + mh_0)h_0 = (10 + 1.25 \times 2.4) \times 2.4 = 31.20(\text{m}^2)$$

$$\chi = b + 2h_0\sqrt{1 + m^2} = 10 + 2 \times 2.4 \times \sqrt{1 + 1.25^2} = 17.68(\text{m})$$

$$R = \frac{A}{\chi} = \frac{31.20}{17.68} = 1.76(\text{m})$$

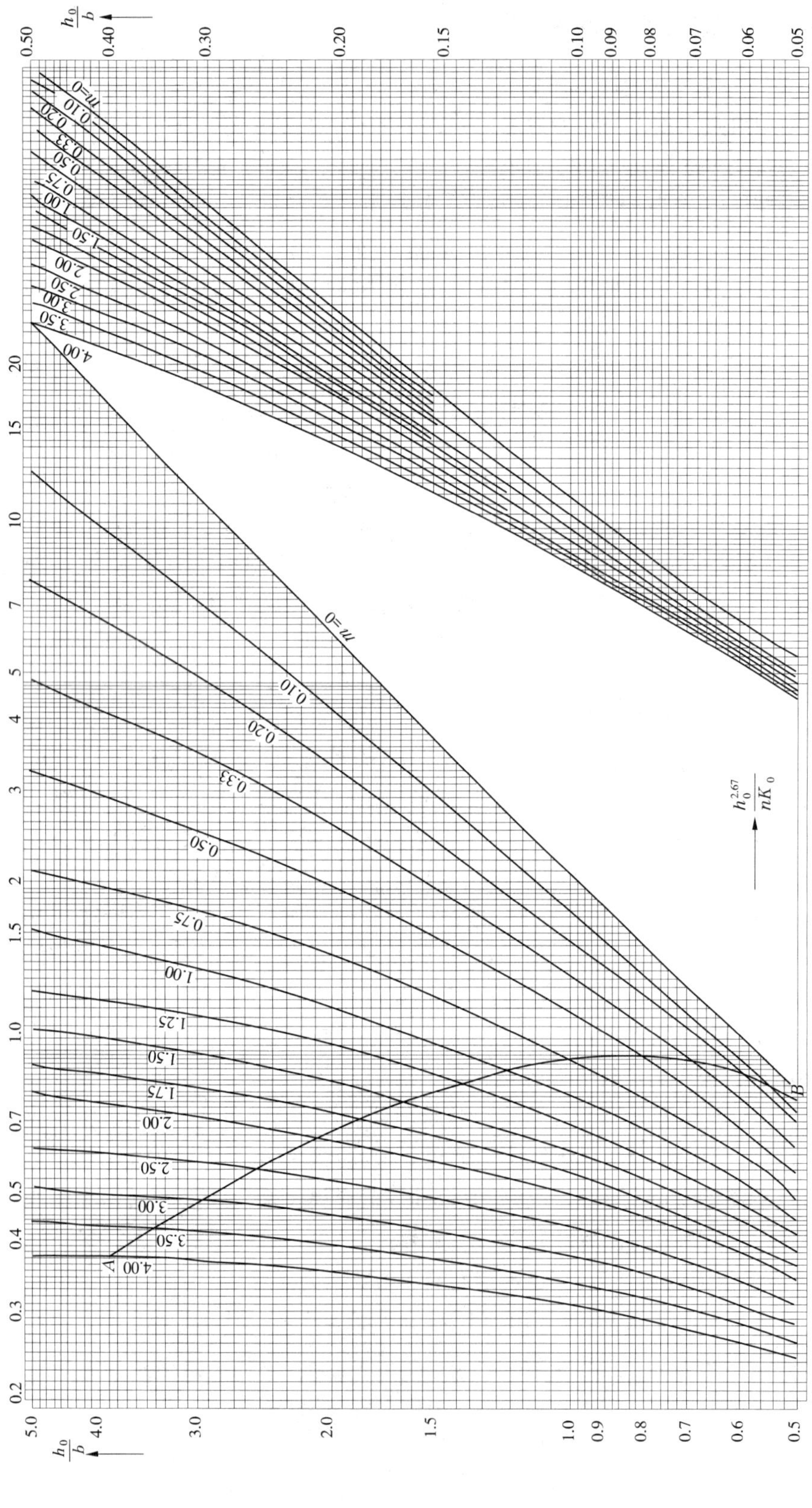

注：图中曲线 AB 为水力最佳宽深比 β_m 的倒数 $1/\beta_m$。

图 6-6 梯形断面明渠底宽求解图

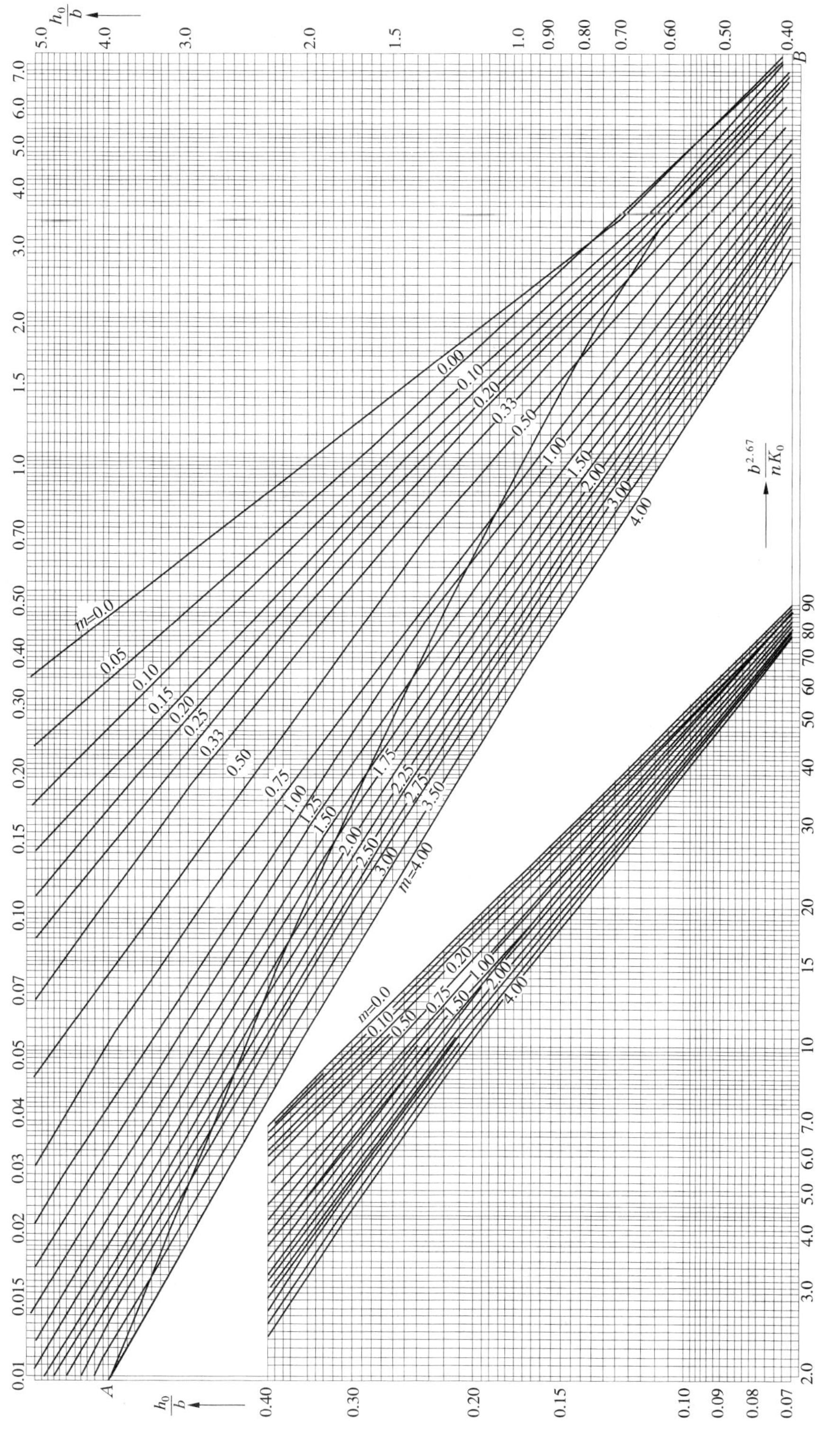

注：图中曲线AB为水力最佳宽深比β_m的倒数$1/\beta_m$。

图 6-7　梯形断面明渠正常水深求解图

由表 6-2 查得，光滑的混凝土护面渠道糙率 $n=0.015$，则由曼宁公式

$$C=\frac{1}{n}R^{1/6}=\frac{1}{0.015}\times 1.76^{1/6}=73.25\ (m^{0.5}/s)$$

由式(6-7)得渠道的总过流量

$$Q=AC\sqrt{Ri}=31.20\times 73.25\times\sqrt{1.76\times 0.0004}=60.87(m^3/s)$$

因 $Q-(Q_1+Q_2)=60.87-(18.8+11.2)=40.87(m^3/s)$，故该渠道按均匀流设计能满足开发区的灌溉、生活及农副产品加工用水量，并有富余。

【例 6-2】 某钢筋混凝土矩形断面渡槽，采用不抹光的水泥抹面。已知槽长 $l=142$ m，槽宽 $b=1.6$ m，槽中正常水深 $h_0=1.8$ m，渡槽进口高程 $\nabla_1=151.65$ m，当设计流量 $Q=8.21\ m^3/s$时，试求渡槽出口处的槽底高程 ∇_2。

解：过水断面的水力要素为

$$A=bh_0=1.6\times 1.8=2.88(m^2)$$

$$\chi=b+2h_0=1.6+2\times 1.8=5.2(m)$$

$$R=\frac{A}{\chi}=\frac{2.88}{5.2}=0.554(m)$$

由表 6-2 查得钢筋混凝土的糙率 $n=0.014$，由曼宁公式

$$C=\frac{1}{n}R^{1/6}=\frac{1}{0.014}\times 0.554^{1/6}=64.73(m^{0.5}/s)$$

$$K_0=AC\sqrt{R}=2.88\times 64.73\times\sqrt{0.554}=138.76(m^3/s)$$

由式(6-8)得渡槽的底坡

$$i=\frac{Q^2}{K_0^2}=\frac{8.21^2}{138.76^2}=0.0035$$

由式(6-1)可以得到，出口槽底高程

$$\nabla_2=\nabla_1-il=151.65-0.0035\times 142=151.15(m)$$

【例 6-3】 某梯形断面明渠，已知边坡系数 $m=1.5$，糙率 $n=0.025$，底坡 $i=0.00067$，渠道底宽 $b=2.0$ m，当设计流量 $Q_d=3.0\ m^3/s$ 时，试确定渠堤高度 H(要求渠堤超高 $\Delta h=0.4$ m)。

解：要计算渠堤高度，应先计算渠道的正常水深 h_0，再由 $H=\Delta h+h_0$ 得渠堤高度。

1. 试算法

假设一系列的 h_0，代入基本公式(6-7)可得到一系列的流量 Q，通常 h_0 假设三个以上，且对应计算流量范围涵盖设计流量 Q_d。现将计算结果列入表 6-4中，并由表值点绘成 $h_0\sim Q$ 关系曲线，如图 6-8 所示。

表 6-4　正常水深试算表

h_0(m)	A(m²)	χ(m)	R(m)	C($m^{0.5}/s$)	Q(m^3/s)
0.8	2.56	4.88	0.525	35.93	1.73
1.0	3.50	5.61	0.624	36.98	2.65
1.2	4.56	6.33	0.720	37.87	3.79

由图 6-8 查得当流量 $Q_d=3.0\ m^3/s$ 时，$h_0=1.06$ m，即得渠堤高度

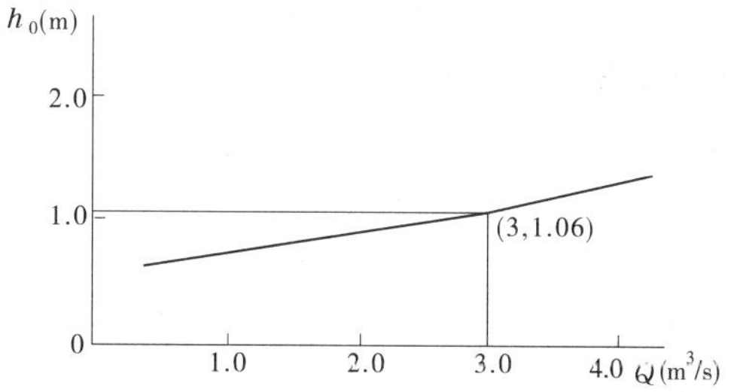

图 6-8

$$H = \Delta h + h_0 = 0.4 + 1.06 = 1.46(\text{m})$$

2. 图解法

由式(6-8)得

$$K_0 = \frac{Q_d}{\sqrt{i}} = \frac{3}{\sqrt{0.00067}} = 116(\text{m}^3/\text{s})$$

$$\frac{b^{2.67}}{nK_0} = \frac{2^{2.67}}{0.025 \times 116} = 2.2$$

由 $m = 1.5$ 及 $\frac{b^{2.67}}{nK_0} = 2.2$，查图 6-7 得 $h_0/b = 0.53$，则有

$$h_0 = 0.53b = 0.53 \times 2.0 = 1.06(\text{m})$$

得渠堤高度

$$H = h_0 + \Delta h = 1.06 + 0.4 = 1.46(\text{m})$$

第五节　明渠均匀流水力计算中的有关问题

一、渠道的允许流速

在进行渠道设计时，控制渠中水流流速的大小是很重要的。因为，当流速过大时，会冲刷渠道，给渠道的安全运行带来隐患；当流速过小时，又有可能会使渠道发生淤积或滋生杂草，从而影响渠道的过水能力。渠道在最大和最小控制流量范围内的运行流速 v 均应满足

$$v' > v > v'' \tag{6-9}$$

式中：v'为渠道的不冲允许流速；v''为不淤允许流速。

通常情况下，渠道的不冲允许流速 v'与渠道的土质、护面情况及衬砌材料有关，应用时可参考表 6-5 选取。土渠的不冲允许流速，还可按原陕西水利科学研究所经验公式计算

$$v' = cR^{0.4} \tag{6-10}$$

式中：R 为水力半径，m；c 为系数，$\text{m}^{0.6}/\text{s}$，系数 c 与渠道的土质情况有关，对于粉质壤土 $c = 0.96$，砂壤土 $c = 0.70$。

渠道的不淤允许流速 v''与渠道的使用要求、水流条件以及挟沙特性等多方面因素有关。如果渠中水流不含泥沙或泥沙含量极小，但为了避免水草滋生而降低渠道的过流能

力,大型渠道可取 $v'' \geqslant 0.5$ m/s,小型渠道可取 $v'' \geqslant 0.3$ m/s。若渠中水流含有一定的泥沙,则渠中流速不得小于能挟带来水含沙量的流速。研究表明,渠道的不淤允许流速与水流中所含泥沙的性质有关,可按下述经验公式计算

$$v'' = c' R^{0.5} \tag{6-11}$$

式中:R 为水力半径,m;c'为系数,$m^{0.5}/s$,其值可根据渠中水流所含泥沙的性质,由表 6-6 查得。不淤允许流速也可以通过水流挟沙力关系推求,可参见相关河流动力学书籍。

二、渠道的水力最佳断面

由明渠均匀流水力计算的基本公式(6-7)和曼宁公式,可得

$$Q = \frac{1}{n}\frac{A^{5/3} i^{1/2}}{\chi^{2/3}} \tag{6-12}$$

表 6-5　渠道不冲允许流速 v'值

一、坚硬岩石和人工护面渠道

岩石或护面种类	渠道流量(m^3/s)		
	<1.0	1~10	>10
软质水成岩(泥灰岩、页岩、软砾岩)	2.5	3.0	3.5
中等硬质水成岩(多孔石灰岩、致密砾岩、层状石灰岩、白云石灰岩、灰质砂岩)	3.5	4.25	5.0
硬质水成岩(白云砂岩、砂质石灰岩)	5.0	6.0	7.0
结晶岩、火成岩	8.0	9.0	10.0
单层块石铺砌	2.5	3.5	4.0
双层块石铺砌	3.5	4.5	5.0
混凝土护面(水流中不含砂和卵石)	6.0	8.0	10.0
混凝土连锁块护面	4.0	6.0	7.0

二、土质渠道

<table>
<tr><td rowspan="5">均质黏性土</td><td>土质</td><td colspan="2">不冲允许流速(m/s)</td><td>说　明</td></tr>
<tr><td>轻壤土</td><td colspan="2">0.60~0.80</td><td rowspan="14">1. 均质黏性土质渠道中各种土质的干容重为 12.74~16.66 kN/m³
2. 表中所列不冲允许流速为水力半径 R=1.0 m 时的值,若 R≠1.0 m,则 v′=查表值×R^α。对于砂、砾石、卵石、疏松的壤土及黏土 α=0.250~0.333;对于密实的壤土、黏土 α=0.200~0.250</td></tr>
<tr><td>中壤土</td><td colspan="2">0.65~0.85</td></tr>
<tr><td>重壤土</td><td colspan="2">0.70~1.00</td></tr>
<tr><td>黏土</td><td colspan="2">0.75~0.95</td></tr>
<tr><td rowspan="10">均质无黏性土</td><td>土质</td><td>粒径(mm)</td><td>不冲允许流速(m/s)</td></tr>
<tr><td>极细砂</td><td>0.05~0.10</td><td>0.35~0.45</td></tr>
<tr><td>细砂及中砂</td><td>0.25~0.50</td><td>0.45~0.60</td></tr>
<tr><td>粗砂</td><td>0.50~2.00</td><td>0.60~0.75</td></tr>
<tr><td>细砾石</td><td>2.00~5.00</td><td>0.75~0.90</td></tr>
<tr><td>中砾石</td><td>5.00~10.0</td><td>0.90~1.10</td></tr>
<tr><td>粗砾石</td><td>10.0~20.0</td><td>1.10~1.30</td></tr>
<tr><td>小卵石</td><td>20.0~40.0</td><td>1.30~1.80</td></tr>
<tr><td>中卵石</td><td>40.0~60.0</td><td>1.80~2.20</td></tr>
</table>

表 6-6　系数 c' 值

泥沙性质	c'	泥沙性质	c'
粗颗粒泥沙	0.65 ~ 0.77	细颗粒泥沙	0.41 ~ 0.45
中颗粒泥沙	0.58 ~ 0.64	很细颗粒泥沙	0.37 ~ 0.41

由式(6-12)可见，当渠道的过水断面面积 A、底坡 i 和糙率 n 一定时，若湿周 χ 最小，则流量 Q 最大。水力学中把满足上述条件的断面称为水力最佳断面。显然，水力最佳断面的定义可以有如下三种表述方式：

(1) A、i、n 一定，χ 最小的断面；

(2) A、i、n 一定，Q 最大的断面；

(3) Q、i、n 一定，A 最小的断面。

由几何学可知，对于不同的几何形状，几何面积相等，但各自的周长却不一定相等，且在所有的几何形状中，以圆的周长为最小。因此，在实际工程中，往往采用 U 形断面或圆形断面作为渠道、渡槽或无压输水管道的过水断面，这些断面除具有较好的结构特征外，还具有湿周小、过流能力大的优点。

对于工程最常用的对称梯形断面明渠，在边坡系数 m 相同的情况下，不同的宽深比 b/h，也会有不同的湿周。将梯形断面最小湿周所相应的宽深比称为梯形断面的水力最佳宽深比，用 β_m 表示。现推求如下：

由对称梯形断面明渠的过水断面面积 $A=(b+mh)h$，得

$$b=\frac{A}{h}-mh$$

且湿周

$$\chi=b+2h\sqrt{1+m^2}$$

有

$$\chi=\frac{A}{h}-mh+2h\sqrt{1+m^2} \tag{6-13}$$

式(6-13)中，当过水断面面积 A、边坡系数 m 一定时，湿周 χ 随水深 h 变化。由高等数学可知，当湿周最小时，应有 $\frac{\mathrm{d}\chi}{\mathrm{d}h}=0$，与此相应的宽深比 b/h 即为 β_m。由式(6-13)，湿周 χ 对水深 h 求一阶导数，有

$$\frac{\mathrm{d}\chi}{\mathrm{d}h}=\frac{\mathrm{d}}{\mathrm{d}h}\left(\frac{A}{h}-mh+2h\sqrt{1+m^2}\right)$$

$$=-\frac{A}{h^2}-m+2\sqrt{1+m^2}$$

将 $A=(b+mh)h$ 代入上式，并令 $\frac{\mathrm{d}\chi}{\mathrm{d}h}=0$，得

$$\beta_m=\frac{b_m}{h_m}=2\left(\sqrt{1+m^2}-m\right) \tag{6-14}$$

可见，梯形断面的水力最佳宽深比 β_m 仅与渠道的边坡系数 m 有关。或者说一个确定的边坡系数 m，必对应着一个确定的水力最佳宽深比 β_m。为应用方便起见，现将对称

梯形断面不同边坡系数 m 相应的水力最佳宽深比 β_m 列于表 6-7，以供参考。

表 6-7　梯形断面水力最佳宽深比 β_m 值

m	0.00	0.25	0.50	0.75	1.00	1.25	1.50	1.75	2.00	2.50	3.00
β_m	2.00	1.56	1.24	1.00	0.83	0.70	0.61	0.53	0.47	0.38	0.32

对于梯形断面明渠，因

$$R=\frac{A}{\chi}=\frac{(b+mh)h}{b+2h\sqrt{1+m^2}}=\frac{(b/h+m)h}{b/h+2\sqrt{1+m^2}}=\frac{(\beta+m)h}{\beta+2\sqrt{1+m^2}}$$

以 $\beta=\beta_m=b_m/h_m$ 代入上式，得 $R_m=h_m/2$，即梯形断面渠道水力最佳断面的水力半径等于水深的一半。

对于矩形断面明渠，因 $m=0$，由表 6-7 得 $\beta_m=b_m/h_m=2$，即 $b_m=2h_m$，表明矩形断面明渠水力最佳断面的底宽等于 2 倍的水深。

应该指出，水力最佳断面与经济最优断面是有区别的，水力最佳断面是仅就断面的过水能力而言的，而经济最优断面则还须从地质条件、施工技术、侵占耕地面积以及运行管理等方面进行综合评价才能确定。

通常情况下，大中型渠道，水力最佳断面不一定是经济最优断面。但对于那些基本上是由土方开挖量来决定造价高低的小型渠道来说，其经济最优断面与水力最佳断面比较接近，在能够满足设计要求的前提下，可以按水力最佳断面条件来进行渠道断面设计。

由于无硬化的自然土渠的边坡系数 m 一般都大于 1，从表 6-7 可以看出，若按水力最佳断面设计，渠道断面形状往往是窄深式的。这种断面形式虽然过水断面面积最小，可以减少土方开挖工程量，但施工及渠道维护都存在一定的困难，有时还难以满足通航和灌溉要求。可见，在渠道设计时，必须从实际情况出发，不能盲目受水力最佳断面条件的限制。即使是按水力最佳断面条件进行渠道断面设计，为了使渠道断面能够与经济最优断面相接近，亦应根据地形及渠道的硬化情况，选取适当的水力最佳宽深比。例如：山坡陡峭的傍山渠道，宜按窄深式进行渠道断面设计；平原或地势相对平缓地区，宜按宽浅式进行渠道断面设计。

根据国内的一些经验，现将流量在 60 m^3/s 以下的梯形断面明渠的经济最优断面宽深比 β_e 的大致范围列于表 6-8，供水力计算时参考选用。

表 6-8　梯形断面经济最优宽深比 β_e 值

$Q(m^3/s)$	5	5 ~ 10	10 ~ 30	30 ~ 60
β_e	1 ~ 3	3 ~ 5	5 ~ 7	6 ~ 10

三、综合糙率

对于图 6-9 所示的长直棱柱体单式断面傍山渠道，尽管其过水断面上各部分的糙率不同，只要渠道过水断面的形状、尺寸及过水断面上各部分的糙率沿程不变，仍属明渠均匀流范畴，故仍可应用明渠均匀流的基本公式(6-6)或式(6-7)进行其水力计算。但由于过水断面上各部分的糙率不同，运用曼宁公式或巴甫洛夫斯基公式计算舍齐系数 C 时，需要确定一个可以代表断面综合阻力特征的计算糙率，这个计算糙率便称为综合糙率，综合糙率用 n_e 来表示，其值可用下列公式进行计算：

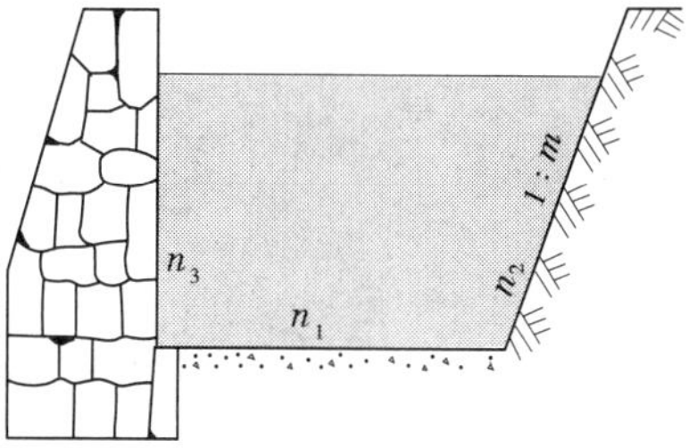

图 6-9

巴甫洛夫斯基公式

$$n_e = \sqrt{\frac{\sum n_i^2 \chi_i}{\sum \chi_i}} \tag{6-15}$$

加权平均公式

$$n_e = \frac{\sum n_i \chi_i}{\sum \chi_i} \tag{6-16}$$

以上两式中，χ_i 为相应于糙率 n_i 的湿周；式(6-16)适用于最大糙率 n_{max} 与最小糙率 n_{min} 之比 $\frac{n_{max}}{n_{min}} < 2.0$ 的情形。

【例 6-4】 一长直的棱柱体梯形断面排水明渠，两边坡为混凝土护面，底部采用浆砌块石护底，如图 6-10所示。已知边坡系数 $m = 1.25$，底宽 $b = 1.5$ m，正常水深 $h_0 = 2.0$ m，底坡 $i = 0.001$，糙率分别为 $n_1 = 0.017$，$n_2 = 0.025$。求该渠道所通过的流量，并比较在不同综合糙率计算公式下流量的大小。

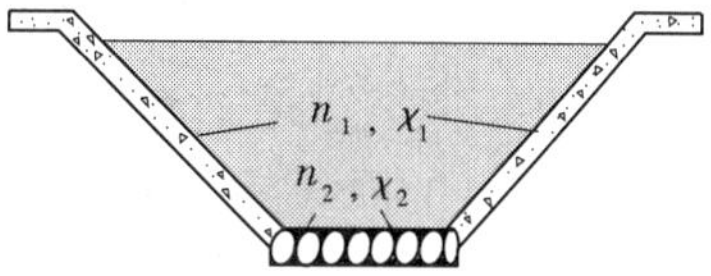

图 6-10

解：由题意知

$$\chi_1 = 2\sqrt{h_0^2 + (mh_0)^2} = 2 \times \sqrt{2.0^2 + (1.25 \times 2.0)^2} = 6.4(\text{m})$$

$$\chi_2 = b = 1.5 \text{ m}$$

由式(6-15)，该渠道的综合糙率

$$n_e = \sqrt{\frac{\sum n_i^2 \chi_i}{\sum \chi_i}} = \sqrt{\frac{n_1^2 \chi_1 + n_2^2 \chi_2}{\chi_1 + \chi_2}}$$

$$= \sqrt{\frac{0.017^2 \times 6.4 + 0.025^2 \times 1.5}{6.4 + 1.5}} = 0.018\,8$$

$$A = (b + mh_0)h_0 = (1.5 + 1.25 \times 2.0) \times 2.0 = 8.0(\text{m}^2)$$

$$R = \frac{A}{\sum \chi_i} = \frac{8.0}{6.4 + 1.5} = 1.013(\text{m})$$

$$C = \frac{1}{n_e} R^{1/6} = \frac{1}{0.018\,8} \times 1.013^{1/6} = 53.31(\text{m}^{0.5}/\text{s})$$

由式(6-7)得渠道通过的流量为

$$Q = AC\sqrt{Ri} = 8.0 \times 53.31 \times \sqrt{1.013 \times 0.001} = 13.57\ (\text{m}^3/\text{s})$$

又因$\frac{n_{max}}{n_{min}}=\frac{0.025}{0.017}=1.47<2.0$，可用式(6-16)计算综合糙率

$$n_e=\frac{\sum n_i\chi_i}{\sum\chi_i}=\frac{0.017\times6.4+0.025\times1.5}{6.4+1.5}=0.0185$$

$$C=\frac{1}{n_e}R^{1/6}=\frac{1}{0.0185}\times1.013^{1/6}=54.17\ (m^{0.5}/s)$$

$$Q=AC\sqrt{Ri}=8.0\times54.17\times\sqrt{1.013\times0.001}=13.79(m^3/s)$$

可见，计算综合糙率时，应用式(6-15)所得的流量略小于应用式(6-16)所得的流量。

四、复式断面明渠的水力计算

为了适应不同流量的输水要求，有时将渠道断面设计成图6-11(a)所示的形状，这种渠道就称为复式断面明渠。复式断面明渠的特点是渠道横断面上边坡、深度或宽度有突然变化。由于水流的长期冲刷与河床的演变，有的天然河道也会自然形成复式断面形式。复式断面明渠的滩地部分在枯水期甚至可以适时进行季节性耕种。实测复式断面的水深流量关系如图6-11(b)所示。由图可见，当复式断面明渠水位超过深槽时，水流溢出而漫及滩地，从而使得湿周χ突然增大，此时用基本公式(6-7)计算得到的流量反而减小，这与实际情况明显不符。在这种情况下，如应用明渠均匀流的基本公式进行水力计算，可先按水深变化不大的原则，用铅垂线将断面分成若干块，然后运用式(6-7)或式(6-8)分别计算出各块所相应的流量(计算时，图6-11(a)中水与水的交界线g—g及b—b不计入湿周)，然后将各块流量相加，即得复式断面明渠的总流量

$$Q=Q_1+Q_2+Q_3+\cdots+Q_n=\sum Q_i=\sum K_{0i}\sqrt{i}\tag{6-17}$$

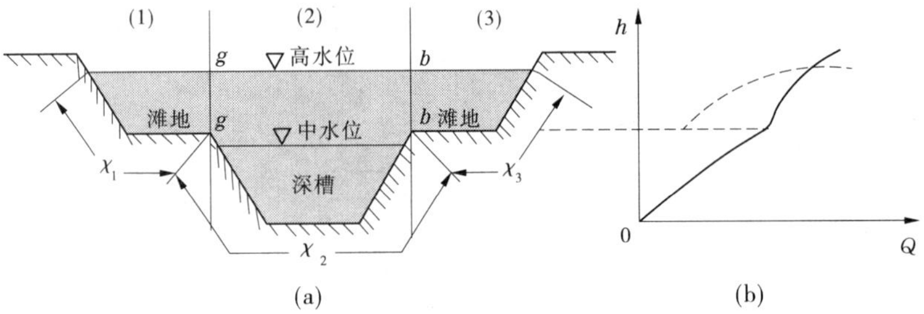

图6-11

【例6-5】　某河道汛期概化断面如图6-12所示，已知河道底坡$i=0.0004$，滩地糙率$n_2=0.038$，主槽水深$h_1=6.0$ m，滩地水深$h_2=1.0$ m。汛前实测得$h_1=5.0$ m时的流量$Q'=167$ m³/s，试求河道汛期流量Q(按均匀流考虑)。

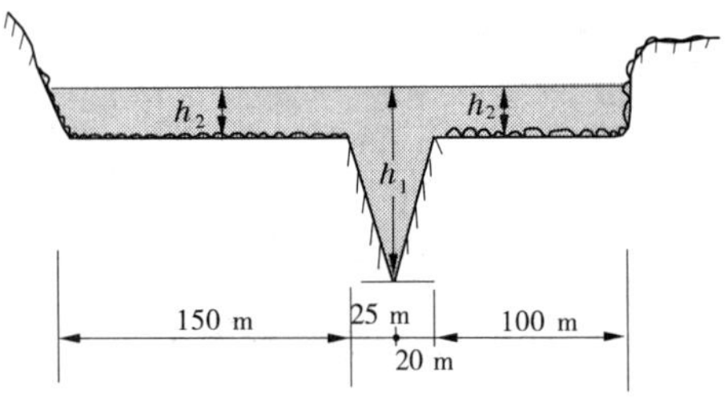

图6-12

解：因为汛期左、右滩地的糙率及水深

均相等，可合并计算，故将整个复式断面分成滩地和主槽两部分分别计算，然后应用式(6-17)即得河道汛期流量 Q。

由汛前水流刚满主槽的已知条件，有

$$A_1' = \frac{(20+25)\times 5.0}{2} = 112.5(\mathrm{m}^2)$$

$$\chi_1' = \sqrt{20^2+5^2} + \sqrt{25^2+5^2} = 46.11(\mathrm{m})$$

$$R_1' = \frac{A_1'}{\chi_1'} = \frac{112.5}{46.11} = 2.44(\mathrm{m})$$

由基本公式(6-7)，可得主槽的糙率

$$n_1 = \frac{A_1'R_1'^{2/3}i^{1/2}}{Q'} = \frac{112.5\times 2.44^{2/3}\times 0.000\,4^{1/2}}{167} = 0.024\,4$$

汛期主槽的水力要素为

$$A_1 = A_1' + 1.0\times(25+20) = 112.5 + 45 = 157.5(\mathrm{m}^2)$$

$$\chi_1 = \chi_1' = 46.11\ \mathrm{m}$$

$$R_1 = \frac{A_1}{\chi_1} = \frac{157.5}{46.11} = 3.416(\mathrm{m})$$

$$C_1 = \frac{1}{n_1}R_1^{1/6} = \frac{1}{0.024\,4}\times 3.416^{1/6} = 50.30(\mathrm{m}^{0.5}/\mathrm{s})$$

$$K_{01} = A_1C_1\sqrt{R_1} = 157.5\times 50.30\times\sqrt{3.416} = 14\,642.24(\mathrm{m}^3/\mathrm{s})$$

汛期滩地的水力要素为

$$A_2 = (150+100)\times 1.0 = 250(\mathrm{m}^2)$$

$$\chi_2 = 1.0\times 2 + 150 + 100 = 252(\mathrm{m})$$

$$R_2 = \frac{A_2}{\chi_2} = \frac{250}{252} = 0.992(\mathrm{m})$$

$$C_2 = \frac{1}{n_2}R_2^{1/6} = \frac{1}{0.038}\times 0.992^{1/6} = 26.28(\mathrm{m}^{0.5}/\mathrm{s})$$

$$K_{02} = A_2C_2\sqrt{R_2} = 250\times 26.28\times\sqrt{0.992} = 6\,543.67(\mathrm{m}^3/\mathrm{s})$$

由式(6-17)得河道汛期的流量

$$Q = \sum K_{0i}\sqrt{i} = (K_{01}+K_{02})\sqrt{i} = (14\,642.24 + 6\,543.67)\times\sqrt{0.000\,4} = 423.72(\mathrm{m}^3/\mathrm{s})$$

五、无压圆管明渠均匀流水力计算

(一)无压圆管过水断面的水力要素与最佳充满度

1.无压圆管过水断面的水力要素

在所有的几何形状断面中，圆管不仅具有水力最佳断面的特征，而且还具有很好的结构力学性能，故在无压涵管中被广泛采用。如图 6-13 所示的无压圆管，在满足明渠均匀流产生的边界条件的前提下，其水力特性及基本公式与明渠均匀流完全相同。其过水断面的水力要素如下：

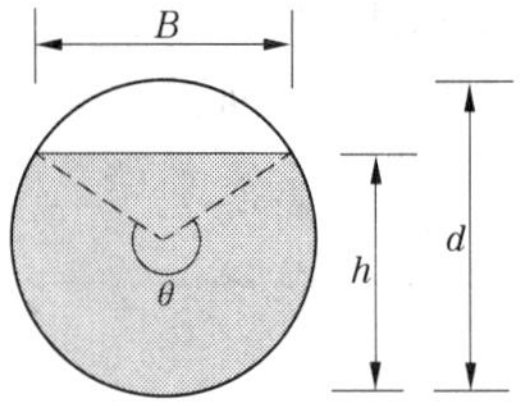

图 6-13

(1)充满度与充满角。若圆管的直径为 d，断面水深为 h，则其充满度 α 定义为

$$\alpha = \frac{h}{d}$$

同时，定义其与水深相对应的圆心角为充满角 θ，则充满度与充满角之间存在如下关系

$$\alpha = \frac{1}{2} - \frac{1}{2}\cos\frac{\theta}{2} = \sin^2\frac{\theta}{4}$$

或

$$\theta = 4\arcsin\sqrt{\alpha} \tag{6-18}$$

(2)无压圆管的过水断面面积、湿周、水力半径及水面宽度。由几何关系，可以推得：

过水断面面积(均以弧度计)

$$A = \frac{d^2}{8}(\theta - \sin\theta) \tag{6-19}$$

湿周

$$\chi = \frac{d}{2}\theta \tag{6-20}$$

水力半径

$$R = \frac{d}{4}\left(1 - \frac{\sin\theta}{\theta}\right) \tag{6-21}$$

水面宽度

$$B = d\sin\frac{\theta}{2}$$

(3)无压圆管明渠均匀流的流量及断面平均流速。将式(6-19)及式(6-21)代入式(6-7)，经整理得无压圆管明渠均匀流的流量为

$$Q = 0.049\ 6\,\frac{d^{2.67}i^{0.5}(\theta - \sin\theta)^{1.67}}{n\theta^{0.67}} \tag{6-22}$$

将式(6-21)代入式(6-6)，经整理得无压圆管明渠均匀流的断面平均流速为

$$v = 0.397\,\frac{i^{0.5}}{n}\left(d\,\frac{\theta - \sin\theta}{\theta}\right)^{0.67} \tag{6-23}$$

2. 无压圆管明渠均匀流的水力最佳充满度

无压圆管明渠均匀流，当充满角 $\theta = 360°$ 或 $h = d$ 时称为满流；当充满角 $\theta < 360°$ 或 $h < d$ 时称为非满流。设满流时的流量为 Q_0，过水断面面积为 A_0，舍齐系数为 C_0，水力半径为 R_0；非满流时的流量为 Q，过水断面面积为 A，舍齐系数为 C，水力半径为 R。引入无量纲的流量比值或称为相对流量 $\overline{Q}$，并定义

$$\overline{Q} = \frac{Q}{Q_0} = \frac{AC\sqrt{Ri}}{A_0C_0\sqrt{R_0 i}} = \frac{A}{A_0}\left(\frac{R}{R_0}\right)^{0.67} \tag{6-24}$$

将各水力要素代入上式，经整理得

$$\bar{Q} = 0.159 \frac{(\theta - \sin\theta)^{1.67}}{\theta^{0.67}} \tag{6-25}$$

设相对流速为 $\bar{v}$，且定义

$$\bar{v} = \frac{v}{v_0} = \frac{C\sqrt{Ri}}{C_0\sqrt{R_0 i}} = \left(\frac{R}{R_0}\right)^{0.67} = \left(1 - \frac{\sin\theta}{\theta}\right)^{0.67} \tag{6-26}$$

由式(6-18)可知

$$\bar{v} = f_1(\alpha) \tag{6-27}$$

$$\bar{Q} = f_2(\alpha) \tag{6-28}$$

现以 θ 为参数，由式(6-24)及式(6-26)分别计算出相对流量 $\frac{Q}{Q_0}$ 和相对流速 $\frac{v}{v_0}$，并绘制充满度 α 与 $\frac{Q}{Q_0}$ 及 $\frac{v}{v_0}$ 的关系曲线，如图 6-14 所示。

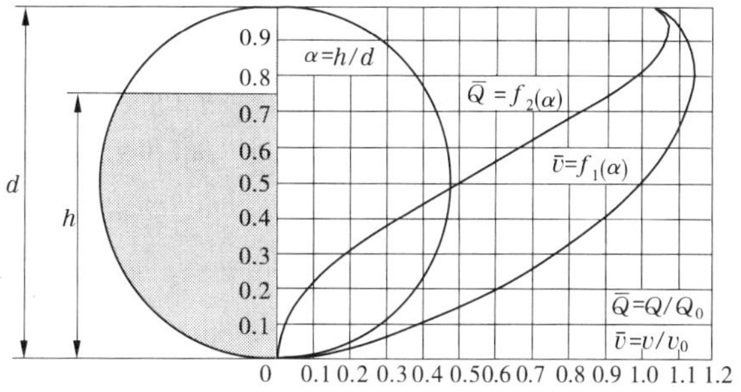

图 6-14

由图 6-14 可见：当 $\alpha = \frac{h}{d} = 0.95$ 时，$\bar{Q}_{\max} = \frac{Q_{\max}}{Q_0} = 1.087$，无压圆管明渠均匀流的最大流量 $Q_{\max} = 1.087Q_0$；当 $\alpha = \frac{h}{d} = 0.81$ 时，$\bar{v}_{\max} = \frac{v_{\max}}{v_0} = 1.16$，无压圆管明渠均匀流的最大流速 $v_{\max} = 1.16v_0$。

以上结果表明，无压圆管明渠均匀流的最大流量 $Q_{\max}$ 及最大流速 $v_{\max}$ 均发生在满流之前，即其水力最佳情形是发生在满流之前的。

相应于最大流量 $Q_{\max}$ 的充满度即为水力最佳充满度 α_{Q_m}，即 $\alpha_{Q_m} = 0.95$，由式(6-18)可得水力最佳充满角 $\theta_{Q_m} = 308°$。同时，无压圆管最大流速 $v_{\max}$ 时的充满度 $\alpha_{vm}(0.81)$，则其相应的充满角为 $\theta_{vm} = 257.5°$。上述 α_{Q_m} 及 α_{vm} 均可由式(6-22)和式(6-23)分别对 θ 求一阶导数，并令 $\frac{dQ}{d\theta} = 0$ 及 $\frac{dv}{d\theta} = 0$ 得到。

为便于进行无压圆管均匀流的水力计算，现将无压圆管过水断面的一些主要要素列于表 6-9。

(二)无压圆管明渠均匀流的水力计算任务

无压圆管明渠均匀流的水力计算任务，可以归纳为如下三种类型：

(1)校核已建管道的输水能力。这类问题实际上就是已知管径 d、充满度 α、糙率 n

以及管道底坡 i,求流量 Q 的问题。计算时可先由式(6-18)求得充满角 θ,再由式(6-19)及式(6-21)分别求出过水断面面积 A 及水力半径 R,并用曼宁公式求出舍齐系数 C,然后代入明渠均匀流的基本公式 $Q=AC\sqrt{Ri}$ 求解。

表 6-9 无压圆管过水断面主要要素

充满度 α	面积系数 S_1	水力半径系数 S_2	相对流量 $\bar{Q}$	充满度 α	面积系数 S_1	水力半径系数 S_2	相对流量 $\bar{Q}$
0.05	0.014 7	0.032 6	0.004 8	0.55	0.442 6	0.264 9	0.586 0
0.10	0.040 0	0.063 5	0.020 8	0.60	0.492 0	0.277 6	0.627 1
0.15	0.073 9	0.092 9	0.048 7	0.65	0.540 4	0.288 1	0.756 7
0.20	0.111 8	0.120 6	0.087 6	0.70	0.587 2	0.296 2	0.837 6
0.25	0.153 5	0.146 6	0.137 0	0.75	0.631 9	0.301 7	0.912 4
0.30	0.192 8	0.170 9	0.195 9	0.80	0.673 6	0.304 2	0.978 0
0.35	0.245 0	0.193 8	0.263 1	0.85	0.711 5	0.303 3	1.031 0
0.40	0.293 4	0.214 2	0.337 2	0.90	0.744 5	0.298 0	1.066 2
0.45	0.342 8	0.233 1	0.416 8	0.95	0.770 7	0.286 5	1.075 2
0.50	0.392 7	0.250 0	0.500 3	1.00	0.785 4	0.250 0	1.000 0

注:过水断面面积 $A=S_1d^2$;水力半径 $R=S_2d$。

(2)确定无压圆管的底坡。这类问题属于已知流量 Q、管径 d、充满度 α 及糙率 n,求底坡 i 的问题。计算时可先由式(6-18)求得充满角 θ,再由式(6-19)及式(6-21)分别求出过水断面面积 A 及水力半径 R,并用曼宁公式求出舍齐系数 C,最后由明渠均匀流的基本公式即得 $i=\dfrac{Q^2}{A^2C^2R}$。

(3)确定无压圆管的直径。此类问题属于已知流量 Q、充满度 α、糙率 n 及底坡 i,求管径 d 的问题。计算时可先求得充满角 θ、过水断面面积 A、水力半径 R 及舍齐系数 C,然后代入明渠均匀流的基本公式 $Q=AC\sqrt{Ri}=f(d)$,经试算即可求得直径 d。

(三)无压圆管最大设计充满度

无压圆管被广泛用做城镇排污管道。在进行其水力计算时,为了避免因流量的变化而形成有压流,应按有关规范确定其最大设计充满度,污水管道的最大设计充满度可根据管道直径 d(或暗渠高度 H),参照表 6-10 选取。

(四)不冲不淤允许流速

对于无压圆管中的明渠均匀流,金属管的最大允许流速 v' 为 10 m/s,非金属管 v' 为 5 m/s;在设计充满度下,当管径 $d\leqslant 500$ mm 时,最小允许流速 v'' 为 0.7 m/s,当 $d>500$ mm 时,最小允许流速 v'' 为 0.8 m/s。

【例 6-6】 某钢筋混凝土圆形排污管,已知管道底坡 $i=1/500$,管道直径 $d=1\ 000$ mm,管壁糙率 $n=0.014$。试求:(1)在最大设计充满度时所相应的流量;(2)校核此时管道能否满足不冲不淤要求。

解:(1)求在最大设计充满度时所相应的流量。当管道直径 $d=1\ 000$ mm 时,查表6-10得最大设计充满度 $\alpha=0.80$,由表6-9可查得相应于 $\alpha=0.80$ 时的过水断面面积及水力半径分别为

$$A=0.673\ 6d^2=0.673\ 6\times 1^2=0.673\ 6(\mathrm{m}^2)$$

$$R=0.304\ 2d=0.304\ 2(\mathrm{m})$$

表6-10　污水管道最大设计充满度

管道直径(d)或暗渠高度(H)(mm)	最大设计充满度($\alpha=\frac{h}{d}$或$\frac{h}{H}$)
150~300	0.60
350~450	0.70
500~900	0.75
≥1 000	0.80

求得

$$C=\frac{1}{n}R^{1/6}=\frac{1}{0.014}\times 0.304\ 2^{1/6}=58.58(\mathrm{m}^{0.5}/\mathrm{s})$$

由明渠均匀流的基本公式,即得最大设计充满度时相应的流量为

$$Q=AC\sqrt{Ri}=0.673\ 6\times 58.58\times\sqrt{0.304\ 2\times\frac{1}{500}}=0.97(\mathrm{m}^3/\mathrm{s})$$

(2)校核管道能否满足允许流速要求。相应于最大设计充满度时,管道的断面平均流速

$$v=\frac{Q}{A}=\frac{0.97}{0.673\ 6}=1.44(\mathrm{m/s})$$

由前面已知不冲允许流速 $v'=5$ m/s,不淤允许流速 $v''=0.8$ m/s,管道断面平均流速 $v=1.44$ m/s,符合 $v'>v>v''$,可见该管道能够满足不冲不淤要求。

第六节　明渠水流的流态及其判别

一、明渠水流的三种流态

研究明渠水流的流态,就是研究明渠中水流流动的缓急程度,研究干扰对水流的影响。为什么要研究水流流动的缓急呢? 因为水流流动的缓急影响输水河渠水位的变化特点,而河渠水位的高低又将直接影响河渠堤岸的安全。下面先看一个例子:

在实验室变坡水槽底部放一石块,如图6-15所示。当水槽底坡平缓时,水流流速较小,其上游水位普遍壅高,并一直延伸到上游较远处,水流在石块处发生水面跌落,显然石块的存在影响了上游水流的运动,如图6-15(a)所示。当改变水槽底坡,使之增大到一定程度时,即使是保持槽中水流流量不变,槽中水流的流速也会随底坡的增大而增大,当底坡增大到足够程度时,槽中水流湍急,则可观察到水面在石块顶部或稍向上游隆起,激起浪花,而石块上

游较远处水流并不发生影响，即石块仅在其附近产生扰动，如图 6-15(b)所示。

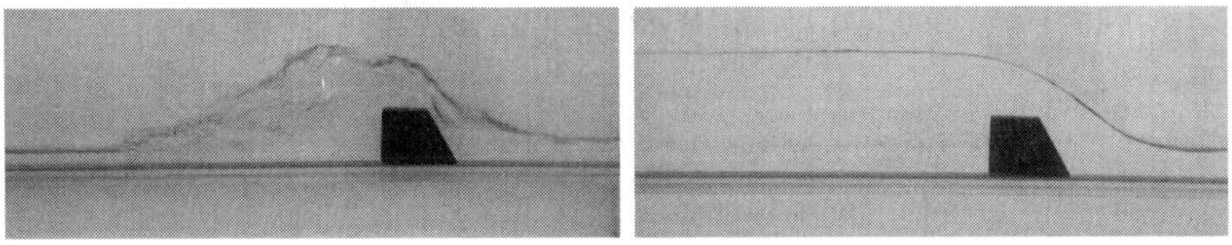

(a)　(b)

图 6-15

上述例子表明，明渠水流存在两种截然不同的水流流态，在两种流动中，边界扰动（障碍物石块的存在）对水流运动所产生的影响是完全不同的。在水力学中，将前者称为缓流（Subcritical flow），后者称为急流（Supercritical flow）。

“好与坏”、“高与矮”等具有相反特性的事物都是相对于某一标准来评判的。所以水流运动的“缓与急”也当然会有其特定的判别标准。为了寻求衡量水流缓急程度的标准，下面再来观察一个现象：

当某人工渠道下游的闸门完全关闭，上游渠中水流的断面平均流速 $v=0$（静水）时，垂直向渠中水面投下一颗石子，水面将因为这一扰动而产生一微小干扰波，此时干扰波的波形将是以投石点为圆心的同心圆簇，并以波速 c 均匀地向四周传播，如图 6-16(a)所示。静水中微波的传播速度 c 称为相对波速。当闸门开启时，渠中水面波动的传播形式将会随断面平均流速 v 的变化而呈现不同状况。若水流断面平均流速 $v<c$，则波动向上游传播的绝对速度为 $C=c-v$，向下游传播的绝对速度为 $C=v+c$，波形如图 6-16(b)所示，说明外界的干扰能对上游的水流运动产生影响，按前述定义，这种水流就是缓流。若水流断面平均流速 $v=c$，则波动向上游传播的绝对速度为零，向下游传播的绝对速度为 $C=v+c=2c$，波形如图 6-16(c)所示，说明外界的干扰只能停留在干扰波的波源处，不能向上游传播，干扰的影响只能被水流带往下游，这种水流定义为临界流（Critical flow）。若水流断面平均流速 $v>c$，则波动向上游传播的绝对速度 $C=c-v$ 为负值，向下游传播的绝对速度为 $C=v+c$，波形如图 6-16(d)所示，说明外界的干扰不能对上游的水流运动产生任何影响，按前述定义，这种水流就是急流。

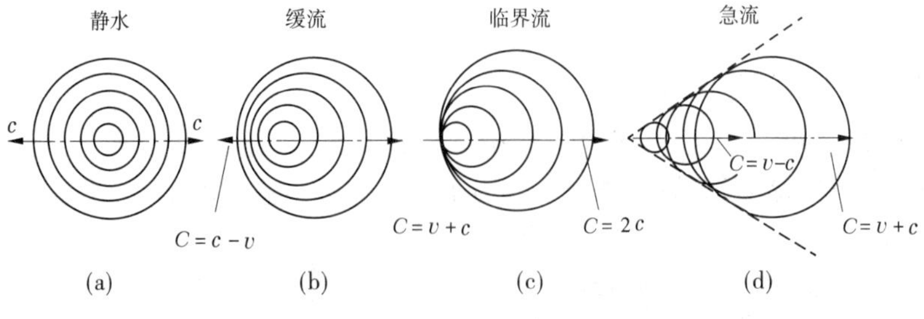

图 6-16

以上两种例子表明：当流量与底坡变化时会导致流态的变化。

由上述可见，对于断面平均流速为 v 的明渠水流，衡量其水流流动缓急程度的标准就是相对于微小干扰波的波速 c 而言的，或者说波速 c 就是其判别标准，即：

当 $v<c$ 时，水流称为缓流；

当 $v>c$ 时，水流称为急流；

当 $v=c$ 时，水流称为临界流。

综上所述，要判别明渠水流的流态，首先就必须确定微小干扰波的波速，下面采用能量方程来导出波速 c 的计算公式。

二、明渠中干扰微波的波速(Wave speed)

设有一任意断面形状的平底棱柱体明渠，渠中水深为 h，水是静止的，水面宽度为 B，过水断面面积为 A，如果用一铅直的薄平板向右移动一下，在板的右侧形成一波高为 Δh 的微小干扰波，在重力作用下，这个波以波速 c 自左向右传播，如图 6-17(a)所示。波形所到之处带动水体运动，此时水流为非恒定流动。但是，若假设波速、波高在一定时间范围内保持不变，把坐标系建立在波峰上，让坐标以波速 c 随波一起运动，则相对动坐标而言，波形就变成了固定不动的，而明渠中的水流则以速度 c 自右向左流动，如图 6-17(b)所示。所以，对这个动坐标来说，水流是恒定非均匀流动。若不计水头损失，以水平渠底为基准面，选取波峰断面 1—1 和靠近波峰前的断面 2—2，建立能量方程

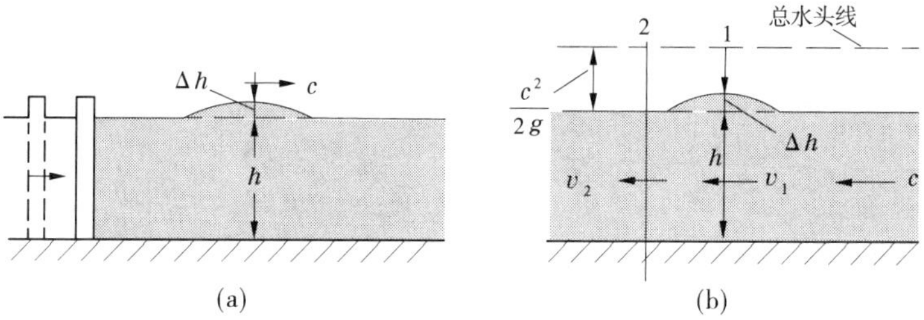

图 6-17

$$(h+\Delta h)+\frac{\alpha_1 v_1^2}{2g}=h+\frac{\alpha_2 v_2^2}{2g}$$

式中，$v_2=c$，又由连续性方程得

$$v_1(A+\Delta A)=v_2 A=cA$$

因 $\Delta A=B\Delta h$，则

$$v_1=c\frac{A}{A+B\Delta h}$$

将上式代入能量方程中，并取 $\alpha_1=\alpha_2=1.0$，可得

$$\frac{c^2}{2g}=\left[\frac{(A+B\Delta h)^2}{(A+B\Delta h)^2-A^2}\right]\Delta h$$

化简上式

$$c=\pm\sqrt{\frac{2g\left(\frac{A}{B}+\Delta h\right)^2}{2\frac{A}{B}+\Delta h}}=\pm\sqrt{g\bar{h}\frac{2\left(1+\frac{\Delta h}{\bar{h}}\right)^2}{2+\frac{\Delta h}{\bar{h}}}}$$

式中，$\bar{h}=\frac{A}{B}$为断面平均水深。当干扰波为微波时，$\Delta h \ll \bar{h}$，则$\frac{\Delta h}{\bar{h}}\approx 0$，故有

$$c = \pm \sqrt{g\bar{h}} \tag{6-29}$$

式(6-29)为任意断面形状的棱柱体明渠静水中微波波速的计算公式。对于矩形断面，该式可写成 $c=\pm\sqrt{gh}$。如果明渠中的水流不是静止的，而是以流速 v 流动，则微波传播的绝对速度 $c=v\pm\sqrt{g\bar{h}}$，其中取“+”号为微波顺水流方向传播的绝对速度，取“-”号为微波逆水流方向传播的绝对速度。

对于临界流，有 $v=c=\sqrt{g\bar{h}}$，即

$$\frac{v}{\sqrt{g\bar{h}}} = 1 \tag{6-30}$$

水力学中，通常令 $Fr=\frac{v}{\sqrt{g\bar{h}}}$，称为弗劳德(Froude)数，这是一个无量纲数。显然，弗劳德数 Fr 的值小于 1 还是大于 1，可以作为判别明渠水流是缓流还是急流的标准。

当 $v<c$ 时，$Fr<1$，水流为缓流；

当 $v>c$ 时，$Fr>1$，水流为急流；

当 $v=c$ 时，$Fr=1$，水流为临界流。

为进一步加深对弗劳德数 Fr 的理解，对弗劳德数的物理意义进行简单的分析。将弗劳德数改写为

$$Fr^2 = \frac{v^2}{g\bar{h}} = 2\frac{\frac{v^2}{2g}}{\bar{h}}$$

由上可知，弗劳德数的平方表示水流的平均单位动能与平均单位势能之比的 2 倍，Fr 值越大，说明水流在运动过程中动能占主导地位，水流的惯性力作用越强(读者可自行证明)，水流的流态也就越急；反之，则说明水流的重力作用越强。

上面根据微小干扰波的传播特征阐述了明渠水流流态的判别方法，下面进一步从能量的角度来分析明渠水流的流态问题。

第七节　断面比能、临界水深及临界底坡

一、断面比能(Specific energy)

如图 6-18 所示的明渠恒定渐变流，其任一过水断面上单位重量液体相对于选定基准面 0—0的总机械能 E 可表示为

$$E = z + \frac{p}{\rho g} + \frac{\alpha v^2}{2g} = z_0 + h\cos\theta + \frac{\alpha v^2}{2g}$$

式中：h 为断面最大水深；$\frac{\alpha v^2}{2g}$为平均流速水头；z_0 为断面最低点的位置水头。

若将过图 6-18 中的断面最低点的水平面 0_1—0_1 作为基准面，则单位重量液体所具有

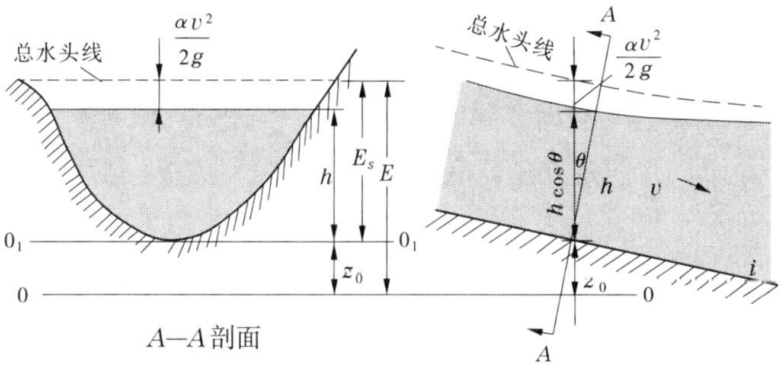

图 6-18

的机械能为 $h\cos\theta+\frac{\alpha v^2}{2g}$，称其为断面比能或断面单位能量 E_s。

$$E_s = h\cos\theta + \frac{\alpha v^2}{2g}$$

当渠道为 $\theta \leqslant 6°$ 的小底坡明渠时，$\cos\theta \approx 1.0$，$h\cos\theta \approx h$（注：本教材仅对小底坡明渠予以讨论），则

$$E_s = h\cos\theta + \frac{\alpha v^2}{2g} \approx h + \frac{\alpha v^2}{2g} \tag{6-31}$$

断面比能 E_s 实际上是与水流运动状态有关的那一部分单位势能 h 与单位动能 $\frac{\alpha v^2}{2g}$ 之和，显然水流的单位机械能 E 也可表示为

$$E = E_s + z_0$$

由此可知，E_s 和 E 虽然同是表示单位重量液体所具有的机械能，但二者是两个完全不同的概念，它们的区别如下：

其一，断面比能 E_s 只是单位机械能 E 中反映了水流运动状态的那一部分能量，两者总相差一个渠底高程。计算各断面的 E 值时，应取同一基准面，而计算 E_s 时则以各断面的最低点为基准面。

其二，实际水流由于能量损失，单位机械能 E 总是沿程减少的，即 $\frac{dE}{ds}<0$。但断面比能 E_s 却不同，因其基准面 0_1—0_1 随断面位置而改变，是不固定的，因此对于一般明渠非均匀流，它可以沿程减少，即 $\frac{dE_s}{ds}<0$，也可以沿程增加，即 $\frac{dE_s}{ds}>0$，而均匀流的水深及流速沿程均保持不变，故 E_s 沿程不变，即 $\frac{dE_s}{ds}=0$。

二、断面比能 E_s 随水深的变化

对于断面形式、尺寸及流量一定的棱柱体明渠，过水断面面积 A 是 h 的函数，$v=\frac{Q}{A}$，所以断面平均流速 v 也是 h 的函数，则

$$E_s = h + \frac{\alpha v^2}{2g} = h + \frac{\alpha Q^2}{2gA^2} = f(h) \tag{6-32}$$

为便于分析 E_s 与 h 的关系，把 E_s 看成 E_{s1} 和 E_{s2} 之和，即 $E_s = E_{s1} + E_{s2}$，其中 $E_{s1} = h = f_1(h)$，$E_{s2} = \frac{\alpha Q^2}{2gA^2} = f_2(h)$，并假定 h 从 0 变到∞。以水深 h 为纵坐标、断面比能 E_s 为横坐标，将$E_{s1} \sim h$和 $E_{s2} \sim h$ 的关系曲线分别绘出，而后叠加为 $E_s \sim h$ 曲线，如图 6-19 所示。当 $h \to 0$ 时，$E_{s1} \to 0$，又当 $A \to 0$ 时，$E_{s2} \to \infty$，因而 $E_s \to \infty$；当 $h \to \infty$ 时，$E_{s1} \to \infty$，又当 $A \to \infty$ 时，$E_{s2} \to 0$，因而 $E_s \to \infty$。也就是说，断面比能关系曲线 $E_s = f(h)$ 的两端均趋向于 $+\infty$，上端以过原点与横坐标成 45°的直线为渐近线，下端以水平线为渐近线，在水深从 0 向∞发展时，E_s 从∞逐渐变小，至某一极小值 $E_{s\min}$后（图 6-19 中的 a 点）再逐渐增大向∞发展。图中 a 点将 $E_s \sim h$ 曲线分为上下两支，上支的 E_s 随 h 的增大而增大，即$\frac{dE_s}{dh} > 0$；下支的 E_s 随 h 的增大而减小，即$\frac{dE_s}{dh} < 0$。因此，与上下两支相对应的水流特性也是不同的，下面进行简单的分析。

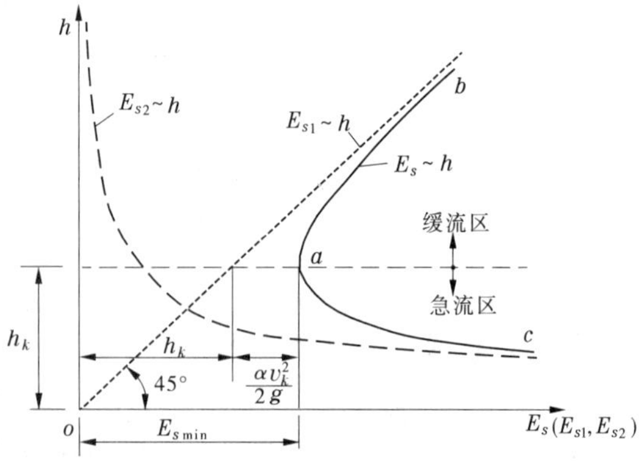

图 6-19

将式(6-32)对水深 h 求导，有

$$\frac{dE_s}{dh} = \frac{d}{dh}\left(h + \frac{\alpha Q^2}{2gA^2}\right) = 1 - \frac{\alpha Q^2}{gA^3}\frac{dA}{dh} \tag{6-33}$$

现在分析$\frac{dA}{dh}$所代表的物理意义。对某一确定的过水断面而言，如图 6-20 所示，当水深 h 增加 dh 时，则断面面积 A 相应增加了 dA。忽略两岸坡的形状影响，将微分面积 dA 近似按矩形考虑，则有$dA = Bdh$，即$\frac{dA}{dh} = B$，代入式(6-33)得

$$\frac{dE_s}{dh} = 1 - \frac{\alpha Q^2}{gA^3}B = 1 - \frac{\alpha v^2}{g\bar{h}} \tag{6-34}$$

若取 $\alpha = 1.0$，则

$$\frac{dE_s}{dh} = 1 - Fr^2 \tag{6-35}$$

从式(6-35)可知,对应 $E_s \sim h$ 曲线上支 ab, $\frac{dE_s}{dh}>0$,即 $1-Fr^2>0$,则 $Fr<1$,水流属于缓流;对应 $E_s \sim h$ 曲线下支 ac, $\frac{dE_s}{dh}<0$,即 $1-Fr^2<0$,则 $Fr>1$,水流属于急流;同理在 $E_s \sim h$ 曲线上 $\frac{dE_s}{dh}=0$ 的 a 点,有 $Fr=1$,对应水流为临界流。以上从能量的观点分析了明渠水流的不同流态。

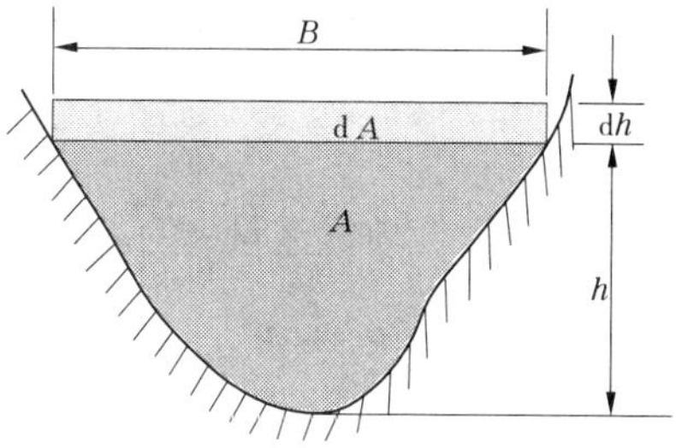

图 6-20

三、临界水深及其计算

(一)临界水深(Critical depth)

当明渠的流量、断面形状及尺寸保持不变时,相应于断面比能最小值 E_{smin} 的水深,称为临界水深 h_k,如图 6-19 所示。临界水深 h_k 是分析明渠水流运动的重要参数之一,也是明渠水流流态判别的常用标准。将明渠水流的实际水深 h 与相应的临界水深 h_k 进行比较,可以很方便地确定水流流态。从图 6-19 可知,当 $h>h_k$ 时,$\frac{dE_s}{dh}>0$,水流为缓流;当 $h<h_k$ 时,$\frac{dE_s}{dh}<0$,水流为急流;当 $h=h_k$ 时,$\frac{dE_s}{dh}=0$,水流为临界流。

令式(6-34)等于0,即

$$\frac{dE_s}{dh}=1-\frac{\alpha Q^2}{gA^3}B=0$$

即

$$\frac{\alpha Q^2}{gA^3}B=1 \tag{6-36}$$

或

$$\frac{\alpha Q^2}{g}=\frac{A_k^3}{B_k} \tag{6-37}$$

这就是临界水深应满足的条件,称之为**临界流方程**。式中下标"k"表示相应于临界水深时的水力要素。

需要说明的是,h_k 是在一定的渠道断面和一定的流量下讨论的,这时 $E_s \sim h$ 曲线是唯一的,因此对应的 h_k 也是唯一的。换言之,对于小底坡明渠,h_k 与流量和渠道的断面形状、尺寸有关,而与明渠的糙率 n 及底坡 i 无关。

(二)临界水深的计算

在式(6-37)中,左端为已知量,而右端 $\frac{A_k^3}{B_k}$ 是关于 h_k 的高次隐函数,对于任意断面形状的明渠,其函数关系较为复杂,不能直接求解,一般采用试算法(具体参见例题 6-7)或图解法求解。下面介绍常见的明渠水流临界水深 h_k 的计算方法。

1. 矩形断面临界水深的计算

矩形断面在任何水深情况下,水面宽度 B 等于底宽 b,将 $A_k=bh_k$,$B_k=b$ 代入

式(6-37)中,可得矩形断面临界水深的计算公式

$$h_k = \sqrt[3]{\frac{\alpha Q^2}{gb^2}} = \sqrt[3]{\frac{\alpha q^2}{g}} \tag{6-38}$$

式中,$q = Q/b$,为单宽流量,单位为 $m^3/(s \cdot m)$。当 $h = h_k$ 时

$$E_s = E_{s\min} = h_k + \frac{\alpha v^2}{2g} = h_k + \frac{\alpha q^2}{2gh_k^2} = h_k + \frac{h_k^3}{2h_k^2} = \frac{3}{2}h_k$$

所以

$$h_k = \frac{2}{3}E_{s\min} \tag{6-39}$$

即矩形断面明渠中,发生临界流时断面比能是临界水深的 1.5 倍。

2. 梯形断面临界水深的计算

1)试算法

利用$\frac{\alpha Q^2}{g} = \frac{A_k^3}{B_k}$,采用试算法求 h_k。即在 Q 和断面形状、尺寸一定的条件下,先假定一个 h,计算其相应的$\frac{A^3}{B}$,若$\frac{A^3}{B} = \frac{\alpha Q^2}{g}$,则所假定的 h 为所求 h_k,否则,重新假定 h,直至满足$\frac{\alpha Q^2}{g} = \frac{A_k^3}{B_k}$为止。为简便起见,若计算三到四次仍没取得满意的结果,则可绘制 $h \sim \frac{A^3}{B}$关系曲线,在横轴上取$\frac{A^3}{B} = \frac{\alpha Q^2}{g}$的 A 点作垂线与曲线相交于 B 点,则 B 点的纵坐标即为 h_k,具体见例题 6-7。

2)图解法

可利用图 6-21 计算,首先算出$\frac{\alpha}{g}\left(\frac{Q}{b}\right)^2\left(\frac{m}{b}\right)^3$,在横坐标上找到相应值,作铅垂线与图中曲线相交,交点的纵坐标为$\frac{m}{b}h_k$,则 h_k 可求得。

3)近似公式法

梯形断面明渠可以用阿格罗斯金近似公式计算临界水深 h_k,具体为

$$h_k = \left(1 - \frac{\sigma_n}{3} + 0.105\sigma_n^2\right)h_{kn} \tag{6-40}$$

式中 $\sigma_n = \frac{m}{b}h_{kn}$,其中 m 为梯形的边坡系数,b 为梯形的底宽,h_{kn}采用下式计算

$$h_{kn} = \sqrt[3]{\frac{\alpha}{g}\left(\frac{Q}{b}\right)^2} \tag{6-41}$$

【例 6-7】 某一梯形断面的明渠,已知边坡系数 $m = 1.5$,底宽 $b = 12$ m,通过流量 $Q = 18\ m^3/s$时,求其临界水深 h_k。

解:

1. 试算法

所求 h_k 应满足式(6-37),根据已知条件有

$$\frac{\alpha Q^2}{g} = \frac{1.0 \times 18^2}{9.81} = 33.03(m^5)$$

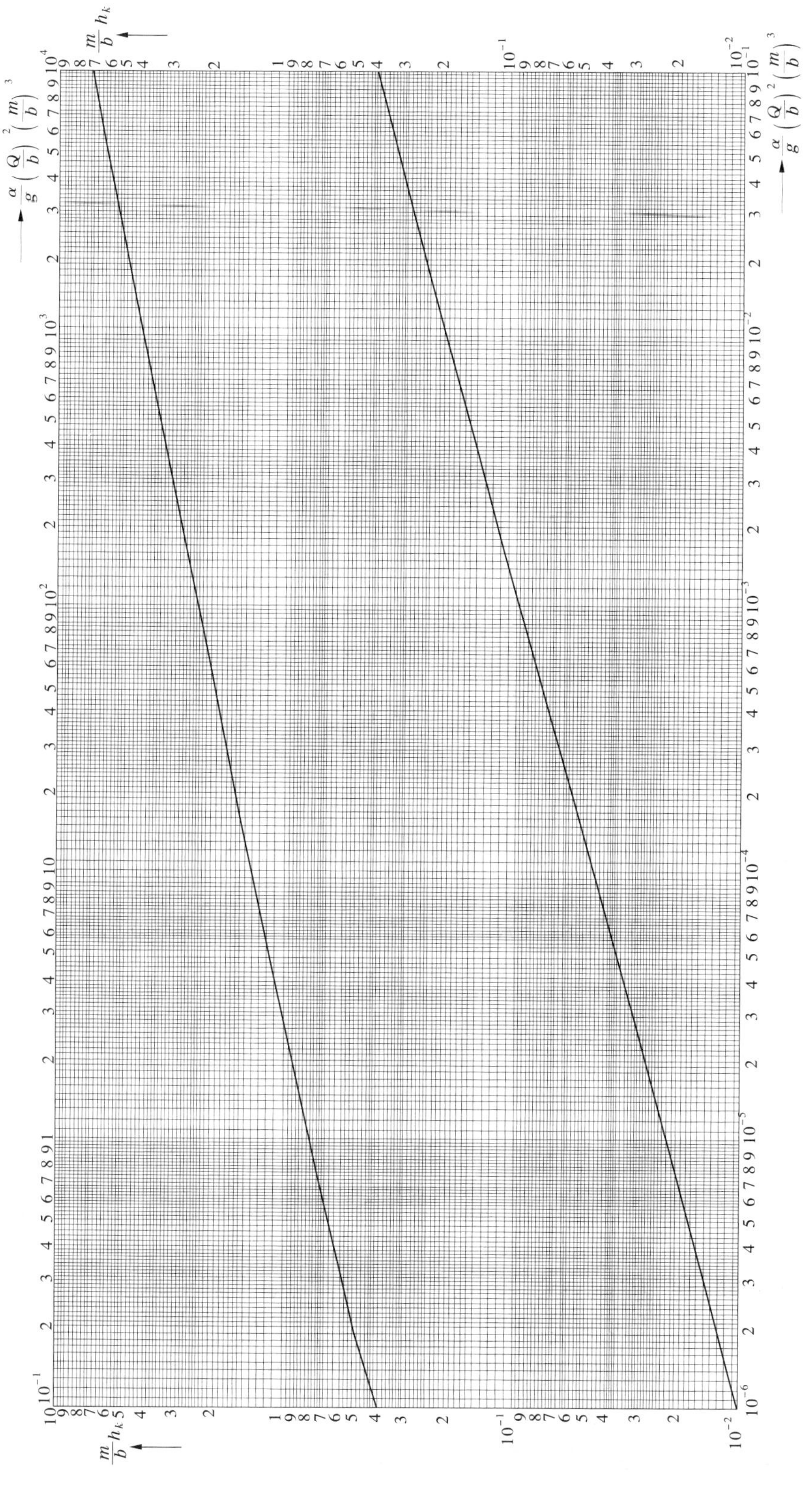

图 6-21　梯形断面明渠临界水深求解图

假设一系列的 h 值，计算 $h \sim A^3/B$ 关系，并列于表 6-11 中。（注意使计算 A^3/B 的取值范围涵盖 Q^2/g）。

表 6-11　$h \sim A^3/B$ 关系

h(m)	A(m²)	A^3(m⁶)	B(m)	$\frac{A^3}{B}$(m⁵)
0.4	5.04	128.02	13.20	9.70
0.5	6.38	259.69	13.50	19.24
0.6	7.74	463.68	13.80	33.60
0.7	9.14	763.55	14.10	54.15
0.8	10.56	1 177.58	14.40	81.78

根据表 6-11 绘制成图 6-22，在图中横坐标轴上找到对应于 $\alpha Q^2/g = 33.03\ \mathrm{m}^5$ 的点，过该点作铅垂线与曲线相交，其交点的纵坐标即为所求，即 $h_k = 0.596$ m。

2. 图解法

利用图 6-21，首先计算横坐标 $\frac{\alpha}{g}\left(\frac{Q}{b}\right)^2 \cdot \left(\frac{m}{b}\right)^3 = 4.48 \times 10^{-4}$，查图得 $\frac{m}{b}h_k = 0.075$，则

$$h_k = 0.075 \times \frac{12}{1.5} = 0.6(\mathrm{m})$$

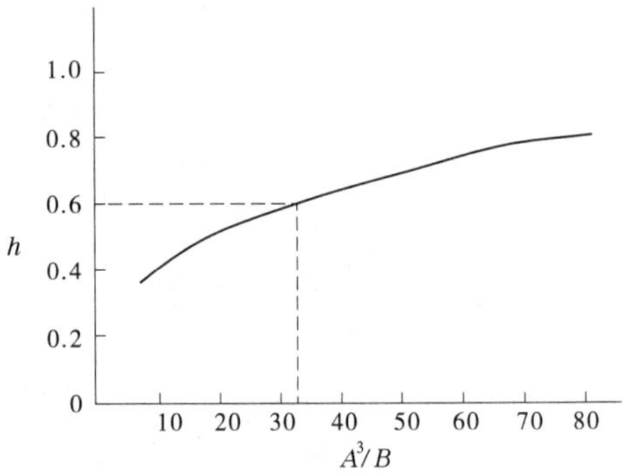

图 6-22

3. 近似公式法

根据式(6-40)、式(6-41)，先计算 h_{kn} 和 σ_n

$$h_{kn} = \sqrt[3]{\frac{\alpha}{g}\left(\frac{Q}{b}\right)^2} = \sqrt[3]{\frac{1.0}{9.81}\left(\frac{18}{12}\right)^2} = 0.612(\mathrm{m})$$

$$\sigma_n = \frac{m}{b}h_{kn} = \frac{1.5}{12} \times 0.612 = 7.65 \times 10^{-2}$$

代入式(6-40)可得

$$h_k = \left(1 - \frac{\sigma_n}{3} + 0.105\sigma_n^2\right)h_{kn} = 0.597(\mathrm{m})$$

四、临界底坡、缓坡与陡坡

对于明渠均匀流，在糙率 n 和断面形状、尺寸保持不变的棱柱体渠道中，当流量 Q 保持一定时，其正常水深 h_0 随底坡 i 的变化而改变，根据均匀流计算公式，可得到 $h_0 \sim i$ 的关系如图 6-23 所示。它表明一定的正常水深 h_0 要求一定的底坡 i 与其相对应。

此外，由临界流方程可知，临界水深与渠道底坡的变化无关。因此，当正常水深 h_0 随底坡 i 变化时，在某一底坡上所得到的正常水深 h_0 数值上恰好等于临界水深 h_k。此时，

对应的底坡称为临界底坡(Critical slope),以 i_k 表示。

需要说明的是,临界底坡只是为方便明渠水流计算和分析时引入的一种假设的底坡,也就是说,在断面形状、尺寸、糙率给定的渠道上,通过某一特定流量时,能使水流既作均匀流动,又呈临界流动的底坡称为临界底坡($i = i_k$),这时渠中水深既等于正常水深 h_0 又等于临界水深 h_k,即 $h = h_0 = h_k$。

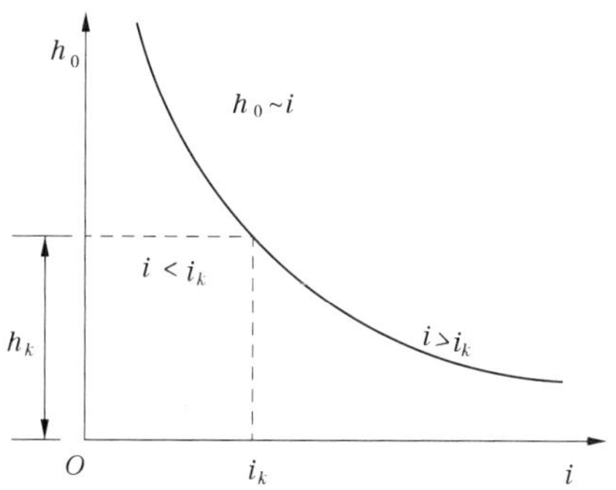

图 6-23

当 $i = i_k$ 时,$h_0 = h_k$,此时均匀流的过水断面面积、水面宽度、水力半径、湿周、舍齐系数分别为 A_k、B_k、R_k、χ_k、C_k,联解均匀流水力计算公式

$$Q = C_k A_k \sqrt{R_k i_k}$$

和临界流方程

$$\frac{\alpha Q^2}{g} = \frac{A_k^3}{B_k}$$

可得临界底坡的计算公式

$$i_k = \frac{g\chi_k}{\alpha B_k C_k^2} \tag{6-42}$$

式(6-42)表明,临界底坡 i_k 的大小与渠道的断面形状、尺寸、糙率有关,同时也与相应的流量有关。

临界底坡 i_k 与实际底坡 i 无关,将实际底坡 i 与临界底坡 i_k 相比较(见图 6-23),正坡渠道可能有以下三种情况:

(1)$i < i_k$,此时 $h_0 > h_k$,均匀流呈缓流状态,称该底坡 i 为缓坡(Gentle slope);

(2)$i > i_k$,此时 $h_0 < h_k$,均匀流呈急流状态,称该底坡 i 为陡坡(Steep slope);

(3)$i = i_k$,此时 $h_0 = h_k$,均匀流呈临界流状态,称该底坡 i 为临界坡。

应当注意的是,上述三种底坡的划分是根据底坡上均匀流的不同流态而定的,如作非均匀流动,则每一种底坡上均有可能发生缓流或急流。另外,同一个底坡 i 在不同的 Q(或 n)值时可能是缓坡也可能是陡坡;但对确定的 Q 值和 n 值,i 属于哪种底坡则是一定的。

第八节　明渠非均匀急变流现象及水力计算

一、水跌(Hydraulic drop)

在明渠的末端跌坎处,或由上游缓坡渠道向下游陡坡渠道变化的连接处,当明渠水流由缓流向急流过渡时,在底坡变化的局部范围内,将会发生水面连续、光滑的急剧降落,这种水流现象称为水跌。如图 6-24 所示。

水跌发生时,其上下游水流分别为缓流和急流,水深从大于临界水深向小于临界水深过渡,从明渠渐变流的理论来分析,突变断面处的水深 h_D 应等于临界水深 h_k,但是,水跌

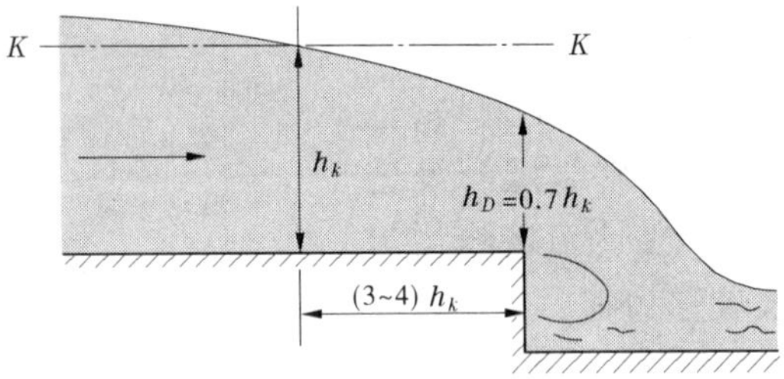

图 6-24

形成时,由于边界条件的剧烈改变,重力在水流内部占主导地位,导致流线发生急剧弯曲,形成的是恒定急变流,急变流的水流特性与渐变流不同,根据试验观测,突变断面处的水深 $h_D=0.7h_k$,而水深等于临界水深的断面在距离跌坎上游 $(3\sim4)h_k$ 的位置。为方便工程运用,通常近似取突变断面处的水深 $h_D=h_k$。这是一个非常重要的概念,在以后的棱柱体明渠恒定非均匀渐变流水面曲线分析与计算中,通常把该断面作为其控制断面。

二、水跃(Hydraulic jump)

(一)水跃现象

水跃是明渠中水流由急流向缓流过渡时发生水面突然跃起的局部水流现象。堰、闸等泄水建筑物下游常发生水跃。如图 6-25 所示。泄水建筑物下泄的水流通常流速较大,水深较小,多属于急流,而下游河道中的水流往往水深较大,流动较缓慢,一般属于缓流。下泄的水流从急流向缓流变化,必然形成水跃。

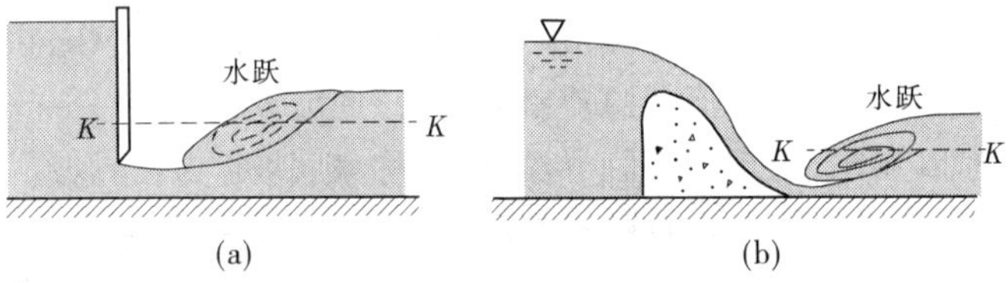

图 6-25

在实验室的长直玻璃水槽中,利用平板闸门和尾门的相互控制,使之形成水跃,从侧面观察水跃,可以发现典型水跃区的水流可分为两部分:一部分是底部逐渐扩散、水深由小变大的主流区;另一部分是表面剧烈旋滚、大量掺入气泡的旋滚水流区。如图 6-26 所示。但主流区与表面旋滚区并没有明显的界限,两区间内存在大量的质量和动量的交换,交界面上形成流速梯度很大的剪切面。

表面旋滚区的前端和末端断面分别称为跃前断面和跃后断面,断面相应的水深分别为跃前水深 h'(The initial depth of hydraulic jump)和跃后水深 h''(The sequent depth of hydraulic jump),两个水深之间存在共轭关系,因此也称共轭水深(Conjugate depth)。跃前断面和跃后断面之间为水跃发生区间,其长度 l_j 叫水跃长度,两断面的水深之差 Δh 称为跃高,如图 6-26 所示。

在水跃区段内,水流剧烈旋滚、碰撞和高度紊动,导致水流内部的摩擦和混掺作用加

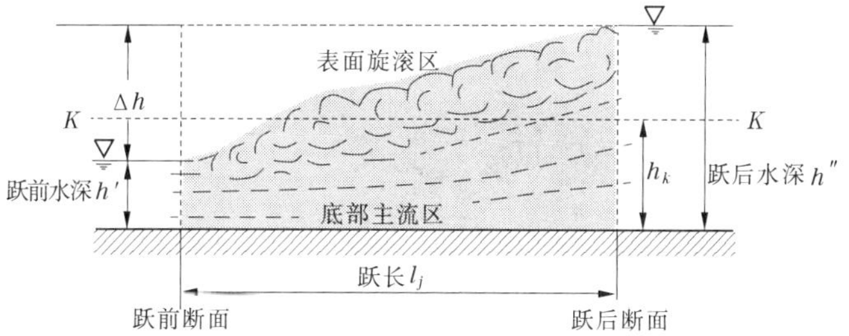

图 6-26

剧,产生大量的机械能消耗,有的高达总能量的 60% ~70% ,从而使流速迅速降低,很快转换成缓流状态。由于水跃的消能效果很好,工程中常利用水跃来完成泄水建筑物下游水流的衔接和消能,以保护下游河床免遭冲刷。试验还表明:在输水明渠中,发生水跃后渠段的水深猛增会造成过流能力的减弱。

实验研究成果表明,水跃的类型和消能效果与跃前断面水流的弗劳德数 Fr_1 有关。当 $1 < Fr_1 < 1.7$ 时,水跃表面没有旋滚,而是一系列起伏不平的波浪,称为波状水跃,如图 6-27所示,此时跃前水深略小于临界水深,跃后水深略大于临界水深,其消能率(水跃消耗的机械能与跃前断面总能量之比)很小;当 $1.7 < Fr_1 < 2.5$ 时,水跃表面产生微小的旋滚,跃后水面保持平稳,这种水跃称为弱水跃,其消能率约为 20%;当 $2.5 < Fr_1 < 4.5$ 时,水跃表面旋滚随时间摆动不定,主流间歇性上窜,跃后水面有较大波动,这种水跃称为不稳定水跃(或间歇性水跃),其消能率为 20% ~45%;当 $4.5 < Fr_1 < 9.0$ 时,水跃表面产生稳定的旋滚,跃后水面也较平稳,这种水跃称为稳定水跃,其消能率为 45% ~70%,是工程中最为理想的消能方式;当 $Fr_1 > 9.0$ 时,水跃底部主流区形成高速水流冲往下游,跃后水面波动很大,这种水跃称为强水跃,其消能率为 85% 左右,虽然强水跃的消能率高,但由于其对下游水流产生了强大的冲击,不利于水流的平顺连接,故工程中很少采用。

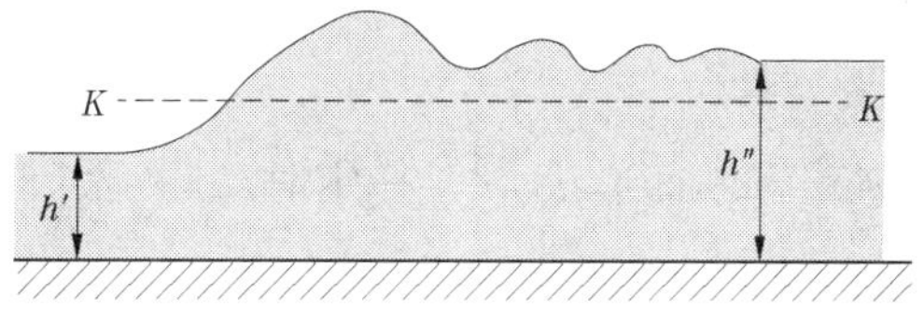

图 6-27

(二)水跃方程与共轭水深

由于水跃发生时能量损失很大且未知,所以,在推导水跃方程时无法应用恒定总流的能量方程。下面以平底($i=0$)棱柱体渠道为例,应用恒定总流的动量方程进行推导。如图 6-28(a)所示,取跃前断面 1—1 和跃后断面 2—2 之间的水体为隔离体,跃前断面和跃后断面的水深和断面平均流速分别为 h'、v_1 和 h''、v_2。

根据水跃发生的实际情况,为简化计算,作以下几点假设:

(1)由于水跃长度相对较短,明渠对水流的摩擦阻力 F_f 较小,忽略不计。

(2)跃前断面和跃后断面水流符合渐变流条件,即断面动水压强的分布规律与静水压强的分布规律相同。

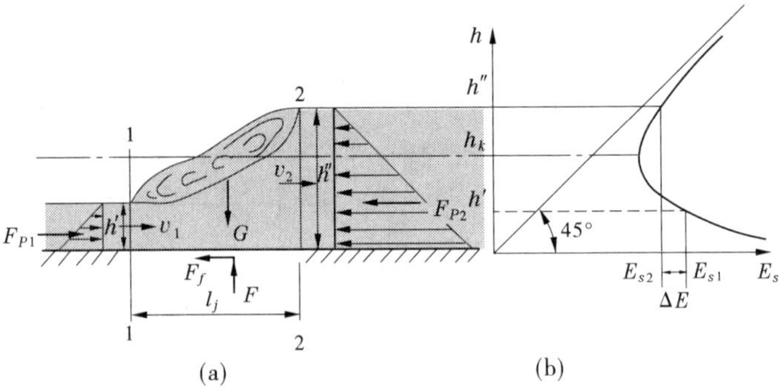

图 6-28

(3)跃前断面和跃后断面上的动量修正系数相等,即 $\beta_1=\beta_2$。

作用在隔离体上的所有外力有:两过水断面上的动水压力 F_{P1}、F_{P2},隔离体水体的自重 G,明渠侧壁和渠底对水流的压力 F,明渠对水流的摩擦阻力 F_f。取顺流向为 x 正方向,则 G、F 在 x 方向的投影均为 0,当忽略 F_f 时

列 x 向的动量方程有

$$\sum F_x=\rho Q(\beta_2 v_{2x}-\beta_1 v_{1x})$$

$$F_{P1}-F_{P2}=\rho\beta Q(v_2-v_1)$$

$$\rho g h_{c1}A_1-\rho g h_{c2}A_2=\rho\left(\frac{\beta Q^2}{A_2}-\frac{\beta Q^2}{A_1}\right)$$

式中,h_{c1}、A_1、h_{c2}、A_2 分别为跃前、跃后断面的形心点水深和过水断面面积。将上式整理得

$$h_{c1}A_1+\frac{\beta Q^2}{gA_1}=h_{c2}A_2+\frac{\beta Q^2}{gA_2} \tag{6-43}$$

式(6-43)就是平底棱柱体明渠的水跃方程。它表明,单位时间内流入跃前断面的水体动量与该断面动水压力之和等于单位时间内流出跃后断面的水体动量与该断面动水压力之和。

对于棱柱体明渠,当流量和断面形状、尺寸一定时,h_c、A 及 $\left(h_cA+\frac{\beta Q^2}{gA}\right)$ 仅是水深 h 的函数。因此,令

$$J(h)=h_cA+\frac{\beta Q^2}{gA} \tag{6-44}$$

称之为水跃函数,根据水跃函数的概念,式(6-43)可简化为

$$J(h')=J(h'') \tag{6-45}$$

式(6-45)表明:在平底棱柱体明渠中跃前、跃后断面的水跃函数值相等。所以,形象地把跃前水深和跃后水深统称为共轭水深。共轭水深在水跃的计算中至关重要,为进一步加深对共轭水深的理解,下面分析水跃函数与水深的关系。

当 $h\to\infty$ 时,$h_cA\to\infty$,$\frac{\beta Q^2}{gA}\to 0$,则 $J(h)\to\infty$;

当 $h\to 0$ 时,$h_cA\to 0$,$\frac{\beta Q^2}{gA}\to\infty$,则 $J(h)\to\infty$。

绘制 $J(h)\sim h$ 关系曲线如图 6-29 所示，从图中可知，同一水跃函数值 $J(h)$ 分别对应两个水深值，即跃前水深 h' 和跃后水深 h''，跃前水深越小，则跃后水深越大，反之亦然。在某一特定水深时，水跃函数 $J(h)$ 具有最小值 $J(h)_{\min}$。可以证明，该特定水深即为该渠道中给定流量下的临界水深 h_k。将水跃函数对水深求导，令 $\frac{\mathrm{d}[J(h)]}{\mathrm{d}h}=0$，可得

$$\frac{\beta Q^2}{g}=\frac{A^3}{B} \tag{6-46}$$

式中，B 为水面宽度。若认为 $\beta=\alpha$，则式(6-46)就是临界流方程。因此，相应于 $J(h)_{\min}$ 的水深就是该明渠在给定流量下的临界水深 h_k。

从图 6-28(b)中也可以看出，水跃前后的断面比能不一致；经过平底水跃区，产生能量损失 ΔE。

(三)水跃的水力计算

1. 共轭水深的计算

流量一定的棱柱体明渠，若给定共轭水深之一的 h'(或 h'')，可求解共轭水深中的另一个 h''(或 h')。对于任意形状断面的棱柱体明渠，可以利用式(6-45)试算；或利用图 6-29 求解，若已知 h' 要求 h''，则先绘制 $J(h)\sim h$ 关系曲线中缓流支(上支)的有关部分，然后由已知的 h' 求出 $J(h')$，根据 $J(h')=J(h'')$ 的道理，在横坐标轴上找到 $J(h')$ 的点，过该点作与纵坐标轴相平行的直线交于所作缓流支曲线，再由交点作水平线交于纵坐标轴，即得 h''。同理已知 h'' 要求 h'，亦可类似求解。具体步骤请思考。

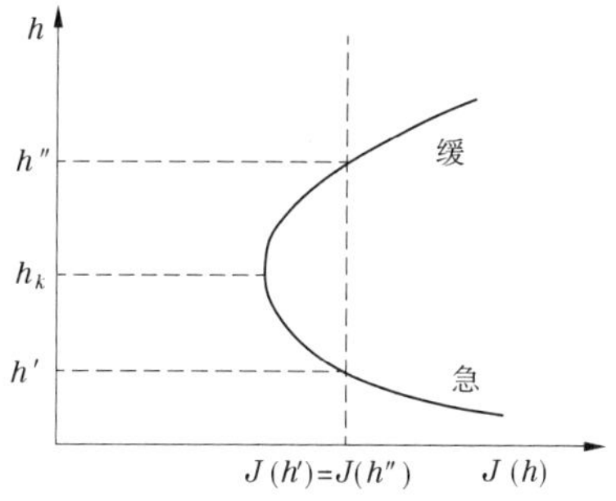

图 6-29

由于泄水建筑物下游消能工以矩形断面较为常见，因此求解矩形断面明渠的共轭水深值具有重要的实际意义。对于矩形断面而言，有 $h_{c1}=\frac{h'}{2}$，$h_{c2}=\frac{h''}{2}$，$A_1=bh'$，$A_2=bh''$，单宽流量 $q=Q/b$，将它们代入式(6-43)中，并令 $\beta=1$，有

$$\frac{q^2}{gh'}+\frac{1}{2}h'^2=\frac{q^2}{gh''}+\frac{1}{2}h''^2$$

经整理后得关于 h' 和 h'' 的对称二次方程

$$h'^2h''+h'h''^2-2q^2/g=0 \tag{6-47}$$

已知 h'(或 h'')求解 h''(或 h')时，分别将上式看成关于 h''(或 h')的一元二次方程直接求解。可解得

$$h''=\frac{h'}{2}\left(\sqrt{1+8\frac{q^2}{gh'^3}}-1\right) \tag{6-48}$$

$$h'=\frac{h''}{2}\left(\sqrt{1+8\frac{q^2}{gh''^3}}-1\right) \tag{6-49}$$

考虑到式中 $\frac{q^2}{gh'^3}=\frac{v_1^2}{gh'}=Fr_1^2$，$\frac{q^2}{gh''^3}=\frac{v_2^2}{gh''}=Fr_2^2$，因此上两式可改写成

$$h'' = \frac{h'}{2}\left(\sqrt{1 + 8Fr_1^2} - 1\right) \tag{6-50}$$

$$h' = \frac{h''}{2}\left(\sqrt{1 + 8Fr_2^2} - 1\right) \tag{6-51}$$

式中，Fr_1和Fr_2分别为跃前断面和跃后断面的弗劳德数。根据实验验证，上述矩形断面明渠的共轭水深关系在$1.7 < Fr_1 < 9.0$的范围内，实测数据与理论计算值基本一致。

2. 水跃长度的计算

水跃从开始发生到完全结束的区间长度为水跃的长度l，由两部分组成，一是自由水跃长度l_j，二是跃后段长度l_0，即$l = l_j + l_0$。水跃长度虽然较短，但它是泄水建筑物下游消能建筑物设计的重要依据之一。水跃长度没有成熟的理论计算式，目前多采用经验公式进行估算。针对平底矩形断面棱柱体明渠，试验研究出的自由水跃长度的经验公式很多，由于水跃位置经常前后摆动且水面有较大波动，不同研究者对跃后断面的选定标准也不同，故不同经验公式计算往往有出入。下面介绍几种平底矩形断面棱柱体明渠自由水跃长度计算的经验公式：

（1）以跃后水深表示的美国垦务局公式

$$l_j = 6.1h'' \tag{6-52}$$

公式的适用范围是$4.5 < Fr_1 < 10.0$。

（2）以跃前水深和Fr_1表示的吴持恭公式和陈椿庭公式

$$l_j = 10.8h'(Fr_1 - 1)^{0.93} \tag{6-53}$$

$$l_j = 9.4h'(Fr_1 - 1) \tag{6-54}$$

（3）以水跃高度表示的欧勒佛托斯基（Elevatorski）公式

$$l_j = 6.9(h'' - h') \tag{6-55}$$

而梯形断面平底棱柱体明渠自由水跃的长度，可按下列经验公式估算

$$l_j = 5h''\left(1 + 4\sqrt{\frac{B'' - B'}{B'}}\right) \tag{6-56}$$

式中，B'、B''分别为跃前、跃后断面的水面宽度。

跃后段长度l_0可按自由水跃长度l_j来估算，即

$$l_0 = (2 \sim 3)l_j \tag{6-57}$$

3. 水跃能量消耗的计算

水跃发生时，水流内部断面流速分布极为不均，水流质点存在剧烈的紊动、混掺现象，将消耗大量的机械能。水跃的能量消耗可以通过恒定总流的能量方程，利用跃前断面和跃后断面的水流单位能量差来计算。对于平底矩形明渠，可以得到

$$\Delta E = E_1 - E_2 = \left(h' + \frac{\alpha_1 q^2}{2gh'^2}\right) - \left(h'' + \frac{\alpha_2 q^2}{2gh''^2}\right)$$

$$\Delta E = h' - h'' + \frac{q^2}{2g}\left(\frac{\alpha_1}{h'^2} - \frac{\alpha_2}{h''^2}\right)$$

实际跃后断面的流速分布还未恢复正常，这里近似取$\alpha_1 = \alpha_2 = 1.0$，并将式（6-47）代入上式，经整理后可得

$$\Delta E = \frac{(h'' - h')^3}{4h'h''} \tag{6-58}$$

式(6-58)就是平底矩形棱柱体明渠中水跃单位能量损耗的计算公式。

水跃的能量损耗与跃前断面的单位能量之比,称为水跃的消能率 K_j(Efficiency of energy dissipation)。

$$K_j=\frac{\Delta E}{E_1}=\frac{\Delta E}{h'+\frac{\alpha_1 q^2}{2gh'^2}}=\frac{\left(\sqrt{1+8Fr_1^2}-3\right)^3}{8\left(\sqrt{1+8Fr_1^2}-1\right)\left(2+Fr_1^2\right)} \tag{6-59}$$

式(6-59)表明,水跃的消能率与跃前断面的弗劳德数 Fr_1 有关,来流越急,弗劳德数越大,则水跃的消能效率越高。关于各类扩散明渠以及斜坡明渠水跃的水力计算,可参考其他相关文献,在此不作赘述。

【例 6-8】 某泄水建筑物下游矩形断面消力池中,通过单宽流量 $q=15\ \mathrm{m^3/(s\cdot m)}$ 时发生水跃。已知水跃的跃前水深 $h'=0.88$ m,求:

(1)跃后水深 h'';(2)自由水跃长度 l_j;(3)水跃的消能率 K_j。

解:

1. 求跃后水深

已知单宽流量 $q=15\ \mathrm{m^3/(s\cdot m)}$,跃前水深 $h'=0.88$ m,则跃前断面平均流速 $v_1=\frac{q}{h'}=17.05$ m/s,弗劳德数 $Fr_1=\frac{v_1}{\sqrt{gh'}}=5.8$。

由式(6-50)可得

$$h''=\frac{h'}{2}\left(\sqrt{1+8Fr_1^2}-1\right)=6.79\ \mathrm{m}$$

2. 求自由水跃长度

对比运用各经验求解,有:

利用式(6-52)

$$l_j=6.1h''=41.42\ (\mathrm{m})$$

利用式(6-53)

$$l_j=10.8h'(Fr_1-1)^{0.93}=40.88\ (\mathrm{m})$$

利用式(6-54)

$$l_j=9.4h'(Fr_1-1)=39.71\ (\mathrm{m})$$

利用式(6-55)

$$l_j=6.9(h''-h')=40.78\ (\mathrm{m})$$

通过上述对比计算发现,各水跃长度经验公式的计算结果基本一致,最大相对误差在4%以内。应该注意的是:在运用自由水跃长度计算公式的时候,应注意考证经验公式的应用条件;否则,不同的公式,其结果可能会有较大的差异。

3. 求水跃消能率

水跃消耗的能量 $\Delta E=\frac{(h''-h')^3}{4h'h''}=8.64$ m,跃前断面的单位机械能 $E_1=h'+\frac{\alpha_1 v_1^2}{2g}=15.69$ m,则水跃的消能率 $K_j=\frac{\Delta E}{E_1}=\frac{8.64}{15.69}=0.551$;或按式(6-59)直接计算

$$K_j = \frac{(\sqrt{1+8Fr_1^2}-3)^3}{8(\sqrt{1+8Fr_1^2}-1)(2+Fr_1^2)} = 55.12\%$$

第九节　棱柱体明渠恒定非均匀渐变流水面曲线分析

一、棱柱体明渠恒定非均匀渐变流的微分方程

取一段通过流量为 Q，底坡角为 $\theta < 6°$ 的小底坡明渠，当渠中水流为渐变流时，如图 6-30 所示，取计算断面 1—1、2—2，两断面间距离为 ds，断面上水力要素如图所示，列出两断面间的能量方程

$$z_0 + h + \frac{\alpha v^2}{2g} = (z_0 + dz_0) + (h + dh) + \frac{\alpha(v+dv)^2}{2g} + dh_w$$

展开 $\frac{\alpha(v+dv)^2}{2g}$ 并略去二阶微量，得

$$\frac{\alpha(v+dv)^2}{2g} = \frac{\alpha v^2}{2g} + d\left(\frac{\alpha v^2}{2g}\right)$$

将此式回代入能量方程，并整理得

$$dz_0 + dh + d\left(\frac{\alpha v^2}{2g}\right) + dh_w = 0$$

为分析各水力要素沿流程的变化，将上式各项分别除以 ds，有

$$\frac{dz_0}{ds} + \frac{dh}{ds} + \frac{d}{ds}\left(\frac{\alpha v^2}{2g}\right) + \frac{dh_w}{ds} = 0 \quad (6\text{-}60)$$

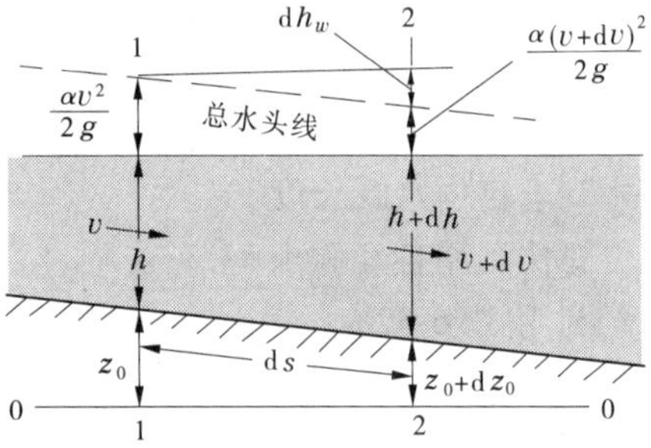

图 6-30

现对上式中的有关项讨论如下：

(1) 由明渠底坡定义可知

$$\frac{dz_0}{ds} = -\frac{z_0 - (z_0 + dz_0)}{ds} = -\sin\theta = -i \quad (6\text{-}60a)$$

(2) 渐变流微小流段内的水头损失近似按均匀流理论考虑，$Q = K\sqrt{J}$，$K = AC\sqrt{R} = f(h)$

$$\frac{dh_w}{ds} = J \approx \frac{Q^2}{K^2} \quad (6\text{-}60b)$$

(3) 流速水头沿程的变化率

$$d\left(\frac{\alpha v^2}{2g}\right)/ds = \frac{d}{ds}\left(\frac{\alpha Q^2}{2gA^2}\right)$$

对于非棱柱形渠道，有

$$A = f_1(h, s) \qquad h = f_2(s)$$

故
$$\frac{\mathrm{d}}{\mathrm{d}s}\left(\frac{\alpha Q^2}{2gA^2}\right)=-\frac{\alpha Q^2}{gA^3}\frac{\mathrm{d}A}{\mathrm{d}s}=-\frac{\alpha Q^2}{gA^3}\left(\frac{\partial A}{\partial h}\cdot\frac{\mathrm{d}h}{\mathrm{d}s}+\frac{\partial A}{\partial s}\right)$$

因为
$$\frac{\partial A}{\partial h}=B$$

则
$$\frac{\mathrm{d}}{\mathrm{d}s}\left(\frac{\alpha Q^2}{2gA^2}\right)=-\frac{\alpha Q^2}{gA^3}\left(B\frac{\mathrm{d}h}{\mathrm{d}s}+\frac{\partial A}{\partial s}\right)$$

对于棱柱形渠道，A 仅是水深的函数，故$\frac{\partial A}{\partial s}=0$，则

$$\frac{\mathrm{d}\left(\frac{\alpha v^2}{2g}\right)}{\mathrm{d}s}=\frac{\mathrm{d}}{\mathrm{d}s}\left(\frac{\alpha Q^2}{2gA^2}\right)=-\frac{\alpha Q^2}{gA^3}B\frac{\mathrm{d}h}{\mathrm{d}s}\tag{6-60c}$$

将式(6-60a)、式(6-60b)、式(6-60c)代入式(6-60)，并整理后得

$$\frac{\mathrm{d}h}{\mathrm{d}s}=\frac{i-\frac{Q^2}{K^2}}{1-\frac{\alpha Q^2}{g}\frac{B}{A^3}}\tag{6-60d}$$

考虑到 $Fr^2=\frac{\alpha Q^2}{gA^2\frac{A}{B}}$，式(6-60d)又可整理成

$$\frac{\mathrm{d}h}{\mathrm{d}s}=\frac{i-\frac{Q^2}{K^2}}{1-Fr^2}\tag{6-61}$$

或
$$\frac{\mathrm{d}h}{\mathrm{d}s}=\frac{i-J}{1-Fr^2}\tag{6-62}$$

式(6-61)或式(6-62)就是棱柱体明渠恒定非均匀渐变流的微分方程，也是棱柱体明渠水面曲线定性分析的基本方程。

二、棱柱体明渠渐变流水面曲线定性分析

(一)水面曲线(Water surface profiles)发生区域的划分

由前述已知，明渠均匀流沿程作等速流动，而非均匀流沿程作减速或加速流动。对于减速流动的非均匀流，其水深沿程增加，即 $\mathrm{d}h/\mathrm{d}s>0$，这种情况下的水面曲线称为壅水曲线(Backwater curves)；反之，作加速流动的非均匀流，其水深沿程减小，即 $\mathrm{d}h/\mathrm{d}s<0$，这种情况下的水面曲线称为降水曲线(Drawdown curves)。由于明渠底坡的差异、来流流量的变化以及控制断面水深的不同等，明渠渐变流水面曲线的类型、形状及发生条件等会各不相同。

由微分方程(6-62)可知，分母 $1-Fr^2$ 反映了非均匀流的缓急程度，即实际水深与临界水深之间的关系；而分子 $i-J$ 反映了水流流动过程中重力与阻力的对比，揭示了水流与均匀流的偏离程度，即实际水深与正常水深之间的关系。不同的底坡，实际水深 h、正常水深 h_0 及临界水深 h_k 的不同关系将会产生不同的水面曲线。

对于小底坡明渠，在流量、断面形状与尺寸给定后，临界水深 h_k 与渠道底坡及渠道糙率无关，沿程保持不变，可以在明渠中画出一条与渠底平行的临界水深线 $K—K$；而在 $i>0$ 的正坡渠道上，还可以有均匀流发生时的正常水深。在上述前提条件下，正常水深的大小仅与底坡有关，以 $N—N$ 线表示正常水深线，所以 $N—N$ 线与相应的底坡线平行。在定性分析水面曲线的变化趋势时，利用 $N—N$ 线和 $K—K$ 线，将水面线的变化区域分为下面三个区（见图 6-31）。

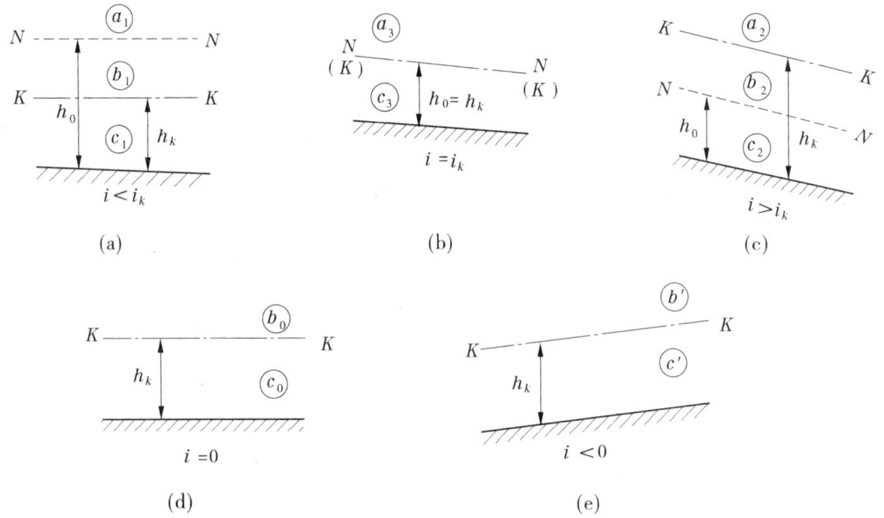

图 6-31

（1）a 区：$h>h_0$ 且 $h>h_k$，实际水面位于正常水深线与临界水深线之上；

（2）b 区：$h_k<h<h_0$ 或 $h_0<h<h_k$，实际水面介于正常水深线与临界水深线之间；

（3）c 区：$h<h_0$ 且 $h<h_k$，实际水面位于正常水深线与临界水深线之下。

棱柱体明渠的底坡有正坡（$i>0$）、平坡（$i=0$）和负坡（$i<0$），其中正坡渠道又可分为缓坡（$i<i_k$）、陡坡（$i>i_k$）和临界坡（$i=i_k$）三种，在这五种底坡上由 $N—N$ 线和 $K—K$ 线分割出 12 个不同的区域，每一区域内的水流流态不同，都会有对应的水面曲线类型。这些区域具体为：缓坡、陡坡上分别有 a、b、c 三区；临界坡上因为正常水深等于临界水深，$N—N$ 线与 $K—K$ 线重合，所以只有 a、c 两区；而平坡与负坡渠道中，由于不能形成均匀流，不存在正常水深，故没有 $N—N$ 线，故平坡与负坡上均仅有 b、c 两区。可见，在明渠五种底坡的流场空间，棱柱体明渠共计有 12 种水面曲线型式。为示区别，分别对这 12 种水面曲线予以命名，以小写字母 a、b、c 表示分区，以下标“1、2、3、0”以及上标“′”分别代表缓坡、陡坡、临界坡、平坡以及负坡，具体如下所述。

（二）12 种水面曲线的定性分析

12 种水面曲线各具有哪些特征？每一区内的水面线型式是否唯一？下面根据微分方程（6-61）举例进行分析。在分析之前，根据底坡的不同，将方程（6-62）作一些改变，再针对不同区域分析。下面仅对缓坡上的三种水面曲线 a_1、b_1 和 c_1 作比较详细的说明，其余 9 种曲线的分析过程从略，只给出最后的结果和实际工程中发生的例子。

长直的正坡渠道上，无论发生均匀流还是非均匀流，流量沿程是保持不变的，非均匀流沿程变化的只是水深和流速。因此,将基本方程(6-61)中的流量以均匀流的流量公式 $Q=K_0\sqrt{i}$代替,$K_0=AC_0\sqrt{R_0}=f(h_0)$有

$$\frac{\mathrm{d}h}{\mathrm{d}s}=i\frac{1-\left(\frac{K_0}{K}\right)^2}{1-Fr^2} \tag{6-63}$$

在棱柱体明渠中,当流量和糙率一定时,均匀流的流量模数 K_0 与正常水深 h_0 可求出,将它们与非均匀流的 K、h 值相比较,应用式(6-63)可得到水深沿程的变化规律。

现以缓坡明渠为例,分别对其各区的水面曲线的壅、降以及上、下游端的衔接情况分别进行定性分析如下。

1. a 区

该区域内,有 $h>h_0$,则 $K>K_0$,$1-\left(\frac{K_0}{K}\right)^2>0$;有 $h>h_k$,水流为缓流,$Fr<1$,则 $1-Fr^2>0$;又因为 $i>0$,所以代入式(6-63)中有$\frac{\mathrm{d}h}{\mathrm{d}s}>0$,表明 a_1 型曲线为壅水曲线。

a_1 型壅水曲线的水深沿程增加,其上游远端水深最小,但最小水深不能小于正常水深(因为流动位于 a 区),即曲线的上游端 $h\to h_0$,则 $K\to K_0$,$1-\left(\frac{K_0}{K}\right)^2\to 0$,所以$\frac{\mathrm{d}h}{\mathrm{d}s}\to 0$,水深趋于不变,这表明 a_1 型水面曲线上游以 N—N 线为渐近线。从理论上讲,a_1 型水面曲线在上游无穷远处与正常水深线重合,但是实际工程中,一般认为 $h=(1.01\sim1.05)h_0$ 后,其上游可视为均匀流。而曲线的下游端,理论上 $h\to\infty$,则 $K\to\infty$,$1-\left(\frac{K_0}{K}\right)^2\to 1$,$Fr=\frac{v}{\sqrt{gh}}\to 0$,$1-Fr^2\to 1$,所以$\frac{\mathrm{d}h}{\mathrm{d}s}\to i$,表明曲线的下游端以水平线为渐近线。综合以上分析,说明在 a 区水面线的形式是唯一的,见表6-12。

2. b 区

该区域内,有 $h<h_0$,则 $K<K_0$,$1-\left(\frac{K_0}{K}\right)^2<0$;有 $h>h_k$,水流为缓流,$Fr<1$,则 $1-Fr^2>0$;又因为 $i>0$,所以代入式(6-63)中有$\frac{\mathrm{d}h}{\mathrm{d}s}<0$,表明 b_1 型曲线为降水曲线。

b_1 型降水曲线的水深沿程减小,其上游远端水深最大,但最大水深不能超过正常水深(因为流动位于 b 区),即曲线的上游端 $h\to h_0$,则 $K\to K_0$,$1-\left(\frac{K_0}{K}\right)^2\to 0$,所以$\frac{\mathrm{d}h}{\mathrm{d}s}\to 0$,水深趋于不变,这表明 b_1 型水面曲线上游端以 N—N 线为渐近线。从理论上讲,b_1 型水面曲线在上游无穷远处与正常水深线重合,但是实际工程中,一般认为 $h=(0.95\sim0.99)h_0$ 后,其上游可视为均匀流。而曲线的下游端,理论上 $h\to h_k$,水流趋于临界流,则 $Fr\to 1$,$1-Fr^2\to 0$,而 $1-\left(\frac{K_0}{K}\right)^2$ 为一有限值,所以$\frac{\mathrm{d}h}{\mathrm{d}s}\to -\infty$,表明曲线的下游端向下方趋向于与 K—K线垂直。实际水流在下游端并不会与 K—K 线垂直,如果垂直于 K—K 线,则水流变成了急变流,这与式(6-63)的应用前提渐变流不符。因此,实际水流在水深趋近临界水深

时,水面坡度变陡,以光滑连续的曲线方式变成急流,出现水跌现象。在 b 区,水面线的型式也是唯一的,见表 6-12。

3. c 区

该区域内,有 $h < h_0$,则 $K < K_0$,$1 - \left(\frac{K_0}{K}\right)^2 < 0$;有 $h < h_k$,水流为急流,$Fr > 1$,则 $1 - Fr^2 < 0$;又因为 $i > 0$,所以代入式(6-63)中有 $\frac{dh}{ds} > 0$,表明 c_1 型曲线为壅水曲线。

c_1 型壅水曲线的水深沿程增大,其上游端水深由上游边界条件控制,为某一确定的水深值;曲线的下游端,理论上 $h \to h_k$,水流趋于临界流,则 $Fr \to 1$,$1 - Fr^2 \to 0$,而分子 $1 - \left(\frac{K_0}{K}\right)^2$ 为有限值,所以 $\frac{dh}{ds} \to +\infty$,表明曲线的下游端向上方趋向于与 $K—K$ 线垂直。实际水流在下游端并不会与 $K—K$ 线垂直,而是在水深趋近临界水深时,水面坡度变陡,以突变的方式发生由急流过渡到缓流的水跃现象。在 c 区,水面线的型式同样是唯一的,见表 6-12。

对于陡坡、临界坡、平坡和负坡渠道上的水面曲线型式,可采用类似方法进行分析,在此不再一一而论。各类水面曲线的型式及工程实例见表 6-12。

(三)水面曲线分析的规律与一般原则

1. 水面线的共同规律

通过对上述 12 种水面线进行分析,发现它们有着一些共同的规律,主要体现在以下两方面:

(1)12 种水面曲线中,凡 a 型和 c 型水面曲线,都是水深沿程增加的壅水曲线;而所有 b 型水面曲线都是水深沿程减小的降水曲线。

(2)所有曲线中(a_3、c_3 型除外),当水深接近正常水深时,水面线以 $N—N$ 线为渐近线,当水深接近临界水深时,水面线有与 $K—K$ 线相垂直的趋势。

了解上述规律,对于各种水面线的定性绘制具有十分重要的意义。

2. 水面线分析的一般原则

单一底坡上某一区域内的水面曲线分析相对比较简单。而实际工程中,由于地形条件及工程需要,可能出现底坡或边界条件变化的情况,此时的水流流态变化和水面线的衔接会变得比较复杂,这是棱柱体明渠水面曲线定性分析的重点和难点,要想较好地掌握,应注意理解和熟悉以下基本规律和原则:

(1)上述 12 种水面曲线,只表示在棱柱体明渠中可能发生的非均匀渐变流的情况,而在某一确定的底坡上究竟出现哪一类型水面曲线,应视具体条件而定,但必须指出,在某一区域内发生水面曲线,其形状和类型将是唯一的。

(2)除临界坡以外,水面曲线不可能在同一段渠道上以渐变流的形式过渡到另一个区域内。

(3)水流从缓流向急流过渡时,必定产生水跌;而从急流过渡到缓流时,则以水跃的方式完成水面的衔接。

表 6-12　棱柱体明渠水面曲线表

底坡及曲线类型	曲线特征			工程实例
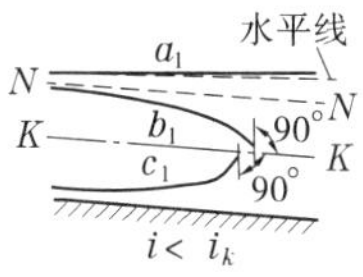	a_1	上端	以 N—N 线为渐近线	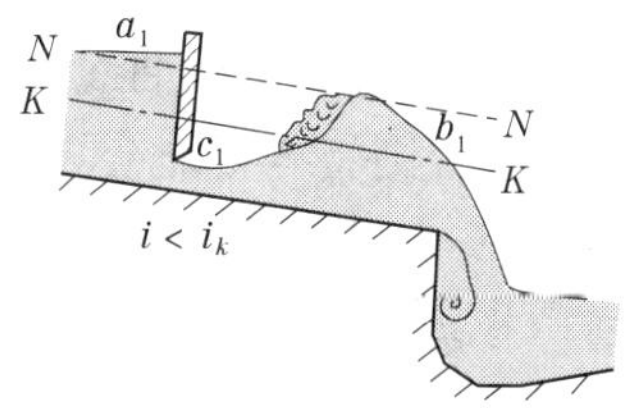
		下端	以水平线为渐近线	
	b_1	上端	以 N—N 线为渐近线	
		下端	有与 K—K 线相垂直的趋势	
	c_1	上端	起始于某一控制水深	
		下端	有与 K—K 线相垂直的趋势	
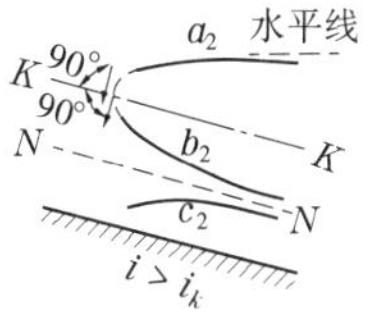	a_2	上端	有与 K—K 线相垂直的趋势	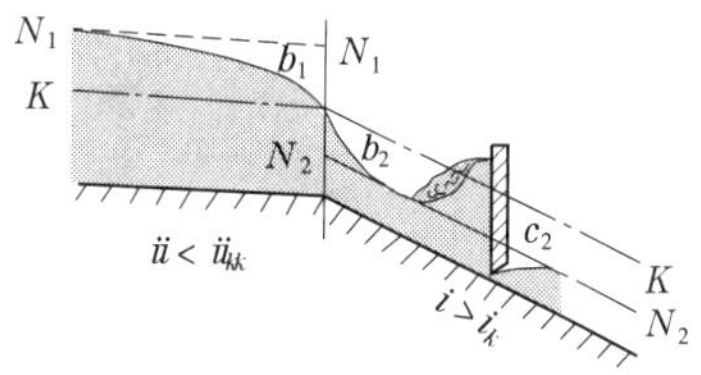
		下端	以水平线为渐近线	
	b_2	上端	有与 K—K 线相垂直的趋势	
		下端	以 N—N 线为渐近线	
	c_2	上端	起始于某一控制水深	
		下端	以 N—N 线为渐近线	
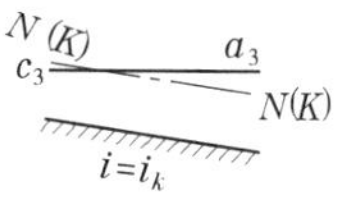	a_3	上端	与 $N(K)$—$N(K)$ 线相接	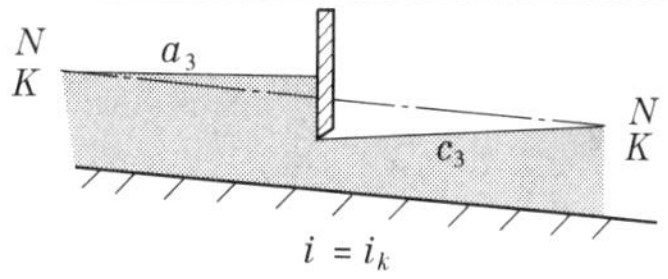
		下端	以水平线为渐近线	
	c_3	上端	起始于某一控制水深	
		下端	与 $N(K)$—$N(K)$ 线相接	
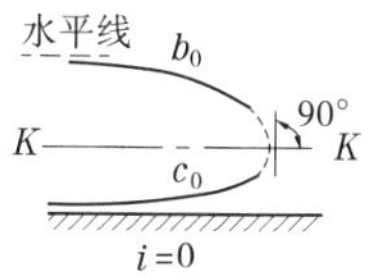	b_0	上端	以水平线为渐近线	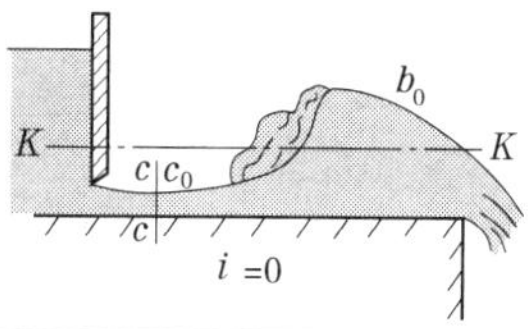
		下端	有与 K—K 线相垂直的趋势	
	c_0	上端	起始于某一控制水深	
		下端	有与 K—K 线相垂直的趋势	
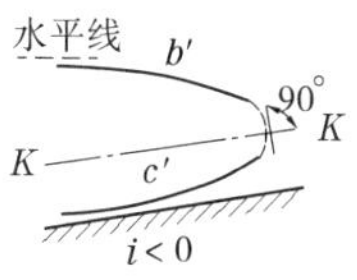	b'	上端	以水平线为渐近线	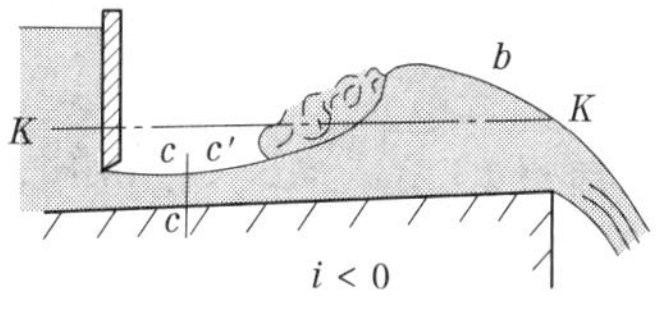
		下端	有与 K—K 线相垂直的趋势	
	c'	上端	起始于某一控制水深	
		下端	有与 K—K 线相垂直的趋势	

(4)在分析和计算水面曲线时，必须从某个有确定水深(或水位)的已知断面开始，这个断面称为控制断面，其水深称为控制水深。控制水深是分析和计算水面曲线的起点，它位于哪个区域，则水面曲线就位于哪个区域，水面曲线的类型和形状也就是唯一确定的。工程中常见的控制水深主要有以下几种：

①工程已知水深。闸、坝等挡水建筑物的上游，当来流量已知时，可根据流量～水位关系确定闸(坝)前水深；其下游可根据泄水建筑物的下泄流量计算确定下游收缩断面水深 h_c。闸(坝)前水深和下游收缩断面水深 h_c 均为控制水深。

②临界水深。明渠末端存在跌坎或底坡变动导致水流由缓流过渡到急流时，水流必定通过水深等于临界水深的断面，这时临界水深为控制水深。

③正常水深。对于长直棱柱体正坡渠道，在远离干扰处的远端，水流受干扰很小，可以认为水流将保持或趋于保持均匀流。因此，干扰远端的正常水深可作为控制水深，这一点在水面曲线的分析中很关键。

此外，根据干扰微波在水流中的传播规律可知，急流的干扰波只能向下游传播，缓流的干扰波可以向上游传播。所以，急流状态的所有 c 型和 b 型水面曲线的控制断面都位于曲线的上游端；而所有缓流状态的 a 型和 b 型（b_2 型除外）曲线的控制断面都位于曲线的下游端。在计算水面曲线时，一般应根据水流的流态，从控制断面起，分别顺流向或逆流向计算，否则将有可能会导致计算错误或出现较大的误差。

3. 水面曲线分析的步骤和方法

（1）根据渠道底坡的类型和坡度，绘制相应的 $K—K$ 线和各自的 $N—N$ 线（若有），将渠道划分为 2 ~ 3 个流动区域，小底坡明渠可取各段渠道的临界水深相等。

（2）确定各渠道的控制断面和控制水深，从而确定水流的流动区域和对应的水面曲线。

（3）绘制、连接相应的水面曲线，注意保持水面线以渐变（水跃除外）、光滑的方式进行连接。

【例 6-9】 如图 6-32 所示，一充分长的棱柱体灌溉渠道，因地形变化由两段底坡连接而成，已知 $i_1 < i_2 < i_k$，试定性分析渠道上的水面曲线，并标注曲线名称。

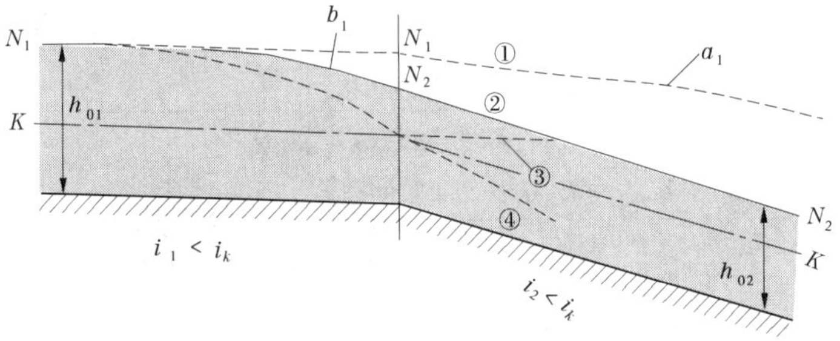

图 6-32

解：（1）由 $i_1 < i_2 < i_k$ 可知，第一段渠道上的正常水深大于第二段渠道的正常水深，即 $h_{01} > h_{02}$，则 $N_1—N_1$ 线高于 $N_2—N_2$ 线，且两者都位于 $K—K$ 线的上方。

（2）确定 1、2 段渠道的控制断面和控制水深。在充分长的渠道中，根据干扰远端水流将形成或趋于形成均匀流的原则，第 1 段渠道的上游远端和第 2 段渠道的下游远端都将会是均匀流动，由于 $h_k < h_{02} < h_{01}$，因此在这两段渠道上发生的都是缓流。缓流的控制断面位于曲线的下游端，分析时应逆流向进行。先分析第 2 段渠道，其水面曲线的控制水深应为渠道下游远端的正常水深 h_{02}。水流如何在下游远端接近均匀流呢？显然，若该渠道上的水流位于 a 区（图中虚线①所示），将形成 a_1 型壅水曲线，水深沿程增加，理论上趋于无穷大，不可能接近 h_{02}；若水流位于 b 区（图中虚线③所示），将形成 b_1 型降水曲线，水深沿程减小，也不可能接近 h_{02}。因此，其唯一可以发生的流动是在该渠道上始终保持均匀流，即水面曲线为正常水深线。此时，第 2 段渠道的起始断面水深为 h_{02}，该断面也就是第 1 段渠道的控制断面。由控制断面的水深可知第 1 段渠道的水流位于 b 区，其上应形成 b_1 型降水曲线，上游端渐近 $N_1—N_1$ 线，满足条件。

（3）绘制、连接水面曲线如图 6-32 中②所示。

试讨论图 6-32 中所示的曲线④有无可能发生？为什么？

【例 6-10】　如图 6-33 所示，已知 $i_1 > i_k$，$i_2 < i_k$，渠道均为充分长，试定性分析渠道上的水面曲线。

解：(1) 根据 $i_1 > i_k$，$i_2 < i_k$，绘出两段渠道各自的 K—K 线和 N—N 线如图 6-33 所示。

(2) 根据上题的分析，此时水流将由较小的 h_{01} 向较大的 h_{02} 发展，水深呈增加的趋势。由于 $h_{01} < h_k$，属于急流；$h_{02} > h_k$，属于缓流。因此，在急流向缓流过渡时必然发生水跃，水跃发生时有可能出现三种情况，现分别讨论如下：

①设 h_{01} 的跃后共轭水深为 h''_{01}，当 $h''_{01} = h_{02}$ 时，则水跃正好发生在两渠段的连接处，在两段渠道上都没有非均匀流水面曲线，水流直接通过水跃由均匀急流过渡到均匀缓流，如图 6-33 中①所示。

②当 $h''_{01} > h_{02}$ 时，则跃后水流将进入缓坡的 a 区，会进一步形成 a_1 型壅水曲线，水深将不可能在下游远端接近 h_{02}。根据水跃共轭特性，跃前水深应在 h_{01} 的基础上继续增大至某一恰当的值，才能使得相应的 $h''_{01} = h_{02}$。如图 6-33 中②所示，水流以 c_1 型壅水曲线进入第二渠段，当水深增至某一特定值时以水跃突变跃至 h_{02}。

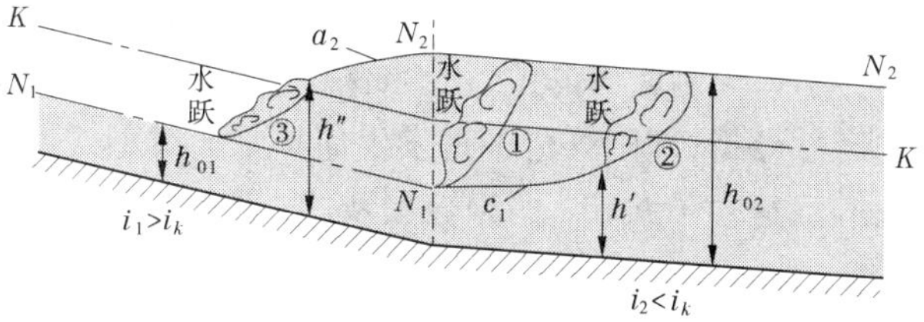

图 6-33

③由当 $h''_{01} < h_{02}$ 时，则跃前水流为均匀流，跃后水流还将持续增加水深后才能到达 h_{02}。如图 6-33 中③所示，水跃发生在陡坡段，跃后以 a_2 型壅水曲线渐变增加至 h_{02}。

下面介绍一个多段底坡连接的综合性水面曲线分析的例题。

【例 6-11】　在一条由四段不同底坡连接的棱柱体明渠中，如图 6-34 所示，渠道进口首部直接与水库相连，渠道末端为陡坎，假设各段渠道均为充分长。当水库库水位高于临界水深时，试分析渠中的水面曲线。

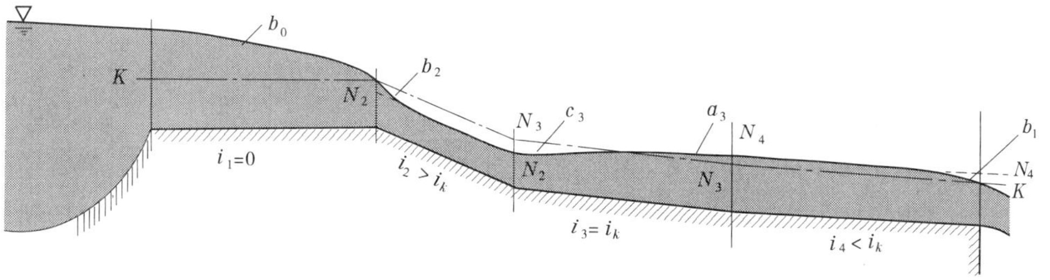

图 6-34

解：(1) 根据底坡类型，分别确定和画出各自底坡上的 K—K 线和 N—N 线，其中临界底坡上，K—K 线和 N—N 线重合，如图 6-34 所示。

(2) 确定控制断面和控制水深。第一段底坡上的控制水深为上游水库水深，其余三段正坡渠道上，由于渠道充分长，都可以在渠道中部形成（或接近形成）均匀流，控制水深均为正常水深,第四段渠道的末端为陡坎,该断面的水深等于临界水深,为控制水深。

(3)分析各段渠道的水面曲线。平坡上的水流从水库已知水深起,以 b_0 型降水曲线逐步发展,以水跌的方式进入第二段陡坡渠道的 b 区,形成 b_2 型降水急流并逐渐接近正常水深 h_{02}。均匀急流向临界坡的正常水深过渡时,将位于临界坡的 c 区,因此只能形成 c_3 型壅水曲线,当临界坡充分长时,水流将比较平缓地,而不是以水跃的方式过渡到缓流区 a 区,形成 a_3 型壅水曲线。第四段缓坡渠道末端存在跌坎,该处将产生水跌,水跌的上游为缓流区,唯一形成 b_1 型降水曲线,该曲线的上游远端渐近正常水深 h_{04},与 a_3 型曲线平稳衔接。

第十节 明渠恒定非均匀渐变流水面曲线的计算

渠道水面曲线计算的目的在于确定明渠任一断面位置 s 和水深 h 的关系,本节讨论棱柱体渠道水面曲线的计算问题。

在进行水面曲线计算以前,须明确已知条件是什么,当渠道断面形状和尺寸、底坡 i、糙率 n、流量 Q 均为已知时,控制断面的位置及水深也就可以根据具体情况确定了。首先要经过对水面曲线的定性分析,判别渠道中将发生何种水面线型式后,才能计算。

对棱柱体渠道我们已建立了 h 和 s 的微分关系式,即

$$\frac{\mathrm{d}h}{\mathrm{d}s}=\frac{i-\dfrac{Q^2}{K^2}}{1-\dfrac{\alpha Q^2}{g}\dfrac{B}{A^3}}$$

从数学上讲,要求 $h\sim s$ 的函数关系只须将该式积分即可。将上式分离变量,得

$$\mathrm{d}s=\frac{1-\dfrac{\alpha Q^2}{g}\dfrac{B}{A^3}}{i-\dfrac{Q^2}{K^2}}\mathrm{d}h \tag{6-64}$$

式(6-64)右端的 α、Q、i 均为给定常数,而 B、A、K 则是水深 h 的函数,则该式可写成

$$\mathrm{d}s=\Phi(h)\mathrm{d}h \tag{6-65}$$

积分,得

$$s=\int\Phi(h)\mathrm{d}h \tag{6-66}$$

这样可求得 h 和 s 的定量关系。积分函数 $\Phi(h)$ 的解析式是一个复杂的隐函数,一般情况下此式无法积分求解,因此常采用近似积分的方法,如水力指数法、数值积分法和分段求和法等,本节重点介绍分段求和法。

一、分段求和法(The subsection summation)

(一)分段求和法的计算公式

分段求和法的要点是把计算的明渠分成若干小流段,并认为每个小段的水面高程、断面单位能量均近似呈线性变化;近似认为各段内沿程水头损失符合均匀流特征,于是可分

段计算。如图 6-35 所示明渠中，对断面 1—1 和断面 2—2，由恒定总流的能量方程，有

$$z_{01}+h_1+\frac{\alpha_1 v_1^2}{2g}=z_{02}+h_2+\frac{\alpha_2 v_2^2}{2g}+\Delta h_w$$

则

$$\left(h_2+\frac{\alpha_2 v_2^2}{2g}\right)-\left(h_1+\frac{\alpha_1 v_1^2}{2g}\right)=(z_{01}-z_{02})-\Delta h_w \tag{6-67}$$

按上述假设有

$$\frac{\Delta h_w}{\Delta s}=\frac{\Delta h_f}{\Delta s}=\bar{J}=\frac{\bar{v}^2}{\bar{C}^2\bar{R}} \tag{6-68}$$

式中

$$\bar{v}=\frac{v_1+v_2}{2},\bar{R}=\frac{R_1+R_2}{2},\bar{C}=\frac{C_1+C_2}{2}$$

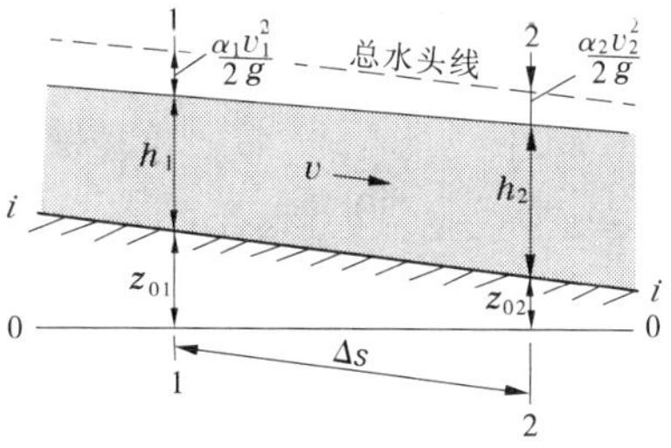

图 6-35

根据底坡的定义，$z_{01}-z_{02}=i\Delta s$，代入式(6-67)，有

$$\Delta s=\frac{E_{s2}-E_{s1}}{i-\bar{J}}=\frac{\Delta E_s}{i-\bar{J}} \tag{6-69}$$

式(6-69)即为分段求和法的计算公式。

（二）分段求和法的应用

分段求和时需要将整个计算区间划分成若干计算分段，分段越小，则计算精度越高，但是相应的计算工作量也越大，反之则计算精度较差。对棱柱体明渠而言，降水曲线的水深变化相对较大，分段宜短；而壅水曲线的水深变化较小，所以分段可适当加长。另外，分段时应尽可能使各段的断面形状、底坡和糙率等保持一致，当断面形状、底坡和糙率等发生变化时，变化断面应作为某一个分段的位置。

下面分别介绍两种不同的明渠恒定渐变流水面曲线的分段求和法。

1. 棱柱体明渠的分段求和法

利用分段求和法计算棱柱体明渠水面曲线时，首先应选定控制断面，并正确确定该断面的控制水深。作为分段求和的起始断面，如果断面选择不正确或控制水深计算错误，都将直接影响水面曲线的计算。其次，要正确分析水面曲线的类型。从上一节内容可知，当渠道中是急流时，控制断面位于上游端，计算时应从上游向下游逐段推算；若是缓流，则控制断面位于下游端，应从下游逆流向逐段推算。

棱柱体明渠中，因为 $A=f(h)$、$R=\varphi(h)$，均与 s 无关，因此可以利用式(6-69)直接计算各流段长度 Δs。首先根据已知的流量和控制水深 h_1（或计算求得的控制水深）计算相应的 v_1、R_1、C_1 和 E_{s1}；然后，向下游方向（若是缓流，则向上游方向）假设一水深 h_2（应符合分段的原则），求出对应 h_2 的 v_2、R_2、C_2 和 E_{s2}；再求出流段间的 $\bar{J}$，代入式(6-69)中即可求出该段的 Δs_1（即水深 h_2 所处位置）。依此类推，以水深 h_2 所在断面为第一断面，假设另一水深 h_3，计算 Δs_2。直到渠道的总长等于分段长度之和为止，即 $S=\sum_{i=1}^{n}\Delta s_i$。最后，根据计算得到的一系列对应的 h 值和 s 值，即可点绘出水面曲线。具体见例题 6-12。

【例 6-12】 一充分长的矩形断面渠道,已知 $b=8$ m,$n=0.014$,$i=0.001$,末端接一泄水陡槽,设计通过的流量 $Q=30\ \mathrm{m^3/s}$,试计算陡槽前非均匀流的水面曲线。

解:

1. 定性分析水面曲线

1)计算 h_k

$$h_k=\sqrt[3]{\frac{\alpha q^2}{g}}=\sqrt[3]{\frac{\alpha Q^2}{gb^2}}=\sqrt[3]{\frac{1.0\times 30^2}{9.81\times 8^2}}=1.13(\mathrm{m})$$

2)计算 h_0

由 $K=\dfrac{Q}{\sqrt{i}}=\dfrac{30}{\sqrt{0.001}}=948.7(\mathrm{m^3/s})$,得 $\dfrac{b^{2.67}}{nK}=\dfrac{8^{2.67}}{0.014\times 948.7}=19.4$,查图 6-7 可得 $h_0/b=0.195$,则 $h_0=1.56$ m。

3)判断底坡类型及分析水面曲线

由于 $h_0>h_k$,所以该渠道为一缓坡渠道,渠道的上游远端无干扰,上游将接近形成均匀流,水深接近正常水深。下游接陡槽,将形成水跌,在陡槽首部水深等于临界水深。因此,该渠道上产生的是 b_1 型降水曲线。

2. 确定控制断面和控制水深

b_1 型降水曲线属于缓流,控制断面在曲线下游,故渠道末端接陡槽处为控制断面,相应的临界水深为控制水深,水面曲线计算时应从下游开始向上游逆向逐段推算,直至计算到 $h=0.99h_0=1.54$ m 处。

3. 分段求和

由于水流在接近陡槽前作加速运动,水深变化较快,故该段范围内的分段应较短,而上游渐近均匀流的部分可分段较长。假设一系列水深值(在 1.13 ~ 1.56 m 之间),按上述方法代入分段求和公式中计算,具体计算过程和结果见表 6-13。由表中数据绘制水面曲线如图 6-36 所示。

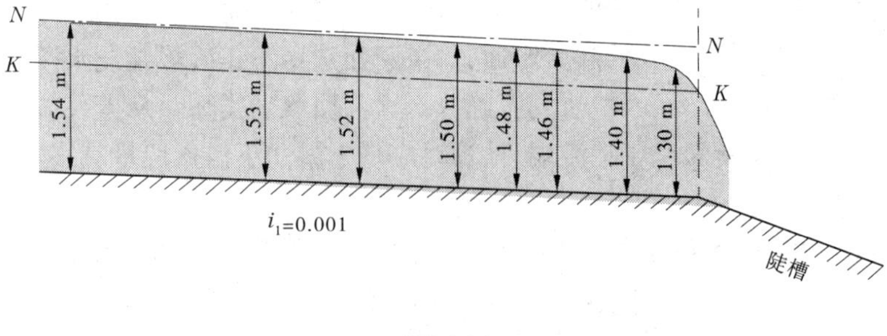

图 6-36

2. 非棱柱体明渠的分段求和法

对于非棱柱体明渠,过水断面面积、水力半径等不仅是水深的函数,还随流程的变化而变化。因此,利用式(6-69)不能直接求解,只能通过试算法计算水深和流程的变化关系。首先划分流段长度 Δs_i,确定计算断面的位置,假设该断面的水深 ,代入式(6-69)计

表 6-13　水面曲线计算结果

断面号	h (m)	$A=bh$ (m^2)	$\chi=b+2h$ (m)	$R=\frac{A}{\chi}$ (m)	$v=\frac{Q}{A}$ (m/s)	$C=\frac{1}{n}R^{1/6}$ ($m^{1/2}/s$)	$\bar{J}=\frac{\bar{v}^2}{\bar{C}^2\bar{R}}$ ($\times 10^{-3}$)	$E_s=h+\frac{\alpha v^2}{2g}$ (m)	Δs (m)	$\sum\Delta s$ (m)
1—1	1. 13	9. 04	10. 26	0. 88	3. 32	69. 94		1. 69		
							2. 33		4. 77	4. 77
2—2	1. 20	9. 60	10. 40	0. 92	3. 13	70. 48		1. 70		
							1. 89		29. 56	34. 32
3—3	1. 30	10. 40	10. 60	0. 98	2. 88	71. 20		1. 72		
							1. 50		83. 29	117. 61
4—4	1. 40	11. 20	10. 80	1. 04	2. 68	71. 86		1. 77		
							1. 26		117. 96	235. 57
5—5	1. 46	11. 68	10. 92	1. 07	2. 57	72. 23		1. 80		
							1. 16		69. 20	304. 77
6—6	1. 48	11. 84	10. 96	1. 08	2. 53	72. 35		1. 81		
							1. 11		100. 36	405. 13
7—7	1. 50	12. 00	11. 00	1. 09	2. 50	72. 47		1. 82		
							1. 07		167. 54	572. 67
8—8	1. 52	12. 16	11. 04	1. 10	2. 47	72. 59		1. 83		
							1. 04		154. 14	726. 81
9—9	1. 53	12. 24	11. 06	1. 11	2. 45	72. 65		1. 84		
							1. 02		322. 65	1 049. 46
10—10	1. 54	12. 32	11. 08	1. 11	2. 44	72. 70		1. 84		

算,若公式两边计算结果相等,则假定正确;否则重新假定水深重复上述步骤,直至两边相等。具体计算过程见例题 6-13。

【例 6-13】 某渠道中有一矩形过渡段,宽度沿水流方向渐缩,如图 6-37 所示。已知过渡段底坡 $i = 0.000\ 99$,渠道糙率 $n = 0.022$,过渡段长度 $l = 36$ m,进口断面宽 $B = 4.0$ m,出口断面宽 $b = 2.2$ m,当通过流量 $Q = 10$ m^3/s 时,出口处水深 $h = 1.6$ m,求此时过渡段进口断面的水深为多少。

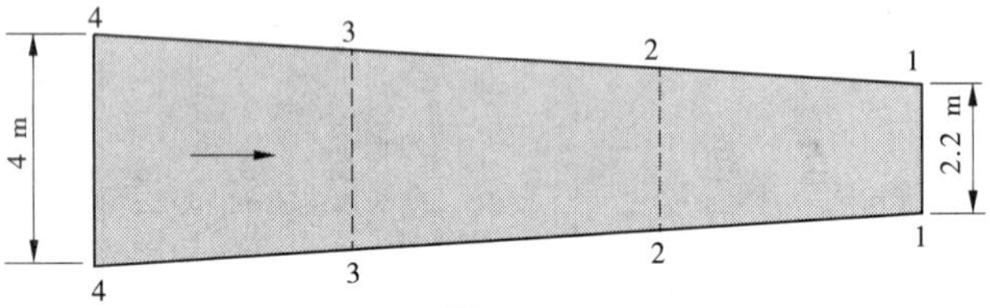

图 6-37

解:

1. 分段

由于渠道不长,且宽度沿水流方向渐缩,因此将渠道均匀划分成三段,每段长 $\Delta s_1 = \Delta s_2 = \Delta s_3 = 12$ m,设从出口断面起各断面相应的水深和宽度分别为 h_1、h_2、h_3、h_4,b_1、b_2、b_3、b_4,由内插法可得,$b_2 = 2.8$ m,$b_3 = 3.4$ m。

2. 计算

首先将式(6-69)改写成

$$E_{s1} + i\Delta s = E_{s2} + \bar{J}\Delta s \tag{6-69'}$$

然后,对未知水深断面假设一系列水深值,分别代入上式中试算,直至等式两边相等,则所设水深值即为所求。

现以第一段为例具体说明,已知 $h_1 = 1.6$ m,$b_1 = 2.2$ m,则

$$A_1 = b_1 \times h_1 = 2.2 \times 1.6 = 3.52\ (\text{m}^2),\quad \chi_1 = b_1 + 2h_1 = 2.2 + 2 \times 1.6 = 5.4(\text{m})$$

$$R_1 = \frac{A_1}{\chi_1} = \frac{3.52}{5.4} = 0.65(\text{m}),\quad C_1 = \frac{1}{n}R_1^{1/6} = \frac{1}{0.022} \times 0.65^{1/6} = 42.33(\text{m}^{1/2}/\text{s})$$

$$v_1 = \frac{Q}{A_1} = \frac{10}{3.52} = 2.84(\text{m/s}),\quad E_{s1} = h_1 + \frac{\alpha_1 v_1^2}{2g} = 2.01\ \text{m}$$

假设 $h_2 = 1.76$ m,同理可得,$A_2 = 4.93$ m^2,$\chi_2 = 6.32$ m,$R_2 = 0.78$ m,$C_2 = 43.61$ m$^{1/2}$/s,$v_2 = 2.03$ m/s,$E_{s2} = 1.97$ m,故有

$$\bar{v} = \frac{v_1 + v_2}{2} = \frac{1}{2} \times (2.84 + 2.03) = 2.44(\text{m/s})$$

$$\bar{C} = \frac{C_1 + C_2}{2} = \frac{1}{2} \times (42.33 + 43.61) = 42.97(\text{m}^{1/2}/\text{s})$$

$$\bar{R} = \frac{R_1 + R_2}{2} = \frac{1}{2} \times (0.65 + 0.78) = 0.72(\text{m})$$

$$\bar{J} = \frac{\bar{v}^2}{\bar{C}^2\bar{R}} = \frac{2.44^2}{42.97^2 \times 0.72} = 0.004\ 49$$

则

$$E_{s1}+i\Delta s_1=2.01+0.0009\times 12=2.023(\text{m})$$
$$E_{s2}+\bar{J}\Delta s_1=1.97+0.00449\times 12=2.024(\text{m})$$

由此可见，$h_2=1.76$ m 满足式(6-69′)要求，即所求断面 2—2 的水深值为 1.76 m；若不满足，再假设水深，直至满足式(6-69′)即为所求。其余流段的计算与此相同，具体计算结果见表 6-14。

表 6-14　水面曲线计算结果

断面号	b(m)	h(m)	A(m)	χ(m)	R(m)	v(m/s)	C($m^{1/2}$/s)	E_s(m)
1—1	2.2	1.6	3.52	5.4	0.65	2.84	42.33	2.01
2—2	2.8	1.76	4.93	6.32	0.78	2.03	43.61	1.97
3—3	3.4	1.82	6.19	7.04	0.88	1.62	44.49	1.95
4—4	4	1.86	7.44	7.72	0.96	1.34	45.18	1.95
断面号	Δs(m)	$\bar{v}$ (m/s)	$\bar{R}$ (m)	$\bar{C}$ ($m^{1/2}$/s)	$\bar{J}$	$E_{s1}+i\Delta s$ (m)	$E_{s2}+\bar{J}\Delta s$ (m)	
1 - 1								
2—2	12	2.44	0.72	42.97	0.004 49	2.023	2.024	
3—3	12	1.82	0.83	44.05	0.002 06	1.982	1.978	
4—4	12	1.48	0.92	44.83	0.001 18	1.965	1.966	

由表中结果可知，进口断面水深 $h_4=1.86$ m。

二、数值积分法

将式(6-66)(即 $s=\int\Phi(h)\mathrm{d}h$)对于距离为 s_1、s_2 及水深为 h_1、h_2 的两个断面积分

$$\Delta s=\int_{s_1}^{s_2}\mathrm{d}s=\int_{h_1}^{h_2}\Phi(h)\mathrm{d}h \tag{6-70}$$

式中，$\Delta s=s_2-s_1$ 为两断面间距。

被积函数

$$\Phi(h)=\frac{1-\dfrac{\alpha Q^2 B}{gA^3}}{1-\dfrac{Q^2}{K^2}}=\frac{1-\dfrac{\alpha Q^2 B}{gA^3}}{1-\dfrac{n^2 Q^2}{A^2 R^{4/3}}} \tag{6-71}$$

其中，Q、n、i 是已知的，B、A、R 均为 h 的函数，为确定 $\Phi(h)$的值，可假定若干 h 值，据断面形状、尺寸计算相应的 B、A 值及 R 值，代入式(6-71)可算得 $\Phi(h)$值，从而绘出 $\Phi(h)\sim h$ 曲线。式(6-70)表明，$\Phi(h)\sim h$ 关系曲线与 h 轴之间在 h_1 到 h_2 范围内的面积就等于 Δs，于是求距离的问题可以通过求解这一面积来解决。

第十一节　弯道水流运动

人工渠道或天然河道中常常存在弯道，明渠轴线和渠壁(岸线)的不断改变，迫使进入弯道的水流质点作曲线运动。弯道内的水流质点除受重力作用外，还由于向心加速度

而受到离心惯性力作用。离心惯性力的方向从凸岸指向凹岸，受其作用，弯道内的水面出现凹岸高于凸岸的现象，形成弯道横向比降 J_r。水流在弯道内运动时，除具有纵向流速外，在横断面上还会出现断面环流，如图 6-38 所示。在纵向流速与断面环流的共同作用下，形成弯道螺旋流，如图 6-39 所示。弯道水流的上述特性，使得弯道凹岸冲刷、凸岸淤积，从而加速弯道的演变发展，使弯道更加弯曲，水流阻力进一步加大，并造成通航困难、取水建筑物失效等不利影响。因此，掌握弯道水流的特性，对于河床演变分析、河道整治工程设计以及取水建筑物的合理布置等有着重要的意义。

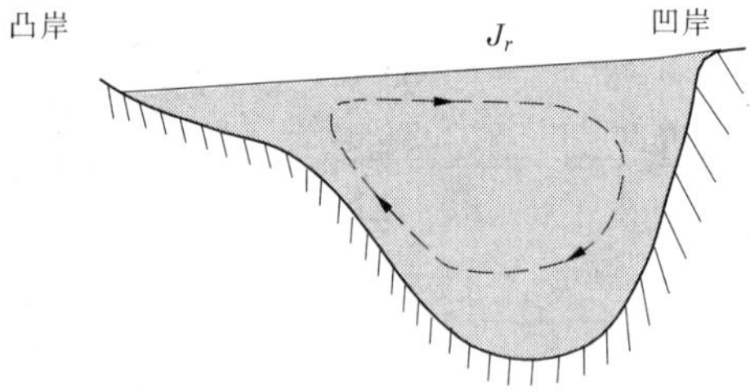

图 6-38

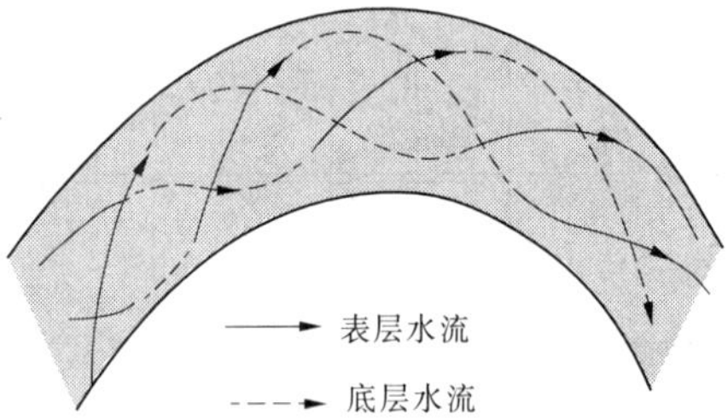

图 6-39

一、横向水面比降（Water surface curves transverse slope）

在离心惯性力的作用下，弯道内形成凹岸水面高于凸岸水面的横向水面比降，如图 6-40(b)所示。弯道曲率半径越小，离心惯性力越大，则横向水面比降越大，水面高差 Δz 也越大；反之，则横向水面比降越小，水面高差也越小。

为计算横向水面比降，在弯道内距离曲率中心 r 处取一垂向的微小水柱，如图 6-40(c)所示，分析其沿 r 方向的受力情况。设微小水柱底面积为 1 ×1，高为当地水深 h，其平均流速为 $\bar{u}$，则沿 r 方向作用在微小水柱上的外力有：

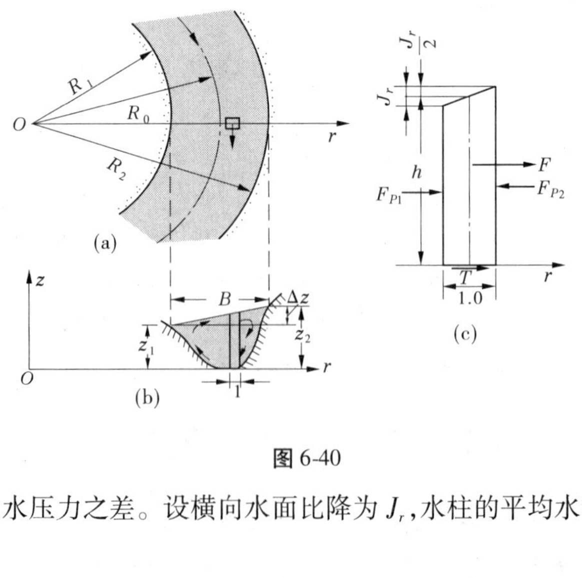

图 6-40

(1)两侧的动水压力之差。设横向水面比降为 J_r，水柱的平均水深为 h，则有

$$F_{P1}-F_{P2}=\frac{1}{2}\rho g\left(h-\frac{1}{2}J_r\right)^2-\frac{1}{2}\rho g\left(h+\frac{1}{2}J_r\right)^2=-\rho ghJ_r$$

(2)离心惯性力

$$F=ma_r=\rho h\frac{\bar{u}^2}{r}$$

(3)沿 r 方向渠底的摩擦阻力 T。因摩擦阻力相比惯性力小很多,故忽略不计。列 r 向的动力平衡方程有

$$F+F_{P1}-F_{P2}=\rho h\frac{\bar{u}^2}{r}-\rho ghJ_r=0$$

即

$$J_r=\frac{\bar{u}^2}{gr} \tag{6-72}$$

这就是弯道水流横向比降的一般关系式。考虑到 $J_r=\dfrac{\mathrm{d}z}{\mathrm{d}r}$,将其代入式(6-72),得

$$\frac{\mathrm{d}z}{\mathrm{d}r}=\frac{\bar{u}^2}{gr}$$

分离变量后

$$\mathrm{d}z=\frac{\bar{u}^2}{gr}\mathrm{d}r \tag{6-73}$$

要计算弯道水面横向高差,需对式(6-73)沿槽宽方向积分。设凸岸水位为 z_1,曲率半径为 R_1,凹岸水位为 z_2,曲率半径为 R_2,则有

$$\Delta z=z_2-z_1=\int_{R_1}^{R_2}\frac{\bar{u}^2}{gr}\mathrm{d}r$$

由于垂线平均流速 $\bar{u}$ 沿槽宽的分布情况,即 $\bar{u}(r)$ 函数关系一般未知,故无法对上式进行积分。实际工程中,通常按近似方法计算。采用弯道轴线的曲率半径 R_0 和断面平均流速 v 分别代替上式中的 r 和 $\bar{u}$,并乘以一修正系数 α',则得

$$\Delta z=\frac{\alpha' v^2}{gR_0}(R_2-R_1)=\frac{\alpha' v^2}{gR_0}B \tag{6-74}$$

式中,B 为弯道水面宽度,修正系数 α' 一般取 1.01～1.1。由于式(6-74)在推导过程中进行了简化处理,因此仅能作为弯道水面横向高差的估算公式应用。

二、断面环流(Cross circulation current)

弯道水流的另一个特性是,在横断面上存在横向流速。这种横向流速表面指向凹岸,底部指向凸岸,构成横断面上的环形流动,即断面环流,如图 6-38 所示。

下面讨论弯道环流形成的原因。在前述微小水柱中,水流质点所受的离心惯性力与该点的切向流速的平方成正比,即为 $\dfrac{\rho u^2}{r}$,由于切向流速沿垂线的分布随水深的变化而变化,愈接近槽底流速愈小。因此,作用于微小水柱上各质点的离心惯性力自水面向下逐渐减小。而微小水柱两侧的动水压强近似按静水压强规律分布,则由横向比降引起的两侧动水压强差 ρgJ_r 沿垂线保持不变。离心惯性力与动水压力差合成后的受力如图 6-41(b)

分布。在0点处,微小水柱的离心惯性力与压力差平衡,因而该点的水流不存在横向流动。而0点以上的水流质点,离心惯性力大于压力差,水流产生沿惯性力方向,即指向凹岸的横向流速。反之,0点以下的水流质点,离心惯性力小于压力差,水流产生沿惯性力反方向,即指向凸岸的横向流速。于是,弯道任一横断面上沿垂线的流速分布如图6-41(a)所示。

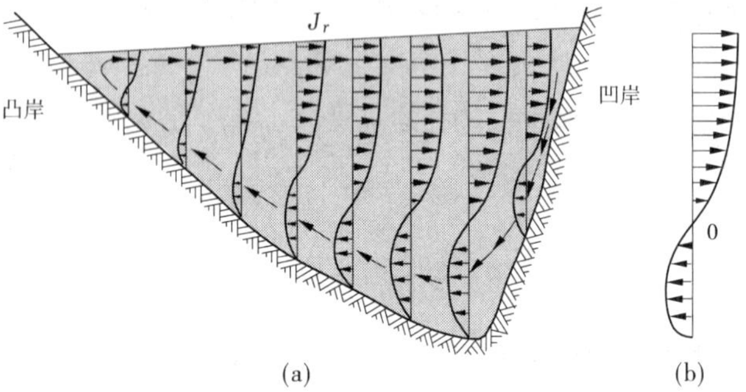

图6-41

断面环流的横向流速与弯道水流纵向流速叠加,就形成了弯道的螺旋流。水流表面的质点顺螺旋曲线运行,下潜至底部,底部的水流质点又以螺旋曲线的运动方式上行至表面,如此反复交替前行。弯道螺旋流运动的结果是:弯道凹岸不断被冲刷,边岸陡峻,近凹岸处形成深槽;冲刷下来的泥沙又被带至凸岸淤积,形成平缓的浅滩。因此引水工程、航道工程通常都修建在弯道凹岸一侧,以免淤积堵塞。

三、弯道水头损失(Energy losses of curved channels)

断面环流的存在,使得弯道水流的流动较为紊乱,流速较大的主流靠近凹岸一侧,水流受到的河床阻力相应也较大,同时,水流在作弯曲运动时,下部凸岸附近的水流会发生边界层分离的现象,因而弯道内的水流受到的阻力比直线段水流大。弯道水流的水头损失除沿程水头损失外,还有弯道附加的局部水头损失。弯道附加的局部水头损失可以表示为

$$h_{j弯} = \zeta_{弯}\frac{v^2}{2g} \tag{6-75}$$

学海趣谈　　**断面环流的妙用**

飞沙堰是始建于公元前256年的都江堰水利枢纽的三大工程之一,是一个利用地理条件、修理在内江弯道凸岩侧的一个侧堰。在枯水期内江水量较小时,它可以拦水进入宝瓶口保证灌区的灌溉水量;在洪水季节,当大量洪水由于受宝瓶口的阻滞而壅堵时,它又可以起到侧向溢洪道的分流作用。更为神奇的是,它还巧妙地利用了宝瓶口前面三道崖的弯道环流的地形和水势,运用弯道水流原理,使飞沙堰能够自动排除内江泥沙量的75%,有效地解决了河渠泥沙淤积这个水利工程的国际难题。令中外学者钦佩不已,叹为观止。

式中，$\zeta_{弯}$ 为弯道附加局部水头损失系数，$\zeta_{弯}$ 与弯道的曲率半径 R_0、水面宽度 B 有关，具体取值可参照表 6-15。

表 6-15　弯道附加阻力系数

R_0/B	1.0	2.0	3.0	4.0	5.0	6.0
$\zeta_{弯}$	0.67	0.50	0.44	0.42	0.41	0.40

天然河道中，水面宽度往往远大于水深，因此断面环流引起的横向水头损失不十分显著，计算时常常可以忽略不计。

习　题

一、课堂讨论题

课 6-1　明渠均匀流的特性及其产生条件各有哪些？

课 6-2　明渠均匀流过水断面上任一点处的压强 $p=\rho gh\cos\theta$ 是怎么得到的？对于明渠渐变流断面，该压强计算方法也适用吗？

课 6-3　断面形状及尺寸均相同的两条棱柱体明渠，但底坡 $i_1>i_2$。①若两渠道的流量相等，其正常水深是否相等？若不等，哪段大哪段小？②若两渠道的正常水深相等，其流量是否相等？若不等，哪段大哪段小？

课 6-4　“因为渠道的底坡 $i<1/100$ 比小底坡（$i<1/10$）还小得多，所以这种底坡一定是缓坡”，这种说法对吗？为什么？

课 6-5　利用图 6-14 能否求解无压圆管均匀流的输水能力？如可以，则说明其求解步骤。

课 6-6　明渠水流断面比能沿程的变化与水流流态和水深的沿程变化之间有何关系？

课 6-7　为什么说平底棱柱体明渠中水跃函数的最小值对应的水深是临界水深？

课 6-8　明渠非均匀渐变流水深沿程变化的微分方程 $\frac{dh}{ds}=\frac{i-J}{1-Fr^2}$ 中，分子与分母的物理意义分别是什么？

二、基本要求题

基 6-1　某园艺场需苗木灌溉流量 $Q=1.1\ m^3/s$，今拟建一条底坡 $i=1/800$，底宽 $b=2.0$ m，边坡系数 $m=2.5$，糙率 $n=0.025$ 的梯形断面渠道，当渠中正常水深 $h_0=0.5$ m 时，该渠道能否满足灌溉用水要求？

基 6-2　已知某梯形断面渠道的底宽 $b=3.0$ m，正常水深 $h_0=2.2$ m，边坡系数 $m=1.5$，糙率 $n=0.022\,5$，今测得每 100 m 渠长的水面落差 $\Delta z=0.025$ m，试求该渠道的流量模数及流量。

基6-3 有一穿过密实黏土地段的梯形断面明渠,糙率 $n=0.025$,边坡系数 $m=1.5$,底宽 $b=7.0$ m,底坡 $i=1/3\ 500$,设计流量 $Q=9.50\ m^3/s$,已知渠中设计水面以上的堤顶超高 $\Delta h=0.5$ m,试设计渠堤高度。

基6-4 一圆形断面无压隧洞,已知糙率 $n=0.014$,洞径 $d=2.0$ m,试求:

(1)当洞中正常水深 $h_0=1.0$ m,流量 $Q=5.5\ m^3/s$ 时,隧洞的底坡;

(2)当洞中正常水深 $h_0=1.4$ m 时,洞中的流速及流量。

基6-5 有一沙质黏土梯形断面渠道,糙率 $n=0.023$,边坡系数 $m=2.0$,渠道底坡 $i=0.000\ 2$,正常水深 $h_0=2.67$ m,设计流量 $Q=50.0\ m^3/s$,试求渠道的底宽。

基6-6 某梯形断面土渠,已知糙率 $n=0.022\ 5$,底坡 $i=1/4\ 000$,边坡系数 $m=1.0$,宽深比 $\beta=b/h_0=3.5$,设计流量 $Q=11.0\ m^3/s$,试求该渠道的底宽及正常水深。

基6-7 有一矩形断面渡槽,糙率 $n=0.014$,槽宽 $b=1.6$ m,渡槽长度 $L=120.0$ m,当通过设计流量 $Q=7.70\ m^3/s$ 时,槽中正常水深 $h_0=1.75$ m,已知渡槽进口处的槽底高程 $\nabla_{进}=82.26$ m,试求渡槽的底坡及出口处的槽底高程。

基6-8 一矩形断面渡槽,设计流量 $Q=6.5\ m^3/s$,不淤允许流速 $v'=1.2$ m/s,糙率 $n=0.018$,设计底坡 $i=0.004$,取超高 $\Delta h=0.3$ m,试确定该渡槽的断面尺寸。

基6-9 底坡、糙率及过水断面面积均一定的棱柱体矩形断面明渠,在①$b_1=6.0$ m,$h_{01}=3.0$ m;②$b_2=9.0$ m,$h_{02}=2.0$ m;③$b_3=5.0$ m,$h_{03}=3.6$ m 三种断面设计方案中,哪一种方案的过流能力最大?为什么?

基6-10 某傍山渠道的断面形状如图所示,靠山一侧的边坡系数 $m=0.5$,另一侧为浆砌块石边墙,已知渠道底宽 $b=2.0$ m,底坡 $i=0.001$,糙率分别为 $n_1=0.022\ 5$,$n_2=0.033$,水流为均匀流,试求当渠中正常水深 $h_0=1.2$ m 时渠道的流量。

基6-11 有一天然河道的河床,其过水断面形状、水位及有关尺寸如图所示。若水流近似为均匀流,已知深槽的糙率 $n_1=0.03$,滩地的糙率 $n_2=0.04$,河道平均底坡 $i=0.004$,试确定河床的流量。

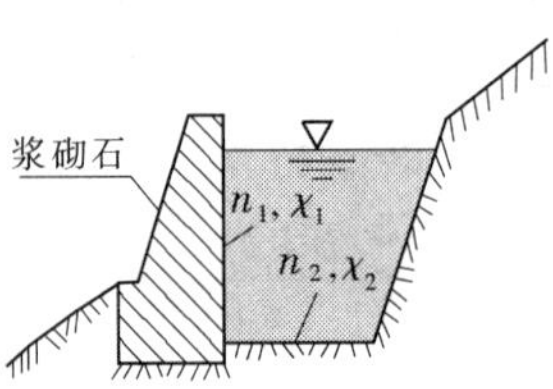

基6-10 图

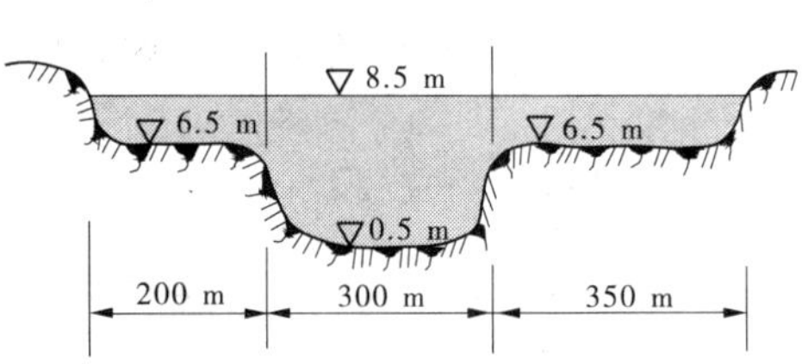

基6-11 图

基6-12 某矩形断面渠道,已知 $q=5\ m^3/(s\cdot m)$,$h=2.5$ m。

(1)试用弗劳德数、临界水深和干扰微波波速三种方法判断水流的流态;

(2)确定此时的断面比能 E_s 值;

(3)若保持 Q 不变而使水深 h 减小,则 E_s 如何变化?E_{smin}为多少?

基6-13 某水利枢纽工程施工截流,已知截流龙口近似为矩形断面,截流时龙口宽度 $b=120$ m,流速 $v=5.6$ m/s,通过的流量 $Q=1\ 850\ m^3/s$,若动能修正系数 $\alpha=1.1$,试判断此时龙口处的水流流态(缓流或急流)。

基6-14　一梯形断面明渠，已知底宽 $b=6$ m，边坡系数 $m=1.5$，糙率 $n=0.025$，底坡 $i=0.0005$，通过流量 $Q=14$ m^3/s，试用试算法、图解法和近似公式法分别计算其临界水深，并判断底坡类型。（取 $\alpha=1.0$）

基6-15　证明边坡系数为 m 的等腰三角形断面渠道中，临界水深的表达式为

$$h_k=\sqrt[5]{\frac{2\alpha Q^2}{gm^2}}$$

基6-16　一棱柱体矩形断面平底明渠，底宽 $b=4$ m，流量 $Q=12$ m^3/s，跃前水深 $h'=0.64$ m，试求跃后水深、水跃高度、水跃长度、水跃的能量损失。

基6-17　某梯形平底渠道中，已知底宽 $b=2.0$ m，边坡系数 $m=1.5$，通过流量 $Q=9.0$ m^3/s，当渠道中发生水跃时，跃前断面水深 $h'=0.4$ m。

（1）作出该渠道的水跃函数 $J(h)$ 曲线；

（2）利用水跃函数 $J(h)$ 曲线求解跃后水深和临界水深。

基6-18　试定性分析、绘制图示棱柱体渠道中可能出现的水面曲线，并注明曲线名称（假定各渠段均为充分长）。

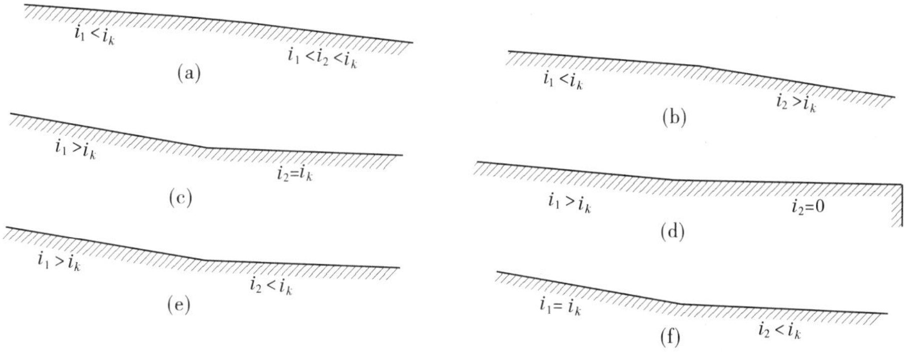

基6-18图

基6-19　试定性分析、绘制图示棱柱体渠道中可能出现的水面曲线，并注明曲线名称（假定各渠段均为充分长）。

基6-20　某棱柱体矩形断面明渠如图所示，按水力最佳断面设计，$i=0.002$，糙率 $n=0.013$。渠中建有一溢流坝（坝高 $P>1.0$ m），坝上、下游渠道足够长，若渠道的正常水深 $h_0=1.0$ m，试定性分析并绘制其水面曲线。

基6-21　一梯形断面棱柱体排水渠，全长 $L=6300$ m，底坡 $i=0.0002$，渠道糙率 $n=0.025$，渠道底宽 $b=12$ m，边坡系数 $m=1.5$。渠道末端建有一控制闸门，当通过流量 $Q=27$ m^3/s时，闸前水深 $h=2.6$ m。试用分段求和法计算渠道的水面曲线，并确定渠首水深值。

基6-22　有一底坡 $i=0.06$ 的梯形断面泄槽，槽长 $l=68$ m，底宽 $b=3.0$ m，边坡系数 $m=1.0$，泄槽糙率 $n=0.015$，进口处水深为临界水深，当通过流量 $Q=15.4$ m^3/s 时，试求泄槽的水面曲线。

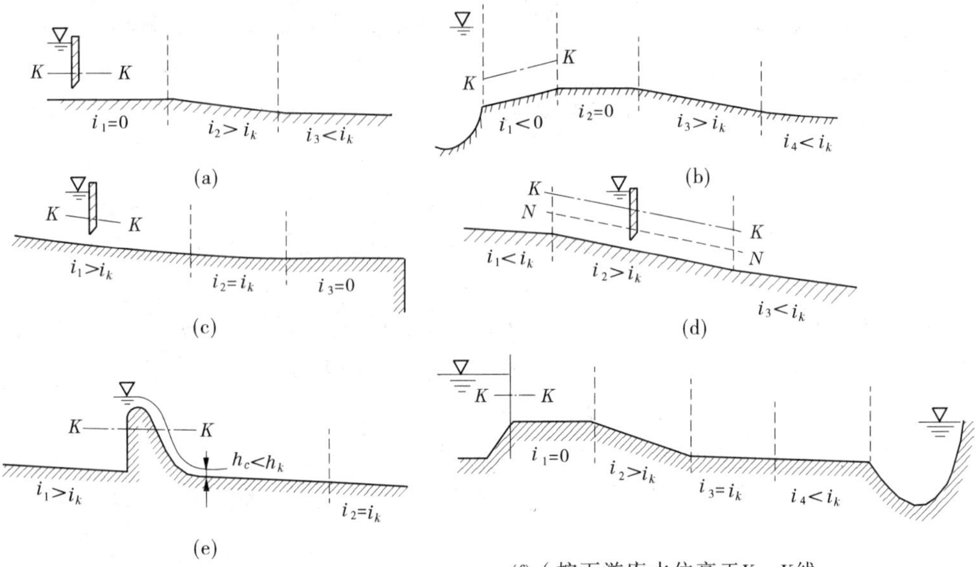

(f)（按下游库水位高于K—K线和低于K—K线两种情况考虑）

基6-19图

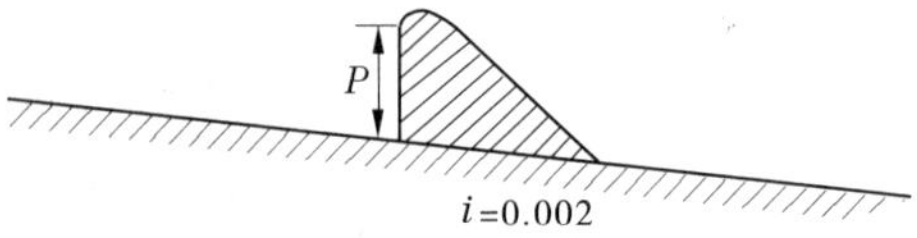

基6-20图

三、加深理解题

加6-1　如图所示棱柱体平底明渠中的水跃，当下游水深 h_t 增大时，问该水跃的跃前断面可否停留在 ab 段之间，为什么？

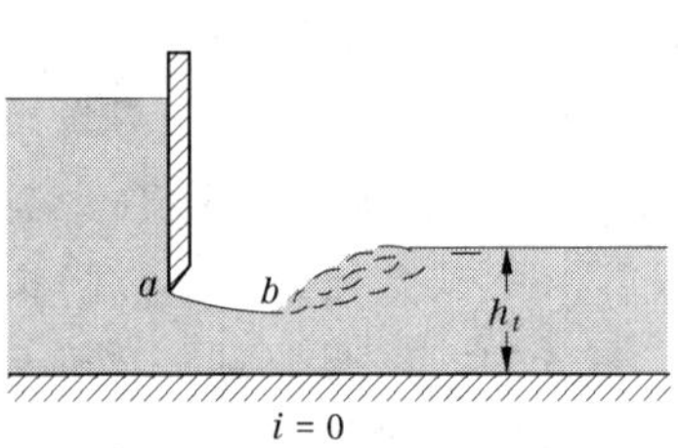

加6-1图

加6-2　如图所示矩形断面明渠中设置一堰坎，已知上游水深 $h_1=0.9$ m，渠底宽 $b=2$ m，取动能修正系数均为1，不计水头损失的影响，当通过流量 $Q=2.4\ m^3/s$时，试求：

(1)当堰坎顶断面1—1水流为临界流时，坎上水头 H 为多少；

(2)证明当泄流量为最大时，堰坎顶断面1—1水流为临界流。

加6-3　某一棱柱体矩形断面明渠，已知渠道糙率 $n=0.025$，底宽 $b=22$ m，通过流量 $Q=73.48\ m^3/s$，底坡由陡坡 $i_1=0.01$ 过渡到缓坡 $i_2=0.002$，缓坡段均匀流的正常水深 $h_{02}=1.53$ m。

(1)定性分析、绘制水面曲线，并判断是否发生水跃；

(2)若发生水跃，则确定水跃的跃前断面位置，并计算相应的跃前水深；

(3)若其他条件保持不变，将陡坡改成 $i_1=0.04$，水跃的位置将会如何变化？此时，跃前和跃后水深分别为多少？

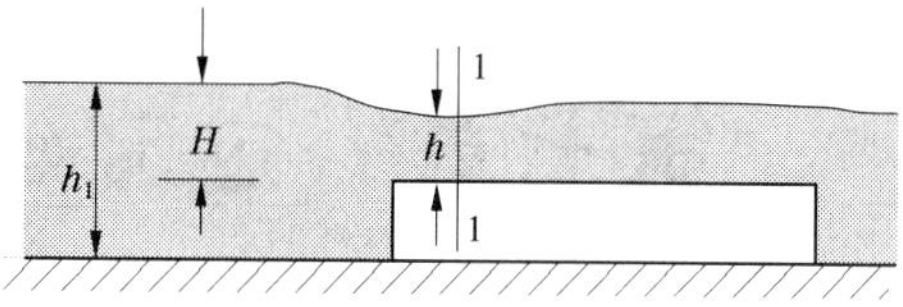

加 6-2 图

加 6-4　如图所示，某引水渠通过渐变段与渡槽连接，已知引水渠宽 $b_1=4$ m，底坡 $i_1=0.001$，渡槽宽 $b_2=2.5$ m，底坡 $i_2=0.005$。三段均为矩形断面，糙率都为 $n=0.022$，渐变段长 $L=18$ m，底坡与引水渠相同，平面上沿水流方向线性缩窄。当通过流量 $Q=10.0\ m^3/s$ 时，求渐变段进、出口断面的水深值。

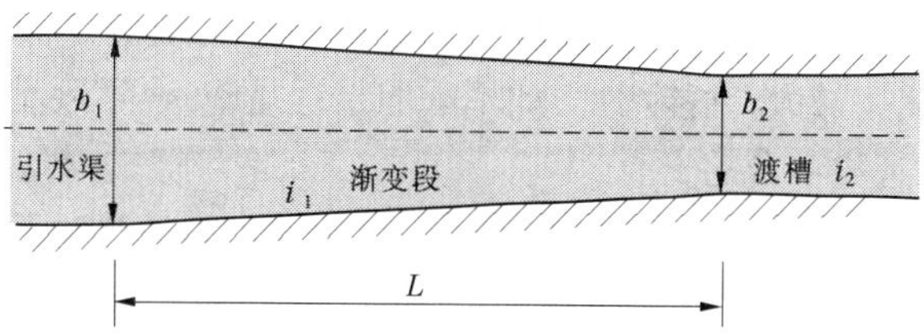

加 6-4 图

第七章 过流建筑物的水力计算

为了防洪、灌溉、航运、发电等需要,常在明渠上修建溢流坝、水闸等控制水位和流量的水工建筑物。

早在战国时期(公元前422年),西门豹就率众兴建漳水十二渠等闸坝工程。《水经·浊漳水注》记载:"二十里中作十二蹬,蹬相去三百步,令互相灌注。一源分为十二流,皆悬水门。"即在漳水进行梯级开发,筑有十二道拦河溢流低堰,对应十二条引水渠道的渠首均设有闸门控制。

闸、坝等水工建筑物的存在,使得建筑物上、下游的水位呈现落差,上游势能增加;泄流时,建筑物下游水流流速加大,动能增加;如不采取工程措施,会导致泄水建筑物下游冲毁,以致危及闸、坝等建筑物本身的安全。

本章将以堰、闸等过流建筑物为主要对象,研究讨论其水力计算和下游水流的衔接与消能等问题。

第一节 堰闸出流的共同特点与区别

一、堰流与闸孔出流

在水利工程中,为了控制河流或渠道的水位及流量,常常需要修建水闸或溢流坝等建筑物。这类建筑物既可挡水,也能过水。当上游水位超过建筑物顶部(如溢流坝或闸坎顶部)时,水流将从其顶部泄流,一般地把从其顶部溢流的壅水建筑物称为堰(weir)。如果为了控制和调节泄流量,可在建筑物的顶部设置闸门;当顶部闸门完全开启,闸门下缘脱离水面,闸门对水流不起控制作用;水流从建筑物顶部自由下泄,建筑物上、下游水面连续,这种水流状态称为堰流(Outflow over weir)(见图7-1(a)、(b))。当建筑物顶部闸门部分开启时,建筑物上、下游水面由于受闸门的制约而不连续,水流从建筑物顶部与闸门底缘间的孔口流出,这种水流状态叫闸孔出流(Flow under sluice gate)(见图7-1(c)、(d))。

二、堰流与闸孔出流的共同特点与区别

堰流和闸孔出流是两种不同的水流现象。堰流的水面线为一条光滑连续的降水曲线;闸孔出流时由于水流受到闸门的控制作用,闸孔上、下游的水面是不连续的。也正是由于堰流和闸孔出流这种边界条件的差异,它们的水流特征及过水能力也不相同。

但是,堰流与闸孔出流也存在着许多共同点。首先,堰流和闸孔出流都是由于溢流坝水闸或等水工建筑物壅高了上游水位,在重力作用下所形成的水流运动;从能量的角度看,堰流与闸孔出流的过程都是一种势能转化为动能的过程;其次,这两种水流都是在较短的距离内流线发生急剧弯曲,离心惯性力对建筑物表面的压强分布和建筑物的过水能

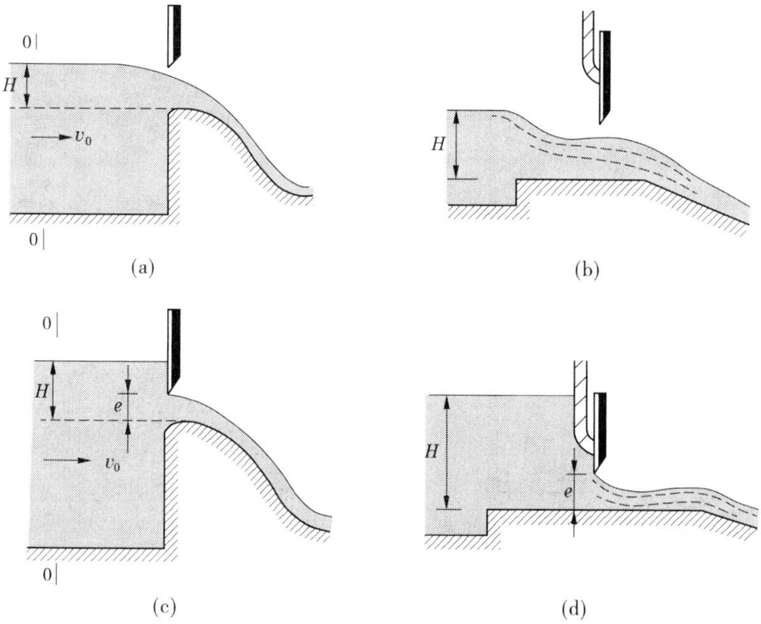

图 7-1

力均有一定影响，因而都属于明渠急变流；第三，两者出流过程的能量损失主要是局部水头损失，水力计算中都可忽略沿程水头损失的影响。

三、堰流与闸孔出流的相互转化及其判别条件

由堰流与闸孔出流的特点可知，对于顶部有闸门控制的溢流坝而言，堰流和闸孔出流可以相互转化。这种水流的转化条件与闸孔的相对开度 e/H 有关，还与闸底坎及闸门（或胸墙）的型式有关。根据实验，堰流和闸孔出流的判别条件如下：

当闸底坎为平顶堰时（见图 7-1(b)、(d)）

$$\frac{e}{H}\leqslant 0.65，\text{为闸孔出流}$$

$$\frac{e}{H}>0.65，\text{为堰流}$$

当闸底坎为曲线堰时（见图 7-1(a)、(c)）

$$\frac{e}{H}\leqslant 0.75，\text{为闸孔出流}$$

$$\frac{e}{H}>0.75，\text{为堰流}$$

式中：e 为闸门开度；H 为从堰顶算起的闸前水深；e/H 为闸孔的相对开度。

堰流和闸孔出流是泄水、引水等工程中极为常见的水流现象，其水力计算的主要任务是确定堰或闸的过水能力。本章将运用水力学的基本原理，分析堰流和闸孔出流的水力特性、影响因素，并介绍相应的水力计算方法。

第二节　堰流的类型及水力计算公式

一、堰流的类型

根据不同的使用要求,常将堰做成不同的类型,如图 7-2 所示。在水利工程中,不同类型的堰,其能量损失及过水能力也会不同。

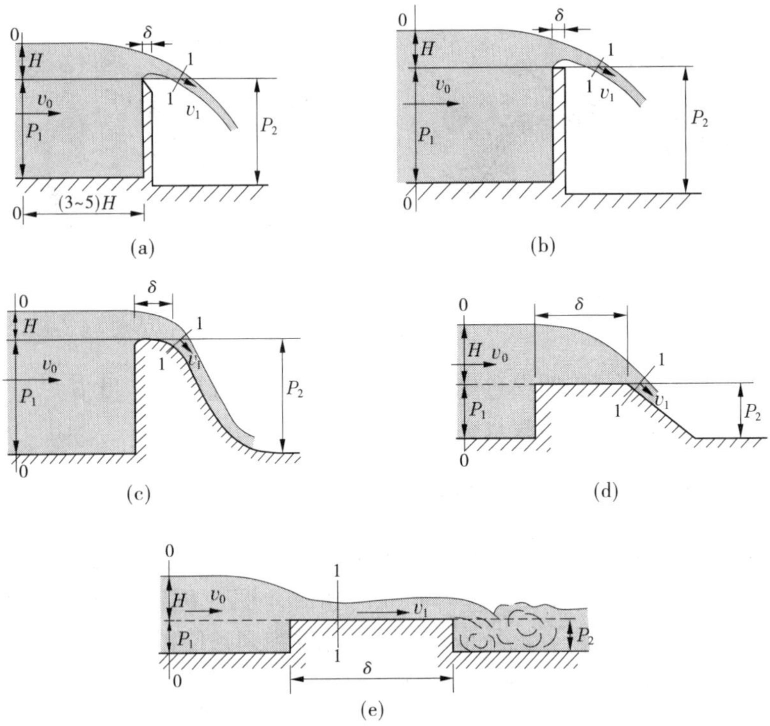

图 7-2

堰流的水力特征主要表现为:上游水位壅高,水流接近堰顶部时,水流开始收缩,流速增大,由缓流逐渐过渡为急流,溢流不受任何约束而具有沿程连续降落的自由表面。习惯上,把堰前水面无明显降落的 0—0 断面叫做堰前断面;该断面堰顶以上的水深叫做堰顶水头,以 H 表示;该断面的流速称为行近流速,以 v_0 表示。实验表明,堰前断面距上游堰面的距离 $L=(3\sim5)H$。

根据实验资料,流过堰顶的水流型态随堰坎厚度 δ 与堰顶水头 H 之比(δ/H)而变化。因此,在水力计算中,常根据 δ/H 的大小及相应的水流特征,将堰流分为薄壁堰流、实用堰流和宽顶堰流三类。

(1)薄壁堰流(Sharp-crested weir)。当 $\delta/H<0.67$ 时,过堰水舌形状基本不受堰坎厚度 δ 的影响,水舌下缘与堰顶只有线接触,水面呈单一降落曲线,这种堰流称为薄壁堰流(见图 7-2(a)、(b))。在实际应用中,因为薄壁堰流具有稳定的水位 ~ 流量关系,因此常被用做实验室水槽或小型明渠中的量水工具。实际应用中的薄壁堰,其堰顶常做成锐缘

形,所以薄壁堰也称为锐缘堰。

(2)实用堰流(Practical weir)。当 $0.67<\delta/H<2.5$ 时,随着堰坎厚度增大,过堰水流受到堰顶的约束和顶托,水舌与堰顶呈面的接触,但这种影响还不大,过堰水流的水面仍为重力作用下的单一降落曲线,这种堰流称为实用堰流(见图7-2(c)、(d))。这种堰因在实际水利工程中常被使用而称其为实用堰,实用堰的剖面一般有折线型和曲线型两种,分别称为折线型实用堰(见图7-2(d))和曲线型实用堰(见图7-2(c))。

(3)宽顶堰流(Broad-crested weir)。当 $2.5<\delta/H<10$ 时,随着堰坎厚度的进一步增大,堰顶厚度对水流的顶托作用已经非常明显,进入堰顶的水流,由于受到堰顶垂直方向的约束,过水断面减小,流速加大,动能增加,势能必然减小,再加上水流进入堰顶时产生的局部水头损失,导致水流在进口处出现第一次跌落。此后,由于堰顶对水流的顶托作用,在堰顶形成与堰顶接近平行的一段水面。当下游水位较低时,出堰水流又会出现第二次水面跌落(见图7-2(e)),这种堰流称为宽顶堰流。在实际工程中,宽顶堰常被作为闸底坎使用。

当 $\delta/H>10$ 后,水流的沿程水头损失已经不能忽略,堰上水流已经属于明渠水流了。

以上是从水力学角度,根据过堰水流的特点进行分类的。显然,对于一定的堰坎厚度 δ,当水头 H 不同时,其堰流类型是可以变化的。可见,堰流的类型不只是由堰的外形和堰坎的厚度 δ 来决定的,更重要的是取决于堰的相对厚度 δ/H 的大小。

另外,明渠中仅有过流宽度局部减小,没有升坎,也会产生上游壅水、局部降水的现象,类似宽顶堰流,因此也称其为无坎宽顶堰流,如过桥墩水流。

二、堰流水力计算的基本公式

堰流水力计算的基本公式可以应用能量方程来建立。现以矩形薄壁堰自由出流为例,推导堰流基本公式。见图7-2(a)、(b)。

取通过堰顶的水平面为基准面,在堰上游取水面无明显下降处的渐变流断面0—0,该断面在堰顶以上的水深 H 称为堰顶水头。在过基准面与水舌中线的交点处取过水断面1—1。断面1—1处流线弯曲,该断面的测压管水头已非常数,故采用测压管水头的平均值 $\overline{z+\frac{p}{\rho g}}$。考虑堰流特性,对断面0—0及断面1—1应用能量方程有

$$H+\frac{\alpha_0 v_0^2}{2g}=\overline{z+\frac{p}{\rho g}}+\frac{\alpha_1 v_1^2}{2g}+\zeta\frac{v_1^2}{2g}$$

式中:v_0 为断面0—0的平均流速,即行近流速;v_1 为断面1—1的平均流速;、α_0、α_1 为相应断面的动能修正系数;ζ 为过堰的局部水头损失系数。

设堰的全水头 $H_0=H+\frac{\alpha_0 v_0^2}{2g}$,其中 $\frac{\alpha_0 v_0^2}{2g}$ 为行近流速水头,令 $\overline{z+\frac{p}{\rho g}}=\xi H_0$,$\xi$ 为修正系数,则上式可写为

$$H_0-\xi H_0=(\alpha_1+\zeta)\frac{v_1^2}{2g}$$

即

$$v_1 = \frac{1}{\sqrt{\alpha_1 + \zeta}} \sqrt{2gH_0(1 - \xi)}$$

因为堰顶过水断面一般为矩形，设其过水断面宽度为 b，断面 1—1 的水舌厚度用 kH_0 表示，其中 k 为反映堰顶水流垂直收缩的系数；则断面 1—1 的过水断面面积为 $kH_0 b$，故通过的流量为

$$Q = kH_0 b v_1 = kH_0 b \frac{1}{\sqrt{\alpha_1 + \zeta}} \sqrt{2gH_0(1 - \xi)} = \varphi k \sqrt{1 - \xi} b \sqrt{2g} H_0^{3/2}$$

式中：$\varphi = \frac{1}{\sqrt{\alpha_1 + \zeta}}$ 称为流速系数。

令流量系数 $m = \varphi k \sqrt{1 - \xi}$，有

$$Q = mb \sqrt{2g} H_0^{3/2} \tag{7-1}$$

式(7-1)即为堰流水力计算的基本公式。

式(7-1)虽是针对矩形薄壁堰推导而来的，但仍不失其普遍性，即对堰顶过水断面为矩形的薄壁堰流、实用堰流或宽顶堰流都是适用的。因为三种堰的物理本质并无差异，所不同的只是影响泄流能力的系数 m 因堰型不同而异。由式(7-1)可以看出，过堰的流量与堰顶全水头的 3/2 次方成比例。

从上面的推导可以看出，影响流量系数的主要因素是 φ、k、ξ，即 $m = f(\varphi, k, \xi)$。其中：φ 主要反映局部水头损失的影响；k 主要反映堰顶水流垂直收缩的程度；ξ 是用来表示堰顶断面的平均测压管水头与堰顶全水头之间的比例系数。概括起来说，所有这些因素除与堰顶水头 H 有关外，还受堰型边界条件的影响。

在实际应用中，有时下游水位较高或下游堰高较小会影响了堰的有效作用水头，从而降低堰过流能力，这种堰流称为淹没出流（Submerged over flow）；反之叫做自由出流。当堰顶的过流宽度小于上游渠道宽度或是堰顶设有边墩及闸墩，都会引起水流的侧向收缩，降低过流能力，这种堰叫做有侧收缩堰；反之，称为无侧收缩堰。式(7-1)没有包含淹没及侧收缩对堰过流能力的影响，因此又称式(7-1)为无侧收缩的自由出流堰流公式。有关这些影响，将在下面讨论不同堰流水力计算时分别加以考虑。

第三节　薄壁堰的水力计算

薄壁堰流具有稳定的水头和流量关系，常作为水力模型试验或小型渠道中一种有效的量水工具；有些临时性的挡水建筑物，如叠梁闸门也可近似作为薄壁堰流计算。另外，工程上广泛应用的曲线型实用堰外形一般都是参考薄壁堰流水舌下缘曲线设计的，所以对薄壁堰流的认识是十分重要的。

薄壁堰是在垂直水流方向安装的阻水溢流建筑物，过流时水舌表面得到充分发展。堰坎顶部的过水断面多做成矩形、三角形或梯形，如图 7-3 所示，分别称之为矩形薄壁堰（Rectangle sharp-crested weir）、三角形薄壁堰（Triangular sharp-crested weir）和梯形薄壁堰（Trapezoidal sharp-crested weir），其中矩形薄壁堰和直角三角形薄壁堰最为常见。

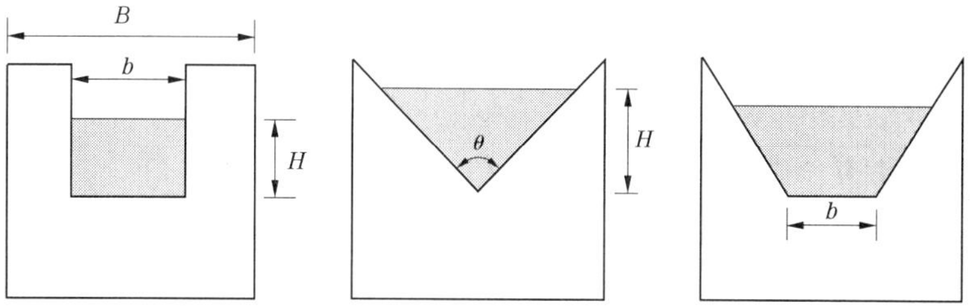

图 7-3

一、矩形薄壁堰

实验证明，当矩形薄壁堰为无侧收缩，自由出流时，水流最为稳定，测量精度也较高。为了保证测流精度，还应满足以下两个条件：

(1)堰顶水头 H 不宜过小。实验证明 H 应大于 2.5 cm。否则，由于溢流水舌受表面张力作用，将挑射不出，易发生贴附溢流，使出流很不稳定。

(2)堰后水舌下面的空间应与大气相通。否则，由于溢流水舌把空气带走，压强降低，水舌下面形成局部真空，影响出流稳定。通常的做法是在堰后侧壁上设置通气管，以保证堰后水舌下面空间与大气相通。

图 7-4 是实验室测得的无侧收缩、非淹没矩形薄壁堰自由出流的水舌形状，它表明在前面推导堰流基本公式时，假定 1—1 断面的$\overline{z+\dfrac{p}{\rho g}}=\xi H_0$ 是符合实际的。

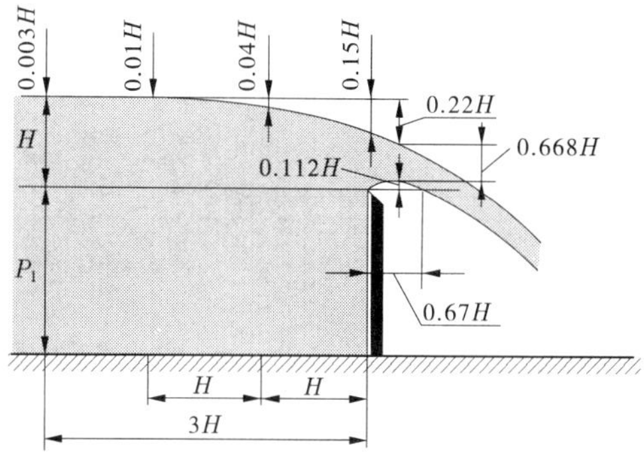

图 7-4

在无侧收缩、自由出流情况下，矩形薄壁堰流的计算公式为式(7-1)。

为了便于直接用测得的水头 H 来计算流量，可改写式(7-1)，把行近流速的影响包括在流量系数中一并考虑

$$Q = mb\sqrt{2g}\left(H+\frac{\alpha_0 v_0^2}{2g}\right)^{3/2} = m\left(1+\frac{\alpha_0 v_0^2}{2gH}\right)^{3/2} b\sqrt{2g}H^{3/2}$$

令 $m_0 = m\left(1+\dfrac{\alpha_0 v_0^2}{2gH}\right)^{3/2}$，则矩形薄壁堰的水力计算公式可表达为

$$Q = m_0 b\sqrt{2g}H^{3/2} \tag{7-2}$$

式中，包括行近流速影响的流量系数 m_0 可按雷伯克(T. Rehbock)经验公式计算

$$m_0 = 0.403 + 0.053\frac{H}{P_1} + \frac{0.0007}{H} \tag{7-3}$$

式中：H 为堰顶水头，m；P_1 为上游堰高，m。

式(7-3)适用于 $H \geqslant 0.025$ m，$\frac{H}{P_1} \leqslant 2$ 及 $P_1 \geqslant 0.3$ m 的情况。

当薄壁堰有侧收缩时，流量公式仍采用式(7-2)。流量系数 m_0 可采用如下经验公式计算

$$m_0 = 0.4032 + \frac{0.00666}{H} + 0.0535\frac{H}{P_1} - 0.0967\sqrt{\frac{(B-b)H}{BP_1}} + 0.00768\sqrt{\frac{B}{P_1}} \tag{7-4}$$

式中：H 为堰顶水头，m；P_1 为上游堰高，m；B 为堰上游渠宽，m；b 为堰宽，m。

式(7-4)的适用条件为：$B = (0.5 \sim 6.3)$ m；$b = (0.15 \sim 5.0)$ m；$H = (0.03 \sim 0.45\sqrt{B})$ m；$\frac{bP_1}{B^2} \geqslant 0.06$。

【例 7-1】 有一无侧收缩的矩形薄壁堰，堰宽 b 为 0.6 m，上游堰高 P_1 为 0.4 m，堰为自由出流。已测得堰顶水头 H 为 0.2 m。试求通过该矩形薄壁堰的流量。

解：流量按式(7-2)计算

$$Q = m_0 b\sqrt{2g}H^{3/2}$$

其中 m_0 由式(7-3)计算

$$m_0 = 0.403 + 0.053\frac{H}{P_1} + \frac{0.0007}{H} = 0.403 + 0.053 \times \frac{0.2}{0.4} + \frac{0.0007}{0.2} = 0.433$$

则通过流量为

$$Q = 0.433 \times 0.6 \times \sqrt{2 \times 9.8} \times 0.2^{3/2} = 0.1029(\text{m}^3/\text{s})$$

二、直角三角形薄壁堰

当所测流量较小时，采用矩形薄壁堰，会使堰上水头过小，形成水舌贴壁溢流。为了增大水头，提高小流量测量精度，可改用三角形薄壁堰。

三角形薄壁堰简称三角堰，其优点是过堰水面宽度随水头而变。小水头时堰宽小，流量的微小变化将引起水头的敏感变化，故三角堰是测量较小流量的理想堰型。其堰口夹角通常是直角，如图 7-5 所示。

直角三角形薄壁堰过堰的流量计算公式为

$$Q = C_0 H^{2.5} \tag{7-5}$$

上两式中，C_0 为直角三角形薄壁堰的流量系数，可按下式计算

$$C_0 = 1.354 + \frac{0.004}{H} + \left(0.14 + \frac{0.2}{\sqrt{P_1}}\right)\left(\frac{H}{B} - 0.09\right)^2 \tag{7-6}$$

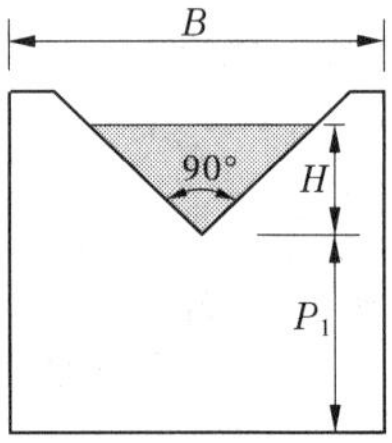

图 7-5

式中：Q 为流量，m^3/s；H 为堰顶水头，m；P_1 为上游堰高，m；B 为堰上游引水渠宽，m。

式(7-6)适用条件为:$0.5\ m \leqslant B \leqslant 1.2\ m$,$0.1\ m \leqslant P_1 \leqslant 0.75\ m$,$0.07\ m \leqslant H \leqslant 0.26\ m$,$H \leqslant B/3$。

汤普森(P. W. Thomson)实验得直角三角形薄壁堰的流量系数 C_0 近似值为1.4,即

$$Q = 1.4H^{2.5} \tag{7-7}$$

式(7-7)的应用条件为:$0.05\ m < H < 0.25\ m$;$P_1 \geqslant 2H$;$B \geqslant (3 \sim 4)H$。式中 H 以m计,Q 以 m^3/s 计。

第四节　实用堰的水力计算

实用堰是水利工程中最常见的堰型之一。根据堰的用途和结构稳定性要求,实用堰可分为曲线型实用堰(Practical curved weir)和折线型实用堰(Broken-line practical weir)两种,如图7-2(c)、(d)所示。低溢流堰常用石料砌筑成折线型;较高的溢流堰为了增大过流能力,一般做成曲线型。本节仅介绍曲线型实用堰。

一、曲线型实用堰的剖面设计

(一)曲线型实用堰的剖面形状

曲线型实用堰比较合理的剖面形状应当具有过水能力强、堰面不出现过大负压和过流稳定等水力特性。一般情况下,如图7-6所示的曲线型实用堰的剖面主要由以下几个部分组成:上游直线段 AB;堰顶曲线段 BC;坡度为 $m_\alpha = \cot\alpha$ 的下游直线段 CD 和下游反弧段 DE。上游直线段 AB 一般做成垂直的或倾斜的,如图7-6中 $A'B$。上游直线段 AB 的坡度和下游直线段 CD 的坡度主要根据坝体的稳定和强度要求来选定。反弧段 DE 的作用是使直线段 CD 与下游河床或消能坎平滑连接,以避免水流直冲河床,有利于溢流坝下游的消能,一般 r 取3~6倍反弧最低处的最大水深。在设计时,对于非岩基上高度较小的坝,水头 H 较大时,可取 $r = (0.5 \sim 1.0)(H_d + z_{max})$;对基岩上的高坝,当水头 $H < 5$ m时,可取 $r = (0.25 \sim 0.5)(H_d + z_{max})$。式中 H_d 为剖面设计水头;z_{max} 为最大的上下游水位差。

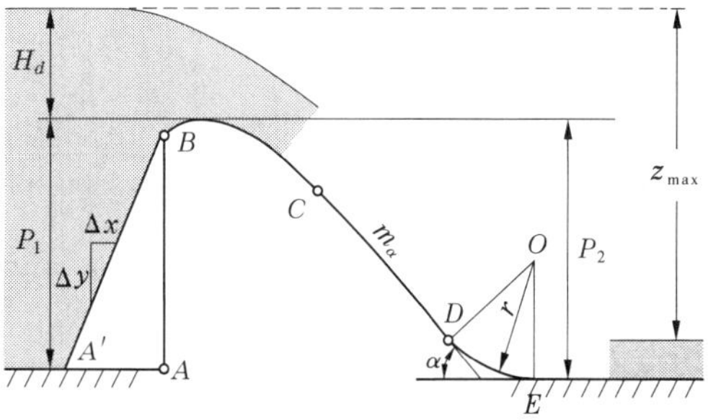

图7-6

堰顶曲线 BC 对水流运动的影响很大,是设计曲线型实用堰剖面形状的关键。

若曲线段 BC 做成与同样条件下薄壁堰自由出流的水舌下缘相吻合的形状,则水流将紧贴堰面下泄,水舌基本上不受堰面形状的影响。如果堰面曲线突出于水舌下缘,则堰

面将顶托水流，堰前总机械能中的一部分势能将转换成压能，导致转换成水舌的动能有效水头减小，过流能力降低。反之，若堰面低于水舌下缘，水舌将脱离堰顶表面，脱离处空气就被水舌带走，堰面形成局部负压区；负压区的存在，相对加大了作用水头，使得堰的泄流能力增大，但过大的负压将会形成空蚀破坏和水舌颤动。所以，理想的剖面形状应使堰面曲线与薄壁堰水舌下缘吻合。这样既不会产生负压，又具有比较大的泄流能力。但由于堰面的粗糙度不可避免地对水舌产生影响，加之上游水头及水舌形状不会绝对稳定，所以实际采用的剖面形状都是按薄壁堰水舌下缘曲线稍加修改而成的。

我国目前已建成的曲线型实用堰剖面主要有克里格（Greager）－奥菲采洛夫（Офицеров）剖面（简称克－奥剖面）、美国陆军工程兵团水道实验站（Waterways experiment station）的标准剖面（即 WES 剖面）和美国内务部垦务局（Brueau reclamation）在系统研究的基础上推荐的渥奇（Ogee）剖面等型式。

我国在 20 世纪五六十年代设计的高坝采用较多的是克－奥剖面，但该剖面略显肥大，且施工难度较大。近几十年来溢流坝多采用美国陆军工程兵团水道实验站提出的 WES 剖面，该剖面较瘦，可节省工程量，堰面压强分布较为理想，负压不大，安全性能较好；同时 WES 剖面可用曲线方程表示，施工过程中便于控制。WES 剖面是国家《溢洪道设计规范》（SL 253—2000）优先推荐形式。渥奇剖面考虑了坝高对堰剖面曲线的影响，适用于上游坝高不同的堰剖面设计。

（二）WES 剖面的水力设计方法

WES 剖面 BC 段由堰顶点 O 以左的圆弧段 OB 和以右的曲线段 OC 组成。圆弧段分为两段复合圆弧、三段复合圆弧和椭圆曲线三种不同类型，其中三段圆弧可以较平顺地与上游面连接，改善堰面压强分布，减小负压。现以三段复合圆弧的 WES 剖面为例加以说明。

如图 7-7 所示的 WES 剖面，该剖面上游堰面铅直，堰顶 O 点将堰顶曲线分为两部分，堰顶 O 点上游部分由三段圆弧连接而成，三段复合圆弧的半径 R 及坐标值如图所示。堰顶 O 点下游的曲线 OC 用下式计算

$$\left(\frac{y}{H_d}\right) = k\left(\frac{x}{H_d}\right)^n \tag{7-8}$$

式中的系数 k 及指数 n 决定于上游堰面的坡度。当上游为铅垂面时，$k=0.5$，$n=1.85$。代入式(7-8)，则

$$\left(\frac{y}{H_d}\right) = 0.5\left(\frac{x}{H_d}\right)^{1.85} \tag{7-9}$$

式中 H_d 为不包括行近流速水头的剖面设计水头，简称设计水头。曲线 OC 与图 7-6 中所示的下游直线段 CD 的切点 C 的位置，可通过 $\frac{dy}{dx}=\tan\alpha$ 确定。

（三）WES 剖面的定型设计水头 H_d

从上述可知，堰剖面的大小取决于所采用的设计水头 H_d。但由于堰在实际运行时，堰顶水头随流量 Q 的变动而在 $H_{min} \sim H_{max}$ 的范围变化。如果以最大水头 H_{max} 作为设计水头，虽然可以保证堰面不出现负压，但是由于实际工作水头均小于设计水头，堰面压强一

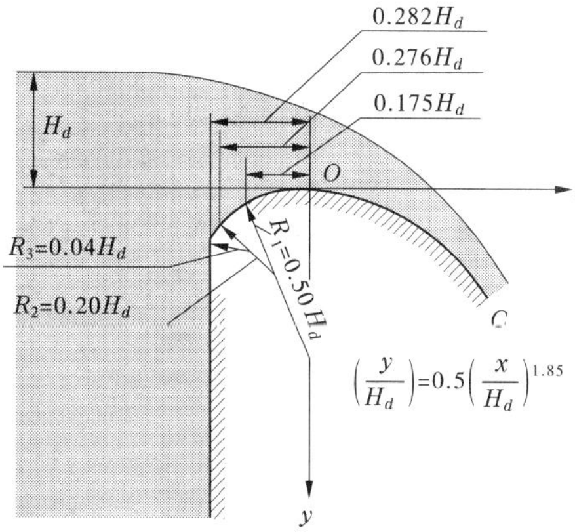

图 7-7

般高于大气压强，流量系数减小；同时，在这种情况下所得出的堰剖面偏大，经济合理性较差。反之，如果采用最小水头 $H_{\min}$ 作为设计水头，虽然可以得到较为经济的剖面，但实际中工作水头一般都大于设计水头，堰面会产生较大负压，严重时会危及坝的安全。因此，选定什么水头作为设计水头 H_d，才会使所设计的堰剖面在已知的水头变化范围内工作时既有较大的流量系数，又不会使堰面产生过大的负压，这是剖面设计中必须注意的问题。一般情况下，对于上游堰高 $P_1 \geq 1.33H_d$ 的高堰，取 $H_d = (0.75 \sim 0.95)H_{\max}$；对于上游堰高 $P_1 < 1.33H_d$ 的低堰，取 $H_d = (0.65 \sim 0.85)H_{\max}$。$H_{\max}$ 为校核流量下的堰顶水头。

在设计水头下工作时不出现负压（或真空）的堰面，称为非真空剖面。反之，称为真空剖面。本章只介绍非真空剖面，有关真空剖面的水力计算可参阅有关水力计算手册。

二、实用堰的水力计算

实用堰水力计算基本公式仍为式(7-1)，但在实际工程中，实用堰常由闸墩及边墩分隔成为数个等宽的堰孔，如图 7-8 所示。此时式(7-1)中的 $b = nb'$，其中 n 表示堰孔数；b' 为堰孔的单孔净宽。当仅有边墩而无闸墩存在时，$n = 1$，$b = b'$。

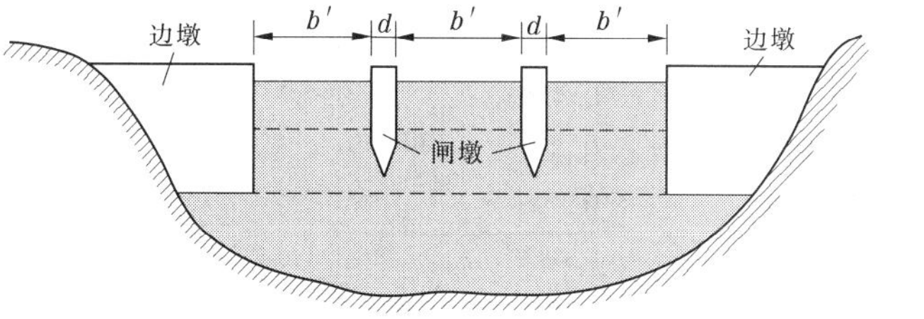

图 7-8

由于边墩或闸墩的影响，导致上游的来流宽度大于堰的溢流宽度，当水流经过堰孔时，流线发生侧向收缩，局部水头损失增加，使得在相同条件下，有侧收缩堰比无侧收缩堰的流量要小。对此，通常在式(7-1)的右端乘以一个系数以反映侧收缩对流量的影响，该系数称为侧收缩系数（Coefficient of side contraction），用 ε_1 表示，显然 $\varepsilon_1 < 1.0$。

此外，实用堰在应用中，还可能出现下游水位过高或下游堰高 P_2 较小的情况，导致堰的过水能力减小，即形成所谓淹没出流的情况（见图 7-12）。这时也通过在式(7-1)的右端乘以一个淹没系数(Coefficient of submergence)σ_s 来表示淹没的影响,淹没系数 $\sigma_s <$ 1.0。

因此,实用堰水力计算公式的一般形式可表达为

$$Q = \varepsilon_1 \sigma_s m n b' \sqrt{2g} H_0^{3/2} \tag{7-10}$$

曲线型实用堰的各项系数与各种堰型相匹配,在初步设计时,可参考有关文献选择系数,对于重要工程则需要做模型试验确定系数。下面对式(7-11)中的相关系数做进一步讨论。

(一)实用堰的流量系数

1. 曲线型实用堰的流量系数

当堰顶工作水头 H 等于设计水头 H_d 时,其流量系数称为设计流量系数 m_d,即当 $H = H_d$ 时,$m = m_d$。试验表明,曲线型实用堰的流量系数主要取决于上游堰高与设计水头之比 P_1/H_d、堰顶全水头与设计水头之比 H_0/H_d,以及堰上游面的坡度。另外,各种定型的曲线型堰,其形状稍有差异,故它们的流量系数 m_d 也略有不同。

(1)对于 WES 剖面堰,当 $P_1/H_d \geqslant 1.33$ 时,称为高堰,计算中可不计行近流速水头,且$m = f(H_0/H_d)$。当实际工作全水头 H_0 等于设计水头 H_d 时,流量系数 $m_d = 0.502$;当 $H_0/H_d < 1$时,$m < m_d$;当 $H_0/H_d > 1$ 时,$m > m_d$。

(2)当 $P_1/H_d < 1.33$ 时,称为低堰,此时行近流速不能忽略,流量系数随 P_1/H_d 减小而减小,此时的流量系数 $m = f(P_1/H_d, H_0/H_d)$。

综上所述,WES 堰的 m 值可按表 7-1 确定。

表 7-1 WES 剖面型实用堰的流量系数 m 值(堰上游面垂直)

H_0/H_d	P_1/H_d				
	0.2	0.4	0.6	1.0	≥1.33
0.4	0.425	0.430	0.431	0.433	0.436
0.5	0.438	0.442	0.445	0.448	0.451
0.6	0.450	0.455	0.458	0.460	0.464
0.7	0.458	0.463	0.468	0.472	0.476
0.8	0.467	0.474	0.477	0.482	0.486
0.9	0.473	0.480	0.485	0.491	0.494
1.0	0.479	0.486	0.491	0.496	0.502
1.1	0.482	0.491	0.496	0.502	0.507
1.2	0.485	0.495	0.499	0.506	0.510
1.3	0.496	0.498	0.500	0.508	0.513

当上游堰面为斜坡时(见图 7-6),应将堰流计算的基本公式乘以一个上游堰面坡度影响系数 c,则考虑上游堰面坡度影响的计算公式为

$$Q = c \varepsilon_1 \sigma_s m n b' \sqrt{2g} H_0^{3/2} \tag{7-11}$$

其中,上游堰面坡度影响系数 c 可按表 7-2 确定。当上游堰面为铅直时,c 取 1.0。

表 7-2　上游堰面坡度影响系数 c 值

上游堰面坡度 $\Delta y/\Delta x$（见图 7-6）	P_1/H_d						
	0.3	0.4	0.6	0.8	1.0	1.2	≥1.3
3∶1	1.009	1.007	1.004	1.002	1.000	0.998	0.997
3∶2	1.015	1.011	1.005	1.002	0.999	0.996	0.993
3∶3	1.021	1.014	1.007	1.002	0.998	0.993	0.988

2. 折线型实用堰的流量系数

折线型实用堰（见图 7-9）多用于中小型水利工程，流量系数可按表 7-3 选用。

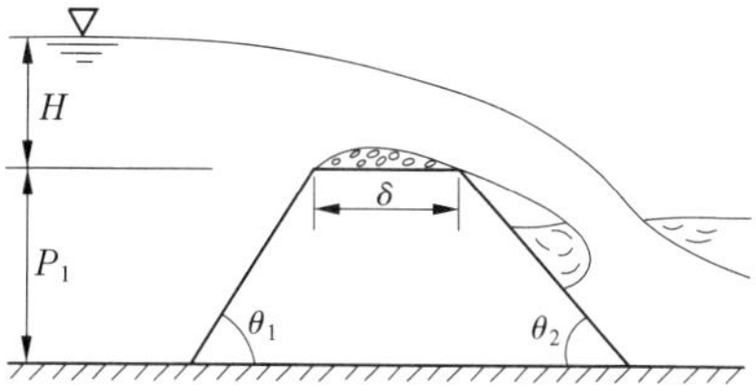

图 7-9

表 7-3　折线型实用堰流量系数 m 值

P_2/H	堰上游坡 $\cot\theta_1$	堰下游坡 $\cot\theta_2$	流量系数 m	
			$\delta/H=0.5\sim1.0$	$\delta/H=1\sim2$
3～5	0.5	0.5	0.40～0.38	0.36～0.35
	1.0	0	0.42	0.40
	2.0	0	0.41	0.39
2～3	0	1	0.40	0.38
	0	2	0.38	0.36
	3	0	0.40	0.38
	4	0	0.39	0.37
	5	0	0.38	0.36
1～2	10	0	0.36	0.35
	0	3	0.37	0.35
	0	5	0.35	0.34
	0	10	0.34	0.33

（二）曲线型实用堰的侧收缩系数

多孔溢流坝设有的边墩和闸墩都使水流在平面上发生收缩，减小有效溢流宽度，增大局部水头损失，降低过流能力。侧收缩系数就是用来考虑边墩及闸墩对过水能力的影响的系数。实验证明,侧收缩系数 ε_1 与边墩及闸墩头部的型式、堰孔的数目、堰孔的尺寸以及全水头 H_0 有关。

WES 剖面型实用堰的侧收缩系数 ε_1,可按下面经验公式计算

$$\varepsilon_1 = 1 - 0.2[K_a + (n-1)K_p]\frac{H_0}{nb'} \tag{7-12}$$

式中:n 为堰孔数;H_0 为堰顶全水头;b'为单孔净宽;K_a 为边墩形状系数;K_p 为闸墩形状系数。

当正向进水时,K_a 的具体取值可按图 7-10 选取。

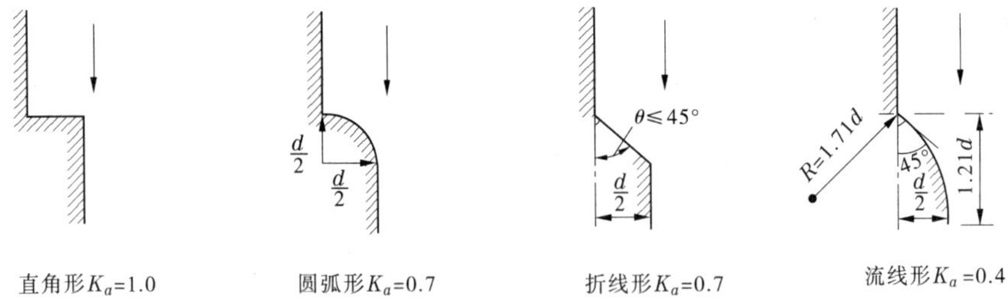

图 7-10

闸墩形状系数 K_p 取决于闸墩头部型式、闸墩头部与堰上游面的相对距离 L_u 及淹没程度 h_s/H_0。闸墩形状系数 K_p 可查表 7-4。闸墩头部形状见图 7-11。

表 7-4　闸墩形状系数 K_p 值

墩头形状	$L_u=H_0$	$L_u=0.5H_0$	$L_u=0$			
			h_s/H_0			
			≤0.75	0.80	0.85	0.90
矩形	0.20	0.40	0.80	0.86	0.92	0.98
楔形或半圆形	0.15	0.30	0.45	0.51	0.57	0.63
尖圆形	0.15	0.15	0.25	0.32	0.39	0.46

注:表中数据适用于墩尾形状与墩头形状相同的情况;h_s 为超过堰顶的下游水深。

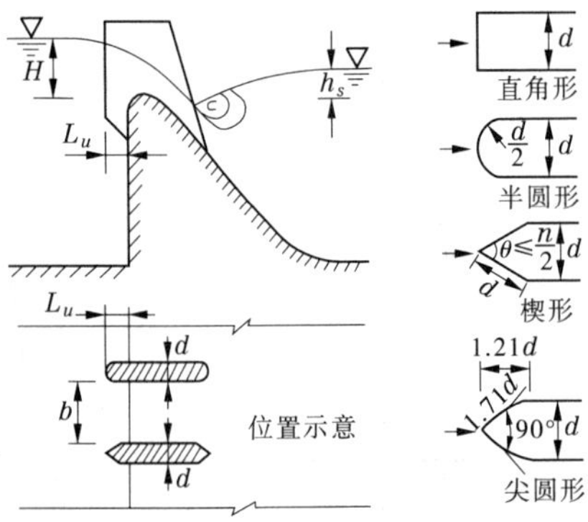

图 7-11

（三）曲线型实用堰的淹没系数

实用堰淹没出流的条件有两个：①下游水位高于堰顶，也就是 $h_s>0$；②堰下游发生淹没水跃。实际计算中，一般是用淹没系数 σ_s 来综合反映下游水位以及护坦高程对过流能力的影响。对于 WES 剖面，其淹没系数 σ_s 决定于 h_s/H_0 及 P_2/H_0，关系如图 7-12 所示。从图中可以看出，当 $h_s/H_0\leqslant0.15$ 及 $P_2/H_0>2$ 时，出流不受下游水位及护坦高程的影响，为自由出流。

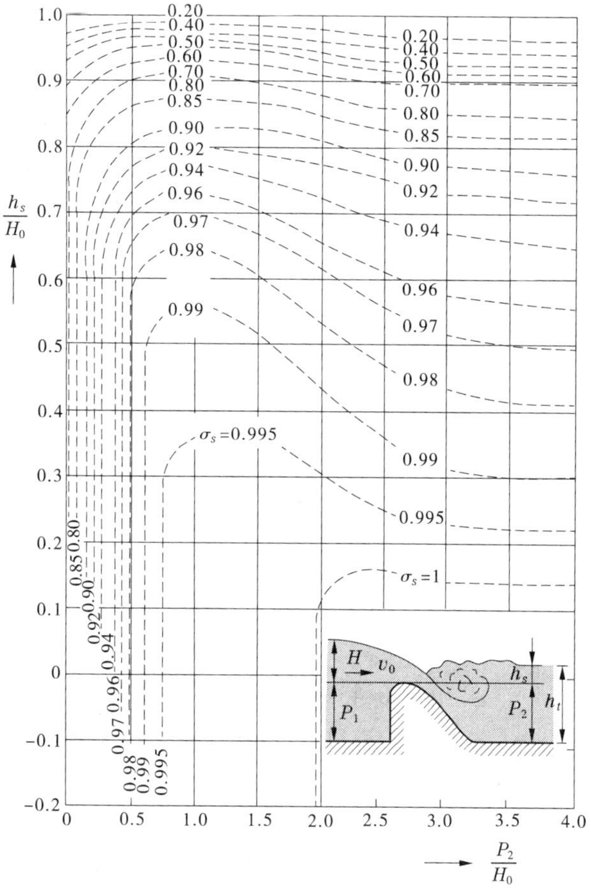

图 7-12

三、曲线型低堰水力设计简介

水利工程中的河岸式溢洪道或开敞式进水闸，由于地形、地质等多方面因素的影响，常将底坎做成宽顶堰或高度较小的实用堰。当做成曲线型低实用堰时，常能得到比宽顶堰大的流量系数。因此，近年来在国内外的中小型工程中，常选用曲线型低堰来取代宽顶堰。

试验表明，当低堰堰顶实际水头 H_0 较小时，流量系数 m 值随 H_0/H_d 的增大而增大，这和高堰的情况一样，但当 H_0/H_d 增大到某一数值后，若 H_0 再继续增大，流量系数反而减小。这种现象产生的原因是 H_0 继续增大引起相对堰高 P_1/H_0 减小，过堰水流的纵向收缩不完善，使堰面压强增大，流量系数降低。在设计和运用曲线型低堰时应特别注意这个特点。曲线型低堰主要有驼峰堰(Camel’s hump weir)及WES剖面堰等。下面仅介绍驼峰堰的特点和水力计算。

驼峰堰是一种较好的低堰堰型，适合修建在软基上。驼峰堰的剖面型式多种多样，《溢洪道设计规范》(SL 253—2000)中推荐的驼峰堰剖面型式，如图7-13所示，其体型参数见表7-5。

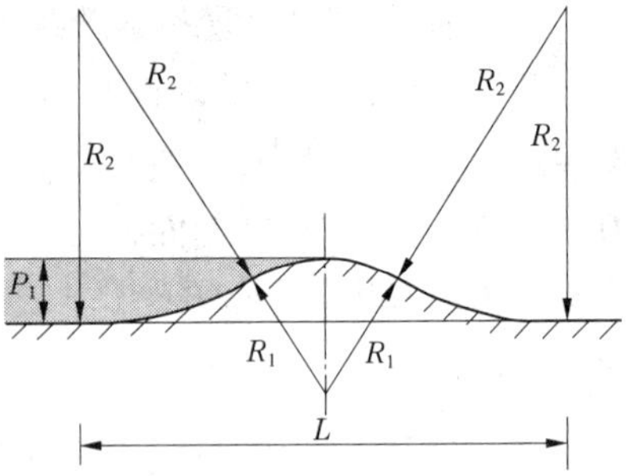

图 7-13

表 7-5　驼峰堰剖面参数

类型	上游堰高 P_1	中圆弧半径 R_1	上、下圆弧半径 R_2	总长度 L
a 型	$0.24H_d$	$2.5P_1$	$6P_1$	$8P_1$
b 型	$0.34H_d$	$1.05P_1$	$4P_1$	$6P_1$

驼峰堰的流量计算公式仍然为式(7-1)，其中流量系数 m 按下列公式计算。

a 型驼峰堰：

当 $P_1/H_0 \leqslant 0.24$ 时

$$m = 0.385 + 0.171(P_1/H_0)^{0.657} \tag{7-13}$$

当 $P_1/H_0 > 0.24$ 时

$$m = 0.452(P_1/H_0)^{-0.0652} \tag{7-14}$$

b 型驼峰堰：

当 $P_1/H_0 \leqslant 0.34$ 时

$$m = 0.385 + 0.224(P_1/H_0)^{0.934} \tag{7-15}$$

当 $P_1/H_0 > 0.34$ 时

$$m = 0.452(P_1/H_0)^{-0.032} \tag{7-16}$$

近年来，我国许多中小型溢洪道的进口，一改过去常用的宽顶堰为驼峰堰，既提高了溢洪道进口泄流能力，又减小了进口的宽度，可以大大减少开挖量和工程投资。

【例 7-2】 某溢流坝是采用WES剖面设计的曲线型实用堰，其设计流量 $Q = 2\,000$ m^3/s。已知上游设计水位为170.0 m，相应的下游水位为110.0 m，坝址处河床高程为100.0 m，堰上设置6孔闸门，每孔净宽 $b' = 10$ m，闸墩头部为半圆形，边墩头部为圆弧形。试确定：

(1)堰顶高程；

(2)当上游水位为171.5 m，下游水位为113.0 m时，所通过的流量。

解：

(1)确定堰顶高程。

堰顶高程 = 上游水位 − 堰顶水头，为此应先求堰剖面定型设计水头 H_d。在设计条件下，由公式

$$Q = \varepsilon_1 \sigma_s m n b' \sqrt{2g} H_0^{3/2}$$

可得

$$H_d = \left(\frac{Q}{\varepsilon_1 \sigma_s m n b' \sqrt{2g}}\right)^{2/3}$$

对于 WES 型剖面，先假定 $P_1/H_d \geqslant 1.33$，$\alpha_0 v_0^2/(2g) \approx 0$，即 $H_{0d} \approx H_d$，查表得 $m = 0.502$。再假设堰流为自由出流，则 $\sigma_s = 1$。查图 7-10 得边墩形状系数 $K_a = 0.7$；查表 7-4 得半圆形闸墩的形状系数 $K_p = 0.45$。按式(7-12)计算得侧收缩系数为

$$\varepsilon_1 = 1 - 0.2[K_a + (n-1)K_p]\frac{H_0}{nb'}$$

$$= 1 - 0.2 \times [0.7 + (6-1) \times 0.45]\frac{H_d}{6 \times 10} = 1 - 0.00983 H_d$$

则

$$H_d = \left[\frac{2\,000}{(1 - 0.00983 H_d) \times 1 \times 0.502 \times 6 \times 10 \times \sqrt{2 \times 9.8}}\right]^{2/3}$$

所以

$$H_d = 6.35 \text{ m}$$

堰顶高程为　$170 - 6.35 = 163.65(\text{m})$

上游堰高为　$P_1 = 163.65 - 100 = 63.65(\text{m})$

下游堰高为　$P_2 = P_1 = 63.65 \text{ m}$

校核

$$P_1/H_d = 63.65/6.35 = 10.02 > 1.33$$

故为高堰。取 $\frac{\alpha_0 v_0^2}{2g} \approx 0$ 及 $m = 0.502$ 是正确的。

又因为下游水位低于堰顶高程，故假定自由出流也是正确的，即 $\sigma_s = 1$。

(2)当上游水位为 171.5 m 时，$H = 171.5 - 163.65 = 7.85(\text{m})$。因为是高堰，所以取 $H_0 \approx H = 7.85$ m。又下游水位为 113.0 m，低于堰顶高程，为自由出流，则 $\sigma_s = 1$。查表 7-4得闸墩形状系数 $K_p = 0.45$，则侧收缩系数为

$$\varepsilon_1 = 1 - 0.2[K_a + (n-1)K_p]\frac{H_0}{nb'}$$

$$= 1 - 0.2 \times [0.7 + (6-1) \times 0.45] \times \frac{7.85}{6 \times 10} = 0.923$$

由 $\frac{H_0}{H_d} = \frac{7.85}{6.35} = 1.24$ 及 $\frac{P_1}{H_d} > 1.33$，查表 7-1，由内插法得流量系数 $m = 0.511$。

由实用堰的基本计算公式，得流量

$$Q = \varepsilon_1 \sigma_s m n b' \sqrt{2g} H_0^{3/2}$$

$$= 0.923 \times 1 \times 0.511 \times 6 \times 10 \times \sqrt{2 \times 9.8} \times 7.85^{3/2} = 2\,754(\text{m}^3/\text{s})$$

第五节　宽顶堰的水力计算

当堰顶水平且 $2.5 < \delta/H < 10$ 时，水流在进口处形成明显水面降落，堰顶范围内会产

生一段流线近似平行堰顶的渐变流动，这就是宽顶堰流的水力特征。实际工程中当水流流经桥墩、隧洞或涵洞进口，以及流经施工围堰束窄了的河床时，水流由于侧向收缩的影响，也会在进口处形成局部水面降落，具有类似于前述宽顶堰流的水力特征，这种水流现象也被称为无坎宽顶堰流。

下面先讨论有坎宽顶堰流的水力计算，然后再专门讨论无坎宽顶堰流。与薄壁堰和实用堰一样，宽顶堰也应考虑侧收缩及淹没出流对其过流能力的影响，即宽顶堰流的水力计算公式仍可由式(7-10)来表达

$$Q = \varepsilon_1 \sigma_s m n b' \sqrt{2g} H_0^{3/2}$$

一、宽顶堰流量系数

宽顶堰的流量系数 m 取决于堰顶的进口形式和上游相对堰高 P_1/H。

对于堰前为圆角进口的宽顶堰(见图 7-14(a))，其流量系数 m 值可按表 7-6 选用。

对于堰前为直角进口($\theta=90°$)和锐角进口($0°<\theta<90°$)的宽顶堰(见图 7-14(b))，其流量系数 m 值可按表 7-7 选用。

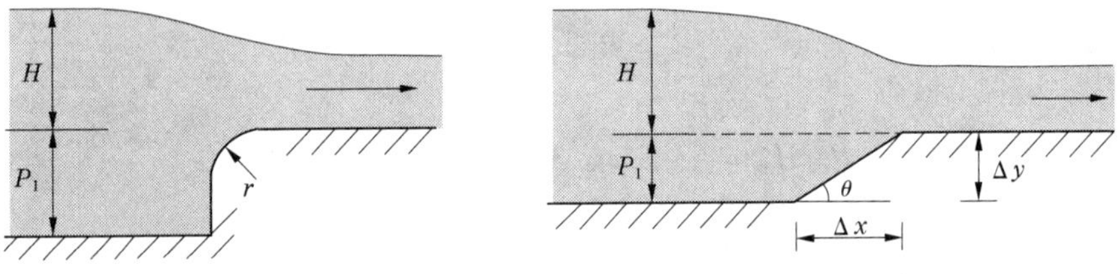

(a)　　(b)

图 7-14

另外，当堰前为直角进口时，宽顶堰的流量系数也可按下列公式计算：

$$m = 0.32 \times 0.01 \times \frac{3 - \dfrac{P_1}{H}}{0.46 + 0.75\dfrac{P_1}{H}} \tag{7-17}$$

上式用于 $0 \leqslant \frac{P_1}{H} \leqslant 3$。当 $\frac{P_1}{H} > 3$ 时，m 可视为常数，即 $m=0.32$。

当堰前为圆角进口时，其流量系数也可按下列公式计算

$$m = 0.36 + 0.01 \times \frac{3 - \dfrac{P_1}{H}}{1.2 + 1.5\dfrac{P_1}{H}} \tag{7-18}$$

上式适用于 $0 \leqslant \frac{P_1}{H} \leqslant 3$，进口圆弧半径 $r \geqslant 0.2$ m 的情形。当 $\frac{P_1}{H} > 3$ 时，m 可视为常数，即 $m=0.36$。

表 7-6　堰顶头部为圆角形的宽顶堰流量系数 m 值

P_1/H	r/H							
	0.025	0.050	0.100	0.200	0.400	0.600	0.800	≥1.0
≈0	0.385	0.385	0.385	0.385	0.385	0.385	0.385	0.385
0.2	0.372	0.374	0.375	0.377	0.379	0.380	0.381	0.382
0.4	0.365	0.368	0.370	0.374	0.376	0.377	0.379	0.381
0.6	0.361	0.364	0.367	0.370	0.374	0.376	0.378	0.380
0.8	0.357	0.361	0.364	0.368	0.372	0.375	0.377	0.379
1.0	0.355	0.359	0.362	0.366	0.371	0.374	0.376	0.378
2.0	0.349	0.354	0.358	0.363	0.368	0.371	0.375	0.377
4.0	0.345	0.350	0.355	0.360	0.366	0.370	0.373	0.376
6.0	0.344	0.349	0.354	0.359	0.366	0.369	0.373	0.376
≈∞	0.340	0.346	0.351	0.357	0.364	0.368	0.372	0.375

表 7-7　堰顶头部为直角形和斜面形的宽顶堰流量系数 m 值

P_1/H	$\cot\theta(\Delta x/\Delta y)$					
	0	0.5	1.0	1.5	2.0	≥2.5
≈0	0.385	0.385	0.385	0.385	0.385	0.385
0.2	0.366	0.372	0.377	0.380	0.382	0.382
0.4	0.356	0.365	0.373	0.377	0.380	0.381
0.6	0.350	0.361	0.370	0.376	0.379	0.380
0.8	0.345	0.357	0.368	0.375	0.378	0.379
1.0	0.342	0.355	0.367	0.374	0.377	0.378
2.0	0.333	0.349	0.363	0.371	0.375	0.377
4.0	0.327	0.345	0.361	0.370	0.374	0.376
6.0	0.325	0.344	0.360	0.369	0.374	0.376
8.0	0.324	0.343	0.360	0.369	0.374	0.376
≈∞	0.320	0.340	0.358	0.368	0.373	0.375

由表7-6、表7-7可以看出，当 $P_1 \approx 0$ 时，宽顶堰的流量系数最大，且为0.385。对于 $P_1 > 0$ 的宽顶堰，在忽略水头损失的情况下，利用临界流的特性，可以证明其理论上的最大流量系数值 $m_{max} = 0.385$。

二、宽顶堰侧收缩系数

宽顶堰的侧收缩系数 ε_1 仍可按式(7-12)计算。

三、宽顶堰淹没系数

当堰顶水头 H_0 及进口形式一定，下游水位逐渐抬高至一定程度时，就会形成淹没出流。下面来分析宽顶堰形成淹没的过程，如图 7-15 所示。

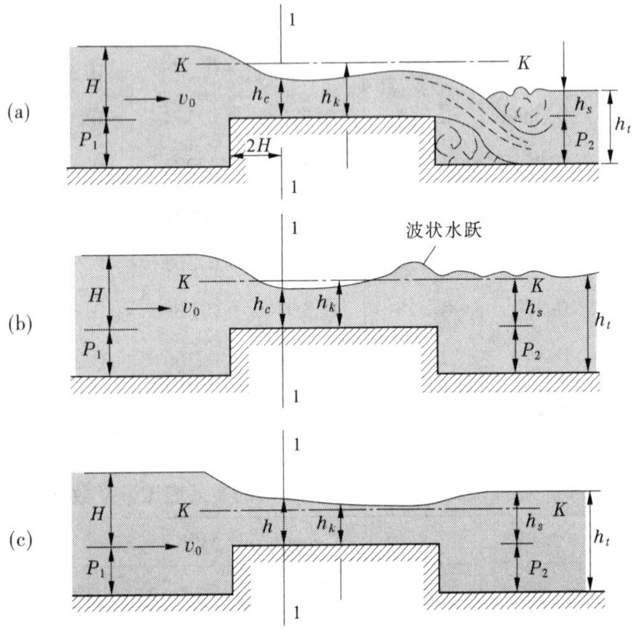

图 7-15

当下游水位较低时，堰顶收缩断面的水深 $h_c < h_k$（临界水深），堰顶水流为急流；随着下游水位逐渐抬高，当稍高于 K—K 线（临界水深线）时，堰顶出现波状水跃，但 $h_c < h_k$，收缩断面处仍为急流（见图 7-15(b)）。这两种情况下，下游水位不会影响堰的过流能力，称为自由出流。

当下游水位抬升至堰顶，并超过堰顶时，会迫使堰顶水流转化为缓流，堰顶水深 $h > h_k$，堰的过流能力减小，称为淹没出流（见图 7-15(c)）。

根据实验结果，宽顶堰的淹没条件可近似取为

$$h_s > 0.8H_0$$

式中：$h_s = h_t - P_2$，h_t、P_2 如图 7-15 所示。

宽顶堰流的淹没系数 σ_s 随着 h_s/H_0 增大而减小，可按照表 7-8 来选用。

表 7-8　宽顶堰流的淹没系数 σ_s 值

h_s/H_0	0.80	0.81	0.82	0.83	0.84	0.85	0.86	0.87	0.88	0.89
σ_s	1.00	0.995	0.99	0.98	0.97	0.96	0.95	0.93	0.90	0.87
h_s/H_0	0.90	0.91	0.92	0.93	0.94	0.95	0.96	0.97	0.98	
σ_s	0.84	0.82	0.78	0.74	0.70	0.65	0.59	0.50	0.40	

四、无坎宽顶堰流的水力计算

所谓无坎宽顶堰流，是指过堰堰孔宽度小于上游引渠宽度，虽然底部无坎，但水流受平面上的束窄产生侧收缩，上游水面被迫壅高，过堰时水面跌落，其水流现象与有坎($P_1 \neq 0$)宽顶堰流类似，如图 7-16 所示。

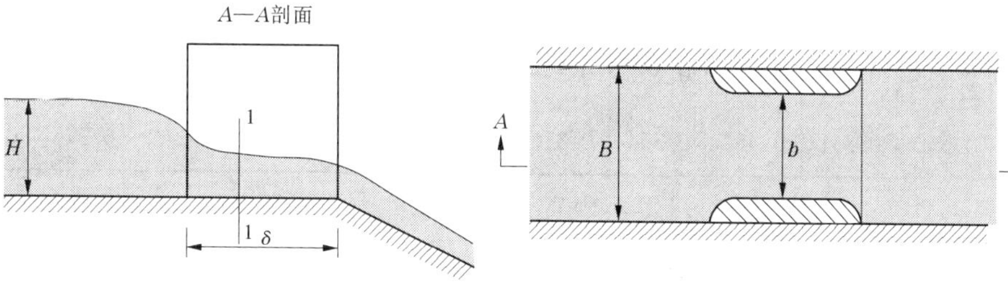

图 7-16

无坎宽顶堰流水力计算公式与普通宽顶堰流公式相似，但不单独考虑侧收缩的影响，而是把它一并包含在流量系数中，即取

$$m' = \varepsilon_1 m \tag{7-19}$$

式中 m'为包括侧收缩影响在内的流量系数。这样，无坎宽顶堰流的水力计算公式为

$$Q = \sigma_s m' n b' \sqrt{2g} H_0^{3/2} \tag{7-20}$$

无坎宽顶堰的流量系数 m'与进口翼墙的型式及平面收缩的程度有关。常见的进口翼墙(Wing wall)的型式主要有三种，分别是直角形翼墙、八字形翼墙和圆弧形翼墙，如图 7-17 所示。

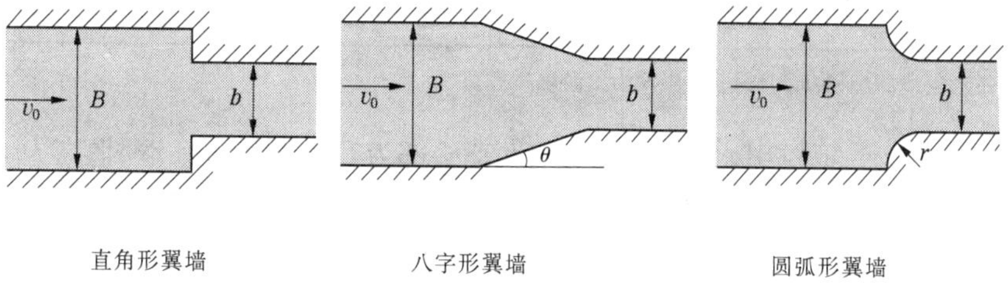

图 7-17

单孔无坎宽顶堰流量系数 m'值可直接从表 7-9、表 7-10 和表 7-11 中查取。多孔无坎宽顶堰的流量系数，应取边孔及中孔的加权平均值。无坎宽顶堰的淹没条件及淹没系数可近似按有坎宽顶堰流确定。

表 7-9　直角形翼墙的流量系数 m'值

b/B	0.0	0.1	0.2	0.3	0.4	0.5	0.6	0.7	0.8	0.9	1.0
m'	0.320	0.322	0.324	0.327	0.330	0.334	0.340	0.346	0.355	0.367	0.385

注：b 为堰孔净宽；B 为上游渠道底宽。

表 7-10　八字形翼墙的流量系数 m' 值

$\cot\theta$	b/B										
	0.0	0.1	0.2	0.3	0.4	0.5	0.6	0.7	0.8	0.9	1.0
0.5	0.343	0.344	0.346	0.348	0.350	0.352	0.356	0.360	0.365	0.373	0.385
1.0	0.350	0.351	0.352	0.354	0.356	0.358	0.361	0.364	0.369	0.375	0.385
2.0	0.353	0.354	0.355	0.357	0.358	0.360	0.363	0.366	0.370	0.376	0.385
3.0	0.350	0.351	0.352	0.354	0.356	0.358	0.361	0.364	0.369	0.375	0.385

注：θ 为翼墙收缩角；b 为堰孔净宽；B 为上游渠道底宽。

表 7-11　圆弧形翼墙的流量系数 m' 值

r/b	b/B										
	0.0	0.1	0.2	0.3	0.4	0.5	0.6	0.7	0.8	0.9	1.0
0.00	0.320	0.322	0.324	0.327	0.330	0.334	0.340	0.346	0.355	0.367	0.385
0.05	0.335	0.337	0.338	0.340	0.343	0.346	0.350	0.355	0.362	0.371	0.385
0.10	0.342	0.344	0.345	0.347	0.349	0.352	0.354	0.359	0.365	0.373	0.385
0.20	0.349	0.350	0.351	0.353	0.355	0.357	0.360	0.363	0.368	0.375	0.385
0.30	0.354	0.355	0.356	0.357	0.359	0.361	0.363	0.366	0.371	0.376	0.385
0.40	0.357	0.358	0.359	0.360	0.362	0.363	0.365	0.368	0.372	0.377	0.385
≥0.50	0.360	0.361	0.362	0.363	0.364	0.366	0.368	0.370	0.373	0.378	0.385

注：r 为圆弧形翼墙的半径；b 为堰孔净宽；B 为上游渠道底宽。

【例 7-3】　某一渠首引水闸，底坎采用堰顶头部为直角形的宽顶堰，堰高 $P_1=0.5$ m，引水闸宽度与上下游引水渠宽度相同，均为 3 m，闸前设计水位为 252.20 m，下游水深为 1.65 m，引水闸闸前行近流速水头忽略不计。闸门全开畅泄时，流量为 6.0 m³/s，此时堰流淹没系数为 0.9，试确定堰顶高程。

解：堰顶高程 Δ = 闸前设计水位 − 堰上水头 $=252.2-H$

由公式　$Q=\sigma_s\varepsilon_1 mb\sqrt{2g}H_0^{3/2}$　得

$$H\approx H_0=\left(\frac{Q}{\sigma_s\varepsilon_1 mb\sqrt{2g}}\right)^{2/3}$$

在此，$b=3$ m，$\varepsilon_1=1$，$\sigma_s=0.9$，$Q=6.0$ m³/s，$P_1=0.5$ m，所以

$$H=\left(\frac{6}{0.9\times1\times3\times m\times\sqrt{2\times9.8}}\right)^{2/3}=\left(\frac{0.502}{m}\right)^{2/3}$$

由于 m 值的大小取决于 P_1/H，按表 8-9 选取，而在此 H 未知，所以需要用试算法进行求解。

先假设 $H=1.2$ m，则 $P_1/H=0.5/1.2=0.417$，查表 7-7 得 $m=0.355$，代入式(a)得

$H=1.26$ m；

再假设 $H=1.26$ m，则 $P_1/H=0.5/1.26=0.40$，查表 7-7 得 $m=0.356$，代入式（a）得 $H=1.26$ m，与假设值相同，所以堰上水头 H 为 1.26 m。则

堰顶高程 $\Delta=252.20-1.26=250.94$ m。

第六节　闸孔出流的水力计算

一、闸孔出流的类型

实际工程中的闸门型式主要有平板闸门（Plate gate）和弧形闸门（Radial gate）两种，闸底坎一般为平顶型（包括无坎平底型）或曲线型。采用不同的闸门型式，不同的底坎型式，闸孔出流水流的垂向收缩程度及泄流能力也会不同，现分别讨论如下。

（一）平顶型底坎的闸孔出流

如图 7-18 所示，为平顶型（无坎平底型）底坎的平板闸门（图 7-18（a））和弧形闸门（图 7-18（b））控制下的闸孔出流。当上游恒定水头为 H，闸门开度为 e，下游水深 h_t 不变时，闸前水流在水头 H 的作用下经闸孔流出，受惯性作用，出闸水流继续收缩，在闸孔下游（0.5～1.0）e 距离处，形成水深最小的收缩断面（图 7-18 中的 c—c 断面），受阻力影响，其后水深又沿程增大。收缩断面水深 h_c 可由下式计算

$$h_c = \varepsilon_2 e \tag{7-21}$$

式中：ε_2 为闸孔出流的垂向收缩系数，其值小于 1，大小取决于闸底坎型式、闸门底缘的型式及相对开度 e/H 的大小。

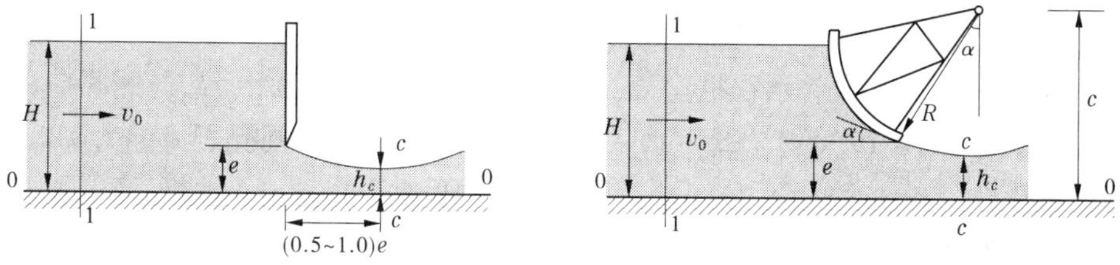

图 7-18

在无侧收缩的条件下，对于平顶型坎底部为锐缘的平板闸门的垂向收缩系数 ε_2 可按表 7-12 选用。

表 7-12　锐缘平板闸门的垂向收缩系数 ε_2 值

e/H	0.10	0.15	0.20	0.25	0.30	0.35	0.40
ε_2	0.615	0.618	0.620	0.622	0.625	0.628	0.630
e/H	0.45	0.50	0.55	0.60	0.65	0.70	0.75
ε_2	0.638	0.645	0.650	0.660	0.675	0.690	0.705

弧形闸门的垂向收缩系数 ε_2，主要与闸门底缘切线和水平方向夹角 α 的大小有关，

可按表 7-13 确定。

表 7-13　弧形闸门的垂向收缩系数 ε_2 值

$\alpha(°)$	35	40	45	50	55	60
ε_2	0.789	0.766	0.742	0.720	0.698	0.678
$\alpha(°)$	65	70	75	80	85	90
ε_2	0.662	0.646	0.635	0.627	0.622	0.620

通常收缩断面水深 h_c 小于临界水深 h_k，水流为急流状态。而闸后渠道中的下游水深 h_t 一般大于临界水深 h_k，水流为缓流状态。由水跃相关内容可知，水流由急流过渡到缓流时要发生水跃，水跃的位置与形式随下游水深 h_t 而变化，表现为三种形式，如图 7-19 所示。而闸孔出流受水跃位置的影响可分为自由出流和淹没出流两种类型。

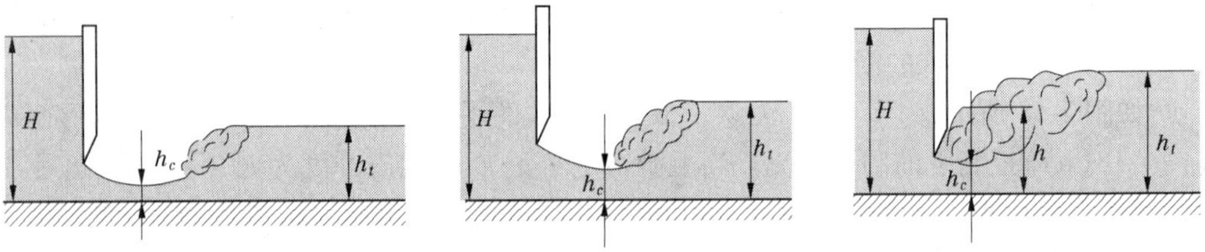

(a) $h_t<h_c''$　(b) $h_t=h_c''$　(c) $h_t>h_c''$

图 7-19

设对应收缩断面水深 h_c 的跃后共轭水深为 h_c''，试验表明：

若 $h_t \leq h_c''$，则水跃发生在收缩断面下游或收缩断面，与此相应的水跃称为远驱水跃或临界水跃（见图 7-19(a)、(b)）。此时，收缩断面保持急流状态，下游水深 h_t 的大小不影响闸孔的过流能力，这种出流状态称为闸孔自由出流。

若 $h_t > h_c''$，则下游水体将水跃推向闸孔，水跃发生在收缩断面上游，与此相应的水跃称为淹没水跃（见图 7-19(c)）。此时水跃旋滚覆盖了收缩断面，闸孔过流能力降低，称为闸孔淹没出流。闸孔出流是否为淹没出流，取决于闸后是否出现淹没水跃，于是平顶型坎闸孔淹没出流的条件为：$h_t > h_c''$。

（二）曲线型底坎的闸孔出流

曲线型坎上的闸门一般安装在堰顶，如图 7-20 所示。当闸孔泄流时，由于闸前水流是在整个堰前水深范围内向闸孔汇集的，因此出闸水流的收缩比平顶型坎上的闸孔出流更充分、更完善。出闸后的水流在重力作用下，紧贴堰面下泄，闸孔附近没有形成水流收缩断面。

曲线型坎上的闸孔出流也分为自由出流和淹没出流两种。若形成淹没出流，下游水位必须超过坎顶一定高度，但在实际工程中，由于下游水位过高而使曲线型坎顶闸孔形成淹没出流的情况十分少见。因此，对曲线型底坎的闸孔出流只讨论自由出流情况。

二、闸孔出流水力计算的基本公式

现以平顶型（无坎平底型）坎上的闸孔自由出流为例，应用能量方程推导闸孔出流的

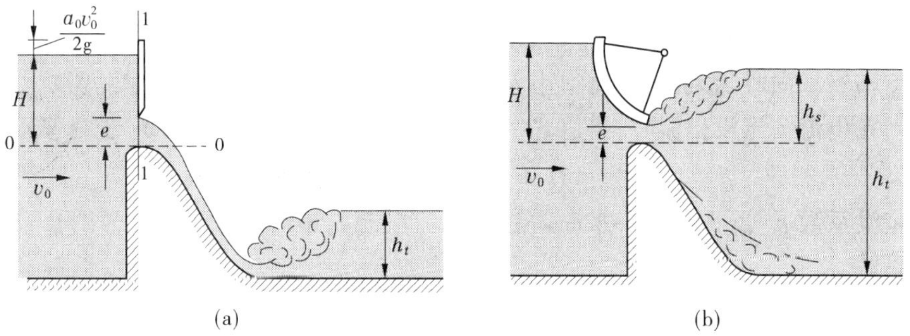

图 7-20

基本计算公式。如图 7-18 所示,以闸底板平面为 0—0 基准面,对 1—1 断面及闸后收缩断面 c—c 列能量方程(c—c 断面近似符合渐变流条件)

$$H + \frac{\alpha_0 v_0^2}{2g} = h_c + \frac{\alpha_c v_c^2}{2g} + h_w$$

式中 h_w 是断面 1—1 到断面 c—c 间的水头损失,因为这一段水流流程较短,可以只考虑局部水头损失,即

$$h_w = h_j = \zeta \frac{v_c^2}{2g}$$

令闸前全水头 $H_0 = H + \frac{\alpha_0 v_0^2}{2g}$,则上式可整理为

$$v_c = \frac{1}{\sqrt{\alpha_c + \zeta}} \sqrt{2g(H_0 - h_c)} = \varphi \sqrt{2g(H_0 - h_c)}$$

式中:$\varphi = \frac{1}{\sqrt{\alpha_c + \zeta}}$ 为闸孔的流速系数(见表 7-15)。

由前述可知

$$h_c = \varepsilon_2 e$$

设闸孔的宽度为 b,则 c—c 断面 的过水面积 $A = bh_c$,故闸孔出流的流量为

$$Q = v_c A = v_c b h_c = \varphi b \varepsilon_2 e \sqrt{2g(H_0 - \varepsilon_2 e)} \tag{7-22}$$

在流速系数和垂向收缩系数确定的情况下,给定上游水头 H 及闸孔开度 e,利用上式即可求得闸孔出流的流量 Q。

为了应用方便,式(7-22)还可写成更为简单的形式

$$Q = \varphi b \varepsilon_2 e \sqrt{2g(H_0 - \varepsilon_2 e)} = \varphi \varepsilon_2 \sqrt{1 - \varepsilon_2 \frac{e}{H_0}} be \sqrt{2gH_0}$$

令闸孔出流的流量系数 $\mu = \varphi \varepsilon_2 \sqrt{1 - \varepsilon_2 \frac{e}{H_0}}$,则得

$$Q = \mu be \sqrt{2gH_0} \tag{7-23}$$

式(7-23)即为平顶型坎闸孔自由出流的基本计算公式。从该式可以看出,**闸孔出流的流量与闸前全水头的 1/2 次方成比例,即 $Q \propto H_0^{1/2}$**。

当闸前水头 H 较大或上游闸底坎高度 P_1 较大，而闸门开度 e 较小时，行近流速水头可以忽略不计，即可用 $H \approx H_0$ 代入公式进行计算。对于有边墩或闸墩的闸孔出流，因为侧向收缩相对垂向收缩来说，影响很小，一般情况下可不予考虑侧向收缩的影响。

当闸孔出流为淹没出流时，需将式(7-23)右端乘以一个淹没系数 σ_s 进行修正，即

$$Q = \sigma_s \mu be\sqrt{2gH_0} \tag{7-24}$$

式中的淹没系数 σ_s 反映了下游水深对过闸水流的淹没影响程度。μ 仍为闸孔自由出流的流量系数。

三、闸孔出流的流量系数 μ

由闸孔出流水力计算基本公式的推导过程可知，平顶型坎上的闸孔出流流量系数 μ 的表达式为

$$\mu = \varphi\varepsilon_2\sqrt{1 - \varepsilon_2 \frac{e}{H_0}} \tag{7-25}$$

曲线型坎上的闸孔出流不存在收缩断面，用类似的方法推导，可得其流量系数 μ 的表达式

$$\mu = \varphi\sqrt{1 - \beta \frac{e}{H_0}} \tag{7-26}$$

式中：φ 为流速系数；e/H_0 为闸门的相对开度；β 为闸孔断面的平均测压管水头与闸孔开度的比值，也取决于闸孔入孔边界条件和闸孔相对开度。

综上所述，闸孔自由出流的流量系数 μ 值取决于闸底坎型式、闸门型式和闸孔相对开度等因素。在实际计算时，闸孔自由出流的流量系数可按经验公式确定，或直接查表选用。

（一）平顶型坎上闸孔出流的流量系数 μ

（1）对于平板闸门的闸孔出流，流量系数 μ 可按下式计算

$$\mu = 0.60 - 0.176\frac{e}{H} \tag{7-27}$$

（2）对于弧形闸门的闸孔出流，流量系数 μ 可按南京水利科学研究院的经验公式计算：

当 $\cos\theta = 0 \sim 0.3$ 时

$$\mu = 0.6 - 0.176\frac{e}{H} + \left(0.15 - 0.2\frac{e}{H}\right)\cos\theta \tag{7-28}$$

当 $\cos\theta = 0.3 \sim 0.7$ 时

$$\mu = 0.545 - 0.136\frac{e}{H} + 0.334\left(1 - \frac{e}{H}\right)\cos\theta \tag{7-29}$$

式中 $\cos\theta = \dfrac{c - e}{R}$，各项符号的意义见图 7-18(b)。

弧形闸门的闸孔出流，流量系数 μ 还可按下式计算

$$\mu = \left(0.97 - 0.81\frac{\theta}{180°}\right) - \left(0.56 - 0.81\frac{\theta}{180°}\right)\frac{e}{H} \tag{7-30}$$

式中：θ 为闸门底缘切线与水平线的夹角；$\frac{e}{H}$ 为闸门的相对开度。

式(7-30)的适用范围是：$25° < \theta \leq 90°$；$0 < \frac{e}{H} < 0.65$。

（二）曲线型坎上闸孔出流的流量系数 μ

(1)曲线型坎上弧形闸门闸孔出流的流量系数可采用式(7-31)计算，也可直接查表7-14选用；重要的工程则需要通过试验确定。

$$\mu = 0.685 - 0.19\frac{e}{H} \tag{7-31}$$

上式适用于 $0.1 < \frac{e}{H} < 0.75$。

表 7-14　曲线型坎上弧形闸门流量系数 μ 值

e/H	0.05	0.10	0.15	0.20	0.25	0.30	0.35	0.40	0.50	0.60	0.70
μ	0.721	0.700	0.683	0.667	0.652	0.638	0.625	0.610	0.584	0.559	0.535

(2)曲线型坎上平板闸门闸孔出流的流量系数可按下面经验公式计算

$$\mu = 0.65 - 0.186\frac{e}{H} + \left(0.25 - 0.375\frac{e}{H}\right)\cos\theta \tag{7-32}$$

式中闸门底缘角 θ 值如图 7-21 所示。式(7-32)适用于 $\frac{e}{H} = 0.05 \sim 0.75$，$\theta = 0° \sim 90°$。

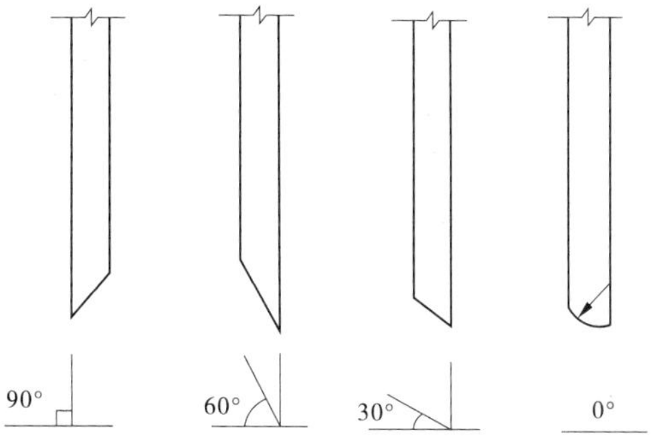

图 7-21

四、闸孔出流的淹没系数 σ_s

对于平顶型坎上闸孔（包括无坎平底型闸孔）淹没出流，其淹没系数 σ_s 可查图 7-22 确定。

闸孔出流水力计算的主要任务是：在一定的闸前水头下，计算不同闸孔开度时的泄流量；或根据已知的泄流量求所需的闸孔宽度 b。

【例 7-4】　某泄洪闸无底坎，孔宽 b 为 14 m，采用弧形闸门，弧形闸门半径 R 为 22 m，门轴高 c 为 14 m。若闸孔为自由出流，不计行近流速影响，试计算当上游水头 H 为 16 m，闸门开度 e 为 4 m 时，通过闸孔的流量 Q。

解：因为 $e/H = 4/16 = 0.25 < 0.65$，故为闸孔出流。

$$\cos\theta = \frac{c - e}{R} = \frac{14 - 4}{22} = 0.454, \theta = 63°$$

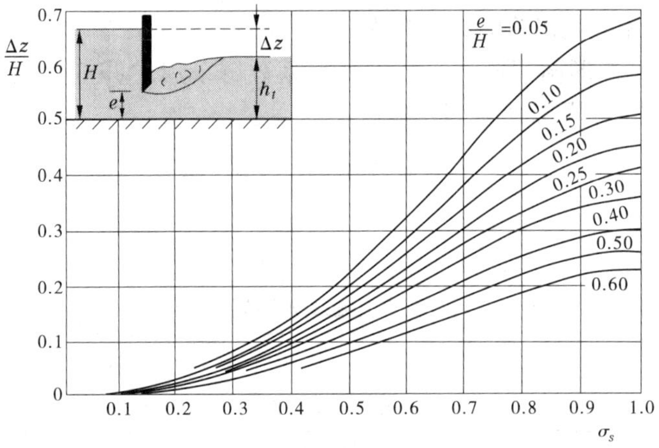

图 7-22

则闸孔出流的流量系数 μ 为

$$\mu = \left(0.97 - 0.81 \times \frac{63°}{180°}\right) - \left(0.56 - 0.81 \times \frac{63°}{180°}\right) \times \frac{4}{16} = 0.618$$

于是通过闸孔的流量(不计行近流速水头)为

$$Q = \mu be\sqrt{2gH} = 0.618 \times 14 \times 4 \times \sqrt{2 \times 9.8 \times 16} = 613(\text{m}^3/\text{s})$$

【例 7-5】 某矩形渠道中修建一水闸,共两孔,每孔净宽 b' 为 3 m,闸门为锐缘平板闸门,闸底板与渠底齐平,闸前水深 H 为 6 m,闸门开度 e 为 1.5 m,求当下游水深 h_t 为 4.0 m 时,闸孔的出流量(不计行近流速水头)。

解:因为 $e/H = 1.5/6 = 0.25 < 0.65$,故为闸孔出流。

先按自由出流计算流量 Q

$$\mu = 0.60 - 0.176\frac{e}{H} = 0.60 - 0.176 \times \frac{1.5}{6} = 0.556$$

$$Q_{自} = \mu be\sqrt{2gH} = 0.556 \times 2 \times 3 \times 1.5 \times \sqrt{2 \times 9.8 \times 6} = 54.265(\text{m}^3/\text{s})$$

再判别出流形式:由表 7-12 查得,当 $\frac{e}{H} = 0.25$ 时,$\varepsilon_2 = 0.622$,则收缩断面水深为

$$h_c = \varepsilon_2 e = 0.622 \times 1.5 = 0.933(\text{m})$$

$$v_c = \frac{Q_{自}}{bh_c} = \frac{54.265}{2 \times 3 \times 0.933} = 9.694(\text{m/s})$$

$$h''_c = \frac{h_c}{2}\left(\sqrt{1 + 8\frac{v_c^2}{gh_c}} - 1\right) = \frac{0.933}{2}\left(\sqrt{1 + 8 \times \frac{9.694^2}{9.8 \times 0.933}} - 1\right) = 3.789(\text{m})$$

因为 $h_t = 4.0\ \text{m} > h''_c$,故为淹没出流。根据 $\frac{\Delta z}{H} = \frac{H - h_t}{H} = \frac{6 - 4}{6} = 0.333$,$\frac{e}{H} = 0.25$,查图 7-22 得 $\sigma_s = 0.84$,则闸孔的出流量

$$Q = \sigma_s \mu b e\sqrt{2gH} = 0.84 \times 54.265 = 45.583(m^3/s)$$

第七节　泄水建筑物下游水流衔接与消能

当水流经泄水建筑物下泄时，由于上下游的水位落差和集中泄流，单宽流量剧增，使下泄水流具有很高的流速和紊动性，从工程观点看，应尽可能使下泄水流的巨大动能在较短的距离内消耗掉，以保护枢纽建筑物的安全；使下泄水流与下游水流顺利安全衔接，减轻和防止下游河床的冲刷。

泄水建筑物下游水力计算的主要任务是：选择及设计适宜的消能措施，以便下泄水流在下游较短距离内通过加剧水体紊动消耗大量的机械能，从而降低流速，与下游水流合理衔接。

目前，工程上常采用的水流衔接与消能措施，有如下三大基本类型。

一、底流式衔接与消能

所谓底流衔接与消能，就是在建筑物下游采取一定的工程措施形成消能池，控制水跃发生在池中，通过水跃产生的表面旋滚和强烈的紊动以达到消能的目的，从而使出池水流与下游的正常缓流衔接起来。由于在这种衔接形式中，高流速的主流在底部，所以将利用水跃进行消能的方式称为底流式衔接与消能，如图 7-23 所示。

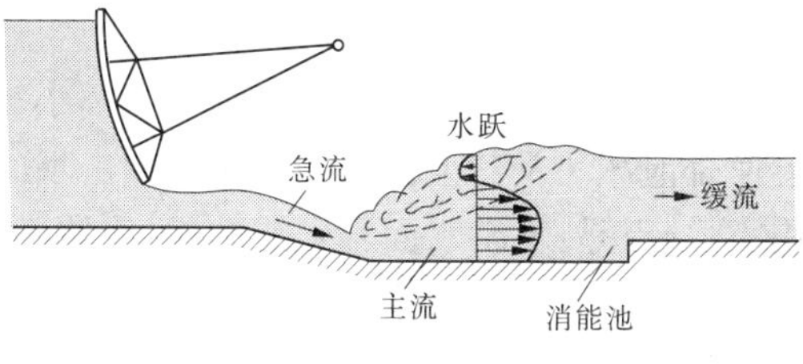

图 7-23

这种消能形式适用于河床的各种地质条件，无论是岩基还是软基均可采用，多用于中低水头及地质条件较差的水利工程及水土保持工程。

二、挑流式衔接与消能

在溢流坝末端修建比下游水位高的挑流鼻坎，利用下泄水流所挟带的巨大动能，通过具有一定高程的挑流鼻坎，因势利导将水流抛射到远离建筑物下游的河道内，使下落水舌对河床的冲刷不会危及建筑物的安全。当水股抛入空中时，水流扩散，掺气并与空气摩擦消耗少部分余能，当水股落入远离建筑物的下游时，与冲刷坑内水垫及河床碰撞并形成强烈水滚，消耗大量的机械能，最后以缓流的形式与下游水面衔接。这种衔接与消能形式称为挑流式衔接与消能，如图 7-24 所示。

这种消能形式适用于中、高水头泄水建筑物下游的水流衔接与消能，它要求下游河床的地质条件要好，最好为岩基。由于水流被挑到离建筑物较远的下游，河床一般可不加保护，节约下游护坦，缺点是射流在空中扩散形成水雾，尾水波动大。

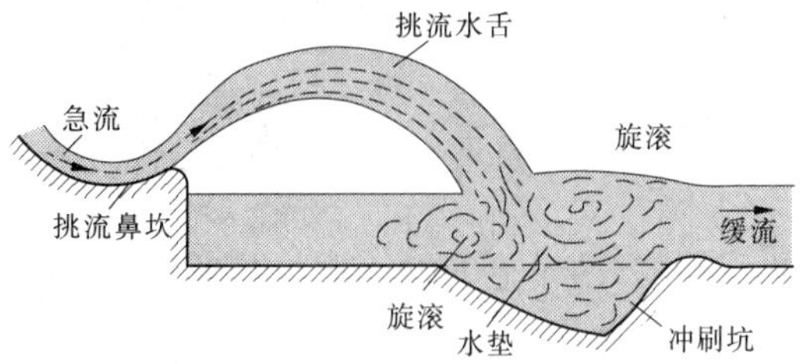

图 7-24

三、面流式衔接与消能

在泄水建筑物的末端做成低于下游水位的跌坎,将下泄的高速水流导入下游水流的表面,主流与河床之间形成一个巨大的底部旋滚,避免主流直接冲刷河床。主要通过水舌扩散、流速分布调整、底部旋滚的激烈紊动消能。在衔接段中,由于高速主流位于表面,故称面流式衔接与消能,如图 7-25 所示。

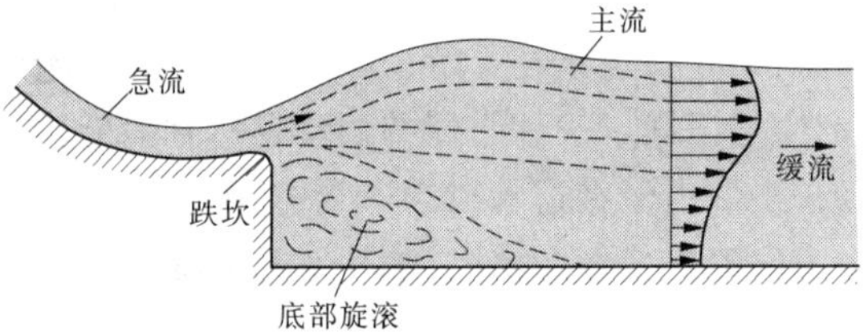

图 7-25

这种消能形式的适用条件是下游水深大,水位随季节变幅小。其优点是:由于主流在表面,有利于通过表流迅速排泄冰块及其他漂浮物而避免撞击坝面和护坦,另外由于主流在表层,对河床冲刷作用小;缺点是:下游水面剧烈波动,对岸坡稳定和航运不利。

此外,还可以将上述基本的消能方式结合起来应用。如将底流和面流结合起来的消能形式——消能戽(消力戽),即戽流式衔接与消能(见图 7-26)。

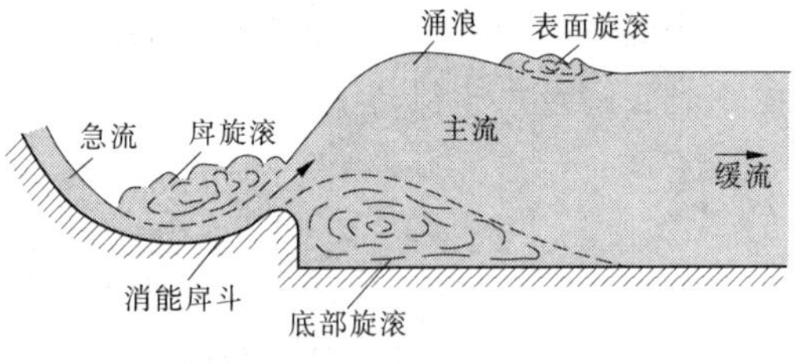

图 7-26

总之,泄水建筑物消能形式的选择是一个十分复杂的问题,必须根据具体水力、地质条件及工程运用要求进行综合分析,选取适当形式,以满足消除余能和保证建筑物的安全。

第八节　底流消能的水力计算

底流消能是借助于一定的工程措施(如修建消力池)控制水跃位置,通过水跃产生的表面旋滚和强烈紊动来消除余能。一般的水闸、中小型溢流坝或地质条件较差的各类泄水建筑物，多采用底流式消能。

一、泄水建筑物下游收缩断面水深的计算

进行泄水建筑物下游水流衔接状态分析时，必须知道泄水建筑物下游一个重要控制断面的水力要素，这就是在泄流中水深最小、流速最大的收缩断面的水深与流速。收缩断面可看做下泄水流与下游衔接的起始断面，也是消能措施的控制断面。对于底流式消能，泄水建筑物下游水跃的位置与形式就取决于收缩断面的水深、流速和下游河道水深。当通过流量一定时，下游河道中的水深和流速通常是已知的。而下泄水流在收缩断面的水深是分析水流衔接形式与消能设计的基本控制条件。

以图7-27所示的溢流堰为例。水流自堰顶下泄时，势能逐渐转化为动能，水深减小，流速增加。到达堰址的 $c—c$ 断面，即收缩断面处水深 h_c 小于临界水深 h_k，该断面近似满足渐变流条件。现以通过收缩断面底部的水平面为基准面，忽略堰面的沿程水头损失可以列出堰前断面0—0及收缩断面 $c—c$ 的能量方程式如下

$$E_0 = h_c + \frac{\alpha_c v_c^2}{2g} + \zeta \frac{v_c^2}{2g} = h_c + (\alpha_c + \zeta)\frac{v_c^2}{2g} \tag{7-33}$$

式中：ζ 为断面0—0至断面 $c—c$ 间的局部水头损失系数；E_0 为以收缩断面底部为基准面的堰前断面的总水头；h_c、v_c 为收缩断面的水深与流速。

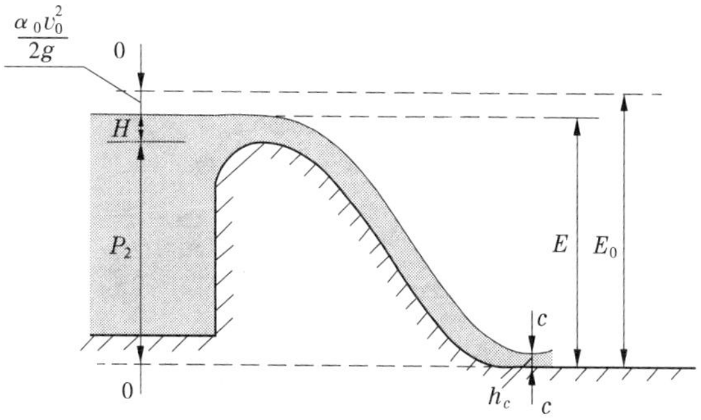

图7-27

由图7-27可以看出

$$E_0 = P_2 + H + \frac{\alpha_0 v_0^2}{2g} = P_2 + H_0 \tag{7-34}$$

令流速系数 $\varphi = \dfrac{1}{\sqrt{\alpha_c + \zeta}}$，则式(7-33)可写做

$$E_0 = h_c + \frac{v_c^2}{2g\varphi^2} \tag{7-35}$$

以 $v_c = \dfrac{Q}{A_c}$ 代入上式得

$$E_0 = h_c + \frac{Q^2}{2gA_c^2\varphi^2} \tag{7-36}$$

对于常用的矩形断面，$A_c = bh_c$。引入单宽流量($q = Q/b$)，则

$$E_0 = h_c + \frac{q^2}{2gh_c^2\varphi^2} \tag{7-37}$$

当堰下断面形状、尺寸、流量及流速系数 φ 已知时，即可应用式(7-36)或式(7-37)来计算收缩断面水深 h_c。

式(7-36)及式(7-37)都是三次方程式，一般需采用试算法求解。计算过程可列表进行，以便于试算及逐次逼近。近些年来一般都使用计算机求解。此外，还可借助于一些专门的图表来简化计算。

下面介绍一种适用于矩形断面的图解法和迭代法(或逐次渐近法)。

图解法：

对于矩形断面，$h_k^3 = \frac{q^2}{g}$；用 h_k 除式(7-37)两端可得

$$\xi_0 = \xi_c + \frac{1}{2\varphi^2\xi_c^2} \tag{7-38}$$

式中：$\xi_0 = \frac{E_0}{h_k}$；$\xi_c = \frac{h_c}{h_k}$。

以 φ 作参数，可绘出 $\xi_c = f_1(\xi_0)$ 的关系曲线，如图 7-28、图 7-29 所示。根据已知的 φ 及 $\xi_0 = \frac{E_0}{h_k}$ 值，利用该图可查出相应的 ξ_c 值，从而计算出 $h_c = h_k\xi_c$。

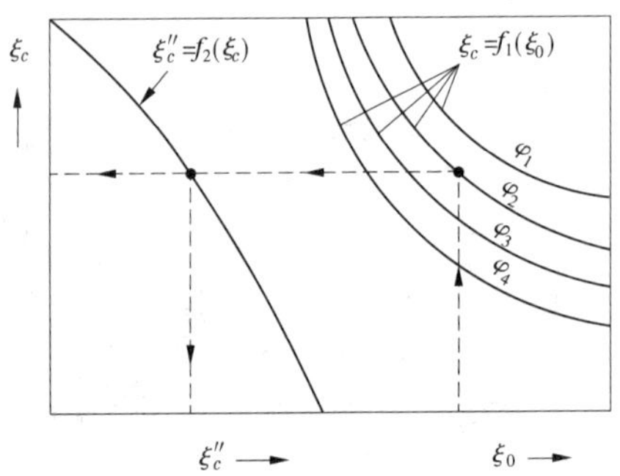

图 7-28

为了适应判定水跃位置的需要，在图 7-28、图 7-29 中还绘出了 $\xi_c'' = f_2(\xi_c)$ 的关系曲线。$\xi_c'' = \frac{h_c''}{h_k}$，$h_c''$ 是收缩断面水深 h_c 的共轭水深。

对于矩形断面，当取动量修正系数 $\beta = 1$ 时，水跃方程可写成

$$h_c'' = \frac{h_c}{2}\left[\sqrt{1 + 8\frac{q^2}{gh_c^3}} - 1\right] = \frac{h_c}{2}\left[\sqrt{1 + 8\left(\frac{h_k}{h_c}\right)^3} - 1\right] \tag{7-39}$$

用 h_k 除式(7-39)两端可得

$$\xi_c'' = \frac{\xi_c}{2}\left[\sqrt{1 + 8\left(\frac{1}{\xi_c^3}\right)} - 1\right] \tag{7-40}$$

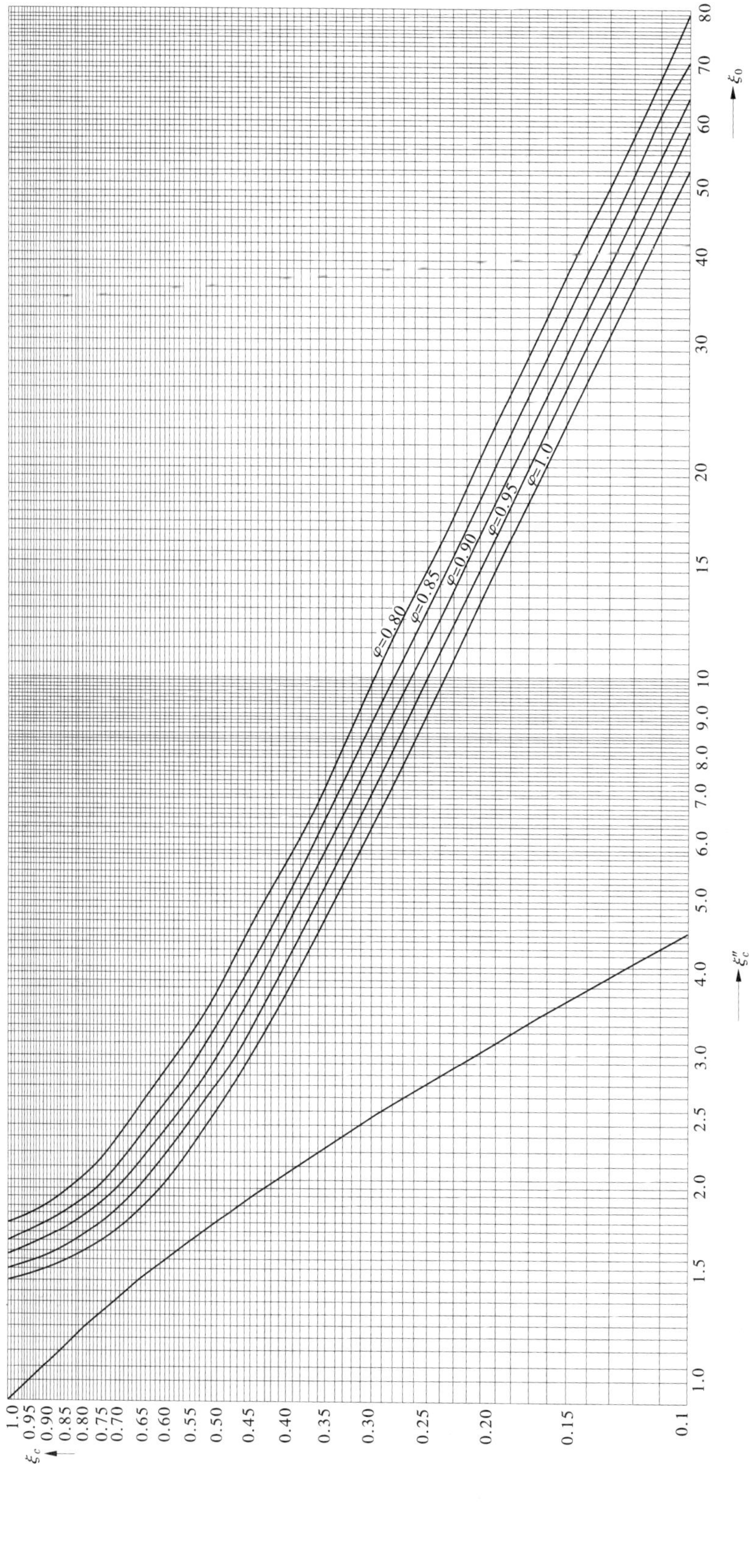

图 7-29　矩形断面渠道收缩断面水深及其共轭水深求解图

根据式(7-40),即可在图 7-28、图 7-29 中绘出 $\xi''_c = f_2(\xi_c)$ 的关系曲线。利用该曲线及不同 φ 值的 $\xi_c = f_1(\xi_0)$ 的曲线簇,即可由已知的 $\xi_0 = \dfrac{E_0}{h_k}$ 和 φ 值,求得相应的 ξ_c 及 ξ''_c。则 $h_c = \xi_c \cdot h_k$;$h''_c = \xi''_c \cdot h_k$。

以上所给出的计算收缩断面水深 h_c 及其共轭水深 h''_c 的公式和图 7-29,不仅适用于溢流堰,对水闸及其他形式的泄水建筑物也完全适用。对于无底坎水闸,也可用 $h_c = \varepsilon_2 \cdot e$ 直接计算 h_c。

迭代法:

对于矩形断面还可以将式(7-37)变换为迭代式,其中 i 为迭代次数。

$$h_{c(i+1)} = \frac{q}{\varphi\sqrt{2g(E_0 - h_{c(i)})}}$$

令初值 $h_{c(0)} = 0$,代入上式,求得 $h_{c(1)}$,若 $(h_{c(1)} - h_{c(0)}) \neq 0$,则又将 $h_{c(1)}$ 作为初值,继续代入上式进行计算,直至 $(h_{c(i+1)} - h_{c(i)}) = 0$ 或 $(h_{c(i+1)} - h_{c(i)}) \approx 0$,此时所得 $h_{c(i+1)}$ 即为所求。

应用上面的方法计算建筑物下游的收缩断面水深时,必须确定流速系数 φ 值,φ 值的大小决定于建筑物的型式和尺寸,还与坝面的粗糙程度、反弧半径及单宽流量的大小有关,影响因素比较复杂。根据统计试验和原型观测资料得出 φ 值的经验数据见表 7-15。

表 7-15 流速系数 φ 值

建筑物泄流方式		图形	φ
1	堰顶有闸门的曲线型实用堰	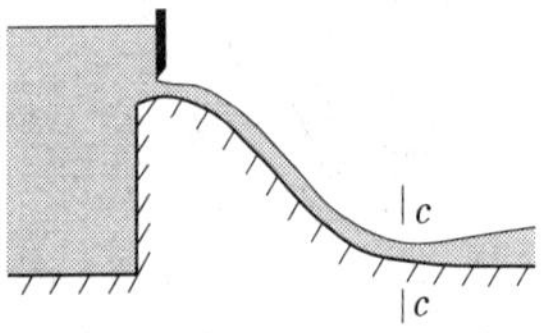	0.85 ~ 0.95
2	无闸门的曲线型实用堰: (1)溢流面长度较短 (2)溢流面长度中等 (3)溢流面较长	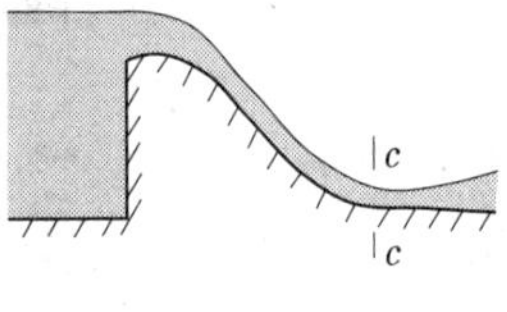	 1.00 0.95 0.90
3	平板闸下底孔出流	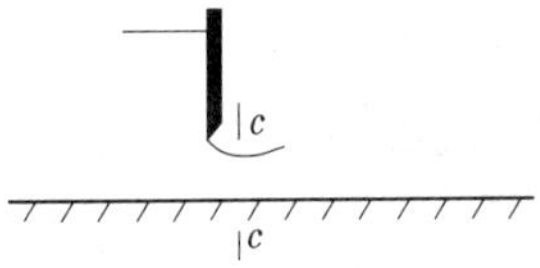	0.95 ~ 0.97
4	折线型实用断面 (多边形断面)堰	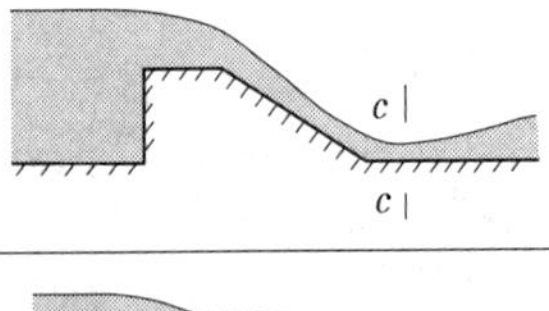	0.80 ~ 0.90
5	宽顶堰	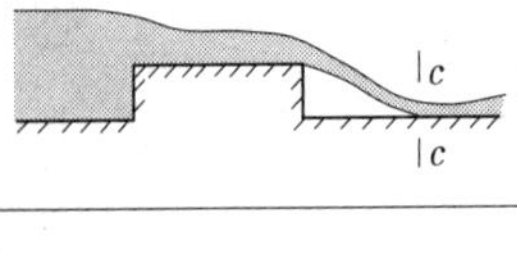	0.85 ~ 0.95

续图 7-15

建筑物泄流方式		图形	φ
6	跌水	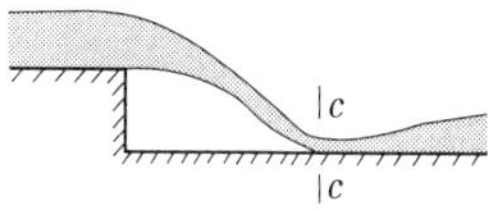	1.00
7	末端设闸门的跌水	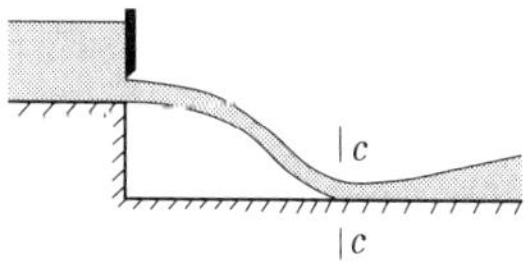	0.97

中国水利水电科学研究院根据国内外一些高坝的原型水流观测资料，提出对于高坝可采用下式计算流速系数 φ 值

$$\varphi = \left(\frac{q^{2/3}}{s}\right)^{0.2} \tag{7-41}$$

式中：s 为上游水位至收缩断面底部的垂直距离，m。

对于坝前水流无明显掺气的曲线型实用堰，当 $\frac{P_1}{H} < 30$ 时，可采用下式计算

$$\varphi = 1 - 0.0155\frac{P_1}{H} \tag{7-42}$$

【例 7-6】 某水电站引水渠末端设一无侧收缩曲线型（WES 型）实用堰，已知上游堰高 $P_1 = 10$ m，下游堰高 $P_2 = 12$ m，设计水头 $H_d = 2.96$ m，堰顶宽度 $b = 8$ m，试求当该堰为自由出流时下游收缩断面水深 h_c。

解：先求堰上单宽流量，因 $Q = mb\sqrt{2g}H_0^{3/2}$，则 $q = m\sqrt{2g}H_0^{3/2}$

对曲线型实用堰，因为 $\frac{P_1}{H_d} = \frac{10}{2.96} = 3.38 > 1.33$，为高堰，故 $H_0 = H$，且依题意 $H_0 = H = H_d$，有 $m = m_d = 0.502$，则

$$q = 0.502 \times \sqrt{2 \times 9.8} \times 2.96^{3/2} = 11.32\ \text{m}^3/(\text{s}\cdot\text{m})$$

$$E_0 = H + P_2 = 12 + 2.96 = 14.96(\text{m})$$

查表，选 $\varphi = 0.95$，由式 $h_{c(i+1)} = \frac{q}{\varphi\sqrt{2g(E_0 - h_{c(i)})}}$，运用迭代法计算如下：

令 $h_{c(0)} = 0$，则得第一次近似计算值：

$$h_{c(1)} = \frac{q}{\varphi\sqrt{2g(E_0 - 0)}} = \frac{11.32}{0.95 \times \sqrt{2 \times 9.8 \times 14.96}} = 0.696(\text{m})$$

将 $h_{c(1)} = 0.696$ m 代入公式中，得到第二次近似值：

$$h_{c(2)} = \frac{q}{\varphi\sqrt{2g(E_0 - h_{c(1)})}} = \frac{11.32}{0.95 \times \sqrt{2 \times 9.8 \times (14.96 - 0.696)}} = 0.713\ (\text{m})$$

再将 $h_{c(2)} = 0.713$ m 代入公式中，得到第三次近似值：

$$h_{c(3)} = \frac{q}{\varphi\sqrt{2g(E_0 - h_{c(2)})}} = \frac{11.32}{0.95 \times \sqrt{2 \times 9.8 \times (14.96 - 0.713)}} = 0.713(\mathrm{m})$$

则最后取 $h_c = 0.713$ m。

二、泄水建筑物下游水跃形式及其对消能的影响

设建筑物下游收缩断面水深为 h_c，相应的共轭深为 h''_c；下游河渠水深为 h_t。由闸孔出流后的水跃判别可知，比较 h''_c 与 h_t 的大小，建筑物下游有以下三种水跃衔接形式：

第一种情况：$h_t = h''_c$，下游发生临界水跃衔接形式(见图 7-30)。

第二种情况：$h_t < h''_c$，下游发生远驱水跃衔接形式(见图 7-31)。

第三种情况：$h_t > h''_c$，下游发生淹没水跃衔接形式(见图 7-32)。

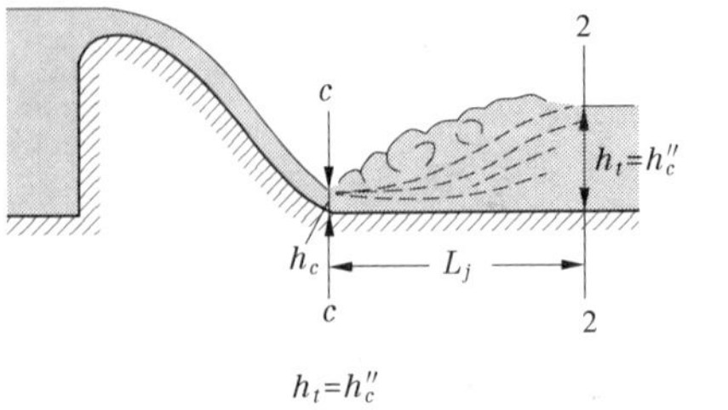

图 7-30

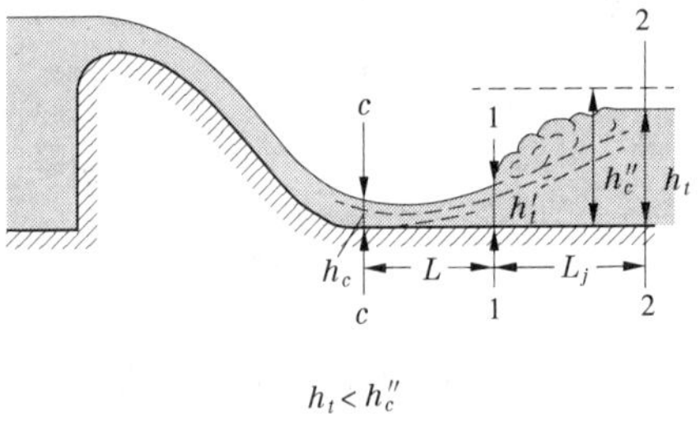

图 7-31

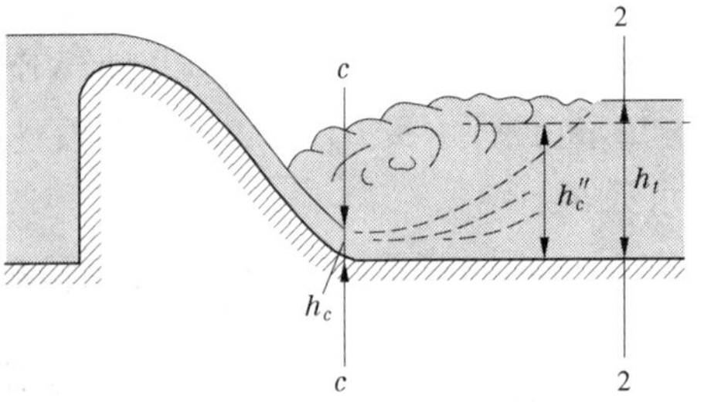

图 7-32

工程中，一般用 h_t 与 h''_c 之比来表示水跃的淹没程度，该比值称为水跃淹没系数，用 σ_j 来表示，即 $\sigma_j = \frac{h_t}{h''_c}$。当 $\sigma_j > 1$ 时，为淹没水跃，σ_j 愈大则表明水跃的淹没程度愈大；当 $\sigma_j = 1$ 时，为临界水跃；当 $\sigma_j < 1$ 时，为远驱水跃。临界水跃及远驱水跃都是非淹没水跃，或称为自由水跃，二者之间的区别仅在于它们所发生的相对位置不同。

从水工和消能的观点来看，如果发生远驱水跃，水跃从收缩断面下移需要较长的防护段，工程造价高。临界水跃具有消能率高，需要保护的河床范围短的优点，但是水跃区很不稳定，下游水位稍有变化，就可能转为远驱水跃。而淹没水跃虽然消能率随水跃淹没程度的增大会减小，但水跃相对比较稳定，容易控制。从减小急流段保护长度、水跃位置的稳定性要求及消能效果等几方面综合考虑，应采用稍有淹没的水跃进行衔接与消能为宜。修建消力池(Stilling basin)的目的就是设法形成稍有淹没水跃以达到消能的良好效果，因此，通常要求水跃的淹没系数 σ_j 控制在 1.05～1.10，以保持较高的消能效率。

三、底流消能的水力计算

底流消能水力计算的任务是:首先判别水跃发生的位置,如为远驱水跃或者是临界水跃,则通过设计消力池,局部增大下游水深,使之形成满足 $\sigma_j = 1.05 \sim 1.1$ 的淹没水跃。如果是淹没水跃,从水力计算角度看就不需再设计消力池。

要使远驱水跃或临界水跃转变为淹没水跃就要增加下游水深 h_t ,鉴于水跃范围不长,只需在紧邻泄水建筑物下游的较短距离内采取工程措施局部增加水深,这种工程措施就称为消能工。

底流消能的工程措施主要有三种形式:

(1)降低护坦高程形成消力池(见图 7-33(a))。以下简称为降低护坦式消力池。下游水深不变,而局部降低河床,则水深较原来增加,使之形成稍有淹没的水跃。

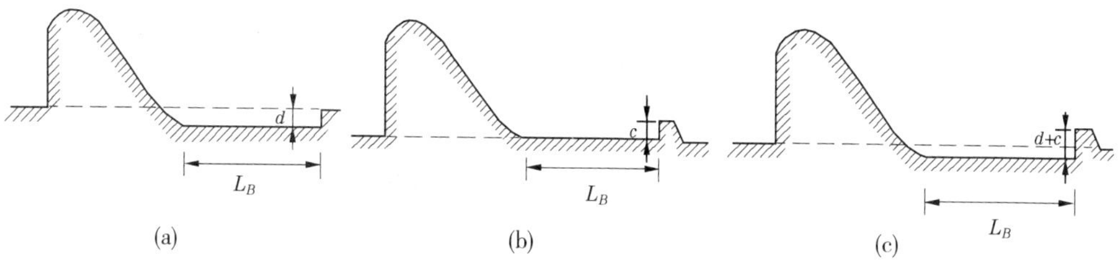

图 7-33

(2)在护坦末端修建消力坎(Baffle wall)形成消力池(见图 7-33(b))。以下简称为消力坎式消力池。在下游适当位置筑一道低坎,坎前水位抬高,水深增加,形成微淹没水跃。

(3)既降低护坦又在护坦末端筑消力坎所形成的消力池,称为综合消力池(见图 7-33(c))。如采用消力池或消力坎在技术经济上均不适宜,可考虑采用综合消力池。

上述三种工程措施,到底采用哪一种,需要根据消能效果、地质情况、工程造价等多方面的因素综合考虑做出决定。

消力池的水力计算内容是:计算池深 d 或坎高 c 以及消力池长度 L_B 。

(一)降低护坦式消力池的水力计算

1. 消力池深 d 的计算

池深 d 通常涉及四个方面因素的制约:收缩断面水深、水跃共轭特性,水跃淹没程度要求,以及出池堰流特性。具体分析如下:

如图 7-34 所示,下游原河床挖深 d 后形成消力池;当水流出池时,和宽顶堰相似有一个水面跌落 Δz ,然后与下游水面衔接。

若要使池内形成稍有淹没的水跃,则需使池末水深 $h_T = \sigma_j h''_{c1}$,式中 h''_{c1} 为护坦高程降低后收缩断面水深 h_{c1} 的跃后水深; σ_j 为水跃淹没系数,要求 $\sigma_j = 1.05 \sim 1.10$。

下面根据堰上总水头 E_0 、单宽流量 q 、下游水深 h_t 、流速系数 φ 等已知条件推求池深 d 。

由图 7-34 可得消力池几何关系

$$h_T = d + h_t + \Delta z \tag{7-43}$$

由水跃方程可得池中水深共轭关系

$$h_T = \sigma_j h''_{c1} = \frac{\sigma_j h_{c1}}{2}\left(\sqrt{1+\frac{8q^2}{gh_{c1}^3}}-1\right) \tag{7-44}$$

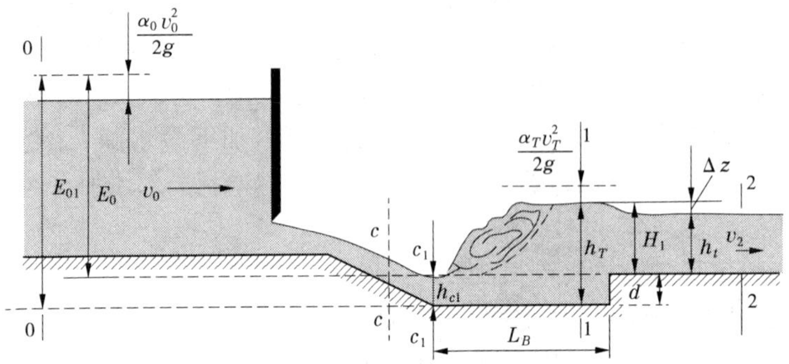

图 7-34

对于断面 0—0 和断面 c_1—c_1，由能量方程可得入池水流的流量关系

$$E_{01} = E_0 + d = h_{c1} + \frac{q^2}{2g\varphi^2 h_{c1}^2} \tag{7-45}$$

以原河床所在的水平面为基准线，列断面 1—1 与断面 2—2 能量方程

$$h_t + \Delta z + \frac{\alpha_T v_T^2}{2g} = h_t + \frac{\alpha_2 v_2^2}{2g} + \zeta\frac{v_2^2}{2g}$$

整理后得出池水流衔接关系

$$\Delta z = H_1 - h_t = (\alpha_2 + \zeta)\frac{v_2^2}{2g} - \frac{\alpha_T v_T^2}{2g} \tag{7-46}$$

令出池流速系数 $\varphi' = \dfrac{1}{\sqrt{\alpha_2+\zeta}}$，$\varphi'$ 值决定于消力池出口处顶部的型式，一般取 $\varphi' = 0.95$。又取 $\alpha_T = 1.0$，$v_2 = \dfrac{q}{h_t}$，$v_T = \dfrac{q}{h_T}$，则式(7-46)为

$$\Delta z = \frac{1}{\varphi'^2}\frac{q^2}{2gh_t^2} - \frac{q^2}{2gh_T^2} \tag{7-47}$$

下游河渠中的水深 h_t 决定于流量和下游河渠的水力特性，可近似地按明渠均匀流计算求得，或从下游河道断面实测的水位—流量关系曲线查得。

由上述四个方程式式(7-43)、式(7-44)、式(7-45)、式(7-47)可求四个未知量 h_T、h_{c1}、Δz 和 d。

总水头 E_{01} 和水面跌落 Δz 均与池深 d 有关，无法直接求解，应采用试算法求解。

为了便于计算，将式(7-44)、式(7-47)代入式(7-43)，并将与池深 d 有关的项放在等号的左边，可写做

$$\sigma_j h''_{c1} - d + \frac{q^2}{2g(\sigma_j h''_{c1})^2} = h_t + \frac{q^2}{2g(\varphi' h_t)^2} \tag{7-48}$$

式(7-48)左边是池深 d 的函数，用 $f(d)$ 表示，右边为已知数，用 A 表示，则可写成 $f(d) = A$。计算时，假定一系列 d，算出一系列相应的 $f(d)$，便可绘出 $d \sim f(d)$ 关系曲线，如图 7-35 所示。由图查得当 $f(d) = A$ 时所对应的 d 即为所求。

对于中小型工程可做简单估算，在式(7-43)中，忽略 Δz，并采用护坦降低以前的收缩断面水深的共轭水深 h_c''，则

$$h_T = d + h_t$$

$$d = h_T - h_t$$

$$d = \sigma_j h_c'' - h_t \qquad (7\text{-}49)$$

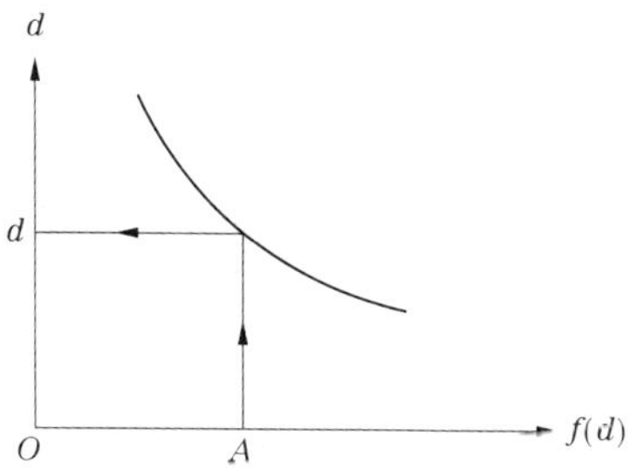

图 7-35

当 $q<25\ m^3/(s\cdot m)$，$E_0<35$ m，且下游流速 $v<3$ m/s 时，$\sigma_j=1.05$；当下游流速 $v\geq3$ m/s 时，$\sigma_j=1.0$。

2. 消力池长度 L_B 的计算

消力池的长度必须保证水跃发生在池内，所以消力池的长度可以从水跃长度出发来考虑。但消力池内的水跃受到消力池末端垂直壁面产生的一个反向作用力(有壅阻水流的作用)，减小了水跃长度。所以，消力池内的水跃长度仅为平底渠道中自由水跃长度 L_j 的70% ~80%。

由此可得，消力池长度为

$$L_B = (0.7 \sim 0.8)L_j \qquad (7\text{-}50)$$

式中　L_j 为平底完全水跃的长度，可按第六章相关公式计算。

3. 消力池设计流量的选择

上面所讨论的池深 d 及池长 L_B 的计算，都是针对一个给定的流量及相应的下游水深 h_t，但消力池建成后，总是在不同的流量下运行。为使所设计的消力池在不同流量时都能保证池中形成淹没水跃，必须选择一个池深和池长的设计流量。

从公式(7-49)可以看出，池深 d 随 $(h_c''-h_t)$ 的增大而增大。故可以认为，$(h_c''-h_t)$ 为最大时的流量为池深 d 的设计流量。据此求出的池深 d 是各种流量下所需消力池深度的最大值。实践证明，池深 d 的设计流量并不一定是建筑物所通过的最大流量。

实际计算时，应在给定的流量范围内，对不同的流量计算 h_c 及 h_c''(即护坦降低前，坝趾断面的收缩断面水深及其跃后水深)。在直角坐标上绘 $h_c''=\varphi(q)$ 关系曲线，同时，将已知的 $h_t=f(q)$ 的关系曲线也绘入同一坐标上(见图 7-36)。从该图中找出 $(h_c''-h_t)$ 为最大值时的相应流量，即为消力池 d 的设计流量。

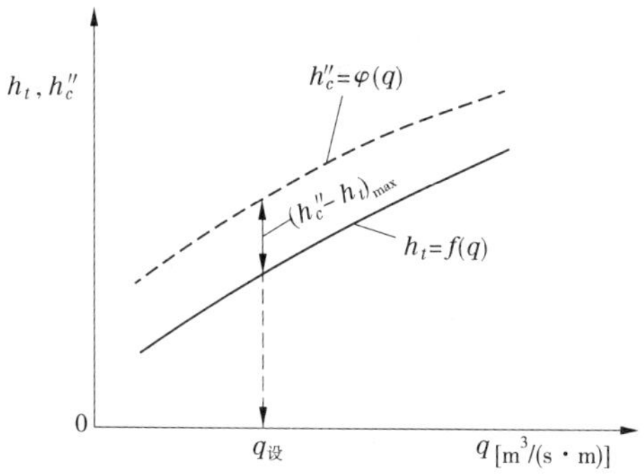

图 7-36

因为消力池的长度决定于水跃长度 L_j，一般说来，水跃长度是随流量的增加而增大的，所以消力池长度的设计流量应为泄水建筑物的最大下泄流量。

【例 7-7】　某泄洪闸布置如图 7-37 所示。已知 $P_1=P_2=P$，泄洪单宽流量 $q=10.82\ m^3/(s\cdot m)$，此时上游水位为 33.96 m，下游水位为 30.00 m，实用堰的流速系数 $\varphi=0.95$，其他如图所示。试判别下游是否需要修建消力池，若采用降低护坦式消力池，则计算消力池深度和长度。

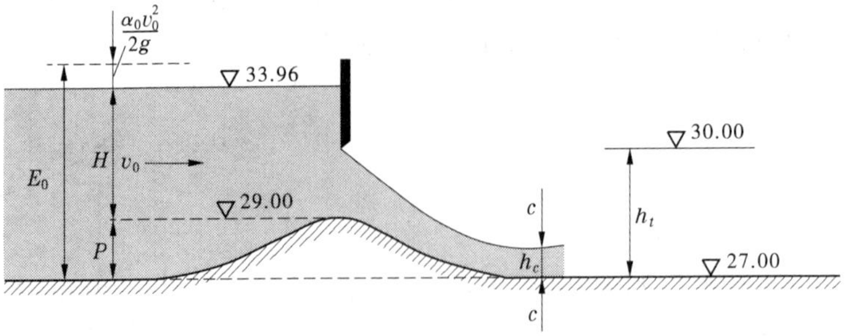

图 7-37

解:判别下游衔接形式:先求 h_c ,再求 h''_c ,然后用 h''_c 与 h_t 比较进行判别,以确定是否需要降低护坦形成消力池。

闸前行近流速

$$v_0 = \frac{q}{H+P} = \frac{10.82}{(33.96-29.00)+(29.00-27.00)} = 1.55(\mathrm{m/s})$$

$$E_0 = P+H+\frac{v_0^2}{2g} = 33.96-27.00+\frac{v_0^2}{2g} = 6.96+\frac{1.55^2}{19.6} = 7.08(\mathrm{m})$$

用迭代公式 $h_{c(i+1)} = \dfrac{q}{\varphi\sqrt{2g(E_0-h_{c(i)})}}$ 进行迭代计算如下:

$$h_{c1} = \frac{q}{\varphi\sqrt{2g(E_0-h_{c0})}} = \frac{10.82}{0.95\sqrt{2\times 9.8\times(7.08-0)}} = 0.966(\mathrm{m})$$

$$h_{c2} = \frac{q}{\varphi\sqrt{2g(E_0-h_{c1})}} = \frac{10.82}{0.95\sqrt{2\times 9.8\times(7.08-0.966)}} = 1.040(\mathrm{m})$$

$$h_{c3} = \frac{q}{\varphi\sqrt{2g(E_0-h_{c2})}} = \frac{10.82}{0.95\sqrt{2\times 9.8\times(7.08-1.040)}} = 1.046(\mathrm{m})$$

$$h_{c4} = \frac{q}{\varphi\sqrt{2g(E_0-h_{c3})}} = \frac{10.82}{0.95\sqrt{2\times 9.8\times(7.08-1.046)}} = 1.047(\mathrm{m})$$

取 $h_c = 1.05$ m,则

$$\begin{aligned} h''_c &= \frac{h_c}{2}\left(\sqrt{1+8\frac{q^2}{gh_c^3}}-1\right) \\ &= \frac{1.05}{2}\left(\sqrt{1+8\times\frac{10.82^2}{9.8\times 1.05^3}}-1\right) \\ &= 4.3(\mathrm{m}) > h_t = 30-27 = 3(\mathrm{m}) \end{aligned}$$

说明下游将出现远驱式水跃,需采取降低护坦消能措施。

用试算法求消力池深度 d:

首先计算 A

$$A = h_t + \frac{q^2}{2g\varphi'^2 h_t^2}$$

取消力池出口流速系数 $\varphi' = 0.95$,则

$$A = 3.0 + \frac{10.82^2}{2\times 9.8\times 0.95^2\times 3^2} = 3.74(\mathrm{m})$$

假定不同的 d 值代入 $f(d)$ 中，如求得的 $f(d)$ 值等于 A，则该 d 值即为所求。先根据 $h''_c-h_t=1.3$ m 假设 $d=1.3$ m，由式(7-45)得

$$E_{01}=E_0+d=h_c+\frac{q^2}{2g\varphi^2h_c^2}=7.08+1.3=8.38(\mathrm{m})$$

用迭代法求得：$h_c=0.943$ m。

再计算

$$h_T=\frac{\sigma_j h_c}{2}\left(\sqrt{1+8\frac{q^2}{gh_c^3}}-1\right)$$

取 $\sigma_j=1.05$，则

$$h_T=\frac{1.05\times0.943}{2}\left(\sqrt{1+8\times\frac{10.82^2}{9.8\times0.943^3}}-1\right)=4.813(\mathrm{m})$$

$$f(d)=h_T+\frac{q^2}{2gh_T^2}-d=4.813+\frac{10.82^2}{2\times9.8\times4.813^2}-1.3=3.77(\mathrm{m})\approx A=3.74(\mathrm{m})$$

故得消力池深度 $d=1.3$ m

消力池长度 L_B 的计算：根据自由水跃长度经验公式

$$L_j=6.9(h''_c-h_c)$$

$$L_j=6.9\times\left(\frac{4.813}{1.05}-0.943\right)=25.12(\mathrm{m})$$

$$L_B=0.75L_j=0.75\times25.12=18.84(\mathrm{m})$$

可取池长 $L_B=19.00$ m。

(二)消力坎式消力池的水力计算

当采用降低护坦高程形成消力池时，若河床岩石坚硬开挖困难，或开挖太深、造价过高，可不用开挖，仅在护坦末端修建消力坎，壅高坎前水位，同样可以实现增大局部水深形成消力池，保证在建筑物下游产生稍有淹没的水跃。消力坎一般做成折线型，过坎水流可按折线型实用堰流考虑(见图7-38)。

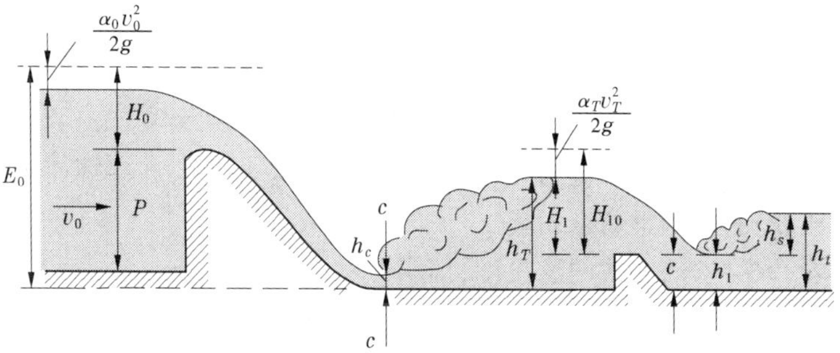

图7-38

消力坎式消力池水力计算的任务是根据堰上总水头 E_0、单宽流量 q、下游水深 h_t，流速系数 φ 等已知条件，确定坎高 c 及池长 L_B。池长 L_B 与降低护坦式消力池的池长计算方法相同。下面介绍坎高 c 的计算方法。

为使建筑物下游池内产生稍有淹没的水跃，坎前水深 h_T 应满足下列条件

$$h_T=\sigma_j h''_c=c+H_1$$

式中，H_1 为坎顶水头。

则坎高的计算公式为

$$c = \sigma_j h''_c - H_1$$

即得消力池几何关系

$$c = \sigma_j h''_c + \frac{q^2}{2g(\sigma_j h''_c)^2} - H_{10} \tag{7-51}$$

由于消力坎一般为折线型坎，可近似按堰流公式推求 H_{10}，由堰流公式有

出池水流能量关系

$$H_{10} = \left(\frac{q}{\sigma_s m\sqrt{2g}}\right)^{2/3} \tag{7-52}$$

代入式(7-51)，得

$$c = \sigma_j h''_c + \frac{q^2}{2g(\sigma_j h''_c)^2} - \left(\frac{q}{\sigma_s m\sqrt{2g}}\right)^{2/3} \tag{7-53}$$

式中：水跃淹没系数 $\sigma_j = 1.05 \sim 1.10$，消力坎的流量系数 $m = 0.40 \sim 0.44$，σ_s 为消力坎的淹没系数。

对于矩形断面情况，收缩断面 c—c 处水深 h_c 仍可由下式求得

入池水流衔接关系

$$E_0 = h_c + \frac{q^2}{2g\varphi^2 h_c^2}$$

且池中水深共轭关系

$$h''_c = \frac{h_c}{2}\left(\sqrt{1 + \frac{8q^2}{gh_c^3}} - 1\right)$$

消力坎的过流能力应该等于泄水建筑物的下泄流量，但在下游水深一定的条件下，其过流能力与坎顶溢流是否淹没有关，而坎顶溢流状态又取决于坎的高度，现坎高为待求量，因此它是否淹没尚未可知。一般做法是先暂设坎顶为自由溢流，即 $\sigma_s = 1.0$，H_1 与 c 无关，可利用式(7-53)直接求得坎高 c，即

$$c = \sigma_j h''_c + \frac{q^2}{2g(\sigma_j h''_c)^2} - \left(\frac{q}{m\sqrt{2g}}\right)^{2/3} \tag{7-54}$$

然后再验算流态，如果消力坎确为自由出流，此 c 值即为所求。如果属于淹没出流，则必须考虑淹没系数 σ_s 的影响重新求 c。

淹没系数 σ_s 取决于消力坎的淹没度，即

$$\sigma_s = f\left(\frac{h_t - c}{H_{10}}\right) = f\left(\frac{h_s}{H_{10}}\right)$$

所以可根据 $\frac{h_s}{H_{10}}$ 的值查表 7-16 得相应的淹没系数 σ_s 值。

消力坎淹没的条件为 $\frac{h_s}{H_{10}} > 0.45$，如满足这个条件，则消力坎为淹没出流；若 $\frac{h_s}{H_{10}} \leqslant 0.45$，消力坎为自由出流，则淹没系数 $\sigma_s = 1$。

表 7-16　消力坎淹没系数 σ_s 值

$\frac{h_s}{H_{10}}$	σ_s	$\frac{h_s}{H_{10}}$	σ_s	$\frac{h_s}{H_{10}}$	σ_s
≤0. 45	1. 000	0. 74	0. 915	0. 88	0. 750
0. 50	0. 990	0. 76	0. 900	0. 90	0. 710
0. 55	0. 985	0. 78	0. 885	0. 92	0. 651
0. 60	0. 975	0. 80	0. 865	0. 95	0. 535
0. 65	0. 960	0. 82	0. 845	1. 00	0. 000
0. 70	0. 940	0. 84	0. 815		
0. 72	0. 930	0. 86	0. 785		

因为淹没系数 σ_s 与坎高 c 有关,因此需以试算法求解消力坎为淹没溢流时的坎高 c 值,具体解法如下:

将式(7-53)变形为

$$c + \left(\frac{q}{\sigma_s m\sqrt{2g}}\right)^{2/3} = \sigma_j h_c'' + \frac{q^2}{2g(\sigma_j h_c'')^2} \tag{7-55}$$

由上式可知,σ_s 是坎高 c 的函数,因而式(7-55)左边是坎高 c 的函数,用 $f(c)$ 表示,右边为已知数,用 B 表示,则该式可写成 $f(c) = B$。假定一系列 c 值,计算相应的 $f(c)$ 值,便可绘制 $c \sim f(c)$ 关系曲线,如图 7-39 所示。由图查得 $f(c) = B$ 所对应的c,即为所求的坎高。

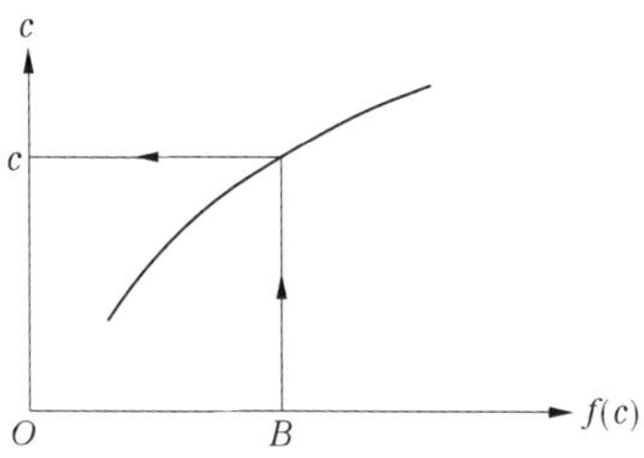

图 7-39

对于自由出流的消力坎,如坎后发生远驱水跃或临界水跃,可能引起坎后河床的冲刷,因而需修建第二道甚至第三道消力坎,直到保证坎后发生淹没出流衔接为止。

当所设计的建筑物必须在 $q_{min} \sim q_{max}$ 之间运用时,应在该流量范围内选定几个 q 值,分别计算坎高,然后取 c 的最大值作为设计值。

【例 7-8】　有一引水闸,单宽流量 $q = 10\ m^3/(s \cdot m)$,相应的上游水位为 27. 0 m,下游渠道的水位为 23. 50 m。上下游渠底高程相同,下游渠道的断面为矩形,底部高程为 20. 00 m,闸底高程为 21. 50 m,过闸水流流速系数 $\varphi = 0.95$。试判别是否需要修建消力池,若需要则进行消力坎设计。

解:用试算法。

1. 判别是否需要修建消力坎

闸前行近流速

$$v_0 = \frac{q}{P_1 + H} = \frac{10}{27.0 - 20.0} = 1.43(m/s)$$

则

$$\frac{v_0^2}{2g} = \frac{1.43^2}{2\times 9.8} = 0.10(\mathrm{m})$$

$$E_0 = P_2 + H_0 = (P_2 + H) + \frac{\alpha_0 v_0^2}{2g} = 7.0 + 0.10 = 7.10(\mathrm{m})$$

再用 $E_0 = h_c + \frac{q^2}{2g\varphi^2 h_c^2}$ 试算出 $h_c = 0.95$ m，然后由水跃方程 $h_c'' = \frac{h_c}{2}\left(\sqrt{1+\frac{8q^2}{gh_c^3}} - 1\right)$ 求得 $h_c'' = 4.17$ m。

因 $h_c'' = 4.17\ \mathrm{m} > h_t = 3.5\ \mathrm{m}$，将产生远离水跃，需采取消能措施。

2. 求坎高

坎高的计算与坎顶溢流状态有关，我们可先按自由出流计算，得到坎高后，再校核是否为自由出流，若不是自由出流，再改用淹没出流计算坎高。

由式(7-52)求 H_{10}，令 $\sigma_s = 1.0$，取 $m = 0.42$，得

$$H_{10} = \left(\frac{q}{\sigma_s m\sqrt{2g}}\right)^{2/3} = \left(\frac{10}{1.0\times 0.42\times\sqrt{2\times 9.8}}\right)^{2/3} = 3.07(\mathrm{m})$$

由式(7-51)求 c，取 $\sigma_j = 1.05$，得

$$\begin{aligned} c &= \sigma_j h_c'' + \frac{q^2}{2g(\sigma_j h_c'')^2} - H_{10} \\ &= 1.05\times 4.17 + \frac{10^2}{2\times 9.8\times 1.05^2\times 4.17^2} - 3.07 \\ &= 4.38 + 0.266 - 3.07 \\ &= 1.576(\mathrm{m}) \end{aligned}$$

$\frac{h_s}{H_{10}} = \frac{3.5 - 1.576}{3.07} = 0.627 > 0.45$，所以为淹没出流，需考虑淹没的影响，以下改用淹没出流计算坎高。

先假设淹没出流时的坎高 $c' = 1.3\ \mathrm{m} < c = 1.576\ \mathrm{m}$，由式(7-51)可得

$$H_{10} = \sigma_j h_c'' + \frac{q}{2g(\sigma_j h_c'')^2} - c' = 4.38 + 0.266 - 1.3 = 3.346(\mathrm{m})$$

由 $\frac{h_s}{H_{10}} = \frac{3.5 - 1.3}{3.346} = 0.657$，取 $m = 0.42$，查表7-16可得 $\sigma_s = 0.955$。

由式(7-52)得

$$H_{10} = \left(\frac{q}{\sigma_s m\sqrt{2g}}\right)^{2/3} = \left(\frac{10}{0.955\times 0.42\times\sqrt{2\times 9.8}}\right)^{2/3} = 3.16(\mathrm{m})$$

由式(7-51)得

$$\begin{aligned} c'' &= \sigma_j h_c'' + \frac{q^2}{2g(\sigma_j h_c'')^2} - H_{10} \\ &= 4.38 + 0.266 - 3.16 \\ &= 1.486(\mathrm{m}) \end{aligned}$$

所求得的 c'' 值 1.486 m > 1.3 m（假设值），需重新假设 $c' = 1.5$ m，仍依次可求得：$H_{10} =$

3.146 m，$\frac{h_s}{H_{10}}=0.636$，$\sigma_s=0.964$，$c''=1.501$ m，与假设值很接近，故可选定坎高 $c=1.5$ m。

3. 求消力池长度 L_B

$$L_j=6.9(h_c''-h_c)=6.9\times(4.17-0.95)=22.2(\text{m})$$

所以

$$L_B=0.75L_j=0.75\times22.2=16.65(\text{m})$$

取消力池长度 $L_B=17.0$ m。

（三）综合消力池的水力计算

在工程实践中，有时单纯降低护坦可能开挖太深，如单纯筑坎又可能太高，需要修筑二级消力池，在此情况下可以采用综合式消力池，即既降低护坦又筑坎，以便在单级池内形成稍有淹没的水跃衔接。如图 7-40 所示。

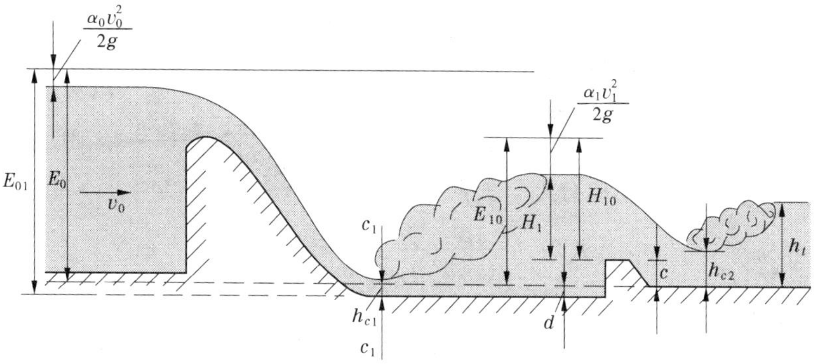

图 7-40

水力计算内容：根据已知条件求坎高 c、池深 d 及消力池长度 L_B。为了便于计算，首先求坎高 c，再求池深 d。消力池长度 L_B 的计算方法同前。

1. 坎高 c 的计算

如图 7-40 所示，由几何关系可知

$$c=E_{10}-H_{10} \tag{7-56}$$

式中：E_{10} 为以下游河床为基准面的坎前总水头；H_{10} 为坎顶总水头。

由式(7-37)可知

$$E_{10}=H_{10}+c=h_{c2}+\frac{q^2}{2g\varphi'^2h_{c2}^2} \tag{7-57}$$

式中：h_{c2} 为过坎水流收缩断面水深；φ' 为过坎水流流速系数。

假设过坎水流产生临界水跃，则

$$h_{c2}=\frac{h_t}{2}\left(\sqrt{1+\frac{8q^2}{gh_t^3}}-1\right) \tag{7-58}$$

式中：h_{c2} 为坎后收缩断面水深；h_t 为下游水深。

根据堰流自由出流公式有

$$H_{10}=\left(\frac{q}{m\sqrt{2g}}\right)^{2/3} \tag{7-59}$$

这样，由式（7-59）可知 H_{10}，由式（7-58）可知 h_{c2}，根据求出的 h_{c2}，由式（7-57）可知 E_{10}，最后可由式（7-56）求出坎高 c。

2. 池深 d 的计算

由图 7-38 可知

$$h_T = \sigma_j h''_{c1} = d + c + H_1 \tag{7-60}$$

$$H_1 = H_{10} - \frac{\alpha_1 v_1^2}{2g} \tag{7-61}$$

式中：$\frac{\alpha_1 v_1^2}{2g}$ 为坎前行近流速水头；h''_{c1} 为坝趾收缩断面 h_{c1} 的共轭水深。

取 $\alpha_1 = 1.0$，又 $v_1 = \frac{q}{h_T} = \frac{q}{\sigma_j h''_{c1}}$，则式（7-61）改写为

$$H_1 = H_{10} - \frac{q^2}{2g(\sigma_j h''_{c1})^2} \tag{7-62}$$

将式（7-62）代入式（7-60），则

$$\sigma_j h''_{c1} = d + c + H_{10} - \frac{q^2}{2g(\sigma_j h''_{c1})^2} \tag{7-63}$$

将等式中已知项和未知项分列等式两边有

$$\sigma_j h''_{c1} + \frac{q^2}{2g(\sigma_j h''_{c1})^2} - d = c + H_{10} \tag{7-64}$$

令等式右边已知项

$$c + H_{10} = A \tag{7-65}$$

令等式左边未知项

$$\sigma_j h''_{c1} + \frac{q^2}{2g(\sigma_j h''_{c1})^2} - d = f(d) \tag{7-66}$$

由水跃方程可知

$$h''_{c1} = \frac{h_{c1}}{2}\left(\sqrt{1 + \frac{8q^2}{gh_{c1}^3}} - 1\right) \tag{7-67}$$

由图 7-40 可知

$$E_{01} = d + E_0 = h_{c1} + \frac{q^2}{2g\varphi^2 h_{c1}^2} \tag{7-68}$$

由式（7-64）至式（7-68）可求出池深 d，其计算过程与降低护坦形成消力池的过程完全一致。

以上计算出的池深和坎高是池内及坎后发生临界水跃的池深和坎高，实际采用的池深比计算值略大，实际采用的坎高比计算值略小。

（四）消力池下游的河床保护

在水跃的跃后段内，底部流速较大，紊动强度也比均匀紊流高，因此出消力池后的水流对河床仍具有较大的冲刷能力。所以，除河床岩质较好，足以抵抗冲刷外，一般在消力池后还需设置较为简易的河床保护段，称为海漫（Riprap）。海漫常用粗石料或表面凹凸不平的混凝土块铺砌而成，能够加速跃后段水流紊动的衰减过程，海漫长度 L_P 可短于跃

后段长度 L_{jj}，初步按下式估算

$$L_P = (0.65 \sim 0.80)L_{jj}$$

因 $L_{jj} = (2.5 \sim 3.0)L_j$，故

$$L_P = (1.63 \sim 2.40)L_j \tag{7-69}$$

式中：L_j 为水跃长度。

此外，离开海漫的水流还具有一定的冲刷能力，往往在海漫末端形成冲刷坑。为保护海漫的基础不遭破坏，海漫后常做成比冲刷坑略深的齿槽或防冲槽，如图 7-41 所示。冲刷坑的计算可参阅有关"河流动力学"文献。

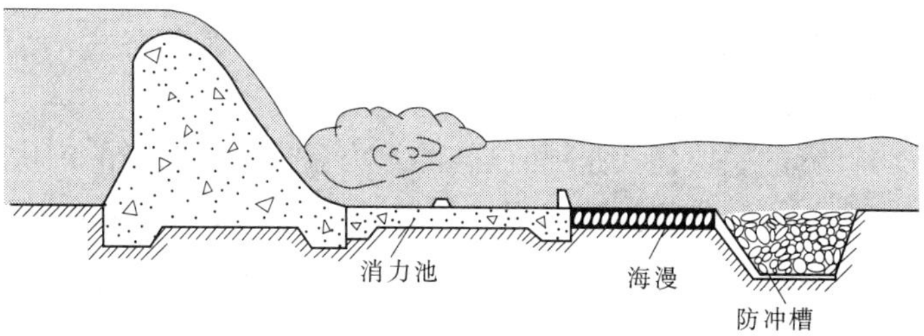

图 7-41

（五）辅助消能工

为提高消能效率而设在消力池中的墩或槛统称辅助消能工。其型体繁多，现举例如下，如图 7-42 所示。

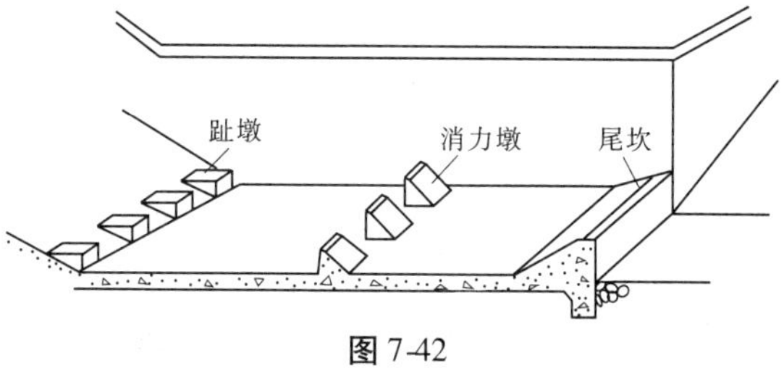

图 7-42

（1）趾墩：设置在消力池起始断面处。有分散入池水流以加剧紊动掺混的作用。

（2）消力墩：设置在 1/2 ~ 1/3 池长处，布置一排或数排。它可加剧紊动掺混，并给水跃以反击力，对于减小池深和缩短池长有良好的作用。

（3）尾坎（连续坎或齿坎）：设置在消力池的末端。它将池中流速较大的底部水流导向下游水体的上层，以改善池后水流的流速分布，减轻对下游河床的冲刷。

以上三种辅助消能工，既可以单独使用某一种，也可以将几种组合起来使用。但要注意，由于消力池前半部分的底流流速很大，因此须考虑趾墩和消力墩的空蚀问题。一般地说，设置趾墩和消能墩处的流速应小于 15 ~ 18 m/s，其布置的方式与位置以及型体和尺寸应经过试验验证。

辅助消能工的水力计算问题，可参考有关水力计算手册。

第九节　挑流消能的水力计算

在泄水建筑物的下游端修建一挑流坎,利用下泄水流的巨大动能,将水流挑入空中,然后降落在远离建筑物的下游河床消杀水能,这就是挑流消能。中高水头的泄水建筑物常采用这种消能方式。挑入空中的水舌,由于失去固体边界的约束,在紊动及空气阻力的作用下,发生掺气及分散,失去一部分动能;其余大部分动能则在水舌落入下游河床后被消除。因为水舌落入下游河床时,与下游河床中的水体发生碰撞,水舌继续扩散,流速逐渐减小,入水点附近则形成两个巨大的旋滚,主流与旋滚之间发生强烈的动量交换及摩擦作用;潜入河底的主流则冲刷河床而形成冲刷坑。采用这种消能方式,为确保泄水建筑物的安全,冲刷坑必须与建筑物之间保持足够长的距离。

挑流消能水力计算的主要任务是:按已知的水力条件选定适宜的挑坎型式,确定挑坎的高程、反弧半径和挑射角,计算挑流射程和下游冲刷坑深度,并检验主体建筑物是否受下游冲刷坑影响。

一、挑流鼻坎的型式

常用的挑流鼻坎型式有连续式和差动式两种(见图 7-43)。连续式挑坎,施工方便,比相同条件下的差动式挑坎射程远。差动式挑坎,是将挑坎做成齿状,使通过挑坎的水流分成上下两层,垂直方向有较大的扩散,可以减轻对河床的冲刷,但流速高时易产生空蚀。以下仅讨论连续式挑坎的挑流消能问题。

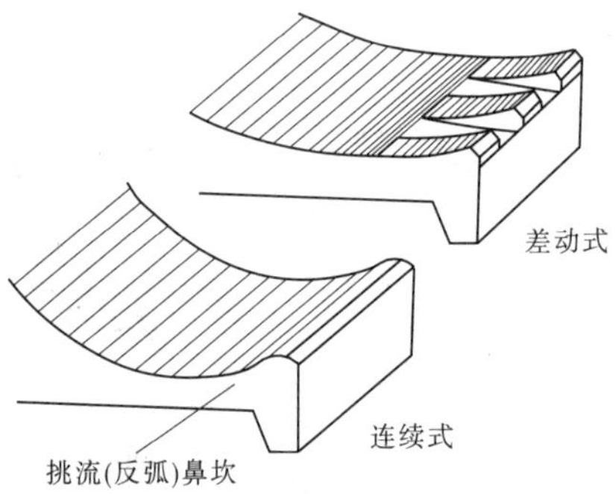

图 7-43

二、挑流射程的计算

所谓挑流射程(Horizontal distance of the jet trajectory),是指挑坎末端至冲刷坑最深点间的水平距离,简称挑距,用 L 表示。试验表明,冲刷坑最深点的位置大体上在水舌轴线入水点的延长线上。以图 7-43 所示的连续式挑流鼻坎为例,则挑流射程为

$$L = L_0 + L_1 - L' \tag{7-70}$$

式中:L_0 为空中射程,即挑坎出口断面 1—1 中心点到水舌轴线与下游水面交点间的水平距离;L_1 为水下射程,即水舌轴线与下游水面交点到冲刷坑最深点间的水平距离;L' 为挑坎出口断面 1—1 中心点到挑坎下游端的水平距离,一般很小,可略去不计。

故挑流射程为

$$L \approx L_0 + L_1 \tag{7-71}$$

设挑坎为平滑的连续坎,其反弧半径为 r_0 ,坝面各处溢流宽度相同。在不计空气阻力的影响及水股扩散影响的条件下,把射流水股视为自由抛射体的运动,从而可推求挑距。

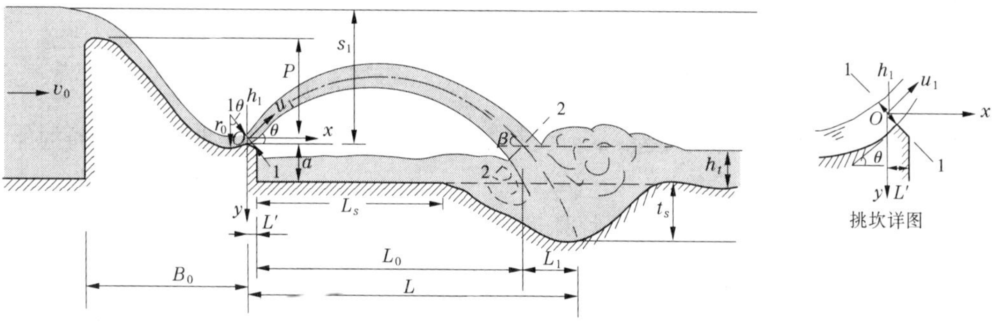

图 7-44

取坎末端过水断面 1—1，其水深为 h_1，中心质点的流速为 u_1，流速方向与水平方向的夹角为 θ（流速方向角即反弧鼻坎挑角）。假设挑坎出射断面 1—1 上的流速分布是均匀的，忽略水舌的扩散、掺气和空气阻力的影响。取坎顶出射断面 1—1 与水舌轴线的交点 O 为坐标原点，则按自由抛射体理论可得到水舌轴线上质点的轨迹方程为

$$x = u_1 t\cos\theta \tag{7-72}$$

$$y = \frac{1}{2}gt^2 - u_1 t\sin\theta \tag{7-73}$$

式中：t 为时间；x 为抛射的水平距离；y 为抛射的垂直方向上的距离；θ 为鼻坎挑角；u_1 为出射断面平均流速。

由式(7-72)可知

$$t = \frac{x}{u_1\cos\theta} \tag{7-74}$$

将式(7-74)代入式(7-73)，整理后，可得水平距离 x 为

$$x = \frac{u_1^2\sin\theta\cos\theta}{g}\left(1 + \sqrt{1 + \frac{2gy}{u_1^2\sin^2\theta}}\right) \tag{7-75}$$

（一）空中射程 L_0

当 $y = a + \frac{h_1}{2}\cos\theta - h_t$ 时，$x = L_0$，由式(7-75)得

$$L_0 = \frac{u_1^2\sin\theta\cos\theta}{g}\left[1 + \sqrt{1 + \frac{2g\left(a + \frac{h_1}{2}\cos\theta - h_t\right)}{u_1^2\sin^2\theta}}\right] \tag{7-76}$$

式中：a 为坎高，即下游河床至挑坎顶部的高差；h_t 为冲刷坑后的下游水深。

因假设断面 1—1 流速分布为均匀分布，即 $u_1 = v_1$，v_1 为断面 1—1 的平均流速。对上游断面 0—0 及断面 1—1 列能量方程，经整理得

$$v_1 = \varphi\sqrt{2g(s_1 - h_1\cos\theta)}$$

将上式代入式(7-76)，则

$$L_0 = \varphi^2\sin2\theta(s_1 - h_1\cos\theta)\left[1 + \sqrt{1 + \frac{a + \frac{h_1}{2}\cos\theta - h_t}{\varphi^2\sin^2\theta(s_1 - h_1\cos\theta)}}\right] \tag{7-77}$$

对于高坝，$s_1 \gg h_1$，略去 h_1 后，式(7-77)变为

$$L_0 = \varphi^2 s_1 \sin2\theta\left[1 + \sqrt{1 + \frac{a - h_t}{\varphi^2 s_1 \sin^2\theta}}\right] \tag{7-78}$$

s_1 为上游水面至挑坎顶部的高差；φ 为坝面流速系数，它与坝上游至断面 1—1 间的能量损失有关。

应用式(7-77)或式(7-78)即可计算空中射程 L_0。

坝面流速系数 φ 可按长江水利委员会的经验公式计算，即

$$\varphi = \sqrt[3]{1 - \frac{0.055}{K_E^{0.5}}} \tag{7-79}$$

式中：$K_E = \frac{q}{\sqrt{g}s_1^{1.5}}$，称为流能比；其中 q 为单宽流量，单位为 $m^3/(s \cdot m)$。

式(7-79)适用于 $K_E = 0.004 \sim 0.15$ 的情况；当 $K_E > 0.15$ 时，取 $\varphi = 0.95$。

(二)水下射程 L_1

水舌自断面 2—2 进入下游水流后，属于射流的潜没扩散运动，近似认为水舌从断面 2—2 起沿入水角方向直线前进，即有

$$L_1 = \frac{t_s + h_t}{\tan\beta} \tag{7-80}$$

式中：t_s 为冲刷坑的深度；β 为入水角。

入水角 β 可以通过对式(7-73)求一阶导数，并整理得

$$\frac{dy}{dx} = \frac{gx}{u_1^2\cos^2\theta} - \tan\theta$$

在水舌入水处：$x = L_0$，$\frac{dy}{dx} = \tan\beta$，将式(7-77)的 L_0 代入并整理，有

$$\tan\beta = \frac{dy}{dx} = \sqrt{\tan^2\theta + \frac{a + \frac{h_1}{2}\cos\theta - h_t}{\varphi^2(s_1 - h_1\cos\theta)\cos^2\theta}} \tag{7-81}$$

即得水下射程的计算公式

$$L_1 = \frac{t_s + h_t}{\sqrt{\tan^2\theta + \frac{a + \frac{h_1}{2}\cos\theta - h_t}{\varphi^2(s_1 - h_1\cos\theta)\cos^2\theta}}} \tag{7-82}$$

(三)总射程 L

将式(7-77)及式(7-82)代入式(7-71)，即可求出挑坎末端至冲坑最深点间的水平距离 L

$$L = L_0 + L_1$$

$$= \varphi^2\sin2\theta(s_1 - h_1\cos\theta)\left[1 + \sqrt{1 + \frac{a + \frac{h_1}{2}\cos\theta - h_t}{\varphi^2\sin^2\theta(s_1 - h_1\cos\theta)}}\right] +$$

$$\frac{t_s + h_t}{\sqrt{\tan^2\theta + \dfrac{a + \dfrac{h_1}{2}\cos\theta - h_t}{\varphi^2(s_1 - h_1\cos\theta)\cos^2\theta}}} \tag{7-83}$$

略去 h_1 后得

$$L = \varphi^2 s_1 \sin2\theta\left[1 + \sqrt{1 + \frac{a - h_t}{\varphi^2 s_1 \sin^2\theta}}\right] + \frac{t_s + h_t}{\sqrt{\tan^2\theta + \dfrac{a - h_t}{\varphi^2 s_1 \cos^2\theta}}} \tag{7-84}$$

三、冲刷坑深度的估算

由于影响因素的多样性和地质条件的复杂性，目前冲刷坑深度很难从理论上求得，而只能根据实际观测，总结一些经验公式来估算冲刷坑的深度。

(1)对于岩石河床，估算冲刷坑深度的经验公式为

$$t_s = k_s q^{0.5} z^{0.25} - h_t \tag{7-85}$$

式中：t_s 为冲刷坑深度，m；z 为上下游水位差，m；h_t 为冲刷坑后的下游水深，m；q 为落入下游水面的单宽流量，$m^3/(s \cdot m)$；k_s 为抗冲系数(Coefficient of scour for jet erosion)。

原水利电力部东北勘测设计院科学研究所分析了国内 13 个已建工程的原型观测资料，建议将岩基按其构造情况分为Ⅰ、Ⅱ、Ⅲ、Ⅳ四类，各类岩基的特征及相应的抗冲系数 k_s 值见表 7-17。

表 7-17　抗冲系数 k_s 值

岩基分类	冲刷坑部位岩基构造特征	k_s		说明
		范围	平均值	
Ⅰ(难冲)	巨块状，节理不发育，密闭	0.8～0.9	0.85	k_s 值适用范围：$30° < \beta < 70°$，β 为水舌入水角度
Ⅱ(较易冲)	大块状，节理较发育，多密闭，部分微张，稍有充填	0.9～1.2	1.10	
Ⅲ(易冲)	碎块状，节理发育，大部分微张，部分充填	1.2～1.5	1.35	
Ⅳ(很易冲)	碎块状，节理很发育，裂隙微张或张开，部分为黏土充填	1.5～2.0	1.80	

(2)对于砂卵石河床，冲刷坑深度可用下式估算

$$t_s = 2.4q\left(\frac{\eta}{\omega} - \frac{2.5}{v_t}\right)\frac{\sin\beta}{1 - 0.175\cot\beta} - 0.75h_t \tag{7-86}$$

式中：η 为反映流速脉动的某一系数值，可取 1.5～2.0；v_t 为水舌进入下游水面的流速，m/s，$v_t = \varphi\sqrt{2gz}$；β 为水舌的入水角；ω 为河床颗粒的沉速，m/s，$\omega = \sqrt{\dfrac{2(\rho_s - \rho_0)d_{90}}{1.75\rho_0}}$，其中 ρ_s 为河床颗粒的密度，ρ_0 为冲刷坑内掺气水流的密度；d_{90} 为河床颗粒级配曲线上，粒径小于它的颗粒重量占 90% 的粒径，m；其他符号含义同前。

冲刷坑向上下游发展延伸是否会危及建筑物的基础，这与冲刷坑深度及河床基岩节理裂隙、层面发育情况有关，应全面研究确定。一般可认为，当冲刷坑上游侧与挑坎末端的距离大于 2.5～5 倍冲刷坑深度即 $L_s > (2.5 \sim 5)t_s$ 时，将不影响建筑物的安全。也有

建议采用冲刷坑后坡判断，冲刷坑后坡定义为：$i_s = \frac{t_s}{L}$，当 $i_s < i_k$ 时，冲刷坑不会危及建筑物的安全，i_k 为冲刷坑许可最大后坡，$i_k = \frac{1}{4} \sim \frac{1}{3}$，规范提出重要水利工程的冲刷坑深度还要结合模型试验慎重确定。

四、挑坎型式及尺寸的选择

从上面讨论可知，对于一定的水头、流量及河床性质，为了减小冲刷坑深度，应设法减小入水单宽流量 q，增大水股在空中的分散程度和提高空中消能效率。因此，研究有效地提高消能效率的挑流布置及鼻坎型式，就成为挑流设计中的重要课题。我国水利工作者在工程实践中做了大量工作，研究了各种型式的分流挑坎，如差动齿坎、弧形散流坎等，在实际工程中早已应用；近年来还有在坝面布置高低两级挑坎以造成水股在空中上下碰撞的消能设计；还研究了左右对冲的挑流方式；闸墩采用宽尾墩以增加坝面水流的掺气，以及在泄水道中部设置掺气分流墩，在泄水道末端设窄缝挑坎等措施。

下面简略介绍目前采用较多的连续式挑坎尺寸的选择。

挑坎尺寸，包括挑坎高程、反弧半径 r_0 及挑角 θ 等。合理选取挑坎尺寸，可以在同样水力条件下得到最大的射程及较小的冲刷坑深度。

（一）挑坎高程

挑坎高程主要取决于下游水位与对出口流速的要求。若挑坎高程越低，出口断面流速越大，射程就越远；同时坝体工程量也要小一些。但若挑坎低于下游尾水位，反弧段水流就挑不出去，难以达到挑流消能的目的。因此，工程设计中常使挑坎最低高程等于或略低于下游最高尾水位。这时，由于挑流水舌仍可以自由射出，同时将水流推向下游，使挑坎下游的水位仍低于挑坎高程。

（二）反弧半径 r_0

水流在挑坎反弧段内运动时所产生的离心力将使反弧段内压强加大。反弧半径愈小，离心力愈大，挑坎内水流的压能增大，动能减小，射程也减小。因此，为保证有较好的挑流条件，反弧半径 r_0 至少应大于反弧最低点水深 h_c 的 4 倍，即 $r_0 > 4h_c$。一般多采用 $r_0 = (6 \sim 10)h_c$。资料表明，不减小挑流射程的最小反弧半径 $r_{0\min}$，可用下述的经验公式计算

$$r_{0\min} = 23 \frac{h_1}{Fr_1} \tag{7-87}$$

式中：$Fr_1 = \frac{v_1}{\sqrt{gh_1}}$，$v_1$、$h_1$ 分别为挑坎末端断面的流速及水深。上式适用于 $Fr_1 = 3.6 \sim 6$ 的情况。

（三）挑角 θ

根据自由抛射理论，当挑坎高程与下游水位同高时，挑角愈大（$\theta < 45°$），射程 L_0 愈大。但挑角增大，入水角 β 也增大，水下射程 L_1 随之减小。同时，当入水角增大后，冲刷坑深度增加。另外，随着挑角增大，起挑流量也增大。当实际通过的流量小于起挑流量

时，由于动能不足，水流挑不出去，必然会在挑坎的反弧段内形成旋滚，并沿挑坎溢流而下，在紧靠挑坎下游形成冲刷坑，从而危及建筑物的安全。所以，挑角不宜选得过大，一般宜在15°~35°之间。

【例7-9】　某水库溢流坝为单孔，坝面按WES曲线设计。坝末端设有挑角$\theta=35°$的挑坎。下泄流量$Q=450\ m^3/s$，上游水位高程为1 688.65 m，下游水位高程为1 661.96 m，下游河床高程为1 657.30 m，溢流宽度与挑坎宽度相同，即$b=30$ m，其余尺寸如图7-45所示，坝下游河床岩基属Ⅲ类。试计算下泄水流的射程和冲刷坑深度。

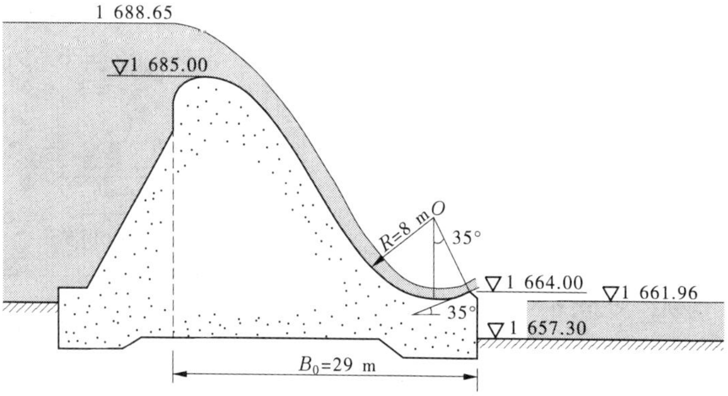

图7-45

解：根据已知数据求得：

下游水深　$h_t=1\ 661.96-1\ 657.30=4.66(m)$

坎高　$a=1\ 664.00-1\ 657.30=6.70(m)$

单宽流量　$q=\dfrac{Q}{b}=\dfrac{450}{30}=15(m^3/(s\cdot m))$

坎上堰高　$P=1\ 685-1\ 664=21.0(m)$

学海趣谈　　**会消能的"井"**

千百年来井是为生活、生产提供用水的，现在它又被开发用来为水利工程服务，称为竖井泄洪消能洞。借助在高坝坝内修建的竖井，水流在井内跌落、旋转、下泄，达到消能和泄洪的目的，因此也叫坝内竖井旋流泄洪洞，它是我国水利工作者自主创新的一种新型消能工，广泛应用于高坝建设。高坝坝内竖井旋流泄洪洞由引水道(洞)、蜗室(起旋室)、渐变段、竖井、水垫池、出水洞(原导流洞)组成。它的运行原理是：由坝前引水道引水入井，通过蜗室使水流产生旋转，在竖井形成空腔螺旋流运动，利用水流与洞壁摩擦、水气高速掺混消能，最后由出水洞进入下游消能池内。模型试验和原型监测表明：坝内竖井旋流泄洪洞可以有效解决高速水流消能、空化空蚀、雾化问题；工程运行安全而且生态环保、经济实用。

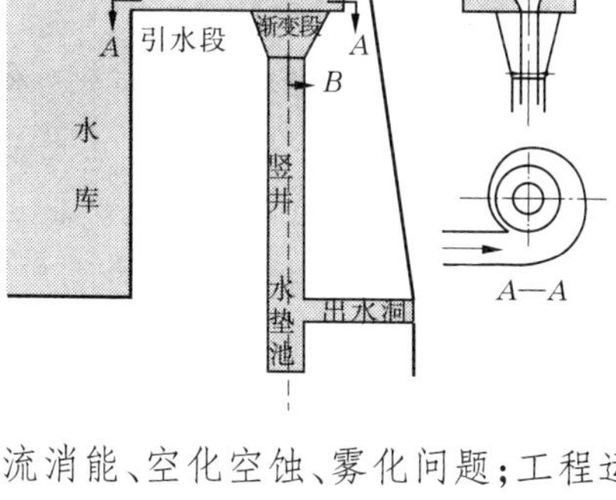

堰上水头　　$H = 1\ 688.65 - 1\ 685.0 = 3.65(\text{m})$

上下游水位差　　$z = 1\ 688.65 - 1\ 661.96 = 26.69(\text{m})$

坎上水头　　$s_1 = 1\ 688.65 - 1\ 664.00 = 24.65(\text{m})$

流速系数 φ 按式(7-79)计算

$$\varphi = \sqrt[3]{1 - \frac{0.055}{K_E^{0.5}}} = \sqrt[3]{1 - \frac{0.055}{\left(\frac{q}{\sqrt{g}s_1^{1.5}}\right)^{0.5}}} = \sqrt[3]{1 - \frac{0.055}{\left(\frac{15}{\sqrt{9.8} \times 24.65^{1.5}}\right)^{0.5}}} = 0.90$$

冲刷坑深度按式(7-85)计算，对第Ⅲ类岩基，由表7-17，选用 $k_s = 1.3$，则得

$$t_s = k_s q^{0.5} z^{0.25} - h_t = 1.3 \times 15^{0.5} \times 26.69^{0.25} - 4.66 = 6.79(\text{m})$$

将各已知值代入式(7-84)，略去坎顶水深 h_1，计算射程

$$L = \varphi^2 s_1 \sin 2\theta \left[1 + \sqrt{1 + \frac{a - h_t}{\varphi^2 s_1 \sin^2\theta}}\right] + \frac{t_s + h_t}{\sqrt{\tan^2\theta + \frac{a - h_t}{\varphi^2 s_1 \cos^2\theta}}}$$

$$= 0.90^2 \times 24.65 \times \sin 70° \left[1 + \sqrt{1 + \frac{6.70 - 4.66}{0.90^2 \times 24.65 \times \sin^2 35°}}\right] + \frac{6.79 + 4.66}{\sqrt{\tan^2 35° + \frac{6.70 - 4.66}{0.90^2 \times 24.65 \times \cos^2 35°}}}$$

$$= 40.2 + 12.8 = 53.0(\text{m})$$

习　题

一、课堂讨论题

课7-1　什么是堰流和闸孔出流？堰，闸出流的共同特点是什么？

课7-2　堰流的类型有哪些？它们各是怎样划分的？

课7-3　宽顶堰流有哪些过流特征？

课7-4　闸孔出流时是否应考虑侧收缩对过流能力的影响？为什么？

课7-5　实用堰流流量系数的影响因素主要有哪些？

课7-6　泄水建筑物下游水流的衔接形式与消能方式主要有哪几种？

课7-7　判别泄水建筑物下游水流衔接形式的目的是什么？怎样判别？

课7-8　降低护坦式消力池池深 d 与池长 L_B 设计流量确定原则是什么？如何选定？

课7-9　消力坎式消力池坎高 c 与池长 L_B 的设计流量各是怎么确定的？

课7-10　降低护坦式消力池与消力坎式消力池水力计算的方法和步骤如何？

课7-11　挑流消能的特点、适用条件及其水力计算的任务是什么？

二、基本要求题

基7-1　某一无侧收缩的矩形薄壁堰，已知上游堰高 P_1 为0.7 m，堰宽 b 为0.5 m，下

游水位不影响堰顶出流，当堰顶水头 H 为 0.4 m 时，试计算通过堰的流量。

基 7-2　有一三角形薄壁堰，顶角为 90°，当自由出流时测得过堰流量 Q 为 40 L/s，问该三角形薄壁堰的作用水头 H 为多少？

基 7-3　某河中筑有单孔 WES 曲线型实用堰，已知：筑堰处河底高程为 12.20 m，堰顶高程为 20.00 m，上游设计水位为 21.31 m，下游水位为 16.35 m，坝前河道断面近似为矩形，河宽 $B=100$ m，边墩头部为圆弧形。试求设计流量 $Q=100\ \text{m}^3/\text{s}$ 所需要的堰顶宽度 b 为多少？

基 7-4　一圆角进口的无侧收缩宽顶堰，堰高 $P_1=P_2=3.40$ m，圆角的堰头圆弧半径 r 为 0.5 m，堰上水头 H 为 0.9 m，通过堰顶流量 Q 为 22 m³/s。试求堰宽 b 及不使堰流为淹没出流的下游最大水深 h_t。

基 7-5　某灌溉进水闸为 3 孔，每孔净宽 b' 为 10 m，闸墩头部为半圆形，闸墩厚 d 为 3 m，边墩头部为圆弧形，边墩的计算厚度 Δ 为 2 m，闸前行近流速 v_0 必须考虑，闸底坎头部圆弧半径 r 为 2 m，闸底坎型式及其他参数如基 7-5 图所示。试确定相应于不同下游水位时的过闸流量：

(1) 下游水位为 17.75 m；

(2) 下游水位为 16.70 m。

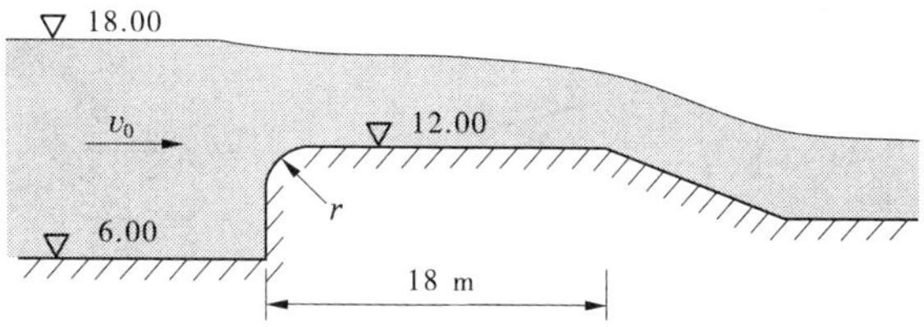

基 7-5 图

基 7-6　某渠道有一平底水闸，采用平板闸门控制，已知闸前水深 H 为 4.5 m，下游水深 h_t 为 1.5 m，闸孔宽度 B 为 5.0 m，若忽略行近流速水头，当过闸流量 Q 为 12.6 m³/s 时，试计算所需的闸门开度 e。

基 7-7　有一溢流坝，已知单宽流量 $q=9\ \text{m}^3/(\text{s}\cdot\text{m})$，坝高 $P=13$ m，上下游河床同高程。如下游水深分别为 $h_{t1}=7$ m，$h_{t2}=4.55$ m，$h_{t3}=3$ m，$h_{t4}=1$ m。坝的流量系数取 $m=0.45$，流速系数取 $\varphi=0.95$。试求：

(1) 用试算法求收缩断面水深 h_c 值，并用图解法验证试算法求得的 h_c 值。

(2) 判别在下游水深不同时，水流的衔接形式。

基 7-8　某分洪闸如基 7-8 图所示，底坎为曲线型低堰，泄洪单宽流量 $q=11\ \text{m}^3/(\text{s}\cdot\text{m})$，其他有关数据见图示。为进行方案比较，要求确定：

(1) 降低护坦式消力池的尺寸；

(2) 降低坎式消力池的尺寸。

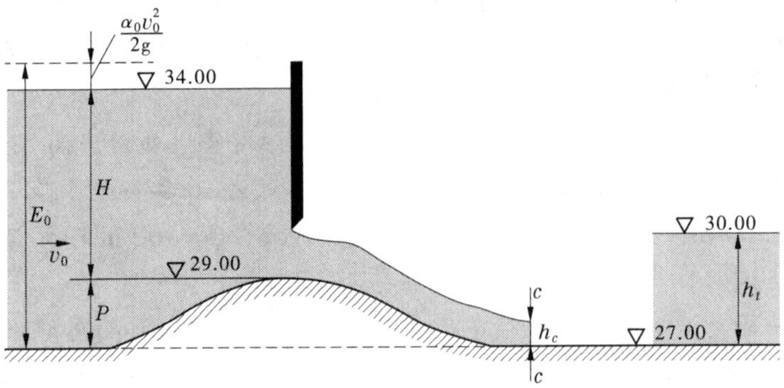

基 7-8 图

基 7-9 单孔水闸已建成消力池，如基 7-9 图所示，池长 $L_B = 16$ m，池深 $s = 1.5$ m，在图示的上下游水位时开闸放水，闸门开度 $e = 1$ m，流速系数 $\varphi = 0.9$。验算此时消力池中能否发生稍有淹没的水跃衔接。

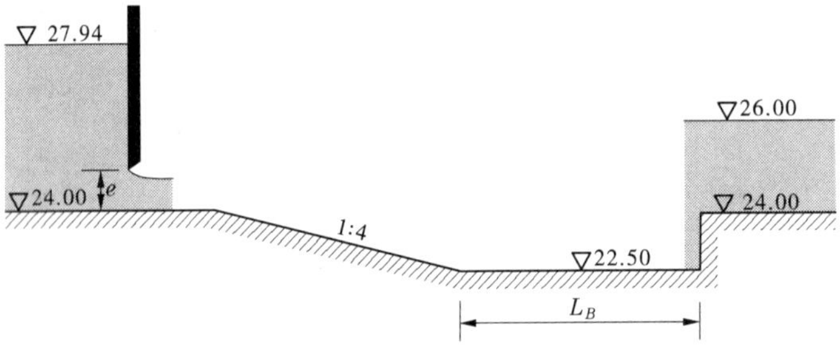

基 7-9 图

基 7-10 某水利枢纽设有一平底冲沙闸，采用弧形闸门控制，如图所示。闸孔宽 b 为 10 m，弧形闸门半径 R 为 15 m，门轴高程为 16.0 m，上游水位为 18.0 m，闸底板高程为 6.0 m，不计行近流速水头的影响，当闸孔开度 e 为 2 m，下游水位为 8.5 m 时，试计算通过闸孔的流量 Q。

基 7-11 某 5 孔溢流坝，每孔净宽 $b' = 7$ m，闸墩厚度 $d = 2$ m。坝顶高程 245 m，连续式挑坎坎顶高程 185 m，挑角 $\theta = 30°$。下游河床岩基属Ⅱ类，高程 175 m。溢流面投影长度 $B_0 = 70$ m。设计水位 251 m 时下泄流量 $Q = 1\ 583\ \mathrm{m^3/s}$，对应的下游水位 183 m。试估算挑流射程和冲刷坑深度，并检验冲刷坑是否危及大坝安全。

基 7-12 已知矩形平底明渠闸孔出流，其闸前水头为 H，行近流速为 v_0，全水头 $H_0 = H + \dfrac{\alpha v_0^2}{2g}$，闸下游渠中水深为 h_t，闸下收缩断面水深为 h_c，闸孔出流的流速系数为 φ。试证明该闸孔为自由出流的条件是

$$\frac{H_0}{h_c} \geqslant \frac{h_t}{4\varphi^2 h_c}\left(\frac{h_t}{h_c} + 1\right) + 1$$

三、加深理解题

加 7-1 某电站溢洪道拟采用曲线型实用堰。已知溢流坝上游设计水位为

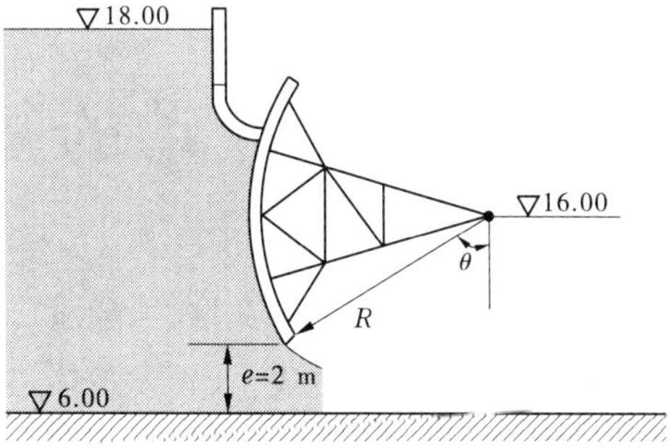

基 7-10 图

267.85 m，设计流量 $Q=6\ 840\ m^3/s$，下游水位为 210.5 m，筑坝处河底高程为 180 m。上游河道断面近似为三角形，水面宽度 $B=200$ m，已确定溢流坝做成 3 孔，每孔净宽 $b'=16$ m，闸墩头部为半圆形，边墩头部为圆弧形。要求：

(1) 设计堰的剖面形状，确定堰顶高程；

(2) 当上游水位分别是 267.0 m 及 269.0 m 时，所设计的堰剖面通过的流量各为多少（下游水位低于堰顶）？

(3) 当通过流量 $Q=6\ 000\ m^3/s$ 时，计算所需的上游水位。

加 7-2　为引水灌溉，在一缓坡河道上修坝以抬高水位。河道断面近似矩形；坝宽与河宽大致相等，$b=B=12.0$ m，坝高 $P_1=P_2=14.0$ m。当堰顶水头 $H=3.4$ m 时，坝的流量系数 $m=0.485$，流速系数 $\phi=0.95$，相应下游水深 $h_t=4.2$ m。试求此时：(1) 经堰顶下泄的单宽流量及水头；(2) 判断堰流与明渠水流的衔接形式；(3) 设计消能工：挖深式、消力坎式及综合式三方案比较。

第八章　液体三元流动的基本原理

本章将从微观角度，充分利用数学与水力的关联性，通过“阅微知著”，分析液流微团的运动特性，研究不同流动的物理本质与函数表征，建立液体三元流动的微分方程，并探讨不同积分解的适用条件。展示了无旋势流有趣的运动特性和奇妙的流动叠加求解方法。

第一节　液体质点运动的速度与加速度

大江东去，浪遏飞舟；高坝泄洪，激流堆雪。这是总流运动显示的宏大、壮美，前七章始终关注、围绕着总流的运动规律及工程应用讨论。那么流动的微观特性是什么？流动能否精细描述？微观运动特性与宏观运动规律之间的关系是什么？

水力学最常用的流动描述方法是欧拉法。通过对个别空间点微观上的分析及对流场宏观上的综合，进而获得对整个流动的认识。根据第三章的定义，在 t 时刻占据流场任一空间点 (x,y,z) 流体质点的速度矢量为

$$\boldsymbol{u} = \boldsymbol{u}(x,y,z,t) \tag{8-1}$$

其分量形式见式(3-3)，这里对式(8-1)从不同角度分析：首先，如果将空间坐标 x、y、z 视为常数，而 t 为变量，则可以得到不同时刻不同液体质点在任一固定空间点上运动要素的变化过程，这对于研究流场的演变规律是十分重要的，如图 8-1 所示；其次，如果令 t 为常量，x、y、z 为变量，则可得出同一瞬时不同空间点上正在通过的液体质点运动要素的分布情况，也就是说相当于得到了流场各种流动参数的一个“快照”，这十分有利于研究液体流场中运动要素的空间分布及其规律性，如图 8-2 所示。

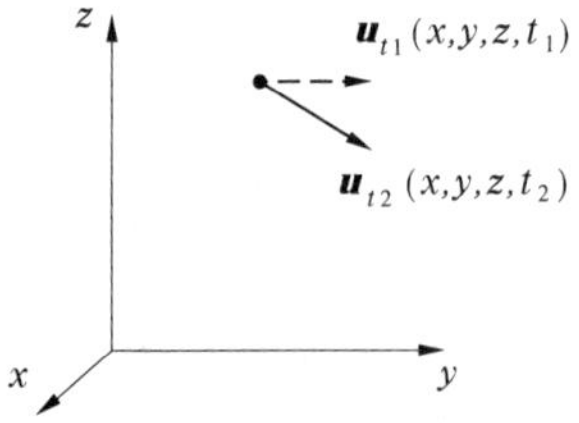

图 8-1

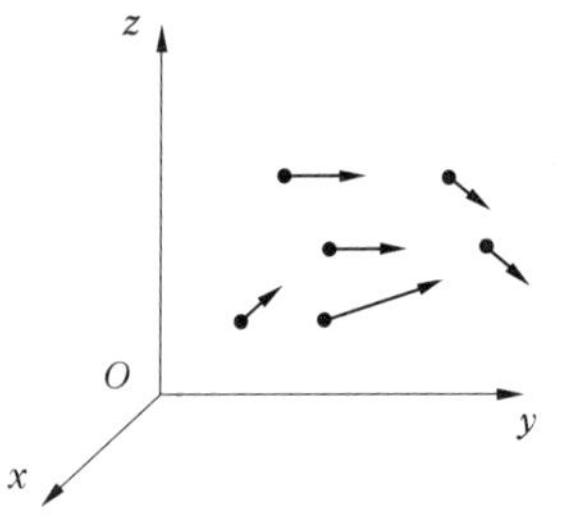

图 8-2

欧拉法把流场的运动要素和物理量都用场的形式表达，可以直接运用场论等数学工具分析加速度等水力要素。在某一时段 Δt 内，速度的增量 $\Delta\boldsymbol{u}$ 应该由位置的变化及时间

的变化两部分来描述。假设在某瞬时 t,某一质点以速度 $\boldsymbol{u}$ 通过空间点 $A(x,y,z)$,流速 $\boldsymbol{u}$ 的三个分量为 u_x、u_y 及 u_z。经过时段 Δt 后,该质点产生了位移,到达 $B(x+\Delta x,y+\Delta y,z+\Delta z)$点,其速度变为 $\boldsymbol{u}+\Delta\boldsymbol{u}$。$\Delta\boldsymbol{u}$ 为 A、B 两点间速度的变化量,由全微分的定义可得,x 方向的分速度 u_x 的全增量为

$$\Delta u_x = u_x(x+\Delta x,y+\Delta y,z+\Delta z,t+\Delta t)-u_x(x,y,z,t) = \frac{\partial u_x}{\partial x}\Delta x+\frac{\partial u_x}{\partial y}\Delta y+\frac{\partial u_x}{\partial z}\Delta z+\frac{\partial u_x}{\partial t}\Delta t$$

若加速度在 x 方向的分量用 a_x 表示,则将上式两边同除以 Δt,并对其求极限

$$a_x = \lim_{\Delta t\to 0}\frac{\Delta u_x}{\Delta t} = \lim_{\Delta t\to 0}\left(\frac{\Delta x}{\Delta t}\frac{\partial u_x}{\partial x}+\frac{\Delta y}{\Delta t}\frac{\partial u_x}{\partial y}+\frac{\Delta z}{\Delta t}\frac{\partial u_x}{\partial z}+\frac{\partial u_x}{\partial t}\right) = u_x\frac{\partial u_x}{\partial x}+u_y\frac{\partial u_x}{\partial y}+u_z\frac{\partial u_x}{\partial z}+\frac{\partial u_x}{\partial t}$$

同样,可得加速度在 y 轴、z 轴上的分量 a_y、a_z,将其一并表示为

$$\left.\begin{aligned} a_x &= u_x\frac{\partial u_x}{\partial x}+u_y\frac{\partial u_x}{\partial y}+u_z\frac{\partial u_x}{\partial z}+\frac{\partial u_x}{\partial t}\\ a_y &= u_x\frac{\partial u_y}{\partial x}+u_y\frac{\partial u_y}{\partial y}+u_z\frac{\partial u_y}{\partial z}+\frac{\partial u_y}{\partial t}\\ a_z &= u_x\frac{\partial u_z}{\partial x}+u_y\frac{\partial u_z}{\partial y}+u_z\frac{\partial u_z}{\partial z}+\frac{\partial u_z}{\partial t}\end{aligned}\right\}\tag{8-2}$$

由式(8-2)可以看出,**欧拉法中的质点加速度由两部分组成**:第一部分为等号右边前三项,表示质点位置改变而产生的加速度项,这部分加速度实际上是由流场的空间不均匀性产生的,称为**位变加速度或迁移加速度**;第二部分为等号右边第四项,表示固定空间点上随着时间的变化而产生的加速度,称为**时变加速度或当地加速度**,这部分加速度是由流场的非恒定性而产生的。两者之和构成完整的质点加速度。

从场论的方法亦可表示加速度。

其分量形式与式(8-2)相同,按照矢量点积法则进一步整理得到

$$\begin{aligned} a &= \frac{\mathrm{d}u}{\mathrm{d}t} = \frac{\partial u}{\partial x}u_x+\frac{\partial u}{\partial y}u_y+\frac{\partial u}{\partial z}u_z+\frac{\partial u}{\partial t} = \left(\frac{\partial u}{\partial x},\frac{\partial u}{\partial y},\frac{\partial u}{\partial z}\right)(u_x,u_y,u_z)+\frac{\partial u}{\partial t}\\ &= (u\cdot\nabla)u+\frac{\partial u}{\partial t}\end{aligned}\tag{8-3}$$

其中向量微分算子:$\nabla = \frac{\partial}{\partial x}\boldsymbol{i}+\frac{\partial}{\partial y}\boldsymbol{j}+\frac{\partial}{\partial \mathrm{z}}\boldsymbol{k}$,称为哈密顿(Hamilton)算子。以 x 方向的速度为例,运用向量微分算子有

$$\nabla u_x = \frac{\partial u_x}{\partial x}\boldsymbol{i}+\frac{\partial u_x}{\partial x}\boldsymbol{j}+\frac{\partial u_x}{\partial z}\boldsymbol{k} = \mathrm{grad}(u_x)$$

而按矢量点积法,则式 $a_x = u_x\frac{\partial u_x}{\partial x}+u_y\frac{\partial u_x}{\partial y}+u_z\frac{\partial u_x}{\partial z}+\frac{\partial u_x}{\partial t}$ 的前三项可以看成∇u_x 与速度矢量 $\boldsymbol{u}$ 的点积 ,即

$$a_x = (\nabla u_x)\cdot\boldsymbol{u}+\frac{\partial u_x}{\partial t}$$

同理可得

$$a_y = (\nabla u_y)\cdot \boldsymbol{u} + \frac{\partial u_y}{\partial t},\quad a_z = (\nabla u_z)\cdot \boldsymbol{u} + \frac{\partial u_z}{\partial t} \tag{8-4}$$

类似地,也可用相同的方法定义液体质点的密度、压强的导数为(此时为标量场)

$$\frac{d\rho}{dt} = (\nabla \rho)u + \frac{\partial \rho}{\partial t} = (\nabla u)\rho + \frac{\partial \rho}{\partial t} = \left(\nabla u + \frac{\partial}{\partial t}\right)\rho \tag{8-5}$$

$$\frac{dp}{dt} = (\nabla p)u + \frac{\partial p}{\partial t} = (\nabla u)p + \frac{\partial p}{\partial t} = \left(\nabla u + \frac{\partial}{\partial t}\right)p \tag{8-6}$$

在上式中可把$\frac{d}{dt} = \nabla u + \frac{\partial}{\partial t}$看做一个算子，表示求质点导数(随体导数或物质导数)；∇u 表示位变导数(迁移导数或对流导数)；$\frac{\partial}{\partial t}$表示时变导数(当地导数或局部导数)。

【例 8-1】 已知速度场 $u_x = 2t + 2x + 2y, u_y = t - y + z, u_z = t + x - z$,试求 $t = 3$ s 时,位于 $m(0.8,0.8,0.4)$处质点的加速度。

解:将 $t = 3$ s,$x = 0.8$ m,$y = 0.8$ m,$z = 0.4$ m 代入速度场方程,得

$$u_x = 2\times 3 + 2\times 0.8 + 2\times 0.8 = 9.2(\text{m/s})$$

$$u_y = 3 - 0.8 + 0.4 = 2.6(\text{m/s})$$

$$u_z = 3 + 0.8 - 0.4 = 3.4(\text{m/s})$$

由式(8-2)

$$\frac{\partial u_x}{\partial x} = \frac{\partial(2t + 2x + 2y)}{\partial x} = 2,\ \frac{\partial u_x}{\partial y} = \frac{\partial(2t + 2x + 2y)}{\partial y} = 2$$

$$\frac{\partial u_x}{\partial z} = \frac{\partial(2t + 2x + 2y)}{\partial z} = 0,\ \frac{\partial u_x}{\partial t} = \frac{\partial(2t + 2x + 2y)}{\partial t} = 2$$

$$a_x = u_x\frac{\partial u_x}{\partial x} + u_y\frac{\partial u_x}{\partial y} + u_z\frac{\partial u_x}{\partial z} + \frac{\partial u_x}{\partial t} = 9.2\times 2 + 2.6\times 2 + 2 = 25.6(\text{m/s}^2)$$

同理,$a_y = 1.8\ \text{m/s}^2, a_z = 6.8\ \text{m/s}^2$,则

$$a = \sqrt{a_x^2 + a_y^2 + a_z^2} = 26.55(\text{m/s}^2)$$

第二节　迹线、流线及其微分方程

一、迹线及其微分方程

迹线(Pathline)是**液体质点运动的轨迹线**,即某一液体质点在运动过程中,不同时刻流经的空间点所连成的线,如图 8-3 所示。它是与拉格朗日观点相对应的概念。

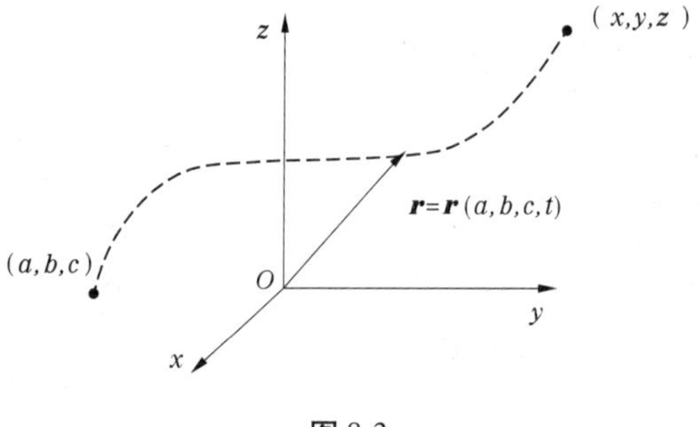

图 8-3

拉格朗日方法中位移表达式 $\boldsymbol{r} = \boldsymbol{r}(a,b,c,t)$,即是迹线的参数方程,分量形式则为

$$\left.\begin{aligned} x &= x(a,b,c,t) \\ y &= y(a,b,c,t) \\ z &= z(a,b,c,t) \end{aligned}\right\}$$

由于在进行实际流体运动分析时流场理论更为方便，因此需要得到欧拉法描述下的流体迹线方程。在求迹线时，需要注意到 x、y、z 还是时间 t 的函数。由迹线的定义可知，迹线上一个微元矢量 $\mathrm{d}\boldsymbol{r}$ 等于质点在 $\mathrm{d}t$ 时间段内所移动的位移，故有

$$\mathrm{d}\boldsymbol{r} = \boldsymbol{u}[x(t),y(t),z(t),t]\mathrm{d}t \tag{8-7}$$

$$\left.\begin{aligned} \mathrm{d}x &= u_x(a,b,c,t)\mathrm{d}t \\ \mathrm{d}y &= u_y(a,b,c,t)\mathrm{d}t \\ \mathrm{d}z &= u_z(a,b,c,t)\mathrm{d}t \end{aligned}\right\} \tag{8-8}$$

也可写成

$$\frac{\mathrm{d}x}{u_x[x(t),y(t),z(t)]} = \frac{\mathrm{d}y}{u_y[x(t),y(t),z(t)]} = \frac{\mathrm{d}z}{u_z[x(t),y(t),z(t)]} = \mathrm{d}t \tag{8-9}$$

式(8-8)或式(8-9)即为欧拉法表达的迹线微分方程。式中 x、y、z 是处在迹线上的空间坐标，且均为时间 t 的函数，而时间 t 则是以自变量的形式出现的。若给定初始时刻质点的空间坐标，即可积分得到随时间变化的液体运动的轨迹。

二、流线及其微分方程

基于前述关于流速的数学表述，进一步讨论流场流线。根据流线(Streamline)的定义，它上面**所有液体质点的流速矢量都与流线相切**，如图 8-4 所示。由此可得到流线的微分方程：设 $\mathrm{d}\boldsymbol{s}$ 为流线的矢量，$\boldsymbol{u}$ 为质点在该微元处的流速，因两者平行，在数学上应满足两矢量的矢量积为零，即

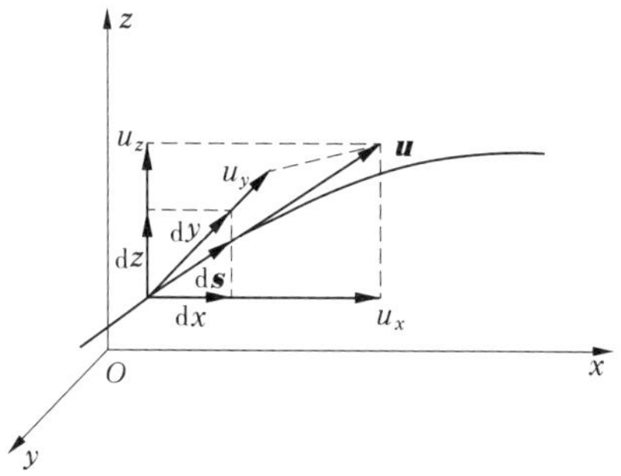

图 8-4

$$\mathrm{d}\boldsymbol{s} \times \boldsymbol{u} = 0$$

在直角坐标系中即

$$\begin{vmatrix} i & j & k \\ \mathrm{d}x & \mathrm{d}y & \mathrm{d}z \\ u_x & u_y & u_z \end{vmatrix} = 0$$

式中：i、j、k 分别是 x、y、z 方向的单位矢量。

展开后即得到流线的微分方程

$$\frac{\mathrm{d}x}{u_x} = \frac{\mathrm{d}y}{u_y} = \frac{\mathrm{d}z}{u_z} \tag{8-10}$$

流速分量 u_x、u_y、u_z 是坐标 x、y、z 与时间 t 的函数，这里 t 是以参数形式出现的。非恒定流时，因流场中各点的流速矢量随时间变化，因此流线在不同时刻有不同的形状；反之，恒定流的流线形状与位置不随时间改变。另外，由流线的微元矢量 $\mathrm{d}\boldsymbol{s} = (\mathrm{d}x,\mathrm{d}y,\mathrm{d}z)$ 与该点处的流速矢量 $\boldsymbol{u} = (u_x,u_y,u_z)$ 平行，依据两矢量平行的充要条件是向量投影对应坐标成比例，也可以得到流线的微分方程(8-10)。

需要指出的是,在形式上液体流线方程(8-10)与迹线方程(8-9)非常相似,但要分清这是两个不能混淆的概念。首先,从它们所代表的物理意义看:**迹线是同一液体质点在不同时刻的位移曲线,而流线是同一时刻、不同液体质点速度矢量与之相切的曲线**,是观察区域流动状态的一个“快照”。**即使在恒定流中,流线不随时间变化,流线上的质点将继续沿流线运动,此时流线和迹线在几何上是重合的,但它们仍是两个不同的概念**。其次,从方程中时间 t 的作用角度看:在流线方程(8-10)中,时间 t 是以参变量的形式出现的,积分求流线方程时作为常数。在积分后的流线方程中,当给定时间 t 的值后,所得方程就代表该瞬时流场中的流线(或流线族)。而在迹线方程(8-9)中,时间则是以自变量形式出现的,连续的时间变化构成了某一液体质点在空间中运动的一条轨迹。在迹线的最终方程中,坐标 x、y、z 都直接是时间 t 的函数;随着 t 的变化,相应得到的空间点坐标(x、y、z)的连线才构成一条迹线。

【例 8-2】 已知流场中质点的速度为 $u_x = x + 2t$, $u_y = -y + t$, $u_z = 0$,试求当 $t = 0$ 时,过点(1,1)的加速度、流线与迹线方程。

解:(1)由加速度的表达式

$$\left.\begin{aligned} a_x &= u_x \frac{\partial u_x}{\partial x} + u_y \frac{\partial u_x}{\partial y} + u_z \frac{\partial u_x}{\partial z} + \frac{\partial u_x}{\partial t} = x + 2t + 2 \\ a_y &= u_x \frac{\partial u_y}{\partial x} + u_y \frac{\partial u_y}{\partial y} + u_z \frac{\partial u_y}{\partial z} + \frac{\partial u_y}{\partial t} = y - t + 1 \end{aligned}\right\}$$

把 $t=0$, $(x,y)=(1,1)$ 代入得

$$\left.\begin{aligned} a_x &= 3 \\ a_y &= 2 \end{aligned}\right\}$$

进而得到 $a = \sqrt{a_x^2 + a_y^2} = \sqrt{13}$。

(2)流线方程可由流线微分方程积分而得,该流场的流线方程为

$$\frac{dx}{u_x[x(t),y(t),z(t),t]} = \frac{dy}{u_y[x(t),y(t),z(t),t]}$$

把 $u_x = x + 2t$, $u_y = -y + t$ 代入得

$$\frac{dx}{x + 2t} = \frac{dy}{-y + t}$$

积分得

$$(x + 2t)(y - t) = C$$

把 $t=0$,$(x,y)=(1,1)$ 代入得 $C=1$。

即 $t=0$ 时,过点(1,1)的流线方程为双曲线方程

$$xy = 1$$

(3)迹线微分方程

$$\frac{dx}{u_x[x(t),y(t),z(t),t]} = \frac{dy}{u_y[x(t),y(t),z(t),t]} = dt$$

把 $u_x = x + 2t$, $u_y = -y + t$ 代入得

$$\frac{dx}{x + 2t} = \frac{dy}{-y + t} = dt$$

即

$$\left.\begin{aligned}\frac{dx}{dt} &= x + 2t\\ \frac{dy}{dt} &= -y + t\end{aligned}\right\}$$

积分得

$$\left.\begin{aligned}x &= C_1e^{t} - 2t - 2\\ y &= C_2c^{-t} + t - 1\end{aligned}\right\}$$

把 $t=0,(x,y)=(1,1)$ 代入得

$$C_1 = 3,\quad C_2 = 2$$

于是当 $t=0$ 时,过点(1,1)的质点的迹线方程为

$$\left.\begin{aligned}x &= 3e^{t} - 2t - 2\\ y &= 2e^{-t} + t - 1\end{aligned}\right\}$$

可以看出,当 u_x、u_y 都是时间 t 的函数时,流动为非恒定的,此时流线与迹线不重合。

第三节　液体微团运动的基本形式

就像一滴水与大海的关系一样,任何流场都是由无限多个液体微团组成的,分析单个液体微团的运动形式是研究认识整个流场特性的基础。液体的流动虽然复杂,但取一微元体进行分析,就可以看出流体运动的无穷奥妙,得出一些经典的运动规律。

由理论力学知,刚体运动一般可以分解为平移和转动两种基本形式。流体是极易变形的连续介质,因其自身的流动性,任一液体微团在运动过程中不但与刚体一样有平移和转动,还会发生变形(线变形和角变形)运动。这些不同的运动形式都与微团的运动速度和作用力有关。对液体微团运动的分析,可以进一步认识流场特点,也是推导流体运动微分方程的基础。

设想在流场中任取一大小为 dx、dy、dz 的微小正交六面体代表液体微团,如图 8-5 所示。为便于说明,先考察简单的二维平面流动情况,以微团在 xOy 平面的投影 $ABCD$ 作为分析对象,如图 8-6 所示该微小矩形的边长为 dx、dy。假定 $A(x,y)$ 的速度分量为 u_x、u_y,而相邻 B、C、D 点的流速可依据 A 点的流速用泰勒公式展开并取一阶近似计算。参见图 8-6标识的各角点处在 x、y 方向的流速分量,可以看出矩形各顶点处流速的不同。

由于矩形各顶点的速度在 x、y 方向均存在差异,导致整个微团可能发生平移、变形、旋转等运动,下面逐一说明。

(1)**平移速度**:u_x、u_y、u_z。

如图 8-7 所示,设微团基点(点 A)具有速度 u_x、u_y,若微团只随基点平移,则微团上各点的速度均为 u_x、u_y。经过 dt 时间后,各角质点相应地向右移动 $u_x dt$ 距离,向上移动 $u_y dt$ 距离,平移到 $A'B'C'D'$ 位置。其特点是微团在运动过程中的形状、大小和方位都保持不变。u_x、u_y 称为平移速度。同理,对于空间流场,u_x、u_y、u_z 称为平移速度。

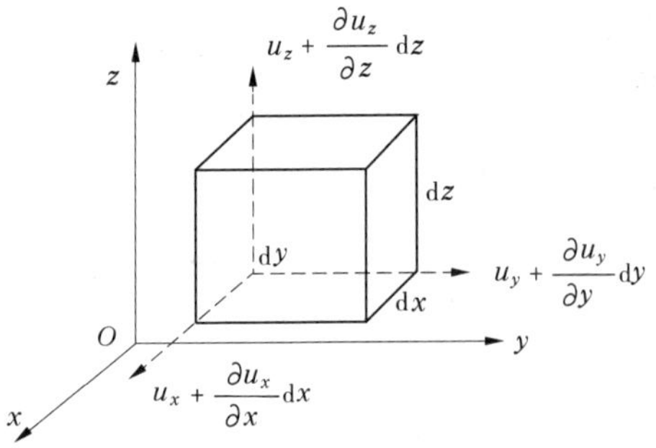

图 8-5

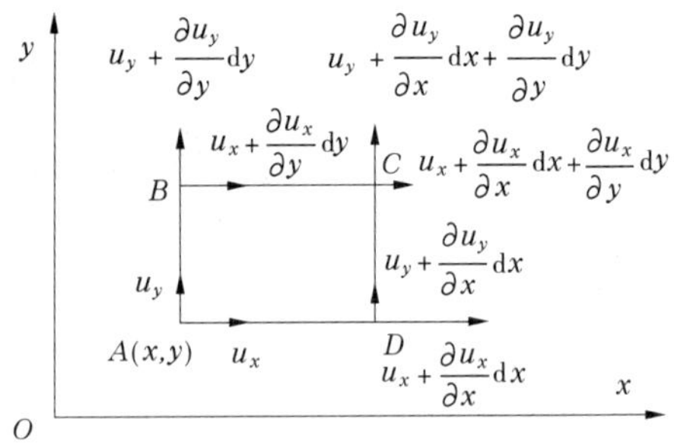

图 8-6

(2)**线变形速度**：ε_{xx}、ε_{yy}、ε_{zz}。

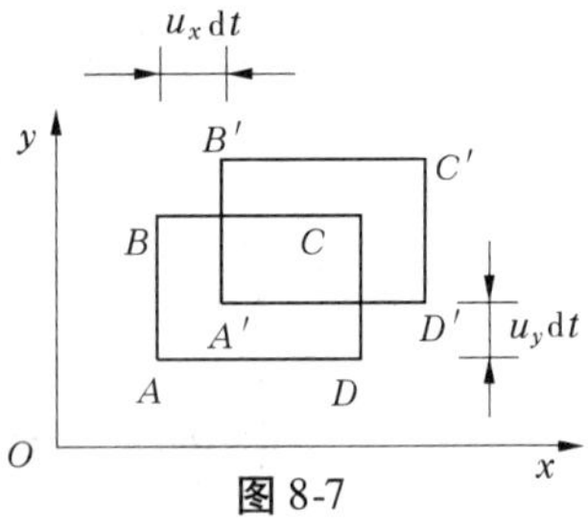

图 8-7

液体微团在实际流动过程中，不可能像刚体一样各点在各个方向上都具有一致的运动速度。以 x 方向的运动为例，实际的情况可能是：微团上 A 点和 D 点在 x 方向的速度不同（见图 8-8），由于 D 点较 A 点在 x 方向的速度快（或慢）$\frac{\partial u_x}{\partial x}dx$，因此在 dt 时间后，两点沿 x 方向的位移量开始产生差别，即 AD 边长将伸长（或减少）$(u_x+\frac{\partial u_x}{\partial x}dx)dt-u_x dt=\frac{\partial u_x}{\partial x}dxdt$，现将这一位移差别定义为 x 方向的线变形。而单位时间、单位长度的线变形定义为线变形速度。若 x 方向的线变形速度用 ε_{xx} 表示，则

$$\varepsilon_{xx}=\frac{\partial u_x}{\partial x}dxdt/(dxdt)=\frac{\partial u_x}{\partial x}=\frac{1}{2}\left(\frac{\partial u_x}{\partial x}+\frac{\partial u_x}{\partial x}\right) \tag{8-11a}$$

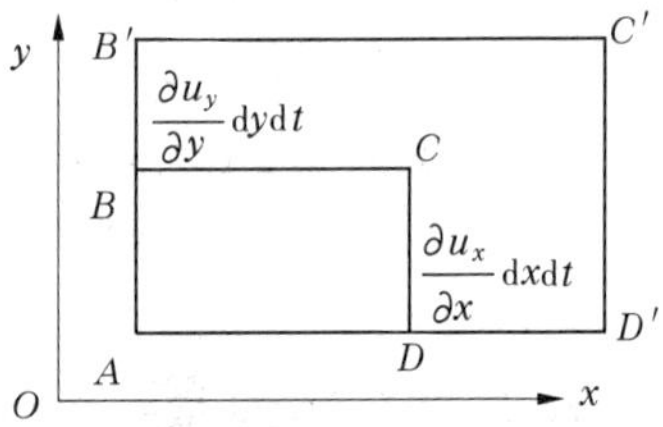

图 8-8

同理 y、z 方向的线变形速度分别为

$$\varepsilon_{yy}=\frac{\partial u_y}{\partial y}dydt/(dydt)=\frac{\partial u_y}{\partial y}=\frac{1}{2}\left(\frac{\partial u_y}{\partial y}+\frac{\partial u_y}{\partial y}\right) \tag{8-11b}$$

$$\varepsilon_{zz}=\frac{\partial u_z}{\partial z}dzdt/(dzdt)=\frac{\partial u_z}{\partial z}=\frac{1}{2}\left(\frac{\partial u_z}{\partial z}+\frac{\partial u_z}{\partial z}\right) \tag{8-11c}$$

(3)**角变形速度**：ε_{xy}、ε_{yz}、ε_{zx}。

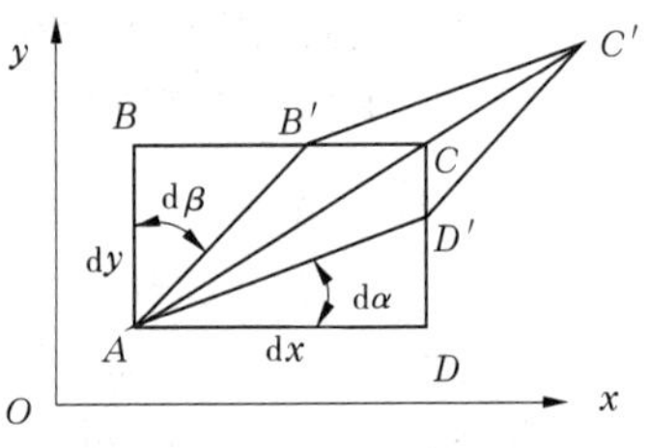

图 8-9

微团上 A 点和 D 点除在 x 方向的速度不同外，还可能在 y 方向存在速度差异（见图 8-9）。由于 D 点较 A 点在 y 方向的速度快（或慢）$\frac{\partial u_y}{\partial x}dx$，因此在 dt 时间后，A、D 两点在 y 方向的位移差为 $\left[\left(u_y+\frac{\partial u_y}{\partial x}dx\right)-u_y\right]dt=\frac{\partial u_y}{\partial x}dxdt$，$AD$ 边将发生偏转，偏转角度为 $d\alpha$，由几何关系可知

$$d\alpha \approx \tan d\alpha = \frac{DD'}{AD} = \frac{\frac{\partial u_y}{\partial x}dxdt}{dx} = \frac{\partial u_y}{\partial x}dt \tag{8-12a}$$

同理 AB 边也发生偏转，偏转角度为 $d\beta$

$$d\beta \approx \tan d\beta = \frac{BB'}{AB} = \frac{\frac{\partial u_x}{\partial y}dydt}{dy} = \frac{\partial u_x}{\partial y}dt \tag{8-12b}$$

因此 $\angle BAD$ 的变化量为

$$\Delta\angle BAD = (d\alpha + d\beta) = \frac{\partial u_y}{\partial x}dt + \frac{\partial u_x}{\partial y}dt = \left(\frac{\partial u_y}{\partial x} + \frac{\partial u_x}{\partial y}\right)dt$$

而单位时间内 $\angle BAD$ 的变化速度为

$$\frac{\Delta\angle BAD}{dt} = \frac{\partial u_y}{\partial x} + \frac{\partial u_x}{\partial y} \tag{8-13}$$

实际上，由式(8-13)可知，单位时间$\angle BAD$变化量的一半相当于 BA 及 DA 边的转角，将其定义为角变形速度，并用 ε_{xy} 表示。同理，$\varepsilon_{yz} = \frac{1}{2}\left(\frac{\partial u_y}{\partial z} + \frac{\partial u_z}{\partial y}\right)$、$\varepsilon_{zx} = \frac{1}{2}\left(\frac{\partial u_z}{\partial x} + \frac{\partial u_x}{\partial z}\right)$分别表示微团在 yOz、zOx 平面上的角变形速度。

(4)**旋转角速度** ω_x、ω_y、ω_z 。

在图 8-9 中，如果微团 AB、AD 边偏转的方向相反，转角相等，即 $d\alpha = d\beta$，则变形前后的角平分线 AC 及 AC' 与 x 轴夹角并未变化，此时微团仅发生角变形运动，并没有旋转。

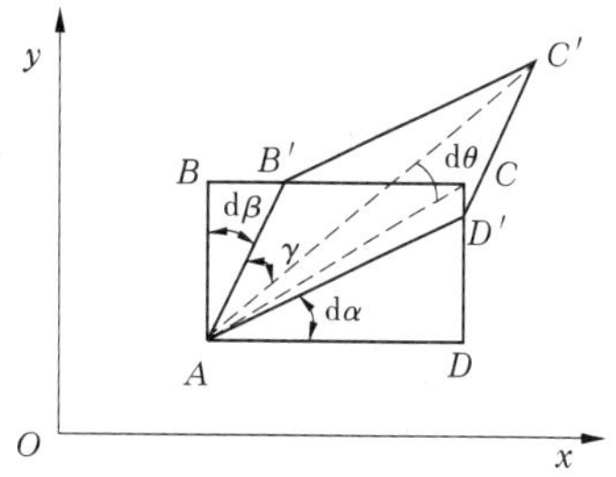

图 8-10

如图 8-10 所示，若偏转角不等，即 $d\alpha \neq d\beta$，变形前后角平分线 AC 、AC' 的指向将发生变化，实际上表明该微团整体上产生了旋转运动。也就是说，若在液体微团中任取一直线，经过 dt 时间后，该直线与 x 轴的夹角将发生变化，产生旋转角度。若规定旋转角度逆时针为正，顺时针为负，对角线 AC 转动的角度为 $d\theta$，则由几何关系可以得到

$$\left.\begin{aligned}\angle C'AD &= \angle C'AC + \angle CAD = d\theta + 45^\circ \\ \angle C'AD &= \angle C'AD' + \angle D'AD = \gamma + d\alpha\end{aligned}\right\} \Rightarrow d\theta = \gamma + d\alpha - 45^\circ$$

又因为

$$2\gamma + d\alpha + d\beta = 90^\circ$$

从而

$$d\theta = \frac{1}{2}[90^\circ - (d\alpha + d\beta)] + d\alpha - 45^\circ = \frac{1}{2}(d\alpha - d\beta)$$

将式(8-12a)、式(8-12b)代入上式得到

$$d\theta = \frac{1}{2}\left(\frac{\partial u_y}{\partial x} - \frac{\partial u_x}{\partial y}\right)dt = \omega_z dt$$

其旋转角速度即为

$$\frac{\mathrm{d}\theta}{\mathrm{d}t}=\frac{1}{2}\left(\frac{\partial u_y}{\partial x}-\frac{\partial u_x}{\partial y}\right)=\omega_z \tag{8-14}$$

由式(8-14)可知，ω_z 的物理意义实际上即为微团绕平行于 Oz 且过 A 点的坐标轴的旋转角速度。同理，$\omega_x=\frac{1}{2}\left(\frac{\partial u_z}{\partial y}-\frac{\partial u_y}{\partial z}\right)$、$\omega_y=\frac{1}{2}\left(\frac{\partial u_x}{\partial z}-\frac{\partial u_z}{\partial x}\right)$ 分别是微团绕平行于 Ox、Oy 轴的旋转角速度。

通过本节对液体运动形式的分析可以看出，液体微团的运动虽然复杂，但总可以分解为**四种基本运动形式**，即

平移运动：平移速度为 u_x、u_y、u_z；

线变形运动：线变形速度为 ε_{xx}、ε_{yy}、ε_{zz}；

角变形运动：角变形速度为 ε_{xy}、ε_{yz}、ε_{zx}；

旋转运动：旋转角速度为 ω_x、ω_y、ω_z。

在上述四种基本运动形式中，线变形和角变形是液体相对于刚体所特有的运动形式。而旋转运动更为特殊：一方面，虽然液体和刚体都具有旋转运动，但两者有着显著的不同，刚体所做的旋转运动是整体完全一致的，而液体的旋转运动在同一流场中则存在不同的强度和尺度；另一方面，液体旋转运动还是能量输移传递及流场运动状态改变的重要原因。

液体的运动形式都与流速有关：平移是由流速产生的，而变形和旋转是由流速的变化产生的。如果把流速分量在其分量方向的变化率称为同向流速梯度，在与其分量垂直方向的变化率称为异向流速梯度，可以看到只有同向流速梯度才引起液体的线变形，只有异向流速梯度才造成液体的角变形与旋转，这正是液体运动机理的数学物理本质。

【例 8-3】 已知某液体平面流动流速场为：$u=\frac{cx}{x^2+y^2}$，$v=\frac{cy}{x^2+y^2}$，试对此流动进行分析：

(1)有无线变形？

(2)有无角变形？

(3)有无旋转？

解：将 x、y、z 方向速度代入公式，首先得到

$$\frac{\partial u}{\partial x}=\frac{c(y^2-x^2)}{(x^2+y^2)^2},\ \frac{\partial u}{\partial y}=\frac{-2cxy}{(x^2+y^2)^2},\ \frac{\partial v}{\partial x}=\frac{-2cxy}{(x^2+y^2)^2},\ \frac{\partial v}{\partial y}=\frac{c(x^2-y^2)}{(x^2+y^2)^2}$$

根据液体微团线变形公式，将上面相应项代入，得到

$$\varepsilon_{xx}=\frac{\partial u}{\partial x}=\frac{c(y^2-x^2)}{(x^2+y^2)^2}\neq 0,\ \varepsilon_{yy}=\frac{\partial v}{\partial y}=\frac{c(x^2-y^2)}{(x^2+y^2)^2}\neq 0\ \text{(原点除外)}$$

因此，该液体运动存在线变形。

代入角变形公式有

$$\varepsilon_{xy}=\frac{1}{2}\left(\frac{\partial u_y}{\partial x}+\frac{\partial u_x}{\partial y}\right)=\frac{1}{2}\left[\frac{-2cxy}{(x^2+y^2)^2}+\frac{-2cxy}{(x^2+y^2)^2}\right]=\frac{-2cxy}{(x^2+y^2)^2}\neq 0$$

因此，该液体运动存在角变形。

代入微团旋转速度公式，由于本流动是平面流动，因此只需验证 ω_z 即可

$$\omega_z=\frac{1}{2}\left(\frac{\partial u_y}{\partial x}-\frac{\partial u_x}{\partial y}\right)=\frac{1}{2}\left[\frac{-2cxy}{(x^2+y^2)^2}-\frac{-2cxy}{(x^2+y^2)^2}\right]=0$$

因此,该液体运动不存在旋转运动。

第四节　有旋流与势流

河流中行船尾部的翻滚浪花,洗衣机里搅拌衣物的旋转水流,这些是可用肉眼观察到的液体宏观旋转现象。液体的旋转运动具有很宽的尺度范围,从宏观的旋涡到微观的涡体,以不同的方式存在。液体旋转运动虽然复杂,但其发生与否以及运动强弱,却完全可以由液体旋转角速度进行判别与度量。由液体微团的运动分析可知,**若液体微团旋转角速度的所有分量均为零,则称这种流动为无旋流动**(或称势流)。**反之,则称为有旋流动**(或称有涡流动)。自然界中大多数流动均为有旋流动,如河流桥墩两侧随流依次脱落的旋涡,泄洪洞上游泄水时水面游移的漏斗状涡陷,大气中横扫一切的龙卷风等。将液体流动做这样的区分非常重要:首先,这一概念可以对具有不同运动规律的液流选择有针对性的处理方法(类似层流和紊流的划分);其次,无旋流动下的运动方程求解可以大为简化;再次,在旋转运动可以忽略的情况下,还可以利用势流理论解决实际流动问题。

根据定义,对于空间流动而言,无旋流动必然满足下式

$$\left.\begin{aligned}\omega_x &= \frac{1}{2}\left(\frac{\partial u_z}{\partial y}-\frac{\partial u_y}{\partial z}\right)=0\\ \omega_y &= \frac{1}{2}\left(\frac{\partial u_x}{\partial z}-\frac{\partial u_z}{\partial x}\right)=0\\ \omega_z &= \frac{1}{2}\left(\frac{\partial u_y}{\partial x}-\frac{\partial u_x}{\partial y}\right)=0\end{aligned}\right\}\Rightarrow\left.\begin{aligned}\frac{\partial u_z}{\partial y}&=\frac{\partial u_y}{\partial z}\\ \frac{\partial u_x}{\partial z}&=\frac{\partial u_z}{\partial x}\\ \frac{\partial u_y}{\partial x}&=\frac{\partial u_x}{\partial y}\end{aligned}\right\} \tag{8-15}$$

式(8-15)即为**无旋流(势流)的判别准则**,实际上相当于满足该液体流场的旋度为零的条件(也就是说式(8-15)在数学上就是旋度为零的充要条件)。用矢量形式表示为

$$\boldsymbol{\Omega}=(\omega_x,\omega_y,\omega_z)=\frac{1}{2}rot\boldsymbol{u}=\frac{1}{2}\nabla\times\boldsymbol{u}=0 \tag{8-16}$$

由高等数学知识可知,式(8-15)实际上是 $u_x\mathrm{d}x+u_y\mathrm{d}y+u_z\mathrm{d}z$ 成为某函数 $\varphi(x,y,z)$ 的全微分的充要条件,故无旋流动必存在一个数量场 $\varphi(x,y,z)$,它与流速场之间满足如下关系

$$\mathrm{d}\varphi(x,y,z)=u_x\mathrm{d}x+u_y\mathrm{d}y+u_z\mathrm{d}z$$

即

$$u_x=\frac{\partial\varphi(x,y,z)}{\partial x},\quad u_y=\frac{\partial\varphi(x,y,z)}{\partial y},\quad u_z=\frac{\partial\varphi(x,y,z)}{\partial z} \tag{8-17}$$

式(8-17)中函数 $\varphi(x,y,z)$ 称为速度场的流速势函数,简称流速势。而满足式(8-17)的液体流动即为有势流动。从这一意义上可知,有势流动与无旋(无涡)流动是等价的。相反地,如果流体微团在运动中存在旋转,即 ω_x、ω_y、ω_z 三者之中至少有一个不为零,则使得式(8-17)成立的流速势函数 φ 不存在,这样的流动称为有旋流动,用公式表达即为

$$\boldsymbol{\Omega}=(\omega_x,\omega_y,\omega_z)=\frac{1}{2}rot\boldsymbol{u}=\frac{1}{2}\nabla\times\boldsymbol{u}\neq 0 \tag{8-18}$$

有必要再次强调,有势流动与有旋流动的判别仅在于液体流速场的旋度是否为零,而与液体流动是否为恒定流、均匀流以及流动迹线是直线还是曲线无关。如在图 8-11 中,

流体微团运动的轨迹线是一封闭的曲线,但对于绕曲线运动的各微团而言,其自身并未发生绕微团任意轴的旋转运动,因此该运动是无旋的;而在图 8-12 中,虽然液体整体上的行进轨迹为直线,但液体微团自身却是绕自身某一轴线的旋转运动,因此该运动为有旋运动。正是由于这些原因,对液体运动是无旋或有旋的判断不能只凭对宏观现象的直觉判断,而应该应用上述定义,对流场进行严格的数学判断。

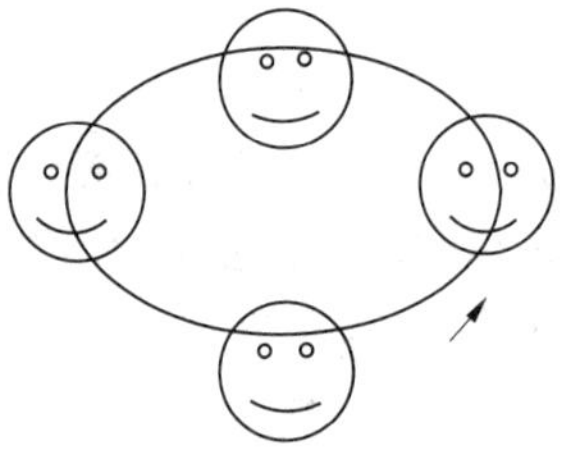

图 8-11

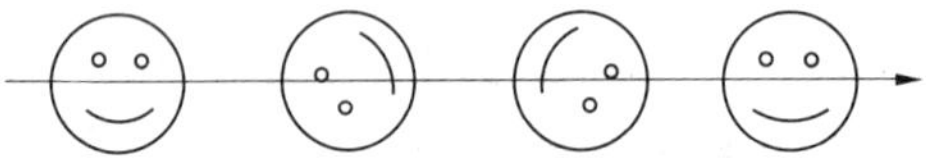

图 8-12

【例 8-4】 已知流动的流速场分布为 $u_x = y\cos(xy) + 2x + ye^z$,$u_y = x\cos(xy) + xe^z$,$u_z = xye^z + \frac{1}{z}$,假设此流动存在,试判断该流动是有势流动还是有旋流动?

解:根据有势流动及有旋流动的定义,由流速场计算流体微团旋转角速度的三个分量分别为

$$\omega_x = \frac{1}{2}\left(\frac{\partial u_z}{\partial y} - \frac{\partial u_y}{\partial z}\right) = \frac{1}{2}(e^z x - e^z x) = 0$$

$$\omega_y = \frac{1}{2}\left(\frac{\partial u_x}{\partial z} - \frac{\partial u_z}{\partial x}\right) = \frac{1}{2}(e^z y - e^z y) = 0$$

$$\omega_z = \frac{1}{2}\left(\frac{\partial u_y}{\partial x} - \frac{\partial u_x}{\partial y}\right) = \frac{1}{2}\{[\cos(xy) - xy\sin(xy)e^z] - [\cos(xy) - xy\sin(xy) + e^z]\} = 0$$

由于液体微团旋转角速度恒为零,所以此流动为无旋流动,即势流。

第五节　液体质点运动的连续性方程

物质做机械运动时,质量必然保持守恒性,这是自然界的基本规律之一,液体自然也必须满足这一守恒关系。由于液体运动方式的特殊性,需要建立能够反映其运动特征的质量守恒方程形式,这就是本节要推导的液体质点运动的连续性微分方程。

本书第三章中恒定一元总流的连续性方程实际上是积分形式。而作为普适规律,连续性方程应是建立在空间微小控制体上的微分方程才具有更普遍的指导意义。推导三维连续性微分方程的思路实际上非常简单:在流场中划定一个空间区域(也称控制体),令在给定时间内流入和流出该区域的液体质量差等于该区域内液体质量的变化即可,显然这也是质量守恒定律最直观的表述。

如图 8-13 所示,在流场中取微小直角六面体空间为控制体,与坐标轴平行的三个边长分别为 dx、dy、dz。控制体是流场选定的固定观察空间,其形状、位置等都不发生变化,作为液体流动的空间背景。

以 x 方向的流动为例，取与 x 方向垂直的两个面，液体从 $ABCD$ 面流入微元体，流入的质量由该表面的速度分量 u_x 产生，$\mathrm{d}t$ 时间内通过该面流入的质量为 $\rho u_x \mathrm{d}y\mathrm{d}z\mathrm{d}t$。因 ρu_x 沿 x 方向的变化率为 $\dfrac{\partial(\rho u_x)}{\partial x}$，故经过 $\mathrm{d}x$ 距离的增量为 $\dfrac{\partial(\rho u_x)}{\partial x}\mathrm{d}x$，于是 $\mathrm{d}t$ 时间内流出 $A'B'C'D'$ 面的质量为 $\left[\rho u_x + \dfrac{\partial(\rho u_x)}{\partial x}\mathrm{d}x\right]\mathrm{d}y\mathrm{d}z\mathrm{d}t$，因此 $\mathrm{d}t$ 时间内沿 x 方向通过控制体的净入流质量为

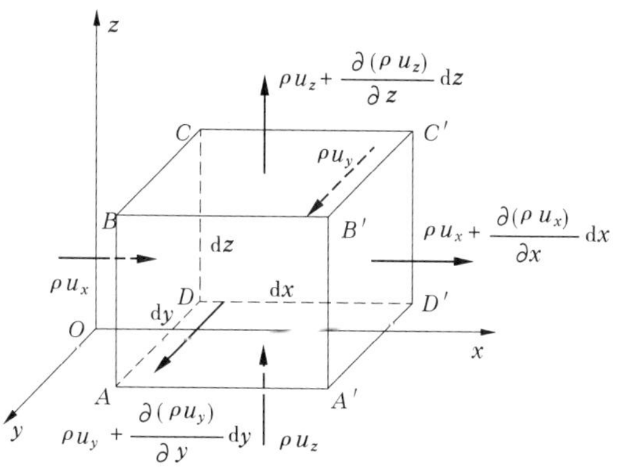

图 8-13

$$\Delta M_x = \rho u_x \mathrm{d}y\mathrm{d}z\mathrm{d}t - \left[\rho u_x + \frac{\partial(\rho u_x)}{\partial x}\mathrm{d}x\right]\mathrm{d}y\mathrm{d}z\mathrm{d}t = -\frac{\partial(\rho u_x)}{\partial x}\mathrm{d}x\mathrm{d}y\mathrm{d}z\mathrm{d}t \tag{8-19a}$$

同理，y、z 方向的净流入质量为

$$\Delta M_y = -\frac{\partial(\rho u_y)}{\partial y}\mathrm{d}x\mathrm{d}y\mathrm{d}z\mathrm{d}t \tag{8-19b}$$

$$\Delta M_z = -\frac{\partial(\rho u_z)}{\partial z}\mathrm{d}x\mathrm{d}y\mathrm{d}z\mathrm{d}t \tag{8-19c}$$

故在 $\mathrm{d}t$ 时间内控制体的总净流入质量为

$$\Delta M_x + \Delta M_y + \Delta M_z = \left[-\frac{\partial(\rho u_x)}{\partial x} - \frac{\partial(\rho u_y)}{\partial y} - \frac{\partial(\rho u_z)}{\partial z}\right]\mathrm{d}x\mathrm{d}y\mathrm{d}z\mathrm{d}t \tag{8-20}$$

根据质量守恒原理，$\mathrm{d}t$ 时间内控制体的总净流入质量必等于控制体内由于密度变化而增加的质量，即

$$\left[-\frac{\partial(\rho u_x)}{\partial x} - \frac{\partial(\rho u_y)}{\partial y} - \frac{\partial(\rho u_z)}{\partial z}\right]\mathrm{d}x\mathrm{d}y\mathrm{d}z\mathrm{d}t = \left(\rho + \frac{\partial\rho}{\partial t}\mathrm{d}t - \rho\right)\mathrm{d}x\mathrm{d}y\mathrm{d}z \tag{8-21}$$

化简得

$$\frac{\partial\rho}{\partial t} + \frac{\partial(\rho u_x)}{\partial x} + \frac{\partial(\rho u_y)}{\partial y} + \frac{\partial(\rho u_z)}{\partial z} = 0 \tag{8-22}$$

也可写做

$$\frac{\partial\rho}{\partial t} + div(\rho \boldsymbol{u}) = 0 \tag{8-23}$$

其中 div 表示向量场的散度，如速度矢量 $\boldsymbol{u}$ 的散度可写做

$$div\boldsymbol{u} = \frac{\partial u_x}{\partial x} + \frac{\partial u_y}{\partial y} + \frac{\partial u_z}{\partial z}$$

式(8-22)或式(8-23)即为连续性微分方程，这一方程是 1755 年由欧拉首先建立的。需要指出的是，在方程的推导过程中并未对流体的恒定性、压缩性等进行假定或限定，因此得到的连续性微分方程是普遍适用于一般流体流动的连续性方程。

在实际应用过程中，针对流体本身的性质或流动特征将连续性微分方程进一步化简，往往可以使实际计算得到较大简化，便于工程应用。例如，对于均质不可压缩流体，由于密度不随时间变化，即 $\rho = C$，式(8-22)中密度的时变项为零，该式即可化简为

$$\frac{\partial u_x}{\partial x} + \frac{\partial u_y}{\partial y} + \frac{\partial u_z}{\partial z} = 0 \quad 或 \quad div\boldsymbol{u} = 0 \tag{8-24}$$

仔细观察式(8-24)可以发现一个有趣的情形，该式等号左边的三项实际上就是流体微团在三个坐标方向的线变形速率。而这三项相加为零，实际上表达的物理含义为：**对于均质不可压缩流体，三个坐标方向的线变形速率是相互制约的，只有满足这一条件的不可压缩流体的流动才是可能存在的；否则流动是不存在的，因为它不满足质量守恒定律**。在上一节所举算例 8-4 中可以验证，该流速场并不满足连续性微分方程，即这种流动不存在，更谈不上有旋或无旋。这说明液体流动不是任意的，而是受到连续方程这个内在规律支配的。应当知道：流场是必须符合基本客观规律的物理现象，不是人为想象的；不满足存在前提下进行的流场计算，只不过是毫无意义的数学游戏而已。

【例 8-5】 已知速度场 $u_x = xz + 1$，$u_y = yz^2$，u_z 未知，但 $\frac{\partial u_z}{\partial x} = \frac{\partial u_z}{\partial y} = 0$。在空间点 $(0,0,0)$ 处 $|\boldsymbol{u}| = 1$。流动为不可压缩恒定流且满足连续性条件。试求坐标 z 方向的速度分量 u_z。

解：因为 $\frac{\partial u_x}{\partial x} = z$，$\frac{\partial u_y}{\partial y} = z^2$，由连续性微分方程 $\frac{\partial u_x}{\partial x} + \frac{\partial u_y}{\partial y} + \frac{\partial u_z}{\partial z} = 0$ 得

$$\frac{\partial u_z}{\partial z} = -\left(\frac{\partial u_x}{\partial x} + \frac{\partial u_y}{\partial y}\right) = -z - z^2$$

对上式进行积分，得到

$$u_z = -\frac{1}{2}z^2 - \frac{1}{3}z^3 + f(x,y) + C_0$$

由 $\frac{\partial u_z}{\partial x} = \frac{\partial u_z}{\partial y} = 0$ 推出 $f(x,y) = C_1$，式中 C_1 为与 x、y 无关的常数。于是

$$u_z = -\frac{1}{2}z^2 - \frac{1}{3}z^3 + C$$

在空间点 $(0,0,0)$ 处 $|\boldsymbol{u}| = \sqrt{u_x^2 + u_y^2 + u_z^2} = \sqrt{1 + 0 + C^2} = 1$，推出 $C = 0$，于是

$$u_z = -\frac{1}{2}z^2 - \frac{1}{3}z^3$$

第六节　理想液体运动的微分方程及其积分

一、理想液体运动微分方程

在流体力学的研究中，往往根据流体运动性质进行某种简化和抽象，突出主要矛盾，建立理想模型，再以此为基础对更复杂的实际流动进行深入讨论。理想液体就是这样一

种简化和抽象。简单地说，**在忽略压缩性和表面张力特性的前提下，理想液体就是忽略液体黏滞性的流体**（其运动时，流层之间不存在黏性切应力）。将牛顿第二运动定律经典力学理论应用于液体流动可导出理想液体三元流动的运动微分方程，也就是说，液体运动的微分方程实际上是牛顿第二运动定律在液体运动情形下的具体形式。

前边已经介绍了液体平衡微分方程（由瑞士学者欧拉于1775年首次导出，又称欧拉平衡微分方程）的矢量形式，即

$$\boldsymbol{f}-\frac{\nabla p}{\rho}=0$$

那么理想液体运动微分方程与液体平衡微分方程是否存在某种关联呢？

从运动的理想液体中任取一个以 $O'(x,y,z)$ 点为中心的微分六面体，边长为 $\mathrm{d}x$、$\mathrm{d}y$、$\mathrm{d}z$，分别平行于坐标轴 x、y、z（见图 8-14）。设点 $O'(x,y,z)$ 的流速 $u=(u_x,u_y,u_z)$，对于理想液体，表面力中不存在切应力，而只有方向垂直于各表面的法向力，它是空间点坐标与时间变量的单值可微函数，故可设 O' 点的法向力（动水压强）为 $p(x,y,z,t)$。因此，作用于理想液体微分六面体的外力有表面力 $P=(P_x,P_y,P_z)$ 与质量力 $f=(X,Y,Z)$。

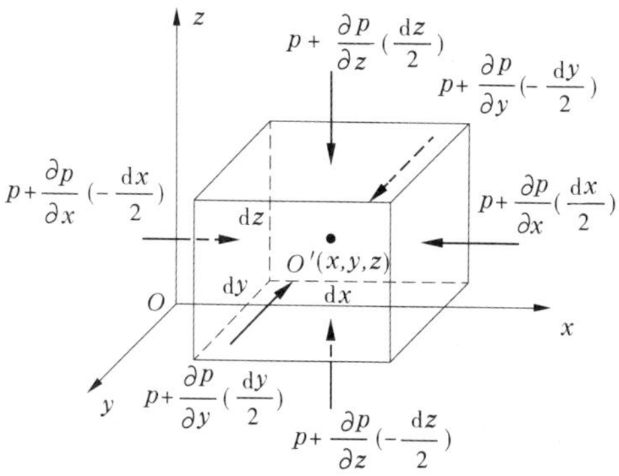

图 8-14　无黏性微元体压强示意图

根据牛顿第二运动定律，作用于六面体的外力在某轴方向投影的代数和，等于该液体质量乘以在同轴方向的加速度，即 $\sum F=ma$。

对此微元体而言：

质量
$$\mathrm{d}m=\rho\mathrm{d}V=\rho\mathrm{d}x\mathrm{d}y\mathrm{d}z$$

加速度
$$a=\frac{\partial u}{\partial x}u_x+\frac{\partial u}{\partial y}u_y+\frac{\partial u}{\partial z}u_z+\frac{\partial u}{\partial t}$$

以 x 轴方向为例：

质量力
$$X\rho\mathrm{d}x\mathrm{d}y\mathrm{d}z$$

表面力
$$\left[p+\frac{\partial p}{\partial x}\left(-\frac{\mathrm{d}x}{2}\right)\right]\mathrm{d}y\mathrm{d}z-\left[p+\frac{\partial p}{\partial x}\left(\frac{\mathrm{d}x}{2}\right)\right]\mathrm{d}y\mathrm{d}z$$

学海趣谈　　**数学与流体力学**

由于欧拉出色的工作，后世的数学家与流体力学家都极度推崇他。大数学家拉普拉斯（P. S. M. de Laplace，1749～1827）说过："读读欧拉，这是我们一切人的老师。"被誉为数学王子的高斯也说过："对于欧拉工作的研究，将仍旧是研究不同范围数学的最好的学校，并且没有别的可以替代它。"欧拉也培养了很多学者，大数学家拉格朗日就是其中的一位。在很多流体力学原理中，都闪耀着欧拉和拉格朗日思想的光辉。

由牛顿第二定律得

$$X\rho \mathrm{d}x\mathrm{d}y\mathrm{d}z + \left[p + \frac{\partial p}{\partial x}\left(-\frac{\mathrm{d}x}{2}\right)\right]\mathrm{d}y\mathrm{d}z - \left[p + \frac{\partial p}{\partial x}\left(\frac{\mathrm{d}x}{2}\right)\right]\mathrm{d}y\mathrm{d}z = \rho \mathrm{d}x\mathrm{d}y\mathrm{d}z\frac{\mathrm{d}u_x}{\mathrm{d}t}$$

两边除以 $\rho \mathrm{d}x\mathrm{d}y\mathrm{d}z$（即对单位质量而言），整理得

$$X - \frac{1}{\rho}\frac{\partial p}{\partial x} = \frac{\mathrm{d}u_x}{\mathrm{d}t} \tag{8-25a}$$

同理有

$$Y - \frac{1}{\rho}\frac{\partial p}{\partial y} = \frac{\mathrm{d}u_y}{\mathrm{d}t} \tag{8-25b}$$

$$Z - \frac{1}{\rho}\frac{\partial p}{\partial z} = \frac{\mathrm{d}u_z}{\mathrm{d}t} \tag{8-25c}$$

若将上式右侧加速度项按式(8-2)展开，得

$$X - \frac{1}{\rho}\frac{\partial p}{\partial x} = \frac{\partial u_x}{\partial t} + u_x\frac{\partial u_x}{\partial x} + u_y\frac{\partial u_x}{\partial y} + u_z\frac{\partial u_x}{\partial z} \tag{8-26a}$$

$$Y - \frac{1}{\rho}\frac{\partial p}{\partial y} = \frac{\partial u_y}{\partial t} + u_x\frac{\partial u_y}{\partial x} + u_y\frac{\partial u_y}{\partial y} + u_z\frac{\partial u_y}{\partial z} \tag{8-26b}$$

$$Z - \frac{1}{\rho}\frac{\partial p}{\partial z} = \frac{\partial u_z}{\partial t} + u_x\frac{\partial u_z}{\partial x} + u_y\frac{\partial u_z}{\partial y} + u_z\frac{\partial u_z}{\partial z} \tag{8-26c}$$

式(8-26)即为**理想液体的运动微分方程，又称欧拉运动微分方程**。该方程对于恒定流或非恒定流、不可压缩流体或可压缩流体均适用。当液体平衡时，$\frac{\mathrm{d}u_x}{\mathrm{d}t} = \frac{\mathrm{d}u_y}{\mathrm{d}t} = \frac{\mathrm{d}u_z}{\mathrm{d}t} = 0$，则得欧拉平衡微分方程式。因此，欧拉平衡微分方程实际上是欧拉运动微分方程的特殊情形。

需要指出的是，欧拉运动微分方程只适用于理想液体。对于实际液体，需进一步考虑切应力的作用。

二、理想液体运动微分方程积分求解

对于不可压缩液体，理想液体运动微分方程中有 4 个未知数：u_x、u_y、u_z、p，它与连续性微分方程一起共 4 个方程，因而从原则上讲，理想液体运动微分方程是可解的。但是，由于它是一个非线性的偏微分方程组（迁移加速度的三项中包含了未知函数与其偏导数的乘积），所以至今仍未能找到它的通解，只是在几种特殊情况下得到了它的特解。因此，对理想液体的运动微分方程在特定条件下进行积分，得到便于计算的方程形式，对于解决有关实际水力计算问题是十分重要的。

（一）理想液体运动微分方程的拉格朗日积分解

理想、均质不可压缩液体在有势质量力的作用下，做恒定无旋流动时，满足以下条件：

(1)恒定流：$\frac{\partial u_x}{\partial t} = \frac{\partial u_y}{\partial t} = \frac{\partial u_z}{\partial t} = 0$；

(2)均质不可压缩液体：$\rho = C$；

(3)质量力有势：设 $W(x,y,z)$ 为质量力的力势函数，根据第二章定义，有

$$\mathrm{d}W=\frac{\partial W}{\partial x}\mathrm{d}x+\frac{\partial W}{\partial y}\mathrm{d}y+\frac{\partial W}{\partial z}\mathrm{d}z=X\mathrm{d}x+Y\mathrm{d}y+Z\mathrm{d}z \tag{8-27}$$

(4)无旋流：$\frac{\partial u_x}{\partial y}=\frac{\partial u_y}{\partial x}, \frac{\partial u_y}{\partial z}=\frac{\partial u_z}{\partial y}, \frac{\partial u_z}{\partial x}=\frac{\partial u_x}{\partial z}$。

此时，液体运动微分方程就可以沿全流场进行积分求解。将理想液体的运动微分方程(8-26)的三个式子分别乘以 $\mathrm{d}x$、$\mathrm{d}y$、$\mathrm{d}z$，然后相加得

$$(X\mathrm{d}x+Y\mathrm{d}y+Z\mathrm{d}z)-\frac{1}{\rho}\left(\frac{\partial p}{\partial x}\mathrm{d}x+\frac{\partial p}{\partial y}\mathrm{d}y+\frac{\partial p}{\partial z}\mathrm{d}z\right)=\mathrm{d}W-\frac{1}{\rho}\mathrm{d}p=\left(u_x\frac{\partial u_x}{\partial x}+u_y\frac{\partial u_x}{\partial y}+u_z\frac{\partial u_x}{\partial z}\right)\mathrm{d}x+$$
$$\left(u_x\frac{\partial u_y}{\partial x}+u_y\frac{\partial u_y}{\partial y}+u_z\frac{\partial u_y}{\partial z}\right)\mathrm{d}y+\left(u_x\frac{\partial u_z}{\partial x}+u_y\frac{\partial u_z}{\partial y}+u_z\frac{\partial u_z}{\partial z}\right)\mathrm{d}z+\left(\frac{\partial u_x}{\partial t}\mathrm{d}x+\frac{\partial u_y}{\partial t}\mathrm{d}y+\frac{\partial u_z}{\partial t}\mathrm{d}z\right) \tag{8-28}$$

这里 $\mathrm{d}x$、$\mathrm{d}y$、$\mathrm{d}z$ 分别是流场空间任意微元 $\mathrm{d}\boldsymbol{s}$ 在 x、y、z 轴上的投影，利用恒定流与无旋流条件，代入式(8-28)得

$$\begin{aligned}\mathrm{d}W-\frac{1}{\rho}\mathrm{d}p=&\left(u_x\frac{\partial u_x}{\partial x}+u_y\frac{\partial u_y}{\partial x}+u_z\frac{\partial u_z}{\partial x}\right)\mathrm{d}x+\left(u_x\frac{\partial u_x}{\partial y}+u_y\frac{\partial u_y}{\partial y}+u_z\frac{\partial u_z}{\partial y}\right)\mathrm{d}y+\\&\left(u_x\frac{\partial u_z}{\partial z}+u_y\frac{\partial u_y}{\partial z}+u_z\frac{\partial u_z}{\partial z}\right)\mathrm{d}z+\left(\frac{\partial u_x}{\partial t}\mathrm{d}x+\frac{\partial u_y}{\partial t}\mathrm{d}y+\frac{\partial u_z}{\partial t}\mathrm{d}z\right)\\=&\frac{\partial}{\partial x}\left(\frac{u_x^2}{2}+\frac{u_y^2}{2}+\frac{u_z^2}{2}\right)\mathrm{d}x+\frac{\partial}{\partial y}\left(\frac{u_x^2}{2}+\frac{u_y^2}{2}+\frac{u_z^2}{2}\right)\mathrm{d}y+\frac{\partial}{\partial z}\left(\frac{u_x^2}{2}+\frac{u_y^2}{2}+\frac{u_z^2}{2}\right)\mathrm{d}z+\frac{\partial\boldsymbol{u}}{\partial t}\cdot\mathrm{d}\boldsymbol{s}\\=&\frac{\partial}{\partial x}\left(\frac{u^2}{2}\right)\mathrm{d}x+\frac{\partial}{\partial y}\left(\frac{u^2}{2}\right)\mathrm{d}y+\frac{\partial}{\partial z}\left(\frac{u^2}{2}\right)\mathrm{d}z+\frac{\partial\boldsymbol{u}}{\partial t}\cdot\mathrm{d}\boldsymbol{s}=\mathrm{d}\left(\frac{u^2}{2}\right)+\frac{\partial\boldsymbol{u}}{\partial t}\cdot\mathrm{d}\boldsymbol{s}\end{aligned}$$

对全流场任一点都有

$$\mathrm{d}W-\frac{1}{\rho}\mathrm{d}p=\mathrm{d}\left(\frac{u^2}{2}\right)$$

对于不可压缩的液体，上式可写为

$$\mathrm{d}\left(W-\frac{p}{\rho}-\frac{u^2}{2}\right)=0 \tag{8-29}$$

沿全流场积分得：

$$W-\frac{p}{\rho}-\frac{u^2}{2}=C \tag{8-30}$$

这就是理想不可压缩流体运动微分方程的拉格朗日(Lagrange)积分解。它表明，**不可压缩理想液体在有势质量力作用下做恒定无旋流动时，全流场各点的$\left(W-\frac{p}{\rho}-\frac{u^2}{2}\right)$值都相同，不管是否在同一流线上。**

在只有重力作用时，单位质量力可表达为 $f=(0,0,-g)$，即 $\mathrm{d}W=-g\mathrm{d}z$，对式(8-29)积分得

$$z+\frac{p}{\gamma}+\frac{u^2}{2g}=C \tag{8-31}$$

该式称为**理想恒定势流的重力积分解，适用于整个无旋流(势流)场**。

（二）理想液体运动微分方程的伯努利积分解

在有势质量力作用下，液流可能满足无旋流条件也可能不满足无旋流条件，当液体做有旋流动时，液体运动微分方程只能沿流线进行积分求解，此时的积分形式是否变化呢？

仿照拉格朗日积分方法，对式（8-26）沿流线积分，可以得到理想不可压缩流体做恒定有旋运动时的一般积分解，形式同式（8-30），也称为微分方程的伯努利（Bernoulli）积分解。只有重力作用时理想恒定有旋流的重力积分解，形式同式（8-31）；对于流场中同一流线上的任意两点，方程可写为

$$z_1 + \frac{p_1}{\rho g} + \frac{u_1^2}{2g} = z_2 + \frac{p_2}{\rho g} + \frac{u_2^2}{2g} = C \tag{8-32}$$

对于不同的流线，有旋流的伯努利积分常数一般是不同的。

需要指出的是，前述拉格朗日解和伯努利解都具有相同的积分形式，但这两种积分条件与应用范围却是不同的。拉格朗日积分式（8-31）的前提条件苛刻必须是无旋流；但积分解可以应用范围在全部流场；伯努利积分的前提条件松，可以是有旋流；而积分解的应用范围苛刻，只能用于同一流线。

第七节　实际液体运动微分方程及其意义

实际液体与理想液体的本质区别是前者存在黏滞性，这一差异导致在实际液体流动过程中，作用在微元六面体上的表面力除法向应力外还存在切向黏滞应力。在宏观上，这一机理则表现为：对于理想液体，无论流层之间是否存在相对运动，都不存在由于切应力导致的流层间的摩擦，液体内部只存在动水压强；而对实际液体而言，当其流层间存在相对运动时，必然产生切向黏滞力，而且这一作用力将不断消耗液体内部动能从而改变液体运动状态。

一、实际液体的法向应力与动水压强

与理想液体一样，实际液体在运动过程中，其流场中任何一点同样存在法向应力。不同的是理想液体流场中任一点各个方向上的法向应力均大小相等并等于该点上的动水压强。而实际液体中由于同时还存在切应力，其法向应力的大小将与其作用面有关，并且一般情况下互不相等。通过力学分析可以证明（这里证明从略），**微分六面体任意三个正交面上的法向应力之和是不变的**，即 $p_{xx} + p_{yy} + p_{zz} = p_{\xi\xi} + p_{\eta\eta} + p_{\zeta\zeta}$，其中 x、y、z 为三个正交的坐标轴方向，ξ、η、ζ 为同一点的任意三个正交方向。为便于实际应用，**将某点的任意三个相互垂直面上法向应力的算术平均值定义为该点的动水压强**，即

$$p = \frac{1}{3}(p_{xx} + p_{yy} + p_{zz}) \tag{8-33}$$

经过这样的处理，动水压强 p 也只是时间及空间坐标的函数而与作用面无关了。但需要指出的是，这种处理方式是为方便实际应用，并未改变法向应力与作用面相关的微观机制。

如前所述，虽然实际液体流场中**任一点三个正交方向上的法向应力之和为定值**，但它

们本身却互不相等，因此都与该点动水压强之间存在差别。若定义这一差值为相应方向上的附加法向应力，则**任一点某方向上的法向应力可表示为动水压强与该方向上附加法向应力之和**。进一步的分析还可以证明附加法向应力实际上是由液体微团的线变形引起的，在数值上等于动力黏滞系数与线变形率乘积的两倍，即

$$\left.\begin{aligned} p_{xx} &= p - 2\mu \frac{\partial u_x}{\partial x} \\ p_{yy} &= p - 2\mu \frac{\partial u_y}{\partial y} \\ p_{zz} &= p - 2\mu \frac{\partial u_z}{\partial z} \end{aligned}\right\} \tag{8-34}$$

式中：μ 为液体动力黏滞系数；u_x、u_y、u_z 为 x、y、z 三个方向的流速；其余符号含义同前。

二、实际液体的切应力

实际液体流场中任一点上作用的切应力是其固有的黏滞性和角变形运动共同作用的结果，两者缺一不可。定义应力的第一个下角标为作用面的法线方向，第二个下角标为应力方向，并将牛顿内摩擦定律推广到三维情形，可以得到如下关系

$$\left.\begin{aligned} \tau_{zx} &= \tau_{xz} = \mu\left(\frac{\partial u_x}{\partial z} + \frac{\partial u_z}{\partial x}\right) = 2\mu\varepsilon_{zx} \\ \tau_{xy} &= \tau_{yx} = \mu\left(\frac{\partial u_y}{\partial x} + \frac{\partial u_x}{\partial y}\right) = 2\mu\varepsilon_{xy} \\ \tau_{yz} &= \tau_{zy} = \mu\left(\frac{\partial u_z}{\partial y} + \frac{\partial u_y}{\partial z}\right) = 2\mu\varepsilon_{yz} \end{aligned}\right\} \tag{8-35}$$

从式(8-35)可以看出，**实际液体中流层之间的切应力与其角变形率成正比**。换言之，该式实质上刻画了实际液体运动时切应力与角应变之间的应力应变关系。

三、实际液体运动微分方程

实际液体运动微分方程的建立过程与理想液体类似，都是从牛顿第二定律出发，对流场中微分六面体进行力学分析；主要不同之处在于，实际液体运动方程推导过程中，在分析每一方向的表面力时，除需计入法向应力外，还需计入两个沿此方向的切向应力（以 x 方向为例，即为 τ_{yx}、τ_{zx}），其他推导过程相同。将各项代入牛顿第二定律方程并整理后得到

$$\left.\begin{aligned} X - \frac{1}{\rho}\frac{\partial p}{\partial x} + \nu\nabla^2 u_x &= \frac{\mathrm{d}u_x}{\mathrm{d}t} = u_x\frac{\partial u_x}{\partial x} + u_y\frac{\partial u_x}{\partial y} + u_z\frac{\partial u_x}{\partial z} + \frac{\partial u_x}{\partial t} \\ Y - \frac{1}{\rho}\frac{\partial p}{\partial y} + \nu\nabla^2 u_y &= \frac{\mathrm{d}u_y}{\mathrm{d}t} = u_x\frac{\partial u_y}{\partial x} + u_y\frac{\partial u_y}{\partial y} + u_z\frac{\partial u_y}{\partial z} + \frac{\partial u_y}{\partial t} \\ Z - \frac{1}{\rho}\frac{\partial p}{\partial z} + \nu\nabla^2 u_z &= \frac{\mathrm{d}u_z}{\mathrm{d}t} = u_x\frac{\partial u_z}{\partial x} + u_y\frac{\partial u_z}{\partial y} + u_z\frac{\partial u_z}{\partial z} + \frac{\partial u_z}{\partial t} \end{aligned}\right\} \tag{8-36}$$

式(8-36)即为**实际液体的运动微分方程**，又称纳维尔－斯托克斯（Navier-Stokes）方程。式中 $\nabla^2 = \frac{\partial^2}{\partial x^2} + \frac{\partial^2}{\partial y^2} + \frac{\partial^2}{\partial z^2}$ 称为拉普拉斯（Laplace）算子符，如 $\nabla^2 u_x = \frac{\partial^2 u_x}{\partial x^2} + \frac{\partial^2 u_x}{\partial y^2} + \frac{\partial^2 u_x}{\partial z^2}$，$\nu$ 为

液体的运动黏滞系数，$\nu \nabla^2 u$ 为切应力作用的黏性项。N－S 方程的矢量形式为

$$\boldsymbol{f} - \frac{\nabla p}{\rho} + \nu \nabla^2 \boldsymbol{u} = \frac{\mathrm{d}\boldsymbol{u}}{\mathrm{d}t} = (\nabla \cdot \boldsymbol{u})\boldsymbol{u} + \frac{\partial \boldsymbol{u}}{\partial t} \tag{8-37}$$

由式(8-37)可以看出，不可压缩液体运动微分方程实际上表达了单位质量液体的质量力 $\boldsymbol{f}$、压差力 $-\frac{\nabla p}{\rho}$、黏性力 $\nu \nabla^2 \boldsymbol{u}$ 与惯性力 $\frac{\mathrm{d}\boldsymbol{u}}{\mathrm{d}t}$（位变惯性力 $(\nabla \cdot \boldsymbol{u})\boldsymbol{u}$ 和时变惯性力 $\frac{\partial \boldsymbol{u}}{\partial t}$）之间的平衡关系。这三个运动微分方程和液体的连续性微分方程一起构成实际液体流动的控制方程组。从理论上看，通常待求解的未知量是流速的三个分量和压强（或水深），而控制方程的个数也是 4 个，所以方程组是封闭的，有唯一解。但由于微分方程的非线性和定解条件的复杂性，实际液体流动控制方程只有在简单条件下才能得到解析解。更一般的情况是进行简化求解，或者将微分方程离散后，借助计算机获取数值解。

【例 8-6】 在重力作用下，黏性不可压缩液体在两平行板中沿 y 轴向做恒定直线流动，即 $u = (u_x, 0, 0)$。两板高度为 $2b$（见图 8-15），试证明横截面内的流速分布为 $u_x = \frac{1}{2\mu}\frac{\partial p}{\partial x}(z^2 - b^2)$。

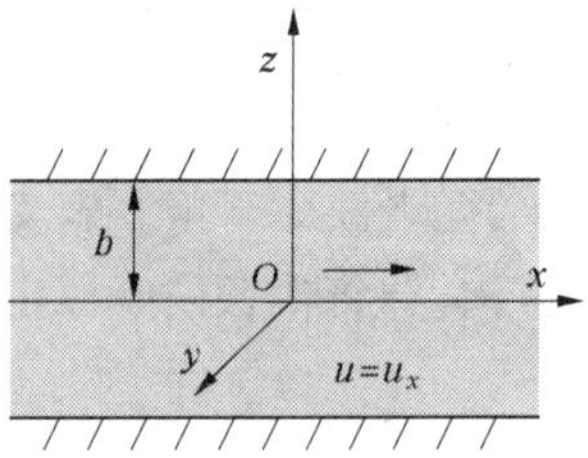

图 8-15

解：x 轴向的 N－S 方程为

$$X - \frac{1}{\rho}\frac{\partial p}{\partial x} + \nu \nabla^2 u_x = \frac{\mathrm{d}u_x}{\mathrm{d}t}$$

展开为

$$X - \frac{1}{\rho}\frac{\partial p}{\partial x} + \nu\left(\frac{\partial^2 u_x}{\partial x^2} + \frac{\partial^2 u_x}{\partial y^2} + \frac{\partial^2 u_x}{\partial z^2}\right) = u_x \frac{\partial u_x}{\partial x} + u_x \frac{\partial u_x}{\partial y} + u_z \frac{\partial u_x}{\partial z} + \frac{\partial u_x}{\partial t}$$

因为 $u_y = u_z = 0$，质量力只有重力，即 $X = 0$，水流为恒定流，即 $\frac{\partial u_x}{\partial t} = 0$，于是上式可写为

$$-\frac{1}{\rho}\frac{\partial p}{\partial x} + \nu\left(\frac{\partial^2 u_x}{\partial x^2} + \frac{\partial^2 u_x}{\partial y^2} + \frac{\partial^2 u_x}{\partial z^2}\right) = u_x \frac{\partial u_x}{\partial x}$$

对于不可压缩液体，根据连续性微分方程有

$$\frac{\partial u_x}{\partial x} + \frac{\partial u_y}{\partial y} + \frac{\partial u_z}{\partial z} = 0$$

因为 $u_y = u_z = 0$，则 $\frac{\partial u_x}{\partial x} = 0$。

若两平板很宽，则液体只沿 y 轴向流动，于是有 $\frac{\partial u_y}{\partial x} = \frac{\partial u_y}{\partial y} = 0$，即 u_x 只是 z 的函数，则 $\frac{\partial u_x}{\partial z} = \frac{\mathrm{d}u_x}{\mathrm{d}z}$，也有 $\frac{\partial^2 u_x}{\partial z^2} = \frac{\mathrm{d}^2 u_x}{\mathrm{d}z^2}$（偏微分写成常微分形式），于是 $-\frac{1}{\rho}\frac{\partial p}{\partial y} + \nu\left(\frac{\partial^2 u_x}{\partial x^2} + \frac{\partial^2 u_x}{\partial y^2} + \frac{\partial^2 u_x}{\partial z^2}\right) = u_x \frac{\partial u_x}{\partial x}$ 就简化为 $-\frac{1}{\rho}\frac{\partial p}{\partial y} + \nu \frac{\mathrm{d}^2 u_y}{\mathrm{d}z^2} = 0$，即

$$\frac{\mathrm{d}^2 u_x}{\mathrm{d}z^2} = \frac{1}{\rho\nu}\frac{\partial p}{\partial x} = \frac{1}{\mu}\frac{\partial p}{\partial x}$$

积分得

$$\frac{\mathrm{d}u_x}{\mathrm{d}z} = \frac{1}{\mu}\frac{\partial p}{\partial x}z + C$$

当 $z = 0$ 时，$\tau = \mu\frac{\mathrm{d}u_x}{\mathrm{d}z} = 0$，知 $C = 0$。再积分得

$$u_x = \frac{1}{2\mu}\frac{\partial p}{\partial x}z^2 + C$$

当 $z = \pm b$ 时，$u_x = 0$，知 $C = -\frac{1}{2\mu}\frac{\partial p}{\partial x}b^2$。

于是横截面内的流速分布为

$$u_x = \frac{1}{2\mu}\frac{\partial p}{\partial x}(z^2 - b^2)$$

第八节　恒定平面势流

在微团运动分析基础上，流体运动被分为有旋流动和有势流动。然而由于黏滞性的存在，**实际液体的运动都将是有旋流动，只有不可压缩理想液体在初始无旋的情况下才能保持无旋运动状态**。但在实际应用中，例如在液体绕流问题的边界层外的流动、旋转影响可以忽略的有势流动等，宏观上都可以将其近似视为无旋运动。由于液体无旋运动在数学上具有无可替代的优势：容易得到解析解，具有可叠加性，所以通常对孔口、内插管嘴、闸孔出流、深式底孔进口、渗流及高坝溢流等问题都可应用势流理论求解。本节将重点讨论恒定平面势流的势函数、流函数及典型有势流动等相关内容。

一、流速势函数(Velocity potential)及其性质

利用势流理论求解水力学问题的主要优势，就是在势流条件下能够通过求解单一的势函数和流函数，而得到整个流速场。无旋流的数学本质是其速度的旋度为零，而由高等数学知道，速度旋度为零恰好又是使 $u_x\mathrm{d}x + u_y\mathrm{d}y + u_z\mathrm{d}z$ 成为某一函数 $\varphi(x,y,z)$ 的全微分的充分必要条件，即

$$u_x\mathrm{d}x + u_y\mathrm{d}y + u_z\mathrm{d}z = \mathrm{d}\varphi \tag{8-38}$$

而函数 $\varphi(x,y,z)$ 的全微分可写做

$$\mathrm{d}\varphi = \frac{\partial\varphi}{\partial x}\mathrm{d}x + \frac{\partial\varphi}{\partial y}\mathrm{d}y + \frac{\partial\varphi}{\partial z}\mathrm{d}z$$

比较以上两式得

$$u_x = \frac{\partial\varphi}{\partial x}, u_y = \frac{\partial\varphi}{\partial y}, u_z = \frac{\partial\varphi}{\partial z} \tag{8-39}$$

即

$$\boldsymbol{u} = \mathrm{grad}\varphi$$

这里，函数 φ **称为无旋流动的流速势函数**。所以，无旋流必为有势流，反之亦然。

流速势函数的引入，为势流的求解带来了极大方便。因为只要确定了流速势 φ，便可方便地求得流速场 u_x、u_y、u_z，再利用势流的拉格朗日积分式(8-30)进一步可求得压强分布。所以，无旋(有势)流求解的关键转化为确定流速势 φ。

对于不可压缩液体，利用连续性微分方程

$$\frac{\partial u_x}{\partial x}+\frac{\partial u_y}{\partial y}+\frac{\partial u_z}{\partial z}=0$$

将式(8-39)代入得

$$\frac{\partial^2\varphi}{\partial x^2}+\frac{\partial^2\varphi}{\partial y^2}+\frac{\partial^2\varphi}{\partial z^2}=0 \tag{8-40}$$

或

$$\nabla^2\varphi=0$$

上式即称为拉普拉斯方程。**满足该方程的函数称为调和函数**(Harmonic Function)，调和函数的一切性质皆可用于势函数的研究当中。对于不可压液体的无旋流，问题归结为在特定的边界条件下求解流速势所满足的拉普拉斯方程。

对于 xOy 平面上的不可压缩液体的平面势流，式(8-39)与式(8-40)分别成为

$$u_x=\frac{\partial\varphi}{\partial x},\quad u_y=\frac{\partial\varphi}{\partial y} \tag{8-41}$$

与

$$\frac{\partial^2\varphi}{\partial x^2}+\frac{\partial^2\varphi}{\partial y^2}=0 \tag{8-42}$$

从势函数的数学特性出发，并结合其实际物理意义可知势函数具有如下性质，这里不再证明，仅给出主要结论：

(1)满足 $\varphi(x,y,z)=C$ 的曲面为等势面，满足 $\varphi(x,y)=C$ 的曲线为等势线。它们的法线方向与相应的速度矢量方向平行。

(2)势函数 φ 可加上任意常数 C 而不影响对流场的描述，常数 C 不会对流速场的求解造成任何影响。

(3)在有势流动中，速度环量 Γ 和 φ 的关系为

$$\Gamma_{AB}=\int_A^B \boldsymbol{u}d\boldsymbol{s}=\int_A^B(u_x\mathrm{d}x+u_y\mathrm{d}y+u_z\mathrm{d}z)=\int_A^B\mathrm{d}\varphi=\varphi_B-\varphi_A \tag{8-43}$$

式(8-43)表明，在有势流动中切向速度线积分(速度环量)等于终点 B 与起点 A 的速度势之差，与具体积分路径无关，且沿任一封闭曲线的速度环量为零。实际上，这一性质也恰好反映了 φ 作为流速势函数的数学本质。

(4)流速势函数的增值方向与流速方向一致。

二、流函数(Stream function)及其性质

引入势函数虽然能使势流问题的求解得到简化，但它仅限于势流(即无旋流动)。对于一般流动，还可以根据定常不可压缩二维流动的连续方程，引出流函数的概念，从另一方面对流动问题进行简化。

根据不可压缩液体平面流动的连续性微分方程，有

$$\frac{\partial u_x}{\partial x} = -\frac{\partial u_y}{\partial y} \tag{8-44}$$

它是使 $-u_y\mathrm{d}x + u_x\mathrm{d}y$ 成为某一函数 $\psi(x,y)$ 的全微分的充分且必要条件，即为

$$\mathrm{d}\psi = \frac{\partial\psi}{\partial x}\mathrm{d}x + \frac{\partial\psi}{\partial y}\mathrm{d}y = -u_y\mathrm{d}x + u_x\mathrm{d}y \tag{8-45}$$

对比式中各项，可以得到

$$u_x = \frac{\partial\psi}{\partial y},\quad u_y = -\frac{\partial\psi}{\partial x} \tag{8-46}$$

式中 ψ **称为不可压缩液体平面流动的流函数**。从推导条件可以看出，无论无旋流动还是有旋流动，理想液体还是实际液体，只要不可压缩液体所做的平面流动必然存在流函数。与势函数类似，若能确定流函数 ψ，则通过式(8-46)也可以使流速场的求解大为简化。

对于 xOy 平面上的势流（无旋流动），将旋转角速度为零的条件代入式(8-46)得

$$\frac{\partial^2\psi}{\partial x^2} + \frac{\partial^2\psi}{\partial y^2} = 0 \tag{8-47}$$

或写做

$$\nabla^2\psi = 0 \tag{8-48}$$

式(8-47)说明**无旋平面流动的流函数满足拉普拉斯方程，同样也是调和函数**。

需要指出的是，在流函数构建过程中只用到了平面不可压缩液体的连续性微分方程，而没有引入其他附加条件。因此，**流函数对不可压缩液体的平面流动是普遍适用的**。对于更为特殊的平面不可压缩无旋流动，流函数还将进一步满足拉普拉斯方程，因此在此情形下可以像势函数一样，利用其调和函数的特殊性质求解流场。

在势流流场的求解中，常应用流函数的若干特殊性质，下面列举并进行简要证明。

(1)流函数的等值线是流线。

证明：流函数等值线可表达为 $\psi = c$，即 $\mathrm{d}\psi = 0$。由式(8-45)即可得到流函数等值线方程

$$u_x\mathrm{d}y - u_y\mathrm{d}x = 0 \quad 或 \quad \frac{\mathrm{d}x}{u_x} = \frac{\mathrm{d}y}{u_y}$$

对比第二节中式(8-10)，上式实际上就是平面流动的流线方程。因此，流函数的等值线就是流线，而当流函数等于不同常数时，便得到不同流线组成的流线族。

(2)两条流线的流函数差值，等于通过两流线间的单宽流量。

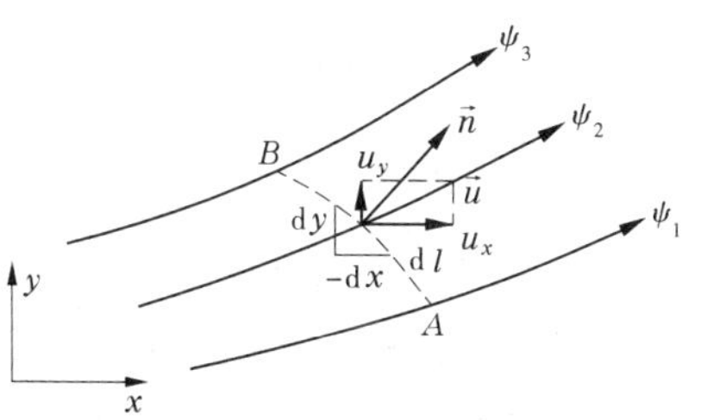

图 8-16

证明：如图 8-16 所示，在流函数 ψ_1 与 ψ_3 的两条流线间有任一曲线 AB（不一定垂直于流线），在其上任取一微元线段 $\mathrm{d}l$，假定垂直于流动平面的宽度等于 1，则通过它的单宽流量

$$\mathrm{d}q = u_x\mathrm{d}l = \boldsymbol{u_n}\boldsymbol{dl} = [u_x\cos(n,x) + u_y\cos(n,y)]\mathrm{d}l$$

$$= \left[u_x\frac{\mathrm{d}y}{\mathrm{d}l} + u_y\left(-\frac{\mathrm{d}x}{\mathrm{d}l}\right)\right]\mathrm{d}l = u_x\mathrm{d}y - u_y\mathrm{d}x = \mathrm{d}\psi$$

故

$$q = \int_a^b \mathrm{d}q = \int_A^B \mathrm{d}\psi = \psi_3 - \psi_1 \tag{8-49}$$

式中：$\vec{n}$ 为微元线段 dl 的法向单位矢量；$\boldsymbol{u}_n$ 为流速 u 在微元线段 dl 的法向分量。

从式(8-49)还可以看出，这一积分与曲线 AB 的形状无关，仅决定于 A、B 两点的 ψ 值。

(3)平面无旋流动的流线与等势线正交。

证明：如前所述，平面不可压缩液体的无旋流动同时存在流速势函数和流函数。从流函数角度看，流线是流函数的等值线；而从势函数的角度看，等势线的法线方向又恰好平行于速度矢量。由数学知识可知，要证明两者之间存在正交关系，实际上就是证明同一点在两方程中的曲线斜率的乘积为 -1。

根据流线方程，其上一点的斜率很容易得到

$$k_\psi = \frac{\mathrm{d}y}{\mathrm{d}x} = \frac{u_y}{u_x}$$

由等势线方程

$$\mathrm{d}\varphi = u_x \mathrm{d}x + u_y \mathrm{d}y = 0$$

同一点等势线斜率

$$k_\varphi = \frac{\mathrm{d}y}{\mathrm{d}x} = -\frac{u_x}{u_y}$$

而

$$k_\psi k_\varphi = \frac{u_y}{u_x}\left(-\frac{u_x}{u_y}\right) = -1 \tag{8-50}$$

因此，平面无旋流动的流线与等势线是正交的，而等势线可以看做液体的过流断面线。

(4)流函数和流速势函数可以相互推求。(在平面势流流场中)

由于

$$\left.\begin{aligned} u_x &= \frac{\partial\varphi}{\partial x} = \frac{\partial\psi}{\partial y} \\ u_y &= \frac{\partial\varphi}{\partial y} = -\frac{\partial\psi}{\partial x} \end{aligned}\right\} \tag{8-51}$$

因此，知道其中之一，即可求出另一个。

三、流网原理

(一)流网(Flownet)的概念

前面讲述了流速势函数和流函数的基本性质以及它们的相互关系，特别是在势流流场中流线和等势线在任意点均满足正交关系，这些数学特性反映在几何上即构成流网的概念。流网常被应用在渗流、地下水流运动等工程领域中，成为一种简便易用的势流流场计算工具。

如图 8-17 所示，在平面势流的流场中绘制等流速势线族(φ 分别等于 φ_1、φ_2、φ_3、φ_4)以及流线族(ψ 分别等于 ψ_1、ψ_2、ψ_3、ψ_4)，由这两族正交曲线构成的网状图形即为流网。

(二)流网的绘制原则

在平面势流流网中取任一等势线与流线的交点(图 8-17 黑点所示)，在等势线和流线上分别取所在单元的微分边长 dm 及 dn，而该点的流速 u 则与经过该点的流线相切（图中即为流线）。在流速势函数的性质中已经提到，流速势函数的增值方向与流速方向一致。因此，图中所示四条等流速势线 φ_1、φ_2、φ_3、φ_4 的数值为依次增大的。如果规定等流速势线增值方向逆时针旋转 90°为等流函数线的增值方向，则可以得到 ψ_1、ψ_2、ψ_3、ψ_4 的值为依次增大的。将图中流速 u 在 x 轴及 y 轴进行分解，利用式（8-41）及式（8-46）所描述的流速势 φ 和 ψ 流函数与流速分量的关系，不难得到如下结论：

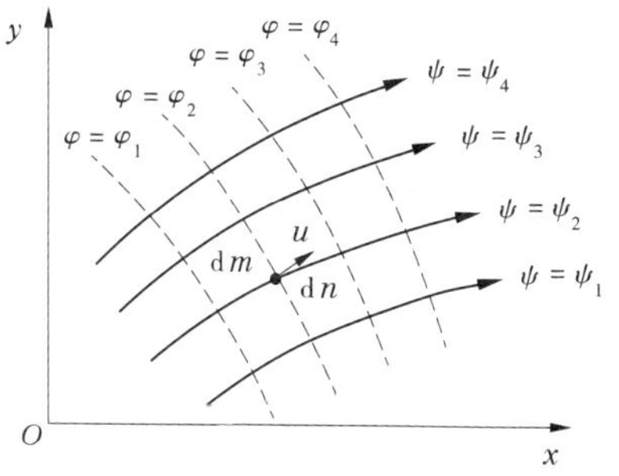

图 8-17

$$\frac{d\varphi}{dn} = \frac{d\psi}{dm} = u \text{ 或 } \frac{d\varphi}{d\psi} = \frac{dn}{dm} \tag{8-52}$$

上式说明势函数与流函数增量的比值恰等于流网网格相邻边长之比。

在实际流网绘制过程中，不可能绘制无限多的等势线及流线。因此可将式（8-52）中的微分近似为相应的有限差分形式。同时为实用上的方便，选取曲边正方形网格，即网格相邻边长 dm = dn，则可得到：

$$\frac{\Delta\varphi}{\Delta n} = \frac{\Delta\psi}{\Delta m} = u \text{ 或 } \frac{\Delta\varphi}{\Delta\psi} = \frac{\Delta n}{\Delta m} \tag{8-53}$$

流函数的性质中已经知道，两条流线的流函数差值等于通过两条流线间的单宽流量，即 $\Delta q = \Delta\psi = u\Delta m$；，在流量 Δq 一定的情况下，流速与流网网格的尺寸显然呈反比关系，流速大的地方网格尺寸小，反之亦然。因此，从流网的网格疏密程度还能够很清晰直观地判断出流速分布的规律。流网的具体绘制与应用见第九章渗流中。

四、几种常见的基本平面势流

基本平面势流是指能够通过对流场的简单分析，得到描述其运动的流函数或势函数的简单势流。基本平面势流是分析复杂势流的基础，复杂势流可以通过对这些简单势流的流函数或势函数进行叠加而求解。常见的基本平面势流包括均匀直线流、源（汇）流、旋（涡）流等。下面对这些简单势流进行逐一讨论。

（一）均匀直线流

均匀直线流是流场中各点速度大小相等、方向相同的流动，是平面势流中最简单的一种（见图 8-18）。

设均匀直线流的速度场为

$$u_x = a,\quad u_y = b$$

根据流速势函数和流函数的定义可以得到

$$\varphi = \int u_x dx + u_y dy = ax + by \tag{8-54}$$

$$\psi = \int u_x dy - u_y dx = ay - bx \tag{8-55}$$

若流速平行于 x 轴，则

$$u_y = 0,\quad \varphi = ax,\quad \psi = ay$$

若流速平行于 y 轴,则

$$u_x = 0,\quad \varphi = by,\quad \psi = -bx$$

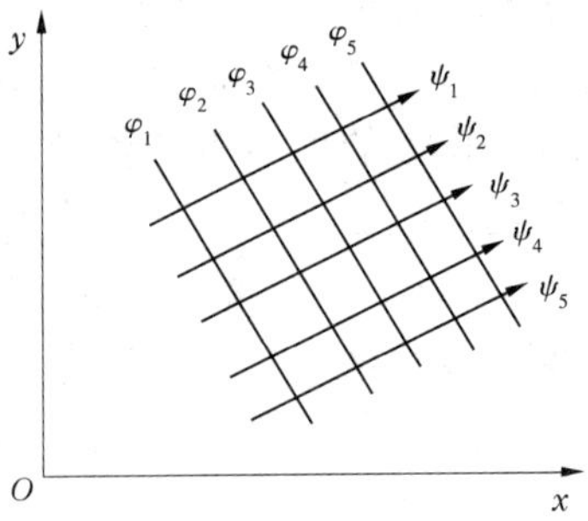

图 8-18

(二)源(汇)流

在平面势流中,源流是指流体从同一源点均匀地向各个方向出流的流动现象,此时 $q > 0$(q 为单位时间从源点流出的流量,称为源流强度)。相反地,如果流体从各个方向均匀地流入同一点,此时 $q < 0$,则称之为汇流。源(汇)流的流线,构成了以源(汇)点 O 为中心出发的一簇射线(见图 8-19)。

对于源流,以极坐标表示的速度场为

$$u_r = \frac{q}{2\pi r},\quad u_\theta = 0$$

流速势

$$\varphi = \int u_r \mathrm{d}r + u_\theta r\mathrm{d}\theta = \int \frac{q}{2\pi r}\mathrm{d}r = \frac{q}{2\pi}\ln r + C$$

流函数

$$\psi = \int u_r r\mathrm{d}\theta - u_\theta \mathrm{d}r = \int \frac{q}{2\pi r} r\mathrm{d}\theta = \frac{q}{2\pi}\theta + C$$

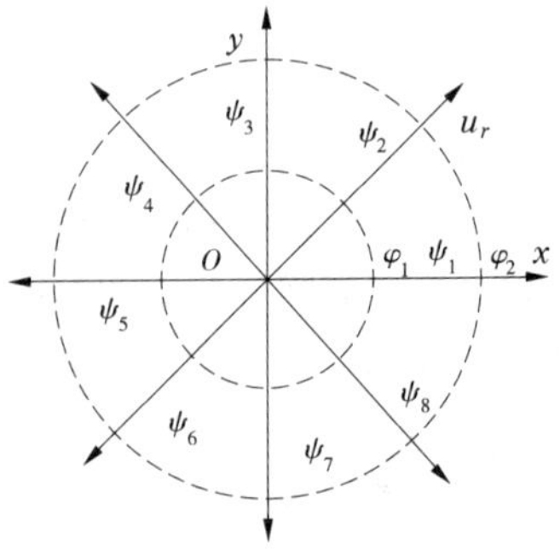

图 8-19

由等势线方程 $\varphi = C$,可以得到 $r = C$,因此等势线是以 O 点为圆心的同心圆。

由等流函数方程 $\psi = C$,可以得到 $\theta = C$,因此流线是由 O 点引出的射线。

为方便应用,给出以直角坐标系下源流的势函数及流函数形式

$$\varphi(x,y) = \frac{q}{2\pi}\ln\sqrt{x^2 + y^2} + C \tag{8-56}$$

学海趣谈　　实际生活中的源与汇

源流和汇流是一种理论抽象。但在实际生活中,很多复杂流动可以概化成这两种流动予以处理。例如在油田工程中,采油的第一阶段主要是依靠地层能量进行自喷开采,但只能开采到蕴藏量的 15% ~20%。为了提高采油效率,常采用二次采油过程,这一过程实际上是通过设置注水井向特定地层中注水,弥补已采油量的空隙体积及增加压力而实现的。由于所注水流从注水井向底层的流动速度较慢,而且注水井的直径相对于地层而言可以忽略不计,因此可将这一过程概化成点源流动加以模拟,从而得到注水所需压力及注水速度等工程所需参数。此外,地下水工程中设置的集水井,当井径相对于集水区域可以忽略时,则可以看做点汇流动加以计算。

$$\psi = (x, y) = \frac{q}{2\pi}\arctan\frac{y}{x} + C \tag{8-57}$$

对于汇流，$q<0$，其流函数与势函数表达式与上相同，仅有符号差别。

（三）点涡流

若流体绕固定点做圆周运动，且速度与圆周半径成反比，则称之为涡流。将坐标原点建立于该固定点，则在极坐标下：

速度场

$$u_r = 0,\quad u_\theta = \frac{\Gamma}{2\pi r}$$

式中，Γ 为不随半径变化的常数，称为涡流强度，$\Gamma>0$。

证明过程与源（汇）流相同，由此得到：

流速势
$$\varphi = -\frac{\Gamma}{2\pi}\theta + C$$

流函数
$$\psi = \frac{\Gamma}{2\pi}\ln r + C$$

由等势线方程 $\varphi = C$，可以得到 $\theta = C$，因此点涡的等势线是由 O 点引出的射线（见图 8-20）。

由流线方程 $\psi = C$，可以得到 $r = C$，因此点涡的流线是以 O 点为圆心的同心圆。

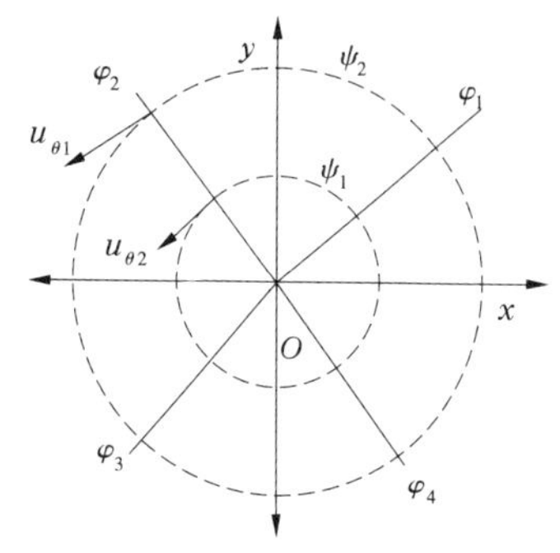

图 8-20

在直角坐标系中，点涡的势函数及流函数则分别表示为

$$\varphi(x, y) = -\frac{\Gamma}{2\pi}\ln\arctan\frac{y}{x} + C \tag{8-58}$$

$$\psi = (x, y) = \frac{\Gamma}{2\pi}\ln\sqrt{x^2 + y^2} + C \tag{8-59}$$

需要指出的是，**点涡实质上是在中心奇点的旋转作用下诱发的圆周运动**，也就是说除奇点外，流场中各液体质点的运动仅是绕封闭圆周的曲线运动，液体质点本身并不发生旋转，因此其流场仍然是无旋（无涡）的，这与本章第四节所述的内容是一致的。

对于点源（汇）或者点涡的流函数及势函数的求解，除在极坐标下推导外，还可以在直角坐标系下推求它们的表达式。下面以点源为例进行推求。如图 8-21 所示。

速度场
$$u_r = \frac{q}{2\pi r}, u_\theta = 0$$

设 $\frac{q}{2\pi} = B$，则在直角坐标系下分解速度，得到

$$u_x = \frac{q}{2\pi r}\cos\alpha = \frac{B}{r}\frac{x}{r} = \frac{Bx}{x^2 + y^2}$$

$$u_y = \frac{q}{2\pi r}\sin\alpha = \frac{B}{r}\frac{y}{r} = \frac{By}{x^2 + y^2}$$

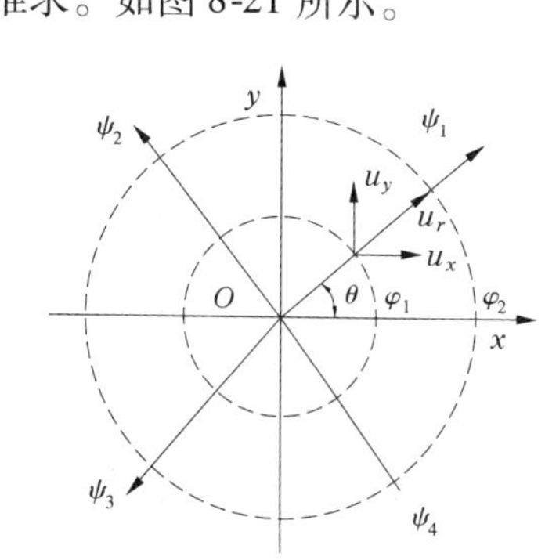

图 8-21

首先，验证该速度场满足连续性方程

$$\frac{\partial u_x}{\partial x}+\frac{\partial u_y}{\partial y}=\frac{\partial\left(\frac{Bx}{x^2+y^2}\right)}{\partial x}+\frac{\partial\left(\frac{By}{x^2+y^2}\right)}{\partial y}=\frac{B(x^2+y^2)-2Bx^2+B(x^2+y^2)-2By^2}{(x^2+y^2)^2}=0$$

其次,还可证明它们满足无旋运动条件:

$$\frac{\partial u_x}{\partial y}=\frac{\partial\left(\frac{Bx}{x^2+y^2}\right)}{\partial y}=-\frac{2Bxy}{(x^2+y^2)^2}$$

$$\frac{\partial u_y}{\partial x}=\frac{\partial\left(\frac{By}{x^2+y^2}\right)}{\partial x}=-\frac{2Bxy}{(x^2+y^2)^2}$$

即

$$\frac{\partial u_x}{\partial y}=\frac{\partial u_y}{\partial x}$$

于是该流场存在流函数与势函数,由不定积分知识得到

$$\psi=\int-u_y\mathrm{d}x+u_x\mathrm{d}y=B\int\mathrm{d}\arctan\left(\frac{y}{x}\right)=B\arctan\left(\frac{y}{x}\right)+C$$

$$\varphi=\int u_x\mathrm{d}x+u_y\mathrm{d}y=\frac{B}{2}\int\mathrm{d}\ln(x^2+y^2)=B\ln\sqrt{x^2+y^2}+C$$

可知与前面用极坐标推导结果一致。

五、势流叠加原理

自然界的三原色可以组合形成万紫千红的大千世界,简单的流动能否叠加形成千姿百态的复杂流动呢?势流就可以实现这一功能。势流理论的另一优势就是可以通过多个简单势流构造出复杂势流,或者将复杂势流分解为简单势流加以分析。之所以能够如此,是因为流函数或势函数所满足的拉普拉斯方程是线性的,在数学上满足所谓叠加原理。也就是说,**几个势流线性叠加后的流动仍然是势流**。

设有 n 个势函数 $\varphi_1,\varphi_2,\varphi_3,\cdots$ 满足拉普拉斯方程

$$\nabla^2\varphi_1=0,\nabla^2\varphi_2=0,\nabla^2\varphi_3=0$$

将这些势函数相叠加:$\varphi=\varphi_1+\varphi_2+\varphi_3+\cdots$,则有

$$\nabla^2\varphi=\nabla^2\varphi_1+\nabla^2\varphi_2+\nabla^2\varphi_3+\cdots=0 \tag{8-60}$$

同样,几个平面势流的流函数相叠加仍然满足拉普拉斯方程,即

$$\nabla^2\psi=\nabla^2\psi_1+\nabla^2\psi_2+\nabla^2\psi_3+\cdots=0 \tag{8-61}$$

此外,势流叠加后的流速等于每个势流流速的矢量和。这是因为将 φ 对 x 取偏导得

$$\frac{\partial\varphi}{\partial x}=\frac{\partial\varphi_1}{\partial x}+\frac{\partial\varphi_2}{\partial x}+\frac{\partial\varphi_3}{\partial x}+\cdots$$

即

$$u_x=u_{x_1}+u_{x_2}+u_{x_3}+\cdots$$

同理,将 φ 对 y、z 取偏导可得

$$u_y=u_{y_1}+u_{y_2}+u_{y_3}+\cdots$$

$$u_z=u_{z_1}+u_{z_2}+u_{z_3}+\cdots$$

此时的 $\boldsymbol{u}=(u_x,u_y,u_z)$ 依然满足 $rot\boldsymbol{u}=0$，所以势流叠加后的流动仍然是势流。

在实际应用中还需特别注意，势流叠加的结果还应该满足复杂势流的全部边界条件，因为符合边界条件的解才是唯一的。

下面就几种典型的势流叠加问题举例说明。

（一）均匀流与点源叠加

如图 8-22 所示，将 x 方向流速为 U 的均匀流

$$\left.\begin{aligned}\varphi &= Ux\\ \psi &= Uy\end{aligned}\right\}$$

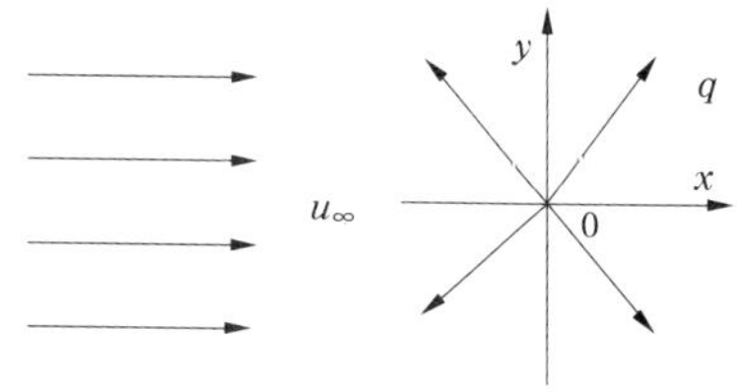

图 8-22

与源点强度为 $\dfrac{Q}{2\pi}$ 的点源叠加

$$\varphi=\frac{Q}{2\pi}\ln r=\frac{Q}{2\pi}\ln\sqrt{x^2+y^2}$$

$$\psi=\frac{Q}{2\pi}\theta=\frac{Q}{2\pi}\arctan\frac{y}{x}$$

叠加后的势函数及流函数分别为

$$\varphi=Ux+\frac{Q}{2\pi}\ln r=Ux+\frac{Q}{2\pi}\ln\sqrt{x^2+y^2}$$

$$\psi=Uy+\frac{Q}{2\pi}\theta=Uy+\frac{Q}{2\pi}\arctan\frac{y}{x}$$

故

$$u_x=\frac{\partial\varphi}{\partial x}=U+\frac{Q}{2\pi}\frac{x}{x^2+y^2}=U+\frac{Q}{2\pi}\frac{\cos\theta}{r}$$

$$u_y=\frac{\partial\varphi}{\partial y}=\frac{Q}{2\pi}\frac{y}{x^2+y^2}=\frac{Q}{2\pi}\frac{\sin\theta}{r}$$

如图 8-23 所示，当 $u_x=u_y=0$ 时，即得到滞止点 A 的坐标：$\theta=\pi$，$r=\dfrac{Q}{2\pi U}$。

将滞止点 A 的坐标代入 $\psi=C$，得到通过滞止点的流线方程为

$$Ur\sin\theta+\frac{Q}{2\pi}\theta=C$$

显然，通过滞止点时常数 $C=\dfrac{Q}{2}$。因此

$$Ur\sin\theta+\frac{Q}{2\pi}(\theta-\pi)=0$$

即

$$r=\frac{Q}{2\pi U}\frac{\pi-\theta}{\sin\theta}$$

在直角坐标系中则为

$$y=\frac{Q}{2\pi U}(\pi-\theta)=\frac{Q}{2\pi U}\left(\pi-\arctan\frac{y}{x}\right)$$

当 $x\to\infty$ 时，$r\to\infty$，$y\to\dfrac{Q}{2U}$。

根据上述方程绘制流线图像,如图 8-23 所示。从图中可以明显看出,通过滞止点的流线将流场分为两部分:由均匀流引起的这部分流量皆在这条流线之外流动,而由点源引起的那部分流量皆在这条流线之内流动。这样便可把通过滞止点的这一条流线视为固壁,并且仅考察其外部绕流,这就是所谓"二元半体绕流"。

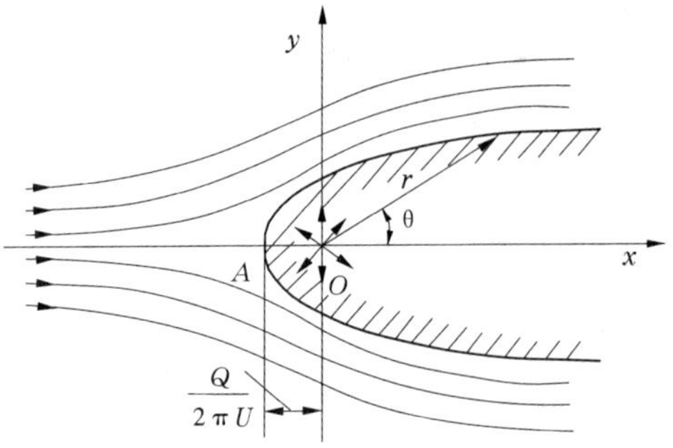

图 8-23

根据二元半体绕流表面的流速分布,利用伯努利方程,可得到其表面的压强分布,请同学们自行推导练习。

(二)点汇与点涡的叠加

前面已知,点汇的势函数和流函数分别为

$$\varphi_1 = -\frac{Q}{2\pi}\ln r = -\frac{Q}{2\pi}\ln\sqrt{x^2+y^2}$$

学海趣谈　　野渡为何舟自横?

在湍急的河流中,无人驾驭的小船横在水里,悠然自在地随波荡漾。早在 1 200 多年前,唐人韦应物就敏锐地观察到这一现象,并在一首脍炙人口的七绝中吟唱:"春潮带雨晚来急,野渡无人舟自横。"稍后的宋人寇準也步其尘,同样刻画了这空灵意境:"野水无人渡,孤舟尽日横。"那么,为什么小船总是处于垂直来流的横向位置附近摆动而不是顺流向呢?优美的诗句背后蕴藏有水力学的道理:在河中荡漾的小船,它只有横在河中,才能处于相对稳定的平衡位置。把小船简化成一个细长椭圆柱体,用理想不可压缩流体的平面流动分析可知,来流同椭圆柱长轴的夹角为 0°和 90°时,椭圆柱所受合力矩为零,均为平衡位置,但两者的稳定性却大不相同。夹角为 0°,小船顺流向时,当船体受扰使其与来流产生任一扰动小偏角时,船体产生的力矩会使偏角增大,破坏平衡。夹角为 90°,小船横对来流时,同样船体与来流产生扰动小偏角时,小船上的作用力矩则会使偏角减小,恢复平衡,所以横向平衡位置是稳定的。天津大学学者在回流式水槽中还进行了模型试验,也证实了前面的分析结果。为了减小运动阻力,船只必须保持顺流向航行,但此时又极易受扰偏转,所以水手总需要不断地调整船舵。而初学划船,为何船总是在水里打转转的原因就不难明了。

$$\psi_1 = -\frac{Q}{2\pi}\theta$$

而点涡的势函数和流函数分别为

$$\varphi_2 = \frac{\Gamma}{2\pi}\theta = \frac{\Gamma}{2\pi}\arctan\frac{y}{x}$$

$$\psi_2 = -\frac{\Gamma}{2\pi}\ln r$$

叠加得到

$$\varphi = \varphi_1 + \varphi_2 = -\frac{1}{2\pi}(Q\ln r - \Gamma\theta) \tag{1}$$

$$\psi = \psi_1 + \psi_2 = -\frac{1}{2\pi}(Q\theta + \Gamma\ln r) \tag{2}$$

令(1)、(2)两式分别等于常数,得到:

等势线　$$r = C_1 e^{\frac{\Gamma}{Q}\theta} \tag{8-62}$$

流线　$$r = C_2 e^{-\frac{Q}{\Gamma}\theta} \tag{8-63}$$

式中 C_1、C_2 为两个常数,这是两组相互正交的对数螺旋线,所代表的流动称为螺旋流。

由势函数与切向及径向速度的关系得到:

切向速度　$$v_\theta = \frac{\partial\varphi}{r\partial\theta} = \frac{\Gamma}{2\pi r}$$

径向速度　$$v_r = \frac{\partial\varphi}{\partial r} = -\frac{Q}{2\pi r}$$

将速度 $v^2 = v_r{}^2 + v_\theta^2 = \dfrac{\Gamma^2 + Q^2}{4\pi^2 r^2}$ 代入伯努利方程得到

$$\frac{p}{\rho g} + z + \frac{v^2}{2g} = const$$

则

$$\frac{p_1}{\rho g} + \frac{\dfrac{\Gamma^2 + Q^2}{4\pi^2 r_1^2}}{2g} = \frac{p_2}{\rho g} + \frac{\dfrac{\Gamma^2 + Q^2}{4\pi^2 r_2^2}}{2g}$$

得流场中压力分布为

$$p_1 = p_2 - \frac{\gamma}{8\pi^2 g}(\Gamma^2 + Q^2)\left(\frac{1}{r_1^2} - \frac{1}{r_2^2}\right)$$

在锅炉设备中的离心式除尘器、离心式喷油嘴和水轮机等所产生的流动就是点汇与点涡叠加的实例;而水泵、鼓风机外壳中的流动则是点源与点涡叠加的实例(见图 8-24)。

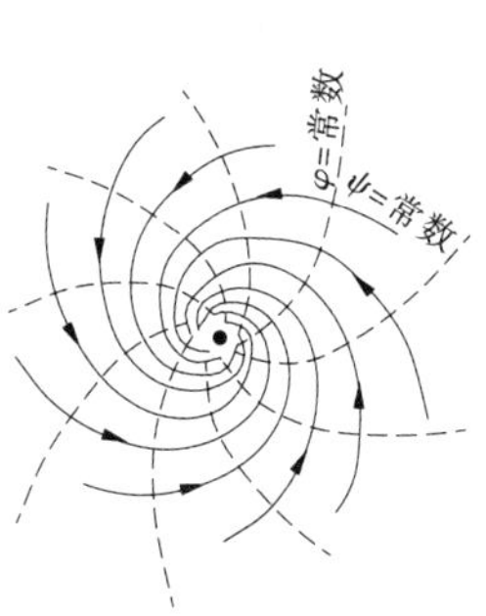

图 8-24

【**例** 8-7】　平面点源(汇)流动:

$$u_x = \frac{Cx}{x^2 + y^2},\quad u_y = \frac{Cy}{x^2 + y^2}$$

(1)求其流速势 φ;

(2)求平面流动的流函数 ψ;

(3)求压强分布。

解:(1)在例 8-3 中已经证明该流动为平面无旋流动,因此存在流速势函数。

对于点源(汇)流动,为方便起见采用极坐标系。此时,如图 8-25 所示。

$$u_\theta = 0$$

$$u_r = u = \sqrt{u_x^2 + u_y^2} = \sqrt{\left(\frac{Cx}{x^2+y^2}\right)^2 + \left(\frac{Cy}{x^2+y^2}\right)^2} = \frac{C}{\sqrt{x^2+y^2}} = \frac{C}{r}$$

因 $$d\varphi = u_x dx + u_y dy$$

故 $$\varphi = \int u_x dx + u_y dy = \int u dr = \int u_r dr = \int \frac{C}{r} dr = C\ln r = C\ln\sqrt{x^2+y^2}$$

令 $\phi = C\ln\sqrt{x^2+y^2} = C_1$,则 $x^2+y^2 = e^{\frac{2C_1}{C}}$,可看出该流动等势线是一簇以原点为中心的同心圆。

(2)因 $d\psi = -u_y dx + u_x dy$,故

$$\psi = \int -u_y dx + u_x dy = \int -\frac{Cy}{x^2+y^2}dx + \frac{Cx}{x^2+y^2}dy$$

$$= C\int\frac{xdy - ydx}{x^2+y^2} = C\int\frac{d\left(\frac{y}{x}\right)}{1+\left(\frac{y}{x}\right)^2} = C\arctan\frac{y}{x} = C\theta$$

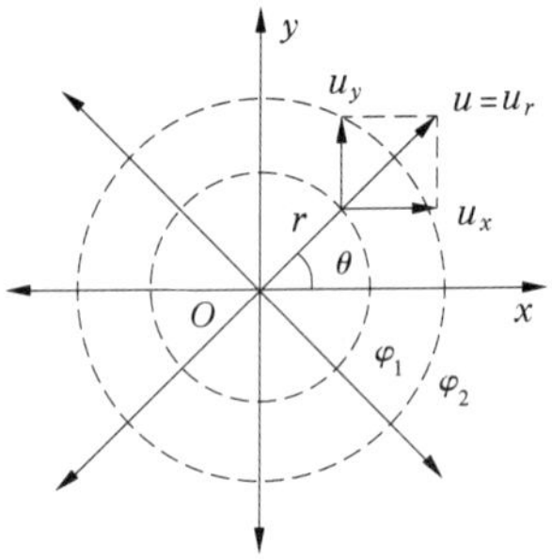

图 8-25

上式中令 $\theta=0$ 时 $\psi=0$,则积分常数等于零。从上式可见,流线是一簇通过原点的射线(θ = 常数),由此说明了等势线与流线互相正交。

(3)由液体运动的拉格朗日积分,若可不计重力的影响,则

$$\frac{p}{\gamma} + \frac{u^2}{2g} = C'$$

将 $u = \frac{C}{r}$ 代入整理得

$$p = C' - \frac{\rho}{2}\left(\frac{C}{r}\right)^2$$

由于 $r\to\infty$ 时,$u\to 0$,$p=p_\infty$,则 $C'=p_\infty$,于是

$$p = p_\infty - \frac{\rho}{2}\left(\frac{C}{r}\right)^2$$

所以 p 沿 r 方向按抛物线规律分布,如图 8-26 所示。

最后指出以上式中 C 的确定:由单位长度($z=1$)的流量

$$Q = \int_0^{2\pi} u_r r d\theta = \int_0^{2\pi}\frac{C}{r} r d\theta = C\int_0^{2\pi} d\theta = 2\pi C$$

得 $$C = \frac{Q}{2\pi}$$

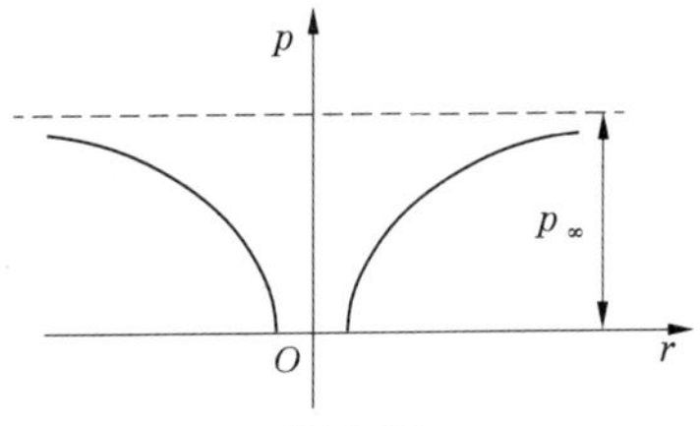

图 8-26

称为平面点源(汇)强度。

习　题

一、课堂讨论题

课 8-1　根据本章内容，试讨论液体运动相对于刚体运动而言，主要区别在哪里。(提示：可从直观现象、运动状态、运动方程等方面进行讨论)

课 8-2　液体质点做曲线运动与做有旋运动在直观上很相似，但存在本质不同。请列举生活中这两类现象的实际例子，并讨论用何种方法在宏观上区分这两类现象。

课 8-3　流网常用来解决实际工程中的势流问题。而水电比拟法是一种解决势流问题的试验方法。请解释为什么可用检测电场的方法来模拟流场，并简述水电比拟法的实施步骤。

二、基本要求题

基 8-1　已知流体质点的运动规律为

$$x = a\cos\left(\frac{t}{a^2+b^2}\right) - b\sin\left(\frac{t}{a^2+b^2}\right)$$

$$y = b\cos\left(\frac{t}{a^2+b^2}\right) + a\sin\left(\frac{t}{a^2+b^2}\right)$$

式中，a、b 为流场的拉格朗日变数，t 为时间。

(1)写出流体速度与加速度的拉格朗日表达式；

(2)求出流体运动的迹线表达式；

(3)写出流体速度与加速度的欧拉表达式；

(4)简述不可压缩流场的定义，上述流场是否不可压缩？

(5)简述无旋流场的定义，上述流场是否无旋？

基 8-2　已知二维不可压缩流体的速度场：$u_x = -ay, u_y = ax$，式中 a 为大于 0 的常数。试确定：

(1)该流动能否发生；

(2)流动是否恒定是否均匀；

(3)流动是否有旋；

(4)是否存在流函数，是否存在速度势函数，为什么？

(5)如果流动存在，推求流线方程，绘出一条流线并标明方向。

基 8-3　如图所示，在均匀直线水平面流动的流场边界上放置一半圆形障碍物。如果平行来流流速为 u，半圆障碍物的半径为 R，问要使障碍物不脱离边界面，需要对其施加多大的力？方向如何？

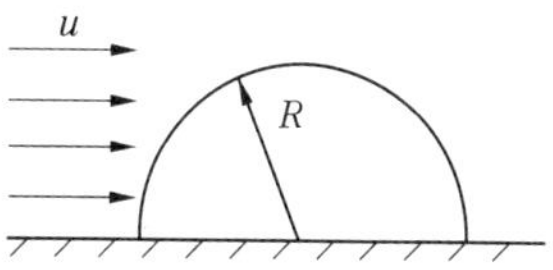

基 8-3 图

基 8-4　已知不可压缩流体平面流动的流函数为 $\psi = 6xy + x - 3y + 5$，流体的密度为 1 000 $\mathrm{kg/m^3}$。求：

(1)流体的速度势函数;

(2)$A(0,0)$和$B(3,4)$两点的压力差。

基 8-5　已知不可压缩平面势流的液体密度为ρ,x轴上的速度投影为$v_x = yt - 2x$,且在$x = y = 0$处:$v_y = 0, p = p_0$。不考虑重力的影响,试求$t = 0$时流场的压力分布。

基 8-6　不可压缩流场的流函数为$\psi = mx^2 - ny^2$。

(1)求该流场的加速度分量a_x、a_y表达式;

(2)求过坐标点(x,y)的流线方程,并判断该流场可否引入流速势函数;

(3)求单位时间内通过$A(x_1,y_1)$和$B(x_2,y_2)$两点间连线的流体体积。

基 8-7　已知不可压缩理想流体平面无旋流动的流速势函数为$\varphi = y(y^2 - 3x^2)$,试求:

(1)相应的速度分量和流函数ψ;

(2)通过$(0,0)$和$(3,6)$两点连线的流体的体积流量Q;

(3)流场中点$(1,1)$处的压力梯度∇p(质量力不计,流体的密度为ρ)。

基 8-8　不可压缩理想流体做稳定平面无旋流动,已知x方向的速度分量为$u_x = ax + by$,坐标原点是一个驻点。试求:

(1)流体在y方向的速度分量u_y;

(2)流动的流速势函数φ和流函数ψ。

三、加深理解题

加 8-1　如图所示,在两块水平放置的无限大平行平板间流过不可压缩液体,平行流速为u,忽略平板的摩擦及质量力。试分析:

(1)如果液体具有黏性,黏度为μ,且在x方向上存在恒定的压力梯度$\frac{dp}{dx} = A\ (A < 0)$的作用,试运用牛顿运动定律导出此种情况下流体运动微分方程。

(2)如果液体是理想流体,而在两平板之间存在半径为r的圆形障碍物,圆心在两板间中心线上,试分析在平板及障碍物共同作用下的流速场及压强场分布。

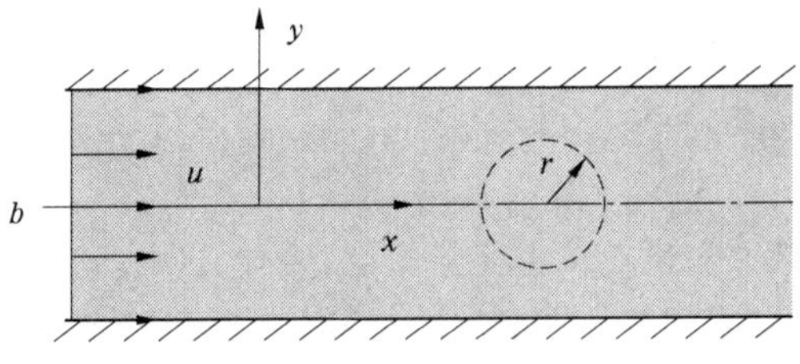

加 8-1 图

加 8-2　设有不可压缩理想流体二维稳定流动,其流函数为$\psi = y^2 - x^2 + C$。

(1)计算其加速度a,并证明a与离坐标原点的距离r成正比关系;

(2)当质量力可忽略不计时,试求其压力分布。

第九章　渗　流

广义上讲，渗流（Seepage flow）是指流体在孔隙介质中的流动。流体包括水、石油及气体等；孔隙介质（Porous medium）包括土壤、岩层及堆石体等各种多孔和裂隙介质。在水利工程中，渗流是特指水在土壤或岩层中的流动，又称为地下水（Ground water）运动。

渗流理论在水利、土建、给水排水、环境工程、地质、石油、化工等许多领域都有着广泛的应用。在水利工程中，最常遇到的渗流问题有：透水地基上水工建筑物的渗透流量及扬压力计算，水井、集水廊道等集水建筑物的水力设计，水库及河渠边岸的侧渗计算，土坝渗流计算等。图9-1所示就是常见的渗流现象。在水力学中，主要研究渗流的渗透流量、渗流浸润线的位置及渗透压力。

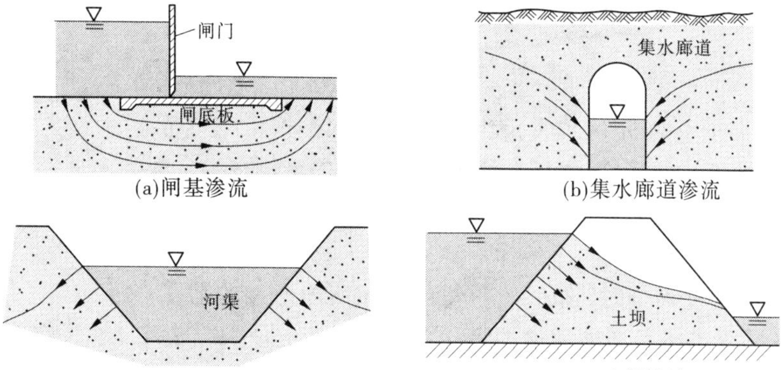

(a)闸基渗流　　(b)集水廊道渗流

(c)河渠侧渗　　(d)土坝渗流

图9-1

地表到处都有奔流不息的江河和涓涓流淌的小溪，地下照样有聚散流动的各种水体，所以水利工程不可避免要与地下水打交道，了解地下水的运动规律。地下水也是重要的水资源，使用不当，会带来很多环境问题。

第一节　渗流基本概念与渗流模型

土壤是孔隙介质的典型代表，在土壤中的渗流运动是水流与土壤在一定边界条件下相互作用的结果。要研究渗流问题，首先必须弄清水在土壤中存在的形式和土壤的渗透特性。

一、水在土壤中存在的形式

水在土壤中存在的形式分为汽态水、附着水、薄膜水、毛细水和重力水。

汽态水是以水蒸气的形式存在于土壤孔隙中；附着水和薄膜水都是受分子力的作用而吸附在土壤颗粒表面，很难运动。这三种水数量很少，在渗流中一般不予考虑。毛细水是存在于土壤的细小孔隙中,在表面张力作用下,可以沿土壤毛细管运动。除某些特殊情况(极细颗粒中的渗流或渗流试验)外,往往也可忽略不计。

重力水是指受重力作用在土壤孔隙中运动的水,地下水主要是指重力水,它充满了渗流区域中土壤的孔隙间。重力水对土壤颗粒有压力作用,渗流的运动达到一定强度时,会产生土体的渗透变形,严重时造成土壤结构破坏,危及建筑物的安全。所以,重力水是渗流研究的主要对象;按含水层埋藏条件,又可分为两类:一种是无压潜水,具有自由表面(浸润面),一种是承压水,充满于地下两个不透水层之间。渗流区指重力水的流场范围。

二、土壤的渗流特性及分类

土壤的渗流特性主要是指土壤的透水性,即土壤透水能力。土壤的透水能力与土壤的孔隙状况有关,因此土壤颗粒的粒径、形状、均匀程度及土壤密实程度都对其有重要影响。一般来说,疏松的土壤和粗颗粒且组成均匀的土壤,其透水能力相对较大。

土壤的密实程度可用土壤的孔隙率 n' 来反映。孔隙率是表示一定体积的土壤中,孔隙的体积 ω 与土壤总体积 W (包含孔隙体积)的比值,即

$$n' = \frac{\omega}{W} \tag{9-1}$$

孔隙率 n' 总是小于 1 的,n' 值越大,表示土壤的透水性越强,渗流的过水能力也越大。

土壤颗粒的不均匀程度,常用土壤组成的不均匀系数 η 来反映,即

$$\eta = \frac{d_{60}}{d_{10}} \tag{9-2}$$

式中:d_{60} 为土壤经过筛分时,占 60% 重量的土粒所能通过的筛孔直径;d_{10} 为土壤经过筛分时,占 10% 重量的土粒所能通过的筛孔直径。一般 η 值总是大于 1 的,η 值越大,表示土壤颗粒越不均匀;均匀颗粒组成的土壤,$\eta = 1.0$。

自然界中土壤的结构相当复杂,根据渗流特性,可将土壤进行分类:若土壤的透水性能不随空间位置而变化,称为均质土壤(Homogeneous soil);反之,称为非均质土壤(Non-homogeneous soil)。若土壤中的任意一点各个方向的透水性能都相同,称为各向同性土壤;否则,称为各向异性土壤。显然,均质各向同性土壤的透水性能与空间位置和渗流方向均无关,这是最简单的一类土壤结构;在渗流研究中,通常都先把土壤做这样的简化。

按水的存在状态,又可将土壤分为饱和带和非饱和带。饱和带中土壤孔隙全部为水所充满,主要为重力水区,在黏性土壤中也包括饱和的毛细水区。非饱和带又称为包气带(Zone of aeration),非饱和带中的土壤孔隙为水和空气所共同充满,受颗粒吸附力、水气交界面的表面张力和重力等作用,渗流规律与饱和带不同。

本章主要讨论饱和带均质各向同性土壤中重力水的渗流问题。

三、渗流模型

水在土壤中沿着孔隙流动,实际土壤孔隙的大小、形状和分布是极不规则的,因此渗流水质点的运动轨迹也错综复杂,如图 9-2(a)所示。要研究水流在每个孔隙中的真实流动状况是非常困难的,而且也无必要;在实际工程中,主要关心渗流的宏观运动规律及平

均效果。为了研究问题方便,通常采用一种假想的渗流场来代替实际的渗流场,称为"渗流模型"。所谓渗流模型,是指略去渗流区内的全部颗粒骨架,使在孔隙间运动的渗流转化为充满整个渗流区空间的连续流动,同时保持了渗流的基本流向,如图 9-2(b)所示。在渗流模型中,渗流的运动要素可视为渗流区域的连续函数来研究。为了保证渗流模型在水力特征上可以反映实际的渗流,必须满足如下几点:

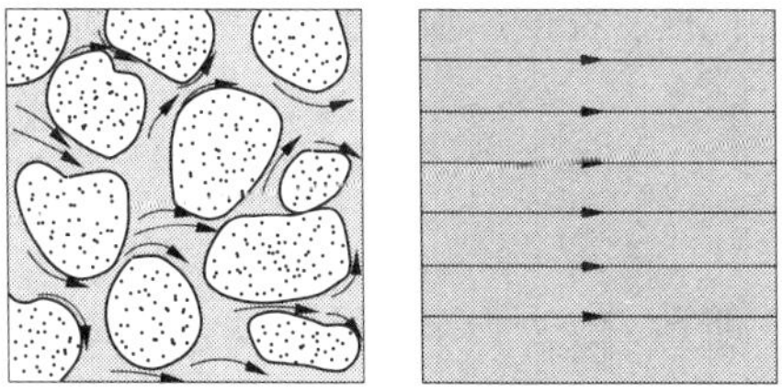

(a)　　(b)

图 9-2

(1)在渗流模型中,任一断面的流量与实际渗流通过该断面的流量相等($Q_{模}=Q_{实}$)。

(2)在渗流模型中,任一确定作用面上的渗流压力要与实际渗流在该作用面上的渗流压力相等($F_{P模}=F_{P实}$)。

(3)在渗流模型中,任一区域的阻力与实际渗流的阻力相等,也就是说对应两者的水头损失应当相等($h_{w模}=h_{w实}$)。

渗流模型只是对渗流流动、渗流阻力、渗透压力进行了宏观简化处理;而渗流模型中各点流速显然与实际渗流的流速还是不相同的。在渗流模型中,取一微小过水断面面积 ΔA,通过该断面的流量为 ΔQ,则渗流模型的流速为 $u=\dfrac{\Delta Q}{\Delta A}$;实际渗流对应 ΔA 内有一部分面积为土粒所占据,真正过水的孔隙断面面积 $\Delta A'$要比 ΔA 小,且 $\Delta A'=n'\Delta A$,n'为土壤的孔隙率。因此,在相应断面孔隙中的渗流实际流速为

$$u'=\frac{\Delta Q}{n'\Delta A}=\frac{u}{n'}$$

由于孔隙率 $n'<1$,所以 $u'>u$,即渗流实际的流速要大于渗流模型的流速。

引入渗流模型之后,将渗流视为连续介质运动;前面关于水流运动的有关概念和分类方法,都可以引用到渗流研究中,例如流线、流态、断面平均流速、动水压强、测压管水头等。按运动要素是否随时间变化,渗流也可分为恒定渗流和非恒定渗流;按流线是否为平行直线,也可分为均匀渗流和非均匀渗流,非均匀渗流又分为渐变渗流和急变渗流。按有无与大气接触的自由液面,渗流可分为有压渗流和无压渗流,本章将以渗流模型为基础,主要对恒定渗流予以研究。

应当指出,由于渗流流速(Seepage velocity)很小,在渗流研究中,流速水头$\dfrac{u^2}{2g}$可以忽略不计。这样,渗流的总水头 H 就等于位置水头 z 与压强水头$\dfrac{p}{\rho g}$之和,也就是测压管水头,即 $H=z+\dfrac{p}{\rho g}$。因此,对于渗流来说,总水头线与测压管水头线近似重合。渗流总是从势能高的地方流向势能低的地方,测压管水头线沿流程只能下降。

第二节　渗流的基本定律——达西定律

渗流运动的基本规律,是由法国工程师达西(H. Darcy)在 1852 ~ 1855 年间通过实验研究总结出来,一般称为达西定律。达西的实验研究是针对均质砂土中的均匀渗流进行的,但是他的研究成果被后来的学者推广应用到整个渗流研究中,达西定律成为渗流研究中最基本的公式。

一、达西定律

达西实验装置如图 9-3 所示,在一个等直径的直立圆筒内装入颗粒均匀的沙土,上端开口与大气相通,水由进水管 a 注入圆筒,并借助溢流管 b 保持圆筒内水位恒定不变。在筒的侧壁相距 l 的 1—1、2—2 两个断面上安装测压管,在沙土的下部安装滤水板,渗流量 Q 可由容器 C 测量。当圆筒上部水位保持恒定不变时,通过均质沙土的渗流是恒定流,其测压管的液面保持不变。

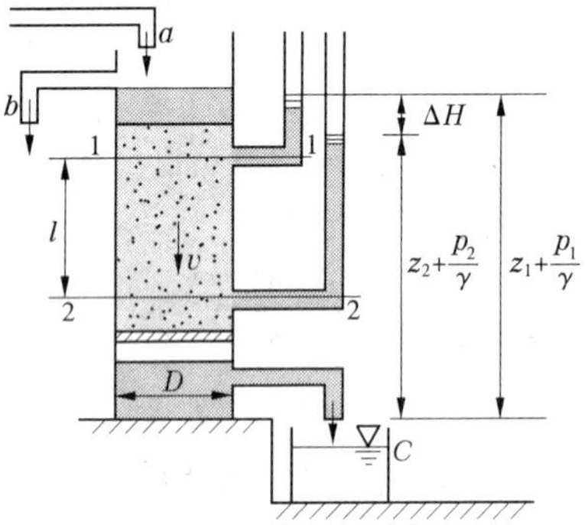

图 9-3

由于渗流流速很小,可以不计流速水头的影响,因此渗流中的总水头 H 可用测压管水头来表示

$$H = z + \frac{p}{\rho g} \tag{9-3}$$

断面 1—1 与断面 2—2 之间的水头损失 h_w 就等于其测压管水头差 ΔH,水力坡度 J 就等于测压管坡度,即

$$J = \frac{h_w}{l} = \frac{\Delta H}{l}$$

达西分析了大量的实验资料,发现在不同尺寸的圆筒内装不同粒径的沙土,其渗流量 Q 都是与圆筒的断面面积 A 和水力坡度 J 成正比,即 $Q \propto AJ$;并且渗流量还与沙土的透水性能有关,引入系数 k,则有

$$Q = kAJ \tag{9-4}$$

断面平均流速为

$$v = \frac{Q}{A} = kJ \tag{9-5}$$

其中,k 为反映沙土透水性能的一个综合系数,称为渗透系数(Coefficient of permeability),它具有流速的量纲。式(9-5)即为达西定律,它表明在均质孔隙介质中的恒定渗流,其渗流平均流速与水力坡度的一次方成正比,因此也称为渗流线性定律。

实验中的渗流区为一圆柱形的均质沙体,沿流程过水断面不变,属于均匀渗流;可以认为过水断面上各点的流动状态相同,任一点的渗透流速 u 等于断面平均流速 v。所以,达西定律也可用于均匀渗流断面上任一点,即

$$u = kJ \tag{9-6}$$

达西定律是从均质沙土的恒定均匀渗流实验中总结得到的,经过后来的大量实践和

研究，认为可将其推广应用到其他孔隙介质的非均匀渐变渗流等各种渗流运动中去，此时的达西定律表示式只能用式(9-6)，而且 u 和 J 都随位置而变化，水力坡度 J 应以微分形式表示，即

$$J = -\frac{\mathrm{d}H}{\mathrm{d}s} \tag{9-7}$$

任一点的渗透流速可写成如下形式

$$u = -k\frac{\mathrm{d}H}{\mathrm{d}s} \tag{9-8}$$

二、达西定律的适用范围

达西定律表明渗流的水头损失和流速的一次方成正比，后来范围较广的实验进一步揭示，随着渗透流速的加大，水头损失也将与流速的 1 ~ 2 次方成正比。所以，在应用中应注意达西定律的适用范围。

水头损失与流速的一次方成正比，这正是液体在层流运动中所遵循的规律；由此可见达西定律只能适用于层流区渗流又称线性渗流。凡超出达西定律适用范围的渗流，称为紊流区渗流或非线性渗流。

由于土壤的透水性质很复杂，对于层流区渗流和紊流区渗流，很难找到确切的判别标准。曾有学者提出以颗粒直径作为控制标准，但大多数学者认为仍以雷诺数来判别更为适当。很多渗流研究结果表明，由层流到紊流的临界雷诺数不是一个常数，而是随着颗粒直径、孔隙率等因素而变化。H · 巴甫洛夫斯基提出了反映渗流特点的特征雷诺数 Re'

$$Re' = \frac{1}{0.75n' + 0.23}\frac{vd}{\nu} \tag{9-9}$$

式中：n' 为土壤的孔隙率；d 为土壤有效粒径，一般可用 d_{10} 来代表；v 为渗流断面平均流速；ν 为运动黏度。

通常定义 Re'_c 为渗流的临界雷诺数，试验得到：

$$Re'_c = 7 \sim 9 \tag{9-10}$$

当 $Re' < Re'_c$ 时，渗流即为层流区渗流。

在水利工程中遇到的大多数渗流运动是服从达西定律的；只有在砾石、碎石等大孔隙介质中的渗流，例如堆石坝、堆石排水体的情况，渗流才不符合达西定律。目前黏土的渗流计算，一般都采用达西定律。

渗流水头损失规律的一般表达式可概括为下列形式

$$J = au + bu^2 \tag{9-11}$$

式中，a、b 是两个待定系数，由实验确定。当 $b = 0$ 时，式(9-11)即为达西定律，适用于线性渗流；当 $a = 0$ 时，渗流进入阻力平方区；当 a 和 b 均不等于零时，则为处于上述两种情况之间的非线性渗流。所以，式(9-11)即为一般的渗流非线性定律。

应当指出，以上讨论的各种渗流水头损失的规律，都是针对没有发生渗流变形的情况而言的。当土壤颗粒因渗流作用而运动，或土壤结构因渗流而失去稳定，出现渗流变形时，渗流水头损失将服从另外的规律，这将在土力学中阐述。

本章所讨论的内容,仅限于符合达西定律的层流区渗流。

三、渗透系数

在应用达西定律进行渗流计算时,首先需要确定土壤的渗透系数 k 值,它是反映土壤渗流特性的一个综合指标。其数值的大小取决于很多因素,但主要与孔隙介质的特性和液体的物理性质有关。在以水为研究对象的渗流问题中,温度对渗透系数的影响可以忽略不计;因此,可以把渗透系数看作是只反映孔隙介质性质对透水能力影响的一个参数。一般确定土体渗透系数的常用方法有如下三种。

(一)室内测定法

为了能够较真实地反映土的透水性能,在现场取若干土样,不加扰动并密封保存,然后在室内测定其渗透系数。通常使用的实验设备如图 9-3 所示,如果实验中的渗流运动符合达西定律,测得水头损失与流量后,即可由式(9-4)求得土壤的渗透系数 k 值,即

$$k = \frac{Ql}{Ah_w} \tag{9-12}$$

由于天然土体不是完全均质的,所取土样应具有代表性且有足够数量,这样就可以比较准确地反映土壤透水性能;这种方法从实际出发、易于操作,是一种常用方法。

(二)现场测定法

一般是在现场采用钻孔抽水或压水试验,测定渗流参数(如流量、水头等),再依据相应的渗流公式反求出渗透系数 k 值。

在所研究的渗流区域现场进行实测,是一种较为可靠的方法。在保持原状土体结构条件下进行测试,可以获得大区域的渗透系数值。由于这种方法规模较大,费用高,一般多用于重要的大型工程。

(三)经验估算法

在进行初步估算时,若缺乏可靠的实际资料,则可以参照有关规范选用 k 值,或者采用经验公式估算 k 值。这里将各类土壤渗透系数 k 的参考值列于表 9-1,也可供估算时选用。

表 9-1　土体的渗透系数 k 值

土壤名称	渗透系数 k	
	m/d	cm/s
黏土	<0.005	$<6\times10^{-6}$
亚黏土	0.005~0.1	$6\times10^{-6}\sim1\times10^{-4}$
轻亚黏土	0.1~0.5	$1\times10^{-4}\sim6\times10^{-4}$
黄土	0.25~0.5	$3\times10^{-4}\sim6\times10^{-4}$
粉砂	0.5~1.0	$6\times10^{-4}\sim1\times10^{-3}$
细砂	1.0~5.0	$1\times10^{-3}\sim6\times10^{-3}$
中砂	5.0~20.0	$6\times10^{-3}\sim2\times10^{-2}$

续表 9-1

土壤名称	渗透系数 k	
	m/d	cm/s
均质中砂	35 ~ 50	4×10^{-2} ~ 6×10^{-2}
粗砂	20 ~ 50	2×10^{-2} ~ 6×10^{-2}
均质粗砂	60 ~ 75	7×10^{-2} ~ 8×10^{-2}
圆砾	50 ~ 100	6×10^{-2} ~ 1×10^{-1}
卵石	100 ~ 500	1×10^{-1} ~ 6×10^{-1}
无填充物卵石	500 ~ 1 000	6×10^{-1} ~ 1×10
稍有裂隙岩石	20 ~ 60	2×10^{-2} ~ 7×10^{-2}
裂隙多的岩石	>60	$>7\times10^{-2}$

第三节　地下河槽恒定均匀渗流与渐变渗流的基本公式

若渗流区域位于不透水基底上，且渗流具有自由表面，这种流动称为无压渗流。无压渗流的自由表面称为浸润面，自由表面的纵剖面线称为浸润线，见图 9-4 ~ 图 9-6。在自然界中，不透水基底一般是起伏不平的，为方便起见，可近似认为不透水基底为平面，仍以 i 表示基底坡度，其底坡也可以分为三类：$i>0$ 为正坡，$i=0$ 为平坡，$i<0$ 为负坡。在多数情况下，渗流区域在横向很宽阔，一般概化为棱柱体宽矩形断面讨论。

一、均匀渗流

如图 9-4 所示，在正坡（$i>0$）不透水基底上可以形成无压均匀渗流（力学分析同明渠流）。因均匀流水深 h_0 沿流程不变，浸润线是一条直线且平行于不透水基底，水力坡度 $J=-\dfrac{\mathrm{d}H}{\mathrm{d}s}=i=$ 常数。

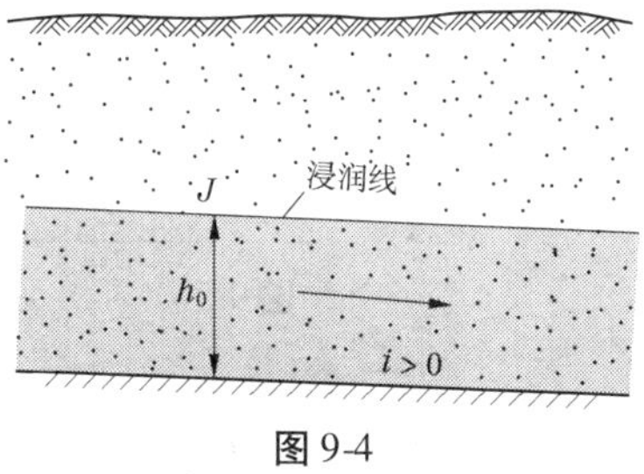

图 9-4

根据达西定律式(9-5)，断面平均流速 v 为

$$v=ki \tag{9-13}$$

通过过水断面 A_0 的流量 Q 为

$$Q=kiA_0 \tag{9-14}$$

对于矩形断面，$A_0=bh_0$，故单宽渗流量 q 为

$$q=kh_0 i \tag{9-15}$$

式中：h_0 为均匀渗流水深；k 为土体的渗透系数；i 为不透水基底坡度。

二、渐变渗流的基本公式

为了研究渐变渗流的运动规律,必须建立恒定无压非均匀渐变渗流断面平均流速的计算公式。如图 9-5 所示为一渐变渗流,因流线是近似平行的直线,故过水断面近似于平面,同一过水断面上各点的测压管水头相等。由于渗流流速很小,可不计流速水头的影响,所以同一过水断面上各点的总水头也相等。

若在相距为 ds 的过水断面 1—1 和断面 2—2 之间任取一条流线 AB,按照拓广的达西定律式(9-8),A 点处渗透流速 u 为

$$u = -k\frac{\mathrm{d}H}{\mathrm{d}s}$$

由于渐变流过水断面总水头 $H = z + \frac{p}{\rho g}$ = 常数,所以水头差 d$H = H_1 - H_2$ = 常数,因渐变渗流的流线曲率很小,两个过水断面之间各条流线的长度 ds 也近似相等,所以同一过水断面上各点的水力坡度 $J = -\frac{\mathrm{d}H}{\mathrm{d}s}$ 也相等,各点的渗透流速为

$$u = -k\frac{\mathrm{d}H}{\mathrm{d}s} = \text{常数} \tag{9-16}$$

断面平均流速 $v = u$,即

$$v = -k\frac{\mathrm{d}H}{\mathrm{d}s} \tag{9-17}$$

式(9-17)即为渐变渗流的基本公式,它是法国学者杜比(J. Dupuit)于 1857 年首先推导出来的,故又称为杜比公式。杜比公式表明,在渐变渗流中,同一过水断面上各点的流速相等并且等于断面平均流速,流速分布为矩形分布。但不同过水断面上的流速则不相等,如图 9-6 所示。显然,杜比公式不适用于流线曲率很大的急变渗流。

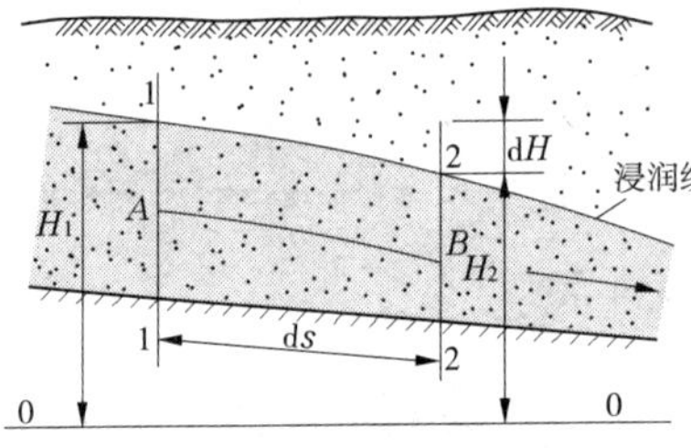

图 9-5

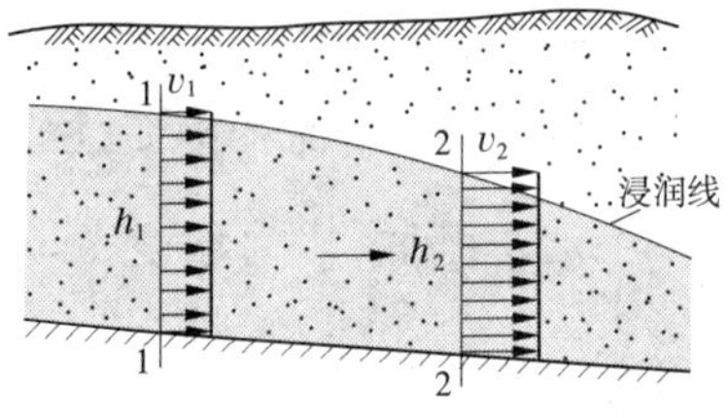

图 9-6

第四节　棱柱体地下河槽恒定渐变渗流的水力计算

一、地下河槽恒定渐变渗流的基本微分方程

利用杜比公式(9-17),可以建立棱柱体地下河槽恒定渐变渗流的基本微分方程,这是分析和计算恒定渐变流的浸润线(Line of seepage)的理论依据。

在图 9-7 所示的渐变流中任取一过水断面，该断面总水头 H 为

$$H = z + h$$

式中：h 为水深；z 为过水断面底部到基准面的高度。故

$$\frac{dH}{ds} = \frac{dz}{ds} + \frac{dh}{ds} = -i + \frac{dh}{ds}$$

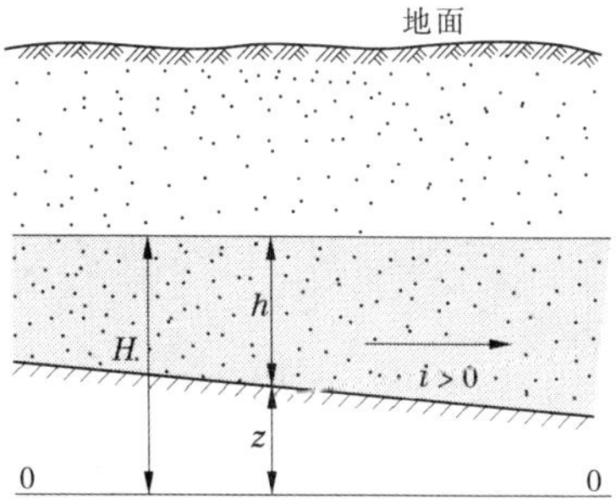

图 9-7

根据杜比公式(9-17)，断面平均流速为

$$v = -k\frac{dH}{ds} = k\left(i - \frac{dh}{ds}\right) \tag{9-18}$$

通过过水断面 A 的流量为

$$Q = Av = kA\left(i - \frac{dh}{ds}\right) \tag{9-19}$$

式(9-19)即为棱柱体地下河槽恒定非均匀渐变渗流的基本微分方程式。

二、地下河槽恒定渐变渗流的浸润曲线

类似于明渠水流的水面曲线，地下河槽渐变渗流的浸润线也因底坡不同而有不同的形式。因在渗流浸润线研究中可以忽略$\frac{\alpha v^2}{2g}$，渗流断面比能 $E_s = h$，故不存在临界水深 h_k，或认为 $h_k = 0$，相应的急流、陡坡、临界坡的概念也就失去意义。因此，在地下河槽中只有正坡、平坡、负坡三种底坡，渗流实际水深也只需与均匀渗流的正常水深作比较。由此可见，渐变渗流的浸润线要比明渠的水面曲线形式简单，在三种底坡上共有四种形式的浸润线。

（一）正坡（$i > 0$）

如图 9-8 所示，在正坡的地下河槽中，可以存在均匀渗流，若流量 Q 用均匀渗流的公式表示，以 h_0 表示均匀渗流的水深，则 $Q = bh_0ki$，代入式(9-19)，因 $A = bh$，得

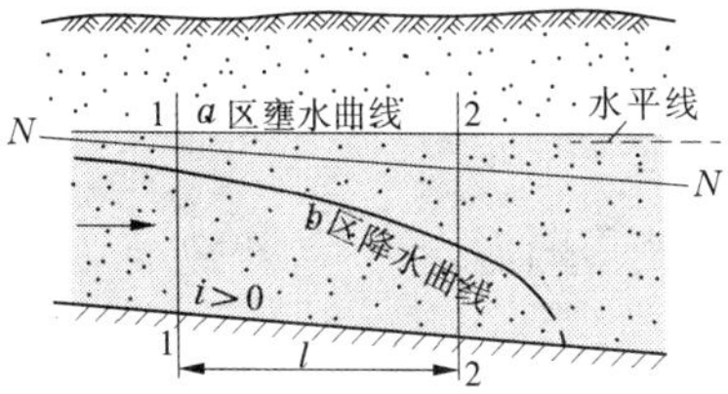

图 9-8

$$\frac{dh}{ds} = i\left(1 - \frac{h_0}{h}\right) \tag{9-20}$$

仿照第六章方法，以 h_0 作正常水深线 $N—N$（见图 9-8），$N—N$ 线将渗流划分为两个区域，$N—N$ 线以上为 a 区，$N—N$ 线之下为 b 区。

a 区：$h > h_0$，由式(9-20)得$\frac{dh}{ds} > 0$，说明水深沿流程增加，故 a 区的浸润线为壅水曲线。在曲线的上游端，当水深 $h \to h_0$ 时，$\frac{h_0}{h} \to 1$，$\frac{dh}{ds} \to 0$，即浸润线在上游端以 $N—N$ 线为渐近线。在曲线的下游端，当水深 $h \to \infty$ 时，$\frac{h_0}{h} \to 0$，$\frac{dh}{ds} \to i$，即浸润线在下游端以水平线为渐近线。

b 区：$h<h_0$，$1-\frac{h_0}{h}<0$，由式(9-20)可知$\frac{dh}{ds}<0$，说明水深沿流程减小，故 b 区的浸润线为降水曲线。在曲线的上游端，当水深 $h\to h_0$ 时，$\frac{dh}{ds}\to 0$，即浸润线的上游端仍以 $N—N$ 线为渐近线。在曲线的下游端，当水深 $h\to 0$ 时，$\frac{dh}{ds}\to-\infty$，即浸润线在下游端趋向与不透水基底正交。

a 区及 b 区的浸润线形状如图 9-8 所示。

为了进行浸润线计算，需对式(9-20)积分，令$\frac{h}{h_0}=\eta$，由式(9-20)得

$$\frac{dh}{ds}=i\left(1-\frac{1}{\eta}\right)$$

利用$\frac{dh}{ds}=h_0\frac{d\eta}{ds}$，并将上式分离变量得

$$ds=\frac{h_0}{i}\left[d\eta+\frac{d(\eta-1)}{\eta-1}\right] \tag{9-21}$$

从断面 1—1 到断面 2—2 对式(9-21)积分，得

$$l=\frac{h_0}{i}\left(\eta_2-\eta_1+\ln\frac{\eta_2-1}{\eta_1-1}\right)=\frac{h_0}{i}\left(\eta_2-\eta_1+2.3\lg\frac{\eta_2-1}{\eta_1-1}\right) \tag{9-22}$$

式中，$\eta_2=\frac{h_2}{h_0}$，$\eta_1=\frac{h_1}{h_0}$为 1—1、2—2 两断面之间的距离。式(9-22)为正坡棱柱体地下河槽浸润线的计算公式。

(二)平坡($i=0$)

如图 9-9 所示，将 $i=0$ 代入式(9-19)得

$$Q=-kA\frac{dh}{ds}$$

取为矩形断面，$q=\frac{Q}{b}$，$A=bh$，上式又可以写成

$$\frac{dh}{ds}=-\frac{q}{kh} \tag{9-23}$$

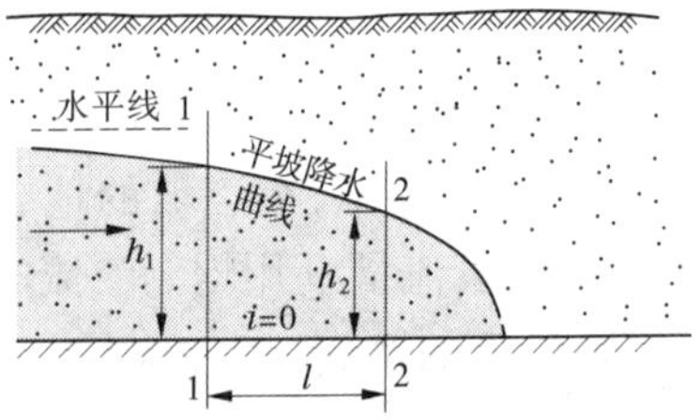

图 9-9

因 $i=0$ 中不可能产生均匀渗流，不存在正常水深 $N—N$ 线，故浸润线只有一种形式。因 Q、k、h 均为正值，从式(9-23)可知$\frac{dh}{ds}<0$，所以浸润线只能是降水曲线。在曲线的上游端，当水深 $h\to\infty$ 时，$\frac{dh}{ds}\to 0$，即浸润线的上游端以水平线为渐近线。在曲线的下游端，当水深 $h\to 0$ 时，$\frac{dh}{ds}\to-\infty$，即浸润线与不透水基底有正交的趋势。浸润线形状如图 9-9 所示。

为了对式(9-23)进行积分，将式(9-23)分离变量得

$$\frac{q}{k}ds=-hdh$$

从断面 1—1 到断面 2—2 对上式积分，并令 $l=s_2-s_1$，得

$$l = \frac{k}{2q}(h_1^2 - h_2^2) \tag{9-24}$$

式(9-24)即为平坡矩形棱柱体地下河槽浸润线的计算公式。

(三)逆坡($i<0$)

如图 9-10 所示,令 $i' = -i$ 代入式(9-19),得

$$Q = -kA\left(i' + \frac{dh}{ds}\right) = -kbh\left(i' + \frac{dh}{ds}\right) \tag{9-25}$$

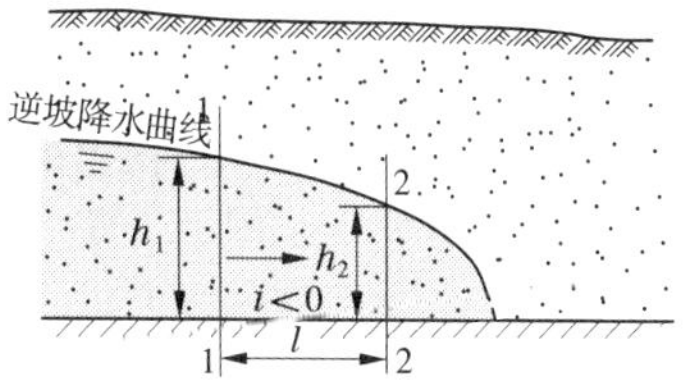

图 9-10

由于 $i'>0$,今设想所研究的渗流流量 Q,在虚拟的正坡 i' 上形成均匀渗流,其过水断面面积 $A'_0 = bh'_0$,于是均匀渗流流量 $Q = kbh'_0 i'$,代入式(9-25)并整理得

$$\frac{dh}{ds} = -i'\left(1 + \frac{h'_0}{h}\right) \tag{9-26}$$

由式(9-26)可知,因 i'、h'_0 及 h 均为正值,故 $\frac{dh}{ds}<0$,在逆坡地下河槽中的浸润曲线一定是降水曲线。与平坡上的浸润线分析相似,该浸润线的上游端以水平线为渐近线,下游端趋近与不透水基底正交。浸润线形状如图 9-10 所示。

现对微分方程式(9-26)进行积分,令 $\frac{h}{h'_0} = \eta'$,则 $\frac{dh}{ds} = h'_0\frac{d\eta'}{ds}$,代入式(9-26)并分离变量,得

$$\frac{i'}{h'_0}ds = -\frac{\eta'}{1+\eta'}d\eta'$$

从断面 1—1 到断面 2—2 对上式积分,并且令 $l = s_2 - s_1$,得

$$l = \frac{h'_0}{i'}\left(\eta'_1 - \eta'_2 + 2.3\lg\frac{\eta'_2 + 1}{\eta'_1 + 1}\right) \tag{9-27}$$

式中,$\eta'_2 = \frac{h_2}{h'_0}$,$\eta'_1 = \frac{h_1}{h'_0}$。式(9-27)即为负坡棱柱体地下河槽的浸润线的计算公式。

需要指出的是,无论何种底坡,当水深 $h \to 0$ 时,浸润线的下游端均趋向与不透水基底正交,这时的流动已属于急变渗流,超出了式(9-20)的适用范围,实际工程中,这时浸润线的下游端将以某一个控制水深为终点,这个控制水深取决于具体的边界条件,如集水廊道内的水深,见图 9-12。

【例 9-1】 如图 9-11 所示,在某渠道与河流之间有一透水土层,渗透系数 $k = 0.005$ cm/s,不透水基底的底坡 $i = 0.02$,从渠中渗出的水深 $h_1 = 1.0$ m,渗入河流时的水深 $h_2 = 1.9$ m,渠道与河流相距 $s = 180$ m,试求:

(1)渠道向河道的单宽渗透流量 q;

(2)计算并绘制该渗流的浸润曲线。

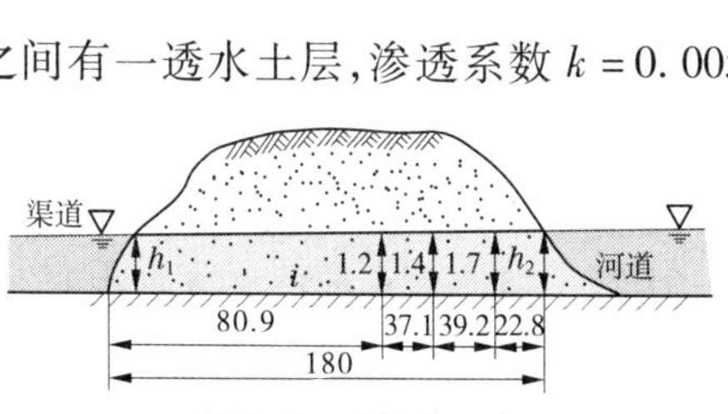

图 9-11 (单位:m)

解:

1. 求渠道向河道的单宽渗透流量 q

(1)先求正常水深 h_0。

由题意可知，$h_2 > h_1, i > 0$，故浸润曲线为正坡 a 区的壅水曲线，利用式(9-22)计算正常水深 h_0

$$l = \frac{h_0}{i}\left(\eta_2 - \eta_1 + 2.3\lg\frac{\eta_2 - 1}{\eta_1 - 1}\right)$$

因 $\eta_2 = \frac{h_2}{h_0}, \eta_1 = \frac{h_1}{h_0}$，上式可改写成

$$il - h_2 + h_1 = 2.3h_0\lg\frac{h_2 - h_0}{h_1 - h_0}$$

将 $h_1 = 1.0$ m，$h_2 = 1.9$ m，$l = s = 180$ m 代入上式得

$$h_0\lg\frac{1.9 - h_0}{1.0 - h_0} = \frac{1}{2.3}(0.02 \times 180 - 1.9 + 1.0) = 1.174$$

由上式经试算求得

$$h_0 = 0.945 \text{ m}$$

(2)计算单宽渗透流量 q。

横向每米长渠道的单宽渗流量由式(9-15)计算

$$q = kih_0 = 0.005 \times 10^{-2} \times 0.02 \times 0.945 = 9.45 \times 10^{-7}(\text{m}^3/(\text{s} \cdot \text{m}))$$

2. 计算浸润线

已知起始断面水深 $h_1 = 1.0$ m，假设 $h_2 = 1.2$ m，则 $\eta_1 = \frac{h_1}{h_0} = 1.06$，$\eta_2 = \frac{h_2}{h_0} = 1.27$，利用式(9-22)计算相应的距离

$$l = \frac{h_0}{i}\left(\eta_2 - \eta_1 + 2.3\lg\frac{\eta_2 - 1}{\eta_1 - 1}\right)$$

$$l = \frac{0.945}{0.02}\left(1.27 - 1.06 + 2.3\lg\frac{1.27 - 1}{1.06 - 1}\right) = 80.9(\text{m})$$

再取 $h_1 = 1.2$ m，设 $h_2 = 1.4$ m，以此类推，可计算出各段的 l 值，计算结果列表如下：

h(m)	$\eta = \frac{h}{h_0}$	l(m)
1.0	1.06	
1.2	1.27	80.9
1.4	1.48	37.1
1.7	1.80	39.2

根据表中的 h 及 l 值绘制浸润曲线如图 9-11 所示。

【例 9-2】 集水廊道是汲取地下水源或降低地下水位的一种集水建筑物。水平不透水层上修建长 $L = 100$ m 的集水廊道，廊道断面形式如图 9-12 所示。含水层(Aquifer)原有水深 $H = 7.6$ m，修建集水廊道后，在距廊道边缘 $s = 800$ m 处，地下水位开始下降，廊道中水深 $h = 3.6$ m，土壤渗透系数 $k = 0.04$ cm/s，c 点

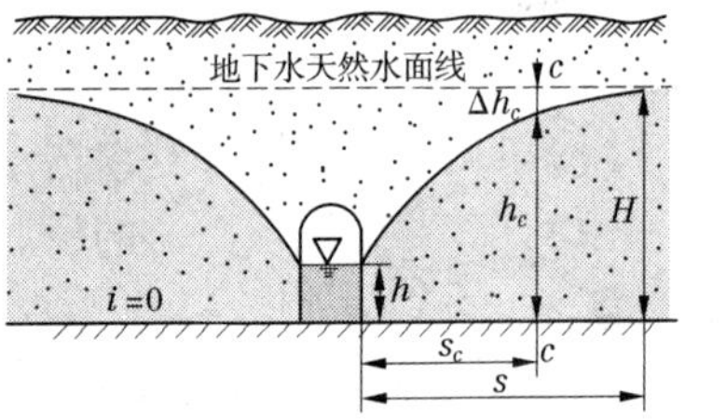

图 9-12

距廊道的距离 $s_c=400$ m。试求：

(1)集水廊道排出的总渗流量 Q；

(2) c 点处地下水位的降低值 Δh_c。

解：若从集水廊道向外抽排水，其两侧一定范围内的地下水均流向廊道，水面不断下降，当抽水稳定后，将形成对称于廊道轴线的浸润曲面。廊道较长，可以近似认为垂直于廊道轴线的各廊道剖面渗流情况均相同，可视为平面渗流问题。由于浸润曲面的曲率很小，可近似看做无压恒定渐变渗流。所以，本例题属水平不透水层上无压恒定二元渐变渗流的水力计算。

(1)计算排水总量 Q。

集水廊道中汇积的地下水是由两侧土层渗出的，每一侧的单宽渗流量为

$$q=\frac{Q}{2L}$$

利用平底河槽浸润线公式(9-24)，得

$$l=\frac{k}{2\times\frac{Q}{2L}}(h_1^2-h_2^2)=\frac{kL}{Q}(h_1^2-h_2^2)$$

根据题意，当 $l=s$ 时，$h_1=H$，$h_2=h$，代入上式得

$$Q=\frac{kL}{s}(H^2-h^2)$$

代入已知数据，解得

$$Q=\frac{0.04\times10^{-2}\times100}{800}\times(7.6^2-3.6^2)=2.24\times10^{-3}(\mathrm{m^3/s})=2.24\ (\mathrm{L/s})$$

(2)计算 c 点处的水位降深 Δh_c。

设 c 点处渗流水深为 h_c，将 $l=s_c$，$h_1=h_c$，$h_2=h$ 代入式(9-28)，得

$$s_c=\frac{kL}{Q}(h_c^2-h^2)$$

或

$$h_c^2=\frac{Qs_c}{kL}+h^2$$

代入已知数据解得

$$h_c^2=\frac{2.24\times10^{-3}\times400}{0.04\times10^{-2}\times100}+3.6^2=35.36$$

故

$$h_c=5.95\ (\mathrm{m})$$

c 点处的地下水位降低值

$$\Delta h_c=H-h_c=7.6-5.95=1.65(\mathrm{m})$$

第五节　不透水地基上均质土坝的渗流计算

土坝是水利工程中应用最广的挡水建筑物之一。土坝挡水后，坝体的渗流直接关系到土坝的安全稳定和蓄水量的损失。国内外的有关资料表明，在失事的土坝中，有近

50%的土坝是由于渗流问题而破坏的，由此可见，土坝渗流的分析和计算是很重要的。

当坝体较长，垂直坝轴线的横断面形状和尺寸不变时，除坝体两端外，土坝渗流可视为其横截面上的平面渗流；如果断面的形状和不透水基底条件也比较简单，又可作为渐变渗流来处理。实际工程中土坝的类型及边界条件有很多种，以下仅介绍在水平不透水层上均质土坝的恒定渗流问题，其他类型的土坝渗流计算可参考有关书籍。

土坝渗流计算的主要任务是确定坝内浸润线的位置及经过坝体的渗透流量。典型水平不透水层上的均质土坝如图 9-13 所示，上游水体从边界 AB 渗入坝体，从下游边界 CD 流出坝体。C 点称为逸出点，C 点距下游水面的距离 a_0，称为逸出点高度。渗流在坝体断面上形成浸润线 AC，当上游水深 H_1 和下游水深 H_2 不变时，可视为恒定渐变渗流。

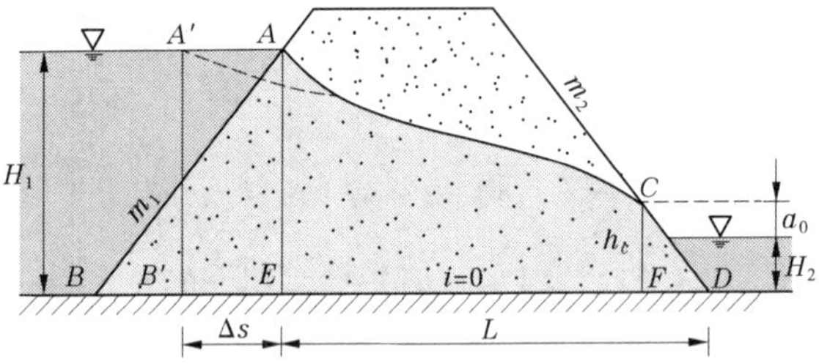

图 9-13

在实用上，土坝渗流计算常采用“分段法”，并且又分为三段法和两段法两种。

三段法由 H · 巴甫洛夫斯基提出，他将坝内渗流区划分为三段，第一段为上游楔形段 ABE，第二段为中间段 $AEFC$，第三段为下游楔形段 CFD。对每一段应用渐变流基本公式建立流量表达式，然后通过三段的联合求解，来确定土坝渗流量及逸出点水深 h_c，并可绘出浸润线 AC。

两段法是三段法的简化，将上游楔形段和中间段合并为上游段，把土坝渗流区划分成两段，下面介绍用两段法来分析土坝渗流。

在两段法中，把上游楔形 ABE 用假想的等效矩形体 $AA'B'E$ 代替，如图 9-13 所示：认为水流从垂直面 $A'B'$ 渗入坝体，而矩形体的宽度 Δs 的确定，应使在相同的上游水深 H_1 和单宽流量 q 的作用下，分别通过矩形体 $AA'B'E$ 和楔形体 ABE 到达 AE 断面的水头损失相等。根据实验研究，等效矩形体的宽度 Δs 可由下式确定

$$\Delta s = \frac{m_1}{1+2m_1}H_1 \tag{9-28}$$

式中 m_1 为土坝上游面的边坡系数。

一、上游段的计算

以坝底不透水层为基准面，将该段视为渐变渗流。渗流从过水断面 $A'B'$ 到 CF 的水头差 $\Delta H = H_1 - (H_2 + a_0)$，过水断面 $A'B'$ 与 CF 之间的平均渗流路径长

$$\Delta L = \Delta s + L - m_2(H_2 + a_0) \tag{9-29}$$

式中，m_2 为土坝下游面的边坡系数，故上游段的平均水力坡度为

$$J = \frac{\Delta H}{\Delta L} = \frac{H_1 - (H_2 + a_0)}{\Delta s + L - m_2(H_2 + a_0)} \tag{9-30}$$

根据杜比公式，上游段的平均渗透流速为

$$v = kJ = k\frac{H_1 - (H_2 + a_0)}{\Delta s + L - m_2(H_2 + a_0)} \tag{9-31}$$

上游段单位坝长的平均过水断面面积 $A = \frac{1}{2}(H_1 + H_2 + a_0)$，则上游段所通过的单宽渗透流量为

$$q = vA = k\frac{H_1^2 - (H_2 + a_0)^2}{2[\Delta s + L - m_2(H_2 + a_0)]} \tag{9-32}$$

由于式(9-32)中的 a_0 尚未确定，还无法由上式直接计算 q。

二、下游段的计算

当下游水深 $H_2 \neq 0$ 时，应将该段分为Ⅰ、Ⅱ两部分，第Ⅰ部分位于下游水面以上，为无压渗流；第Ⅱ部分位于下游水面以下，为有压渗流，如图 9-14 所示，近似认为下游段内流线为水平线。

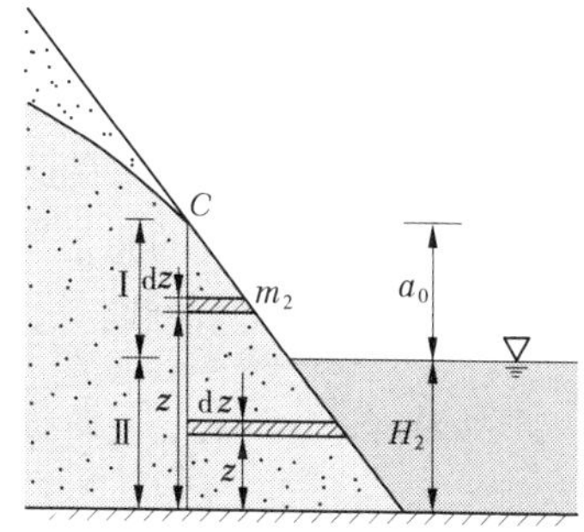

图 9-14

(一)第Ⅰ部分

在距坝底为 z 处任取一元流 dz，该元流长为 $m_2(H_2 + a_0 - z)$，相应流段上的水头损失为$(H_2 + a_0 - z)$，水力坡度为$\frac{1}{m_2}$，该元流的单宽渗流量为 $\mathrm{d}q_{\mathrm{I}} = u\mathrm{d}z = k\frac{1}{m_2}\mathrm{d}z$，则通过第Ⅰ部分的单宽渗流量为

$$q_{\mathrm{I}} = \int \mathrm{d}q_{\mathrm{I}} = \int_{H_2}^{H_2+a_0} \frac{k}{m_2}\mathrm{d}z = \frac{k}{m_2}a_0 \tag{9-33}$$

(二)第Ⅱ部分

同理，在距坝底 z 处取一元流 dz，该元流长为 $m_2(H_2 + a_0 - z)$，相应流段上的水头损失为$(H_2 + a_0 - H_2) = a_0$，水力坡度为

$$J = \frac{a_0}{m_2(H_2 + a_0 - z)} \tag{9-34}$$

该元流的单宽渗流量为

$$\mathrm{d}q_{\mathrm{II}} = kJ\mathrm{d}z = \frac{ka_0}{m_2(H_2 + a_0 - z)}\mathrm{d}z$$

通过第Ⅱ部分的单宽渗流量为

$$q_{\mathrm{II}} = \int \mathrm{d}q_{\mathrm{II}} = \int_0^{H_2} \frac{ka_0}{m_2(H_2 + a_0 - z)}\mathrm{d}z$$

$$= \frac{ka_0}{m_2}\ln\frac{H_2 + a_0}{a_0} = \frac{2.3ka_0}{m_2}\lg\frac{H_2 + a_0}{a_0} \tag{9-35}$$

下游段单宽总渗流量为

$$q = q_{\mathrm{I}} + q_{\mathrm{II}} = \frac{ka_0}{m_2}\left(1 + 2.3\lg\frac{H_2 + a_0}{a_0}\right) \tag{9-36}$$

联解式(9-32)和式(9-36)，可求得土坝单宽渗流量 q 及逸出点高度 a_0，求解时可用试

算法。

三、浸润线

土坝渗流的浸润线方程可直接利用平底矩形棱柱体地下河槽的浸润线公式推求，取 xOy 坐标如图 9-15 所示，在距 O 点为 x 处取一过水断面，水深为 y，由式(9-24)可得

$$x=\frac{k}{2q}(H_1^2-y^2)$$

该式即为水平不透水层上均质土坝的浸润线方程。设一系列 y 值，可由上式算得一系列相应的 x 值，点绘成浸润线 $A'C$，如图 9-15 所示。但因实际浸润线上游是从 A 点开始的，并在 A 点处与坝面 AB 垂直，下游浸润线在 C 点结束，并在逸出点 C 与下游坝面相切。显然应对浸润线的起始端加以修正，这可从 A 点试绘一条垂直 AB 的曲线，并且与 $A'C$ 在某点 G 相切，曲线 AGC 即为所求的浸润曲线。

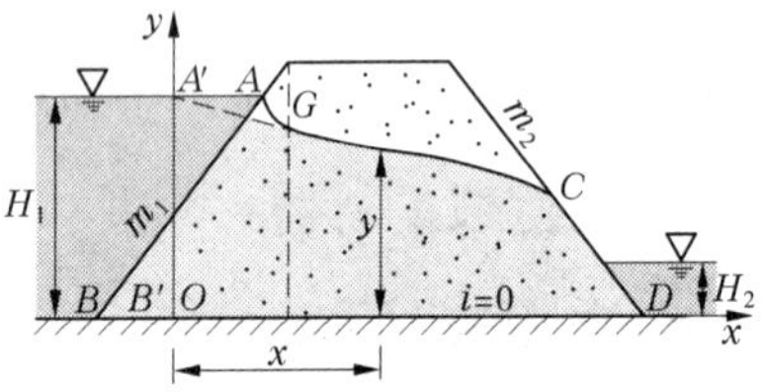

图 9-15

第六节　井及井群的渗流计算

井(Well)是一种用于汲取地下水或排水的集水建筑物。按照井和不透水层的位置可分为普通井和承压井两种基本类型。**在地下无压透水层中所开掘的井称为普通井**，普通井也称为潜水井，用于汲取无压地下水。**当井底直达不透水层时，称为完全井**(Completely penetrating well)，**若井底未达到不透水层，则称为非完全井**(Partially penetrating well)。承压井也称自流井(Artesian well)，它可以穿过一层或多层不透水层，在承压含水层中汲取承压地下水。

严格地讲，井的渗流运动属于非恒定渗流，但在地下水补给充沛，开采量远小于天然补给量的地区，经过较长时间的抽水后，井的渗流可近似作为恒定渗流来研究。

学海趣谈　　无底笼屉的新用途

汛期河道高水位时，背河堤脚或地面出现冒水冒沙的小泉眼，周围还形成沙环，这种现象称为管涌，又称沙沸。堤防出现的这种险情如果继续发展，大量土体被水带出，就可能产生堤防溃决的危险。如何处理这种冒水冒沙的小泉眼呢？“堵”，这种一般人的第一反应恰恰是错误的决择；正确的选择应该是“导”，通过反滤导渗，制止涌水带土破坏堤防。通常是在堤防背水侧泉眼附近盖土工织物、压透水材料做反滤层，然后在其上修减压围井，并注水，又称养水盆，如图所示。通过抬高堤防背水侧水位，降低堤防内土体的渗透比降，保护堤内土体不流失，就可以控制渗流，保护堤防安全。近来科技工作者又设计出一种新型的笼屉式养水盆，制作多个高强度的铝合金无底圆笼屉，采用笼屉式叠加结构，就可以方便、快速地形成养水盆，达到机械化、快速抢险的目的。

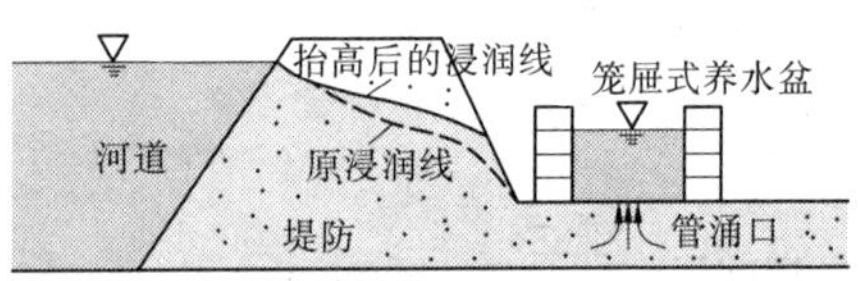

本节仅讨论普通井及井群恒定渗流的计算。

一、普通井的渗流计算

普通完全井如图 9-16 所示，含水层深度为 H，掘井以后井中初始水位与原地下水的水位齐平，当从井中开始抽水后，井周围的地下水开始向井中渗流形成漏斗形的浸润面，井中水位和周围地下水位逐渐下降。当含水层的范围很大，抽水流量保持不变时，一定时间后可形成恒定渗流，此时井中水深 h_0 及漏斗形浸润面的位置和形状均保持不变。

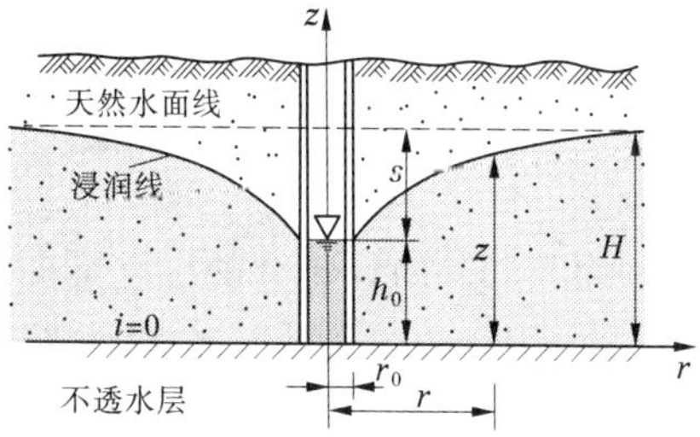

图 9-16

对均质各向同性土壤而言，当井的周围含水层范围很大且无其他干扰时，井的渗流具有轴对称性；通过井中心线沿径向的任何剖面上，流动情况都是相同的，故可简化为平面问题。如果再进一步忽略水力要素沿垂直方向的变化，沿井径向的渗流便可近似认为是恒定平面渐变渗流，运用杜比公式进行分析。

选坐标系如图 9-16 所示，若任取一个距井轴为 r 的过水断面，设该断面上水深为 z，其过水断面为圆柱面，面积 $A=2\pi rz$，如果以不透水层顶面为基准面，该断面上各点的水力坡度为 $J=\frac{dz}{dr}$，根据杜比公式(9-17)，该过水断面的平均流速为

$$v=k\frac{dz}{dr}$$

井的渗流量为

$$Q=Av=2\pi rzk\frac{dz}{dr} \tag{9-37}$$

分离变量得

$$2zdz=\frac{Q}{\pi k}\frac{dr}{r}$$

积分后得

$$z^2=\frac{Q}{\pi k}\ln r+C \tag{9-38}$$

积分常数 C 由边界条件确定，当 $r=r_0$ 时，$z=h_0$，代入式(9-38)得

$$C=h_0^2-\frac{Q}{\pi k}\ln r_0$$

将 C 代入式(9-38)，得

$$z^2-h_0^2=\frac{Q}{\pi k}\ln\frac{r}{r_0} \tag{9-39}$$

或

$$z^2-h_0^2=\frac{0.73Q}{k}\lg\frac{r}{r_0} \tag{9-40}$$

式中，h_0 为井中水深，r_0 为井的半径。式(9-40)即为普通完全井的浸润线方程，可用来确

定沿井的径向剖面上的浸润线。

从理论上讲，在离井较远的地方，浸润线应该是以地下水的天然水面线为渐近线，即当 $r\to\infty$ 时，$z=H$。但在实用上，常近似认为井的抽水影响是有限的，即存在着一个井的**影响半径** R；在影响半径以外的区域，地下水位将不受该井的影响。近似认为当 $r=R$ 时，$z=H$（天然含水层深度），代入式(9-40)，可得普通完全井的出水量公式为

$$Q=\pi k\frac{H^2-h_0^2}{\ln\dfrac{R}{r_0}} \tag{9-41}$$

利用式(9-41)计算井的出水量时，要先确定影响半径 R_j，它主要与土壤的渗透性能有关，需要用实验方法或野外实测方法来确定。在初步计算中，R 可用如下经验公式估算

$$R=3\ 000s\sqrt{k} \tag{9-42}$$

式中：s 为井水面降深(Constant drawdown)，m；$s=H-h_0$；k 为渗透系数，m/s。

在粗略估算时，影响半径可在下列范围取用：细粒土 $R=100\sim200$ m；中粒土 $R=250\sim500$ m；粗粒土 $R=700\sim1\ 000$ m。

由于影响半径是一个近似的概念，所以由不同方法确定的 R 值相差较大。然而从井的出水量公式(9-41)可以看出，流量与影响半径的对数值成反比，所以影响半径的变化对流量计算不会带来很大影响。

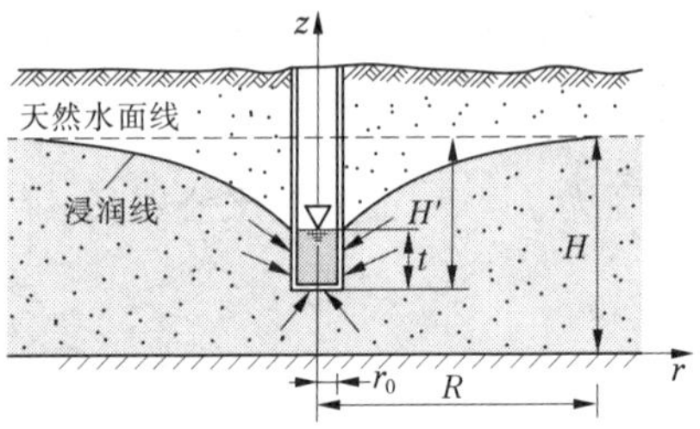

图 9-17

对于普通非完全井，如图 9-17 所示，由于井底未达到不透水层，水流不仅沿井壁四周渗入井内，在井底也有渗流，因此渗流情况比较复杂，不能运用一维渐变渗流的杜比公式来进行分析。目前，多借用普通完全井的公式的形式，再乘以大于 1 的修正项来计算，即

$$Q=\pi k\frac{H'^2-t^2}{\ln\dfrac{R}{r_0}}\left(1+7\sqrt{\frac{r_0}{2H'}}\cos\frac{\pi H'}{2H}\right) \tag{9-43}$$

式中：H'为原地下水面到井底的深度；t 为井中水深；其余符号含义同前。

【**例 9-3**】 为了实测土壤的渗透系数，在该区打一普通完全井，在距井轴 $r_1=50$ m 和 $r_2=10$ m 处分别钻一个观测孔，如图 9-18 所示，待井抽水持续一段时间后，实测两个观测孔中水面的稳定降深 $s_1=0.7$ m、$s_2=1.5$ m。设含水层深度 $H=4.5$ m，稳定的抽水流量 $Q=4.5$ L/s，试求井区附近土壤的渗透系数 k 值。

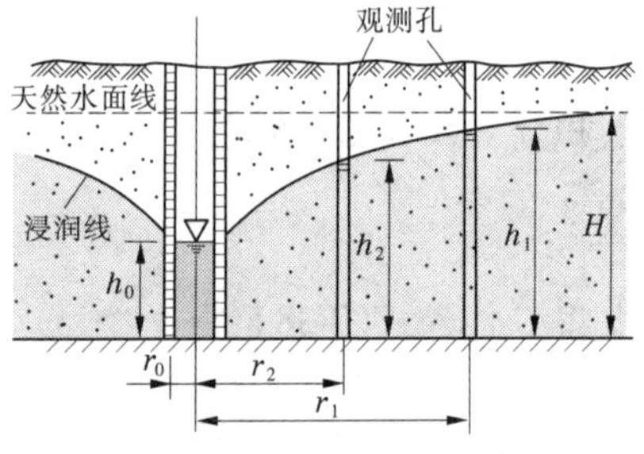

图 9-18

解：由题意可知观测孔水深

$$h_1=H-s_1=4.5-0.7=3.8(\text{m})$$
$$h_2=H-s_2=4.5-1.5=3.0(\text{m})$$

设井的半径为 r_0，井中水深为 h_0，根据普通完全井浸润线方程式(9-40)，可得

$$h_1^2 - h_0^2 = \frac{Q}{\pi k}\ln\frac{r_1}{r_0}$$

$$h_2^2 - h_0^2 = \frac{Q}{\pi k}\ln\frac{r_2}{r_0}$$

两式相减，得

$$h_1^2 - h_2^2 = \frac{Q}{\pi k}\ln\frac{r_1}{r_2}$$

故

$$k = \frac{Q}{\pi(h_1^2 - h_2^2)}\ln\frac{r_1}{r_2}$$

代入已知数据，得

$$k = \frac{0.004\ 5}{3.14\times(3.8^2 - 3.0^2)}\times\ln\frac{50}{10} = 4.22\times10^{-4}\ (\mathrm{m/s}) = 0.042\ \mathrm{cm/s}$$

二、自流井(承压井)的渗流计算

当含水层位于两个不透水层之间，其中渗流压强大于大气压，这样的含水层称为自流层。**取用自流层水的井称为自流井**，又称**承压井**。如图 9-19 所示。这里只讨论完全自流井，设含水层为同一厚度 t 的水平层，仍沿用潜水井的一些假定，不抽水时，井中地下水位将升高到 H(即地下水天然水面 $C—C$)，当从井中抽水并达到恒定状态时，井中水深由 H 降至 h_0，井外地下水位相应降落，形成轴对称的恒定漏斗形渗润面。与潜水井相仿。任取距井轴为 r 的圆柱面，依杜比公式可得圆柱面渗流量

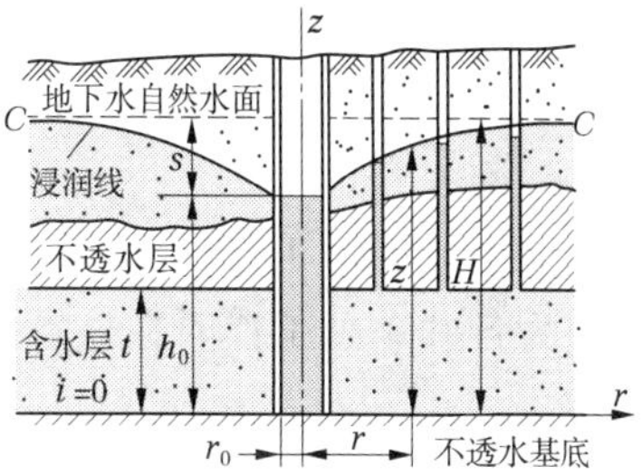

图 9-19

$$Q = V\cdot A = 2\pi rt\cdot k\mathrm{d}z/\mathrm{d}r \tag{9-44}$$

式中，z 为相应于 r 处的渗流测压管水头，t 为含水层厚。

分离变量，从井壁到所取柱面积分可得

$$z - h_0 = \frac{Q}{2\pi kt}\ln\frac{r}{r_0} \tag{9-45}$$

这就是只考虑含水层影响的自流井浸润线方程，仍取 $z = H$ 时的 $r = R$ 为影响半径，则自流井产水量公式为

$$Q = \frac{2\pi kt(H - h_0)}{\ln(R/r_0)} \tag{9-46}$$

影响半径的确定同潜水井，对于 $h_0 < t$ 时的情况，读者可自行分析。

三、井群的渗流计算

为了灌溉农田或施工基坑降低地下水位，在一个区域内经常会打许多井来同时抽水，若各井之间的距离较近，井与井之间的渗流互相发生影响，这种情况称为井群(Multiple well)。由于井群的浸润面相当复杂，井与井之间的距离相对影响半径而言都较小，单井渗流满足 Laplace 方程，这样就可以应用势流叠加原理对井群进行分析。井群大致可分

为**普通井群**、**承压井群**和**混合井群**（同时包括承压井和普通井）三大类，下面仅讨论普通完全井的井群计算。

如图 9-20 所示，在水平不透水层上有 n 个普通完全井，在井群的影响范围内取一点 A，各井的半径、出水量以及到 A 点的水平距离分别为 r_{01}、r_{02}、…、r_{0n}，Q_1、Q_2、…、Q_n，r_1、r_2、…、r_n。

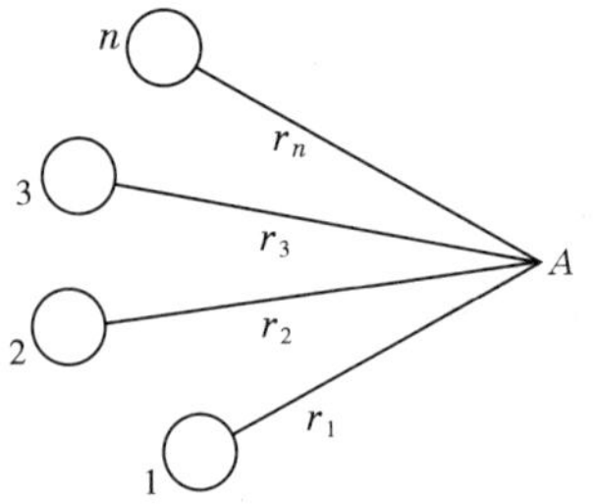

图 9-20

由于每个单井渗流可以看做是势流，所以有流速势函数存在。借助质量守恒原理，可以证明地下水位 z 的平方能够表征普通完全单井的流速势函数（证明从略）。当井群的各井单独工作时，井中水深为 h_{01}、h_{02}、…、h_{0n}，在 A 点处相应的地下水位分别为 z_1、z_2、…、z_n。由式(9-39)得各井的浸润线方程分别为

$$z_1^2 = \frac{Q_1}{\pi k}\ln\frac{r_1}{r_{01}} + h_{01}^2$$

$$z_2^2 = \frac{Q_2}{\pi k}\ln\frac{r_2}{r_{02}} + h_{02}^2$$

$$\vdots$$

$$z_n^2 = \frac{Q_n}{\pi k}\ln\frac{r_n}{r_{0n}} + h_{0n}^2$$

当 n 个井同时工作时，必然形成一个公共的浸润面，根据势流叠加原理，A 点处的势函数应为各井单独工作时在该点的势函数值之和，即 A 点的水位 z 可以写成

$$z^2 = \frac{Q_1}{\pi k}\ln\frac{r_1}{r_{01}} + \frac{Q_2}{\pi k}\ln\frac{r_2}{r_{02}} + \cdots + \frac{Q_n}{\pi k}\ln\frac{r_n}{r_{0n}} + C \tag{9-47}$$

式中，C 为某一常数，需由边界条件确定。若各井的出水量相同，$Q_1 = Q_2 = \cdots = Q_n = \dfrac{Q_0}{n}$，其中 Q_0 为井群的总出水量；设井群的影响半径为 R，取边界点在离各井很远，基本不受井群降水影响的区域边缘，可近似认为 $r_1 = r_2 = \cdots = r_n = R$，同时边界点的水位 $z = H$。将这些关系代入式(9-47)得

$$C = H^2 - \frac{Q_0}{\pi k}\left[\ln R - \frac{1}{n}\ln(r_{01}\cdot r_{02}\cdot\cdots\cdot r_{0n})\right]$$

将 C 值代入式(9-47)，得

$$z^2 = H^2 - \frac{Q_0}{\pi k}\left[\ln R - \frac{1}{n}\ln(r_1\cdot r_2\cdot\cdots\cdot r_n)\right] \tag{9-48}$$

式(9-48)即为普通完全井井群的浸润线方程，可用来确定普通完全井井群中某点 A 的水位 z 值。

井群的总出水量为

$$Q_0 = \frac{\pi k(H^2 - z^2)}{\ln R - \dfrac{1}{n}\ln(r_1\cdot r_2\cdot\cdots\cdot r_n)} \tag{9-49}$$

式中：H 为含水层厚度；z 为井群工作时浸润面上某点 A 的水位；k 为井群区渗透系数；R

为井群的影响半径,可由抽水试验测定或按库蓬金经验公式估算:

$$R = 575s\sqrt{kH} \tag{9-50}$$

式中:s 为井群中心点在抽水稳定后的水面降深,m;H 为含水层厚度,m;k 为渗透系数,m/d。

若各井的出水量不相等,则井群的浸润线方程为

$$z^2 = H^2 - \frac{1}{\pi k}\left(Q_1 \ln\frac{R}{r_1} + Q_2 \ln\frac{R}{r_2} + \cdots + Q_n \ln\frac{R}{r_n}\right) \tag{9-51}$$

式中:Q_1、Q_2、…、Q_n 为各井的出水量;其余符号含义同前。

【例 9-4】 如图 9-21 所示,为降低某圆形基坑中的地下水位,在半径 $r = 20$ m 的圆周上均匀布置 4 眼机井,各井的半径 r_0 相同,含水层厚度 $H = 15$ m,渗透系数 $k = 0.001$ m/s,欲使基坑中心 0 点的水位降深 $s = 3.0$ m,试求:

(1)各井的抽水量;

(2)距井群中心点 $r_a = 10$ m 处的 a 点水位降深。

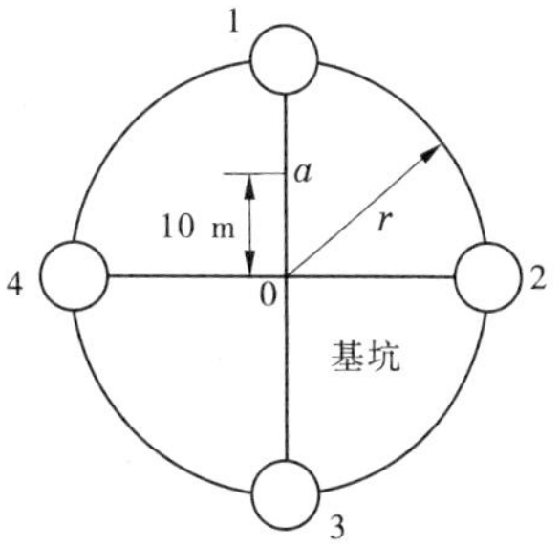

图 9-21

解:(1)设各井的抽水量为 Q,先由式(9-50)计算井群的影响半径 R

$$R = 575s\sqrt{kH} = 575 \times 3.0 \times \sqrt{0.001 \times 15} = 211(\text{m})$$

基坑中心点的水位为

$$z = H - s = 15 - 3.0 = 12(\text{m})$$

由题意可知 $r_1 = r_2 = r_3 = r_4 = r = 20$ m,利用式(9-49)计算圆环井群的中心总抽水量为

$$Q_0 = \frac{\pi k(H^2 - z^2)}{\ln R - \frac{1}{n}\ln(r_1 \cdot r_2 \cdot r_3 \cdot r_4)} = \frac{\pi k(H^2 - z^2)}{\ln(R/r)}$$

代入已知数据,得

$$Q_0 = 3.14 \times \frac{0.001 \times (15^2 - 12^2)}{\ln 211 - \frac{1}{4}\ln 20^4} = 0.108(\text{m}^3/\text{s})$$

每眼井的抽水量

$$Q = \frac{Q_0}{n} = \frac{0.108}{4} = 0.027(\text{m}^3/\text{s})$$

(2)设 a 点处的水位为 z,利用井群的浸润线方程式(9-48),得

$$z^2 = H^2 - \frac{Q_0}{\pi k}\left[\ln R - \frac{1}{n}\ln(r_1 \cdot r_2 \cdot r_3 \cdot r_4)\right]$$

对于 a 点,$r_1 = 10$ m, $r_3 = 30$ m,$r_2 = r_4 = \sqrt{10^2 + 20^2} = 22.36(\text{m})$,代入上式,得

$$z^2 = 15^2 - 3.14 \times \frac{0.108}{0.001} \times \left[\ln 211 - \frac{1}{4}\ln(10 \times 22.36 \times 30 \times 22.36)\right] = 123.37$$

$$z = 11.11 \text{ m}$$

所以 a 点的水位降深为

$$s_a = H - z = 15 - 11.11 = 3.89(\text{m})$$

第七节　恒定平面渗流的流网解法

在透水地基上修建堰、闸等水工建筑物之后，由于存在着上下游水头差 H，故在透水地基中形成渗流，如图 9-22 所示。

建筑物的底板是不透水的，渗流无自由表面，属有压渗流。当建筑物较宽，基底轮廓的断面形式和不透水层的边界条件不变时，除建筑物的两端外，均可视为平面渗流。平面渗流属于平面势流，故可用流网法求解平面渗流问题。下面以闸基渗流为例（见图 9-23），对均质各向同性土壤的恒定有压平面渗流进行讨论。

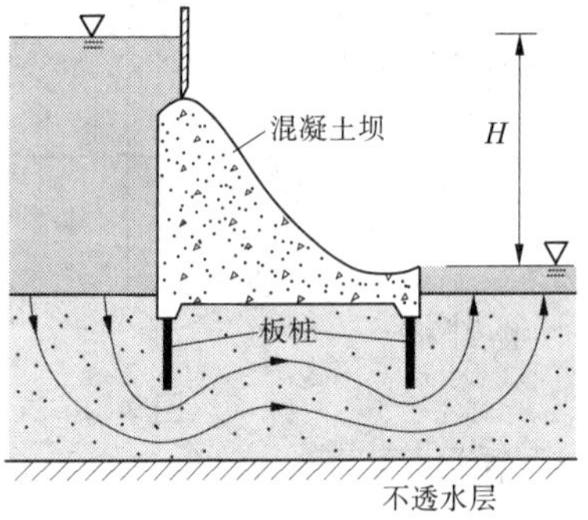

图 9-22

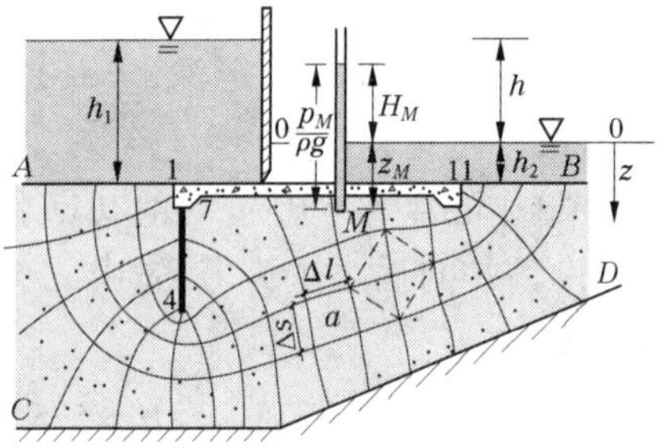

图 9-23

一、平面有压渗流流网的绘制

关于流网的原理及绘制流网的一般原则，在第八章第八节中已作了介绍，这里不再重复。但由于第八章中所研究的问题是一般的平面势流，对于平面渗流，针对图 9-23 作详细介绍如下：

(1) 首先要根据渗流区域的边界条件，确定边界流线及边界等势线。闸底板轮廓线 1—4—7—11 为一条边界流线。不透水层表面 C—D 为另一条边界流线。

上游河床 A—1 上各点的测压管水头 $z+\dfrac{p}{\rho g}=$ 常数，所以 A—1 是一条边界等水头线，即边界等势线。同理，下游河床 11—B 是另一条边界等势线，图示共绘制了 16 根等势线。

(2) 由于流网的网格是一组正交的曲边正方形网格，初步绘制流网时，可先按边界流线的趋势大致绘出中间的流线及等势线，流线和等势线都应是光滑的曲线，而且彼此正交。尤其要注意在边界处的正交。

(3) 绘制等水头线时，要求各水头线间水头差都相同，各流线间的分流量都相同。初绘的流网很难完全满足曲边正方形网格的要求，一般需要反复修改，有时改变一个网格会牵动全局。网格多，计算精度相对较高。为了检验流网的正确性，可在流网中绘出网格的对角线（如图 9-23 中虚线所示），若对角线也构成了曲边正方形网格，说明所绘的流网是正确的。

(4)边界形状通常是不规则的,由于流网的流线及等势线条数有限,在边界突变的局部区域很难保证网格为曲边正方形,有时成为三角形或多边形。这就应该着眼于整个流网,只要绝大多数网格满足上述要求即可,个别网格不符合要求不至于影响整个流网的准确度。

对于均质各向同性土壤,流网的形状与上下游水位无关,与渗透系数无关,只取决于渗流区域的边界条件。从理论上讲,流网法也可用于求解无压渗流问题,但因浸润线的位置是待定的,绘制及修改流网较烦琐,故工程中较少采用。

二、利用流网求解渗流问题

在取得了正确的流网之后,即可利用流网求解如图 9-23 所示闸基渗流问题,上游水深为 h_1,下游水深为 h_2,上下游水头差 $h = h_1 - h_2$。设流网有 n 条等水头线(包括上下游的边界等水头线,图中 $n = 16$),将渗流场分为 $(n - 1)$ 个区域,由流网的性质可知,任意两条等水头线间的水头差均相等,即 $\Delta h = \dfrac{h}{n-1}$。设流网有 m 条流线(包括边界流线在内,图中 $m = 5$),将渗流场又可划分为 $(m - 1)$ 条流带,由流网的性质同样可知,任意两条相邻流线之间的单宽渗流量相等。

(一)计算渗透流速

渗流区域任一流网网格的平均水力坡度为

$$J = \frac{\Delta h}{\Delta s} = \frac{h}{(n-1)\Delta s} \tag{9-52}$$

式中,Δs 为该网格的平均流线长度。根据达西公式,所求网格处的渗透流速为

$$u = kJ = \frac{kh}{(n-1)\Delta s} \tag{9-53}$$

(二)计算单宽渗流量

这里单宽是指垂直纸面方向的单位宽度,设任意一条流带的单宽分渗流量为 Δq,则通过闸基的单宽总渗流量为

$$q = (m-1)\Delta q$$

为了计算 Δq,需要任选一个网格,求出该网格的渗透流速 u,并量出该网格过水断面的高度 Δl,如在图 9-23 中取网格 a,则

$$\Delta q = u \cdot \Delta l = \frac{kh\Delta l}{(n-1)\Delta s} \tag{9-54}$$

所以

$$q = (m-1)\frac{kh\Delta l}{(n-1)\Delta s} = kh\frac{m-1}{n-1}\frac{\Delta l}{\Delta s}$$

由式(9-54)可知,只要在流网中任选一个网格,量出该网格内的流线平均长度 Δs 和等势线平均长度 Δl,并数出流线条数 m 和等势线条数 n,即可求得单宽渗流量。

如果流网的网格绘制成曲边正方形,即 $\Delta l = \Delta s$,则又有单宽渗流量

$$q = kh\frac{m-1}{n-1} \tag{9-55}$$

（三）**计算渗透压强**

渗流场中任一点的测压管水头为 $H=z+\frac{p}{\rho g}$，式中，z 及 $\frac{p}{\rho g}$ 分别为该点的位置水头和渗透压强水头。为了计算方便，通常以下游水面为基准面 0—0（下游无水时以下游河床为基准面），z 轴取铅垂向下为正，如在图 9-23 中取 M 点，则该点的测压管水头为 $H_M=-z_M+\frac{p_M}{\rho g}$，$M$ 点的渗透压强为

$$p_M=\rho g(H_M+z_M) \tag{9-56}$$

式中：z_M 为该点在下游水面以下的垂直深度；H_M 为该点的测压管水头。

在水利工程中，最关心的是渗流对建筑物基础底部的铅垂作用力。例如，对图 9-23 需求出闸底板各点的渗透压强。一般是先计算出等水头线与闸底板交点处的测压管水头 H 值，从上游算起的第 i 条等水头线上的测压管水头为

$$H=h_1-\frac{i-1}{n-1}h \tag{9-57}$$

以下游水面为零点，铅垂向上画出 H 分布图，其面积为 Ω_1。然后绘出闸底板的 z 分布图，其面积为 Ω_2，如图 9-24 所示，则作用在闸底板上的渗透压强

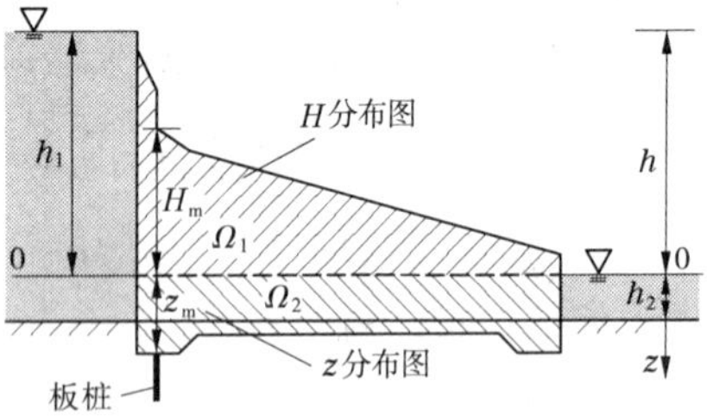

图 9-24

$$p=\rho g(H+z) \tag{9-58}$$

渗透压强分布图的面积为 $\Omega=\Omega_1+\Omega_2$。作用在单位长度闸底板上的渗透压力为

$$F_{P_s}=\rho g\Omega=\rho g\Omega_1+\rho g\Omega_2 \tag{9-59}$$

应该指出：在水工渗流计算中，通常是把 $\rho g\Omega_1$ 称为渗透压力，而把 $\rho g\Omega_2$ 称为浮托力，并把两者之和 F_{P_s} 则称为扬压力。

【例 9-5】 某溢流坝筑于透水地基上，其基础轮廓及流网如图 9-25 所示，上游水深 $h_1=22$ m，下游水深 $h_2=3$ m，渗透系数 $k=5\times10^{-5}$ m/s，坝轴线总长 $l=150$ m，其余尺寸如图所示，高程的单位为 m。试求：

（1）A 点的测压管水头。

（2）C 点的渗透流速；

（3）坝基的总渗流量；

（4）B 点的渗透压强；

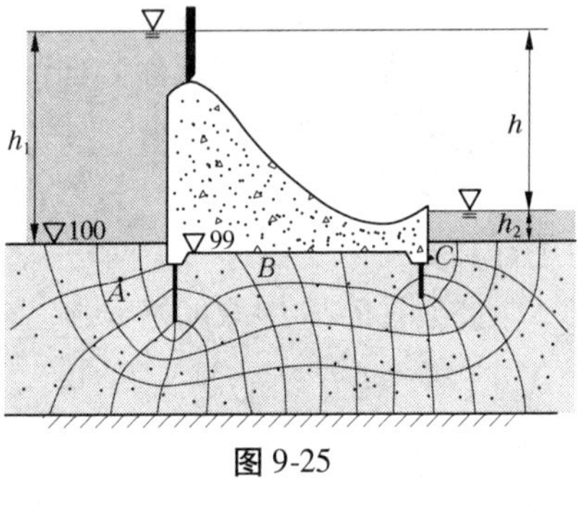

图 9-25

解：由流网可知，等水头线条数 $n=16$，流线条数 $m=5$。上下游水头差 $h=h_1-h_2=22-3=19$(m)。

（1）A 点的测压管水头：因 A 点位于第 2 条等水头线上，该点的测压管水头 $H_A=h-\Delta h=19-1.27=17.73$(m)。

（2）求 C 点的渗透流速：利用式(9-53)计算，其中 Δs 由流网图上量得 $\Delta s=3.2$ m，所

以 C 点的渗透流速为

$$u_C=\frac{kh}{(n-1)\Delta s}=\frac{5\times10^{-5}\times19}{(16-1)\times3.2}=1.98\times10^{-5}(\mathrm{m/s})$$

(3)确定坝基的总渗流量:因流网的网格为曲线正方形,由式(9-55)得单位长度坝基的渗流量为

$$q=kh\frac{m-1}{n-1}=5\times10^{-5}\times19\times\frac{5-1}{16-1}=2.53\times10^{-4}(\mathrm{m^3/(s\cdot m)})$$

坝基的总渗流量为

$$Q=ql=2.53\times10^{-4}\times150=0.038(\mathrm{m^3/s})$$

(4)求 B 点的渗透压强:以下游水面为基准面 0—0,铅垂向下取 z 轴为正。已知 B 点在基准面以下的垂直距离 $z_B=100-99+3=4(\mathrm{m})$,任意相邻两条等水头线的水头差 $\Delta h=\frac{h}{n-1}=1.27(\mathrm{m})$,$B$ 点位于第 8 条和第 9 条等水头线中间,该点的测压管水头 $H_B=h-7.5\Delta h=19-7.5\times1.27=9.5(\mathrm{m})$。由式(9-56)得 B 点的渗透压强为

$$p_B=\rho g(H_B+z_B)=9\,800\times(9.5+4)=132.3(\mathrm{kN/m^2})$$

习　题

一、课堂讨论题

课 9-1　水在土壤中有哪几种存在形式？它们各自的主要特点如何？哪种形式的水是渗流的主要研究对象？

课 9-2　均质土壤是否一定是各向同性土壤？非均质土壤是否一定是各向异性土壤？为什么？

课 9-3　何谓渗流模型？为什么要引入渗流模型的概念？它与实际渗流有何区别？

课 9-4　渗流的主要特点是什么？根据这些特点可对渗流进行哪些简化？

课 9-5　渗流中所指的流速是真实的渗流速度吗？为什么？

课 9-6　渗流达西定律的应用条件是什么？达西定律与杜比公式有何区别？

课 9-7　试比较地面水明渠均匀流与无压均匀渗流的水力计算异同点。

课 9-8　在渗流研究中是否存在着临界底坡？为什么？

课 9-9　影响无压完全井渗透流量的主要因素有哪些？

课 9-10　渐变渗流浸润线有几种？试比较渐变渗流的浸润线与棱柱形明渠中水面曲线的异同点。

课 9-11　在井的恒定渗流理论中,为何引入影响半径 R？对水力计算有何影响？

课 9-12　渗透系数 k 具有什么意义？其值如何确定？

课 9-13　渗流的浸润线是流线还是等势线？或者既不是流线也不是等势线,为什么？

二、基本要求题

基 9-1　在试验中，根据达西定律测定某种土体的渗透系数，试验装置如图 9-3 所示。已知圆筒直径 $D=20$ cm，两测压管之间的距离 $l=40$ cm，测压管水头差 $\Delta H=25$ cm，6 h 的渗水量为 5 L，试求该土体的渗透系数 k 值。

基 9-2　某地下河槽不透水层坡度 $i=2.5\times10^{-3}$，渗流区域土壤为细沙，形成均匀渗流的水深 $h_0=10$ m，试求单宽渗流量 q。

基 9-3　有一不透水层底坡 $i=0.002\ 5$，土壤渗透系数 $k=0.05$ cm/s，在相距 $l=500$ m 的两个钻孔中，测得水深分别为 $h_1=3$ m 及 $h_2=4$ m，如图基 9-3 所示，试计算地下水单宽渗流量并绘制浸润线。

基 9-4　如图所示，设河道左侧有一含水层，渗透系数 $k=2\times10^{-3}$ cm/s，其底部不透水层的坡度 $i=0.005$。河道中水深 $h_2=1.0$ m，在距河道岸边 $l=1\ 000$ m 处地下水深 $h_1=2.5$ m。试求：

(1)地下水补给河道的单宽渗流量 q_1；

(2)若在河道中修建挡水建筑物，使河道中水位抬高 4 m，当 h_1 不变时，计算地下水补给河道的单宽渗流量 q_2。

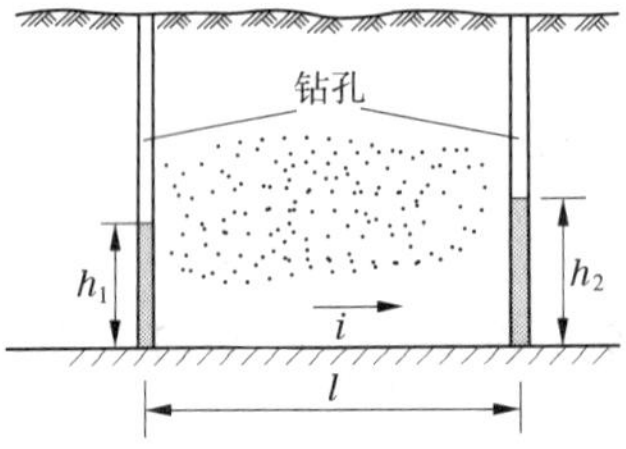

基 9-3 图

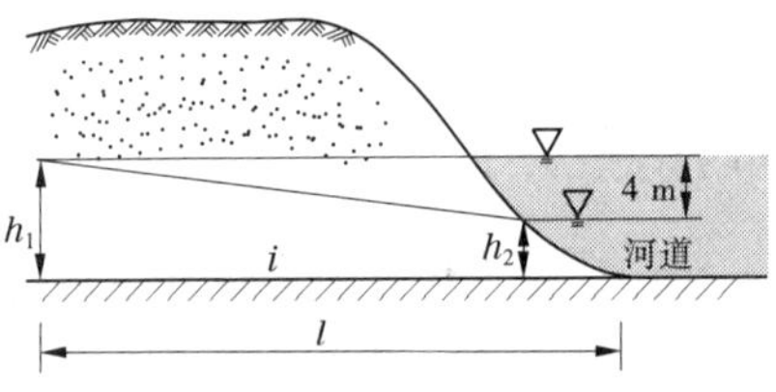

基 9-4 图

基 9-5　如图所示，两条渠道之间有一含水层，其渗透系数 $k=2\times10^{-5}$ m/s，已知 $h_1=2$ m，$h_2=4$ m，$l=300$ m，$\sin\theta=0.025$，试求单宽渗透流量 q。

基 9-6　某河道左侧的含水层由两种土壤组成，已知砾石的渗透系数 $k_1=5.79\times10^{-2}$ cm/s，细砂的渗透系数 $k_2=2.31\times10^{-3}$ cm/s，其余尺寸如图所示，高程的单位为 m。求两种土壤交界面处的水位。

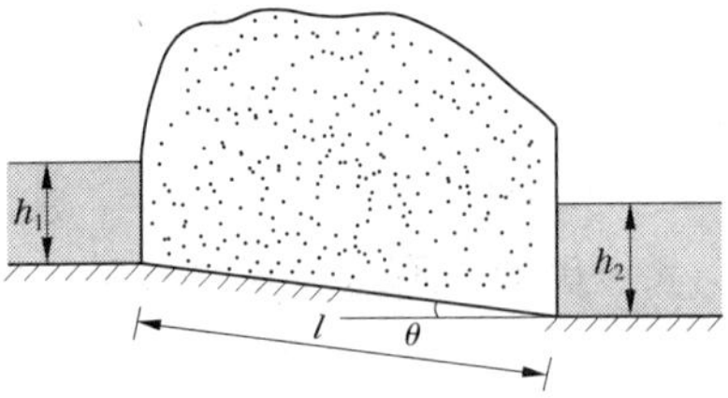

基 9-5 图

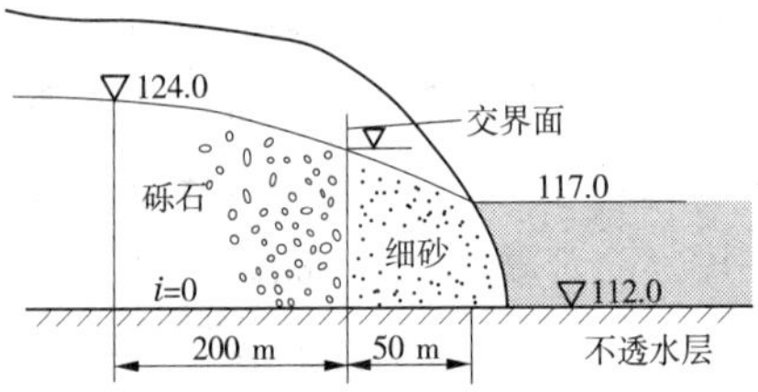

基 9-6 图

基 9-7　如图所示，在水平不透水层上修建一条长 $l=120$ m 的集水廊道，已知含水层厚度 $H=6.7$ m，排水后，廊道中水深 $h_0=3.8$ m，集水廊道的影响范围 $s=200$ m，当廊道排水总量 $Q=0.015$ m^3/s 时，试确定土壤的渗透系数 k 值。

基 9-8　如图所示，有两个垂直含水层，渗透系数分别为 $k_1=2\times10^{-5}$ m/s，$k_2=10^{-5}$ m/s，两个观察井的水位 $h_1=30$ m，$h_2=26$ m，已知 $l=300$ m，试求单宽渗透流量 q。

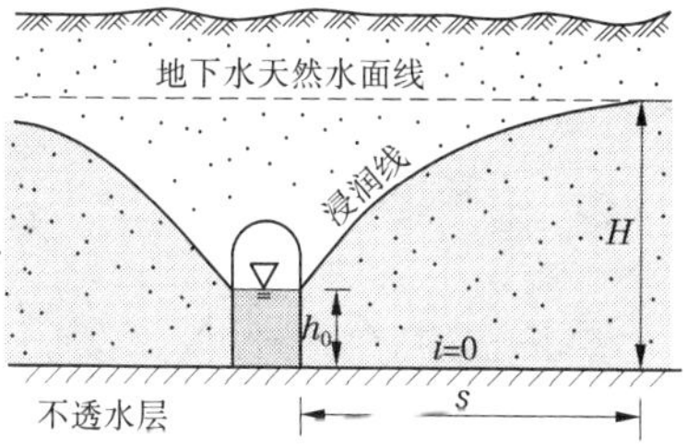

基 9-7 图

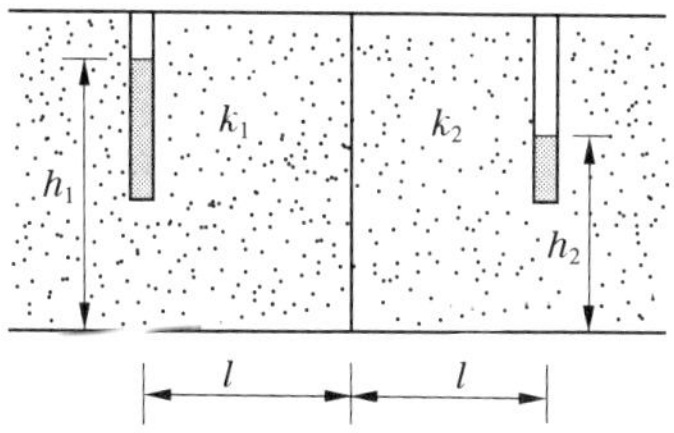

基 9-8 图

三、加深理解题

加 9-1　如图所示，在水平不透水层上打一普通完全井，已知井的半径 $r_0=10$ cm，含水层深度 $H=8$ m，土壤为细砂，渗透系数 $k=0.001$ cm/s，试求当井中水深 $h_0=3$ m 时的出水量，并给出井中水位和出水量的函数关系。

加 9-2　如图所示，设在水平透水层上有一无压含水层，天然状态下含水层水深 $H=10$ m，土壤渗透系数 $k=0.04$ cm/s，在含水层上原有一个民用井，现距民用井轴线距离 $s=200$ m 处打一眼机井（普通完全井），井的半径 $r_0=0.2$ m，当机井抽水时，要求民用井水位下降值 $\Delta z\leqslant0.5$ m。试求：

（1）机井中的水深 h_0；

（2）机井的最大出水量 Q（井的影响半径 $R=1\ 000$ m）。

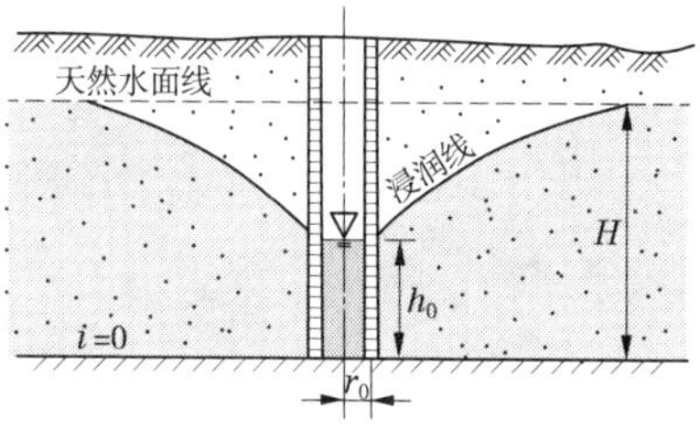

加 9-1 图

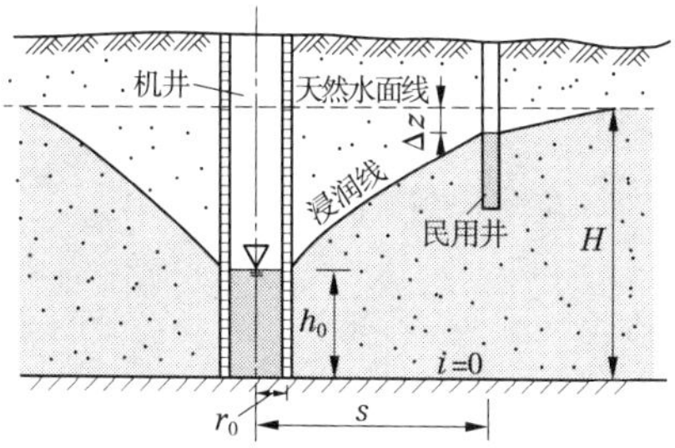

加 9-2 图

加 9-3　在半径为 R_0 的圆周上对称地分布着 n 个相同的无压完全井。求证：圆周中心处的地下水位为

$$h^2=H_0^2-\frac{Q_0}{k\pi}\ln\frac{R}{R_0}$$

式中：Q_0 为井群的总抽水量；H_0 为天然状态下地下水水位；R 为井群的影响半径。

加 9-4　如图所示，采用普通完全井井群，用以降低基坑中的地下水位。已知各井的半径均为 $r_0=0.2$ m，含水层深度 $H=12$ m，土壤渗透系数 $k=0.01$ cm/s，井的影响半径 $R=700$ m，井距 $a=25$ m，$b=20$ m，各井的出水量相同，欲使基坑中心点 A 水位降低

1.53 m，试求各井的抽水流量 Q。

加 9-5　如图所示，某均质土坝建于水平不透水层上，坝高 $H_0=17$ m，上游水深 $H_1=15$ m，下游水深 $H_2=0$，上下游边坡系数分别为 $m_1=3.0$，$m_2=2.0$，坝顶宽 $b=12$ m，渗透系数 $k=3\times10^{-4}$ cm/s，试计算坝身的单宽渗流量并绘出坝内浸润线。

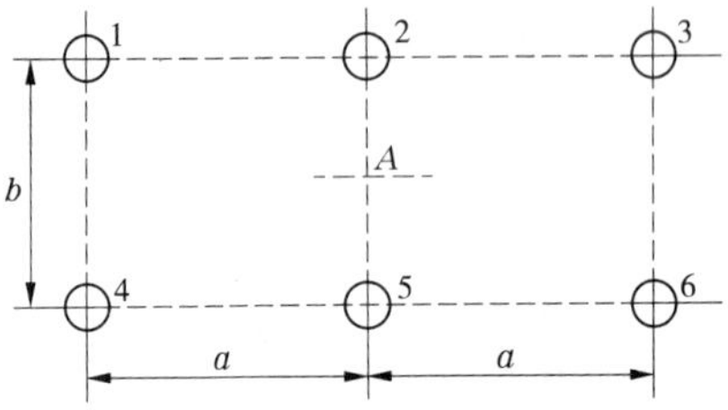

加 9-4 图

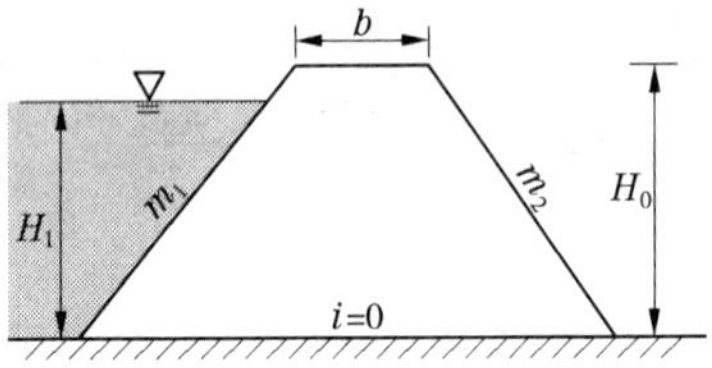

加 9-5 图

第十章 明渠非恒定流

在明渠水流中,若其过水断面上的流量、流速及水位等水力要素均随时间发生不断变化时,这种水流即为明渠非恒定流(unsteady flow in open channels)。自然界明渠非恒定流动的例子很多,例如:在建有水闸的河渠上为调节流量,在闸门开启或关闭过程中,造成闸门上下游的水流变化;天然河道中“荡荡怀山襄陵,浩浩滔天”(《尚书·尧典》)的汛期洪水过程;还有“初闻万马声,渐觉似长城;凌风添怒势,映日作虚明”(宋·释文珦)的潮汐水流等,都是典型的明渠非恒定流现象。

明渠非恒定流的运动规律及其计算方法的研究具有十分重要的意义。例如,河渠洪水的演进计算,就是洪水预报、水库调度、堤防设计、蓄水分洪等的理论基础;溃坝洪水的计算,是评估溃坝灾害、制定防洪规划的科学依据;而水电站、泵站等水工建筑物上下游水位波动计算,则是上下游渠道设计的前提。

第一节 明渠非恒定流的特性及其波的分类

一、明渠非恒定流的特性

明渠非恒定流具有如下基本特性:

(1)**明渠非恒定流是河渠自由表面的波动现象**。明渠非恒定流运动本质上表现为自由表面波动的传播;这种波与压力管道非恒定流中的水击波不同,水击波是一种弹性波,起主要作用的力是惯性力和弹性力。水击波是依靠压力差的作用而传播的,因此称为压力传播;而明渠非恒定流属于重力波范畴,起主要作用的力是重力、阻力和惯性力。其波则是依靠重力作用而传播的,故称为重力传播。

(2)**明渠非恒定流的波为位移波**。与海洋、湖泊以及河流表面由于地震力或风力的作用所产生的波不同,地震力和风力所产生的波使水质点基本上依一定的轨迹(圆或椭圆)作往复循环运动,几乎没有流量的传递,只是同方向各处质点运动彼此相差一个相位而形成水面波形的推进,这种波被称为振动波或推进波;而明渠非恒定流,则是由于在明渠的某一位置其流量和水位发生改变而形成的波,这种波的传播是通过水流质点的位移而实现的,故称为位移波或变位波。

位移波传播到某断面,就会使该断面的流量及水位(或流速及水深)发生改变。波所到之处,水面高出或低于原水面的空间叫波体,波体的前锋称为波额(或波锋),如图10-1所示。波峰推进的速度 c 称为波速,v 为过水断面上水流的平均流速。

(3)**波所及区域内,各过水断面上的“水位—流量”呈多值关系**。在明渠恒定流时,因水面坡度不时间变化,过水断面上每一个水位均对应着一个确定的流量,亦即:“水位—流量”呈单值关系,如图10-2(a)中虚线所示。但对于明渠非恒定流,则要复杂得多。在

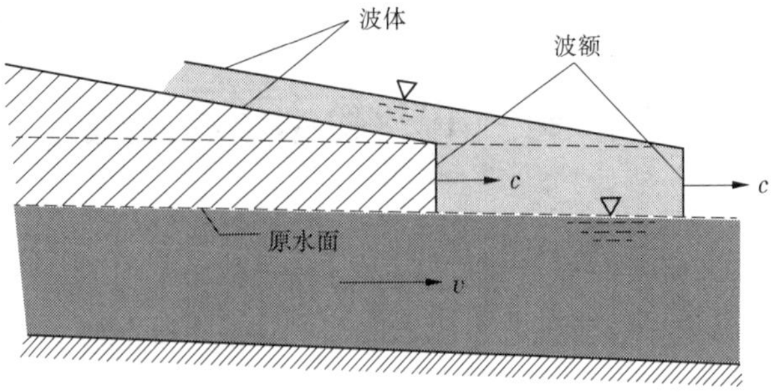

图 10-1

稳定的没有冲淤变化的明渠非恒定流中，由于涨水过程中，一般总是上游先涨水，同一水位下非恒定流的水面坡度比恒定流时的大，因而流量也大；而落水过程中，一般总是上游先退水，在同一水位下非恒定流的水面坡度比恒定流时小，因而流量也小。这样，在同一水位下明渠断面上的水位与流量之间就必然会呈现多值关系，即一个水位可对应几个流量，如图 10-2(a)所示的逆时针绳套曲线。在有冲淤变化的明渠非恒定流中，由于河道断面形态，糙率等还将随着河道的冲淤变化而变化，其水位与流量之间将会呈现出更为复杂的关系。一般情况下，若涨水时冲刷多，而落水时淤积少，则水位流量关系呈现顺时针向绳套曲线；若涨水时冲刷少，而落水时淤积多，则水位流量关系呈现逆时针向绳套曲线。若明渠非恒定流中，水位沿程变化和速度随时间变化相对于比降来说均很小而可忽略时，水位流量关系可近似按单值关系处理。

在明渠非恒定流中，由于位移波的传播特点，造成任一过水断面处，当地水面坡度、流速、流量以及水位的最大值并不在同一时刻出现。如：在涨水过程中，由于洪水波的传递，水面坡度增加最快而首先出现最大值，而后依次才出现最大流速、最大流量、最高水位；而在落水过程中，则是先出现最小流量，然后出现最低水位。图 10-2(b)表示的是一次洪峰过程中，最大流量超前于最高水位的情形。图中实线为流量过程线，虚线为水位过程线。

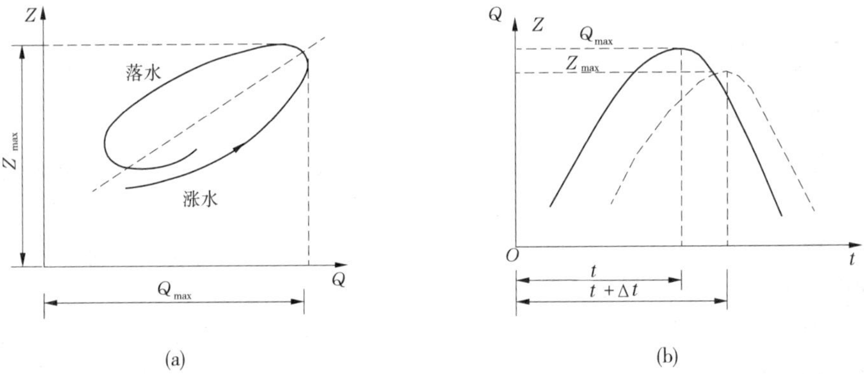

图 10-2

(4)**明渠非恒定流的波动通常为浅水波(或称长波)**。在非恒定流动中，若水深与波长之比小于 1/20 时，则整个断面上的水体均会受到扰动，在此条件下的水波就称之为浅水波。明渠非恒定流通常都能满足这一条件，故明渠非恒定流属于浅水波。分析这种波动必须计入阻力影响，运动方程常为非线性偏微分方程，通常难以得到解析解。因此，在实际工程中，解决这类问题，数值解就成了一种必不可少的手段。

根据上述特性可知：在明渠非恒定流波的传播过程中，其过水断面上的水力要素（如：流速、流量、水位、水深及过水断面面积等）均是时间 t 和流程 s 的函数；因此**明渠非恒定流一定也是明渠非均匀流**。

二、位移波的分类

（一）连续波和不连续波

根据明渠非恒定流波动引起水力要素随时间变化的急剧程度不同，在水力学中，将位移波分为连续波和不连续波。当波动过程发生比较缓慢，所形成的波高相对于波长较小，瞬时水面线的坡度很缓，瞬间流线几乎是平行直线，其压强沿垂线近似呈线性规律分布，且这种**波动的水力要素是时间 t 和流程 s 的连续函数**，故称为连续波。发生连续波时的水流符合渐变流的特性，属于非恒定渐变流。如河流中的洪水波以及水电站进行正常调节所引起的非恒定流均属于此类波。当波动过程发生很迅速，水深和流量变化急剧，波额水面坡度很陡，甚至具有阶梯的形状，波额附近水力要素不再是时间 t 和流程 s 的连续函数，这种非恒定流波动具有突变的性质，这样的波称为不连续波，其水流属于非恒定流急变流，如溃坝波及潮汐波等，就属于这类波。

（二）涨水波和落水波

按位移波所到之处明渠水面涨落的情况，可分为涨水坡和落水坡。当位移波在传播过程中，引起明渠水面上涨时称为涨水坡，反之则称为落水波。

学海趣谈　　**潮汐形成的奥秘**

"潮汐"，究其得名，源起于古代。古代把"日潮"谓之"潮"，"晚潮"谓之"汐"，即所谓"朝生为潮，夕生为汐"，后便合称为"潮汐"。当人们临海观潮时，在惊叹大自然的奇力神功之余，自然也会联想到中华文化的丰博。

发生潮汐的奥秘何在？答案是：潮汐是月亮和太阳引力对海水作用的结果。由物理学知，万有引力也同样存在于太阳与地球之间，只是因为太阳距地球较远，引力较小，平时效果并不明显，但若当月亮和太阳引力共同作用时，就另当别论了。

就每月而言，当月亮、太阳和地球处于同一条直线时，太阳和月亮对海水的引力叠加，就会出现"大潮汐"；当月亮、太阳与地球形成直角时，两种引力作用方向不同，就会相互抵消一部分作用，这时便会出现"小潮汐"。根据天体运动规律，上述情况每月会分别出现两次，所以每月会出现两次"大潮汐"（分别为'满月'及'新月'时）和两次"小潮汐"（分别为'上弦月'及'下弦月'时），其具体时间农谚语早有准确描述，即："初一、十五涨大潮；初八、二十三，到处见海滩。"

（三）顺波和逆波

按位移波的传播方向与水流方向是否一致，可分为顺波和逆波。当波的传播方向与水流方向一致时称为顺波，反之称为逆波。

例如，渠道上闸门迅速开启，如图 10-3（a）所示，在闸门的上下游将产生非恒定急变流——不连续波。下游因流量骤然增加，水位迅速上升还形成涨水顺波；上游则因水体突然泄出，水位迅速下降而形成落水逆波。反之，当闸门迅速关闭，如图 10-3（b）所示，在闸门下游会形成落水顺波，而闸门上游则形成涨水逆波。

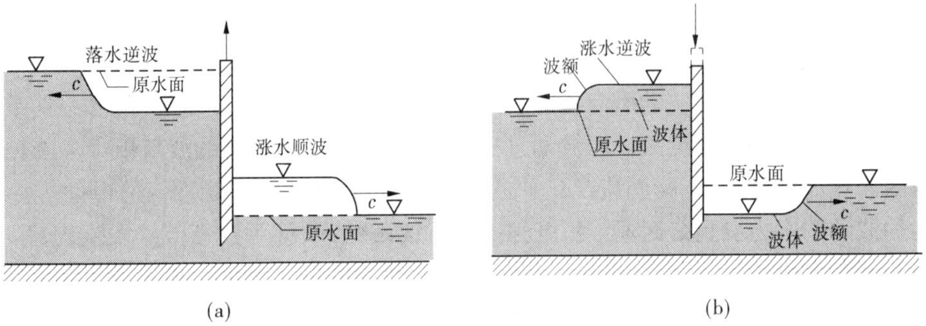

图 10-3

第二节　明渠非恒定渐变流的基本方程

明渠非恒定渐变流的基本方程，表达了明渠非恒定渐变流的水力要素与流程坐标 s 和时间 t 的函数关系，是由非恒定流的连续性方程和能量方程所组成的微分方程组，即圣维南（Saint - Venant）方程组。

实际明渠非恒定渐变流的流场可以是一元、二元或三元的，这里仅讨论一元的情况，即仅考虑断面平均水力要素随时间和流程的变化关系。

一、明渠非恒定流连续性方程

现从明渠非恒定流中取长为 ds 的微小控制体来分析，根据质量守恒原理，建立有侧向汇流的明渠非恒定流连续性方程。

如图 10-4 所示的微小流段 ds 上，假设时刻 t 的水面为 $a—a$，经 dt 时段 h 后，水面上涨至 $b—b$ 的位置。单位时间内从断面 1—1 进入微段的水体质量为 ρQ，沿两岸汇入明渠的流量为 $q_s ds$（q_s 为单位长度上的侧向汇流流量，汇入流量取正号，出流流量取负号），同时，单位时间内从断面 2—2 流出的水体质量为 $\left(\rho+\frac{\partial\rho}{\partial s}ds\right)\left(Q+\frac{\partial Q}{\partial s}ds\right)$。若将断面 1—1、2—2 和微段侧壁当作控制体表面，则在 dt 时段内，流入与流出控制体的水体质量差为

$$\left[(\rho Q+\rho q_s ds)-\left(\rho+\frac{\partial\rho}{\partial s}ds\right)\left(Q+\frac{\partial Q}{\partial s}ds\right)\right]dt$$

dt 时段内，控制体水体质量的增值为

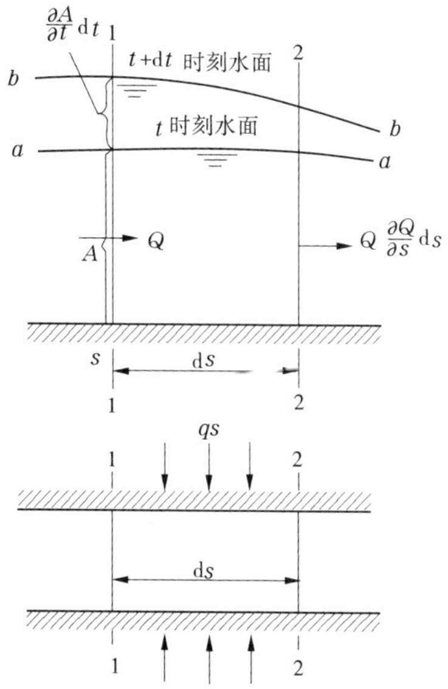

图 10-4

$$\left[(\rho+\frac{\partial\rho}{\partial t}\mathrm{d}t)(A+\frac{1}{2}\frac{\partial A}{\partial s}\mathrm{d}s)+\frac{\partial}{\partial t}(A+\frac{1}{2}\frac{\partial A}{\partial s}\mathrm{d}s)\mathrm{d}t\right]\mathrm{d}s-\rho(A+\frac{1}{2}\frac{\partial A}{\partial s}\mathrm{d}s)\mathrm{d}s$$

根据质量守恒原理,令 $\mathrm{d}t$ 时段内流入与流出控制体的水体质量差等于时段内控制体内的质量增量,有

$$\left[(\rho Q+\rho q_s\mathrm{d}s)-(\rho+\frac{\partial\rho}{\partial s}\mathrm{d}s)(Q+\frac{\partial Q}{\partial s}\mathrm{d}s)\right]\mathrm{d}t$$

$$=\left[(\rho+\frac{\partial\rho}{\partial t}\mathrm{d}t)(A+\frac{1}{2}\frac{\partial A}{\partial s}\mathrm{d}s)+\frac{\partial}{\partial t}(A+\frac{1}{2}\frac{\partial A}{\partial s}\mathrm{d}s)\mathrm{d}t\right]\mathrm{d}s-\rho(A+\frac{1}{2}\frac{\partial A}{\partial s}\mathrm{d}s)\mathrm{d}s$$

对于明渠水流,可以忽略水体的压缩性,即 $\frac{\partial\rho}{\partial t}=\frac{\partial\rho}{\partial s}$,经整理并忽略高价微量后得

$$\frac{\partial Q}{\partial s}+\frac{\partial A}{\partial t}=q_s \tag{10-1}$$

上式即为有侧向汇流时,明渠非恒定流的连续性方程,它适用于任意断面形状的明渠。该式说明在明渠非恒定流中,**流量沿程的变化率与过水断面面积随时间的变化率之和等于单位长度上的侧向汇流流量**。

当无侧向汇流时,即 $q_s=0$,则由式(10-1)可得

$$\frac{\partial Q}{\partial s}+\frac{\partial A}{\partial t}=0 \tag{10-2}$$

式(10-2)表明在明渠非恒定流的微小流段上,**流量沿流程的变化率与过水断面面积随时间的变化率之和等于零**。若 $\frac{\partial Q}{\partial s}>0$,必然 $\frac{\partial A}{\partial t}<0$,这说明在微小流段上流出的流量大于流入的流量,微段水位将随时间下降,明渠中产生落水坡;反之,若 $\frac{\partial Q}{\partial s}<0$,则 $\frac{\partial A}{\partial t}>0$,表明在微小流段上流入的流量大于流出的流量,微段水位将随时间上升,明渠中会产生

涨水坡。若 $\frac{\partial A}{\partial t} = 0$,则必有 $\frac{\partial Q}{\partial s} = 0$,即流量 Q 沿程不变,此时的水流为恒定流。

由于 $\frac{\partial A}{\partial t} = \frac{\partial A}{\partial h}\frac{\partial h}{\partial t} = B\frac{\partial h}{\partial t} = B\frac{\partial z}{\partial t}$,则式(10-2)可写为

$$\frac{\partial Q}{\partial s} + B\frac{\partial z}{\partial t} = 0 \tag{10-3}$$

对于宽度为 B 矩形断面明渠,因 $A = Bh$ 、$Q = qb$,代入式(10-2)可得矩形断面明渠非恒定流的连续性方程为

$$\frac{\partial q}{\partial s} + \frac{\partial h}{\partial t} = 0$$

以 $q = vh$ 代入上式得

$$\frac{\partial h}{\partial t} + v\frac{\partial h}{\partial s} + h\frac{\partial v}{\partial s} = 0 \tag{10-4}$$

上述式(10-1)、式(10-2)、式(10-3)、式(10-4),即为明渠非恒定流连续性方程的几种不同形式。

二、明渠非恒定渐变流的运动方程

在明渠非恒定渐变流中,取长为 ds 的微小流段来分析,运用牛顿第二运动定律,建立明渠非恒定渐变流的运动方程。为简单起见,先考虑棱柱体明渠的情况,如图 10-5(a)所示,设 1—1 断面处的流量、断面平均流速、断水断面面积、水深和水位分别为 Q 、v 、A 、h 和 z ,则 2—2 断面处相应的水力要素即可分别标示为 $Q + \frac{\partial Q}{\partial s}\mathrm{d}s$ 、$v + \frac{\partial v}{\partial s}\mathrm{d}s$ 、$A + \frac{\partial A}{\partial s}\mathrm{d}s$ 、$h + \frac{\partial h}{\partial s}\mathrm{d}s$ 和 $z + \frac{\partial z}{\partial s}\mathrm{d}s$ 。

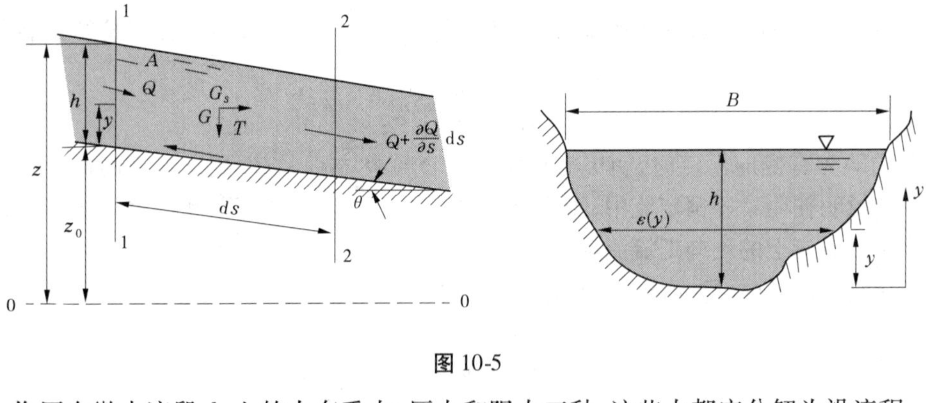

图 10-5

作用在微小流段 ds 上的力有重力、压力和阻力三种,这些力都应分解为沿流程 s 方向的分力。重力在流程 s 方向上的分力为

$$G_s = \rho gA\mathrm{d}s\sin\theta = \rho gAi\mathrm{d}s$$

作用于流段 ds 1—1 断面上的压力为

$$F_P = \int_0^h \rho g(h - y)\varepsilon(y)\mathrm{d}y$$

式中：$\varepsilon(y)$ 为距渠底以上高度为 y 处的水面宽度，如图 10-5(b) 所示。沿流程 s 方向的总压力为

$$\begin{aligned}\sum F_P &= F_P - \left(F_P + \frac{\partial F_P}{\partial s}\mathrm{d}s\right)\\ &= -\frac{\partial}{\partial s}\left[\int_0^h (h - y)\varepsilon(y)\mathrm{d}y\right]\mathrm{d}s\\ &= -\rho g\mathrm{d}s\int_0^h \frac{\partial}{\partial s}[(h - y)\varepsilon(y)]\mathrm{d}y\\ &= -\rho g\mathrm{d}s\left[\frac{\partial h}{\partial s}\int_0^h \varepsilon(y)\mathrm{d}y + \int_0^h (h - y)\frac{\partial \varepsilon(y)}{\partial s}\mathrm{d}y\right]\end{aligned} \tag{10-5}$$

式(10-5)右端中：第一项积分 $\int_0^h \varepsilon(y)\mathrm{d}y$ 为过水断面面积；第二项积分，对棱柱体明渠而言 $\frac{\partial \varepsilon(y)}{\partial s} = 0$，则有

$$\sum F_P = -\rho gA\frac{\partial h}{\partial s}\mathrm{d}s$$

阻力由明渠底部及两侧的剪切力所组成，假设平均水力坡度为 J（也称为摩阻坡度），平均切应力 $\tau_0 = \rho gRJ = \rho g\frac{A}{\chi}J$，则作用于微小流段 ds 上的阻力为

$$F_f = \tau_0\chi\mathrm{d}s = \rho gAJ\mathrm{d}s$$

微段内水体的加速度在流程 s 方向上的分量为

$$a = \frac{\mathrm{d}v}{\mathrm{d}t} = \frac{\partial v}{\partial t} + v\frac{\partial v}{\partial s}$$

由牛顿第运动二定律可得

$$G_s + \sum F_P - F_f = ma$$

将以上各项代入可得

$$\rho gAi\mathrm{d}s - \rho gA\frac{\partial h}{\partial s}\mathrm{d}s - \rho gAJ\mathrm{d}s = \rho A\mathrm{d}s\left(\frac{\partial v}{\partial t} + v\frac{\partial v}{\partial s}\right)$$

整理即得

$$i - \frac{\partial h}{\partial s} = \frac{1}{g}\frac{\partial v}{\partial t} + v\frac{\partial v}{\partial s} + J \tag{10-6}$$

式(10-6)就是棱柱体明渠非恒定渐变流运动方程。与明渠恒定渐变流运动方程相比，式(10-6)中多出了一项 $\frac{1}{g}\frac{\partial v}{\partial t}$，该项就是明渠非恒定流为了克服当地加速度引起的惯性力在单位流程上必须转移的单位动能。当 $\frac{\partial v}{\partial t} > 0$ 时，这部分能量为水流所蕴蓄；而当 $\frac{\partial v}{\partial t} < 0$ 时，则这部分能量便从水流中释放出来。

应该指出，式(10-6)虽然是在棱柱体明渠非恒定流条件下导出的，但对于符合渐变流

条件的非棱柱体明渠非恒定流也同样是适用的。

若将非恒定流中的水力坡度近似按恒定均匀流的水力坡度来计算，即 $J = \frac{v^2}{C^2R}$，且将式(10-6)两边同乘以重力加速度 g 后，可表示为

$$\frac{\partial v}{\partial t} + v\frac{\partial v}{\partial s} + g\frac{\partial h}{\partial s} = g\left(i - \frac{v^2}{C^2R}\right) \tag{10-7}$$

因为在任意过水断面上，水位 z、水深 h 和渠底高程 z_0 之间的关系为 $z = z_0 + h$，故

$$\frac{\partial z}{\partial s} = \frac{\partial z_0}{\partial s} + \frac{\partial h}{\partial s} = -i + \frac{\partial h}{\partial s}$$

且对于微小流段而言，$J = \frac{\partial h_f}{\partial s} \approx \frac{v^2}{C^2R}$，将上述代入式(10-6)中，得

$$-\frac{\partial z}{\partial s} = \frac{1}{g}\frac{\partial v}{\partial t} + \frac{v}{g}\frac{\partial v}{\partial s} + \frac{v^2}{C^2R} \tag{10-8}$$

式中：$-\frac{\partial z}{\partial s}$ 为水面坡度 J_s，它表示单位重量液体的势能沿流程的变化率；$\frac{1}{g}\frac{\partial v}{\partial t}$ 为波动坡度 J_w，它表示作用于单位重量液体上当地加速度所产生的惯性力沿单位流程所作的功；$\frac{v}{g}\frac{\partial v}{\partial s}$ 为动能坡度 J_v，它表示单位重量液体的动能沿流程的变化率（或迁移加速度所产生的惯性力沿单位流程所作的功）；$\frac{\partial h_f}{\partial s}$ 为非恒定流的平均水力坡度 J（或摩阻坡度），它表示单位重量液体沿单位流程克服摩擦阻力所作的功。可见式(10-8)又可表示为

$$J_s = J_w + J_v + J \tag{10-9}$$

上式表明：**在明渠非恒定流中，势能沿流程的改变，将用于克服阻力和转化为加速度而作功**。正因为式(10-9)反映了明渠非恒定流的能量守恒与转化关系，所以，明渠非恒定流的“运动方程”通常也被称为“能量方程”。

若将 $v = \frac{Q}{A}$，$K = AC\sqrt{R}$，$\frac{\partial Q}{\partial s} = -\frac{\partial A}{\partial t}$ 代入式(10-8)，整理可得

$$\frac{\partial Q}{\partial t} + \frac{\partial}{\partial s}\left(\frac{Q^2}{A}\right) + gA\frac{\partial z}{\partial s} + gA\frac{Q^2}{K^2} = 0 \tag{10-10}$$

式(10-7)、式(10-8)或式(10-10)均是明渠非恒定流运动方程的几种不同表达形式。明渠非恒定流的连续性方程(10-4)和运动方程(10-7)便组成了求解明渠非恒定渐变流的基本微分方程组，即所谓圣维南(Saint - Venant)方程组。

三、明渠非恒定渐变流的圣维南方程组求解方法

圣维南方程组是具有两个独立变量 s、t 和两个从属变量 z、Q（或 h、v）的一阶拟线性双曲型微分方程组。这类方程目前在数学上还无法求得其精确的解析解，因而实践中常采用近似的计算方法。这些计算方法大致可归纳为以下几种。

1. 特征线法

这一方法是根据微分方程理论，先将圣维南方程组变换为特征线的常微分方程组，然

后对该常微分方程进行离散化，即用差商取代微商改为差分方程，再结合水流的初始条件和边界条件求其近似解。这种方法物理概念明确，数学分析严谨，计算结果精度较高。

2. 直接差分法

此法是将圣维南方程组离散化，用偏差商代替偏微商，进而联解由此得到一组代数方程组。依据离散化时采用的数值格式不同，可以将直接差分法分为显式差分法和隐式差分法两种。显式差分法是根据前一时刻的已知值逐点分别求解下一时刻未知值，计算过程较为简单。隐式差分法不能直接由前一时刻的值求解下一时刻的值，必须同时对所有节点列出差分程而求解大型代数方程组，计算较为复杂。直接差分法是目前工程中求解明渠非恒定渐变流动的一种常用方法。

3. 瞬时流态法（简称为“瞬态法”）

此法一般将运动方程中的所有惯性项忽略，从而使圣维南方程组简化为一阶非线性抛物型方程组，然后对简化方程离散化，再结合边界条件和初始条件，近似计算指定时刻各断面的水力要素。瞬态法应用较早，但因其过于简化，其精度往往不能满足实际需要，现已被上述两种方法所替代。

4. 微幅波理论法

其基本论点是假定由于波动所引起各种水力要素的变化都是微小量，这些微小量的乘积或平方值均可忽略不计。这样将拟线性偏微分方程化为一阶线性常微分方程，然后求解。这种方法适用于波高很小、波长很大的情形。

篇幅所囿，本章只介绍特征线法，若需进一步了解其他的计算方法，读者可参考相关的水力学或计算水力学书籍。

四、初始条件和边界条件

不论采用哪种计算方法，都必须结合水流的初始条件和边界条件进行，为此，现就水流运动的初始条件和边界条件讨论如下。

（一）初始条件

初始条件通常是指非恒定流起始时刻的水流条件。一般情况下，初始条件可以是非恒定流过程中，人们需要着手开始计算的任何指定时刻的水流条件。因此，明渠非恒定流的初始条件可以表示为某一初始时刻 t_0 时所研究河段断面的水位（或水深）和流量（或流速），即

$$\begin{cases} z_{t=t_0} = z(s) \\ Q_{t=t_0} = Q(s) \end{cases} \quad \text{或} \quad \begin{cases} h_{t=t_0} = h(s) \\ v_{t=t_0} = v(s) \end{cases}$$

（二）边界条件

边界条件是指非恒定流发生过程中，河渠两端断面应满足的水力条件。边界条件分为上游边界条件和下游边界条件。

上游边界条件是非恒定流发生过程中渠首断面应满足的水力条件。它常以渠首断面的流量过程线或水位过程线来表示：

$$Q_{s=0} = Q(t) \qquad \text{或} \qquad z_{s=0} = z(t)$$

例如洪水波、水电站调节波、溃坝波等，上游边界条件通常都用流量过程线表示。图 10-6

(a)为单一洪峰形成的非恒定流量过程线,图 10-6(b)为水坝瞬时全部溃坝造成的洪水过程线。

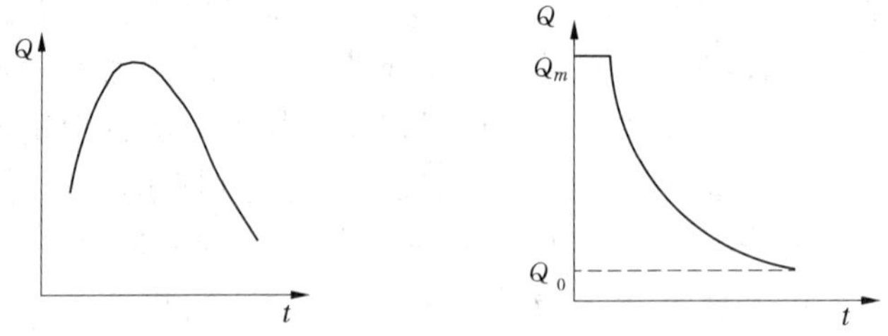

(a) (b)

图 10-6

下游边界条件是非恒定变流发生过程中,渠尾断面应满足的水力条件。一般以渠尾断面的水位流量关系来表示

$$z_{s=l} = z(Q)$$

如在洪水演算中常以渠尾断面恒定流时的水位流量作为下游边界条件。下游边界条件有时也可用某一固定水位表示,即

$$z_{s=l} = C(\text{常数})$$

例如明渠末端是大型水库或湖泊,则常以水库或湖泊水位表示。

第三节 特征线法

特征线法是数学上用来对拟线性双曲型偏微分方程的一种求解方法。其基本思路就是把圣维南方程组的求解,转化为对常微分形式的特征方程组的求解。

一、特征方程及其物理意义

以沿程无汇流的矩形断面明渠为例,由式(10-4)和式(10-7)所表示圣维南方程组为

$$\left.\begin{aligned}\frac{\partial h}{\partial t} + v\frac{\partial h}{\partial s} + h\frac{\partial v}{\partial s} &= 0\\ \frac{\partial v}{\partial t} + v\frac{\partial v}{\partial s} + g\frac{\partial h}{\partial s} &= g\left(i - \frac{v^2}{C^2R}\right)\end{aligned}\right\} \tag{10-11}$$

通过线性组合,可将上式转化为常微分方程。由于方程组的第一式中各项的量纲为 LT^{-1},第二式中各项的量纲为 LT^{-2},因此在线性组合时,若以 φ 乘以第一式再与第二式相加,则 k 的量纲应为 T^{-1},组合的结果为

$$\frac{\partial v}{\partial t} + (v + kh)\frac{\partial h}{\partial s} + k\left[\frac{\partial h}{\partial t} + \left(v + \frac{g}{k}\right)\frac{\partial h}{\partial s}\right] = g\left(i - \frac{v^2}{C^2R}\right) \tag{10-12}$$

若存在如下关系式

$$\left.\begin{aligned}\frac{\partial v}{\partial t} + (v + kh)\frac{\partial v}{\partial s} &= \frac{\partial v}{\partial t} + \frac{\partial v}{\partial s}\frac{\mathrm{d}s}{\mathrm{d}t} = \frac{\mathrm{d}v}{\mathrm{d}t}\\ \frac{\partial h}{\partial t} + \left(v + \frac{g}{k}\right)\frac{\partial h}{\partial s} &= \frac{\partial h}{\partial t} + \frac{\partial h}{\partial s}\frac{\mathrm{d}s}{\mathrm{d}t} = \frac{\mathrm{d}h}{\mathrm{d}t}\end{aligned}\right\} \tag{10-13}$$

则应有

$$\frac{ds}{dt} = v + kh = v + \frac{g}{k} \tag{10-14}$$

由式(10-14)解得：$k = \pm\sqrt{\frac{g}{h}}$，代入式(10-12)即得

$$\frac{ds}{dt} = v + \sqrt{gh} \tag{10-15}$$

$$\frac{ds}{dt} = v - \sqrt{gh} \tag{10-16}$$

以上两式表明，在明渠非恒定流自变量域 s—t 平面上，存在两簇曲线：一簇由式(10-15)确定，称为顺特征线；另一簇由式(10-16)确定，称为逆特征线。很明显，在自变量域 s—t 平面上的任意点，都有两条特征线经过，沿顺特征线的切线方向称为顺特征方向，沿逆特征线的切线方向称为逆特征方向。式(10-15)和式(10-16)分别称为顺特征线方程和逆特征线方程。在特征线上，式(10-12)可转化为

$$\frac{dv}{dt} \pm \sqrt{\frac{g}{h}}\frac{dh}{dt} = g\left(i - \frac{v^2}{C^2R}\right)$$

或写成

$$d(v \pm 2\sqrt{gh}) = g\left(i - \frac{v^2}{C^2R}\right)dt \tag{10-17}$$

因式(10-17)确定了 $s-t$ 平面上任意点(s,t)的水力要素 v 与 h 沿特征线的变化规律，故称为特征方程。

沿顺特征线的变化规律为

$$\frac{ds}{dt} = v + \sqrt{gh} \tag{10-18}$$

$$d(v + 2\sqrt{gh}) = g\left(i - \frac{v^2}{C^2R}\right)dt \tag{10-19}$$

沿逆特征线的变化规律为

$$\frac{ds}{dt} = v - \sqrt{gh} \tag{10-20}$$

$$d(v - 2\sqrt{gh}) = g\left(i - \frac{v^2}{C^2R}\right)dt \tag{10-21}$$

这样，就把原来的两个偏微分方程转化为反映 v 与 h 沿顺特征线和沿逆特征线变化规律的两对常微分方程组(简称为“特征方程组”)。

下面讨论明渠非恒定流不同流态时特征线的几何特征，然后介绍特征线方程及特征方程的物理意义。对于矩形断面明渠，在缓流中 $Fr<1$，即 $v<\sqrt{gh}$。此时 $\frac{ds}{dt}=v+\sqrt{gh}>0$，顺特征线具有正的斜率，即在 s—t 平面上，随着时间的推移，顺特征线指向下游；而逆特征线 $\frac{ds}{dt}=v-\sqrt{gh}<0$，故逆特征线具有负的斜率，也即在 s—t 平面上，随着时

间的推移,逆特征线必然指向上游,如图 10-7(a)所示。在急流中,由于 $Fr>1$, $v>\sqrt{gh}$,顺、逆特征线的斜率均大于零(即 $\frac{ds}{dt}$ 均大于零),表明此时随着时间的推移任意点的两条特征线均指向下游,如图 10-7(b)所示。

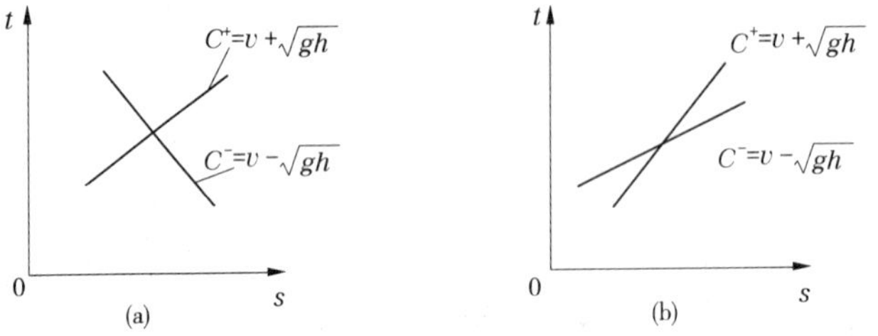

图 10-7

实际上,在矩形断面明渠中,微小干扰波的相对波速为 $\sqrt{gh}$,$(v+\sqrt{gh})$ 和 $(v-\sqrt{gh})$ 分别为微小干扰波向下游和向上游转传播的绝对波速。可见,就 $s—t$ 平面上的某一点而言,特征线方程(10-18)和方程式(10-20)分别表示明渠非恒定流动从该断面该时刻出发,沿特征线切线方向向下游和向上游传播的微小干波的传播速度。特征线可以看成是微小干扰波的轨迹线。在缓流中干扰波可向上游和向下游两个方向传播,因而一簇特征线指向上游,另一簇指向下游。在急流中,干扰波不能向上游传播,只能向下游传播,因此,两簇特征线均指向下游,明渠非恒定流任意断面水力要素的变化都会以干扰波的形式向上游或向下游传播,从而影响其他断面水力要素。干扰波从一个断面经 dt 时间传到另一个断面时,这两个断面水力要素间存在的关系则由特征方程(10-19)和方程式(10-21)来确定。

以上是以矩形断面明渠为例进行讨论的,对于非矩形断面明渠,通常以式(10-2)和式(10-8)为基础,通过类似的方法可得到如下特征方程组:

沿顺特征线方向

$$\left.\begin{aligned}\frac{ds}{dt}&=v+\sqrt{g\frac{A}{B}}\\ \frac{dv}{dt}+\sqrt{\frac{g}{AB}}\frac{dA}{dt}&=g\left(i-\frac{v^2}{C^2R}\right)dt\end{aligned}\right\}\tag{10-22}$$

沿逆特征线方向

$$\left.\begin{aligned}\frac{ds}{dt}&=v-\sqrt{g\frac{A}{B}}\\ \frac{dv}{dt}-\sqrt{\frac{g}{AB}}\frac{dA}{dt}&=g\left(i-\frac{v^2}{C^2R}\right)dt\end{aligned}\right\}\tag{10-23}$$

通常情况下,要求上述特征方程组的解析解会有较大的困难。为此,下面介绍特征方程组的近似解法——有限差分法。

二、特征差分方程及其定解条件

仍以矩形断面明渠非恒定流为例,为运用有限差分法求特征方程组的近似解,现将其特征方程组改写为如下形式的差分方程组:

顺特征差分方程组

$$\frac{\Delta s}{\Delta t} = v + \sqrt{gh} \tag{10-24}$$

$$\Delta(v + 2\sqrt{gh}) = g(i - \frac{v^2}{C^2 R})\Delta t \tag{10-25}$$

逆特征差分方程组

$$\frac{\Delta s}{\Delta t} = v - \sqrt{gh} \tag{10-26}$$

$$\Delta(v - 2\sqrt{gh}) = g(i - \frac{v^2}{C^2 R})\Delta t \tag{10-27}$$

具体求解方法如下。

1. 内结点的求解

如图 10-8 所示。对于不在边界上的内结点 a 、b ,已知其位置分别为 (s_a,t_a) 、(s_b,t_b) ,以及这两点的水力要素 v_a 和 h_a ,由 a 、b 两点出发,所作的特征线的交点为 e ,求解 e 点的位置 (s_e,t_e) 及水力要素 v_e 和 h_e 的值。e 点的位置可根据差分方程式(10-24)和(10-26)求解。因 ae 是顺特征线,a 、e 两点的值应满足式(10-24);而 be 是逆特征线,b 、e 两点的值应满足式(10-26)。据此,将 a 、b 、e 三点的值代入后可得

$$\frac{s_e - s_a}{t_e - t_a} = v_a + \sqrt{gh_a} \tag{10-28}$$

$$\frac{s_e - s_b}{t_e - t_b} = v_b - \sqrt{gh_b} \tag{10-29}$$

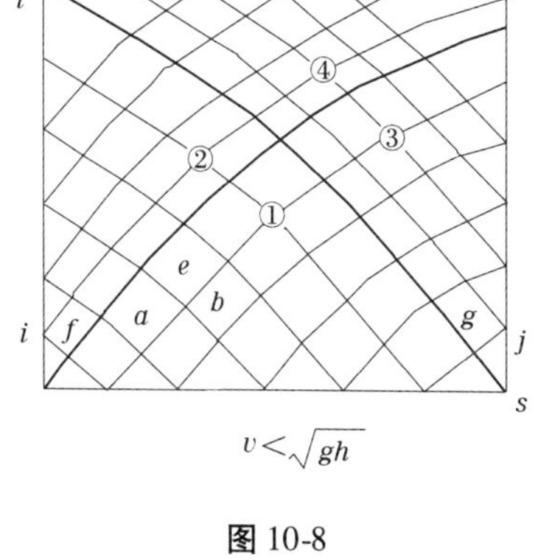

图 10-8

由此方程可解出 e 点的位置 (s_e,t_e) 。e 点的位置已知后,再利用式(10-25)和式(10-27),将 a 、b 、e 三点的值代入后得

$$v_e + 2\sqrt{gh_e} = v_a + 2\sqrt{gh_a} + g\left(i - \frac{v_a^2}{C_a^2 R_a}\right)(t_e - t_a) \tag{10-30}$$

$$v_e - 2\sqrt{gh_e} = v_b - 2\sqrt{gh_b} + g\left(i - \frac{v_b^2}{C_b^2 R_b}\right)(t_e - t_b) \tag{10-31}$$

联解该方程组便可得 e 点的水力要素 v_e 和 h_e 的值。以上解出的 e 点的位置和水力要素是第一次近似值，依据同样的方法可以得到第二次近似值，计算方程如下：

$$\left.\begin{aligned} \frac{s_e - s_a}{t_e - t_a} &= \frac{v_a + v_e}{2} + \frac{\sqrt{gh_a} + \sqrt{gh_e}}{2} \\ \frac{s_e - s_b}{t_e - t_b} &= \frac{v_b + v_e}{2} - \frac{\sqrt{gh_b} + \sqrt{gh_e}}{2} \end{aligned}\right\} \tag{10-32}$$

$$\left.\begin{aligned} v_e + 2\sqrt{gh_e} &= v_a + 2\sqrt{gh_a} + g\left(i - \frac{1}{2}\left(\frac{v_a^2}{C_a^2 R_a} + \frac{v_e^2}{C_e^2 R_e}\right)\right)(t_e - t_a) \\ v_e - 2\sqrt{gh_e} &= v_b - 2\sqrt{gh_b} + g\left(i - \frac{1}{2}\left(\frac{v_b^2}{C_b^2 R_b} + \frac{v_e^2}{C_e^2 R_e}\right)\right)(t_e - t_b) \end{aligned}\right\} \tag{10-33}$$

将 v_e 和 h_e 的第一次近似值代入式(10-32)，可得出 s_e、t_e 的第二近似值，再代入式(10-33)（等号右边的 v_e 和 h_e 用第一次近似值代入）后，可解出 v_e 和 h_e 的第二次近似值。这样，经过若干次迭代修正，就可得到满足精度要求的 s_e、t_e、v_e 和 h_e 值。

2. 边界点的求解

如图 10-8 所示。从 f 或 g 点出发，可作逆、顺特征线与上、下游边界分别交于 i、j。与内结点的解法相似，沿特征线 fi 和 gj 上可写出下列特征差分方程：

沿 fi

$$\left.\begin{aligned} \frac{s_i - s_f}{t_i - t_f} &= v_f - \sqrt{gh_f} \\ v_i - 2\sqrt{gh_i} &= v_f - 2\sqrt{gh_f} + g\left(i - \frac{v_f^2}{C_f^2 R_f}\right)(t_i - t_f) \end{aligned}\right\} \tag{10-34}$$

沿 gj

$$\left.\begin{aligned} \frac{s_j - s_g}{t_j - t_g} &= v_g + \sqrt{gh_g} \\ v_j + 2\sqrt{gh_j} &= v_g + 2\sqrt{gh_g} + g\left(i - \frac{v_g^2}{C_g^2 R_g}\right)(t_j - t_g) \end{aligned}\right\} \tag{10-35}$$

由于 i、j 点各有三个未知数，所以除了上列方程外，还各自需要一个方程才能求解，这个方程就是边界条件。因此，为了使非恒定流问题得到定解，就必须给出上、下游的边界条件。运用边界条件方程与式(10-34)或式(10-35)联解，就可得到边界点 i、j 的位置及其相应的水力要素值。

综上所述，由初始条件出发加上边界条件，可以把 s—t 平面上特征线网格点上的未知值解出来。一般来说，断面间距取得越小，网格愈密，精度也愈高，但计算工作量也会相应增加。

在特征线网格中,有两条特征线具有特殊意义,如图10-8所示,它们将 s—t 平面分成了四个区:①区只受初始条件控制,不依赖上下游边界条件,给定 $v(s,0)$ 和 $h(s,0)$ 这两个初始条件后,本区内任何点都可解出;②区受初始条件和上边界条件控制,除了初始条件外,还要给定一个上游边界条件才能定解;③区的解由初始条件和下游边界条件才能定解;④区则与初始条件及上、下游边界条件均有关,但初始条件的影响相对小得多。以上讨论的是水流为缓流的情况。当水流为急流时,为了定解,需给出初始条件和两个上游边界条件,如图10-9所示,在 s—t 平面上,特征线网可分为三个区:①区只受初始条件控制;②区只受上游边界条件控制;③区则同时受初始条件和上游边界条件控制。由于急流的干扰波不能向上游传播,故在急流情况下,下游边界条件对非恒定流的解没有影响。

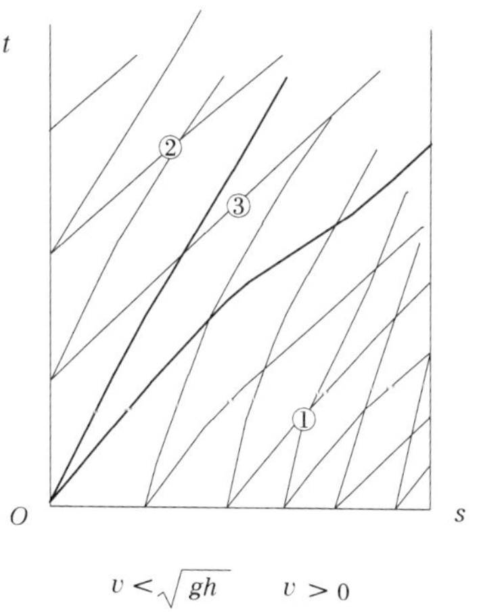

图10-9

【例10-1】 一矩形棱柱体明渠,原渠中水流为恒定均匀流,底坡平缓,其均匀流水深 $h_0=4.0$ m,断面平均流速 $v=0.9$ m/s,渠道末端与水库相连,库水位与渠水位一致,如图10-10所示。从某时刻开始,水库水位以 $v'=1.0$ m/h 的速度均匀下降。假设忽略渠道底坡和阻力的影响,试用特征线法:

(1)若断面 A 距渠道末端断面 O 的距离为 $s_A=2.0$ km,求断面 A 处水位下降1.8 m所需的时间 t_A;

(2)求当 $t=t_A$ 时,水位开始下降的渠中断面 B 至渠道末端的距离 s_B。

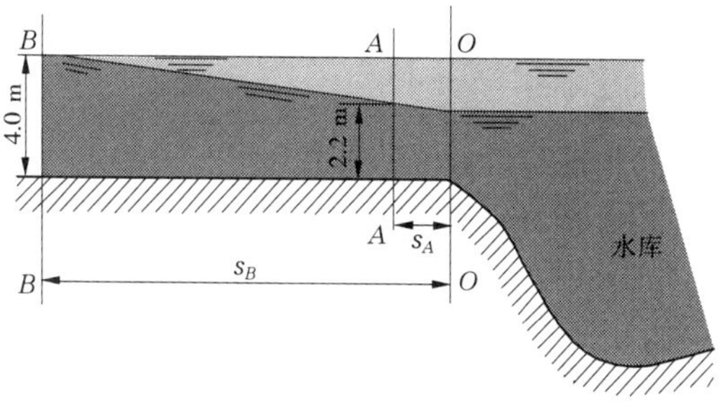

图10-10

解:(1)求当 $s_A=2.0$ km,断面 A 处水位下降1.8 m所需的时间 t_A。

以渠道末端为起始断面($s_O=0$),向上游为 s 的正方向。因初始时刻为恒定均匀流,渠道中各断面都满足以下关系:

$$v_0=-0.9\ \text{m/s}$$

$$c=\sqrt{gh_0}=\sqrt{9.8\times4.0}=6.26\ \text{m/s}$$

$$\left(\frac{\mathrm{d}s}{\mathrm{d}t}\right)_{t=0}=v_0+c=-0.9+6.26=5.36\ \text{m/s}$$

由以上数据可以在 s—t 平面上过 s 轴各点，绘制斜率相同的顺特征线，现仅于渠道末端（ $s_O = 0$ ）断面作顺特征线 OM ，如图 10-11 所示。由题意可知：$s_A = 2\,000$ m，$h_A = 4.0 - 1.8 = 2.2$ m，$\sqrt{gh_A} = \sqrt{9.8 \times 2.2} = 4.64$ m/s。

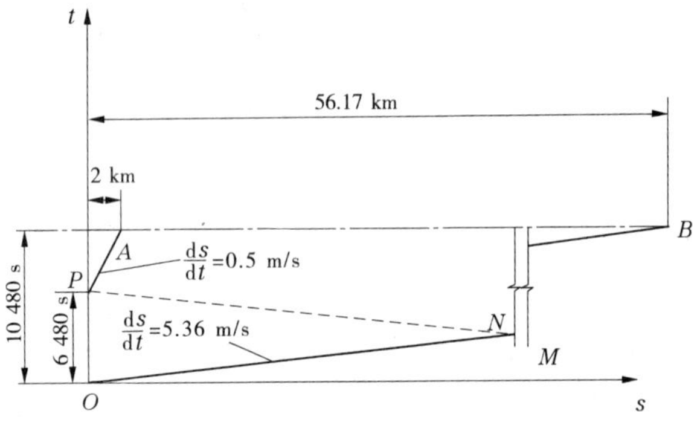

图 10-11

在 s—t 平面上设 PA 为一顺特征线，因假设 $i = J = 0$ ，故 P 、A 两点的 v 和 h 应满足以下特征关系

$$d(v + 2\sqrt{gh}) = g(i - J)dt = 0$$

即

$$v_P + 2\sqrt{gh_P} = v_A + 2\sqrt{gh_A} \tag{a}$$

又过 P 点作逆特征线，它与顺特征线 OM 相交于 N ，且 P 、N 两点的 v 与 h 也满足如下特征关系

$$d(v - 2\sqrt{gh}) = g(i - J)dt = 0$$

亦即

$$v_P - 2\sqrt{gh_P} = v_N - 2\sqrt{gh_N} = v_0 - 2\sqrt{gh_0} \tag{b}$$

同理，在过 A 点的逆特征线上应有

$$v_A - 2\sqrt{gh_A} = v_0 - 2\sqrt{gh_0} \tag{c}$$

由式(b)和式(c)可以看出

$$v_P - 2\sqrt{gh_P} = v_A - 2\sqrt{gh_A} \tag{d}$$

由式(a)和式(d)联立解得 $v_P = v_A$, $h_P = h_A$ 。

根据以上分析，可先求 P 点位置 (s_P, t_P) 以及 v_P 和 h_P 。由前述易知 $s_P = 0$, $h_P = h_A = 2.2$ m，且由式(b)可得

$$\begin{aligned} v_P &= v_0 - 2\sqrt{gh_0} + 2\sqrt{gh_P} \\ &= -0.9 - 2 \times \sqrt{9.8 \times 4.0} + 2 \times \sqrt{9.8 \times 2.2} \\ &= -0.9 - 12.52 + 9.28 = -4.14 \text{ m/s} \end{aligned}$$

因 P 点为渠道末端，水位下降到 2.2 m 时，所需的时间

$$t_P = \frac{h_0 - h_p}{} = \frac{4.0 - 2.2}{1.0} = 1.8 \text{ h} = 6480 \text{ s}$$

因 PA 为顺特征线,故 P、A 两点的值应满足顺特征线差分方程式(10-24),即

$$\frac{s_A - s_P}{t_A - t_P} = v_P + \sqrt{gh_P}$$

又 $v_P = v_0 - 2\sqrt{gh_0} + 2\sqrt{gh_P}$,有

$$\frac{s_A - s_P}{t_A - t_P} = v_0 - 2\sqrt{gh_0} + 3\sqrt{gh_P}$$

$$= -0.9 - 2 \times \sqrt{9.8 \times 4.0} + 3 \times \sqrt{9.8 \times 2.2}$$

$$= -0.9 - 12.52 + 13.92 = 0.5\ \text{m/s}$$

将 $s_A = 2\ 000\ \text{m}, s_P = 0, t_P = 6\ 480\ \text{s}$ 代入上式,解得

$$t_A = t_P + \frac{s_A - s_P}{0.5} = 6\ 480 + \frac{2\ 000 - 0}{0.5} = 10\ 480\ \text{s} \approx 3\ \text{h}$$

(2)求当 $t_B = t_A$ 时,水位开始下降的渠中断面 B 至渠道末端的距离 s_B。

如图 10-11 所示,求当 $t_B = t_A = 10\ 480\ \text{s}$ 时水位开始下降的断面 B 的位置,实际上也就是求在 s—t 平面上 OM 线与 $t = 10\ 480\ \text{s}$ 线的交点横坐标 s_B。同理,因交点 B 位于 OM 线上,且 OM 为顺特征线,故 O、B 两点的值应满足顺特征线差分方程式(10-24),即

$$\frac{s_B - s_O}{t_B - t_O} = v_0 + \sqrt{gh_0} = -0.9 + \sqrt{9.8 \times 4.0} = 5.36\ \text{m/s}$$

因初始时刻 $s_O = 0, t_O = 0$,将 $t_B = 10\ 480\ \text{s}$ 代入上式,得

$$s_B = s_O + 5.36t_B = 5.36 \times 10\ 480 = 56\ 172.8\ \text{m} \approx 56.17\ \text{km}$$

第四节 明渠非恒定急变流——断波

明渠非恒定急变流是明渠中流量在短时间内发生急剧变化时引起的非恒定流动现象。其基本特征是波额陡峻,形成阶梯式前缘,故也称为断波,例如溃坝后向下传播的涌波,潮汐河口的涌潮等,都是断波的典型例子。

断波的形成可以理解为在一系列无限短时段内,由起始断面发生的一个个元波叠加起来的结果。以涨水顺波为例,流量刚改变所引起的第一个元波的波速为

$$c = v_0 + \sqrt{g\frac{A_0}{B_0}} \tag{10-36}$$

式中:v_0、A_0 和 B_0 分别表示在流量未改变时的断面平均流速、过水断面面积和水面宽度。随着流量的增加,水面不断涨高,后续的元波波速必然略大于前一个元波的波速,波额将逐渐变陡,形成如图 10-12(a)所示的阶梯式形状。至于落水顺波,则因水面连续地降低,后续的元波波速总是小于前一个元波波速,致使波额逐渐坦化,如 10-12(b)所示。

断波波额的运动速度称为断波波速,断波的波速与波高分别以 Ω 和 Δh 表示。当波额到达某一断面时,就会使该断面的流量、流速等水力要素发生改变。断波达到某一断面时所引起的流量变化量称为波额流量。

现分别对棱柱体明渠中的断波波速和波额流量讨论如下。

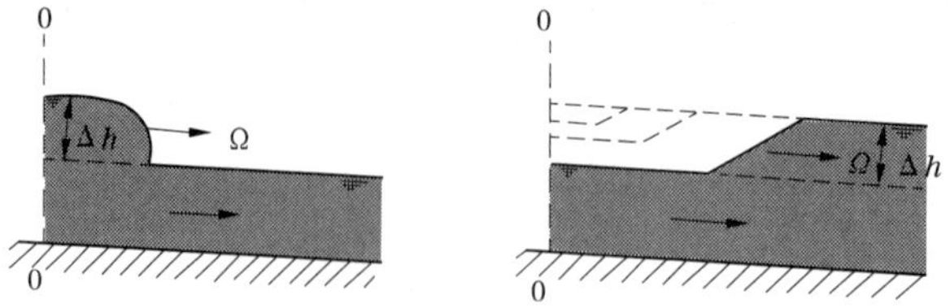

图 10-12

一、断波波速

设在缓坡棱柱体明渠中发生一顺流涨水断波，如图 10-13 所示。在断波到达之前，水流为恒定流，其流量为 Q_0，水深 h_0，过水断面面积为 A_0，水面宽度为 B_0，断面平均速度为 v_0。

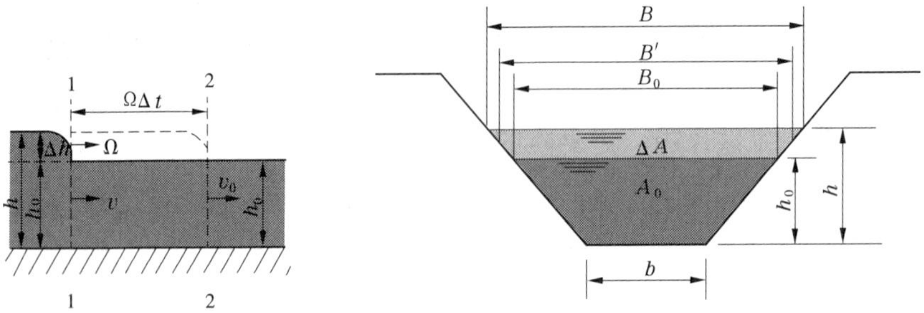

(a)　　(b)

图 10-13

假设忽略黏滞阻力，则断波在运动过程中，其波形和波速不变。为了应用恒定总流的连续性方程和动量方程来分析断波的运动，采用一个以断波波速 Ω 顺流移动的坐标系统。相对于这个坐标，断波的运动就变成恒定流了。在波额未到达断面上，流速为 $(v_0 - \Omega)$，过水断面面积为 A_0；波额到达后的断面上，假设流速为 v，过水断面面积为 $(A_0 + \Delta A)$，根据恒定总流的连续性方程可得

$$v(A_0 + \Delta A) = (v_0 - \Omega)A_0$$

或

$$v = \frac{(v_0 - \Omega)A_0}{A_0 + \Delta A} \tag{10-37}$$

对于棱柱体缓坡明渠中的断波，取断面 1—1 和 2—2，如图 10-14 所示，对图中虚线所围成的控制体应用动量方程得

$$F_{P1} + F_{P2} + G_s - F_f = \rho(v_0 - \Omega)A_0[(v_0 - \Omega) - v] \tag{10-38}$$

式中：F_f 渠底及壁面的阻力，若壁面平均切应力为 τ_0，湿周为 χ，则阻力

$$F_f = \tau_0 \chi \Delta s$$

G_s 为控制体重力在水流方向的分力

$$G_s = \rho g A_0 \Delta s \sin\alpha$$

在断面 1—1、2—2 上，近似认为压强符合静水压强的分布规律，并以 y_{c1}、y_{c2} 分别代表 1—1、2—2 断面形心处的水深，以 ζ 代表面积 ΔA 的形心在水面以下的深度，并注意到

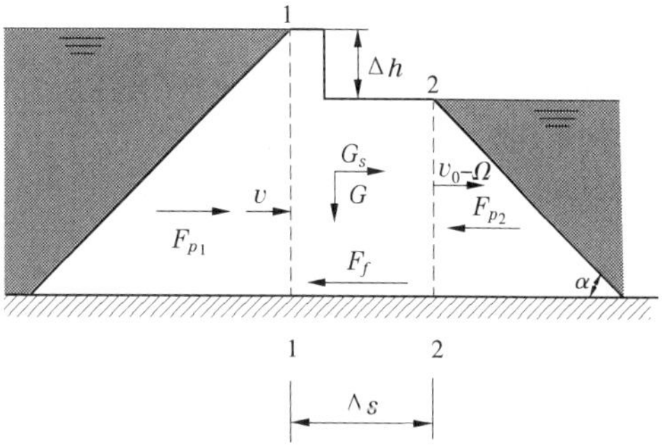

图 10-14

有如下面积矩关系：

$$(A_0+\Delta A)y_{c1}=A_0(y_{c2}+\Delta h)+\Delta A\zeta$$

则

$$F_{P1}-F_{P2}=\rho g y_{c1}(A_0+\Delta A)-\rho g y_{c2}A_0=\rho g(\Delta hA_0+\Delta A\zeta)$$

当 $\Delta s\to 0$ 时，G_s 和 F_f 可忽略不计，并令 $\Omega'=v_0-\Omega$，称为断波的相对波速，代入式(10-38)得

$$\rho g(\Delta hA_0+\Delta A\zeta)=\rho\Omega' A_0(\Omega'-v) \tag{10-39}$$

将式(10-37)代入上式得

$$\Omega'=\pm\sqrt{g\left(\frac{\Delta hA_0}{\Delta A}+\Delta h+\zeta+\frac{\Delta A\zeta}{A_0}\right)} \tag{10-40}$$

上式即为任意断面形状的棱柱体明渠中断波的相对波速计算公式。

对于梯形断面明渠，由图 10-13 可知 $\Delta A=\Delta hB'$，$B'=\frac{1}{2}(B+B_0)$，$\zeta=\frac{1}{2}\Delta h$，相对波速计算简化为

$$\Omega'=\pm\sqrt{g\left(\frac{A_0}{B'}+\frac{3}{2}\Delta h+\frac{\Delta h^2B'}{2A_0}\right)} \tag{10-41}$$

则断波的绝对波速为

$$\Omega=v_0+\Omega'=v_0\pm\sqrt{g\left(\frac{A_0}{B'}+\frac{3}{2}\Delta h+\frac{\Delta h^2B'}{2A_0}\right)} \tag{10-42}$$

对于波高较小的断波（$\Delta h\ll h$），上式中的$\frac{\Delta h^2B}{2A_0}$可忽略，则

$$\Omega=v_0\pm\sqrt{g\left(\frac{A_0}{B'}+\frac{3}{2}\Delta h\right)} \tag{10-43}$$

对于矩形断面明渠，当波高 $\Delta h\ll h$ 时，断波的绝对波速公式可简化为

$$\Omega=v_0\pm\sqrt{gh_0} \tag{10-44}$$

应用以上的计算式计算断波波速时，顺流断波取“+”号；逆流断波取“-”，对于涨水断波，波高 Δh 取正值；对于落水断波，Δh 取负值。

二、波额流量

设顺流涨水断波波额于某一时刻 t 到达断面 1—1，经过 Δt 时段后到达断面 2—2，传播距离为 $\Delta s=\Omega\Delta t$，在 Δs 流段上应用非恒定流连续性方程式(10-2)得

$$\frac{Q_0-Q}{\Omega\Delta t}+\frac{(A_0+\Delta A)-A_0}{\Delta t}=0$$

对于梯形断面棱柱体明渠，$\Delta A=\Delta hB'$，波额流量 $\Delta Q=Q-Q_0$，则

$$\Delta Q=\Omega\Delta hB' \tag{10-45}$$

上式中就是梯形断面棱柱体明渠中断波波额流量与波高及波速之间的关系式。显然，对

于渠宽为 B 的矩形断面棱柱体明渠,式(10-45)中的 $B' = B$,则 $\Delta Q = \Omega \Delta h B$ 。

在式(10-43)和式(10-45)中,未知量一般有 Ω 、Δh 和 ΔQ 三个,若知道其中任两个,便可求出另外一个。

习 题

一、课堂讨论题

课 10-1 明渠非恒定流具有哪些基本特性?

课 10-2 明渠洪水波与湖面风成波在运动特性方面有何不同?在主要作用力方面,它与管道水击波又有何不同?

课 10-3 明渠非恒定流的波是如何分类的?试分析:

(1)溃坝后水体下泄,坝上、下游分别形成什么波?

(2)退潮时,在河口附近形成什么波?

(3)水电站迅速停机所引起的下游引水渠道中的波是什么波?

课 10-4 洪水波在传播过程中为什么会发生波的坦化?

课 10-5 明渠非恒定流与恒定流相比较,在水位、流量关系上有何不同?原因何在?

课 10-6 洪水波来临时,河渠的最大水情要素:J_{max}、Z_{max}和 Q_{max}是同时出现的吗?有无一定的出现顺序?为什么?

课 10-7 明渠非恒定流的连续性方程所反映的物理意义是什么?

课 10-8 明渠非恒定流的运动方程中各项的物理意义是什么?

课 10-9 试比较明渠非恒定渐变流与恒定渐变流基本微分方程的区别,并说明在能量关系上有何不同之处?

课 10-10 圣维南方程组有哪些常见形式?

课 10-11 引入特征线对求解圣维南方程组有什么意义?

课 10-12 梯形断面棱柱体明渠中断波的相对波速和绝对波速各是怎样确定的?

课 10-13 梯形断面棱柱体明渠中断波的波额流量是如何确定的?其大小与哪些因素有关?

二、基本要求题

基 10-1 若已知河渠洪水坡在某时刻过水断面面积随时间的变化率 0.5 m^2/s,试求此时流量沿单位流程的变化量为多少?并说明此时流量是沿程增加还是沿程减小?其洪水波是涨水顺波还是落水逆波?

基 10-2 某矩形断面棱柱体明渠,已知渠宽 $b=2.8$ m,糙率 $n=0.017$,底坡 $i=1/1\,000$,当发生非恒定流时,其正常水深由 1 m 上升至 2 m,试问其波速和波额流量各为多少?

基 10-3 有一宽为 3.0 m 的矩形断面棱柱体明渠,在渠道上建有一节制闸,初始状态闸门的下泄流量为 5.0 m^3/s,其相应水深为 0.8 m,现将闸门突然开启后,流量增至 7.4 m^3/s。试求其波速和波高各为若干。

基 10-4　一矩形断面明渠中的均匀流，已知渠宽 $b=5.0$ m，正常水深 $h_0=2.0$ m。当渠中发生干扰波时，波高 $\Delta h=0.3$ m，试求其波额流量为多少。

基 10-5　试说明圣维南方程组

$$\begin{cases}\dfrac{\partial Q}{\partial s}+\dfrac{\partial A}{\partial t}=0\\[2mm] -\dfrac{\partial z}{\partial s}=\dfrac{1}{g}\dfrac{\partial v}{\partial t}+\dfrac{v}{g}\dfrac{\partial v}{\partial s}+\dfrac{v^2}{C^2R}\end{cases}$$

各项的物理意义以及各方程的意义。

三、加深理解题

加 10-1　有一矩形棱柱体明渠，原渠中水流为恒定均匀流，水深 $h_0=3.5$ m，断面平均流速 $v_0=0.8$ m/s，渠道末端与水库相连，库水位与渠水位一致，如加 10-1 图所示。从某时刻开始，水库水位以 $v'=1.0$ m/h 的速度均匀下降。假设忽略渠道底坡和阻力的影响，试问：距明渠出口 0—0 断面为 2.0 km 的 A—A 断面处水位下降 1.5 m 所需的时间是多少？若此时渠中 B—B 断面水位开始下降，则 0—0 至 B—B 断面之间的距离 s_B 又为若干？

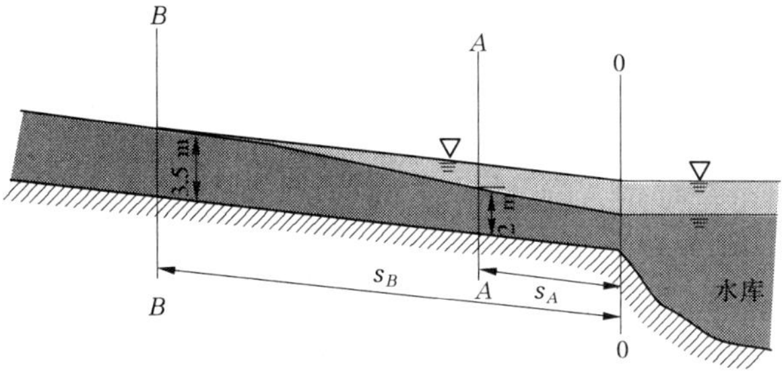

加 10-1 图

加 10-2　一平底矩形棱柱体明渠中，原建有一座拦河坝，坝上、下游水深及流速分别为 h_1，v_1 和 h_3，v_3，当坝体瞬间全溃时，坝上游形成落水区，坝下游形成涌波区。坝上、下游离坝较远处暂时未受到波及之区域称为静区，如加 10-2 图所示，设溃坝后坝址处水深和流速分别为 h_2 和 v_2。在不计阻力情况下，试推求溃坝后受波动区域的瞬时水面曲线方程、坝址处瞬时最大流量公式。

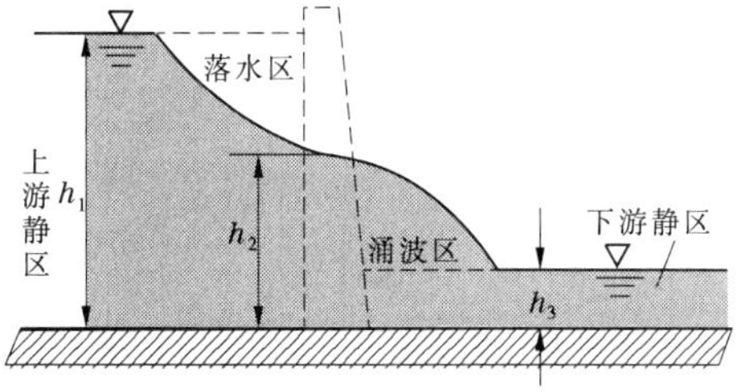

加 10-2 图

参 考 文 献

[1] 吴持恭,等. 水力学[M]. 3 版. 北京:高等教育出版社,2003.
[2] 赵振兴,何建京. 水力学 [M]. 北京:清华大学出版社,2005.
[3] 李玉柱,贺五洲. 水力学[M]. 北京:清华大学出版社,2006.
[4] 孙东坡,杨玲霞. 水力学[M]. 郑州:郑州大学出版社,2007.
[5] 李炜,徐孝平. 水力学[M]. 武汉:武汉水利电力大学出版社,2000.
[6] 李大美,杨晓. 水力学[M]. 武汉:武汉大学出版社,2003.
[7] 丁新求,等. 水力学习题集[M]. 北京:中国水利水电出版社,1993.
[8] 李炜,等. 水力计算手册[M]. 2 版. 武汉:中国水利水电出版社,2006.
[9] [美]Victor L. Streeter, E. Benjamin Wylie, Keith W. Bedford. Fluid Mechanics(Ninth Edition)[M]. 北京:清华大学出版社,2003.
[10] [美]Bruce R. Munson, Donald F. Young, Theodore H. Okiishi(邵卫云改编). Fundamentals of Fluid Mechanics (Fifth Edition)(英文改编版)[M]. 北京:电子工业出版社,2006.
[11] [美]John K. Vennard, Robert L. Street. Elementary Fluid Mechanics(Fifth Edtion)[M]. United States of America;John Wiley&Sons. Inc,1975.
[12] [美]E. John Finnemore, Joseph B. Franzini. Fluid Mechanics With Engineering Applications. McGraw - Hill Companies, Inc,2002.
[13] 吴桢祥,李国庆,孙东坡,等. 水力学[M]. 北京:气象出版社,1994.
[14] 王振东. 诗情画意谈力学[M]. 北京:高等教育出版社,2008.
[15] 毛根海. 奇妙的流体运动科学[M]. 杭州:浙江大学出版社,2009.
[16] 李国庆,等. 水力学[M]. 2 版. 北京:中央广播电视大学出版社,2006
[17] 张耀先,丁新求. 水力学[M]. 2 版. 郑州:黄河水利出版社,2008.
[18] 孔珑,等. 工程流体力学[M]. 2 版. 北京:中国电力出版社,1998.
[19] 周光垌,严宗毅,许世雄,等. 流体力学[M]. 2 版. 北京:高等教育出版社,2000.
[20] 吕宏兴,等. 水力学[M]. 北京:中国农业出版社,2002.
[21] 丁新求. 水力学学习与解题指导[M]. 郑州:黄河水利出版社,2014.
[22] 许荫椿,薛朝阳,胡德保. 水力学[M]. 南京:河海大学出版社,2009.